生物质炭科技与工程

单胜道 潘根兴 等 著

科 学 出 版 社

北 京

内 容 简 介

本书围绕生物质炭基础研究、工程开发和生产应用的三个领域，系统介绍生物质炭化工艺与装备、生物质炭性质与功能，以及生物质炭在土壤、水体、大气环境修复和固碳减排应用等方面内容，分析讨论生物质炭的环境效应和可能产生的生态风险，以期对生物质炭产业发展起到积极的推动作用。

本书适于高校本科生、研究生阅读，对从事废弃生物质循环利用、生态环境修复等领域相关工作的高校和科研院所研究人员、政府部门管理决策人员、企业工程技术人员具有重要的参考价值。

图书在版编目(CIP)数据

生物质炭科技与工程/单胜道等著. —北京：科学出版社，2021.11
ISBN 978-7-03-070077-3

Ⅰ. ①生… Ⅱ. ①单… Ⅲ. ①生物质-碳-应用-研究 Ⅳ. ①TK62

中国版本图书馆CIP数据核字(2021)第210656号

责任编辑：范运年/责任校对：樊雅琼
责任印制：吴兆东/封面设计：蓝正设计

科 学 出 版 社 出版
北京东黄城根北街 16 号
邮政编码：100717
http://www.sciencep.com
北京中石油彩色印刷有限责任公司 印刷
科学出版社发行 各地新华书店经销
*
2021 年 11 月第 一 版 开本：720×1000 1/16
2022 年 6 月第二次印刷 印张：26
字数：524 000
定价：168.00 元
(如有印装质量问题，我社负责调换)

序

我国废弃生物质具有分布广、产量大和环境风险不易控制等特点。根据《第二次全国污染源普查公报》，全国农作物秸秆年产生量 8.05 亿吨，畜禽粪污年产生量约 38 亿吨。由于废弃生物质，特别是农业废弃生物质存在分布零散、难以收集、产业化程度低且利用成本高等原因，在全国范围内普遍表现出地区性、季节性、结构性过剩的问题，严重制约了生态循环农业的发展。因此，如何对废弃生物质进行科学合理、生态高效的处理利用已成为现代农业发展中的一大难题。

21 世纪初期，生物质炭化研究逐渐在国内兴起，从理论研究到实际应用，从设备研发到产品生产，生物质炭产业得到社会各界广泛关注。将废弃生物质热化学定向转化成生物质炭产品，既有利于解决废弃生物质资源浪费问题，从源头上减少污染物排放，又有利于缓解能源紧缺压力。2021 年，中央一号文件明确提出，要加强农村生态文明建设，以"钉钉子精神"推进农业面源污染防治。开展农业农村环境污染防治，实现乡村振兴，已成为当前我国环境保护的重点工作。我国"十四五规划和 2035 年远景目标纲要"进一步提出推动绿色发展，促进人与自然和谐共生，到 2035 年，实现生态环境根本好转和美丽中国建设的宏大目标。为完成这一目标，首要任务之一就是要节能减排。生物质炭化是废弃生物质资源化利用的重要方向，也是节能减排的有效措施。因此，从环境需求、能源安全与提高农民经济收入等角度看，生物质炭产业发展空间非常广阔。

将废弃生物质通过热化学定向转化为具有高附加值的液体燃料、生物质燃气与生物质炭等物质，不仅有助于固碳减排，改善生态环境，还具有显著的经济和社会价值。围绕废弃生物质资源化利用目标，创新开发多功能生物质热解设备，提高生物质炭材料的品质和附加值，加大工程化、智能化炭化技术集成应用和推广，有助于早日实现"碳达峰"和"碳中和"目标。

生物质炭具有丰富的孔隙结构、较大的比表面积和较多的表面活性官能团，经过改性和加工能够生产具备高附加值的多功能炭材料。研究生物质热解反应过程燃气组分和炭化物微结构形成与演变规律，揭示生物质热解机理，分析生物质炭的比表面积、pH、碳含量、氢碳比、氧碳比、灰分、挥发分、官能团种类及阳离子交换能力等理化特性，探究生物质炭的环境稳定性和潜在的生态风险，开发高品质生物质炭生产关键技术和装备，都将成为生物质炭研究领域的重要方向。鉴于生物质资源种类繁多，部分生物质原料理化特性差异较大，需要根据原料特性和应用方向，遵循原料搜集专业化、转化技术高效化、工程装备智能化、多元产品联产化、终端产品高值化的创新性发展思路，选定相应炭化工艺和装备，开发高品质生物质炭产品，并将其应用于环保、农业、新能源、食品、医疗、军工等领域。在国家生态文明建设相关政策的促进和扶持下，加大技术创新力度，不断延伸产业链条，提升生物质炭产品附加值，扩展生物质炭产品应用领域，生物质炭产业将成为促进国民经济可持续发展的新兴产业。

《生物质炭科技与工程》一书围绕生物质炭理论研究、产品研发和生产应用三个方面，从生物质炭化工艺装备、生物质炭理化特性、生物质炭在环境修复中的应用和生物质炭减缓温室气体排放等方面，进行了详尽的阐述，对于缓解当前生物质资源利用率低、二次环境污染问题突出和生态系统退化等重大瓶颈问题，实现生产生活与生态环境协调统一、永续发展将产生重要推动作用。

相信该书的出版，有助于对接国内外生物质炭领域研究前沿，推进生物质资源高值化利用，促进我国生物质炭产业蓬勃发展。

中国工程院院士

2021 年 6 月

前　言

生物质炭(biochar)通常是指生物质在无氧或缺氧条件下经过热化学转化生成的一种高度芳香化和富碳的多孔固体物质,具有比重轻、内部孔隙丰富、比表面积大、阳离子交换量高和吸附力强等特性。基于生物质炭的这些特性,将生物质炭应用于土壤质量提升和环境污染治理,特别是应用于农田固碳减排已成为当前农业和生态领域的研究热点。研究和实践表明,生物质炭不仅能够显著改善退化土壤的结构性质,提高土壤养分有效性,而且在废弃生物质资源循环利用、土壤碳固持和钝化土壤污染物等方面具有良好的作用。作物秸秆、畜禽粪便等农业废弃生物质通过还田循环利用,能提高生物质资源利用效率,减少环境污染,提高土壤肥力。然而,随着环境准入标准和食品安全需求的逐步提高,直接施用废弃生物质作为有机肥源,不仅易造成农业面源污染,而且生物质分解过程会在短时间内产生大量甲烷等温室气体,不符合当前碳中和要求。废弃生物质热解炭化循环利用,能够使废弃物处理达到安全、环保和低碳要求。农业农村部连续两年将"秸秆炭基肥利用增效技术"和"秸秆炭化还田固碳减排"列为全国十大引领性农业技术予以发布,彰显了中国政府对农业废弃物炭化和应用的政策推力。可以预见,我国将迎来生物质炭产业快速发展新时期。

然而,技术创新和工程化开发应用仍然是生物质炭产业发展的瓶颈问题。首先,生物质热解炭化工艺研究和生物质炭功能产品开发仍然不足,研发能耗低、转化效率高、结构效能优化的生物质炭化技术和工程化系统是当前生物质炭产业发展的迫切需要;其次,生物质炭原料-工艺-产品-功效耦联研究还十分薄弱,专一性、特效性功能生物质炭产品开发是生物质炭产业市场发展的前沿需求;最后,生物质炭的生态、环境和生物影响的长期效应的试验观测和评价体系还很缺乏,生物质炭土壤改良和环境修复的技术及环境风险还需深入研究。所有这些问题,都要求对生物质炭科技与工程进行全面总结和审视,以向政府、社会和企业界提供可靠的科学引导和产业发展战略参考。

本书系统总结并深入阐述了生物质炭化工艺与技术,展现生物质炭在土壤、水体、大气等环境污染修复领域的研究脉络和重要成果,分析讨论了生物质炭的环境效应和可能产生的生态风险,对生物质炭产业发展起到积极的推动作用。

本书由浙江科技学院环境与资源学院单胜道教授和南京农业大学资源与环境科学学院潘根兴教授定纲定稿。全书共分为15章,第1章由浙江科技学院高红贝、单胜道执笔;第2章由浙江科技学院施赟执笔;第3章由南京农业大学卞荣军、潘根兴执笔；第4章由浙江科技学院成忠、宗玉统执笔；第5章由浙江科技学院方婧执笔；第6章由浙江科技学院靳泽文执笔；第7章由浙江科技学院高红贝执笔；第8章由浙江科技学院孟俊执笔；第9章由浙江科技学院李章涛执笔；第10章由浙江科技学院沈晓凤执笔；第11章由浙江科技学院李音执笔；第12章由浙江科技学院庄海峰执笔；第13章由浙江科技学院施赟执笔；第14章由南京农业大学徐向瑞、程琨、潘根兴执笔；第15章由浙江科技学院施赟、沈晓凤、靳泽文、单胜道，浙江浙能技术研究院有限公司董隽，南京农业大学徐向瑞，浙江金锅锅炉有限公司李文健等执笔。全书由浙江科技学院刘文波、高旋和张然然校对，由单胜道、潘根兴和靳泽文统稿。在本书的写作和出版过程中，始终得到科学出版社的大力支持和帮助。本书的出版得到国家国际科技合作与交流欧盟专项(2014DFE90040)、国家重点研发计划项目(2017YFD0601006)和浙江省重点研发计划项目(2020C01017)等的资助。在此，作者向对本书的编写、出版给予关心和支持的所有专家、领导、同行和朋友表示衷心的感谢！

　　由于作者水平有限，书中难免存在不足之处，请各位同行专家学者和广大读者批评指正。

单胜道　潘根兴

2021 年 4 月

目　录

第1章 绪 论

气候变化是国际社会普遍关心的重大全球性问题，是当今人类面临的最严峻挑战之一，同时也是人类历史社会经济活动中大规模创造物质财富的直接结果。2020年3月，由世界气象组织(World Meteorological Organization，WMO)牵头，联合国粮食与农业组织(Food and Agriculture Organization of the United Nations，FAO)、国际货币基金组织(International Monetary Fund，IMF)、世界卫生组织(World Health Organization，WHO)等多个国际组织参与编制的《2019全球气候变化声明》中明确指出，2019年全球平均温度比1850~1900年的基准温度(可作为工业化前水平的近似值)高出约1.1±0.1℃，并明确指出大气中温室气体含量的不断增加是气候变化的主要驱动因素[1]。如果本世纪末实现《巴黎协定》中提出的将升温控制在2℃以下的目标，人类需要做出更有雄心的气候减缓努力：从政府、民间团体和商界领袖到普通公民，每一个人都要紧急采取行动，遏制气候变化的最恶劣影响。2020年中国气象局发布的《中国气候变化蓝皮书(2020)》指出，2019年全球平均温度较工业化前水平高出约1.1℃，是有完整气象观测记录以来的第二暖年份，2015~2019年是有完整气象观测记录以来最暖的五个年份；2019年亚洲陆地表面气温比常年均值(1981~2010年气候基准期)偏高0.87℃，是20世纪初以来的第二高值。中国是全球气候变化的敏感区和影响显著区，1951~2019年，中国年平均气温每10年升高0.24℃，升温速率明显高于同期全球平均水平。特别是20世纪90年代中期以来，中国极端高温事件明显增多，2019年，云南元江(43.1℃)等64站日最高气温达到或突破历史极值。因此，在当前形势下，减缓全球气候变化不仅是科技界为迎接全球环境为主体的挑战而做出的科学行为，也是当代人类为维持自身生存和可持续发展而必须为之的任务。

引起全球气候变暖的关键因素是大气中温室气体增加所导致的温室效应加剧。温室气体(greenhouse gas，GHG)是指大气中那些让太阳短波辐射自由通过，同时强烈吸收地面和空气放出的长波辐射，对地表热量散溢有一种遮挡作用的气体。温室效应是指透射阳光的密闭空间由于与外界缺乏热交换而形成的保温效应，即太阳短波辐射可以透过大气射入地面，而地面增暖后放出的长波辐射却被大气中的CO_2等温室气体所吸收，从而产生近地大气层变暖的效应。自然条件下，温室效应能够有效保护地球上的生命体免受极端高、低气温的伤害。温室效应与全球变暖的含义曾经是等同的，当前两者的含义却有了很大的不同。温室效应是大气层中时刻存在的一种自然现象，而全球变暖则是指一种有可能避免的大气环境问题，对地球生态系统产生破坏。温室气体是形成地球温室效应的物质基础，是维持着地球温度变化始终处于适宜生命活动的关键要素。然而，受化石燃料和人类活动的过度影响，超量的温室气体被人为排放到大气中，破坏了自然状态下温室效应平衡，加剧了全球变暖，对人类活动和生态系统造成了不同程度的影响和破坏。《中国气候变化蓝皮书(2020)》显示，2018 年造成气候变暖的主要温室气体二氧化碳(CO_2)、甲烷(CH_4)和氧化亚氮(N_2O)的全球平均浓度均创下新高，其中 CO_2 为 $(801.3 \pm 0.1)\,mg/m^3$、CH_4 为 $(1.22 \pm 0.01)\,mg/m^3$、N_2O 为 $(0.65 \pm 0.01)\,mg/m^3$，分别达到工业化前(1750 年之前)水平的 147%、259% 和 123%。作为全球大气本底站的青海省瓦里关大气监测站，2018 年观测结果显示 CO_2、CH_4 和 N_2O 的年平均浓度分别达到 $(804.3 \pm 0.5)\,mg/m^3$、$(1.26 \pm 0.01)\,mg/m^3$ 和 $(0.65 \pm 0.01)\,mg/m^3$，与北半球中纬度地区平均浓度相当，均略高于 2018 年全球平均值。

非自然因素的气候变化会直接或间接造成一系列生态与社会问题。受气候变化影响，全球降水、蒸发、径流、土壤水库及地下水在时间和空间上将被重新分配，总体表现为低纬度海平面缓慢上升但气候干燥化加剧；高纬度降雨量上升，但极端灾害天气增多，特别是对水资源供给、需求平衡的影响将促使区域水资源短缺问题更加突出，进一步影响生态环境与社会经济的可持续发展。气候变化将导致我国极端干旱区和湿润区分布范围缩小，干旱区、半干旱区和半湿润区分布范围扩大。气候变化将影响植物平均分布和生物多样性，导致全球植被总覆盖度下降，加剧物种多样性、遗传多样性及功能多样性的衰减。受全球变暖的影响，地球冰冻圈各要素几乎都处于冰川持续损失的状态，格陵兰冰盖和南极冰盖两处的冰储量减少速度明显加快，已经分别达到每年 215Gt 和 147Gt[2]。在气候变化背景下，气候变化对海洋生态系统及海岸带的影响受到强烈关注，尤其是因气候变暖所造成的海平面上升问题已经被全人类所热议。

除了对自然生态的影响，气候变化对人类社会的影响则有利有弊，但总体上弊大于利。首先，气候暖化能够增加农业活动的范围，提高作物的产量，但是引起气候变化而频发的极端天气则对农业生产产生了巨大的威胁[3]。特别是到 21 世纪末，海平面将在现有基础上升高 1.5m，沿海的大部分农业生产活动将会被迫终止。气候变化对人群健康的最直接的影响是人体代谢功能的紊乱，会造成热致疾病增发、传染性疾病的增加及分布范围的扩大、人群对疾病易感性增强[4]。气候变化在发展中国家还会增加饥饿和营养不良的风险，导致儿童发育不良，成人活动减少，进一步制约社会经济发展[5]。世界自然基金会(World Wildlife Fund, WWF)等机构预计，到 2050 年以后，气温每上升 1℃ 全球经济损失将达到 2000 亿美元。另外，气候变化已逐渐成为影响当今世界地缘政治格局演变最活跃的驱动因子之一，并使地缘政治争夺的目标和手段趋于多元化。受到气候变化政治博弈制约，以新能源为核心的低碳技术成为地缘政治影响力和权力转移的关键因素，谁能在新能源技术领域占据优势，谁就能在未来的气候变化谈判和地缘政治竞争中占据主导地位[6]。

大气中碳含量增加是引起全球气候变化的最主要因素。碳是地球上所有有机生命体得以存在的基础元素，占到单位生命体干重的 45%以上。碳循环过程是组成生物地球化学循环的关键过程之一，促使了地球上物质与能量在无机到有机、个体与种群、区域到全球等不同生命空间之间的循环与流动。据统计，全球范围内碳总贮存量约为 $2.6×10^6GtC$，大部分以碳酸盐的形式禁锢在岩石圈和深层化石燃料中，约占到总碳量的 99.9%，其余部分被存储于大气圈(750GtC)、陆地生物圈(1750GtC)及海洋圈($3.84×10^4GtC$)。这三个圈中的碳在生物和无机环境之间迅速交换，容量小而活跃，起着交换库的作用。大气中的碳主要以 CO_2 形式存在，同时伴有少量 CO 和 CH_4 等其他含碳气体成分，占比不到全部碳的 0.03%，却在碳循环过程中起到关键的纽带作用。自然条件下绿色植物、蓝藻通过光合作用从大气中吸收碳的速率，与通过动植物的呼吸和微生物的分解作用将碳释放到大气中的速率大体相等，因此，大气中 CO_2 含量始终保持在某一恒定的水平，从而保证了地球表面温度不至于过高或者过低，为生物的生长发育和人类的生存提供了适宜的环境。然而，工业革命以来，人为大量开采化石燃料以及开采森林等非自然过程，导致了大气 CO_2 浓度不断上升，逐渐打破了在地球自身演化过程中形成的物质平衡。越来越多的证据表明，人类燃烧化石燃料导致大气 CO_2 含量的急剧增加，是引起全球气候变暖的一个重要因素[7]。因此，在不影响人类社会经济发展和生活水平提高的前提下，降低 CO_2 等温室气体的排放源，增加当前大气中 CO_2 的汇成为科学、政治和人类共同努力来减缓全球气候变化的主方向。其中，增加清洁能源利用的同时提高生态系统碳固存成为主要的选择之一。

生物质(biomass)资源是仅次于煤炭、石油、天然气之后能够被人类利用的第四大能源，且具有可再生、分布广泛、清洁低污染、总量丰富的优势。生物质是指一切直接或间接利用绿色植物光合作用形成的有机物质，包含除化石燃料外的植物、动物和微生物以及由这些生命体排泄与代谢所产生的有机物质等。生物质在产生过程中能够将太阳能以化学能形式储存在生物质中的能量形式，是人类赖以生存的重要能源之一[8]。生物质资源的合理开发利用越来越受到世界各国的重视，但与之相随的也产生了大量的废弃生物质，造成资源极大浪费的同时也对环境保护产生了巨大的压力。合理处理和利用废弃生物质已成为全人类社会应对环境污染和能源危机的重要任务之一[9]。

废弃生物质是指植物、动物和微生物在其生产、加工、贮藏和利用过程中产生的剩余残体、残留成分和排泄等代谢产生的废弃物，根据行业的不同也叫"生物质废物"、"废弃物生物质"、"废弃物类生物质"和"废弃生物质"等。处理这些干生物质的传统方法是将其掩埋或是焚烧，后来随着农业及环境技术的发展，通过堆肥或秸秆还田等措施可在一定程度上提高这些废弃生物质的资源化利用效率。然而，对于诸如畜禽粪便和餐余垃圾等富含不同类型微生物和抗体的废弃生物质资源，堆肥或掩埋等措施极有可能对土壤环境和水田健康产生严重影响，进而威胁人类生命安全。因此，针对不同生物质类型特点，探寻合适的技术措施并将其进行适当的处理后应用于农业、环保、医药等各个领域，不仅能够产生社会经济和环境生态效益，还能够有效地实现废弃生物质的资源化利用[10]。

生物质炭 (biochar) 是有机生物质材料在缺氧或绝氧环境中，经加热裂解后所产生的黑色固态产物。生物质炭具有高度芳香化、稳定性好、比表面积大和孔隙结构丰富等特点，是一种含碳丰富、吸附能力强、原料广泛的生物材料。通过炭化措施不仅能够实现废弃生物质资源的里无害化利用，而且能够将废弃生物质中固定的 CO_2 经过人为的限氧热解过程，转化为更加稳定的生物质炭。将生物质炭化还田，不仅能够充分利用生物质能源，还能将生物质中 50% 左右的碳素固定于土壤中，具有良好的减排效益，切实锁定和降低大气 CO_2 浓度。与此同时，生物质炭在土壤中其本身分解释放碳的过程缓慢，同时能抑制 CH_4、N_2O 等温室气体产生的释放，具有显著的碳封存效应，因此在农业固碳领域备受关注。Lehmann等[11]估计，生物质炭每年最多可吸收 10^9t 温室气体，超过 2007 年排放总量 8.5×10^9t 的 10%。Woolf 等[12]指出，在不危及粮食安全、生存环境及土壤保护的情况下，应用生物质炭每年减排温室气体可高达 1.8Pg CO_2 当量，占人类温室气体排放总量的 12%。另外，热解炭化所产生的生物质黑炭还可作为高品质能源、土壤改良剂，也可作为还原剂、肥料缓释载体及 CO_2 封存剂等，已广泛应用于固碳减排、水源净化、重金属吸附和土壤改良等。

我国拥有丰富的废弃生物质炭化原材料。据农业农村部初步统计，我国每年秸秆产量约 9 亿 t，副产物综合利用率不到 40%；每年产生畜禽粪污湿重超过38 亿 t，综合利用率不到 60%；我国抗生素菌渣产量年均超过了 1000 万 t，餐厨垃圾量年均超过了 1.5 亿 t，对大气、土壤、水环境等造成严重污染[8]。基于生物质炭的在结构和功能上的显著优势及其丰富的原材料，将不同类型废弃生物质进行炭化后实现资源的合理利用成为当前解决城市污染及农业资源高效利用的有效途径之一。2020 年，农业农村部将"秸秆炭基肥利用增效技术"列为 10 大引领性技术之一，以支撑引领农业发展实现全产业链优质绿色增效，且符合优质安全、节本增效、绿色环保要求，对农业农村经济引领带动能力明显，具有可复制、可推广的综合化、全程性技术方案。生物质炭施入农田，可有效改善土壤理化性质，增加作物产量，促进农业可持续发展，同时有助于构建低碳高效经济，实现碳中和的发展战略目标，对保障国家环境、能源、粮食安全具有重大意义。

基于对生物质炭所具有的应对全球气候变化、污染防控的环境学意义，以及缓解人类能源资源紧缺和可持续发展方面的社会学价值，本书归纳总结近年来国内外对生物质炭理论研究的发展过程和生物质炭应用的实践经验，重点论述了生物质炭化技术的发展，不同类型生物质炭的理化性质及其在农业、水体、大气及环境污染治理领域的理论研究和实际应用，以及生物质炭对污损、酸化和盐碱化土壤的治理和改良，对有机或无机污染水体修复等领域的功能作用。本书最后还对当前生物质炭研究和利用过程中存在的不足和可能产生的风险进行了预估和评价。

在全球资源日益匮乏、环境污染问题日趋严重的今天，利用废弃生物质制备成具有高附加值得生物质炭材料，不仅避免了废弃生物质可能引起的环境污染问题，提高了碳固存，还实现了废弃资源的绿色循环，是一种变废为宝的优选途径。生物质炭具有来源广泛、循环可再生的特点，在解决全球生态环境和可持续发展问题中的作用已经被广泛关注和认可。

参 考 文 献

[1] Kappelle M. WMO Statement on the State of the Global Climate in 2019[M]. 2020.

[2] 丁永建, 张世强. 冰冻圈水循环在全球尺度的水文效应[J]. 科学通报, 2015(7): 593-602.

[3] Nelson G C, Valin H, Sands R D, et al. Climate change effects on agriculture: Economic responses to biophysical shocks[J]. Proceedings of the National Academy of Sciences, 2014, 111(9): 3274.

[4] Hong C, Zhang Q, Zhang Y, et al. Impacts of climate change on future air quality and human health in China[J]. Proceedings of the National Academy of Sciences, 2019, 116(35): 17193-17200.

[5] Stephanie, Chalupka, Laura, et al. Climate change and schools: Implications for children's health and safety[J]. Creative Nursing, 2019, 25(3): 249-257.

[6] 王文涛, 刘燕华, 于宏源. 全球气候变化与能源安全的地缘政治[J]. 地理学报, 2014, 69(09): 1259-1267.

[7] 刘植, 黄少鹏, 金章东. 轨道及千年尺度上大气 CO_2 浓度与温度变化的时序关系[J]. 第四纪研究, 2019, 039(005): 1276-1288.

[8] 谢光辉, 方艳茹, 李嵩博, 等. 废弃生物质的定义、分类及资源量研究述评[J]. 中国农业大学学报, 2019, 024(008): 1-9.

[9] van Putten R, van der Waal J C, de Jong E D, et al. Hydroxymethylfurfural, a versatile platform chemical made from renewable resources[J]. Chemical Reviews, 2013, 113(3): 1499-1597.

[10] Gallezot, Pierre. Conversion of biomass to selected chemical products[J]. Cheminform, 2012, 41(4): 1538-1558.

[11] Lehmann J, Joseph S. Biochar for Environmental Management, Science, Technology and Implemention[M]. London: Routledge, 2015.

[12] Woolf D, Amonette J E, Street-Perrott F A, et al. Sustainable biochar to mitigate global climate change[J]. Nature, 2010, 1: 1-9.

第 2 章　生物质炭化设备

我国农作物秸秆、畜禽粪便、林业废弃物、易腐垃圾等废弃生物质量大面广，就地焚烧、填埋等传统的处理处置方法不仅污染环境，还造成了资源浪费。将废弃生物质转化为生物质炭，是一条能够固碳减排、资源循环利用的绿色发展道路。开发高效、环保的炭化设备，有利于实现我国"碳达峰"和"碳减排"目标。本章从炭化设备类型、工业化炭化设备设计、炭化产品质量控制、环境影响评价及污染防治措施等方面，对生物质炭化技术和系统进行了详细介绍。

2.1　生物质炭化设备概述

生物质炭化是指生物质在无氧或缺氧条件下吸收热能，破坏生物质中的大分子结构，形成以固定碳为主的多孔结构固体的过程。根据炭化原理，生物质炭化设备可分为热解炭化设备和水热炭化设备。

生物质热解炭化通常需要经过干燥、预炭化、炭化和煅烧四个阶段[1]。第一阶段是干燥阶段。干燥阶段的温度范围为 120～150℃，在炭化设备中生物质吸收外部供给的热量后，生物质内的水分首先蒸发去除，由湿物料变为干物料，内部的纤维素、木质素和半纤维素等其他化学组分几乎不变。第二阶段是预炭化阶段。预炭化阶段的温度范围为 150～300℃，生物质中的不稳定物质开始热解反应，大分子化学键发生断裂和重排，部分有机质开始挥发，生物质内部热解反应开始进行，如半纤维素会开始热解为 CO、CO_2、CH_3COOH 及 H_2O 等物质，形成短链脂肪烃和杂环烃。第三阶段是炭化阶段。炭化阶段的温度范围为 300～450℃，生物质会进一步热解，产生大量的挥发分，同时还会产生焦油、木醋液、CH_4、H_2、CO 等产物。第四阶段是煅烧阶段。煅烧阶段的温度大于 450℃，高温条件下生物质中的不稳定物质进一步热解，木质素热解后缩合成杂环、芳香环的炭结构，生物质炭中固定碳含量进一步得到提高，孔隙率和比表面积增大，最终获得主要由碳和灰分所组成的生物质炭。

生物质水热炭化是指以水作为溶剂，将生物质原料和水按一定比例混合后，放置在密闭的反应器中，通过外部热源对反应容器加热，将水热炭化温度控制在 100～350℃，同时反应炉内的压力升高，使反应器内部的生物质原料进行水热炭化反应。生物质水热炭化一般会经过水解、脱水、脱羧、缩聚和芳构化等步骤。水热条件下，能够加速生物质原料和溶剂水的物理化学作用，促进生物质原料的水解反应，最终形成含碳量高且具有多孔结构的生物质炭。

　　德国、日本等国家对于生物质炭化技术及设备的研究起步较早，近年来，我国众多科研机构和企业也投入大量人力和物力，在生物质炭化设备研发方面进展迅速。沈阳农业大学已经研发出以"半封闭亚高温缺氧干馏炭化新工艺"和"组合式多联产生物质快速炭化设备"为核心的生物质炭化设备；中国科学院厦门城市环境研究所开发的集成烘干和炭化为一体的热解炭化设备，能够将污泥中的部分氮和绝大部分磷、钾等营养元素保留在污泥炭中，实现污泥的连续炭化；浙江科技学院科研团队通过对猪粪、牛粪、玉米秸秆、小麦秸秆、水稻秸秆等 50 多种废弃生物质进行炭化(图 2.1)，系统地研究了炭化温度与生物质炭理化性质的关系，自主设计研发了畜禽粪便分级炭化工艺，并与浙江金锅锅炉有限公司、浙江同奥环保科技有限责任公司和江苏碧诺环保科技有限公司等进行产学研合作，为生物质炭产业化发展奠定了基础。此外，浙江省农业科学院和国家林业局竹子研究开发中心及清华大学、北京大学、浙江大学、南京农业大学等知名高校和科研院所，正在围绕我国废弃生物质资源化利用问题，开发高效、环保、节能的生物质炭化设备。

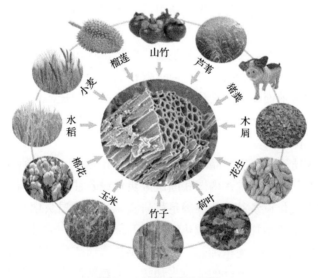

图 2.1　生物质炭及原料

2.2　生物质热解炭化设备

　　近年来，为实现废弃生物质资源的循环利用，生物质热解炭化设备研发工作进展迅速。虽然热解炭化设备种类繁多，但它们也有共同特点，如炭化过程要在缺氧的条件下进行，炭化设备密封和保温性能良好，炭化充分，原料适应性强等。常见的热解炭化设备包括固定床热解炭化设备、移动床热解炭化设备和流化床热解炭化设备。

2.2.1　固定床热解炭化设备

固定床热解炭化设备也是生物质炭化的主要设备类型之一，具有活动零部件少、制造工艺简单、生产成本低、操作方便等优点，根据不同的炭化需求，已开发出多种类型的固定床热解炭化设备。

我国传统的生物质热解炭化设备主要包括土窑、砖窑等，它们是内燃式固定床热解炭化设备的代表。内燃式固定床热解炭化设备需在炉内点燃生物质燃料，依靠燃料自身燃烧所提供的热量维持热解。土窑和砖窑制备生物质炭的主要原理为闷烧干馏，一般窑体容积大，多用于木炭的制备。窑式炭化设备制备生物质炭的步骤包括材料准备、引燃、炭化、冷却和出炭等阶段。首先将生物质原料堆放到窑里，将引燃物点燃后放入引火口，通过在窑内燃烧燃料提供炭化过程所需要的热量，然后封闭炭化炉，生物质原料在缺氧的环境中被闷烧，炭化过程中产生的气体通过排气烟囱排出窑外，炭化结束后，炭化产物在窑内缓慢冷却后形成生物质炭。由此可见，土窑和砖窑等内燃式固定床热解炭化设备虽然不需要消耗额外的能量用来加热，但需要消耗部分生物质原料，且热解温度不易控制。土窑和砖窑的生物质炭产率仅为 25% 左右，对火候控制的要求也十分严格，炭化产品质量不稳定，窑体占地面积大，炭化工艺简陋，生产周期长，炭化过程污染严重，不适合用于炭化秸秆、畜禽粪便、易腐垃圾等废弃生物质，无法满足人们对生物质炭质量和环境保护的要求[2]，已被淘汰或禁用。

目前，生物质炭及衍生产品的研发是一大研究热点，科学研究所使用的生物质炭需要精准控制炭化条件，内燃式固定床炭化设备往往难以满足科研要求，采用外热式固定床炭化设备基本能够满足科研实验精准控温炭化要求。外热式固定床热解炭化设备主要由加热炉膛和热解炉膛两部分构成，通过天然气、热解气、固体燃料等燃烧或电热丝通电加热炉膛，提供热解所需的热量。虽然外热式固定床热解炭化设备需要消耗额外的能量来加热，但热解温度易于控制，生物质炭产品质量能够保证，炭化过程中能避免生物质原料燃烧，不产生二噁英类剧毒物质，废气排放量也大幅下降。实验室制备生物质炭可采用管式炉或箱式炉作为炭化设备，管式炉和箱式炉均配有可编程精密温度器，可根据需要来设定升温速率、热解温度和热解时长，控温精度能够达到 $\pm 1\,^{\circ}\mathrm{C}$，炭化过程中可通入 N_2 营造缺氧环境。图 2.2 为浙江科技学院科研团队所采用的实验室小型管式炭化炉，该炭化设备通过电热丝给炉膛加热，能够在生物质炭化的过程中实现精准控温，分离收集到生物质炭、木醋液、焦油和热解气。

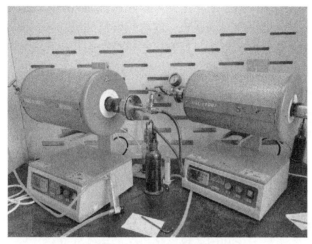

图 2.2　实验室小型管式炭化炉

　　为解决小型农户秸秆处理困难的问题，汪烈所在团队设计了一款能够成捆炭化秸秆的两箱式固定床炭化设备[3]。该设备被隔板分成左右两个箱体，两个箱体完全隔离，功能独立，可同时分别炭化处理不同的生物质原料。

　　微波热解炭化设备是近年发展起来的新型固定床炭化设备，与其他的固定床热解炭化设备相比，微波热解炭化设备具有升温速率快、加热均匀、高效节能、无滞后性等优势。微波热解炭化设备一般由微波源、炭化炉腔体、操作控制系统3 部分组成。微波炭化过程中，微波功率和炭化时间对生物质炭的特性影响较大，生物质原料的粒径和含水率也会对生物质炭的特性有一定影响。商等设计研发出单膜谐振腔微波热解炭化设备，并考察微波功率、物料粒径和含水率对木屑的热解影响，当微波功率为 2.0kW、含水率为 20%和物料粒径为 0.5～0.8mm 时，所制备的生物质炭的品质较好，利用该微波热解炭化设备制备的生物质炭具有较大的比表面积和丰富的孔隙结构[4]。胡晓遵循原料充分炭化、废气循环利用、生产空间节约、控制自动化等高效、环保、节能的思想，设计并制造了一套用于生产竹炭的微波热解炭化设备，以小功率磁控管组合代替大功率磁控管，大幅降低设备的制造成本[5]。赵敏等设计制造了一套金字塔形微波谐振腔热解炭化炉，利用 3 个微波管从 3 个方向进行辐照，并在谐振腔内部增设了微波搅拌器，使微波辐照更加均匀，采用的双层微波防泄漏炉门设计，降低微波泄漏风险，研究表明，当微波功率为 1.16kW、炭化时长为 18min，能够制备出吸附性能强的高品质生物质炭[6]。

2.2.2　移动床热解炭化设备

移动床热解炭化设备是在固定床热解炭化设备的基础上发展起来的,能够利用生物质原料连续炭化生产生物质炭,同时热解气、焦油和木醋液也可以连续排出,与固定床热解炭化技术相比,具有生产连续性好、生产效率高、过程控制方便、产品质量相对稳定的优点,是今后生物质炭化设备开发的重点方向。

回转式热解炭化炉是移动床热解炭化设备的典型代表,主要包括原料输送系统、烘干炉和炭化炉。回转式热解炭化炉是一个外壁为钢制结构、内壁为耐火材料砌成的加长圆桶式工业炉。回转式炭化炉在工作时,将原料加入进料斗中,以电机减速机为动力,带动炉体匀速平稳的转动,炭化料的温度不断地升高,原材料随着炉体的转动,在自身重力和惯性的带动下逐渐向炉体末端移动,炭化料由底层炉床上的出料口卸出炉外,在炭化过程中可产生 CO、CH_4、H_2 等可燃性气体。回转式热解炭化炉合理采用了物料回收、净化、循环燃烧的先进技术,做到了能源自供自给,将资源最大化利用,提高了设备的连续性和经济性。回转式热解炭化炉以生物质炭化时产生的热解气体作为燃料,循环利用热解气燃烧产生的热量进行连续炭化,只有在刚启动时需要提供额外燃料,一旦发生热解反应产生热解气体,就可以停止额外燃料的供应。

目前,畜禽养殖场的粪污处理已成为一大难题,开发专门针对畜禽粪便炭化的装置和设备具有重要意义。畜禽粪便中含有较多水分,热解过程中除产生 CH_4、CO、H_2 等可燃气体外,还会产生大量不燃气体 CO_2 和水蒸气,造成热解气热值低,较难给炭化炉提供足够的热量。因此,亟需研发适用于畜禽粪便炭化的设备,以解决现有技术的不足。浙江科技学院科研团队研发出一种畜禽粪便分级炭化的系统和方法[7],该方法的流程如图 2.3 所示。利用烘干炉、低温炭化炉和高温炭化炉对畜禽粪便进行干燥和热解炭化处理,烘干炉、低温炭化炉和高温炭化炉均采用夹套式炉。高温炭化炉产生的热解气经燃烧器燃烧后对高温炭化炉进行供热,低温炭化炉和烘干炉利用高温炭化炉夹套排出气体余热进行供热。高温炭化炉产出的畜禽粪便炭经换热冷却器冷却后,输送到畜禽粪便炭储罐中储存,经过换热冷却器的热空气由引风机输送到燃烧器中与热解气混合燃烧。该系统通过分级炭化提高解热气热值,利用热解气燃烧产生的热能为炭化设备加热,实现废弃生物质资源循环利用,降低炭化成本。该畜禽粪便分级炭化方法,将热解气中的水蒸气、不燃气体和可燃气体有效分离,显著提高了用于加热燃烧的热解气的热值,提高了对炭化炉的加热效率;充分利用烟气的余热,对畜禽粪便进行脱水和低温炭化,节约了能源;采用换热器充分利用畜禽粪便炭的余热,既实现了畜禽粪便炭快速冷却,又实现了热能循环利用。冷却后的畜禽粪便炭输送到密封储罐中进行储存，整个制备和出炭过程不与外界接触，有效保证了畜禽粪便炭的熟化程度和品质。

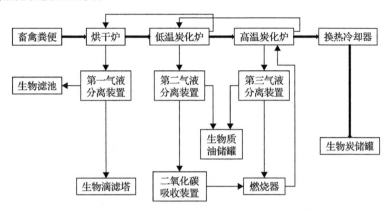

图2.3　畜禽粪便分级炭化的系统流程示意图[7]

中国科学院城市环境研究所自主研发、拥有独立知识产权的城市污水处理剩余污泥的炭化设备，通过蒸汽破壁处理污泥并结合深度机械脱水，可一次性将污泥的含水率由 85%降低到 35%左右，脱水污泥经过热解处理制备含有 N、P、K 营养元素的多孔污泥炭，可用作土壤改良剂和生物质炭基肥料使用，也可作为吸附剂回用于污水处理过程，既能提高污水厂的最终出水水质，又能使污泥在污水厂内循环利用富集磷，作为磷矿补充资源减少污泥的外排量。完成了污泥水热脱水和热解炭化制备污泥炭的工艺条件优化，包括对重金属的稳定固化条件优化，对污泥生物质炭进行安全使用评价等工作。图 2.4 为中国科学院城市环境研究所回

图 2.4　中国科学院城市环境研究所回转式热解炭化炉中试设备

转式热解炭化炉的中试设备，该设备采用螺旋输送器进料，利用生物质颗粒和热解气对热解炉加热，该设备能够实现连续进料和炭化。

　　浙江金锅锅炉有限公司研发了具有知识产权的回转式热解炭化炉，能够对生物质原料进行干燥和炭化，可用于易腐垃圾、农林废弃物和污泥的连续热解炭化。该公司在金华市金东区建立了易腐垃圾协同农林废弃物热解炭化处理中心，设计建造了一套易腐垃圾日处理能力为 20t 的回转式热解炭化炉 (图 2.5)，每天可利用易腐垃圾生产 3t 生物质炭，实现易腐垃圾变废为宝的转变。

图 2.5　浙江金锅锅炉有限公司回转式热解炭化炉

　　回转窑热解炭化炉选用余热低温干化和热解炭化工艺，主要包括预处理系统、深度干化系统、热解炭化系统、尾气处理系统、污水处理系统、除臭系统和控制系统，如图 2.6 所示。预处理系统包括易腐垃圾料仓、输送装置、二次分拣平台、破碎机和机械脱水设施。其中，二次分拣平台主要用于分离易腐垃圾中可能混入的其他垃圾；破碎机用于将大块、硬度高的易腐垃圾破碎，使其均质化；机械脱水设施主要用于降低易腐垃圾的含水率。深度干化系统主要是利用烘干机对易腐垃圾进行脱水，烘干机的热源由炭化炉的高温烟气提供。热解炭化系统主要包括混合输送装置、回转式热解炭化炉、热解气燃烧炉、余热锅炉。其中，混合输送装置主要功能是将含水率高的易腐垃圾和含水率低的农林废弃生物质混合，进一步提高进料的热值和产气能力；回转式热解炭化炉通过柴油作为初始补给燃料加热后，利用生物质热解过程中产生的热解气燃烧产生的热量进行加热；热解气燃烧炉主要是将热解气引燃后为炭化炉提供热量；余热锅炉是将热解气燃烧后产生的高温烟气中的热量回收利用的装置。尾气处理系统主要包括脱硫、脱硝和除尘装置。

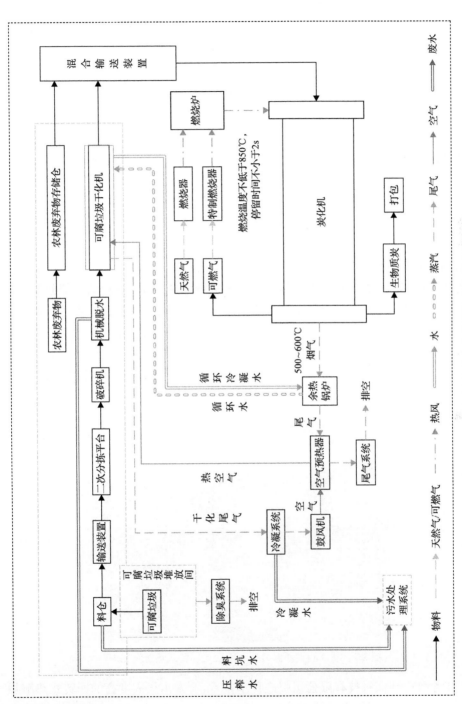

图2.6　易腐垃圾协同农林废弃物热解炭化系统流程图

浙江金锅锅炉有限公司利用回转窑热解炭化炉，解决了金华市金东区多湖街道的易腐垃圾终端处置难题。产生的生物质炭由浙江科技学院科研团队、南京农业大学农业资源与生态环境研究所、金华生物质产业科技研究院进行大田应用试验，取得了较好的效果。回转窑热解炭化炉处理易腐垃圾技术被"绿色技术银行管理中心"评定为 2020 年度绿色技术应用十佳案例。

浙江同奥环保科技有限公司开发的回转式热解炭化系统可用于畜禽粪便、易腐垃圾、农林废弃物炭化，图 2.7 为该公司的回转式热解炭化炉。该公司的回转式热解炭化系统主要包括进料系统、烘干系统、炭化系统、冷却系统、尾气处理系统和控制系统。进料系统采用螺旋输送和皮带输送相结合的方式。烘干系统通过引风机将热解气燃烧产生的高温烟气引入旋转烘干机内，物料与烟气为逆流流动，通过高温烟气将物料中的水分带走。炭化系统采用天然气对热解炉膛进行加热，使生物质热解，产生热解气体，热解气体经引风机引入燃烧室燃烧，产生的高温烟气通入加热炉内给热解炉加热，当生物质热解产生的热解气体量足够大时，可关闭天然气，直接利用热解气体对热解炉进行加热。冷却系统的一部分是通过换热器将加热炉和烘干炉排出的尾气中的水分冷凝收集后，做进一步污水处理；另一部分是利用水冷系统将生物质炭的出口温度降到室温。尾气处理系统主要由脱硫、脱硝和布袋除尘装置构成，以除去尾气中的有害成分。浙江科技学院科研团队与该公司合作，优化农作物秸秆和猪粪炭化工艺，制备不同类型的生物质炭，所制备的生物质炭可用于改良土壤或制备炭基肥料。

图 2.7　浙江同奥环保科技有限公司回转式热解炭化炉

江苏碧诺环保科技有限公司引进日本技术，开发出集成度高的回转式热解炭化炉，如图 2.8 所示。利用该设备对污泥进行干化和炭化，可将污泥含水率快速降低，将污泥体积总量减少 80%以上，实现污泥减量化、无害化、稳定化和资源化。

图 2.8　江苏碧诺环保科技有限公司回转式热解炭化炉

图 2.9 为江苏碧诺环保科技有限公司回转式热解炭化系统流程图，该连续式高效污泥炭化系统主要由干化部分、炭化部分和尾气处理部分组成。干化部分包括污泥存储仓、螺旋输送器、超级干燥机、燃烧机，干燥机将污泥泥饼破碎成 1～5mm 的颗粒，利用炭化炉燃烧排出的高温烟气抽送给超级干燥机，供其干燥污泥，高速热风直接将污泥颗粒烘干。炭化部分由定量喂料机、回转圆筒炭化炉、燃烧炉、燃烧鼓风机、水冷式热交换器、旋风除尘器、烟囱等构成。炭化炉是一个卧式旋转体，采用间接供热的方式，其侧部的热风炉燃烧产生高温，对可旋转的炉体进行加热，炉体内为无氧环境，污泥在 400～600℃热解，产生大量的 H_2、CO、CH_4、油气等热解气体，热解气体经引风机引入燃烧室进行二次燃烧，以提供炭化所需热量。物料经炉体的搬送从炉体末端输出，输出端带有产品冷却和收集系统，将产品冷却后装袋。炭化炉在刚启动时以柴油作为燃料对炉体进行加热，当炭化炉内热解反应产生热解气体能够为炭化系统提供足够的热量后，就不需再使用柴油进行加热。该炭化炉易于控制加热温度，能避免原料在筒体内燃烧，可制备高品质的生物质炭。同时，通过调节从低温炭化到高温炭化的温度，可以得到含碳量不同的炭化产品。由于在炭化的过程中没有生物质原料燃烧过程，所以不会产生二噁英类有害物质，排烟量也大幅下降。炭化的高温尾气可提供给原料干化系统利用，降低干化的能耗。尾气处理部分，当燃烧炉中温度达到 800℃以上时，热解气体可完全燃烧提供热量，干化炉排气通过水冷式热交换器降温后，经

旋风除尘器除尘和布袋除尘器除尘，再经碱洗塔去除尾气中的酸性气体，最后经氧化塔和活性炭除臭装置净化后，通过烟囱排入大气。此外，该公司通过与浙江科技学院科研团队合作，优化了猪粪热解炭化的工艺参数，实现了猪粪炭的连续生产，猪粪炭日产量达到 1t 以上。

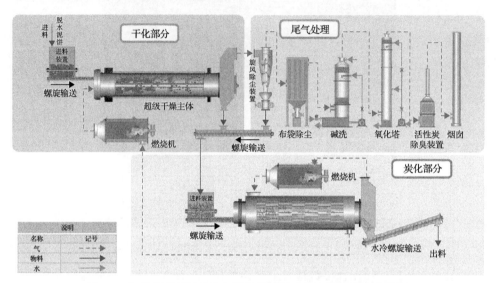

图 2.9　江苏碧诺环保科技有限公司回转式热解炭化系统流程图

南京勤丰众成生物质新材料有限公司研发出一款秸秆生物质综合循环利用装置，公司的核心技术是内循环封闭式限氧生物质回转式热解炭化设备，如图 2.10 所示。该装置采用卧式炉炭化设备，炉内温度、氧气浓度由仪器监测和控制，能

图 2.10　南京勤丰众成生物质新材料有限公司回转式热解炭化设备

够连续进料和出炭，自动化程度高，生产的生物质炭和木醋液质量高。一条生产线日处理各类秸秆 30t，年处理各类秸秆量 5 万 t。秸秆是由纤维素、半纤维素和木质素 3 种主要成分以及一些可溶于极性或非极性的提取物组成，当加热秸秆时，水分在 105℃首先被驱出，随着温度的升高，生物质中的 3 种主要组成物以不同的速度进行热解，每吨秸秆可生产生物质炭 350～400kg、木醋液 200～300kg、可燃气 300～400m³。

生物质热解炭化系统由进料装置、热解炭化炉、出料装置、燃气撬、风机撬、燃烧室、分离系统等组成，主要以小麦、水稻、玉米、稻壳等为原料，制成直径为 6～8mm、长度为 30～50mm 棒状生物质颗粒，将生物质颗粒进行无氧高温炭化，产物经过气固分离、气液分离等一系列过程得到高品质生物质炭，同时得到副产品热解气、木醋液、焦油。秸秆颗粒由铲车从秸秆颗粒仓库转运至炭化车间上料区的料仓中。秸秆颗粒料仓中的原料由螺旋提升机变频控制出料量，将料仓中的秸秆颗粒运送至上料螺旋机的料斗，进入上料螺旋机的料斗时增加除铁器，防止秸秆颗粒中铁丝、螺栓、螺帽、轴承珠等杂物进入炭化炉而损毁设备。除去杂质的秸秆颗粒以约 2t/h 的速度进入回转炭化炉，进入炭化炉的秸秆颗粒在无氧低温的条件下进行热裂解，炭化炉炉膛燃烧区温度控制在 650～780℃，炭化炉炉管转速保持在 1～1.5r/min，确保秸秆颗粒的炭化时间在 1～2h。如果在生产过程中有空气进入炭化炉炉管，会引起热解气热值降低，生物质炭在炭化炉炉管内燃烧，使设备局部超高温，造成不安全隐患。已炭化的物料从炉管尾部出来进入沉降室，主要进行气固分离，生物质炭从沉降室底部经过一级水冷夹套螺旋、水冷夹棍、二级水冷夹套螺旋将高温生物质炭颗粒粉碎降温，最后一级出料螺旋机出口将木醋液喷洒到生物质炭上，提升生物质炭的品质和降低生物质炭的温度，喷洒在生物质炭上的木醋液含量一般小于 30%。沉降室顶部的高温气体在风机抽负压的拉动下进入洗涤塔，采用逆流形式让高温气体和洗涤水进行热交换，将气态的木醋液降温冷凝成液态，洗掉炭粉颗粒。降温后的秸秆气经秸秆气风机推送到秸秆气缓冲罐，一部分秸秆气作为炭化炉燃料使用，另一部分可作为复合肥热风炉或蒸汽锅炉的燃料使用。洗涤下来物料根据密度不同分为木醋液、轻油和重油，轻油和重油分别通过出料泵将其输送到罐区储存，木醋液进行循环使用，喷洒到生物质炭上，多余的木醋液排出至木醋液罐储存。

浙江长三角聚农科技开发有限公司研发了一套可移动的回转式热裂解炭化系统，如图 2.11 所示。该套设备由不同模块组合而成，可实现废弃生物质连续炭化，适用于工厂及野外移动生产生物质炭，实现废弃生物质资源化利用。该系统采用生物质热解时产生的热解气体作为燃料，供给热解炉热量，各个生产环节的工艺参数可通过传感器集成到控制系统，利用悬臂液晶控制屏对生产工艺参数和生产状况进行调试和监测，在大幅降低生产成本的前提下，生产出高质量的生物质炭系列产品。炭化过程中产生的尾气和焦油，经燃烧器高温燃烧回收热量和无害化处理后排放到大气环境中。

图 2.11　浙江长三角聚农科技开发有限公司可移动回转式热裂解炭化炉

2.2.3　流化床热解炭化设备

　　流化床式热解炭化炉基于流态化热解，利用生物质原料在流态化过程中受热均匀、热交换能力强等优点，让生物质小颗粒快速炭化制备生物质炭，可利用生物质热解气为生物质热解过程及原料干燥过程提供热量，具备操作方便、反应快速、易放大的优势，是一种理想的热解炭化反应器。该炭化系统一般包括鼓风机、引风机、螺旋进料机、炭化炉、旋风分离器、余热锅炉等部件。热解炭化过程一般包括干燥、热解、气固分离和气液分离几个部分。英国 Wellman 公司设计制造的流化床式热解炭化炉的木屑炭化量为 250kg/h；西班牙 Union Fenos 公司设计制造的流化床式热解炭化炉的生物质炭化量为 200kg/h；国内浙江大学也开发了流化床式热解炭化炉，并考察了运行参数对炭化过程和生物质炭产率的影响。

2.3　生物质水热炭化设备

　　水热炭化技术最早由德国化学家 Friedrich Bergius 于 1913 年对纤维素进行炭化转化实验研究中提出，此后各国的科学家对水热炭化技术进行了系统的研究。水热炭化设备一般为密闭的高压反应釜，如图 2.12 所示。水热炭化设备生产生物质炭不受生物质原料含水率的限制，能够处理含水率高的废弃生物质，炭化时不需要经过干燥阶段，碳元素固定效率高；水热炭化能够保留生物质中的氧、氮元素，制备得到的生物质炭表面含有丰富的氧、氮官能团。通常，含水率比较高的畜禽粪便、污泥、易腐垃圾等生物质原料适合利用水热炭化设备生产生物质炭。李音等利用水热反应釜制备了表面官能团丰富、吸附性能良好的竹炭[8]。张曾等考察了水热反应釜中炭化温度对猪粪炭中主要营养成分的影响[9]。张进红等研究表明，水热反应釜炭化温度从 190℃升高到 260℃，生物质炭的碳、全氮和全磷质量分数增大，而产率、O/C 比值、H/C 比值、铵态氮质量分数、交换态磷质量分数、全钾质量分数和比表面积则降低[10]。Song 等利用水热反应釜制备了猪粪炭，研究了炭化温度和时间对猪粪炭性质的影响[11]。综上所述，水热炭化设备具有结构简单、操作方便的特点，在生物质资源化利用方面有广阔的应用前景。

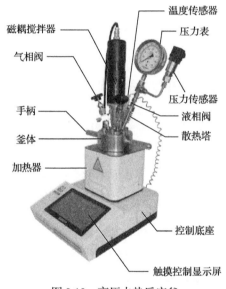

图 2.12　高压水热反应釜

2.4　工业化热解炭化设备的设计与运行

虽然废弃生物质炭化处理的设备类型多样，但是目前能够工业化的生物质炭化处理设备主要是回转式热解炭化设备，该设备能够实现生物质炭连续炭化处理，单台设备的生物质炭日产量已能达到 10t 左右。炭化设备的设计和运行直接关系着其产能，了解回转式热解炭化设备各工艺环节设计和运行，有助于实现节能、高效、保质的废弃生物质炭化利用目标。回转式热解炭化设备的设计与运行所涉及的系统包括进料系统、烘干系统、炭化系统、热解气回用系统、污水处理系统和尾气处理系统等。

2.4.1　进料及烘干系统的设计与运行

　　进料系统的设计和运行主要涉及破碎、脱水、输送等工艺。通过选用合适的破碎机，使废弃生物质物料颗粒均匀化，便于后续脱水、干化、炭化。根据所需要处理的废弃生物质原料的密度、硬度、形状、大小、含水率等特性，选择合适的破碎机。废弃生物质脱水可采用机械挤压方法，将含水率高的废弃生物质中的水分分离，降低后续干化成本，螺旋挤压脱水机是常用的机械挤压脱水设备。根据物料特性和运输功能，物料的输送一般选用螺旋输送机或皮带输送机。螺旋输送机俗称绞龙，是由螺旋叶片将物料推移进行物料输送，可对物料进行水平输送和倾斜输送。皮带输送机是由机架、输送皮带、皮带辊筒、张紧装置、传动装置组成，可根据所需输送的物料进行结构设计和选型。一般来说，对于秸秆、木料等含水率低的废弃生物质，进料系统仅涉及破碎和输送系统；对于易腐垃圾、污泥和畜禽粪便等含水率高的废弃生物质，进料系统除要考虑破碎和输送装置外，还要选择合适的脱水装置。烘干炉和炭化炉的进料部位，通常都会采用螺旋进料器，因为螺旋进料器除了具有运送物料的功能外，还起到隔绝空气的作用。

　　烘干系统的设计与运行主要考虑充分利用热解炭化过程中的余热进行物料干燥。烘干系统主要由回转式干化机和空气加热、冷凝交换机组成，一般无需考虑引入外界能源进行加热，采用热解炭化的余热对经过进料系统处理的废弃生物质进行烘干。干化机的设计和运行要考虑充分利用炭化余热，通过热交换器将常温风转换成热风，并对生物质进行烘干。经烘干工序的热风由于吸收了垃圾中的水分，而成为湿度较大的低温尾气，要对其进行处理，该阶段的尾气进入冷凝器进行冷凝水回收，使湿度较高的低温尾气转换成湿度较低的尾气，并再次进入热交换器，可以排入尾气处理系统处理，或者使之再成为低湿度的热风，并循环至干化机，再次循环利用，最终完成生物质的干化。冷凝过程产生的冷凝水进入污水处理站进行无害化处理。

2.4.2　炭化及热解气回用系统的设计与运行

　　回转式热解炭化设备的炭化工艺采用外热型干馏炭化，物料与高温烟气不直接接触。热解是在无氧的条件下进行，热解过程产生的热解气可引入燃烧炉高温燃烧，产生高温烟气的同时，去除热解气中的有害物质；高温烟气进入炭化机提供热能，对废弃生物质炭化，经热能释放的高温烟气排出炭化炉后，将其引入余热锅炉和烘干系统。炭化系统的设计和运行还应考虑炭化炉体倾斜角度，热解炉膛内部的隔板布置方式，热解炉膛结垢、加热炉积灰、燃烧炉结垢的处理处置办法，如在热解炉膛内设置振锤周期性敲打热解炉膛内壁，清理炉膛内壁结垢。在炭化系统的运行过程中，要通过控制热解气燃烧过程调节炭化温度，密切关注热解炉膛密闭性是否良好。

热解气回用系统的设计与运行主要涉及引风机的选型布置、热解气的分离提纯和热解气燃烧室的设计。选择合适功率的引风机，根据热解气回用需求，布置引风机的位置，如在炭化炉出口布置引风机，将热解气抽出炭化炉。生物质炭化过程中产生的热解气中，除含有 CH_4、CO、H_2 等可燃气体外，还含有大量的水分、焦油、灰分和 CO_2 等，可根据实际工艺需求，设计相应的热解气分离提纯工艺，如选用旋风分离器除去热解气中的灰分，设计喷淋塔和吸收塔除去水分、焦油和 CO_2。热解气燃烧室可设置成单独的燃烧室，或者将热解气通入加热炉膛进行燃烧。相对而言，设置单独的热解气燃烧室，将热解气在燃烧室燃烧后产生的高温烟气通入炭化炉进行加热，能够更加准确的控制炭化温度。

2.4.3　污水及尾气处理系统的设计与运行

对于含水率高的废弃生物质经过机械挤压产生的污水，以及烘干炉尾气中的冷凝水，必须设计相应的污水处理设施。产生的污水经隔油调节池收集后，中下层废水通过 pH 调节、混凝、过滤去除悬浮物，滤液打入厌氧生物反应器，利用微生物将其中大部分有机物降解为 CH_4 和低分子量物质，从而降低污染负荷。出水进入厌氧好氧生化系统，通过微生物载体挂膜进一步吸附、吸收并矿化有机污染物，同时利用硝化液回流促使氨氮进行硝化、反硝化反应，去除污水中的氨氮，最终确保废水稳定达标排放。系统产生的污泥压滤后，可作为生物质原料进行热解炭化。厌氧生物反应器产生的 CH_4 等可燃气体，可作为燃料补给炭化加热系统。

尾气系统的设计与运行主要涉及干化炉和炭化炉尾气。干化尾气可采用余热式循环除湿干化模式，干化气体不外溢，循环使用；炭化炉尾气可采用优化燃烧工艺，源头减少污染物的产生，限制二噁英产生的条件。除从源头控制减少尾气污染外，还需要采用末端尾气处理措施，对干化炉和炭化炉尾气进行进一步处理，如设计旋风除尘器或布袋除尘器去除尾气中的烟尘，设计碱液吸收塔去除尾气中的酸性组分。虽然经热解炭化的生物质炭和经高温焚烧的尾气均不含臭气因子，但为确保生物质卸料车间、炭化车间气体不外溢，采用引风机抽风，使该区域内形成负压，并经管道送至喷淋塔，利用喷淋方式进行吸收、除臭，以达到清洁生产目的。

2.4.4　冷却系统的设计与运行

生物质炭冷却系统的设计与运行关系到生物质炭的品质和厂区的防火安全。鉴于生物质炭从热解炭化炉输出时处于高温状态，需要设计冷却系统进行冷却。一般的冷却系统均采用水冷系统，水冷系统包括冷却输送器、冷却塔等部件。当生物质炭产量大、出炭口温度高时，可在出炭口向生物质炭喷水冷却降温。

2.5　生物质炭化设备的安全保障与风险评价

2.5.1　生物质炭化设备的产品质控

　　生物质炭产品质量的优劣关系到生产企业生存和发展，加强生物质炭产品质量管理，提高生物质炭品质是生物质炭生产企业追求的目标。生物质炭生产企业不但要从生物质炭生产、加工管理入手，同时还要从生物质炭转化为商品的过程中全方位精细化管理，不断研究和探索生物质炭生产、加工、销售出现的新问题，采取行之有效的方式加以解决，提高企业的经济效益。

　　生物质炭生产过程中的产品质量控制应当重视如下几个方面。首先，严格筛选原料，按市场需求选择合适的原料，减少杂质的混入；其次，严格控制炭化工艺参数，炭化工艺的重要参数包括炭化温度、炭化时长和进料速度等，炭化温度控制的精确与否直接关系到生物质炭品质的高低，在生产过程中应该保持炭化温度恒定，炭化时长也是关系生物质炭品质高低的重要因素，炭化时长决定着生物质原料是否能够炭化完全，设备安装后，应该根据不同原料调试炭化工艺，确定炭化时长，进料速度的快慢也是决定生物质炭品质的重要因素，在保证炭化温度稳定和充分炭化的基础上，进料速度越快，炭化设备的日产炭量越大；最后，生物质炭产品的包装和储存也是产品质量控制的重要环节，产品包装应当做到规范、清晰和密封。生物质炭的标识规范可参考《生物炭标识规范》（DB21/T 3320—2020），生物质炭的品级划分可参考《生物炭分级与检测技术规范》（DB21/T 3321—2020）。

2.5.2　生物质炭化设备的安全保障

　　生物质炭化过程中会产生 CH_4、CO、H_2 等可燃性气体，且炭化过程是高温工艺，操作稍有不慎便会引发众多安全问题。因此，生物质炭化设备的安全标准化管理是企业管理的重中之重，要将安全维护工作进行量化、细化，执行统一的评定标准。要对企业整体实施安全管理，增强操作员工的安全教育，设置安全管理人员，落实安全责任，达到安全生产的目的。鉴于生物质热解过程中产生的热解气是可燃气体，生物质炭生产车间应当拥有完备的通风设施和足够的生产空间；炭化过程中炭化设备的高温部件应当做好隔热和防护措施，贴上安全警示牌；生产工人应当统一佩戴防护口罩，避免吸入粉尘等有害物质，影响身体健康。

2.5.3　生物质炭化设备的环境影响评价

　　生物质炭化设备的环境影响评价应当包括大气环境影响、水环境影响、声环境影响、固体废物影响等方面。大气环境影响、预测与评价应当遵从《环境影响评价技术导则　大气环境》（HJ2.2—2008）的相关规定，从气象特征、环境空气质量进行影响评价。气象特征包括气温和地面风的风向、风速，环境空气质量的影响评价包括因子、范围和内容，以及有组织排放源和无组织排放源参数调查清单。水环境影响分析应当分析炭化设备产生废水类型及废水处理处置方法。声环境影响主要是针对破碎机、泵类和风机等设备运行时产生的噪声进行监测分析，考察其是否满足《工业企业厂界环境噪声排放标准》(GB 12348—2008)中的相关规定。固体废物影响主要是针对包括尘灰、废包装、生活垃圾等进行分析评价。

2.5.4　生物质炭化设备的污染防治措施

生物质炭化设备的污染防治措施主要从四个方面考量：大气污染防治措施、水污染防治措施、噪声污染防治措施和固体废物防治措施。生物质炭化设备的废气主要为破碎筛分废气、烘干炉废气和炭化炉烟气，破碎筛分废气通过设备密闭、车间密闭等措施减少无组织排放，烘干炉废气和炭化炉烟气通过布袋除尘器或旋风除尘器处理后达标排放。生物质炭化设备产生的污水主要为高含水率生物质的滤液、冷凝水等，根据需要设置絮凝池、厌氧好氧生化系统进行处理。生物质炭化设备的噪声源主要为破碎机、泵类和风机等设备运行时产生的噪声，可通过选用低噪声设备，采取基础减震、厂房隔声、风机加装消声器等措施来控制噪声。生物质炭化设备的固体废物主要包括除尘器灰尘、废包装等，可收集后送环卫部门处理。

参 考 文 献

[1] 孟凡彬, 孟军. 生物质炭化技术研究进展[J]. 生物质化学工程, 2016, 50(6): 61-66.

[2] 石海波, 孙姣, 陈文义, 等. 生物质热解炭化反应设备研究进展[J]. 化工进展, 2012, 31(10): 2130-2136.

[3] 汪烈. 两箱式烟气间接加热固定床炭化炉的研究[D]. 武汉: 华中农业大学, 2019.

[4] 商辉, 路冉冉, 孙晓锋. 微波热解生物质废弃物的研究[J]. 可再生能源, 2011, 29(3): 25-29.

[5] 胡晓. 基于微波热解技术的竹炭、竹醋生产设备研究[J]. 资源开发与市场, 2011, 27(7): 598-602.

[6] 赵敏, 朱端卫, 周文兵, 等. 金字塔形多管微波炭化炉的研制及其应用研究[J]. 林产化学与工业, 2012, 32(5): 34-40.

[7] 施赟, 单胜道, 庄海峰, 等. 一种畜禽粪便分级炭化的系统及方法[P]. ZL201811142541.2, 2020.

[8] 李音, 单胜道, 杨瑞芹, 等. 低温水热法制备竹生物炭及其对有机物的吸附性能[J]. 农业工程学报, 2016, 32(24): 240-247.

[9] 张曾, 单胜道, 吴胜春, 等. 炭化条件对猪粪水热炭主要营养成分的影响[J]. 浙江农林大学学报, 2018, 35(3): 398-404.

[10] 张进红, 林启美, 赵小蓉, 等. 水热炭化温度和时间对鸡粪生物质炭性质的影响[J]. 农业工程学报, 2015, (24): 239-244.

[11] Song C, Shan S, Yang C, et al. The comparison of dissolved organic matter in hydrochars and biochars from pig manure[J]. Science of the Total Environment, 2020: 720.

第 3 章　生物质炭化过程中组分变化

生物质在限氧条件下接触高温进行炭化过程中，挥发分部分转变为 CO、H_2 和 CH_4 等可燃气体，可冷凝组分则转变为木醋液和焦油，剩余大量固体产物即为生物质炭。不同生物质有机物组成及热解温度等条件决定了炭化产物的性质。通过调节反应过程中的温度、气体环境、反应速率等条件，可精细控制炭化产物的组合和产品性能，从而实现最优化的生物质能、炭质和养分的工业化分离和生产。但是，来源于人类生产和生活的废弃生物质可能含有各种潜在的有害物质，例如畜禽粪便含有过量的铜和锌等元素，生活垃圾和污泥中存在着镉和铅等残留，受污染土壤的植物中富集着高浓度的重金属元素。正是因为这些潜在污染物的存在，废弃生物质的安全处置成为农业环境保护的重大任务。充分了解生物质热解炭化过程中有机无机组分的转化特征和产物性质，有利于生物质炭化产品的精细调控和高效应用，对废弃生物质的安全处理和生物质热解工程技术的绿色发展极为重要。

3.1　生物质炭化过程中有机物的变化

3.1.1　生物质炭化过程中有机物的组成与变化

生物质热解过程是极其复杂的变化过程，可以将其热解过程归结为纤维素、半纤维素和木质素三种高聚物的热解，生物质热解主要是生物质中这三类物质在高温条件下进行一系列复杂的化学转化过程，其中包括分子间断键、聚合和异构化等。

植物体内约 50%的碳以纤维素的形式存在，纤维素是植物细胞壁的主要成分，主要以纤维二糖为基本单元聚合形成高度聚合物，一般可用$(C_6H_{10}O_5)_n$ 表示。半纤维素是呈横向散布于植物细胞壁各层的聚糖混合物，将细胞壁中的纤维素和木质素紧密地联系在一起[1]。半纤维素由来源于植物的多种聚糖组成，主要含有 D-木糖基、D-甘露糖基、D-葡萄糖基或 D-半乳糖等的主链[2]。半纤维素既可以由一种单一的糖基构成均一聚糖，也可以由几种不同的糖基构成非均一聚糖，还可以由几种不同的糖基以不同连接形式形成结构各异的各种聚糖，因此，半纤维素实际上是一群共聚糖的总称。与纤维素相比，半纤维素的聚合度要低很多。半纤维素与纤维素依托范德华力和氢键有效链接在一起，形成较为稳定的立体结构。木质素是由对羟基苯基丙烷、愈创木酚基丙烷和紫丁香基丙烷等单基形成多支链的、聚合度较高的三维立体结构的高聚物[2]，其作用是加固纤维素之间的黏结和增加木材的机械强度。木质素中含有多种复杂的连接方式，总体上分为三类：醚键、碳碳键、酯键。除了以上三类组分以外，生物质中同时还含有少许的提取物和灰分物质。提取物是一类不构成细胞壁和胞间层的游离的低分子化合物，可被极性和非极性有机溶剂、水蒸气或水提取。抽提物主要包括三个亚族：脂肪族化合物、萜和萜类化合物、酚类化合物。灰分物质主要由碱金属盐和无机碱组成。

有研究者分析了单质纤维素的热失重和添加金属盐后的催化热失重过程，发现在热解过程中纤维素主要发生脱水、解聚和失重的现象，而生物质炭和生物油的产生是一对相互竞争的反应路径[1]。在热解初期是聚合度降低形成活性纤维素的反应过程，其中低温有利于生物质炭的生产，较高温度则偏向于生产以左旋葡萄糖为特征产物的液态挥发分[3]。廖艳芬所在团队发现纤维素失重主要发生在较窄的温度区域内，通过对纤维素热裂解的红外光谱检测，发现纤维素结构在240～400℃区间发生了显著的变化，吡喃环结构发生强烈降解，O—H、C—H、C—O和C—O—O键发生断裂，共轭乙烯基团在280℃时生成并且随热解温度升高持续增加，同时羰基逐渐形成但随着温度的升高反而消失[4]。通过对已有研究的总结，纤维素热裂解过程按温度区间可划分为以下四个阶段。

(1)25～150℃，纤维素中物理吸附水因受热而蒸发逸散。

(2)150～240℃，纤维素结构中的化学水开始脱除，伴随着脱氢作用，生成脱水纤维素。

(3)240～400℃，纤维素大分子之间的苷键和碳碳键逐渐断开，随温度的升高发生强烈的分解反应，产生低分子挥发分。

(4)>400℃，纤维素中残余碳质开始芳环化。当升温至 700℃以上，发生脱氢作用并形成石墨结构。

彭云云和武书彬认为，蔗渣半纤维素热解过程主要有四个阶段[5]。第一阶段，热解温度小于 190℃，主要是由于吸热升温，半纤维素发生失水过程，失重率占原料的 1%～2%；第二阶段发生在热解温度为 200～280℃，半纤维素开始解聚转变并进一步失重；第三阶段热解温度在 280～350℃，此温度区间是半纤维素热解的主要反应阶段，产生大量小分子气体和大分子可冷凝气体并造成纤维素明显失重，当温度达到 300℃时失重率达到最大值，该阶段的失重率为 60%左右；第四阶段为炭化过程，当热解温度大于 400℃时，C—H 键和 C—O 键进一步断裂，半纤维素失重逐渐趋于平缓，逐步形成芳香化结构。

木质素是生物质三大组分中复杂度最高和热稳定性最强的一种组分。曹俊等研究了氮气氛围下木质素热解炭化过程，发现木质素热解炭化可分为 4 个阶段[6]：200℃以下为自由水脱除阶段；200～500℃为热解阶段，生物质炭开始形成；500～900℃时生物质炭中的 C—C 键和 C—H 键进一步断裂，绝大部分苯环解链并芳香化，形成无定形碳；900～1400℃时，生物质炭的碳碳双键几乎消失，生物质炭内部结构重组，形成了一种介于无定形结构和石墨结构之间的新结构，且导电性增强。木材类生物质热解过程中生成的大部分炭来源于木质素，这是由于木质素中的芳香环很难断裂，而纤维素和半纤维素中糖苷键容易断裂，在较低温度和较慢的加热速率条件下，木质素热解可以产生超过 50%的生物质炭产物。谭洪等在红外辐射加热反应器中对木质素和纤维素分别进行了热解试验研究，控制温度为350～800℃，发现生物质炭的产生率随着温度的升高而降低[7]。热解温度达到350℃时，生物质炭的产率约为 56%；当热解温度上升为 550℃时，生物质炭的产率为 45%；当热解达到 700℃后生物质炭的产率保持在 26%左右。这种差异主要由于原料自身的化学结构造成的，另一方面，木质素中的灰分质量分数较高并且含有一定量的金属盐从而对生物质炭的形成有一定的催化作用。研究者认为木质素热解形成的高炭产率是由于木质素中一些未参与热解反应的甲基苯基官能团引起的，通过在氮气氛围下以 400℃加热木质素 5min 后发现炭的产率为 73.3%，炭产物与木质素相似，是交叉的芳香族结构，可用分子式 $C_6H_5O_{1.3}$ 表示[8]。

实际上，生物质热解炭化过程受到其三大组分的综合影响。Wang 等研究了生物质三大组分在热裂解过程中的交叉耦合作用机制，指出三大组分的热裂解并非独立进行，而是存在重要的相互作用[9]。Hosoya 等研究发现热解过程中纤维素促进了木质素向酚类物质转化，木质素抑制了纤维素热解大分子产物的生成[10]。刘倩所在团队基于单纯形格子法利用热重-红外联用技术对三大组分模化物配比研究发现，采用组分分离预测生物质热解产物含量时，需考虑组分之间的协同作用[11]。三大组分模化物与天然结构存在差异，配比生物质由于天然连接结构的破坏，组分之间的相互作用被显著削弱，对热裂解产物组成产生影响。

以小麦秸秆炭和土壤有机质组成为例，南京农业大学科研团队采用红外光谱(FTIR)、核磁共振光谱(^{13}C-NMR 和 ^1H-NMR)及高分辨液相色谱质谱(LC/MS)等技术比较分析了生物质炭和土壤有机质有机组分之间的差异[12]。研究发现，生物质炭主要由胺类、芳香族化合物、烃类和脂肪族酯组成。小麦秸秆炭中氧碳有机分子的原子个数比(O/C)低于土壤样品的有机质组分，主要集中在 0～0.25 的范围内；而氢碳原子个数比(H/C)则与土壤有机质组分大致相同，在0.6～2.1 的范围内。生物质炭是更偏向芳香类和脂质类的物质，较土壤有机质含有更多的疏水性组分。

3.1.2 生物质炭化过程中影响有机组分的变化因素

(1)热解温度的影响。生物质热解终产物中，受到反应温度的高低和加热速率的快慢的影响，固、液、气三相的比例有很大的差异。从各产物的产率来看(图 3.1)，随着热解温度升高，固定碳和灰分比例逐渐增加，而水分和挥发分逐渐减少。从元素组成上看，生物质炭的碳含量随着热解温度的升高而增加，有机物组分中氢、氧等元素随着热解温度的升高而降低，氮、硫元素含量变化较小(表 3.1)。因此，

H/C 比值和 O/C 比值同样随着热解温度的升高而呈现下降的趋势，说明高温制备的生物质炭芳香化程度逐渐提高。谭洪等研究发现，稻壳和芸香木热解得到的炭产率随温度的升高而降低，300℃时稻壳和芸香木的炭产率分别是 45.84%和 28.38%，当温度上升到 600℃时，两种生物质炭的产率分别降低到 15.45%和 7.55%[7]。简敏菲等发现，随着热解温度的升高生物质炭产率和挥发分比例下降，灰分含量升高，N、H、O 元素含量下降，H/C 值、O/C 值、(O+N)/C 值下降，生物质炭极性和亲水性减弱，芳香性增强[13]。傅里叶红外光谱分析表明，水稻秸秆炭和稻壳炭表面官能团受热解温度显著影响，主要表现为甲基和亚甲基随热解温度的升高逐渐消失，烷烃类基团逐渐减少，而逐渐形成芳香性结构的芳香烃类官能团。利用 Bohem 滴定实验分析发现，随热解温度升高，水稻秸秆炭和稻壳炭总官能团数量呈减少趋势，碱性官能团含量上升，酸性官能团比例下降。

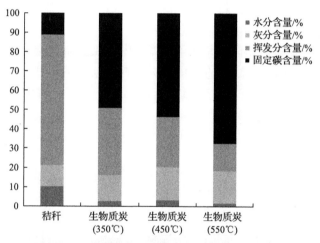

图 3.1 不同热解温度下制备小麦秸秆炭的组成

表 3.1 不同热解温度下制备小麦秸秆炭的元素分析

产率和元素分析	生物质炭温度		
	350℃	450℃	550℃
产率/%	37.2	33.4	29.6
C/%	62.0	63.9	67.3
H /%	4.1	3.0	2.1
N/%	1.2	1.2	1.1
S/%	0.6	0.7	0.5
O/%	21.7	17	15.8
H/C	0.07	0.05	0.03
O/C	0.35	0.27	0.23

(2)生物质原料特性的影响。生物质中各结构组成的含量及其特征对热解产物比例的影响较大。木质素和纤维素含量较高的生物质热解产物中固体生物质炭含量较高，而半纤维素等易裂解组分含量较多的生物质原料主要形成挥发分气体和生物油。不同生物质原料的化学组成和组分含量不同，热解反应特性、产物组成和含量也存在差异。例如，秸秆热解炭化产生的生物质炭产率低于畜禽粪便以及污泥等的炭化产率，这主要由于畜禽粪便和污泥灰分含量较高。南京农业大学科研团队利用小型炭化反应装置，在450℃下将不同废弃生物质热解炭化(图3.2)，结果表明竹片炭中固定碳含量最高，污泥炭中灰分含量最高(表 3.2)[14]。从元素组成来看，竹片、木屑、花生壳炭的碳含量最高，玉米芯、玉米秸秆、甘蔗汁等生物质炭的碳含量其次，畜禽粪便、中药渣和污泥等生物质炭的碳含量最低(表 3.3)。生物质炭中氢元素和碳元素含量比值较为稳定，其范围是0.13～0.15，而氧元素和碳元素的比值变化较大，其范围为 1.0～6.9，其中竹片炭的氧碳比值最低，畜禽粪便炭和污泥炭氧碳比值最高。

南京农业大学科研团队汇总了402篇国内外相关研究论文中生物质炭的性质，结果发现，不同原料制备的生物质炭中有机碳含量的总体趋势为林木炭＞农作物秸秆炭＞草类炭＞畜禽粪便炭＞污泥炭，而灰分含量呈现相反的趋势(表 3.4)[15]。

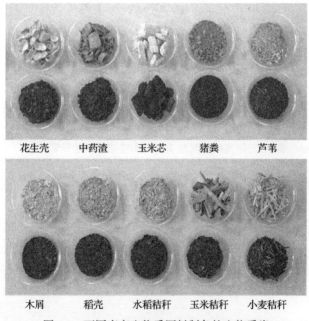

图 3.2　不同废弃生物质原料制备的生物质炭

表 3.2　不同废弃生物质热解炭化产物及性质[14]

生物质炭	产率/%	固定碳/%	灰分/%	挥发分/%	pH(H$_2$O)	EC/(mS/cm)	CEC/(cmol/kg)
小麦秸秆	37.02	49.82	24.29	25.89	9.92	266	81.13
水稻秸秆	34.06	45.76	31.27	22.97	10.16	261	77.00
玉米秸秆	36.43	57.14	19.84	23.02	10.01	267	79.85
油菜秸秆	35.54	58.21	14.86	26.93	9.77	253	54.37
芦苇秸秆	44.26	68.04	14.92	17.04	9.76	274	41.40
玉米芯	39.89	67.80	6.00	26.20	8.75	287	54.74
稻壳	43.65	57.27	21.34	21.39	8.96	342	40.13
花生壳	43.12	67.17	9.70	23.13	9.05	429	58.73
竹片	33.43	72.76	6.27	20.97	9.36	664	37.24
木屑	34.32	66.60	7.42	25.98	7.62	603	44.39
甘蔗渣	30.88	69.56	6.91	23.53	7.15	664	43.88
中药渣	39.95	59.75	15.59	24.66	9.11	767	33.76
鸡粪	40.23	28.21	53.57	18.22	8.94	831	31.96
猪粪	49.8	43.50	40.00	16.50	9.67	763	44.82
污泥	60.55	7.13	80.59	12.28	8.44	279	32.28

表 3.3　不同原料制备的生物质炭元素组成[14]

生物质炭	C/%	H/%	O/%	N/%	H/C	O/C
小麦秸秆	42.96	6.02	50.45	0.57	0.14	1.2
水稻秸秆	39.05	5.67	54.48	0.80	0.15	1.4
稻壳	41.73	5.61	52.10	0.56	0.13	1.2
玉米秸秆	42.15	5.66	51.05	1.14	0.13	1.2
玉米芯	43.67	6.01	49.35	0.97	0.14	1.1
芦苇	43.76	6.11	49.49	0.64	0.14	1.1
花生壳	45.73	6.18	46.99	1.10	0.14	1.0
油菜秸秆	42.07	5.69	51.01	1.23	0.14	1.2
木屑	45.37	6.32	47.77	0.54	0.14	1.1
竹片	45.88	5.87	47.39	0.86	0.13	1.0
鸡粪	31.69	4.57	62.07	1.67	0.14	2.0
猪粪	37.51	5.13	56.03	1.33	0.14	1.5
甘蔗渣	43.20	5.76	50.17	0.87	0.13	1.2
中药渣	36.92	5.14	55.51	2.43	0.14	1.5
污泥	12.27	1.86	84.30	1.57	0.15	6.9

表 3.4　不同原料生物质炭理化性质比较(平均值±95%置信区间)[15]

原料	pH	阳离子交换量 /(cmol/kg)	有机碳 /%	表面积 /(m²/g)	灰分 /%	总氮 /%	总磷 /%	总钾 /%
林木	8.2±0.2 (320)	20.9±3.3 (127)	72.6±1.3 (478)	164.4±24.1 (275)	7.84±1.1 (396)	0.6±0.1 (478)	0.4±0.1 (149)	0.7±0.2 (143)
农作物	9.5±0.2 (272)	70.4±15.5 (134)	61.1±1.6 (406)	109.2±1.7 (202)	23.6±1.7 (311)	1.3±0.1 (370)	0.7±0.1 (171)	3.3±0.5 (137)
草	8.7±0.3 (147)	98.6±82.7 (18)	63.9±1.8 (272)	63.4±2.3 (109)	17.9±2.3 (207)	1.2±0.1 (246)	0.4±0.1 (48)	1.7±0.4 (52)
畜禽粪便	9.4±0.2 (138)	37.4±13.2 (42)	45.6±2.7 (152)	36.5±3.1 (69)	38.82±3.1 (151)	2.5±0.2 (154)	2.4±0.4 (117)	3.2±0.4 (104)
污泥	8.7±0.5 (64)	57.6±35.8 (16)	25.1±2.7 (77)	28.2±4.3 (56)	63.3±4.3 (52)	2.5±0.3 (75)	3.0±0.7 (27)	1.1±0.3 (26)

(3)生物质原料形态与粒径的影响。生物质一般是具有多孔状的非均相结构,沿着不同的纹理和孔性方向,渗透性存在较大的差别。生物质热解时挥发分沿着纹理方向释放,因而渗透性差的生物质会增加挥发分气体的滞留时间,可能增加二次热解过程中聚合和裂解反应发生的程度,从而提高了生物质炭和不可冷凝气体的产率。物料颗粒大小对生物质中炭的裂解和产物形态产生较大的影响。研究发现,无论是何种生物质原料,生物质炭的产率一般均随着进料颗粒粒径的减小而降低,这是因为,较小的生物质颗粒有利于热解温度的快速传导,加速生物质的分解,发生断裂的分子键越多,主要形成挥发分,故生物质炭的产率降低。从生物质热解工程中能量平衡和产能的角度衡量,以生物质炭为主要产物的连续规模化生产可采用颗粒化生物质为原料,以提升炭质产物产率和质量。南京农业大学科研团队评价了利用生物质颗粒进行热解炭化的万吨级连续热解炭化回转窑的工作效率,发现采用稻壳、玉米秸秆和花生壳颗粒原料的生物质炭化得率分别为38%和47%,而液体产物产率分别为25%和29%,产气量分别为32%和31%[14]。两种生物质炭含碳量分别达到61.5%和43.7%,而产生的生物质气中主要含有 CO、CH_4、H_2 等有机物裂解产生的挥发组分,通过燃烧加热可维持大型热解炭化生产线的能量自给,降低生产能耗(表 3.5)。

生物质颗粒形状同样影响着颗粒的热解炭化过程。一般认为,平直状的生物质颗粒传热速度较快,导致原料质量损失也最多;而球状生物质颗粒热量传导速度较慢,更适合用于热解炭化。此外,粉状颗粒的热传导阻力最小使得液体产物最高,而块状颗粒的热解生物质炭和气体产率最高。

表 3.5　万吨级连续热解炭化回转窑运行参数[14]

指标		稻壳颗粒	玉米和花生壳颗粒
热解炭化指标	进料速率/(t/h)	1.38	1.31
	炭化终温/℃	500	500
	产炭速率/(t/h)	0.45	0.53
	炭化得率/%	38	47
	平均滞留时间/min	100	100
物料与产率	进料量/(t/h)	1.38	1.31
	产炭量/(t/h)	0.45	0.53
	气体量/(t/h)	0.58	0.40
	液体量/(t/h)	0.35	0.38
生物质炭性质	灰分/%	29.1	47.6
	C/%	61.5	43.7
	N/%	1.18	0.96
	pH/(H_2O)	7.32	8.63
	电导率/(μS/cm)	1096.67	618.5
气体组分	CO/%	30.51	25.18
	CO_2/%	25.1	24.9
	CH_4/%	14.79	16.6
	C_nH_m/%	0.81	1.14
	H_2/%	6.28	10.2
	O_2/%	0.5	0.16
	热值/kcal	2653	2619

注：1kcal=4.184kJ。

(4) 其他因素。生物质前处理和金属催化材料可改变热解炭化产物的组成和性质。例如：魁彦萍等以水稻秸秆为原材料，选用质量分数不同的 NaOH 和 KOH 溶液，发现经预处理后热解产物气体产率随 NaOH 质量分数的增加而降低，生物油的产率先增大后降低，固体产物先降低后增加；随着 KOH 质量分数的增加，固体、气体产物产率均降低而液体产率增加[16]。随着碱质量分数的增大，对生物质内部结构破坏得越严重，从而降低了小分子气体的生成。研究发现，部分碱金属盐(碳酸钾等)具有明显促进生物质热解的作用，且气体和固体生物质炭的产率明显提高，而焦油的量明显减少[17, 18]。热解升温速率和反应时间同样影响着热解炭化过程及生物质炭的形成。一般认为，随着升温速率的增加，热解反应移向高温区，生物质的分解速率提高，生物质炭的产率降低[19]。Zhao 等发现升温速率由 5℃/min 提高至 15℃/min 后，生物质炭产率随之小幅降低，而生物质炭 pH 逐渐升高[20]。而随着热解反应时间的增加生物质炭的产率也小幅降低，但较长的反应时间会导致油菜秸秆生物质细胞结构的破坏而增大其比表面积[20,21]。另外，生物质热解炭化压力和气体氛围也影响着生物质炭的有机组成和性质。

3.1.3　生物质炭化过程中多环芳烃的产生与控制

多环芳烃(polycyclic aromatic hydrocarbons，PAHs)是一类具有两个或多个芳香环的半挥发性化合物，是煤、石油、木材等有机化合物不完全燃烧过程中产生的有机污染物。这类物质具有亲脂性、疏水性、高毒性和持久性，因此对生态环境和人体健康造成了严重的危害。自然界中的森林、草原火灾均可短期集中释放大量的 PAHs 进入大气和土壤环境中[22]，而包括汽车尾气排放、农业生产、秸秆焚烧和化石燃料的燃烧是环境中 PAHs 迅速累积的主要途径[23]。热解炭化技术被认为是提高生物质资源利用价值和降低环境中 PAHs 排放的重要途径，但是，许多研究发现热解炭化过程中会形成一定量的多环芳烃、二噁英或呋喃类有机物，并附着于生物质炭表面和孔隙中[24,25]。近年来，随着生物质炭的广泛应用，生物质炭中的 PAHs 等污染物的潜在环境行为成为了研究热点[25,26]。明确生物质炭中 PAHs 的形成机理、含量特征及生物有效性，对于评估生物质炭潜在的环境风险和施用量具有重要的意义。

生物质热解炭化过程中 PAHs 的产生是一个非常复杂的过程，主要受到生物质类型、升温速率、热解温度和热解时间等的综合影响。一般情况下，慢速热解炭化工艺不仅可以提高生物质炭的产率，而且产生较少的 PAHs[27]。为了规范生物质炭的生产及其安全使用，国际生物质炭协会和欧洲生物质炭协会制定了相关标准。规定 16 种 PAHs 生物阈值分别为 6～20mg/kg 和 12mg/kg、多氯联苯(PCB)＜0.2mg/kg、二噁英和多氯代二苯并呋喃＜0.02ng/kg[28,29]。虽然 PAHs 是生物质炭潜在的污染物，但其浓度与含量目前研究报道还较少[30]，限量标准也未确定。Singh 等最早测定分析了 400～550℃慢速热解条件下制备的桉树木和树叶、造纸污泥、猪粪和牛粪等 11 种生物质炭的性质和污染物含量，发现其中 PAHs 含量均低于检出限(＜0.5mg/kg)[31]。Fagernäs 等研究发现，桦树木(*Betula pendula*) 450℃条件下慢速热裂解制备的生物质炭中 PAHs 含量为 10μg/g，其中包含低环的萘和甲基萘，而苯并[*a*]芘和苯并[*a*]蒽含量小于检出限(＜0.1μg/g)[32]。Hale 等测定了 250～900℃热解温度下制备的秸秆、畜禽粪便、木屑等 50 种生物质炭中的 PAHs 含量，结果表明，16 种 PAHs 含量为 0.07～45mg/kg[33]。Godlewska 等分析了已报道的生物质炭中 PAHs 含量范围[25]，发现 600℃条件下热解 2.5h 制备的竹炭中 PAHs 含量最低(80μg/kg)[34]，而 800℃条件下气化热解形成的木屑生物质炭中 PAHs 含量最高(172000μg/kg)[35]。表 3.6 总结了不同生物质原料热解炭化条件下制备的生物质炭中 16 种 PAHs 含量。

表 3.6　生物质炭中 16 种 PAHs 含量

原料	热解温度/℃	PAHs 浓度/(μg/kg)	参考文献
草	100	37	[36]
	200	439	
	300	583	
	400	3678	
	500	15787	
	600	736	
	700	101	
木材	100	92	
	200	179	
	300	204	
	400	2450	
	500	5576	
	600	691	
	700	364	
硬木(慢速热解)	500	12800	[37]
硬木(快速热解)	500	2700	
玉米秸秆(快速热解)	500	500	
玉米秸秆(快速热解)	732	19900	
柳枝稷草(气化)	850	20800	
玉米秸秆(气化)	845	169300	
软木	500	8700	[34]
水稻秸秆	300	2270	
竹子	300	2470	
红杉木	300	4540	
玉米秸秆	300	5660	
水稻秸秆	600	1150	
竹子	600	1060	
红杉木	600	80	
玉米秸秆	600	1470	
硬木屑	500	3600	[38]
废弃木头	475	3800	
	550	1200	

原料	热解温度/℃	PAHs 浓度/(μg/kg)	参考文献
酒糟	350	5000	[38]
	400	2200	
废弃木头	400	8800	
木屑	450	9556	[39]
稻壳	450	64650	
污泥	200	1640	
	300	2260	
	400	2990	
	500	70390	
	600	1240	
	700	180	[40]
玉米秸秆	200	760	
	300	5320	
	400	3580	
	500	3290	
	600	570	
	700	360	
木屑	800	172000	[35]
软木颗粒	550	6090~53420	[41]
污泥	500	560~766	
	600	566~978	[42]
	700	488~1118	
沼渣	400	1474~3100	
	600	2800~4500	[43]
	800	2800~4874	
针叶树木	1200	21060	
白杨木	1200	15660	[44]
葡萄渣	1200	3810	
小麦秸秆	1200	15840	
木屑	620	2613	
造纸污泥	500	1774	[45]
生活污泥	600	959	
葡萄藤	600	15367	

续表

原料	热解温度/℃	PAHs 浓度/(μg/kg)	参考文献
木屑	250	190	[46]
	300	400	
	400	860	
	500	650	
	700	590	
凤梨废弃物	350	823.9	[47]
	500	209.3	
	650	176.9	
稻壳	400	1031	[48]
	500	3449	
	600	7828	
	700	6185	
	800	11287	
市政垃圾	450	1200	[49]
	550	<500	
	650	<500	
	600	1820	
污泥	500	2263	[50]
	600	1730	
	700	1449	
污泥+柳木(质量比 8:2)	500	1290	
	600	1343	
	700	1517	
污泥+柳木(质量比 6:4)	500	1079	
	600	1109	
	700	1354	
污泥	500	1482	
	600	1125	
	700	715	
蔬菜废弃物	200	330	[51]
	500	340	
松球	200	6930	
	500	1600	
蔬菜废弃+松球	200	2600	
蔬菜废弃+松球	500	3823	

续表

原料	热解温度/℃	PAHs 浓度/(μg/kg)	参考文献
饮料纸盒	400	38400	[52]
	500	54300	
	600	63100	
	700	73700	

自 20 世纪 50 年代以来，研究者已经开始了生物质热解过程中 PAHs 形成的研究。但是 PAHs 的形成规律和机制是十分复杂的，Keiluweit 等概括了生物质热解过程中 PAHs 的产生途径[36]。

(1)当热解炭化温度<500℃时，生物质中木质素、纤维素和脂类等生物大分子在裂解过程中通过脱烷基化、脱氢、成环和芳香化等单分子环合反应形成 PAHs。该反应过程中，生物质中的一些易裂解的有机物形成了小分子挥发分物质和气体逸散，而剩余结构形成芳香性化合物。例如，软木中常见的松香酸等树脂类物质，首先经过脱氢反应生成惹烯(1-甲基-7-异丙基菲)和吡蒽(1,7-二甲基菲)，这些芳香化合物直接通过核缩合反应或烷基的进一步环化形成 PAHs。在此中低温条件下热解生产的 PAHs 以低环居多，但是也有少量的高环 PAHs 如苯并(a)芘形成。

(2)当热解炭化温度>500℃时，PAHs 通过自由基反应并在高温下合成更大的芳香化结构。该过程可以分为三个步骤：首先，生物质大分子通过热解反应被裂解成活泼的小分子自由基(如乙炔自由基 $HC\equiv C\cdot$ 和 1,3-丁二烯自由基 $H_2C\equiv CH—CH\equiv\dot{C}H$)；随后，这些自由基在高温下通过二次反应稠和成不含取代基且热力学更稳定的低分子量母体 PAH(如萘)；最后，随着热解温度和停留时间的增加，这些低分子量 PAHs 通过"zig-zag"加成反应形成高分子量的 PAHs。通常认为这三个过程主要发生在>650℃条件下。

目前，不同的研究中生物质炭 PAHs 的含量差别较大。生物质炭中 PAHs 的含量主要受生物质原料、热解炭化温度、热解工艺等的影响。尽管许多研究试图建立生物质炭中 PAHs 含量与生物质性质、热解炭化条件之间的关系，但是 PAHs 的形成机制非常复杂，仍鲜有相关的研究报道。Zheng 等[26]及 Hale 等[33]分别测定了23 种生物质原料不同条件下制备的 59 种生物质中 PAHs 的含量，发现提高炭化温度和炭化时长可降低生物质炭中的 PAHs 的含量，快速热解和生物质气化产生的生物质炭中的 PAHs 含量显著高于慢速热裂解生物质炭。Bucheli 等[53]研究了不同原料和热解条件对生物质炭中 PAHs 含量和组成的影响，发现木质材料生物质炭含碳量较高，但木质材料气化过程相对其他原料含有更高的 PAHs 浓度。

生物质原料是影响生物质炭中 PAHs 产生和浓度的重要因素。Quilliam 等[39]发现稻壳炭中 PAHs 的浓度(64.65mg/kg)是木质(不同树木的枝条)炭(9.56mg/kg)

的 7 倍。彭碧莲等[54]利用便携式小型热解炭化仪器在 450℃条件下制备并比较了不同类别生物质炭中的 PAHs 含量，其中秸秆炭中 PAHs 总含量平均值相对最高，为 21.46mg/kg，畜禽粪便类炭平均为 9.43mg/kg，生活废弃物类中 PAHs 平均含量为 7.70mg/kg。有研究发现生物质原料中无机盐的含量越高，会使生物质炭中 PAHs 产生的峰值温度偏低[55]。此外，在某些生物质炭的制备过程中，原料的灰分含量、含水量也会影响 PAHs 的含量[56]。Li 等[57]研究了不同粒径玉米秸秆对生物质炭 PAHs 含量的影响，结果发现，随着粒径长度由 9.31μm 增加到 101.9μm，生物质炭中 27 种 PAHs 含量呈现先增加后减少的趋势，其中粒径长度为 60.77μm 时 27 种 PAHs 含量最高(166.52ng/g)，而当粒径长度为 101.90μm 时 27 种 PAHs 含量最低(14.63ng/g)。

　　不同热解条件中，热解温度可能是影响生物质炭中 PAHs 形成的关键因素[36, 58]。Brown 等[59]测定了由不同温度制备的木质炭，结果发现，1000℃制备的炭中 PAHs 含量(3mg/kg)远低于 450℃(16mg/kg)和 525℃(7mg/kg)条件下制备的生物质炭。Keiluweit 等[36]比较了不同热解温度条件下生物质炭中 PAHs 的含量，发现 400～500℃制备的炭中 PAHs 的含量要高于同样原料在其他温度制备的生物质炭。Truc 等[60]发现咖啡渣炭中 PAHs 含量随着热解炭化温度的升高而增加，其中 2～3 环类的 PAHs 含量随着热解炭化温度的升高而降低。彭碧莲等[54]发现生物质炭 PAHs 总含量随热解温度的升高而降低，而低温制备的猪粪、小麦秸秆和污泥三种生物质炭中 PAHs 主要是低于 2 环类 PAHs。

　　生物质炭中 PAHs 的实际浓度受到 PAHs 产生过程和分解过程共同控制。Buss 等[41]提出了以最大幅度降低 PAHs 的生物质炭制备策略，并归纳了生物质炭 PAHs 累积与热解温度的概念关系示意图。研究者认为 PAHs 的产生量在中低温时达到峰值，但此时 PAHs 的分解速率较低，因此，随着温度的升高生物质炭 PAHs 含量是逐渐增加；随着热解温度的持续升高，当 PAHs 产生速率与分解速率相当时，生物质炭 PAHs 的累积含量达到峰值。同时，生物质热解过程中，随着热解温度的升高，生物质炭表面 PAHs 的挥发量逐渐增加，最终生物质炭 PAHs 实际含量应为累积量与挥发量的差值。降低生物质炭中 PAHs 的实际含量可通过提高其挥发量和分解速率来实现。Buss 等[41]发现与无载气(N_2)热解过程相比，通过在小型热解设备中通入 0.67L/min 氮气可将小麦秸秆炭中的 PAHs 含量由 43.1mg/kg 降低至 3.5mg/kg，而木类炭的 PAHs 含量由 7.4mg/kg 降低至 1.5mg/kg。Madej 等[61]提出了生物质原料、热解炭化温度和热解过程中氧气含量的控制对降低生物质炭 PAHs 含量的效果均不如热解过程中对惰性载气的流量控制。与 Buss 等的研究结果类似，他们认为，通过提高氮气的流速，从而迅速去除热解产生的生物质气可能是生产清洁生物质炭的最重要的因素。热裂解过程中通过控制载气流量可能是降低生物质炭中 PAHs 的重要方法，而不同工艺条件下载气的选择和流量的设置仍需进一步的探索，同时由载气携带出的 PAHs 等有机污染物的环境风险与消减技术仍需研究。

　　除了热解工艺条件的优化外，也可以通过热脱附技术实现生物质炭 PAHs 的去除。热脱附技术广泛应用于污染土壤的治理，是通过直接或间接加热将污染土壤加热至目标污染物的沸点以上，再通过控制系统温度和物料停留时间有选择地促使污染物气化挥发，达到目标污染物与土壤颗粒分离和去除的目的。作为一种物理修复方法，热脱附技术具有工艺原理简单、高效、操作灵活、安全稳定等显著优点，从而被广泛应用于石油类芳香烃、PAHs 等有机污染场地的修复。同理，Kołtowski 和 Oleszczuk[62]发现 100℃条件下加热仅能去除不同生物质炭表面 PAHs，而当温度升高至 200～300℃时，生物质炭孔隙中的 PAHs 可完全去除，且去除率达到 99%以上。Meyer 等[63]研究在 650℃条件下多次热脱附处理，可将生物质气化形成的生物质炭中高浓度的 PAHs 含量由 396～1713mg/kg 降低至小于 2mg/kg，但传统热脱附工艺存在有机物脱附时间长、能耗高、尾气难达标等问题，需要进一步改进。

3.2　生物质炭表面可溶性有机物的化学组分与生物活性

　　生物质在热解过程中大分子有机质的碳氢化合物的化学键被切断，转化为的小分子挥发分物质可能被吸附在生物质炭表面孔隙中，其中有机质裂解和缩合过程势必伴随着矿物或养分元素的释放和聚合。因此，生物质炭稳定的碳质表面可能形成"有机无机覆盖层"。这类物质具有一定的水溶性特征，随着生物质炭施入土壤，是最先释放并参与土壤生物地球化学过程的物质[64]。研究对比发现，生物质热解所得可溶性有机物质化学分子组成与天然产物组成具有一定的相似性[65]。利用液相-有机碳联用仪(LC-OCD)分析技术发现，生物质炭中吸附的挥发性有机质，包含生物的代谢产物和热裂解过程中新转化有机分子，数量达数百种，主要可分为大分子生物多聚体、小分子有机酸或中性有机物、腐殖化复杂有机物和结构性组织片段等[66, 67]。Hagemann 等[64]发现高温制备的木屑炭表面 20～50nm 厚度的可溶性有机覆盖层，这类物质富含较高的有机碳、氮等并具有丰富的氧、氮官能团，是提高生物质炭亲水性与固持养分的关键因素。

　　生物质炭的理化性质及其表面可溶性有机组分受到原料、热解温度、热解时间等条件的影响。Liu 等[68]系统地研究了不同原料、热解温度和热解时间对生物质炭可溶性有机碳(dissolved organic carbon，DOC)的影响，发现快速热解工艺制备的生物质炭含有更多的可溶性有机碳，慢速热解条件下随着热解温度的升高，生物质炭表面可溶性有机碳含量大幅降低。此外，不同提取方法对生物质炭可溶性有机碳含量的测定影响较大，畜禽粪便类、木质类、草本类和城市厨余等废弃物生物质炭 0.1mol/L NaOH 可提取有机碳含量，高于水提取态有机碳含量，而 0.1mol/L HCl 溶液提取的有机碳含量最低。生物质原料及炭化条件不仅影响着生物质炭可溶性有机碳的含量，同时也影响着可溶性有机碳的物质组成。南京农业大学科研团队利用气相色谱-质谱联用仪测定了五种原料市售生物质炭热水可溶性有机物的组成，结果发现，可溶性有机物主要包括苯甲酸、杂环胺、羰基酸、长链羧基酸、糖、甘油衍生的长链酸等[69]。不同生物质炭热水提取液中共检测出 63 种化合物，其中以小麦秸秆炭和玉米秸秆炭的数目最多，稻壳炭的可溶性有机组分检出数目最少。

此外，已有研究普遍表明，低温热解制备的生物质炭表面可溶性有机碳含量显著高于高温制备的生物质炭[66,67]。Lin 等[67]发现将热解温度从 450℃提高至 550℃，木屑炭表面水溶性有机碳含量则降低了约 23 倍。热解温度不仅影响着生物质炭可溶性有机组分的含量，同时显著改变着有机组分的组成，Lin 等将生物质炭水溶性有机碳的有机碳分为疏水性 DOC、生物聚合物、腐殖质、砌块、低分子量中性物质和低分子量酸六类。如表 3.7 所示，当热解温度由 350℃升高至 550℃，小麦秸秆炭表面热水可溶性有机碳含量降低了 7 倍。

表 3.7 不同热解温度下小麦秸秆炭热水可溶性有机碳的含量与组成[67]

热解温度 /℃	总 DOC /(mg/L)	疏水性 DOC /(mg/L)	亲水性 DOC				
			生物聚合物 /(mg/L)	腐殖质 /(mg/L)	砌块 /(mg/L)	低分子量中性物质/(mg/L)	低分子量酸 /(mg/L)
350	691.1	83.5	3.7	90.2	84.8	164.5	264.5
450	274.5	69.4	1.9	38.2	33.8	67.3	63.8
550	97.5	30.7	0.7	25	14.1	19.5	7.5

来源于不同生物质原料和热解温度下形成的可溶性有机碳因其结构不同，所具有的生物功能和活性也不尽相同。已有研究发现，某些生物质炭可溶性小分子有机物起到植物激素的作用，能够促进生物生长[70,71]，有些起到生物拮抗作用或化感作用，可以抑制主体外的生物的生长或代谢过程，是生物抑制剂或化感物质，有些则是有机营养物质(例如氨基酸、氨基糖等)等，在自然界这些物质的存在调节和控制着各种生物的生长。研究发现，300℃制备的稻壳炭表面可溶性有机物的组分较为丰富，主要含有芳香烃(38.6%)和脂肪类(6.53%)化合物，其中多种小分子有机物在植物生长方面起着重要的作用。例如，水杨醇、丁子香酚和 4-羟基苯甲醛可通过调节植物的抗性基因和生理过程提高植物抵御病虫害能力[71]。Elad 等[72]通过采用分子对接技术预测出稻壳炭表面水溶性组分中 $C_7H_{12}OS$ 具有促进水稻抵御低温逆境相关蛋白表达的功能，从而提高水稻低温条件下的生长发育能力。此外，400℃条件下慢速热解制备的稻壳炭表面可溶性 2-乙酰基-5-甲基呋喃可能

与水稻植株中的生长素蛋白受体结合，从而促进水稻细胞的生长[72]。Graber 等[73]在培养液中添加 0.01%的辣椒秸秆炭(450℃)可溶性组分即可显著减少拟南芥根毛的发育和生长，但其作用机理仍不明确。

不同原料生物质炭所含有的可溶性有机物的生物活性因其化合物组成的差异而产生不同的效应。南京农业大学科研团队研究发现，450℃热裂解制备的小麦及玉米秸秆炭盐酸提取液对玉米种子萌发表现出截然相反的效果，其中玉米秸秆炭的提取液中氮杂环化合物($C_{13}H_{22}O_3N_4$)具有显著的生物活性可有效促进玉米种子的萌发，而小麦秸秆炭的提取液却抑制种子的萌发[74]。此外，不同温度条件下制备的生物质炭的可溶性组分的生物活性也不尽相同。一般认为，低温(350～400℃)条件下制备的生物质炭含有较多的生物活性功能小分子有机物，可促进植物的生长。与植物激素发挥的作用机制相似，生物质炭可溶性有机物的浓度与其生物活性有着重要的关系。例如，Lou 等[70]发现叶面喷施稀释 50 倍的小麦秸秆炭热水提取有机物后不结球白菜生物量提高了 51%，而玉米秸秆炭热水提取有机物则需稀释至 100 倍后才显著提高不结球白菜的生物量。此外，有研究发现，叶面喷施低温制备的小麦秸秆炭表面可溶性有机物可改变不结球白菜叶片中的氮素代谢过程，从而促进蛋白质的积累，降低硝酸盐的富集[75]。南京农业大学科研团队研究表明，将一定量的生物质炭可溶性有机物与化学肥料复配开发成新型促生肥料，用于滴管和叶面肥喷施，可提高作物的品质和产量，其作用效果优于部分市售水溶肥[76]。

近年来许多研究发现，施用生物质炭可降低真菌性叶病(如白粉病，炭疽病和灰霉病等)的发生[77, 78]。Viger 等[79]对拟南芥的研究结果显示杨木炭的添加使得拟南芥中有关植物激素合成基因(油菜素类固醇)的信号传输分子、控制细胞壁松弛的基因以及促进细胞膜糖转运蛋白、营养素和水通道蛋白活性的基因均上调表达，但与防御相关的基因却下调表达。南京农业大学科研团队通过转录组学的分析，发现喷施小麦秸秆炭可溶性有机物显著改变了不结球白菜叶片中碳水化合物代谢和细胞壁中多糖代谢等生物过程相关基因的表达，提高了作物的抗逆性和生物量[80]。生物质炭可溶性有机物不仅具有促生和抑病的效果，同时还可以作为土壤微生物所需的生长底物，促进植物根际微生物多样性，从而协同提升作物的抗病能力[81]。

生物质炭可溶性有机物不仅直接影响植物的生理过程和基因表达，同时也间接的通过影响土壤过程从而影响着作物的生长。生物质炭可溶性有机物中含有大量还原性物质，可以显著地改变土壤氧化还原电位，改变土壤中微生物的电子传递、养分循环和污染物的环境行为。例如，Graber 等[66]发现辣椒秸秆炭中可溶性多酚类物质可提高土壤中还原态的铁和锰含量，从而影响土壤中碳氮生物地球化学循环。生物质炭内源性金属离子和养分元素在环境中的释放与其可溶性有机碳呈现正相关关系，可能是影响生物质炭进入土壤后短期效应的重要因素[82]。Huang 等[83]发现生物质炭表面可溶性有机物中的酚类和羧基类官能团更容易与 Cd^{2+} 络合，而多糖类物质则更容易吸附 Cu^{2+}。而低温制备的生物质炭不仅含有大量的可溶性有机物，并且具有更高的络合土壤 Cu^{2+} 的能力，从而显著地影响着土壤中 Cu^{2+} 的环境行为和生物有效性[84]。与此类似，Bian 等[75]发现土壤中添加 350～550℃ 制备的小麦秸秆炭可溶性有机组分后大幅减低了 Cd^{2+} 的生物有效性，但低温制备的生物质炭可溶性有机物却显著提高了土壤 Cu^{2+} 的生物有效性。Dong 等[85]认为甜菜和辣椒秸秆炭表面可溶性含羧基类有机物可直接提高 Cr^{6+} 的还原过程和 As^{3-} 的氧化过程，而半醌自由基主要促进了 As^{3-} 的氧化。有研究认为，生物质炭中可溶性有机物可以络合土壤中 Fe^{3+}，而这种络合物容易被紫外线破坏分解形成 Fe^{2+} 从而间接地还原土壤中 Cr^{6+}[86]。与秸秆中可溶性有机物相比，生物质炭可溶性有机物主要含有芳香烃类物质，因此具有更强的吸附 Pb^{2+} 的能力[87]。

近年来，也有研究发现，生物质炭表面可溶性有机物是决定生物质炭安全利用的重要因素之一。例如，Wang 等[88]采用了三种指示生物评价了 650℃ 条件下制备快速热解生物质炭，结果发现稻壳炭和木屑炭未影响指示生物的生长，而菖蒲炭表面可溶性组分中含 C—O、C—N 和 C=O 官能团的小分子量芳香类化合物具有生物毒性。某些生物质炭可溶性有机组分中 PAHs 的含量与其生物活性呈显著的负相关关系[89]。Smith 等[90]将生物质炭表面可溶性组分的生物毒性作为评价生物质炭农业应用的依据，发现小于 400℃ 热解条件下制备的松木生物质炭表面水溶性有机物中含有的某些酚类化合物具有生物毒性，可抑制蓝绿藻的生长（*Cyanobacteria Synechococcu*）。而 Sun 等[74]发现 450℃ 热解条件制备的棉花秸秆、菌渣和水稻秸秆生物质炭表面水溶性组分可以作为芽孢杆菌（*Bacillus Mucilaginosus*）生长基质从而显著促进其生长和繁殖。因此，生物质原料、热解工艺条件等因素决定了生物质炭可溶性组分的有机物组成和功能，可能是直接影响生物质炭在环境和农业领域应用的重要因素。但是由于生物质炭可溶性组分中的有机化合物产生机制和组成极其复杂，不同化合物的活性和毒性也不尽相同，未来的研究需要加强这类物质的鉴定和毒理学分析，并将生物质炭可溶性有机组分纳入到生物质炭质量评价标准体系中，以规范生物质炭的生产和应用。

3.3　生物质炭化过程中养分元素的变化

废弃生物质尤其是农业源废弃生物质，不仅含有纤维素、半纤维素、蛋白质和糖类等有机物，同时含有丰富的氮、磷、钾大量元素和中微量元素。在自然环境中，生物质所含的养分随着有机物的分解释放到土壤中，以增加土壤中速效养分含量，促进作物增产，实现养分元素的循环。据估算，2015 年中国主要农作物秸秆资源量为 7.2 亿 t，所含的氮 (N)、磷 (P_2O_5)、钾 (K_2O) 养分资源总量分别达到 625.6 万 t、197.9 万 t、1159.5 万 t，相当于 2015 年化肥用量的 38.4%(N)、18.9%(P_2O_5) 和 85.5%(K_2O)[91]。《第二次全国污染源普查公报》公布结果显示我国 2017 年农作物秸秆产生量为 8.05 亿 t，畜禽粪污产生量达到 38 亿 t。据估算，我国畜禽粪便中氮、磷、钾含量分别占总养分的 32.6%、46.8% 和 20.6%[92]。王涛[93]调查了我国 25 座城市的 90 个污水处理厂，结果发现我国城镇污泥中有机质平均含量为 51.43%，总氮平均含量为 3.58%，总磷平均含量为 2.32%，总钾平均含量为 1.42%。随着我国垃圾分类持续推进，城镇厨余垃圾、园林绿化等废弃生物质中养分元素也可作为重要资源服务于城市的绿色循环发展。因此，生物质热解炭化过程中无机元素形态转化和养分元素的有效性是影响生物质炭在农业和环境领域中应用。

3.3.1　生物质炭化过程中氮、磷、钾元素的变化

生物质中的氮主要以氨基酸的形式存在，氮的含量及分布有很大的差异[94]。已有文献数据显示，农业生物质中氮含量在 0.3%～1.4%，林木生物质中氮含量在 0.02%～2.51%[95]。不同生物质中氮的赋存形态较为复杂，目前对生物质中氮析出和释放机理尚不明晰。一般认为，生物质热解过程中部分氮随挥发分释放，称为挥发分氮，其余的氮留存于炭质中。当热解温度较高时，生物质中的碳氢链分解速度相对较快并产生较多的氢自由基，氮将更多地以 HCN 和 NH_3 的形式释放并参与化学反应，而生物质中残留的氮逐渐形成杂环 (类吡啶结构) 有机化合物[96]。若热解温度相对较低，氢自由基产生较慢，大多数氮将保留在生物质炭中。田爽爽[94]研究认为，当热解温度由 300℃ 升高至 700℃ 时，秸秆中的含氮化合物如氨基酸、氨基糖、无机氮受热分解生成 HCN、NO、NH_3 等含氮挥发性物质，从而导致氮素总量的减少。陈吟颖等[97]利用热重分析仪器分析了我国华北地区 11 种常见农林业废弃物在不同热解条件下氮元素的释放和分配规律。研究结果发现，农作物废弃物在热解过程中至少有 50% 的氮留存在生物质炭产物中，而大多数林业废弃物和草本类生物质中的氮主要随挥发分析出。在慢速热解条件下，随着升温速率的提高，迁移到气态中的氮含量呈降低的趋势。但也有研究发现，NH_3 和 HCN 的产量与升温速率之间并没有明显的关系，有些研究甚至发现了相反的现象。与慢速热解相比，生物质在快速热解条件下将产生更多的含氮气体。这是由于慢速热解促进了生物质的炭化，氢自由基减少，对含氮化合物裂解的活化作用减弱，而快速热解可促使生物质二次热解并提供较多的氢自由基，产生大量的含氮气体[98]。热解过程中不同惰性气体氛围也影响着生物质中氮的转化。有研究认为，当热解温度大于 250℃ 时，过量的 CO_2 气体会抑制 HCN 的产生，导致 CO_2 气氛条件下

生物质原料中氮素的挥发减少。同时，如果 CO_2 气体流速较低将引起生物质中碱金属含量升高，而碱金属在热解反应中降低反应的活化能，进一步促进 NH_3 等含氮化合物的释放[99]。此外，也有研究报道认为生物质原料粒径、热解反应器种类、物料停留时间等因素对生物质热解过程中氮的释放有影响作用[95]。值得一提的是，目前对生物质热解炭化工艺中含氮化合物的问题关注较少，特别是尾气中氮氧化物的析出和控制仍需要进一步的研究。表 3.8 给出了常见的农业、林业、畜禽粪便和污泥原料在 450℃慢速热解得到的生物质炭中氮元素的含量，其中中药渣和鸡粪中的氮含量最高，木屑和芦苇秸秆中氮含量最低。不同生物质原料热解炭化得到的生物质炭中氮回收率范围为 44.58%～92.77%。可以看出，中低温条件下慢速热解可保留生物质中 45%以上的氮（表 3.9），但是不同生物质原料的性质是影响氮素转化和析出的重要影响因素。

表 3.8　生物质炭与其原料的养分含量对比[14]

样品		全氮/(g/kg)	全磷/(g/kg)	全钾/(g/kg)
小麦秸秆	原料	6.42	3.28	8.49
	生物质炭	8.73	3.09	20.91
水稻秸秆	原料	6.19	3.89	10.54
	生物质炭	9.33	6.06	23.24
玉米秸秆	原料	6.80	4.08	10.14
	生物质炭	13.93	6.04	20.33
油菜秸秆	原料	8.01	2.91	6.05
	生物质炭	11.30	3.08	13.47
芦苇秸秆	原料	3.11	3.31	8.43
	生物质炭	6.19	6.06	20.05
玉米芯	原料	3.78	3.03	5.94
	生物质炭	4.55	2.64	15.24
稻壳	原料	4.78	3.13	3.46
	生物质炭	7.65	5.13	8.39
花生壳	原料	8.34	3.33	4.52
	生物质炭	11.12	2.40	8.44
竹片	原料	4.59	3.81	5.11
	生物质炭	8.21	1.72	8.86
木屑	原料	2.42	2.40	0.67
	生物质炭	4.53	1.49	1.31

续表

样品		全氮/(g/kg)	全磷/(g/kg)	全钾/(g/kg)
甘蔗渣	原料	3.24	2.58	3.83
	生物质炭	6.96	3.08	8.46
中药渣	原料	19.19	3.75	8.06
	生物质炭	24.52	6.40	13.35
鸡粪	原料	17.94	12.41	6.97
	生物质炭	20.97	18.78	12.62
猪粪	原料	8.76	8.80	7.40
	生物质炭	11.85	16.99	12.88
污泥	原料	12.88	23.55	11.64
	生物质炭	10.01	27.23	14.44

表 3.9　生物质热解炭化后养分回收率[14]

生物质炭	N/%	P/%	K/%
小麦秸秆炭	46.32	32.12	83.87
水稻秸秆炭	65.79	67.99	96.25
玉米秸秆炭	81.76	59.02	80.01
油菜秸秆炭	62.46	46.73	84.62
芦苇炭	70.61	65.10	84.50
玉米芯炭	44.58	32.23	94.99
稻壳炭	58.28	59.70	88.22
花生壳炭	45.76	24.68	64.01
竹炭	59.80	15.14	72.09
木屑炭	57.71	19.18	59.90
甘蔗渣炭	92.77	51.51	81.41
中药渣炭	63.63	88.11	68.57
鸡粪炭	47.02	60.87	72.85
猪粪炭	54.03	77.11	69.57
污泥炭	47.09	70.00	75.07

　　磷是植物必需的营养元素，表 3.8 中给出了不同废弃生物质中磷的含量，约为 2.40~23.55g/kg，其中污泥和畜禽粪便类废弃生物质的含磷量最高，木屑中磷

含量最低。生物质热解过程中，磷元素的释放和赋存形态主要受到热解温度和升温速率等条件的影响。有研究发现[94]，当热解温度升高至 700℃时，水稻秸秆中磷含量的损失率达到 45%。随着热解温度升高，生物质炭中磷的形态也发生显著的变化，主要表现为有机磷分解成无机磷和含磷挥发性物质，同时生物质炭中 $NaHCO_3$ 提取态磷逐渐减少，而 HCl 提取态磷和残渣态磷增加。Wu 等[100]测定了不同热解温度条件下麸皮中磷元素的释放规律，结果发现当温度低于 700℃时，麸皮中磷元素几乎未发生分解和挥发，仅当温度达到 900～1100℃时磷元素才大量减少。该研究认为，磷元素损失主要是由于麸皮中有机的肌醇磷酸盐分解为 KPO_3 而挥发造成的。此外，热解过程中通入的 CO_2 气体可抑制含磷有机物向含磷气体物质的转化，同时减少 $NaHCO_3$ 提取态磷和 NaOH 提取态磷的热解挥发，使 CO_2 气氛下生物质炭中磷含量高于 N_2 气氛下产生的生物质炭[94, 101]。由于热解过程中部分含磷化合物会附着于生物质炭表面，所以进气流量较大时会增加含磷化合物的损失，减少生物质炭中磷的含量[102]。Zhao 等[103]研究了 500℃条件下制备的 20 种不同类型生物质中养分元素的含量，结果发现，骨炭中磷含量最高(10.9%)，小麦秸秆炭磷含量最低(0.07%)。南京农业大学科研团队研究发现牛骨炭中磷含量随热解温度的升高而增加，全磷含量为 145.5～160.6g/kg，有效磷含量为 72.4～105.2g/kg，而施用牛骨炭不仅可改善土壤性质也大幅提高了小白菜的生物量和磷素利用效率[104]。不同类型生物质炭中磷含量及磷元素热解前后的回收率详见表 3.8 和表 3.9。

　　钾元素是植物生长所必需的大量元素，生物质中大部分钾以 K^+ 的形式存在于植物体内，称为无机钾，仅有一小部分钾与生物质中的有机官能团结合在一起，称为有机钾。生物质热解过程中钾的析出规律受热解温度的影响较大，热解过程中钾容易挥发出来，且容易与生物质中其他碱金属反应，引起诸如炉内团聚、受热面沾污、金属腐蚀等问题，降低设备的运行效率。因此，对钾在生物质热解过程中的析出和释放规律的研究尤为重要。在生物质干燥阶段，生物质中处于游离态的无机钾会以 KCl、K_2SO_4 和 KOH 等含钾化合物的形式沉淀下来，同时小部分无机钾会与炭反应转化为有机钾；热解温度在 500℃以下时，生物质中的钾主要以有机钾形式析出，但此阶段生物质的结构仍比较完整，钾的析出阻力较大，仅有很小一部分钾伴随着有机钾(如羧酸钾盐和苯酚钾等)的分解而析出，同时部分挥发的钾还容易被生物质炭多孔结构捕集，钾的释放率较低；当热解温度高于 700℃时，生物质中的钾主要以 KCl 或 KOH 的无机形式挥发析出；在更高的温度下，则有可能以钾离子的形式进入到热解气体中[105, 106]。田爽爽将水稻秸秆在 300～500℃热解时，未发现钾的释放，而当温度升高至 600℃时，仅在气体产物中检测出含钾物质[94]。Wei 等[107]利用热力学分析软件(Fact sage)模拟生物质热解过程中钾元素的迁移析出规律，认为部分钾以无机态形成释放(KCl、K_2SO_4、KOH 和

K 等），其他钾以硅酸钾、硅铝酸钾和硫酸钾等形式留存在灰分中。Knudse 等[108]研究了 6 种生物质在固定反应器上燃烧过程中钾的析出规律，结果发现当温度高于 700℃时，生物质中的钾大量析出进入气体产物中，当温度达到 900～1100℃时，约 60%以上的钾析出。Liao 等[109]通过对水稻秸秆燃烧试验发现，当温度达到 600℃以上时，大量 KCl 析出。这与徐婧[110]的研究结果类似，他们发现温度高于 650℃时，水稻秸秆中的钾主要以 KCl 的形式挥发并沉积在管式炉的内壁上。孟晓晓等[111]利用水平管式炉在 300～1000℃条件下研究了玉米秸秆中碱金属的释放规律，结果发现在 300～700℃时，少量 KNO_3 直接挥发至气相，钾盐由生物质颗粒内部逐渐熔解并向表面迁移，700℃时在颗粒表面形成钾盐富集，而继续升温后由于高温和局部压力的共同作用，绝大多数钾盐熔解并析出至气相。研究表明，生物质热解炭化过程中，当温度达到 700℃时，钾首先与氯结合以 KCl 的形式析出，当温度高于 800℃时，生物质中氯离子完全挥发，此时钾的析出主要受到 K_2CO_3 的影响。Tan 等[112]研究同样发现水稻秸秆炭化过程中钾的释放和形态的变化主要受到热解温度的影响，而不同气氛对钾的影响不大，并且认为在 CO_2 气氛下进行 400℃炭化获得的生物质炭中植物可利用态钾含量最高。表 3.10 给出了不同原料及生物质炭中钾的含量，可以看出，与氮和磷元素含量不同，生物质炭中钾的含量呈富集趋势，而热解前后钾元素的回收率为 59.90%～96.25%（表 3.9）。

生物质炭中养分有效性受到生物质原料和热解温度的影响。不同原料生物质炭中氮、磷、钾元素的总量和速效含量见表 3.10。可以看出，生物质炭中钾的有效态含量最高。这是因为生物质炭中的钾主要以 KCl 的形式存在，具有较高的溶解性。生物质炭中的氮在热解过程中会形成稳定的杂环氮化合物，而磷容易与碱金属形成难溶的无定形矿物及盐类，使生物质炭中的氮和磷的有效性远低于钾元素。

表 3.10　生物质炭中氮、磷、钾总量及有效态含量[14]

生物质炭	全氮/(g/kg)	全磷/(g/kg)	全钾/(g/kg)	碱解氮/(mg/kg)	速效 P/(mg/kg)	速效 K/(g/kg)
小麦秸秆炭	10.77	1.67	19.27	101.38	119.37	11.38
玉米秸秆炭	14.47	4.38	15.38	161.70	312.45	9.55
水稻秸秆炭	7.72	4.43	32.00	32.55	598.08	25.50
玉米芯炭	9.38	2.35	24.61	17.60	626.77	11.63
稻壳炭	8.47	2.75	12.92	14.39	192.71	6.63
木屑炭	2.80	1.82	6.36	79.27	51.35	1.78
药渣炭	22.29b	4.87	6.87	73.15	153.05	1.35
污泥炭	16.17	12.28	9.13	253.58	317.69	0.73
酒糟炭	34.81	7.72	12.69	55.13	241.36	3.94

Zornoza 等[113]通过在 300～700℃条件下热解猪粪、棉花秸秆和城市生活废弃物发现,生物质中的 80%以上的钾元素是生物有效的,但是磷元素的生物有效性较低,并且有效态钾含量随热解温度的升高而升高,但是有效态磷含量呈现相反的趋势。与此类似,Zheng 等[114]也发现随着热解温度的升高,芦竹炭中水溶性氮和磷的含量逐渐降低。因此,从生物质炭中养分的有效性角度出发,低温(400℃)制备的生物质炭更有利于作物养分的吸收[112, 114]。

3.3.2　生物质炭化过程中微量元素的变化

生物质炭中钙和镁元素在热解过程中相对比较稳定,几乎不随有机物的分解而析出释放,而是以稳定的化合物留存在生物质炭中。研究发现,木质炭富含钙镁元素,施用后提高了土壤中可溶性钙镁元素含量,从而促进了玉米对钙镁的吸收并连续多年提升了玉米产量[115]。生物质炭中的钙镁离子的生物有效性随着热解温度的升高而降低,这主要是由于钙和镁元素容易与硫和磷等形成稳定的硫酸盐和磷酸盐矿物,同时也可与碳酸盐反应形成碳酸盐沉淀物。例如,猪粪炭中钙镁离子与磷形成了 $(Ca, Mg)_3(PO_4)_2$,使钙镁离子和磷元素的溶出率降低[116]。南京农业大学科研团队利用小型热解炭化炉,在 350℃、450℃和 550℃条件下制备了两种入侵植物(豚草、加拿大蓬)炭,研究发现,生物质炭中钙和镁含量随着热解温度的升高而上升,但是水溶性钙和镁含量则随着热解温度的升高而显著下降[117]。

生物质中的硫元素主要以两种形成存在:有机体中的有机硫,如氨基酸、蛋白质等;以及各种硫酸盐形成的无机硫。有研究认为,生物质炭中的硫元素形态受到热解温度的影响,随着热解温度升高,生物质炭中硫的赋存形态由无机硫逐渐转变为有机硫。例如,当热解温度为 500℃时,橡木和玉米秸秆炭中的有机硫含量分别约占其总量的 56%和 23%,而当热解温度升高至 850℃时,其中的有机硫含量则达到 100%和 73%。这主要是由于在低温阶段,生物质脱水形成无机硫化物析出(如 $CaSO_4$、FeS_2),随着温度的升高和生物质孔隙结构逐渐形成并捕获了硫化物颗粒,通过与热解过程中形成的小分子碳氢化合物(如 C_2H_2)和 H_2 反应生产 H_2S,此后 H_2S 与生物质有机官能团形成有机硫化物(如噻吩类化合物)[118, 119],生物质炭中的有机硫可通过矿化作用转变为 SO_4^{2-} 而被植物所吸收,从而进一步影响着环境中有机无机污染物的赋存形态。有研究者认为,芒草炭中的有机硫化物可以作为根际土壤中硫代谢细菌的底物被利用,从而提高土壤硫的生物可利用性,促进亚麻的生物量[120]。生物质炭因其良好的孔隙结构和丰富的官能团也可作为环境中含硫废气的吸附材料,研究发现,经厌氧消化剩余的牛粪残渣炭可吸附并固定垃圾填埋场排放的硫化氢气体形成富硫生物质炭,而这类生物质炭已被证明可部分代替硫肥使用,并大幅提高玉米和大豆的生物量[121]。此外,生物质炭中硫的含量受到热解温度和原料的影响[122]。当热解温度由 300℃升高至 700℃时,玉米秸秆炭中的硫的含量由 0.58%降低至 0.32%[123]。Cheah 等[118]发现热解温度未显著影响橡树木质炭中硫的含量，但是随着温度的升高玉米秸秆炭中硫的含量显著降低，这可能与生物质中硫的赋存形态不同有关。Barrett[124]的研究认为，含硫氨基酸中半胱氨酸和甲硫氨酸的分解温度分别为 178℃和 283℃，因此硫在热解过程中最初的损失是由生物质中有机硫的分解造成的。徐欢等[125]将生物质炭中硫分为水溶性硫、盐酸可溶性硫、吸附性硫和有机硫 4 种，发现低温条件下（300℃）植物源生物质炭中含有较多的水溶性硫，随着热解温度的升高总硫含量大幅降低，并且高温条件下（700℃）生物质炭中的硫主要以盐酸可溶性态和有机态硫存在。与此不同的是，猪粪炭中含有大量的无机矿物成分（如钙、钾、镁等）容易与硫形成稳定的无机盐类，使猪粪炭中硫元素随温度的升高损失较小，且在高温条件下主要以盐酸可溶性硫的形态存在[125]。不同生物质原料中的硫元素含量差别较大，刘朝霞等[126]研究了 5 种秸秆废弃物中经 500℃下热解炭化后的硫含量，结果表明水稻、小麦、玉米、油菜和棉花秸秆炭中硫含量分别为 0.48%、0.84%、0.55%、1.24%和 0.68%。

硅对作物的产量和质量有着重大的影响，被认为是继氮、磷、钾之后植物所需的第四种元素。硅可以使作物表皮细胞硅质化，茎秆挺立，提高叶片的光合作用，增加细胞壁的厚度，从而增强作物抗倒伏和抵御病虫害的能力[88]。然而，已有文献报道中对生物质炭中硅的含量、形态和在环境中的迁移转化仍缺乏深入的研究，忽略了生物质炭中硅的重要意义。

有研究认为，植物源生物质炭显著提高了土壤有效硅含量，并且可作为潜在的硅肥应用[127]。基于全球可收获秸秆中硅元素利用的预测认为全球作物秸秆炭每年可供应 102 Tg 硅，其中水稻秸秆热解炭化后每年可产生 57.7 Tg 硅[128]。生物质炭中硅的含量和形态受到热解温度和原料性质的影响，当低温热解炭化时，生物质炭中的硅主要以无定形态硅存在，而当温度升高后逐渐形成结晶态的硅。如图 3.3 所示，小麦秸秆中硅元素经热解炭化后富集于生物质炭表面。

Xiao 等在 150～700℃温度下热解炭化稻壳后发现，随着温度升高生物质炭中硅呈现富集趋势，其含量由 4.9%提高至 18.29%，其中硅的形态主要是无定形硅（接近 100%），而当温度达到 700℃时生物质炭中出现大量结晶态硅（22.36%）[129]。一项连续 28 天的研究发现，不同温度制备的生物质炭中硅的释放量同样受到热解温度的影响，其中 350℃制备的稻壳炭的硅溶解释放量最大[129]。不同生物质原料及其制备的生物质炭中硅的含量差异较大，Li 和 Delvaux[128]通过整合分析发现生物质炭中的硅的含量是其原料中的 2.4～3.8 倍，其中油菜秸秆炭中的硅含量最低（0.06%），稻壳炭中硅含量最高（49.25%），不同类型生物质炭中硅的平均含量为 7.07%；生物质炭中有效硅含量约占总量的 13.0%～73.6%，远高于土壤中有效硅含量[130-131]。正是由于生物质炭中硅的富集和较高的生物有效性，南京农业大学科研团队在我国广汉、长沙、岳阳、进贤、桂林和龙岩等地测定了施用小麦秸秆炭对水稻硅吸收的影响，结果表明小麦秸秆炭中柠檬酸可提取态硅含量为718mg/kg，而各实验地土壤中可提取态硅含量仅为 32.8～94mg/kg，因此，施用20t/ha～40t/ha 生物质炭后土壤中有效硅含量提高了 128%～319%，而水稻茎秆中硅含量提高了 17%～44%[132]。与此类似，Wang 等分别研究不同热解温度（300～700℃）对稻壳和木屑中硅含量及水稻硅吸收的影响，结果发现稻壳中的硅含量丰富且随热解温度的升高而逐渐增加，进一步试验表明施用稻壳炭可提高水稻的产量和硅的吸收量，而木屑炭则吸附固定土壤中有效硅从而减缓稻田土壤中硅的生物地球化学循环速率[130]。Li 等[128]通过对比不同生物质炭和硅灰石性质发现奇岗芒生物质炭含有较高的 $CaCl_2$ 提取态可溶性硅，可代替传统硅肥（硅灰石）以提高土壤肥力和有机碳含量。基于生物质炭中硅的重要性，越来越多的研究发现生物质炭施用后可提高作物对硅的吸收，增强作物的抗病性，抵御蚜虫、灰飞虱和褐飞虱等病虫的影响[133,134]。

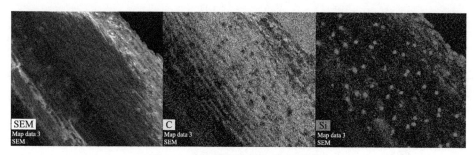

图 3.3　小麦秸秆表面扫描电镜图谱

基于已有的研究报道，不同原料和不同温度条件下制备的生物质炭中钙、镁、硫和硅元素含量见表 3.11。

表 3.11　不同生物质炭中钙、镁、硫和硅元素含量

生物质炭	热解温度/℃	Ca/(g/kg)	Mg/(g/kg)	S/(g/kg)	Si/(g/kg)	参考文献
水稻秸秆	500	7.5	4.9	4.8		
小麦秸秆	500	5.5	3.1	8.4		
玉米秸秆	500	3.6	4.2	5.5		[126]
油菜秸秆	500	26	3.9	12.4		
棉花秸秆	500	10.4	4.0	6.8		
木屑	550				0.077	
奇岗芒	550				3.47	[128]
猪粪	400	49.1	13.5	11.0		[130]

续表

生物质炭	热解温度/℃	Ca/(g/kg)	Mg/(g/kg)	S/(g/kg)	Si/(g/kg)	参考文献
稻壳	300				12.71	[135]
	500				16.04	
	700				18.01	
木屑	300				0.64	
	500				0.86	
	700				1.13	
稻壳	150				4.90	[129]
	250				7.79	
	350				10.87	
	500				14.21	
	700				18.29	
猪粪	100	32.3	1.11			
	200	60.9	1.68			
	350	88.9	2.65			
	500	97.5	3.02			
污泥	500	65.7	6.5			
猪粪	500	34.7	28.0			[137]
小麦秸秆	500	9.5	3.0			
碎木	500	330.7	48.9			[115]
柳枝	250	1.1	5.1			[138]
	500	1.2	3.8			
水稻秸秆	500	9.69	2.32			
小麦秸秆	300	0.095	0.078			[139]
	400	0.103				
	500	0.138				
水稻秸秆	400	8.12	3.08			
油菜秸秆	400	13.16	2.81			[140]
大豆秸秆	400	13.42	8.38			
花生壳	400	28.64	14.79			
花生壳	400	5.4	2.7			[141]
松木片	400	4.0	1.2			
牛粪	450	89.2	27.8			[116]

续表

生物质炭	热解温度/℃	Ca/(g/kg)	Mg/(g/kg)	S/(g/kg)	Si/(g/kg)	参考文献
猪粪	400	55	30			[142]
	500	57	34			
	600	60	34			
	700	50	34			
	800	53	34			
松果	25	20.3	2.61	28.1		[143]
	200	43.4	3.43	22.8		
	400	51.8	3.98	17.2		
	600	64.7	4.79	9.1		
	800	67.5	7.81	5.8		
生活污泥	500	82.7	9.4	35.5		[42]
	600	91.8	10.8	39.7		
	700	97.1	11.3	45.1		
生活污泥	500	67.5	14.7	46.8		
	600	60.2	16.5	36.4		
	700	74.2	17.8	51.7		
橡木	400	27	2			[144]
	600	50	3			
蔬菜秸秆	400	36	9			
	600	45	12			
城镇生活废弃物	400	53	5			
	600	81	5			
鸡粪	350	50	14			[145]
	500	61	17.1			
	650	66	18			
	800	75	17			
甘蔗汁	250	1.58	0.28			[146]
	400	3.68	0.85			
	500	5.03	0.88			
	600	5.60	0.94			
牛粪	350	92.6	31.2			[147]
稻壳	350	5.7	2.1			
桉树	350		1.31	0.29		[148]
针叶树枝/木屑	450	16	2.1	0.23	26	[149]
稻壳	550	3.4	3.3			[150]

续表

生物质炭	热解温度/℃	Ca/(g/kg)	Mg/(g/kg)	S/(g/kg)	Si/(g/kg)	参考文献
牛粪	60	3.88	1.84	0.57	0.04	
	300	9.41	3.95	1.10	0.21	
	350	10.52	4.28	0.86	0.13	
	400	10.09	4.84	0.86	0.24	
	450	8.45	4.31.4	0.92	0.097	
	500	9.43	4.93	0.93	0.61	
	550	11.11	5.22	1.02	0.42	
	600	9.39	5.07	1.02	0.15	
玉米秸秆	60	4.93	3.56	0.43	0.14	
	300	6.48	5.88	0.70	0.090	
	350	6.14	6.31	0.73	0.21	
	400	7.25	6.58	0.71	0.36	
	450	7.32	8.03	0.79	0.25	
	500	1.17	9.51	0.74	0.24	
	550	9.80	8.89	0.73	0.34	
	600	9.38	8.58	0.80	0.32	
榛子壳	60	1.26	0.23	0.073	ND	[151]
	300	3.73	0.79	0.26	0.007	
	350	2.58	0.50	0.14	ND	
	400	2.82	0.55	0.16	0.05	
	450	2.60	0.49	0.57	ND	
	500	2.69	0.49	0.15	0.11	
	550	2.82	0.56	0.13	nd	
	600	3.26	0.59	0.17	0.13	
鸟粪	60	153.21	6.06	3.43	0.52	
	300	157.53	8.91	4.71	0.12	
	350	215.65	7.31	3.56	ND	
	400	265.73	7.16	2.98	ND	
	450	267.80	6.39	2.90	ND	
	500	204.21	10.44	4.59	ND	
	550	252.61	7.28	3.23	ND	
	600	242.79	8.77	3.43	ND	
厨余	300	28.18	3.34	1.02	ND	
	400	51.75	5.34	0.83	ND	
	500	53.78	4.46	1.04	ND	
	600	73.53	6.57	1.21	0.039	

续表

生物质炭	热解温度/℃	Ca/(g/kg)	Mg/(g/kg)	S/(g/kg)	Si/(g/kg)	参考文献
造纸废弃物	300	258.13	2.43	0.31	0.14	[151]
	400	266.23	2.83	0.28	0.16	
	500	289.23	2.74	0.23	0.15	
	600	311.23	2.94	0.32	0.26	
草	500	20.62	6.18	6.27	0.40	
树叶	500	54.55	3.62	1.03	0.34	
树枝	500	7.56	0.44	0.11	0.016	
稻壳	800	1.64	0.84	0.17	0.83	
花生壳	480	4.74	2.48	0.84	0.16	
大豆秸秆	500	15.65	11.72	1.13	0.087	
混合木屑	500	9.8	1.92	—	0.028	
橡木	500	13.7	0.90	—	0.018	
竹子	500	0.81	1.62	—	0.078	
污泥	300	14.46	6.23		0.60	
	700	20.43	8.99		0.64	

注：ND 表示未检出。

3.3.3　金属盐及矿质元素对生物质炭性质的影响

生物质热解炭化过程受到多种因素的影响，而生物质中金属矿物元素对热解产物的组成、生物质炭的性质、生物质气的组分等产生影响，从而影响到生物质炭等产物的功能[152, 153]。由于生物质中的内源金属元素主要以氧化物、硅化物、碳酸盐、磷酸盐和氯化物等多种形态存在，使研究其对生物质热解的影响变得十分复杂[154]。目前，研究的金属离子主要涉及碱金属、碱土金属和过渡金属，它们对生物质热解的影响有一定的相似性，但也有各自的特征[153]。总的来说，金属离子的参与会增加气体和生物质炭的产率，降低液体产率，但是不同的金属矿物作用机理也不尽相同[153]。

为了比较金属矿物元素的作用机理，研究者通过酸洗脱内源金属矿物和添加金属盐等方法研究了矿物对生物质热解特性的影响。Raveendran 等[155]将 13 种生物质原料通过 10% HCl 和 5% NaOH 浸泡去除无机矿物后于 500℃条件下热解炭化，结果表明，大部分生物质去除内源矿物后提高了挥发分的产率和生物油的热值，并且增大了生物质炭的比表面积，其中稻壳、花生壳和椰壳脱除矿物后的生物质炭产率增加。顾博文等[156]通过酸洗脱矿物和外加典型矿物的方法研究了矿物对热解过程的催化效应，研究结果发现，花生壳和牛粪的内源矿物对生物质热解中的分解温度有明显的影响，降低了碳骨架的分解温度。正是由于生物质中存在内源矿物（如 KCl 和 CaCl$_2$），在热解时加速催化碳分解，使得生物质炭的碳质结构无序化，降低了生物质炭的稳定性。王贤华等[157]研究发现盐酸对生物质中 K、Mg、Ca 的去除效果最优，而脱除金属矿物在一定程度上降低了低温段热解速率，而高温段明显增加，固体炭质产率显著提高。Williams 和 Horne[158]在固定反应器上研究了金属盐对生物质热解的影响，发现添加金属盐（NaCl、Na$_2$CO$_3$、NaOH、NiCl$_2$、ZnCl$_2$、FeSO$_4$）降低了纤维素的分解速率，增加了炭的产率。谭洪等[159]研究发现 K$^+$降低了生物油产率，催化生成气体和焦炭产物，促进了白松木热解气体中 CO$_2$ 产生并抑制了 CO 的生成。相比 K$^+$，碱土金属 Ca^{2+}对白松木热解产物中生物油的抑制作用以及对固体炭生成具有更显著的催化作用；但是 Mg^{2+}对白松木热解过程的影响不明显。李攀等[160]采用微波热解反应器与气相色谱-质谱联用仪研究了 NaCl、K$_2$CO$_3$、MgCl$_2$ 的添加对棉花秸秆热解特性的影响，结果表明，3种金属盐添加均使生物质炭的产率增加，热解油产率降低，其作用效果依次为MgCl$_2$＞NaCl＞K$_2$CO$_3$。该研究团队还发现，添加 MgCl$_2$ 对于改善热解生物油品质和提高生物质炭微孔容积以及比表面积的效果显著优于 NaCl 和 K$_2$CO$_3$。Li 等[152]将水稻秸秆分别与高岭土、石灰石和磷酸二氢钙混合后热解炭化（200～500℃）发现 3 种矿物均显著降低了热解过程中碳的损失率，对应的 3 种生物质炭产物中芳香类碳的比例分别较对照提高了 42.5%、39.8%和 33.1%，从而增强了生物质炭中碳稳定性，提升了生物质炭的固碳潜力和应用前景。Yang 等[161]进一步发现高岭石可通过吸附生物质炭可溶性组分和增加非可溶性组分与氧气发生氧化作用的活化能，从而提高生物质炭的稳定性，而富含高岭土的土壤中施用生物质炭更有利于碳质的长期封存和固碳。Rawal 等[162]分别选择高岭石和膨润土与 FeSO$_4$·7H$_2$O按重量比 1∶1 配置成铁-黏土浆浸泡竹子后在 250℃、350℃、450℃和 550℃条件下热解炭化。利用定量 ^{13}C 核磁共振光谱分析发现，在低于 250℃热解温度下铁-黏土复合物可降低纤维素的分解，而在较高温度（350～550℃）下铁-黏土则促进生物质的热解，增加芳香类、酸类和酚类化合物的浓度。此外，铁-黏土在较低热解温度下增加生物质炭的孔体积，而在较高温度下，由于矿物颗粒的渗透导致生物质炭孔体积减小。从生物质炭用途出发，可以认为 450℃热解温度制备的含铁-黏土生物质炭由于具有丰富的官能团和孔隙度，适合用于土壤肥力提升和重金属等污染物的固定，而 550℃热解温度下制备的生物质炭具有最高的芳烃缩合度，更适合用于固碳。Yao 等[163]发现添加蒙脱石和高岭石矿物对竹子、蔗渣和山核桃壳炭的碳含量影响不大，并且由于黏土矿物的浸入覆盖了生物质炭的孔隙使得比表面积降低，而生物质炭表面硅、铝、钙、镁和铁含量丰富，形成的黏土-生物质炭复合功能材料具有极高的吸附亚甲基蓝的能力。

现有的研究表明，金属矿物等添加会影响生物质热解产物的产率和性能，但前人的研究更关注不同添加剂对生物质气和油的品质的影响，只有少部分研究侧重于生物质炭物理化学性质的分析。因此，未来需要深入研究不同金属盐和矿物对生物质炭性质的影响和作用机理，提升生物质炭的功能与应用潜力。

3.3.4　生物质炭表面可溶性无机组分与生物活性

生物质炭表面可溶组分中含有丰富的无机养分元素，可促进土壤微生物生长代谢和作物的生长[164]。据文献报道，生物质炭表面水溶性 N、P、K、Ca 和 Mg 含量分别约为其总量的 0.5%～8.0%、5%～100%、82%～100%、15%～20%和 6%～27%[165, 166]。生物质炭表面水溶性无机养分可直接被植物根系吸收，因此在添加生物质炭后植物根系的生长更趋向土壤中生物质炭颗粒[167]。为了评估生物质炭对农作物养分的直接供应价值，Angst 和 Sohi[168]利用去离子水连续浸提实验研究了不同粒径欧亚槭(*Acer pseudoplatanus*)炭中总磷、钾和镁的释放规律。研究结果表明，生物质炭中 P、K 和 Mg 的释放受到粒径大小的影响，主要表现为生物质炭颗粒粒径越小养分的释放速率越快。不同元素的释放规律也存在着一定的差异，其中钾盐的溶解度较高且释放量最大；镁元素的释放速率较低，不同粒径生物质炭中水溶性镁含量仅占总量的 6%～27%；生物质炭中磷的累积溶出量虽小，但是释放速率较为稳定且持续。生物质炭中可溶性无机组分含量受到热解温度的影响，南京农业大学科研团队采用热水浸提方法测定了 350℃、450℃和 550℃热解温度下制备的小麦秸秆炭可溶性无机组分，研究结果表明，生物质炭中仅水溶性钾含量随热解温度的升高而增加，但水溶性 N、P、Ca、Mg、Mn、Cu 和 Zn 的含量随着热解温度的升高而显著下降[75]。利用冷冻干燥方法，结合电子扫描电镜-能谱仪发现小麦秸秆炭热水提取的无机组分主要含有 K、Cl、Si、S 和 P(图 3.4)。有研究者发现将猪粪热解炭化后，总磷含量由 13.7g/kg 提高至 27.1g/kg，但由于磷酸盐与钙镁等元素结合形成了难溶的磷酸盐矿物，使可溶性磷含量却由 2.95g/kg 降低至 0.17g/kg[135]。Mukherjee 和 Zimmerman[169]利用土柱淋溶试验发现生物质炭可溶性养分中约 61%和 93%的有机氮和有机磷被土壤吸附后成为土壤微生物的代谢基质，可作为植物所需速效养分的储备氮和磷源。Prakongkep 等在 400～500℃热解温度下制备了 14 种生物质炭并分析其中水溶性养分含量[167]。如表 3.12 所示，不同原料生物质炭中可溶性无机组分含量差别较大，总体而言，水溶性钾含量最高，其次分别为 Ca、Mg、P、S，而 Fe、Mn 和 Al 的溶解性较低。Limwikran 等[170]采用室内培养实验研究了 9 种生物质炭在 10 种热带土壤中的养分释放规律，研究结果证明，磷和钾元素的释放受到矿物结晶形态及其在生物质炭微孔中位置的影响，生物质炭中的磷和钾元素可作为植物养分的来源。Sun 等[171]采用 ^{31}P 核磁共振仪和 X 射线衍射分析了不同热解温度对玉米秸秆炭和猪粪炭中磷元素的赋存形态的影响，发现两种生物质炭中的磷主要是以无机的正磷酸盐和焦磷酸钙形式存在，猪粪炭中总磷含量较高但是溶解率低于玉米秸秆炭。该研究还发现，生物质炭中磷的释放受到扩散-溶解过程的控制，环境温度升高、阴离子共存、酸性和碱性条件下磷的释放速率增加。此外，生物质炭表面水溶性组分中还富含 Si、Fe、Mn、Cu、Zn、S、Mg、Ca、B、Mo 等中量和微量养分元素，有效补充土壤养分供给并促进植物生长和增产[66]。

 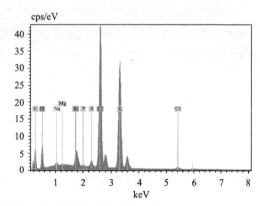

图 3.4　生物质炭表面可溶性组分冷冻干燥后电子扫描电镜能谱

表 3.12　不同类型生物质炭中可溶性无机物含量[172]　（单位：mg/kg）

生物质炭	Al	Ca	Fe	K	Mg	Mn	Na	P	S
豆粕炭	0.4	20	0.2	1400	50	0.03	140	90	30
玉米芯炭	nd	10	0.6	4700	50	0.2	nd	400	70
柠檬皮炭	1.2	100	1.2	17700	20	0.1	850	200	90
棕榈纤维炭	0.1	70	0.1	29700	300	0.5	5000	300	100
榴莲壳炭	nd	20	0.6	23000	100	0.2	20	1100	200
罗望子木炭	0.4	90	nd	400	20	nd	5	10	10
椰子纤维炭	nd	30	0.1	22000	50	0.3	11000	90	50
椰壳炭	3.6	20	0.1	1700	80	0.9	70	200	40
竹子炭	nd	90	0.1	30333	300	0.3	10	800	30
稻壳炭	0.05	30	0.2	2000	340	20	nd	1000	20
桉木炭	1.2	30	nd	2600	80	0.5	nd	200	10
棕榈果壳炭	0.1	300	0.1	26000	200	0.04	110	50	400
咖啡渣炭	2.5	200	0.2	600	30	0.2	5	20	10
蔗渣炭	10	300	0.2	500	30	0.4	15	30	50

生物质炭表面可溶性无机组分不仅可以作为供给植物生长所需的养分，还是生物质炭钝化重金属离子的关键因素。有研究表明，小麦秸秆炭中可溶性 SO_4^{2-}、CO_3^{2-}、SiO_3^{2-} 和 PO_4^{3-} 可与溶液中 Pb^{2+} 形成沉淀，达到吸附钝化重金属的效果。Xu 和 Chen[173]认为稻麸炭表面水溶性组分对其吸附 Cd^{2+} 的贡献最大。猪粪炭中可溶性组分可与 Pb^{2+} 形成稳定的沉淀物，如 β-$Pb_9(PO_4)_6$ 和 $Pb_3(CO_3)_2(OH)_2$[174,175]。南京农业大学科研团队发现生物质炭表面可溶性 Ca^{2+} 可通过离子交换作用实现溶液中 Cd^{2+} 和 Pb^{2+} 的吸附与固定，而生物质炭表面 CO_3^{2-} 可与重金属离子形成稳定的沉淀物（图 3.5），从而实现废水中重金属的去除[117]。

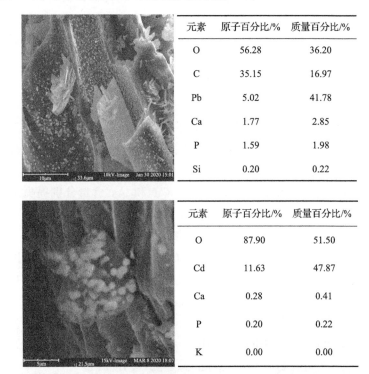

元素	原子百分比/%	质量百分比/%
O	56.28	36.20
C	35.15	16.97
Pb	5.02	41.78
Ca	1.77	2.85
P	1.59	1.98
Si	0.20	0.22

元素	原子百分比/%	质量百分比/%
O	87.90	51.50
Cd	11.63	47.87
Ca	0.28	0.41
P	0.20	0.22
K	0.00	0.00

图 3.5　豚草炭表面无机组分与重金属 Cd^{2+} 和 Pb^{2+} 形成的沉淀物[117]

3.4　生物质炭化过程中重金属元素的变化

已有生物质炭的研究主要集中于碳封存与减排效应、污染修复、土壤质量提升及围绕炭基材料的改进等应用及机理探讨，而对不同生物质热解过程中重金属等污染物的产生和环境行为等并不清楚。由于自然界中废弃生物质涵盖的范围较广，不仅包括了不同农作物秸秆，也包含畜禽粪便、污泥等，所以，分析生物质热解过程中重金属元素的含量和赋存形态的变化有利于生物质炭安全利用。

3.4.1　生物质炭化过程中重金属元素全量的变化

表 3.13 列出了不同类型生物质原料与生物质炭（450℃）中镉、铅、铜、锌的总量和 $CaCl_2$ 提取态含量。可以看出，不同生物质经 450℃热解炭化后重金属含量均大幅提高，其中来源于清洁植物源类的生物质炭中重金属含量低于畜禽粪便和生物污泥类炭。鸡粪炭和猪粪炭中锌含量较高，而污泥炭中镉、铅、铜、锌含量最高。邱良祝等[15]通过文献收集分析了植物来源生物质炭和污泥炭中的重金属含量，结果发现污泥生物质炭中砷、镉、铅、铬、铜、锌平均含量分别达到了 10.4mg/kg、3.7mg/kg、131.9mg/kg、263.1mg/kg、322.5mg/kg 和 911.8mg/kg，分别是植物源生物质炭的 12.1 倍、3.7 倍、9.6 倍、5.5 倍、7.7 倍和 10.9 倍。不同生物质中不同重金属元素在热解过程中的释放速率差异较大。王春雨[175]研究了花生秸秆、棉花秸秆和玉米秸秆在 250～550℃热解条件下金属元素的释放规律，发现 As 和 Cd 在 250℃释放率较高，至 550℃几乎完全挥发；Ni、Cr、Zn、Cu 元素在低温条件几乎未挥发，直至温度提升至 450℃才开始挥发；Pb 元素在 250～550℃条件下挥发量始终较低。南京农业大学科研团队采集了我国 11 个大型养猪场猪粪样品，进行了炭化并分析了重金属含量，结果发现，经 350℃、400℃和 450℃三个热解炭化后的猪粪炭中重金属 Ni、Cu、Zn、Pb、Cd 和 As 含量分别提高了 57.7%～104.4%、59.7%～99.4%、50.7%～94.0%、47.1%～73.5%、30.8%～61.5%和 17.1%～30.5%[176]。与此类似，Devi 和 Saroha[177]发现造纸污泥中各重金属元素在不同热解温度下的富集系数存在差异，其中 Cr、Cu、Zn、Pb 元素随热解温度的升高呈现富集的趋势，富集倍数分别为 1.18～1.29、1.09～1.75、1.04～1.72、1.28～2.22；而 Cd 元素随热解温度升高而降低，其富集系数为 1.07～0.53。Zheng 等[26]发现已有关于污泥炭的文献报道中 Pb、Cd、Cu、Mn、Zn、Ni、Cr 和 As 的含量范围分别为 44～506mg/kg、2.6～10mg/kg、148～2361mg/kg、403～1543mg/kg、542～3368mg/kg、48～924mg/kg、55～1378mg/kg、3～51mg/kg。

表 3.13　不同生物质原料热解前后镉、铅、铜、锌全量
与 $CaCl_2$ 提取态含量　（单位：mg/kg）

样品		全量				$CaCl_2$ 提取态含量			
		Cd	Pb	Zn	Cu	Cd	Pb	Zn	Cu
小麦秸秆	原料	0.19	0.88	33.21	4.80	0.084	0.63	10.89	1.80
	生物质炭	0.62	2.04	132.89	8.97	0.056	0.30	9.40	0.83
水稻秸秆	原料	0.21	1.27	105.41	5.45	0.060	0.99	40.14	3.00
	生物质炭	0.18	4.01	135.81	9.52	0.021	0.47	10.32	2.67

续表

样品		全量				CaCl₂ 提取态含量			
		Cd	Pb	Zn	Cu	Cd	Pb	Zn	Cu
玉米秸秆	原料	0.18	0.4	45.67	11.52	0.069	1.39	23.98	7.64
	生物质炭	0.24	0.74	111.34	27.2	0.014	0.69	11.54	1.16
油菜秸秆	原料	0.27	1.00	26.02	3.66	0.259	0.28	11.45	1.67
	生物质炭	0.60	2.03	80.56	7.9	0.028	0.19	5.02	0.72
芦苇秸秆	原料	0.15	1.25	22.68	3.63	0.005	0.35	7.71	1.61
	生物质炭	0.10	2.66	62.34	8.96	<MDL	0.32	7.70	0.97
玉米芯	原料	0.22	<MDL	63.29	4.86	<MDL	0.93	35.43	2.44
	生物质炭	<MDL	1.61	124.07	8.92	<MDL	0.48	20.6	0.79
稻壳	原料	0.16	0.76	40.22	4.83	0.03	0.86	16.95	2.76
	生物质炭	0.04	1.81	101.55	9.32	<MDL	0.45	13.09	0.77
花生壳	原料	0.22	0.26	22.17	9.63	0.138	0.42	6.09	2.56
	生物质炭	0.18	1.14	33.98	20.02	<MDL	0.15	3.1	0.55
竹片	原料	0.05	<MDL	20.41	4.83	<MDL	0.86	7.00	1.94
	生物质炭	0.09	1.71	118.55	13.28	<MDL	0.42	6.61	0.91
木屑	原料	0.15	6.18	27.69	3.05	0.103	1.73	5.1	1.19
	生物质炭	0.57	5.89	67.16	5.18	<MDL	1.61	1.74	0.42
甘蔗渣	原料	0.07	1.80	27.26	1.92	0.039	0.45	17.07	3.62
	生物质炭	0.24	1.06	146.01	2.05	0.004	0.06	16.47	1.3
中药渣	原料	0.25	0.61	73.2	8.36	0.146	0.39	26.14	4.95
	生物质炭	0.20	1.86	164.01	27.49	<MDL	0.39	4.63	0.87
鸡粪	原料	0.36	1.78	261.86	12.43	0.222	1.41	76.65	3.35
	生物质炭	0.79	1.94	563.07	26.27	0.029	0.92	18.22	0.59
猪粪	原料	0.16	0.41	232.61	27.58	0.027	0.34	68.63	9.02
	生物质炭	0.26	2.56	780.30	27.39	0.003	0.18	17.61	1.95
污泥	原料	1.51	28.24	817.27	314.57	0.894	5.85	156.0	64.85
	生物质炭	1.58	60.92	1236.67	423.29	0.268	3.56	59.82	13.82

　　表 3.14 给出了部分生物质炭中重金属含量数据，可以看出，来源于清洁地区的植物源生物质炭中重金属含量较低，可以广泛应用于农业和环境领域。

表 3.14　不同生物质炭中重金属元素含量

原料	热解温度/℃	Cd/(mg/kg)	Pb/(mg/kg)	Cu/(mg/kg)	Zn/(mg/kg)	As/(mg/kg)	Hg/(mg/kg)	Ni/(mg/kg)	Cr/(mg/kg)	参考文献
松针	25	0.43	8.14	3.84	53.4				5.77	[178]
松针	350	0.38	18.2	36.4	94.4				8.66	[178]
松针	550	0.92	16.5	45.7	111.0				6.61	[178]
小麦秸秆	25	0.24	7.36	3.08	51.2				3.4	[178]
小麦秸秆	350	0.30	13.3	28.2	62.1				4.43	[178]
小麦秸秆	550	0.30	8.6	16.2	64.7				3.09	[178]
市政污泥	200	2.06	12.1	88.39	554.79	10.42	<0.01		53.01	[179]
市政污泥	300	3.91	20.22	124.72	662.31	34.20	<0.01		61.99	[179]
市政污泥	500	5.72	34.38	151.08	841.43	39.53	<0.01		82.37	[179]
市政污泥	700	3.99	11.52	135.69	989.45	24.41	<0.01		16.67	[179]
水稻秸秆	500		4.8	47	197					[180]
竹子	500			19	33					[180]
草	350		12	160	95			42	61	[181]
牛粪	550	0.64		126	552			15	18	[181]
松木	500			9.5	418			7.5	5.9	[182]
猪粪	25	0.72	3.96	91.2	575					[183]
猪粪	300	0.84	6.91	195	1214					[183]
酒糟	25	0.37	3.29	42.0	243					[183]
酒糟	300	0.54	4.42	64.5	358					[183]
豚草	350			27.3	35.9					[117]
豚草	450			37.5	82.0					[117]
豚草	550			44.5	88.0					[117]
加拿大蓬	350			25.6	24.1					[117]
加拿大蓬	450			17.9	26.0					[117]
加拿大蓬	550			26.3	49.3					[117]
芥菜	25	14.0	13.1		12.1					[182]
芥菜	350	16.5	20.1		19.0					[182]
芥菜	550	28.6	29.8		30.6					[182]
芥菜	750	33.8	41.0		36.2					[182]

原料	热解温度/℃	Cd/(mg/kg)	Pb/(mg/kg)	Cu/(mg/kg)	Zn/(mg/kg)	As/(mg/kg)	Hg/(mg/kg)	Ni/(mg/kg)	Cr/(mg/kg)	参考文献
稻壳	450	0.01		7.56						[184]
水葫芦	450	3.6	79.1			20.5				[185]
水稻秸秆	450	1.7	23.1			6.9				
	400	0.48	1.45	24.9	202.4					[186]
猪粪	400	0.53	3.86	495.6	1490.6					
柳树	500	27	282		950					[187]
针叶树枝/木屑	450	0.38	7.2	9.8	112			5.2	9.8	[149]
橡木片	600	<0.1	1.7	15.8	26	<0.1		17.5		[188]
小麦秸秆	25	<0.04	<0.74	2.17	2.65	<0.72	<0.23	1.41	14.35	
	550	0.05	5.98	16.55	62.00	<0.72	<0.23	26.32	17.83	
甘蔗汁	25	<0.04	19.37	2.14	8.19	<0.72	<0.23	3.26	4.28	
	550	0.47	4.73	13.98	39.77	<0.72	<0.23	37.89	24.21	
冬黑麦秸秆	25	2.70	24.99	9.07	295.75	<0.72	<0.23	0.48	1.60	
	550	6.82	21.95	25.72	810.89	<0.72	<0.23	14.51	6.98	
柳树皮	25	11.46	16.27	6.91	513.64	<0.72	<0.23	0.36	<0.49	
	450	8.29	42.57	16.46	1230.45	<0.72	<0.23	16.73	3.98	
	550	7.32	45.87	19.95	1375.12	<0.72	<0.23	45.96	9.13	
红皮柳木	25	48.86	20.71	8.14	629.87	<0.72	<0.23	0.78	0.83	
	550	22	42.03	52.22	1404.33	<0.72	<0.23	18.89	13.13	
泡桐木	25	6.71	29.04	13.39	208.63	1.22	<0.23	1.07	<0.49	[189]
	550	19.13	48.06	47.71	544.68	1.96	<0.23	24.08	17.68	
芦竹	25	0.05	<0.74	1.58	11.87	<0.72	<0.23	0.47	<0.08	
	350	0.92	1.43	6.72	42.02	<0.72	<0.23	8.33	6.08	
	450	0.11	37.70	5.89	38.16	<0.72	<0.23	3.39	2.31	
	550	0.98	5.30	6.54	40.84	<0.72	<0.23	7.06	5.67	
	650	2.70	1.73	7.73	48.85	<0.72	<0.23	9.35	8.47	
	750	2.64	27.22	7.46	37.89	<0.72	<0.23	4.22	2.85	
水葫芦	25	1.24	100.86	105.57	262.06	1.63	<0.23	88.81	173.62	
	550	0.45	215.10	118.85	392.82	<0.72	<0.23	110.59	176.42	
餐厨垃圾	25	<0.04	35.61	14.38	56.41	<0.72	<0.23	15.49	6.34	
	550	<0.04	15.12	45.71	218.77	<0.72	<0.23	10.21	25.05	

续表

原料	热解温度/℃	Cd/(mg/kg)	Pb/(mg/kg)	Cu/(mg/kg)	Zn/(mg/kg)	As/(mg/kg)	Hg/(mg/kg)	Ni/(mg/kg)	Cr/(mg/kg)	参考文献
废旧木材	25	<0.04	35.25	10.36	40.29	<0.72	<0.23	1.69	0.27	[189]
	350	0.50	48.63	34.70	117.69	<0.72	<0.23	10.18	0.51	
	450	0.22	62.15	34.71	150.15	<0.72	<0.23	8.01	1.19	
	550	0.19	66.50	35.68	167.30	<0.72	<0.23	12.62	0.78	
	650	0.33	149.56	46.38	236.84	<0.72	<0.23	38.48	1.02	
	750	0.12	35.71	53.16	105.91	<0.72	<0.23	16.62	2.08	
混合木屑	500	0.2	2.1	630.9	297.3	0.20		78.3	186	[190]
橡木	500	<0.1	0.8	7.5	12.6	0.10		1.9	3.1	
竹子	500	0.1	0.9	50.1	45.2	<0.7		4.8	67.2	
污泥	300	3.0	52.6	421.9	1291	6.1		21.6	48.7	
	700	2.2	24.3	574.2	1803.9	<7.8		31.5	68.3	
小麦秸秆	25	0.07	0.95	4.02	14.83					[191]
	450	0.17	3.19	13.63	48.67					
猪粪	25	0.34	0.95	649.4	4136.3					
	650	0.43	4.23	1434	6881.3					
污泥	25	24.69	389.6	1353	1161.4					
	800	16.67	518.7	1857	2069.9					

3.4.2 生物质炭化过程中重金属元素化学形态的变化

与生物质炭中重金属总量变化趋势不同，生物质热解后重金属的赋存形态和生物有效性发生了显著的变化。有研究者认为，重金属总量很难用于评价重金属的生物可利用性和毒性，而重金属有效态含量能够更好地反映植物对重金属吸收状况。表 3.13 中列举了不同类型生物质炭化前后 $CaCl_2$ 浸提态重金属含量的变化，可以发现，热解炭化后生物质炭中 Cd、Pb、Cu、Zn 的生物有效性大幅降低。生物质热解过程中，各重金属元素与无机矿物和芳香类有机物的结合是影响其生物有效性的关键因素。例如，猪粪中的铜主要以柠檬酸和谷胱甘肽结合态存在，而经过热解后这两种形态的铜转变为 CuO、CuS 和 Cu_2S，而有机质结合态锌热解炭化后转变为 ZnS[192, 193]。利用 X 射线衍射仪可以判定某些重金属元素与矿质元素的结合形态，如低温条件下（300~400℃）生物质炭中铝元素容易形成 $Al(H_2PO_3)$，升高温度后（500~600℃）则转变为 $AlPO_4$，而生物质炭中铅在 300~600℃ 条件下主要以 $Pb_2(SO_4)O$ 和 $Pb_2P_2O_7$ 形态存在。Zeng 等[194]发现，畜禽粪便中存在不同类型的难溶矿物结合态重金属，包括 Cr_2O_3、$ZnMn_2O_4$、$Cu_3(PO_4)(OH)_3$、

$Ca_{7.29}Pb_{2.21}(PO_4)_3(OH)$ 和 $C_{10}H_{12}Cr_2N_2O_7$。此外，热解过程中形成的金属矿物可嵌入生物质炭孔隙结构中，甚至与生物质炭表面有机官能团结合形成有机无机结合体[123]。最终，这些被固定的重金属元素难以被溶解释放进入环境系统。

为了表征生物质炭中不同形态重金属含量，许多研究者采用 BCR 和 Tessier 连续提取法分析了生物质炭重金属的环境风险。Devi 和 Saroha[177]将造纸污泥炭中重金属形态分为水溶态、离子交换态、还原态、氧化态和残渣态 5 种类型，结果发现，500~700℃热解炭化后污泥中水溶态和离子交换态重金属含量随热解温度升高而降低，但残渣态重金属含量随热解温度升高而大幅增加。因此，将污泥热解炭化有利于重金属元素的钝化，获得的污泥炭可以进一步应用于建筑、农业和环境领域。Gunten 等[190]采用了改进后的四步连续提取方法分析了混合木屑、橡木、竹子和污泥炭中重金属的总量和形态，结果表明污泥炭中重金属含量远高于木质类炭，但木质类炭中重金属主要以水溶态和离子交换态形式存在，而污泥炭中重金属主要以稳定态形式存在。

3.4.3 重金属污染废弃生物质热解炭化

有研究认为，热解炭化是重金属污染废弃生物质安全化和减量化处理的重要技术。Liu 等[195]研究了热解炭化对吸附了高浓度 Pb 的香蒲叶重金属元素在生物质炭和生物质油产物中的分配影响，结果发现，500℃热解温度下生物质炭产率最高（45.7%），同时生物质原料中 98.8%的铅保留在生物质炭产物中，而获得的生物质油可被安全利用，从而提高含铅废弃生物质的利用价值。Koppolu 等[196]同样发现 Ni、Zn、Cu、Co 或 Cr 污染的玉米秸秆在 600℃热解炭化后约 98.5%的重金属元素固定于生物质炭产物中。Ding 等[197]利用含有 Cu、Zn 等重金属元素的超积累植物（*Seum alfredii Hance*）制备了吸附环丙沙星类抗生素的生物质炭材料。Bian 等[198]研究了不同热解温度对镉污染地区小麦秸秆炭中重金属 Cd 形态的影响，结果发现生物质炭中的 Cd 主要以稳定的有机结合态和残渣态存在，溶出风险较低。研究者还发现，低温制备的重金属污染小麦秸秆炭表面可溶性有机组分可提取作为植物的生长刺激素，而剩余的固体生物质炭可作为污染水体中重金属吸附材料。Shen 等[199]报道了类似的研究成果，该研究团队发现，受重金属污染农田的水稻秸秆中 41%的 Cd 是以离子交换态的形式存在的，经过 500℃和 700℃热解炭化后水稻炭中离子交换态镉含量仅分别占 5.79%和 2.12%。该研究者利用等温吸附试验进一步发现，Cd 污染秸秆制备的生物质炭仍可有效吸附水溶液中重金属，且吸附量随着热解温度的升高而显著增加，并且推荐采用 700℃作为 Cd 污染水稻秸秆的热解炭化温度，以获得 Cd 溶出风险最低，吸附性最优的生物质炭材料。Buss 等[189]收集了来自印度冶炼厂、重金属污染土壤和水体周边不同植物以及污染程度较低的厨余废弃物和木材加工、拆解废弃物进行炭化，分析其重金属总量的变化，结果发现,重度污染土壤和水域周边植物制备的生物质炭中重金属呈现明显的富集,显著高于环境标准限定值,但厨余废弃物和木材加工废弃物热解炭化后较为安全,可以土壤改良材料施用。因此,将重金属污染生物质通过热解炭化技术转变为生物质炭,有利于废弃物的处理并降低其环境风险,但是这类生物质经炭化后的终端处置方式仍缺少深入研究。

生物质炭中重金属元素不仅来自某些生物质原料中重金属元素在热解过程中富集,同时也可能来自热解炭化反应装置的污染。例如,Buss 等[189]采用一种管式炉炭化热解不同生物质原料时发现生物质炭中铝、铁、铬、镍含量较原料最高增加了 23、42、11 和 29 倍。他们认为,这主要是由于生物质热解过程中容器内壁的腐蚀和磨损,导致了金属元素的释放。该热解炉体采用的 253MA 型耐热奥氏体不锈钢含有 21%的铬和 11%的镍,其他关联装置中采用了铝和铁等材料,在高温条件下造成了生物质炭中重金属的污染。因此,热解炭化设备材料和工艺需要进一步的优化,以减少由于金属材料的腐蚀或老化导致重金属的解析而污染生物质炭的情况。

3.5　生物质炭化过程中纳米颗粒的形成与环境行为

生物质在热解过程中有机无机组分的裂解聚合反应容易产生微纳米颗粒。生物质炭施入土壤后,由于机械破碎、微生物降解和光化学分解等作用,较大的生物质炭颗粒逐渐碎片化也会形成粒径更小的微米级生物质炭颗粒和纳米级生物质炭颗粒。如表 3.15 所示,生物质炭纳米颗粒灰分含量更高,Zeta 电位较低,但比表面积较大,其他性质受生物质原料的影响而无显著规律[200]。Song 等将 15g 生物质炭加入 500mL 去离子水中振荡后采用超声分离再静置 24 小时后采用虹吸法分离出悬浮液获得小于 1μm 粒径的生物质炭颗粒,利用高速离心进一步分离获得小于 100nm 粒径的生物质炭颗粒[201]。这项研究发现不同原料制备的生物质炭中微纳米颗粒的含量约为 1.43%~20.5%和 0.99%~15.3%,并且,植物源生物质炭中微纳米颗粒的含量与生物质炭的灰分含量呈显著的线性关系。与原状生物质炭相比,微米和纳米级生物质炭具有丰富的矿物质和官能团,且碱性更高,在土壤和水生环境中具有较高的反应活性。一般而言,植物源生物质炭中微米和纳米颗粒具有更大的芳香团簇和更多的含氧官能团,而污泥炭中微米和纳米级颗粒中含有更多的碳酸盐、磷酸盐和铝硅酸盐等矿物颗粒。随着粒径减小,生物质炭纳米颗粒中灰分含量增加但含碳量逐渐减少,而带负电荷的碱性生物质炭纳米颗粒在环境中具有一定的稳定性[201]。尽管生物质炭中微、纳米级颗粒含量较少,但是由于其表面巨大的反应活性和胶体稳定性,这些细小颗粒可能与污染物反应并成为某些有机或无机污染物的载体而影响其在环境中迁移。

表 3.15　不同类型生物质炭及其纳米颗粒理化性质[200]

原料	生物质炭	灰分/%	pH	CEC /(mmol/kg)	Zeta 电位 /mV	BET 表面积 /(m²/g)	孔隙体积 /(cm³/g)	C /%	H /%	N /%	O /%
小麦秸秆	原状生物质炭	41.1	9.9	530.4	−56.7	26.3	0.02566	53.9	1.76	0.91	2.3
	纳米颗粒炭	52.4	9.1	487.0	−88.4	29.6	0.00019	27.9	1.55	0.11	18.1
柳条	原状生物质炭	8.5	8.1	142.6	−34.9	11.4	0.00614	69.6	3.24	0.79	17.9
	纳米颗粒炭	31.0	8.9	140.0	−87.9	18.3	0.00014	51.6	2.11	0.44	14.9
象草	原状生物质炭	6.0	6.8	143.9	−36.1	0.76	0.00104	69.5	3.11	0.62	20.8
	纳米颗粒炭	24.7	7.8	165.0	−83.6	36.4	0.00068	56.2	2.44	0.38	16.3

　　影响生物质炭纳米颗粒在土壤中的迁移的因素十分复杂，除生物质炭纳米颗粒自身物质组成和粒径分布等因素外，土壤有机质、矿物组分、孔隙度、酸碱度、离子强度等均可能影响其移动性[202, 203]。Chen 等[204]的研究认为高离子强度下木屑炭纳米颗粒更容易发生团聚而滞留在土壤中，但腐殖酸可促进木屑炭纳米颗粒在土壤中的移动，该过程可能影响到土壤重金属污染物的环境行为。Wang 等[202]还发现铁氧化物可减缓生物质炭纳米颗粒在石英砂体系中的运移，但是腐殖酸可有效降低这种阻滞效应；当两者共存时，腐殖酸的促进作用抵消了铁氧化物的减缓效应，表现为促进生物质炭纳米颗粒的迁移。因此，在自然土壤中普遍存在的腐殖酸类物质可显著增强生物质炭纳米颗粒的迁移性。特别地，在施用有机肥或者畜禽粪便后进行灌溉或发生降雨，极大增强了纳米生物质炭颗粒及其结合形成的有机无机物在土壤中的迁移。研究发现，纳米生物质炭颗粒可促进酸性土壤中磷的滞留，但会增加碱性土壤中铁铝氧化物结合态磷的释放。此外，生物质炭纳米颗粒一方面可占据吸附位点将土壤表面 Cr^{6+} 解析出来，另一方面将 Cr^{6+} 还原成 Cr^{3+} 并将其吸附，最终作为污染物的载体促进 Cr^{6+} 在红壤中的迁移[204]。Qian 等[205]将 1nm～10μm 粒径炭颗粒称为生物质炭胶体，研究者发现，不同热解温度条件下制备的生物质炭纳米颗粒具有不同类型的含氧官能团和矿物质组分，当热解温度由 100℃升高至 700℃时，生物质炭胶体中 C、H、O、N 含量大幅降低。生物质炭胶体与土壤胶体具有类似的非均质性，包含金属氧化物、矿物、有机分子和丰富的官能团等，原料和热解条件带来的多变特性使生物质炭胶体与重金属的反应变得更加复杂。有研究者发现，不同热解温度条件下制备的生物质炭胶体颗粒对溶液中 Cd^{2+} 吸附去除能力均显著高于脱除胶体颗粒后的炭质固体。然而，低热解温度条件下（300℃）制备的稻壳炭胶体含有丰富的酚基和羟基官能团可促进 Cr^{6+} 还原为 Cr^{3+} 从而降低 Cr^{6+} 的环境风险。值得注意的是，生物质炭纳米颗粒的高反应性和吸附性能可导致土壤中重金属迁移率提高，从而增加地下水重金属污染的风险。已有关于生物质炭纳米颗粒环境行为的研究

鲜有涉及真实土壤或水体环境，但自然土壤和沉积物的质地、矿物学、化学组成和水文状况更为复杂，未来的研究应关注典型环境条件和不同农业模式下生物质炭颗粒和污染物的结合与迁移机制[202]。

参 考 文 献

[1] 梁嘉晋. 纤维素和半纤维素热解机理及其产物调控途径的研究[D]. 广州: 华南理工大学, 2016.

[2] 姚穆, 孙润军, 陈美玉, 等. 植物纤维素、木质素、半纤维素等的开发和利用[J]. 精细化工, 2009, 26(10): 937-941.

[3] Shafizadeh F. Pyrolysis and Combustion of Cellulosic Materials[M]. New York: Academic Press, 1968: 419-474.

[4] 廖艳芬. 纤维素热裂解机理试验研究[D]. 杭州: 浙江大学, 2003.

[5] 彭云云, 武书彬. TG-FTIR联用研究半纤维素的热裂解特性[J]. 化工进展, 2009, 28(8): 1478-1484.

[6] 曹俊, 肖刚, 许啸, 等. 木质素热解/炭化官能团演变与焦炭形成[J]. 东南大学学报(自然科学版), 2012, 42(1): 83-87.

[7] 谭洪, 张磊, 韩玉阁. 不同种类生物质热解炭的特性实验研究[J]. 生物质化学工程, 2009, 43(5): 31-34.

[8] Shafizadeh F, Bradbury A G W. Thermal degradation of cellulose in air and nitrogen at low temperatures[J]. Journal of Applied Polymer Science, 1979, 23(5): 1431-1442.

[9] Wang S, Guo X, Wang K, et al. Influence of the interaction of components on the pyrolysis behavior of biomass[J]. Journal of Analytical and Applied Pyrolysis, 2011, 91(1): 183-189.

[10] Hosoya T, Kawamoto H, Saka S. Cellulose-hemicellulose and cellulose-lignin interactions in wood pyrolysis at gasification temperature[J]. Journal of Analytical and Applied Pyrolysis, 2007, 80(1): 118-125.

[11] 刘倩. 基于组分的生物质热裂解机理研究[D]. 杭州: 浙江大学, 2009.

[12] 孙景玲. 生物质炭活性有机质及施炭下稻田土壤有机质变化的分子组成分析[D]. 南京: 南京农业大学, 2017.

[13] 简敏菲, 高凯芳, 余厚平. 不同裂解温度对水稻秸秆制备生物炭及其特性的影响[J]. 环境科学学报, 2016, 36(05): 1757-1765.

[14] 马彪. 生物质炭化下原料与产物性质的关系及规模化生产系统的评价[D]. 南京: 南京农业大学, 2017.

[15] 邱良祝, 朱脩玥, 马彪, 等. 生物质炭热解炭化条件及其性质的文献分析[J]. 植物营养与肥料学报, 2017, 23(06): 1622-1630.

[16] 魁彦萍, 曹晶, 周赫, 等. 生物油的成分分析及物性测定[J]. 化工生产与技术, 2010, 17(5): 52-54.

[17] Keown D, Favas G, Hayashi J, et al. Volatilisation of alkali and alkaline earth metallic species during the pyrolysis of biomass: differences between sugar cane bagasse and cane trash[J]. Bioresource Technology, 2005, 96(14): 1570-1577.

[18] 杨海平, 陈汉平, 杜胜磊, 等. 碱金属盐对生物质三组分热解的影响[J]. 中国电机工程学报, 2009, 29(17): 70-75.

[19] 王茹, 侯书林, 赵立欣, 等. 生物质热解炭化的关键影响因素分析[J]. 可再生能源, 2013, 31(6): 90-95.

[20] Zhao B, O'Connor D, Zhang J, et al. Effect of pyrolysis temperature, heating rate, and residence time on rapeseed stem derived biochar[J]. Journal of Cleaner Production, 2018, 174: 977-987.

[21] Zhang J, Liu J, Liu R. Effects of pyrolysis temperature and heating time on biochar obtained from the pyrolysis of straw and lignosulfonate[J]. Bioresource Technology, 2015, 176: 288-291.

[22] Lamichhane S, Bal Krishna K C, Sarukkalige R. Polycyclic aromatic hydrocarbons(PAHs)removal by sorption: A

review[J]. Chemosphere, 2016, 148: 336-353.

[23] Ma Y, Harrad S. Spatiotemporal analysis and human exposure assessment on polycyclic aromatic hydrocarbons in indoor air, settled house dust, and diet: A review[J]. Environment International, 2015, 84: 7-16.

[24] Ghidotti M, Fabbri D, Hornung A. Profiles of Volatile Organic Compounds in Biochar: Insights into Process Conditions and Quality Assessment[J]. ACS Sustainable Chemistry & Engineering, 2016, 5(1): 510-517.

[25] Godlewska P, Ok Y S, Oleszczuk P. The dark side of black gold: Ecotoxicological aspects of biochar and biochar-amended soils[J]. Journal of Hazardous Materials, 2021, 403: 123833.

[26] Ok Y S, Tsang D C W, Bolan N, et al. Biochar Research and Safety: Fundaments and Applications[M]. Amsterdam: Elsevier, 2019.

[27] Wang X, Li C, Li Z, et al. Effect of pyrolysis temperature on characteristics, chemical speciation and risk evaluation of heavy metals in biochar derived from textile dyeing sludge[J]. Ecotoxicology and Environmental Safety, 2019, 168: 45-52.

[28] Montanarella L, Lugato E. The application of biochar in the EU: Challenges and opportunities[J]. Agronomy, 2013, 3(2): 462-473.

[29] IBI. Certification Program-biochar-international[EB/OL]. (2015-12-13)[2021-3-5]. https://biochar-international.org/certification-program/.

[30] Chen L, Zheng H, Wang Z Y. The formation of toxic compounds during biochar production[J]. Applied Mechanics and Materials, 2013, 361-363: 867-870.

[31] Singh B, Singh B P, Cowie A L. Characterisation and evaluation of biochars for their application as a soil amendment[J]. Soil Research, 2010, 48(7): 516.

[32] Fagernäs L, Kuoppala E, Simell P. Polycyclic aromatic hydrocarbons in birch wood slow pyrolysis products[J]. Energy & Fuels, 2012, 26(11): 6960-6970.

[33] Hale S E, Lehmann J, Rutherford D, et al. Quantifying the total and bioavailable polycyclic aromatic hydrocarbons and dioxins in biochars[J]. Environmental Science & Technology, 2012, 46(5): 2830-2838.

[34] Freddo A, Cai C, Reid B J. Environmental contextualisation of potential toxic elements and polycyclic aromatic hydrocarbons in biochar[J]. Environmental Pollution, 2012, 171: 18-24.

[35] Khalid F N M, Klarup D. The influence of sunlight and oxidative treatment on measured PAH concentrations in biochar[J]. Environmental Science and Pollution Research, 2015, 22(17): 12975-12981.

[36] Keiluweit M, Kleber M, Sparrow M A, et al. Solvent-extractable polycyclic aromatic hydrocarbons in biochar: influence of pyrolysis temperature and feedstock[J]. Environmental Science & Technology, 2012, 46(17): 9333-9341.

[37] Rogovska N, Laird D, Cruse R M, et al. Germination tests for assessing biochar quality[J]. Journal of Environmental Quality, 2012, 41(4): 1014-1022.

[38] Fabbri D, Rombolà A G, Torri C, et al. Determination of polycyclic aromatic hydrocarbons in biochar and biochar amended soil[J]. Journal of Analytical and Applied Pyrolysis, 2013, 103: 60-67.

[39] Quilliam R S, Rangecroft S, Emmett B A, et al. Is biochar a source or sink for polycyclic aromatic hydrocarbon (PAH) compounds in agricultural soils?[J]. GCB Bioenergy, 2013, 5(2): 96-103.

[40] Luo F, Song J, Xia W, et al. Characterization of contaminants and evaluation of the suitability for land application of maize and sludge biochars[J]. Environmental Science and Pollution Research, 2014, 21(14): 8707-8717.

[41] Buss W, Graham M C, MacKinnon G, et al. Strategies for producing biochars with minimum PAH contamination[J].

Journal of Analytical and Applied Pyrolysis, 2016, 119: 24-30.

[42] Zielińska A, Oleszczuk P. The conversion of sewage sludge into biochar reduces polycyclic aromatic hydrocarbon content and ecotoxicity but increases trace metal content[J]. Biomass and Bioenergy, 2015, 75: 235-244.

[43] Stefaniuk M, Oleszczuk P, Bartmiński P. Chemical and ecotoxicological evaluation of biochar produced from residues of biogas production[J]. Journal of Hazardous Materials, 2016, 318: 417-424.

[44] Visioli G, Conti F D, Menta C, et al. Assessing biochar ecotoxicology for soil amendment by root phytotoxicity bioassays[J]. Environmental Monitoring and Assessment, 2016, 188(3): 166.

[45] De la Rosa J M, Paneque M, Hilber I, et al. Assessment of polycyclic aromatic hydrocarbons in biochar and biochar-amended agricultural soil from Southern Spain[J]. Journal of Soils and Sediments, 2016, 16(2): 557-565.

[46] Lyu H, He Y, Tang J, et al. Effect of pyrolysis temperature on potential toxicity of biochar if applied to the environment[J]. Environmental Pollution, 2016, 218: 1-7.

[47] Fu B, Ge C, Yue L, et al. Characterization of Biochar Derived from pineapple peel waste and Its application for sorption of oxytetracycline from aqueous solution[J]. BioResources, 2016, 11(4): 9017-9035.

[48] Dunnigan L, Morton B J, van Eyk P J, et al. Polycyclic aromatic hydrocarbons on particulate matter emitted during the co-generation of bioenergy and biochar from rice husk[J]. Bioresource Technology, 2017, 244: 1015-1023.

[49] Taherymoosavi S, Verheyen V, Munroe P, et al. Characterization of organic compounds in biochars derived from municipal solid waste[J]. Waste Management, 2017, 67: 131-142.

[50] Kończak M, Gao Y, Oleszczuk P. Carbon dioxide as a carrier gas and biomass addition decrease the total and bioavailable polycyclic aromatic hydrocarbons in biochar produced from sewage sludge[J]. Chemosphere, 2019, 228: 26-34.

[51] Yang X, Ng W, Wong B S E, et al. Characterization and ecotoxicological investigation of biochar produced via slow pyrolysis: Effect of feedstock composition and pyrolysis conditions[J]. Journal of Hazardous Materials, 2019, 365: 178-185.

[52] Raclavská H, Růžičková J, Škrobánková H, et al. Possibilities of the utilization of char from the pyrolysis of tetrapak[J]. Journal of Environmental Management, 2018, 219: 231-238.

[53] Bucheli T, Hilber I, Schmidt H. Polycyclic aromatic hydrocarbons and polychlorinated aromatic compounds in biochar[M]. England: Earthscan Publications Ltd., 2015.

[54] 彭碧莲, 刘铭龙, 隋凤凤, 等. 生物质炭对小白菜吸收多环芳烃的影响[J]. 农业环境科学学报, 2017, 36(4): 702-708.

[55] McGrath T E, Wooten J B, Geoffrey Chan W, et al. Formation of polycyclic aromatic hydrocarbons from tobacco: The link between low temperature residual solid(char) and PAH formation[J]. Food and Chemical Toxicology, 2007, 45(6): 1039-1050.

[56] Bignal K L, Langridge S, Zhou J L. Release of polycyclic aromatic hydrocarbons, carbon monoxide and particulate matter from biomass combustion in a wood-fired boiler under varying boiler conditions[J]. Atmospheric Environment, 2008, 42(39): 8863-8871.

[57] Li Y, Liao Y, He Y, et al. Polycyclic aromatic hydrocarbons concentration in straw biochar with different particle size[J]. Procedia Environmental Sciences, 2016, 31: 91-97.

[58] Cole D P, Smith E A, Lee Y J. High-resolution mass spectrometric characterization of molecules on biochar from pyrolysis and gasification of switchgrass[J]. Energy & Fuels, 2012, 26(6): 3803-3809.

[59] Brown R A, Kercher A K, Nguyen T H, et al. Production and characterization of synthetic wood chars for use as

surrogates for natural sorbents[J]. Organic Geochemistry, 2006, 37(3): 321-333.

[60] Nguyen V, Nguyen T, Chen C, et al. Influence of pyrolysis temperature on polycyclic aromatic hydrocarbons production and tetracycline adsorption behavior of biochar derived from spent coffee ground[J]. Bioresource Technology, 2019, 284: 197-203.

[61] Madej J, Hilber I, Bucheli T D, et al. Biochars with low polycyclic aromatic hydrocarbon concentrations achievable by pyrolysis under high carrier gas flows irrespective of oxygen content or feedstock[J]. Journal of Analytical and Applied Pyrolysis, 2016, 122: 365-369.

[62] Kołtowski M, Oleszczuk P. Toxicity of biochars after polycyclic aromatic hydrocarbons removal by thermal treatment[J]. Ecological Engineering, 2015, 75: 79-85.

[63] Hernandez-Soriano M C. Environmental Risk Assessment of Soil Contamination[M]. London: IntechOpen, 2014.

[64] Hagemann N, Joseph S, Schmidt H, et al. Organic coating on biochar explains its nutrient retention and stimulation of soil fertility[J]. Nature Communications, 2017, 8(1): 1089.

[65] Fimmen R L, Cory R M, Chin Y, et al. Probing the oxidation-reduction properties of terrestrially and microbially derived dissolved organic matter[J]. Geochimica et Cosmochimica Acta, 2007, 71(12): 3003-3015.

[66] Graber E R, Tsechansky L, Lew B, et al. Reducing capacity of water extracts of biochars and their solubilization of soil Mn and Fe[J]. European Journal of Soil Science, 2014, 65(1): 162-172.

[67] Lin Y, Munroe P, Joseph S, et al. Water extractable organic carbon in untreated and chemical treated biochars[J]. Chemosphere, 2012, 87(2): 151-157.

[68] Liu C, Chu W, Li H, et al. Quantification and characterization of dissolved organic carbon from biochars[J]. Geoderma, 2019, 335: 161-169.

[69] 娄颖梅. 生物质炭浸提液成分分析及其蔬菜喷施应用研究[D]. 南京: 南京农业大学, 2015.

[70] Lou Y, Joseph S, Li L, et al. Water extract from straw biochar used for plant growth promotion: An initial test[J]. BioResources, 2015, 11(1): 249-266.

[71] Yang E, Jun M, Haijun H, et al. Chemical composition and potential bioactivity of volatile from fast pyrolysis of rice husk[J]. Journal of Analytical and Applied Pyrolysis, 2015, 112: 394-400.

[72] E Y, Meng J, Hu H, et al. Effects of organic molecules from biochar-extracted liquor on the growth of rice seedlings[J]. Ecotoxicology and Environmental Safety, 2019, 170.

[73] Graber E R, Tsechansky L, Mayzlish-Gati E, et al. A humic substances product extracted from biochar reduces Arabidopsis root hair density and length under P-sufficient and P-starvation conditions[J]. Plant and Soil, 2015, 395(1-2): 21-30.

[74] Sun D, Meng J, Liang H, et al. Effect of volatile organic compounds absorbed to fresh biochar on survival of Bacillus mucilaginosus and structure of soil microbial communities[J]. Journal of Soils and Sediments, 2015, 15(2): 271-281.

[75] Bian R, Joseph S, Shi W, et al. Biochar DOM for plant promotion but not residual biochar for metal immobilization depended on pyrolysis temperature[J]. Science of The Total Environment, 2019, 662: 571-580.

[76] 王盼, 郑庭茜, 卞荣军, 等. 基于生物质裂解活性有机物的有机-无机水溶肥对空心菜产量、品质及养分的影响[J]. 土壤通报, 2018, 49(6): 1377-1382.

[77] Elad Y, David D R, Harel Y M, et al. Induction of systemic resistance in plants by biochar, a soil-applied carbon sequestering agent[J]. Phytopathology®, 2010, 100(9): 913-921.

[78] Meller Harel Y, Elad Y, Rav-David D, et al. Biochar mediates systemic response of strawberry to foliar fungal pathogens[J]. Plant and Soil, 2012, 357(1-2): 245-257.

[79] Viger M, Hancock R D, Miglietta F, et al. More plant growth but less plant defence? First global gene expression data for plants grown in soil amended with biochar[J]. GCB Bioenergy, 2015, 7(4): 658-672.

[80] 时薇, 卞荣军, 郑聚锋, 等. 基于高通量测序技术分析生物质炭可溶性组分处理不结球白菜叶片的转录组学分析[J]. 南京农业大学学报, 2020, 43(04): 674-681.

[81] Jaiswal A K, Alkan N, Elad Y, et al. Molecular insights into biochar-mediated plant growth promotion and systemic resistance in tomato against Fusarium crown and root rot disease[J]. Scientific Reports, 2020, 10(1): 13934.

[82] Hameed R, Cheng L, Yang K, et al. Endogenous release of metals with dissolved organic carbon from biochar: Effects of pyrolysis temperature, particle size, and solution chemistry[J]. Environmental Pollution, 2019, 255: 113253.

[83] Huang M, Li Z, Luo N, et al. Application potential of biochar in environment: Insight from degradation of biochar-derived DOM and complexation of DOM with heavy metals[J]. Science of The Total Environment, 2019, 646: 220-228.

[84] Wei J, Tu C, Yuan G, et al. Pyrolysis Temperature-Dependent Changes in the Characteristics of Biochar-Borne Dissolved Organic Matter and Its Copper Binding Properties[J]. Bulletin of Environmental Contamination and Toxicology, 2019, 103(1): 169-174.

[85] Dong X, Ma L Q, Gress J, et al. Enhanced Cr(VI) reduction and As(III) oxidation in ice phase: Important role of dissolved organic matter from biochar[J]. Journal of Hazardous Materials, 2014, 267: 62-70.

[86] Kim H, Kim J, Kim S, et al. Consecutive reduction of Cr(VI) by Fe(II) formed through photo-reaction of iron-dissolved organic matter originated from biochar[J]. Environmental Pollution, 2019, 253: 231-238.

[87] Huang M, Li Z, Chen M, et al. Dissolved organic matter released from rice straw and straw biochar: Contrasting molecular composition and lead binding behaviors[J]. Science of The Total Environment, 2020, 739: 140378.

[88] Wang M, Gao L, Dong S, et al. Role of Silicon on Plant-Pathogen Interactions[J]. Frontiers in Plant Science, 2017, 8: 701.

[89] Gondek K, Mierzwa-Hersztek M. Effect of low-temperature biochar derived from pig manure and poultry litter on mobile and organic matter-bound forms of Cu, Cd, Pb and Zn in sandy soil[J]. Soil Use and Management, 2016, 32(3): 357-367.

[90] Smith C R, Hatcher P G, Kumar S, et al. Investigation into the Sources of Biochar Water-Soluble Organic Compounds and Their Potential Toxicity on Aquatic Microorganisms[J]. ACS Sustainable Chemistry & Engineering, 2016, 4(5): 2550-2558.

[91] 宋大利, 侯胜鹏, 王秀斌, 等. 中国秸秆养分资源数量及替代化肥潜力[J]. 植物营养与肥料学报, 2018, 24(1): 1-21.

[92] 李飞跃, 吴旋, 李俊锁, 等. 畜禽粪便生物炭固碳量、养分量的估算及田间施用潜在风险预测[J]. 农业环境科学学报, 2019, 38(9): 2202-2209.

[93] 王涛. 我国城镇污泥营养成分与重金属含量分析[J]. 中国环保产业, 2015, 000(4): 42-45.

[94] 田爽爽. 生物炭制备过程中养分元素迁移转化机制研究[D]. 武汉: 华中农业大学, 2016.

[95] 苟进胜, 常建民, 任学勇. 生物质热解过程中氮元素迁移规律研究进展[J]. 科技导报, 2012, 30(14): 70-74.

[96] Bagreev A, Bandosz T J, Locke D C. Pore structure and surface chemistry of adsorbents obtained by pyrolysis of sewage sludge-derived fertilizer[J]. Carbon, 2001, 39(13): 1971-1979.

[97] 陈吟颖, 阎维平, 王淑娟. 生物质热解后氮元素迁移的试验研究[J]. 锅炉技术, 2010, 41(5): 75-78.

[98] Li C, Tan L L. Formation of NO$_x$ and SO$_x$ precursors during the pyrolysis of coal and biomass. Part III. Further

discussion on the formation of HCN and NH₃ during pyrolysis[J]. Fuel, 2000, 79(15): 1899-1906.

[99] Yuan J, Xu R, Zhang H. The forms of alkalis in the biochar produced from crop residues at different temperatures[J]. Bioresource Technology, 2011, 102(3): 3488-3497.

[100] Wu H, Castro M, Jensen P A, et al. Release and transformation of inorganic elements in combustion of a high-phosphorus fuel[J]. Energy & Fuels, 2011, 25(7): 2874-2886.

[101] Matinde E, Sasaki Y, Hino M. Phosphorus gasification from sewage sludge during carbothermic reduction[J]. ISIJ International, 2008, 48(7): 912-917.

[102] Beck J, Unterberger S. The behaviour of particle bound phosphorus during the combustion of phosphate doped coal[J]. Fuel, 2007, 86(5-6): 632-640.

[103] Zhao L, Cao X, Wang Q, et al. Mineral constituents profile of biochar derived from diversified waste biomasses: Implications for agricultural applications[J]. Journal of Environmental Quality, 2013, 42(2): 545-552.

[104] 郭文杰, 邵前前, 杜健, 等. 不同温度热解牛骨炭对菜园土壤磷素转化及小白菜产量的影响[J]. 土壤通报, 2019, 50(6): 1391-1399.

[105] Johansen J M, Jakobsen J G, Frandsen F J, et al. Release of K, Cl, and S during pyrolysis and combustion of high-chlorine biomass[J]. Energy & Fuels, 2011, 25(11): 4961-4971.

[106] 钱柯贞, 陈汉平, 杨海平, 等. 生物质热转化过程中无机元素的迁移析出规律分析[J]. 生物质化学工程, 2011, 45(4): 39-46.

[107] Wei X, Schnell U, Hein K. Behaviour of gaseous chlorine and alkali metals during biomass thermal utilisation[J]. Fuel, 2005, 84(7-8): 841-848.

[108] Knudsen J N, Jensen P A, Dam-Johansen K. Transformation and release to the gas phase of Cl, K, and S during combustion of annual biomass[J]. Energy & Fuels, 2004, 18(5): 1385-1399.

[109] Liao Y, Yang G, Ma X. Experimental study on the combustion characteristics and alkali transformation behavior of straw[J]. Energy & Fuels, 2012, 26(2): 910-916.

[110] 徐婧. 生物质燃烧过程中碱金属析出的实验研究[D]. 杭州: 浙江大学, 2006.

[111] 孟晓晓, 孙锐, 袁皓, 等. 不同热解温度下玉米秸秆中碱金属K和Na的释放及半焦中赋存特性[J]. 化工学报, 2017, 68(04): 1600-1607.

[112] Tan Z, Liu L, Zhang L, et al. Mechanistic study of the influence of pyrolysis conditions on potassium speciation in biochar "preparation-application" process[J]. Science of The Total Environment, 2017, 599-600: 207-216.

[113] Zornoza R, Moreno-Barriga F, Acosta J A, et al. Stability, nutrient availability and hydrophobicity of biochars derived from manure, crop residues, and municipal solid waste for their use as soil amendments[J]. Chemosphere, 2016, 144: 122-130.

[114] Zheng H, Wang Z, Deng X, et al. Characteristics and nutrient values of biochars produced from giant reed at different temperatures[J]. Bioresource Technology, 2013, 130: 463-471.

[115] Major J, Rondon M, Molina D, et al. Maize yield and nutrition during 4 years after biochar application to a Colombian savanna oxisol[J]. Plant and Soil, 2010, 333(1-2): 117-128.

[116] Liang Y, Cao X, Zhao L, et al. Phosphorus release from dairy manure, the manure-derived biochar, and their amended soil: effects of phosphorus nature and soil property[J]. Journal of Environmental Quality, 2014, 43(4): 1504-1509.

[117] Lian W, Yang L, Joseph S, et al. Utilization of biochar produced from invasive plant species to efficiently adsorb Cd (II) and Pb (II)[J]. Bioresource Technology, 2020, 317: 124011.

[118] Cheah S, Malone S C, Feik C J. Speciation of sulfur in biochar produced from pyrolysis and gasification of oak and corn stover[J]. Environmental Science & Technology, 2014, 48(15): 8474-8480.

[119] Holden W M, Seidler G T, Cheah S. Sulfur speciation in biochars by very high resolution benchtop Kα X-ray emission spectroscopy[J]. The Journal of Physical Chemistry A, 2018, 122(23): 5153-5161.

[120] Fox A, Kwapinski W, Griffiths B S, et al. The role of sulfur- and phosphorus-mobilizing bacteria in biochar-induced growth promotion of Lolium perenne[J]. FEMS Microbiology Ecology, 2014, 90(1): 78-91.

[121] Zhang H, Voroney R P, Price G W, et al. Sulfur-enriched biochar as a potential soil amendment and fertiliser[J]. Soil Research, 2017, 55(1): 93.

[122] Zhang X, Zhang P, Yuan X, et al. Effect of pyrolysis temperature and correlation analysis on the yield and physicochemical properties of crop residue biochar[J]. Bioresource Technology, 2020, 296: 122318.

[123] Zhao B, Xu H, Zhang T, et al. Effect of pyrolysis temperature on sulfur content, extractable fraction and release of sulfate in corn straw biochar[J]. RSC Advances, 2018, 8(62): 35611-35617.

[124] Barrett G C. Chemistry and biochemistry of the amino acids[M]. New York: Chapman and Hall, 1985.

[125] 徐欢. 生物质炭中SO_4^{2-}的释放及生物质炭对黄土吸附SO_4^{2-}的影响研究[D]. 兰州: 兰州交通大学, 2017.

[126] 刘朝霞, 牛文娟, 楚合营, 等. 秸秆热解工艺优化与生物炭理化特性分析[J]. 农业工程学报, 2018, 34(5): 196-203.

[127] Houben D, Sonnet P, Cornelis J. Biochar from Miscanthus: a potential silicon fertilizer[J]. Plant and Soil, 2014, 374(1-2): 871-882.

[128] Li Z, Delvaux B, Yans J, et al. Phytolith-rich biochar increases cotton biomass and silicon-mineralomass in a highly weathered soil[J]. Journal of Plant Nutrition and Soil Science, 2018, 181(4): 537-546.

[129] Xiao X, Chen B, Zhu L. Transformation, morphology, and dissolution of silicon and carbon in rice straw-derived biochars under different pyrolytic temperatures[J]. Environmental Science & Technology, 2014, 48(6): 3411-3419.

[130] Wang Y, Xiao X, Zhang K, et al. Effects of biochar amendment on the soil silicon cycle in a soil-rice ecosystem[J]. Environmental Pollution, 2019, 248: 823-833.

[131] 臧惠林, 张效朴, 何电源. 我国南方水稻土供硅能力的研究[J]. 土壤学报, 1982(2): 131-140.

[132] Liu X, Li L, Bian R, et al. Effect of biochar amendment on soil-silicon availability and rice uptake[J]. Journal of Plant Nutrition and Soil Science, 2014, 177(1): 91-96.

[133] Chen Y, Rong X, Fu Q, et al. Effects of biochar amendment to soils on stylet penetration activities by aphidSitobion avenae and planthopperLaodelphax striatellus on their host plants[J]. Pest Management Science, 2020, 76(1): 360-365.

[134] Chen Y, Li R, Li B, et al. Biochar applications decrease reproductive potential of the English grain aphidSitobion avenae and upregulate defense-related gene expression[J]. Pest Management Science, 2019, 75(5): 1310-1316.

[135] Wang Y, Lin Y, Chiu P C, et al. Phosphorus release behaviors of poultry litter biochar as a soil amendment[J]. Science of The Total Environment, 2015, 512-513: 454-463.

[136] Cao X, Harris W. Properties of dairy-manure-derived biochar pertinent to its potential use in remediation[J]. Bioresource Technology, 2010, 101(14): 5222-5228.

[137] Xu X, Kan Y, Zhao L, et al. Chemical transformation of CO_2 during its capture by waste biomass derived biochars[J]. Environmental Pollution, 2016, 213: 533-540.

[138] Ippolito J A, Novak J M, Busscher W J, et al. Switchgrass biochar affects two aridisols[J]. Journal of

Environmental Quality, 2012, 41(4): 1123-1130.

[139] Bashir S, Zhu J, Fu Q, et al. Cadmium mobility, uptake and anti-oxidative response of water spinach(Ipomoea aquatic) under rice straw biochar, zeolite and rock phosphate as amendments[J]. Chemosphere, 2018, 194: 579-587.

[140] Jiang J, Yuan M, Xu R, et al. Mobilization of phosphate in variable-charge soils amended with biochars derived from crop straws[J]. Soil and Tillage Research, 2015, 146: 139-147.

[141] Gaskin J W, Speir R A, Harris K, et al. Effect of peanut hull and pine chip biochar on soil nutrients, Corn nutrient status, and yield[J]. Agronomy Journal, 2010, 102(2): 623-633.

[142] Tsai W, Liu S, Chen H, et al. Textural and chemical properties of swine-manure-derived biochar pertinent to its potential use as a soil amendment[J]. Chemosphere, 2012, 89(2): 198-203.

[143] Al-Wabel M I, Al-Omran A, El-Naggar A H, et al. Pyrolysis temperature induced changes in characteristics and chemical composition of biochar produced from conocarpus wastes[J]. Bioresource Technology, 2013, 131: 374-379.

[144] Takaya C A, Fletcher L A, Singh S, et al. Phosphate and ammonium sorption capacity of biochar and hydrochar from different wastes[J]. Chemosphere, 2016, 145: 518-527.

[145] Uchimiya M, Bannon D I, Wartelle L H, et al. Lead retention by broiler litter biochars in small arms range soil: Impact of pyrolysis temperature[J]. Journal of Agricultural and Food Chemistry, 2012, 60(20): 5035-5044.

[146] Ding W, Dong X, Ime I M, et al. Pyrolytic temperatures impact lead sorption mechanisms by bagasse biochars[J]. Chemosphere, 2014, 105: 68-74.

[147] Xu X, Cao X, Zhao L. Comparison of rice husk-and dairy manure-derived biochars for simultaneously removing heavy metals from aqueous solutions: Role of mineral components in biochars[J]. Chemosphere, 2013, 92(8): 955-961.

[148] Rondon M A, Lehmann J, Ramírez J, et al. Biological nitrogen fixation by common beans(Phaseolus vulgaris L.) increases with bio-char additions[J]. Biology and Fertility of Soils, 2007, 43(6): 699-708.

[149] Rees F, Simonnot M O, Morel J L. Short-term effects of biochar on soil heavy metal mobility are controlled by intra-particle diffusion and soil pH increase[J]. European Journal of Soil Science, 2014, 65(1): 149-161.

[150] Qian T, Zhang X, Hu J, et al. Effects of environmental conditions on the release of phosphorus from biochar[J]. Chemosphere, 2013, 93(9): 2069-2075.

[151] Enders A, Hanley K, Whitman T, et al. Characterization of biochars to evaluate recalcitrance and agronomic performance[J]. Bioresource Technology, 2012, 114: 644-653.

[152] Li F, Cao X, Zhao L, et al. Effects of mineral additives on biochar formation: Carbon retention, stability, and properties[J]. Environmental Science & Technology, 2014, 48(19): 11211-11217.

[153] 唐强, 于凤文, 吕红云, 等. 金属离子对生物质热裂解的影响[J]. 化工进展, 2010, 29(S1): 48-51.

[154] Várhegyi G, Antal M J, Jakab E, et al. Kinetic modeling of biomass pyrolysis[J]. Journal of Analytical and Applied Pyrolysis, 1997, 42(1): 73-87.

[155] Raveendran K, Ganesh A, Khilar K C. Influence of mineral matter on biomass pyrolysis characteristics[J]. Fuel, 1995, 74(12): 1812-1822.

[156] 顾博文, 曹心德, 赵玲, 等. 生物质内源矿物对热解过程及生物炭稳定性的影响[J]. 农业环境科学学报, 2017, 36(3): 591-597.

[157] 王贤华, 陈汉平, 王静, 等. 无机矿物质盐对生物质热解特性的影响[J]. 燃料化学学报, 2008, 36(6): 679-683.

[158] Williams P T, Horne P A. The role of metal salts in the pyrolysis of biomass[J]. Renewable Energy, 1994, 4(1):

1-13.

[159] 谭洪, 王树荣, 骆仲泱, 等. 金属盐对生物质热解特性影响试验研究[J]. 工程热物理学报, 2005, 26(05): 742-744.

[160] 李攀, 王贤华, 龚维婷, 等. 金属盐添加剂对生物质微波热解特性的影响[J]. 农业机械学报, 2013, 44(06): 162-167.

[161] Yang F, Xu Z, Yu L, et al. Kaolinite enhances the stability of the dissolvable and undissolvable fractions of biochar via different mechanisms[J]. Environmental Science & Technology, 2018, 52(15): 8321-8329.

[162] Rawal A, Joseph S D, Hook J M, et al. Mineral-biochar composites: molecular structure and porosity[J]. Environmental Science & Technology, 2016, 50(14): 7706-7714.

[163] Yao Y, Gao B, Fang J, et al. Characterization and environmental applications of clay-biochar composites[J]. Chemical Engineering Journal, 2014, 242: 136-143.

[164] Rajkovich S, Enders A, Hanley K, et al. Corn growth and nitrogen nutrition after additions of biochars with varying properties to a temperate soil[J]. Biology and Fertility of Soils, 2012, 48(3): 271-284.

[165] Mukherjee A, Zimmerman A R, Harris W. Surface chemistry variations among a series of laboratory-produced biochars[J]. Geoderma, 2011, 163(3-4): 247-255.

[166] Wu W, Yang M, Feng Q, et al. Chemical characterization of rice straw-derived biochar for soil amendment[J]. Biomass and Bioenergy, 2012, 47: 268-276.

[167] Prendergast-Miller M T, Duvall M, Sohi S P. Biochar-root interactions are mediated by biochar nutrient content and impacts on soil nutrient availability[J]. European Journal of Soil Science, 2014, 65(1): 173-185.

[168] Angst T E, Sohi S P. Establishing release dynamics for plant nutrients from biochar[J]. GCB Bioenergy, 2013, 5(2): 221-226.

[169] Mukherjee A, Zimmerman A R. Organic carbon and nutrient release from a range of laboratory-produced biochars and biochar-soil mixtures[J]. Geoderma, 2013, 193-194: 122-130.

[170] Limwikran T, Kheoruenromne I, Suddhiprakarn A, et al. Dissolution of K, Ca, and P from biochar grains in tropical soils[J]. Geoderma, 2018, 312: 139-150.

[171] Sun K, Qiu M, Han L, et al. Speciation of phosphorus in plant-and manure-derived biochars and its dissolution under various aqueous conditions[J]. Science of The Total Environment, 2018, 634: 1300-1307.

[172] Prakongkep N, Gilkes R J, Wiriyakitnateekul W. Forms and solubility of plant nutrient elements in tropical plant waste biochars[J]. Journal of Plant Nutrition and Soil Science, 2015, 178(5): 732-740.

[173] Xu Y, Chen B. Organic carbon and inorganic silicon speciation in rice-bran-derived biochars affect its capacity to adsorb cadmium in solution[J]. Journal of Soils and Sediments, 2015, 15(1): 60-70.

[174] Cao X, Ma L, Gao B, et al. Dairy-manure derived biochar effectively sorbs lead and atrazine[J]. Environmental Science & Technology, 2009, 43(9): 3285-3291.

[175] 王春雨. 农业废弃物中微量元素的赋存形态及其在生物炭中的富集和生物可利用性研究[D]. 上海: 华东理工大学, 2020.

[176] 王维锦, 李彬, 李恋卿, 等. 低温热裂解处理对猪粪中重金属的钝化效应[J]. 农业环境科学学报, 2015, 34(5): 994-1000.

[177] Devi P, Saroha A K. Risk analysis of pyrolyzed biochar made from paper mill effluent treatment plant sludge for bioavailability and eco-toxicity of heavy metals[J]. Bioresource Technology, 2014, 162: 308-315.

[178] 仓龙, 朱向东, 汪玉, 等. 生物质炭中的污染物含量及其田间施用的环境风险预测[J]. 农业工程学报, 2012,

28(15): 163-167.

[179] 马涛, 宋元红, 李贵桐, 等. 市政污泥生物质炭重金属含量及其形态特征[J]. 中国农业大学学报, 2013, 18(2): 189-194.

[180] Lu K, Yang X, Gielen G, et al. Effect of bamboo and rice straw biochars on the mobility and redistribution of heavy metals(Cd, Cu, Pb and Zn) in contaminated soil[J]. Journal of Environmental Management, 2017, 186: 285-292.

[181] Van Poucke R, Egene C E, Allaert S, et al. Application of biochars and solid fraction of digestate to decrease soil solution Cd, Pb and Zn concentrations in contaminated sandy soils[J]. Environmental Geochemistry and Health, 2020, 42(6): 1589-1600.

[182] Huang H, Yao W, Li R, et al. Effect of pyrolysis temperature on chemical form, behavior and environmental risk of Zn, Pb and Cd in biochar produced from phytoremediation residue[J]. Bioresource Technology, 2018, 249: 487-493.

[183] Gondek K, Mierzwa-Hersztek M. Effect of low-temperature biochar derived from pig manure and poultry litter on mobile and organic matter-bound forms of Cu, Cd, Pb and Zn in sandy soil[J]. Soil Use and Management, 2016, 32(3): 357-367.

[184] Wang Y, Zheng K, Zhan W, et al. Highly effective stabilization of Cd and Cu in two different soils and improvement of soil properties by multiple-modified biochar[J]. Ecotoxicology and Environmental Safety, 2021, 207: 111294.

[185] Yin D, Wang X, Chen C, et al. Varying effect of biochar on Cd, Pb and As mobility in a multi-metal contaminated paddy soil[J]. Chemosphere, 2016, 152: 196-206.

[186] Meng J, Tao M, Wang L, et al. Changes in heavy metal bioavailability and speciation from a Pb-Zn mining soil amended with biochars from co-pyrolysis of rice straw and swine manure[J]. Science of The Total Environment, 2018, 633: 300-307.

[187] Břendová K, Zemanová V, Pavlíková D, et al. Utilization of biochar and activated carbon to reduce Cd, Pb and Zn phytoavailability and phytotoxicity for plants[J]. Journal of Environmental Management, 2016, 181: 637-645.

[188] Moreno-Jiménez E, Fernández J M, Puschenreiter M, et al. Availability and transfer to grain of As, Cd, Cu, Ni, Pb and Zn in a barley agri-system: Impact of biochar, organic and mineral fertilizers[J]. Agriculture, Ecosystems & Environment, 2016, 219: 171-178.

[189] Buss W, Graham M C, Shepherd J G, et al. Suitability of marginal biomass-derived biochars for soil amendment[J]. Science of The Total Environment, 2016, 547: 314-322.

[190] von Gunten K, Alam M S, Hubmann M, et al. Modified sequential extraction for biochar and petroleum coke: Metal release potential and its environmental implications[J]. Bioresource Technology, 2017, 236: 106-110.

[191] Zhi L, Zhipeng R, Minglong L, et al. Pyrolyzed biowastes deactivated potentially toxic metals and eliminated antibiotic resistant genes for healthy vegetable production[J]. Journal of Cleaner Production, 2020, 276: 124208.

[192] Lin Q, Xu X, Wang L, et al. The speciation, leachability and bioaccessibility of Cu and Zn in animal manure-derived biochar: effect of feedstock and pyrolysis temperature[J]. Frontiers of Environmental Science & Engineering, 2017, 11(3): 5.

[193] Lin Q, Liang L, Wang L H, et al. Roles of pyrolysis on availability, species and distribution of Cu and Zn in the swine manure: Chemical extractions and high-energy synchrotron analyses[J]. Chemosphere, 2013, 93(9): 2094-2100.

[194] Zeng X, Xiao Z, Zhang G, et al. Speciation and bioavailability of heavy metals in pyrolytic biochar of swine and goat manures[J]. Journal of Analytical and Applied Pyrolysis, 2018, 132: 82-93.

[195] Liu W, Zeng F, Jiang H, et al. Techno-economic evaluation of the integrated biosorption-pyrolysis technology for

lead (Pb) recovery from aqueous solution[J]. Bioresource Technology, 2011, 102 (10): 6260-6265.

[196] Koppolu L, Prasad R, Davis Clements L. Pyrolysis as a technique for separating heavy metals from hyperaccumulators. Part III: pilot-scale pyrolysis of synthetic hyperaccumulator biomass[J]. Biomass and Bioenergy, 2004, 26 (5): 463-472.

[197] Ding D, Zhou L, Kang F, et al. Synergistic adsorption and oxidation of ciprofloxacin by biochar derived from metal-enriched phytoremediation plants: Experimental and computational insights[J]. ACS Applied Materials & Interfaces, 2020, 12 (48): 53788-53798.

[198] Bian R, Li L, Shi W, et al. Pyrolysis of contaminated wheat straw to stabilize toxic metals in biochar but recycle the extract for agricultural use[J]. Biomass and Bioenergy, 2018, 118: 32-39.

[199] Shen Z, Fan X, Hou D, et al. Risk evaluation of biochars produced from Cd-contaminated rice straw and optimization of its production for Cd removal[J]. Chemosphere, 2019, 233: 149-156.

[200] Oleszczuk P, Ćwikła-Bundyra W, Bogusz A, et al. Characterization of nanoparticles of biochars from different biomass[J]. Journal of Analytical and Applied Pyrolysis, 2016, 121: 165-172.

[201] Song B, Chen M, Zhao L, et al. Physicochemical property and colloidal stability of micron-and nano-particle biochar derived from a variety of feedstock sources[J]. Science of The Total Environment, 2019, 661: 685-695.

[202] Wang D, Zhang W, Zhou D. Antagonistic effects of humic acid and iron oxyhydroxide grain-coating on biochar nanoparticle transport in saturated sand[J]. Environmental Science & Technology, 2013, 47 (10): 5154-5161.

[203] 陈明. 生物炭纳米颗粒协同土壤中典型污染物的迁移行为[D]. 上海: 上海交通大学, 2019.

[204] Chen M, Alim N, Zhang Y, et al. Contrasting effects of biochar nanoparticles on the retention and transport of phosphorus in acidic and alkaline soils[J]. Environmental Pollution, 2018, 239: 562-570.

[205] Qian L, Zhang W, Yan J, et al. Effective removal of heavy metal by biochar colloids under different pyrolysis temperatures[J]. Bioresource Technology, 2016, 206: 217-224.

第4章 生物质炭的理化特性与分类评价

生物质炭的物理性质包括比表面积、孔隙结构、容重等，化学性质包括pH、碳含量、氢碳比、氧碳比、灰分、挥发分、官能团种类及阳离子交换能力等。由于制备原料、技术工艺及生产条件等差异[1]，生物质炭在理化特性上表现出多样性差异，表面官能团和活性基团往往较少，需要通过一定的方法对其结构或性能进行改性与强化，比如增加表面积、强化吸附活性，以满足于工农业生产和人们生活需求。同时，随着生物质炭应用领域不断拓展，对性质迥异的不同生物质炭进行分类，便于生物质炭商品化生产和产业化应用推广。

4.1 生物质炭的物理特性与改性

4.1.1 生物质炭的物理特性

1. 生物质炭密度

生物质炭的密度包含固体密度和体积密度。其中，生物质炭的固体密度是指单位体积生物质炭固体部分的质量(生物质炭固体质量与其自身体积的比值)；生物质炭的体积密度是指单位体积生物质炭的质量(生物质炭质量与其体积的比值，生物质炭颗粒所占实际体积，包括孔隙以及颗粒之间的孔隙)。固体密度只反映出固相的信息，既不考虑体积中的空隙，也不考虑固体中的孔隙，所以它不受孔隙度变化的直接影响；而体积密度是航运和装卸最重要的设计参数，生物质炭的利用过程中更基于体积，而不是重量密度。生物质炭的固体密度随着处理温度的升高而增大，而体积密度则呈现相反的趋势。当气体在热解过程中从固体生物质结构中溢出时，会留下一个多孔的固相结构。因此，孔隙率越高，单位体积生物质炭质量越小。Brewer 等通过氦气比重法测量生物质炭的固体密度，发现生物质炭的密度介于 $1.34\sim1.96g/cm^3$，并且随着热解温度的升高而增大[2]。绝大多数生物质炭的密度在 $1.5\sim1.7g/cm^3$，这与生物质炭的涡轮层结构以及高孔隙率有关[3,4]。Pastor-Villgegas 等研究发现生物质炭的体积密度在 $0.3\sim0.43g/cm^3$[5]。不同用途生物质炭的体积密度差异明显，其中作为气体吸附的体积密度在 $0.40\sim0.50g/cm^3$，而用于脱色剂的体积密度介于 $0.25\sim0.75g/cm^3$[6]。

生物质炭的固体密度随着裂解温度的增加而降低，体积密度随孔隙率的增加而增大[7]。研究发现，生物质炭的固体密度与其体积密度呈负相关关系[5,8]。此外，生物质炭的密度与其制备的原材料呈线性关系，不同种类的木料制备的生物质炭的体积密度为其木料体积密度的 82%[9]。研究发现，干燥法能显著降低密度，可将生木的体积密度从大约 700kg/m³ 降低到大约 400kg/m³，随后，在 300℃以上的炭化过程进一步将密度降低到 300～330kg/m³。一般来说，原材料的体积密度越大，所以产生物质炭的体积密度也越高[10]，温度在 400℃以上生产的生物质炭的颗粒密度约为 500kg/m³。不考虑孔隙，只考虑固体结构的真实密度随着炭化程度的增加而增加。原材料的真实密度在 1450～1530kg/m³[11]，通过高温热解密度可以提高到 2000kg/m³ 左右。固体密度的增加可能是由于固体基体的收缩，在高温处理时尤为明显[12]。

此外，生物质炭的体积密度在土壤改良方面具有重要的应用价值。生物质炭的使用可以显著降低土壤的体积密度(容重)，起到疏通土壤、增加通透性的功能。Zong 等研究发现，施加生物质炭能显著降低土壤的容重，增强土壤的持水能力及导水率，这与生物质炭自身较小的体积密度有关[13]。生物质炭的密度会影响其在环境中的流动性、与土壤水文循环的相互作用及作为土壤微生物活动的适宜性。生物质炭的密度使其在土壤环境中的迁移方面担负重要的作用。土壤中添加生物质炭会导致土壤更易遭受侵蚀，出现水土流失，在被侵蚀的沉积物中，生物质炭含量是相应土壤的 2.2 倍，同时，在添加了 1%生物质炭的坡面土壤上进行模拟降雨实验，高达 55%的生物质炭会被水平运输[14]。

2. 生物质炭孔隙结构

多孔特性是生物质炭的基本物理性质之一，丰富的孔隙结构对于污染物具有很强的吸附功能，这些孔隙结构也决定着生物质炭功能。丰富的孔隙结构能够为微生物提供活动栖息的场所[15]，对有机污染物以及重金属具有很强的吸附性[16]。生物质炭孔径大小及分布特征能够影响其改良土壤的物理化学特性。生物质炭的结构和孔隙特性与其原材料及制备条件息息相关。同时，原材料的种类和裂解条件是控制生物质炭孔隙大小及分布的关键因素[17]。生物质炭具有丰富的孔隙结构，可能保留了部分的植物细胞结构[18-20]。因此，为了解生物质炭的环境行为及其发生机制，对纳米到微米尺度的孔隙结构进行定量表征是非常必要的。

准确表征生物质炭的孔隙结构具有挑战性，因为生物质炭的孔隙大小至少有5 个数量级，从纳米级孔隙到几十微米级孔隙[17]。生物质炭的孔径范围广，使生物质炭的孔隙定量以及孔隙特征与环境行为的关系变得更加复杂。

1) 生物质炭孔隙的测定

生物质炭的孔径分布广泛，尺度范围从纳米到微米[17]。生物质炭的微米级孔隙具有重要的蓄水功能及微生物生态位，生物质炭的这些孔隙可为微生物提供栖息地，也被视为植物可提取态水的存储池。相比之下，生物质炭的纳米孔隙主要决定了其吸附性能，研究表明，生物质炭纳米孔隙的表面能为各种危害污染物提供潜在的吸附位点。气体吸附技术广泛应用于生物质炭的比表面积测定，通常只能够测量纳米级孔隙，而这只是生物质炭总孔隙的一小部分。压汞法可用于测定微米尺度下生物质炭的孔径分布，比气体吸附法能检测更多的孔隙体积。此外，Brewer 等提出了一种使用体积比测定技术测量生物质炭总孔隙体积的新方法[2]。目前还没有一种技术可以完整地测量生物质炭的孔隙体积及孔隙范围。测量或评估孔隙结构最广泛使用的方法是压汞法(mercury intrusion porosimetry，MIP)、氮吸附/解吸法(nitrogen adsorption/desorption，NAD)和计算机成像技术[2,19,21-23]。

氮吸附等温线用来计算生物质炭比表面积及孔隙特性。测量前，生物质炭样品在硅胶干燥器中干燥；然后，使用 N_2 作为载气，在 120℃下脱气 12h。数据采集的相对压力(p/p_0)为 0.01～0.99。用 brunauer-emmet-teller(BET)吸附等温模型[24]计算氮的比表面积(SSA)和平均孔隙半径(APR)。在相对压力比为 0.99(p/p_0)的条件下，通过 N_2 吸附计算总孔隙体积(total pore volume，TPV)。

压汞法(MIP)被 ASTM 作为表征孔隙的标准方法，被用于量化生物质炭的孔隙结构。用 AutoPore IV 9510 压汞仪测定生物质炭的孔隙度和孔径分布范围。在 MIP 测量之前，生物质炭样品在 105℃条件下放置 24h，并在真空中放气。数据是使用制造商的软件包收集的。孔隙率是由测定的最高压力下汞的总侵入体积与样品总体积的比值得出的。根据不同压力下计算的孔隙直径范围，估算孔隙尺寸分布(PSD)。利用沃什伯恩方程计算汞柱侵入时的孔径随压力的变化[25]。此外，CT 扫描技术只能测量生物质炭的大孔隙(约 1～100μm)，Jones 等应用非破坏性微米尺度同步加速器计算机微层析成像(SR-mCT)来阐明生物质炭的孔隙结构发展[19]。

2)生物质炭孔径的影响因素

生物质炭的孔隙度主要受原料类型的影响，由于方法上的差异，许多结果不能直接进行比较。利用体积比测定技术，Gray 等测定花旗松和榛子壳孔隙率分别为 83%～85%和 63%～69%[26]。Brewer 等报道不同的生物质炭原料生物质炭孔隙度为 55%～86%[2]。因此，原料是决定生物质炭孔隙度的主要因素。对生物质炭的电镜观察表明，植物材料在热解过程中保留了一些原始的细胞结构[17]。这与许多学者的调查结果相一致[27-29]，清楚地显示了植物材料加热后生物质炭的细胞壁结构。草本植物、针叶林和阔叶林生物质炭的细胞结构、形状和大小分布是其孔隙度差异的主要原因[17]。

热解条件对生物质炭的孔隙特征也有影响。热解温度和停留时间对生物质炭孔隙特性的影响很大程度上取决于原料类型。不同温度下水稻秸秆热解后的总孔体积和孔隙率变化不显著，玉米秸秆炭的孔隙性质随热解温度的不同而不同。Suliman 等测定了生物质炭孔隙率随热解温度和时间的变化显著[30]，然而，许多学者指出，相同原料在不同温度下热解的孔隙度测量显示出较小的变化[2,19-21,26]。

虽然木质炭的 SSA 随着热解温度的升高有增加的趋势，但原料来自粪肥和农作物残渣的生物质炭却没有这种变化趋势[31]，这说明原料类型对孔隙结构的形成起着极其重要的作用。

孔隙特征随热解条件的变化取决于原料。热解温度（350～550℃）对水稻和玉米秸秆炭的 SSA 均无显著影响，而玉米秸秆炭在 550℃下热解的 TPV（0.1～0.001μm）显著高于 350℃和 450℃，对水稻秸秆炭无显著影响。随着热解温度的升高，水稻秸秆炭的 TPV 呈下降趋势；玉米秸秆炭的 TPV 随热解温度的升高而显著升高。550℃时，水稻秸秆和玉米秸秆炭的 SSA 均随停留时间的增加而增加。停留时间为 5h 的水稻秸秆炭的 TPV 显著高于停留时间为 2h 的水稻秸秆炭。热解温度和停留时间对 MIP 法测定生物质炭孔隙性质的影响。就热解温度和停留时间对 MIP 法测定生物质炭孔隙性质的影响而言，对于水稻秸秆炭，TPV 和孔隙率随热解温度变化不明显，而玉米秸秆炭的 TPV 随温度升高而降低。550℃热解温度下玉米秸秆炭的 TPV 为 3.70cm^3/g，相比 350℃的玉米秸秆炭降低 14%。结合 NAI 定义的纳米孔隙，发现热解温度对水稻秸秆炭的孔隙特征没有显著影响。热解条件对生物质炭孔隙特性的影响在很大程度上取决于原料类型。生物质炭孔隙对热解参数的响应也不同[17]。在目前的工作中，获得可靠定量信息的生物质原料的孔隙结构是一个巨大的挑战。此外，由于原料的非均质性，生物质炭原料的孔隙结构会有很大差异。每种原料的几个试样的结果不能代表原料的孔隙结构。在进一步的研究中，建议使用无损 X 射线计算机微层析成像和图像分析来量化不同原料的孔隙结构，该技术可现场测定生物质炭生产过程中孔隙系统的动态变化，研究结果可以表征不同原料和热解条件对生物质炭孔隙结构的影响。

生物质炭是一种典型的多尺度多孔材料，具有广泛的孔径，因此，不同孔径的生物质炭对环境的影响也不同。大多数生物质炭的孔隙直径在 5～20μm[17]，这些孔隙最适合微生物栖息和土壤保水。然而，生物质炭的纳米孔对生物质炭的活性表面积和污染物截留的吸附位点很重要，只占总孔体积的一小部分。生物质炭孔隙体积的很大一部分是由与植物有效水分的物理过程和储存有关的孔隙组成的，因此，生物质炭的孔径分布可以作为微生物栖息地。生物质炭的孔隙特征也可以解释添加生物质炭后土壤水分状况的变化。

4.1.2　生物质炭的物理改性与强化

在生物质炭的制备过程中，通过对其表面进行修饰得到的改性生物质炭，可以显著提高或改进对被吸附物的吸附性能[32]。利用物理方法将生物质炭结构精细化，制备成具有新特性、新结构的材料，其综合性能将会大大优于原始材料，并强化其在极端环境下生物质炭的专向特性。由于物理活化法在制备过程中不引入化学试剂，所以用物理活化法制得的活性炭载体用途较为广泛[33]。物理改性主要包括蒸汽改性、气体吹扫改性、紫外辐射改性及等离子体改性等。

1. 蒸汽改性

蒸汽改性包括原料的热裂解和生物质炭的蒸汽气化两个过程。在蒸汽改性过程中，水分子中的氧原子被交换到生物质炭表面的自由活性位点，而从水分子中游离的氢原子与生物质炭表面的碳原子反应形成配合物。蒸汽改性不仅能促进生物质炭中结晶炭的形成，还可以去除热裂解过程中产生的不完全燃烧产物[34]。陈雪娇等[35]发现，与未改性前相比，经过蒸汽改性后的油菜生物质炭的比表面积明显增加，对 Cd^{2+} 离子的吸附能力明显增强。

2. 气体吹扫改性

气体吹扫改性是通过对原料进行热裂解后吹扫 CO_2 或 NH_3 来改善生物质炭的孔隙结构。吹扫 CO_2 改性可以增加生物质炭的比表面积和孔隙总体积，而吹扫 NH_3 则可以在生物质炭表面引入含氮基团，改善生物质炭的孔隙结构[36,37]。

3. 紫外辐射改性

紫外辐射改性方法操作高效，且对环境友好。陈健康等[38]对生物质炭进行紫外辐射改性，结果表明紫外辐射改性能够提高生物质炭对金属离子的吸附性能，对 Pb^{2+} 吸附量的提高达 136%，对 Cd^{2+} 吸附量的提高达 25.3%。紫外辐射改性能提高生物质炭的比表面积和氧元素含量，并能够降低生物质炭的表面 pH。李桥等[39]以废椰子壳为原料制备生物质炭并用 365nm 紫外光辐射对生物质炭改性，经过 16h 紫外辐照改性的生物质炭对溶液中 Cd^{2+} 的吸附量可达 67.46mg/kg，提高了 3.2 倍。紫外照射过后生物质炭表面含氧官能团数量显著增加，BET 比表面积增大。

4. 等离子体改性

等离子体产生的高能电子、离子和活性基团能够改善生物质炭的孔隙结构，增大生物质炭的比表面积。常用的等离子体改性气体为空气、Cl_2、NO、NH_3、H_2S 及惰性气体等[34]。Zhang 等[40]发现 H_2S 等离子体改性后的小麦秸秆炭对土壤中 Hg^{2+} 的吸附效率从 26.4%提高到 95.5%，其原因是改性生物质炭表面的含硫官能团和羧基官能团数量明显增加，而 C—S 键和羧基是除汞过程中形成 HgS 和 HgO 的主要官能团。Wang 等[41]发现 Cl_2 等离子体改性的烟草秸秆炭表面疏松多孔并具有良好的热稳定性。Zhang 等[42]在用 Cl_2 等离子体改性稻秆炭时分别通入 NH_3 和 NO，发现两种气体均能促进 Cl_2 等离子体的改性效果，进一步增强了生物质炭对汞的吸附作用，其原因是 NH_3 可以诱导氯离子转化为 C—Cl，使其更容易与 Hg 结合，NO 则可以将 Hg 氧化为 HgO。

　　物理活化反应的实质是碳的氧化反应。首先对原料进行炭化，即含碳有机物在热作用下发生分解，非碳元素以挥发分的形式逸出，制得炭化物；然后将炭化物加热到一定温度，并通入活化气体与碳发生活化反应，使炭化物的孔径疏通，进而扩大、发展，形成孔隙发达的微晶结构活性炭载体。生产中炭化温度一般为600℃，活化温度一般在800～1000℃。炭的活化反应不是在碳的整个表面均匀地进行，而仅仅发生在"活性点"上，即与活化剂亲和力较大的部位才发生反应，如在微晶的边角和有缺陷的位置上的碳原子。一般认为活化反应在活性炭载体细孔形成过程中有 3 个作用：①开孔作用；②扩孔作用；③某些结构经选择性活化而生成新孔[33,43]。

　　物理活化法具有环境污染小、产品用途广泛等优点。以聚氯乙烯为原料，用水蒸气进行活化，在 N_2 的保护下进行，得到的活性炭载体的亚甲基蓝吸附值可达 495mL/g，其比表面积可达 3191.7m^2/g，其吸附量是一般活性炭载体的 2～4 倍[33,44,45]。

4.2　生物质炭的化学特性与改性

4.2.1　生物质炭的化学特性

1. 生物质炭 CEC

　　阳离子交换量(CEC)是一种材料能够持有的交换性阳离子，例如 Ca^{2+}、Mg^{2+}、K^+、Na^+、NH_4^+的数量，这是材料表面负电荷吸引阳离子的结果[46]。CEC 是用来描述土壤肥力的关键指标，这是因为几乎所有植物和微生物使用的养分都以离子形式被吸收。生物质炭 CEC 的测定常用方法为乙酸铵替代法[47,48]。具体过程如下：称取生物质炭 0.2000g(精确到 0.0001g)放入干净的离心管中，用 20ml 去离子水反复浸提 5 次，收集浸提液，浸提液中的 K^+、Na^+、Ca^{2+}和 Mg^{2+}可视为生物质炭中的可溶性碱性阳离子；然后再用 20ml 1mol/L 乙酸钠(pH=7)浸提 5 次，收集浸提液，浸提液中的 K^+、Ca^{2+}和 Mg^{2+}作为交换性阳离子；将生物质炭用 20ml 无水乙醇清洗 5 次，用于除去多余的 Na^+；最后用 20ml 1mol/L 乙酸铵(pH=7)浸提 5 次，用于置换生物质炭交换性 Na^+，计算出生物质炭的 CEC。因此，为方便测量交换性阳离子的值，生物质炭必须放入溶液中。同时，测量的结果很大程度上取决于溶液的 pH，例如通过使用不同的溶剂(如蒸馏水、氢氧化钠或盐酸)发现，溶液的 pH 越高，阳离子交换容量也越大[49]。

　　CEC 是生物质炭非常重要的性质。生物质炭是带电荷的表面官能团和表面积的结合，在相对较低的生产温度下产生的生物质炭具有最高的阳离子交换量，在这种温度下，生物质炭的表面积比原料显著增加，但结构中仍有足够的官能团提供负电荷。研究发现 CEC 直接取决于材料表面结构、官能团提供表面电荷及表面积[50]。Mukherjee 等测定了不同 pH 条件下不同原料制备的生物质炭的 CEC，低温制备的生物质炭 CEC 反而最高[49]。其中，250℃、400℃和 650℃条件下制备的生物质炭 CEC 分别为 51.9cmol/kg、16.2cmol/kg 和 21.0cmol/kg。Gaskin 等也指出，低温产生的生物质炭比高温制备的生物质炭具有更高的 CEC[47]。已有研究发现，生物质炭的 CEC 随着裂解温度上升反而下降，其中，350℃、450℃和 550℃制备的生物质炭 CEC 的平均值分别为 53.73cmol/kg、31.76cmol/kg 和 25.56cmol/kg[51]。此外，增加炭化时间会降低生物质炭中 CEC 值，尤其是 340～450℃降低的最为明显[17]。尽管生物质炭本身的 CEC 值并不高，但应用于土壤中则会提高土壤 CEC。生物质炭在裂解温度大于 350℃时，会呈现随裂解温度和时间的增加而降低趋势，这可能与生物质原料种类差异有关；生物质炭 CEC 值还可能与生物质炭的比表面积、羟基、羧基及羰基等含氧官能团有关，而生物质炭的比表面积在一定的温度范围内最大，而大的比表面积含有较多的含氧官能团，含氧官能团所产生的表面负电荷使生物质炭具有较高浓度的 CEC[50, 52]。随着裂解温度的升高，生物质炭表面的含氧官能团含量减少，导致生物质炭表面的负电荷也减少，CEC 降低。所以低温条件下产生的生物质炭会有较高的 CEC。从生物质炭表面含氧官能团的浓度也可以理解 CEC 随着裂解温度和裂解时间的增加而降低的现象[51]。

2. 生物质炭酸碱性

生物质炭大多呈碱性。生物质炭的碱度可以分为四类：表面有机官能团(如共轭基地)、可溶性有机化合物(共轭基地的弱酸)、碳酸盐(碳酸盐和碳酸氢盐)以及无机碱金属，这可能包括氧化物、氢氧化物、硫酸盐、硫化物和磷酸盐[48, 53]。生物质炭的碱度与碱基阳离子浓度有很强的相关性，但生物质炭碱度不是元素组成、可溶性灰分、固定碳或挥发物含量的简单函数。现在测定生物质炭碱性的方法：①直接滴定法，利用 0.1mol/L HCl 滴定一定生物质炭/水固液比[54]；②用 0.03mol/L HCl 平衡生物质炭，用 NaOH 滴定过滤后的提取物[47]；③用 1mol/L HCl 振荡生物质炭 2h，然后用 NaOH 滴定提取物[53]。测定生物质炭中的碳酸盐碱度通常需要使用压力计或 NaOH 捕集器对盐酸平衡时释放的 CO_2 进行定量，HCl 浓度从 1mol/L 到 4mol/L 不等，平衡时间 1～5d[54,55]。NaOH 滴定法被认为是最准确的碳酸盐定量方法，但尚未研究盐酸浓度和平衡时间对碳酸盐和总碱度测定的影响[54,55]。Silber 等研究表明，生物质炭对离子的释放和对 H^+ 的中和取决于 pH 和时间，这意味着表示总碱度和碳酸盐碱度应在相同的条件下测量，以便于定量比较[56]。大多数研究使用 Boehm 滴定法来量化生物质炭表面的弱有机酸官能团，当这些官能团以脱质子的共轭碱的形式存在时，可以促进碱度升高[56]。另外，已有报道表明，可溶性碱可能混淆 Boehm 滴定结果[57,58]。

碱度增加的直接结果是生物质炭 pH 的增加，生物质炭的 pH 是酸性土壤改良等农业利用的重要材料。研究发现大部分生物质炭原材料通常都是微酸性或者微碱性的，pH 介于 5～7.5，而高温热解后生物质炭的 pH 在 6～12[59]。在高温热解过程中，生物质中的酸性官能团分离，如羧基、羟基或甲酰；剩余的固体变得更加稳固，更多的酸性官能团被释放。在此过程中碱性的灰分含量也会相对增加，这也导致生物质炭碱性增强，也就说生物质炭 pH 的增大是由于炭化程度增加的结果[60,61]。影响生物质炭的 pH 的最大因素是热解温度，延长热解时间也能够增大生物质炭的 pH[62]。其中，生物质炭的 pH 随着裂解温度的升高，350℃、450℃和 550℃下制备的生物质炭平均 pH 分别为 6.89、9.17 和 9.64。裂解时间对生物质炭 pH 影响不显著。此外，松针类叶片生物质炭的 pH 小于阔叶类生物质炭，木本类植物生物质炭小于草本类植物生物质炭，尤以水稻秸秆炭和小麦秸秆炭的碱性最强。

导致生物质炭呈碱性的原因较多，一种可能是生物质在缺氧条件燃烧形成的生物质炭灰分碱性较强，矿质元素 Na、K、Mg、Ca 等碱金属以碳酸盐或氧化物的形式存在于灰份中，碳酸盐是生物质炭中碱性物质的主要存在形态。另外，生物质炭的表面含有大量的含氧官能团，主要以碱性基团为主，还有生物质炭表面的有机阴离子，也是导致生物质炭呈碱性的原因。

生物质炭 pH 随温度变化的规律可能与生物质材料本身及制备条件有关。首先，原材料中的矿质元素含量是影响生物质炭 pH 的重要因素，生物质本身含有多种有机酸，低温裂解制备的生物质炭 pH 较低，是因为低温条件下生物质内的水份及低沸点物质的挥发，随着裂解温度的升高，生物质体内的高沸点物质会大量挥发，无机矿物的含量则累计增加，导致生物质炭 pH 也随之升高，电导率增加；其次，生物质炭的 pH 特性也受生物质炭表面含氧官能团的影响。对 350℃、450℃和 550℃三个温度下裂解产生的含氧官能团浓度测定发现，随着裂解温度的升高，酸性基团的浓度降低，而碱性基团的浓度呈增加趋势[51]。

生物质炭具有广泛的总碱度及碱分布的多样性，利用这种多样性可以开发特定农业和环境应用的生物质炭，包括改良土壤酸度、缓冲堆肥及无土栽培基质。研究发现，原材料、热解温度及热解条件均能够影响生物质炭的总碱度和生物质炭碱分布的比例，其中，无机碱始终占据木质炭碱度的绝大部分。玉米秸秆炭始终比木质炭具有更高的碱度，从长期来看，玉米秸秆炭比木质炭更能缓冲土壤 pH，对 CEC 的贡献更大。然而，热解条件和原料对生物质炭碱度和碱组成影响表明，生物质炭碱度可能是由于生产过程中复杂的相互作用而产生的，仅凭热解参数难以预测。

3. 生物质炭稳定性

由于具有高度芳香化的结构，生物质炭具有非常稳定的特性。热解过程中使用的温度被认为是生物质炭稳定性的一个指标。生物质炭稳定性的评价方法可分为三类：①直接定性或间接定量生物质炭芳香度化结构；②通过化学氧化、热降解等热、化学或热化学方法探究生物质炭中的稳定态碳；③在土壤中培养生物质炭并模拟碳矿化[63]。第三种测定生物质炭稳定性的方式是基于前两种方法基础上培养与建模。生物质炭典型的特征是存在由晶体相和非晶态相组成的碳结构，因此生物质炭的稳定性鉴定亦可通过评估生物质炭中碳的含量或者结构的稳定性来完成，也就是说，碳结构构成评价生物质炭稳定性的决定性因素。生物质炭结构的主要组成是芳香族物质，高度芳香化合物具有耐化学及生物降解的特性，导致生物质炭也就具有相对较高稳定性。

研究发现，随着裂解温度的升高，生物质炭中的碳元素含量呈升高的趋势，表现为 55.49%（350℃）＜55.60%（450℃）＜57.64%（550℃），而 H、N、O 均呈降低的趋势，说明随着裂解温度的升高，生物质炭芳香化程度增强，碳浓度升高[51]。人们常常利用 H/O 和 O/C 原子个数比作为生物质炭化程度的指标[64]。生物质炭的 H/O 值范围从 0.51 到 1.45，平均值为 0.75，O/C 值变化小些，比率值从 0.06 到 0.38，平均值为 0.18。其中，O/C 值随着裂解温度升高而下降，表现为 0.26（350℃）＞0.18（450℃）＞0.12（550℃），表明裂解温度越高，炭化越完全。与此同时，O/C 值还可以反映表面官能团的信息[65]，Laine 和 Yunes 的研究表明，表面官能团可以影响生物质炭的稳定性[66]。生物质炭形成有 3 个非常重要的步骤：初步脱水、脱氢和脱甲基作用以及高度炭化芳香化。此外，H/C 和 O/C 值可以用来表征生物质的炭化程度，因此，O/C 和 H/C 值值可以作为一个追踪生物质炭来源信息的重要指标[64, 67-69]。考虑到原材料类型、裂解温度和形成过程的差异，O/C 和 H/C 值差异也较大[68]。Kuhlbusch 和 Crutzen[69]研究了因植被火灾生成生物质炭的特性，定义了这种生物质炭的 H/C 值≤0.2。Hammes 等研究表明，碳颗粒的形成温度低于 500℃时，H/C 值＞0.5，而温度在 500～1000℃时，H/C 值＜0.5[68]。Baldock 和 Smernik 的研究表明，生物质炭的形成过程中，随着裂解温度的升高，H/C 和 O/C 值显著降低[67]。生物质炭中高 H/C 和 O/C 值是由于燃烧没有残留大分子物质[64]。

生物质炭中可氧化有机碳（重铬酸钾氧化法）的浓度是生物质炭的重要指标，可以反映可被氧化的生物质炭的难易程度。我们之前的研究发现，生物质炭中有机碳含量随着制备生物质炭的温度增高而降低。在 350℃、450℃和 550℃条件下制备的生物质炭中，有机碳的浓度分别为 806g/kg、678g/kg 和 618g/kg[51]。随着炭化温度和时间的增加，生物质炭中的有机碳含量逐步降低，这可能与高温导致更多含碳物质的挥发以及表面含氧官能团的减少有关。生物质炭中有机碳浓度随着炭化温度的升高而降低，其中，550℃相比 350℃降低了 23.33%[70]。Antal 和 Gronli 也发现相似的规律[71]，生物质炭中的难分解碳物质随炭化温度的升高而增加，炭化温度升高会导致有机小分子等损失增大，残留量减少，进而降低有机碳的浓度。生物质炭富含大量有机碳，其中大多以稳定芳香环的不规则叠层堆积存在，含羟基（—OH）和烯烃（C＝C）。基于生物质炭的红外光谱分析发现，在 3400cm^{-1}左右有宽吸收峰，表明生物质炭有大量羧基存在，在 1625cm^{-1}左右出现了芳环骨架或 C＝O 的伸缩振动，表明生物质炭表面存在芳环、酮类或醛类，由此得出生物质炭以芳环骨架结构为主，同时含有羟基、芳香醚等官能团[72]。同时，近年来生物质炭作为土壤改良剂、肥料缓释载体及碳封存剂而备受重视。生物质炭富含有机碳且其性质稳定降解慢，施入土壤可以提高土壤有机碳含量，培肥土壤；同时，生物质炭也可作为大气碳汇被封存于土壤，在温室气体控制减排方面具有重要的作用。

越来越多的研究发现，生物质炭也可以被生物和非生物过程降解[73,74]。生物质炭在 30℃左右培养产生轻度降解，这可能代表短期环境退化。相反，强化学氧化剂（如浓硝酸）会严重氧化生物质炭。这种氧化可能不会发生在生物质炭环境暴露的初始阶段，但生物质炭性质的变化为研究生物质炭的长期稳定性提供了依据，因为直接研究生物质炭的长期环境降解需要经过漫长的过程[70]。研究发现，短期的环境降解对生物质炭的比表面积、孔体积有显著的变化，但对表面官能团及碳氧元素的变化无显著变化，而长期的环境降解后，生物质炭的比表面积、孔体积、表面官能团均发生显著的变化[70]。

4. 生物质炭表面官能团

生物质炭表面含有丰富的官能团，利用 Boehm 滴定法，根据不同强度的碱与酸性表面氧化物反应，可以对生物质炭表面的官能团进行定量和定性分析。研究发现，NaHCO$_3$（pKa=6.37）仅中和生物质炭表面的羧基官能团，Na$_2$CO$_3$（pKa=10.25）可中和生物质炭表面的羧基及内脂基，NaOH（pKa=15.74）能够中和生物质炭表面的羧基、内脂基及酚羟基。因此，根据不同的碱消耗量，进而计算出对应官能团的浓度。研究发现，随着裂解温度的升高，生物质炭表面含氧官能团（碱性、酚羟基和羧基）的总浓度也增加。其中，在 350℃、450℃和 550℃制备的生物质炭的总碱官能团浓度分别为 42.62cmol/kg、104.02cmol/kg 和 114.09cmol/kg；生物质炭表面的酚羟基的浓度小于 20cmol/kg，具体呈现的规律为 7.46cmol/kg（350℃）＜9.46cmol/kg（450℃）＜9.82cmol/kg（550℃）。生物质炭表面羧基平均值随着炭化温度的变化为 11.51cmol/kg(350℃)＜25.30cmol/kg(450℃)＜32.16cmol/kg(550℃)。然而，在 350℃、450℃和 550℃制备的生物质炭表面酸性含氧官能团的变化规律为 50.86cmol/kg(350℃)＞25.95cmol/kg(450℃)＞19.09cmol/kg(550℃)，表明随着炭化温度的上升而减少[51]。虽然 Boehm 滴定法不能精确测出生物质炭表面含氧官能团的确切浓度，但所得的结果可反映出生物质炭表面含氧官能团大体趋势。生物质原料经高温裂解后表面含氧官能团会发生改变,具体表现在醚键(C—O—C)、

羧基(C＝O)、甲基(—CH₃)和亚甲基(—CH₂—)消失，但仍有部分羟基(—OH)

和芳香族化合物存在[75]。生物质炭在炭化过程中可形成发达的微孔结构，微孔扩大并形成许多大小不同的孔隙[17]，孔隙表面一部分被烧蚀，结构出现不完整性，加之灰份的存在，使基本结构产生缺陷氧原子和氢原子吸附于缺陷部位，从而形成各种含氧官能团[76]。随着裂解温度升高，生物质炭碱性官能团呈增加趋势，而猪粪生物质炭在裂解温度为 500℃条件下碱性基团含量最大。高温能够使生物质炭表面含氧官能团数量发生改变[75]。碱性含氧官能团的浓度随着裂解温度的升高先升高后降低，500℃时总量最高，到 800℃时几乎没有碱性官能团生成，在 200～800℃的范围内，最高和最低炭化温度下的酸性官能团浓度都很低，且 300～600℃对应的碱性含氧官能团浓度均高于酸性含氧官能团浓度，说明高温和低温均不利于碱性官能团形成[51]。

　　生物质炭表面丰富的官能团，通过傅里叶变换红外光谱(FTIR)分析呈现出不同的峰值。生物质炭样品粉碎并混合 0.1g 固体溴化钾，然后压成片。许多学者利用 FTIR 技术定性分析生物质炭表面的官能团结构[77-81]。根据他们的研究结果可以看出，生物质炭的 FTIR 中，在波数为 780cm⁻¹ 和 1400cm⁻¹ 左右的吸收峰是由于羧基的偏离和震动引起的；波数为 3400cm⁻¹ 左右的峰值是由于羟基的拉伸引起的；波数为 3435cm⁻¹ 附近的吸收峰主要是醇羟基或酚羟基的—OH 伸缩振动产生的；波数为 2920cm⁻¹ 附近的吸收峰为脂肪烃或者环烷烃—CH₃ 和—CH₂—的对称与非对称伸缩振动引起；波数为 1600～1750cm⁻¹ 的吸收峰为羧基和芳香环的骨架伸缩振动引起的；在波数为 1749cm⁻¹ 附近的吸收峰一般认为是醇、酚和醚中的 C—O 伸缩振动产生；波数约为 1000～1450cm⁻¹ 附近的吸收峰表明生物质炭含有 C＝O、C＝C 或 C—H 键；波数约为 698cm⁻¹ 处的吸收峰为芳香族化合物 C—H 变形振动产生；波数为 1060cm⁻¹ 附近出现的吸收峰是由 C—O 伸缩振动和 O—H 平面内弯曲振动产生；波数为 1450～1600cm⁻¹ 的吸收峰为苯环或芳香族的特征峰。傅里叶红叶光谱结果表明不同原料制备的生物质炭均含有烷基、芳香基及其他含氧官基团的吸收峰，并且随着炭化温度的升高，羟基、羧基、甲基和亚甲基等吸收峰均减弱，而芳香基吸收峰则增强，这也说明随着炭化温度的升高，生物质炭的芳香化程度也就越高，稳定性越强[77-81]。

生物质炭的结构组成可以通过核磁共振来检测[82]。核磁共振波谱(NMR)利用固体吸引场和无线电复发(RF)脉冲,通过原子内部显式核的混响频率来判定粒子的结构。为了描绘生物质炭的结构,核磁共振技术一般可以用来确定碳官能团的数量,推测芳香环积累的水平及碳分子的结构。用核磁共振谱研究脂肪族和芳香烃的含量以及不同生物质炭的稳定性和炭化的比较可以用 NMR 来检验[83]。使用核磁共振波谱法的主要缺点:生物质炭中存在铁磁性矿物会干扰核磁共振信号,高温热解产生的生物质炭信噪比低[84]。生物质炭固体 ^{13}C 核磁共振对于研究低温低结晶度生物质炭中相对较小的芳香结构非常有效[85],可区分质子化和非质子化的芳香基炭,估计平均芳基团簇大小,用于芳构度测量[86]。另外,用于芳烃缩合测定,取决于环电流的原理,即利用生物质炭吸附的 ^{13}C 标记探针分子来测量环电流,其强度会增加,使用 NMR 分析的生物质炭的芳香性和/或芳香缩合与生物质炭 H/C 和 O/C 值呈负相关[84-87]。

4.2.2　生物质炭的化学改性与强化

化学改性法是指把化学试剂加入原料中,在惰性气体或氮气介质中进行热处理,氢和氧有选择地或完全从含碳材料中清除。含炭材料常用的化学活化试剂有酸 (H_3PO_4、H_2SO_4、HNO_3)、碱(KOH、NaOH)和盐($ZnCl_2$、$MgCl_2$、K_2CO_3)等[33,88,89]。

1. $ZnCl_2$ 改性

$ZnCl_2$ 改性法是将各种含炭原料与 $ZnCl_2$ 均匀混合后,在适宜的温度下,经过炭化、活化、回收化学药品、漂洗、干燥、粉碎等过程制取活性炭载体的一种方法。$ZnCl_2$ 法在国内通常以木质材料作原料,在木质原料中添加 $ZnCl_2$ 其发生热分解。其中,纤维素与半纤维素比较容易分解,木质素较难分解。$ZnCl_2$ 法制备活性炭载体的特点是:①活化温度较低,一般最适合的活化温度为 600～700℃;②所生成碳的基本微晶较小,可以促进多孔型结构发展;③$ZnCl_2$ 法制备活性炭载体的得率较高,一般可达到 40%(绝对干原料),约有 80%的碳转到活性炭载体中来,从而提高原料的利用率;④可以通过调节 $ZnCl_2$ 用量来调节所产活性炭载体的孔隙结构,如生产糖用活性炭时固体木屑与固体锌质量比为 1∶1.6～2,而生产药用活性炭时比例调为 1∶1.1～13,即 $ZnCl_2$ 用量大时,孔径向增大(过渡孔)的方向变动;⑤$ZnCl_2$ 作为活化剂可以回收,循环使用,节约了生产成本。

以烟秆为原料,以 $ZnCl_2$ 为活化剂,通过 $ZnCl_2$ 浓度 25%、浸泡时间 12h、炭化温度 650℃、保温时间 20min 的工艺条件,制造的活性炭载体碘吸附值为 1080.36mg/g,亚甲基蓝吸附值为 170mL/g,得率为 36%。以稻壳为原料,浸渍 12h,分别以料液比 1∶2～2.5、$ZnCl_2$ 浓度 50%～60%、活化温度 550～600℃、活化时间 45～60min，脱硅和未脱硅稻壳制备的活性炭载体亚甲基蓝吸附值分别达到 120mL/g 和 102mL/g。以棉秆为原料，采用浓度 40%的 $ZnCl_2$ 溶液，固液比 1∶2.0，400℃下炭化 180min，650℃下活化 60min，得到的活性炭载体碘吸附值达到 1032mg/g，亚甲基蓝吸附值 161mL/g，得率为 28%。

2. H_3PO_4 改性

H_3PO_4 改性法是将各种含炭原料与 H_3PO_4 均匀混合(或浸渍)后，在适宜温度下，通过炭化、活化、回收化学药品、漂洗、干燥、粉碎等过程制取活性炭载体的一种方法。H_3PO_4 法生产活性炭载体具有环境污染程度轻和生产成本低等优点，已经成为当今活性炭载体工业中化学活化法的主要生产工艺之一。

H_3PO_4 作活化剂时，在活化过程中既具有脱水的作用，也起到了酸催化的作用，H_3PO_4 进入原料的内部与原料的无机物生成磷酸盐，使原料膨胀，碳微晶的距离增大。通过洗涤除去磷酸盐，可以得到发达的孔结构。同时，H_3PO_4 对于已经形成的碳能起进一步缓慢氧化的作用，侵蚀碳体而造孔。H_3PO_4 活化过程中气体介质起着关键的作用。在 N_2 的作用下，所制得的活性炭载体比表面积较小。氧对 H_3PO_4 活化法有着重要的作用，能提高活性炭载体的比表面积。所以，在 H_3PO_4 活化法制备活性炭载体的过程中可以在气体介质中加入适当的 O_2。O_2-H_3PO_4 活化法对产品性能的影响因素主要是活化温度、活化时间、活化剂的浓度、浸渍时间、料剂比等。

3. KOH 改性

KOH 改性法是在活性炭活化过程中，一方面通过生成 K_2CO_3 消耗碳，使孔隙发展；另一方面，当活化温度超过 K 沸点(759℃)时，K 蒸汽会扩散入不同的碳层，形成新的孔结构，气态 K 在微晶的层片间穿行，撑开芳香层片，使其发生扭曲或变形，创造出新的微孔。由于高比表面积的吸附剂随着环保要求的日益强烈而备受重视，所以高比表面积的活性炭载体生产工艺的研究也是各研究机构的热点之一。以 KOH 等碱性化合物作为活化剂对氧化反应有促进作用，在活性炭载体的活化过程，能够分解产生 CO_2 等气体，这些气体能够起到进一步的活化作用，能够大大增加活性炭载体的比表面积，从而提高活性炭载体的质量和吸附性能。制得的活性碳载体比表面积可以达到 4000m^2/g，因而，制备高比表面积的活性碳载体大多采用以 KOH 为活化剂。

把 KOH 按照炭材料重量 2～10 倍的比例加入到炭材料后加热，能得到比面积高达 1000～4000m^2/g 的活性炭载体，原料主要使用煤、石油焦碳，有时也用纤维、塑料等高分子物质的碳化产物，把一定重量的炭材料与碱类物质混合，首先保持在 300～400℃的温度下脱水，在 600～800℃的温度范围内活化，活化后的物料冷却后，再用酸、水充分洗涤除去 KOH，便得到活性炭载体。

在对 H_3PO_4 法、$ZnCl_2$ 法与 KOH 法制备的活性炭载体比较发现：与用 $ZnCl_2$ 和 H_3PO_4 活化法制得的活性炭载体的比表面积相比，用 KOH 作为活化剂在 500℃ 温度下制得的活性炭载体的比表面积很小。在 500～800℃，比表面积随着温度升高而增大，且达到 800℃时有进一步增加，但在超过 900℃后反而减小，在 800℃ 温度下 KOH 活化和在 600℃温度下 $ZnCl_2$ 和 H_3PO_4 活化比表面积均达到最大值，这些结果表明，在大于 600℃温度下，KOH 能有效起到活化剂的作用，但 $ZnCl_2$ 和 H_3PO_4 则没有，表明 KOH 与 $ZnCl_2$ 和 H_3PO_4 之间活化机理不同。在 600℃ 下，观察到用 $ZnCl_2$ 活化法和用 H_3PO_4 活化法制得的活性炭载体的最大比表面积与市售活性炭载体一样大，微孔很发达。用 KOH 制得的活性炭载体的最大比表面积在 800℃时，比表面积比市售活性炭载体的大。$ZnCl_2$ 还能起脱水剂的作用，且于 600℃炭化温度限制了焦油的形成并加速了碳的炭化，因而改变了炭结构，增大了比表面积。但是，超过 600℃，$ZnCl_2$ 不起活化剂的作用，而且因为热收缩，比表面积和孔径会减小。

4. 其他化学改性

在化学活化法制备活性炭载体方法中，除 $ZnCl_2$ 法、H_3PO_4 法和 KOH 法外，还可用 K_2CO_3、NaOH、NH_4Cl、H_2SO_4、H_2S、$PbCO_3$、K_2S、白云石等作为活化剂，制备性能各异的优质活性炭载体，其具体工艺及机理因活化剂不同而有所差异。

物理活化法和化学活化法各有优缺点，为了发挥这两种方法的优势，科研人员积极探索，在原料活化前先进行化学改性浸渍，可以在碳材料内部形成通道，从而提高原料的活性，这有利于活化剂刻蚀，并且生成的孔隙结构更加合理、吸附性能更加优越的活性炭载体。以煤为原料，经 KOH 化学浸渍后，与水蒸气物理活化制成活性炭载体，发现当 KOH 与煤的质量比为 1:2 时，在 700℃下活化 1h 所制得的活性炭载体比表面达 943m^2/g，同时，反应过程中产生大量 H_2。利用物理化学耦合生成具有比表面积高、孔隙结构发达，适宜吸附天然气的活性炭载体，发现此法降低了化学活性过程中碱的用量，实验条件相对宽松，易于在生产中实现[33,88,89]。

4.3　生物质炭的质量评价与分类

4.3.1　生物质炭的质量评价

理化特性是生物质炭应用的基础，质量评价则是生物质炭应用的关键。由于生物质炭制备原料来源广泛，生产技术及工艺多样，不同企业生产的生物质炭规格、物理特性和化学特性差异大，直接影响了生物质炭产品的应用[90,91]。目前，我国仅针对活性炭、竹炭等发布了部分指标的检测标准，但检测指标不够全面，系统性不强。不同企业没有试验方法，或试验方法不同，生产试验数据缺乏可比性，这严重制约了我国生物质炭产业的发展。因此，亟待建立生物质炭质量评价方法和体系。

1. 单指标评价

生物质炭的重金属含量是决定生物质炭安全性的重要指标。现以重金属含量为例，可根据我国《生物质炭基肥料》(NY/T3041—2016)中重金属指标含量限值，如表 4.1 所示，进行结果的单指标评价[91]。

表 4.1 生物质炭基肥料重金属含量标准

参数	指标/%
砷及其他化合物的质量分数(以 As 计)	≤0.0050
镉及其他化合物的质量分数(以 Cd 计)	≤0.0010
铅及其他化合物的质量分数(以 Pb 计)	≤0.0150
铬及其他化合物的质量分数(以 Cr 计)	≤0.0500

生物质炭中的其他指标，比如固定碳含量、有机碳含量、无机碳含量、总碳含量、pH、氮含量、速效磷及速效钾含量、比表面积、Cd 含量、Pb 含量、Cr 含量等，也可根据国标进行评价。

2. 多指标评价

生物质炭的多指标评价，是指将生物质炭中主要的理化特性指标，如固定碳含量、有机碳含量、无机碳含量、总碳含量、pH、氮含量、速效磷及速效钾含量、比表面积、Cd 含量、Pb 含量、Cr 含量等分别进行打分，然后根据综合得分对生物质炭进行评价。可将单个指标分数归一化按比例打分，设定每个指标含量最小值到最大值为 0~1 分，分类为 Ⅰ 级的生物质炭为 1 分，Ⅱ、Ⅲ 级根据分类节点按比例进行赋分，重金属为负值[9,91]。

另外，基于以上生物质炭各项指标分析，可提出肥料炭、能源炭、活性炭等不同应用方向的生物质炭质量评价多指标体系，总结归纳各指标限值及检测方法。以肥料炭的应用为例，依据国际生物质炭协会(International Biochar Initiative，IBI)制定的 *Standardized Product Definition and Product Testing Guidelines for Biochar That Is Used in Soil*[92,93]和欧洲生物质炭认证基金会(European Biochar Certificate，EBC)制定的 *Guidelines European Biochar Certificate for a sustainable production of biochar*[94,95]，结合中国有机肥料标准(NY 525—2012)和生物质炭基肥料标准(NY/T 3041—2016)，肥料炭的质量评价指标体系、数值要求及测定方法见表 4.2。

表 4.2　肥料炭指标要求及检测方法

指标	范围要求（依据）	检测标准
H/C	<0.7（EBC、IBI）	DIN 51732
O/C	<0.4（EBC）	DIN 51733、IISO 17247
N、P、K、Ca、Mg/（g/kg）	—	DIN EN ISO 17294-2
pH	<10（EBC） 5.5~8.5（NY 525—2012） 6.0~8.5（NY/T 3041—2016）	DIN 10 390 GB 18877—2009
比表面积/（m²/g）	>150（EBC）	ISO 9277
Cu/（mg/kg）	<100（EBC）	ISO 17294—2
Zn/（mg/kg）	<400（EBC）	
Mo/（mg/kg）	—	
Ni/（mg/kg）	<50（EBC） <90（EBC）	
Cr/（mg/kg）	≤150（NY525—2012） ≤50（NY/T 3041—2016） <150（EBC）	ISO 17294—2 GB/T 2334—2013
Pb/（mg/kg）	≤50（NY525—2012） ≤15（NY/T 3041—2016） <13（EBC）	
As/（mg/kg）	≤15（NY525—2012） ≤5（NY/T 3041—2016） <1.5（EBC）	
Cd/（mg/kg）	≤3（NY525—2012） ≤1（NY/T 3041—2016）	
Hg/（mg/kg）	<1（EBC） ≤2（NY525—2012） ≤0.5（NY/T 3041—2016）	DIN EN1483 GB/T 23349—2009
PAHs/（mg/kg）	12（EBC）	GB/T 32952—2016
PCBs/（mg/kg）	0.2（EBC）	GB/T 28643—2012
PCDD/Fs/（ng/kg）	20（EBC）	

还田、肥料等土壤施用的肥料炭指标包括 H/C、O/C、pH、比表面积、营养元素(N、P、K、Ca、Mg)和微量矿质元素(Cu、Zn、Mo、Ni)等，以及对环境和健康有害污染物控制的相关指标，如 PAHs、PCBs、PCDD/Fs、有害重金属(Cr、Pb、As、Cd、Hg)等 21 项指标[90]。

活性炭常用于净化水，参考 GB/T 13803.2—1999《木质净水用活性炭》，活性炭相应指标及要求详见表 4.3。指标包括碘吸附值、亚甲蓝吸附值、强度、表观密度、水分、pH、灰分等 7 项指标[90]。

表 4.3　活性炭指标要求及检测方法

指标	范围要求(依据)	检测标准
碘吸附值/(mg/g)	≥900(GB/T 13803.2—1999)	GB/T 12496.8—2015
亚甲基蓝吸附值/(mg/g)	≥105(GB/T13803.2—1999)	GB/T 12496.10—1999
强度/%	≥85(GB/T 13803.2—1999)	GB/T 12496.6—1999
表观密度/(g/mL)	0.32~0.47(GB/T13803.2—1999)	GB/T 12496.1—1999
水分/%	≤10(GB/T 13803.2—1999)	GB/T 12496.4—1999
pH	≥5.5~6.5(GB/T 13803.2—1999)	GB/T 12496.7—1999
灰分/%	≤5(GB/T 13803.2—1999)	GB/T 12496.3—1999

4.3.2　生物质炭的分类与标准

在生物质炭应用领域不断拓展的同时，出现了许多性质截然不同的生物质炭，对诸多性质不同的生物质炭进行分类，便于选择合适的生物质炭进行应用。Lehmann 和 Joseph 在其专著 *Biochar for Environmental Management* 中，将碳组分、灰分、比表面积、pH、CEC、有机碳、孔隙度等几大性状作为生物质炭分类的指标和依据，并提出以生物质炭施入土壤后为土壤带来的影响进行分类，这些影响被分为五类：碳储存值、肥料值、石灰当量值、粒径和无土农业[91,96]。IBI Stable C Protocol 将碳储值分为 5 个等级：等级 1(碳储值<300g/kg)、等级 2(300g/kg≤碳储值<400g/kg)、等级 3(400g/kg≤碳储值<500g/kg)、等级 4(500g/kg≤碳储值<600g/kg)、等级 5(碳储值≥600g/kg)。生物质炭中的养分主要是指能够被植物吸收利用的养分，通常使用 $P_2O_5\%$、$K_2O\%$、S%、MgO% 表示。IBI 建议生物质炭使用者参考当地主要作物达到平均产量时所需养分量来计算适合当地使用的肥料等级标准。生物质炭石灰当量值依据碳酸钙含量被分为 4 个等级：等级 4($CaCO_3$-eq≥20%)、等级 3(10%≤$CaCO_3$-eq<20%)、等级 2(1%<$CaCO_3$-eq≤10%)、等级 1($CaCO_3$-eq<0.1%)。生物质炭施入土壤可以通过提高土壤的水分持留量和充气量来改良土壤性质。依据 50%生物质炭的粒径所在范围，选择合适的分级方法，将生物质炭分为粉末、颗粒、块状和混合物。IBI 对重金属铬、镉、砷、

铅限值范围做出了要求，其中铬含量≤1200mg/kg、镉含量≤39mg/kg、砷含量≤100mg/kg、铅含量≤500mg/kg[90,91]。

为了推进生物质炭产业可持续发展，必须向消费者提供有关生物质炭及其作为土壤改良剂安全使用的标准。生物质炭标准可提供生物质炭的通用和一致地定义，生物质炭及其产品定义与测试指南是其销售或安全使用的必要附件。建议我国尽快建立生物质炭质量评价标准体系，针对生物质炭不同应用方向制定质量评价与分级标准，提出和完善各项指标试验方法，进一步规范生物质炭应用的产品质量，促进生物质炭多元、高值化利用的产业发展。

4.4　生物质炭的特性与标准数据库

4.4.1　生物质炭的特性数据库

系统研究生物质炭制造参数对理化特性的影响，以及不同原料生物质炭的作用机理差异及其针对性，建立生物质炭特征数据库，对于生物质炭的研究和相关标准的制定具有指导意义。生物质炭数据库是信息化社会的必然产物，不仅为生物质炭生产施用及形成有效的产业链提供科学依据，也将有力促进我国农业废弃物资源化利用和生物质炭产业的形成与发展。

1. 特征数据库

生物质炭的理化参数主要包括全碳含量、灰分含量、挥发成分含量、表面元素组成及表面官能团种类和含量、表面负电荷含量等；结构表征主要包括表面形态和孔隙结构(如比表面积、孔容积和孔径分布等)。由于原料、技术方法、生产工艺等差异，生物质炭在结构、挥发成分含量、灰分含量、孔容、比表面积等理化性质上表现出非常广泛的多样性，进而使其拥有不同的环境效应[97]。

浙江科技学院科研团队选以玉米秸秆、水稻秸秆、易腐垃圾、山核桃、猪粪和牛粪等 6 种原料和 350℃、500℃、650℃的 3 个不同炭化温度制备的生物质炭的理化特性为例进行了实验探究。测定的生物质炭理化特性参数则包括：比表面积、孔隙率、碳含量($C\%$)、氮含量($N\%$)、硫含量($S\%$)、氢含量($H\%$)、NO_3^--N含量(mg/kg)、NH_4^+-N含量(mg/kg)、阳离子交换量、电导度、酸碱度、P含量(%)、Cd含量(mg/kg)、Cr含量(mg/kg)、K含量(mg/kg)等 27 个。由此，形成的样本数据矩阵为 $X_{24\times27}$。

基于样本数据的统计分析，上述主要的理化特性指标呈现如下结果。

(1)比表面积：6 种原料制备的生物质炭中，前 4 种在试验温度水平区间内皆出现最大比表面积，而后 2 种若温度进一步提高，指标仍有进一步增大趋势。同时，比表面积指标最大的是 650℃猪粪炭，最小的是山核桃原料。图 4.1 给出了它们的比表面积可视化结果。

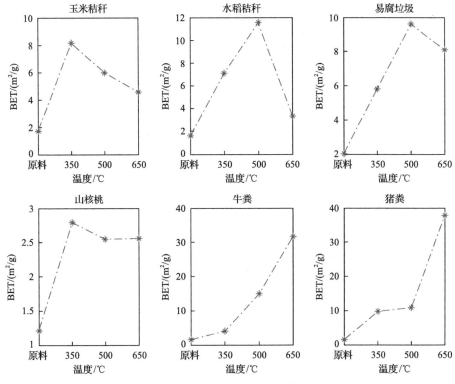

图 4.1　不同原料不同温度制备的生物质炭的比表面积

（2）孔隙率：6 种原料制备的生物质炭中，前 3 种在试验水平区间内皆出现最大孔隙率，而后 3 种若温度进一步提高，V_{pore} 指标仍有进一步增大趋势。同时，V_{pore} 指标最大的是 650℃猪粪炭，最小的是山核桃原料。图 4.2 给出了它们的孔隙率可视化结果。

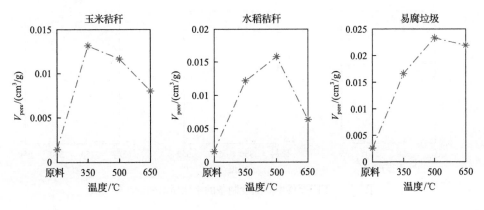

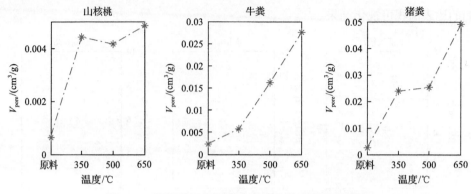

图 4.2　不同原料不同温度制备的生物质炭的孔隙率

（3）碳含量 C(%)：4 种原料制备的生物质炭，在试验水平区间内 C 含量最大皆出现在各自的边端，其中玉米秸秆出现在 650℃，而易腐垃圾、牛粪、猪粪则出现在未炭化的原料，意味着改变温度可进一步改变该指标值；另 2 种原料 C 含量最大值均出现在试验温度区间范围内；C 含量最大的是常温猪粪原料，最小的是常温山核桃原料，如图 4.3 所示。

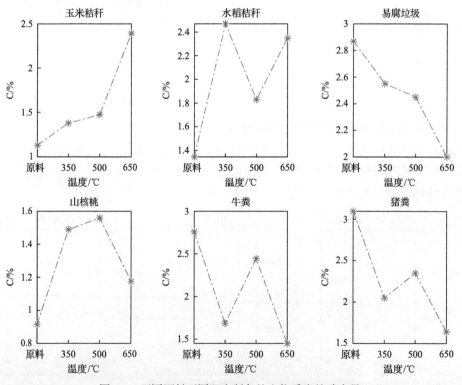

图 4.3　不同原料不同温度制备的生物质炭的碳含量

(4) 全氮含量(%)：4 种原料制备的生物质炭，在试验水平区间内全氮含量最大值皆出现在各自的边端，其中玉米秸秆出现在 650℃，而易腐垃圾、牛粪、猪粪则出现在未炭化的原料，意味着改变温度可进一步改变该指标值；另外 2 种原料全氮含量最大值均出现在试验温度区间范围内；全氮含量最大的是常温猪粪原料，最小的是常温山核桃原料，如图 4.4 所示。

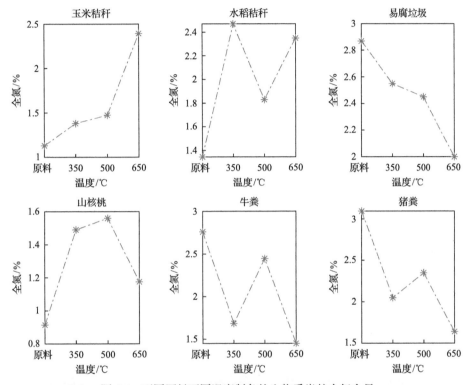

图 4.4　不同原料不同温度制备的生物质炭的全氮含量

(5) 有机质含量(g/kg)：3 种原料制备的生物质炭，在试验水平区间内有机质含量最大皆出现在各自的边端，其中玉米秸秆、水稻秸秆均出现在 650℃，而猪粪则出现在未炭化的原料；另外 3 种原料制备的生物质炭，有机质含量最大值均出现在试验温度区间范围内；有机质含量最小的是 650℃猪粪炭，最大的是 650℃水稻秸秆炭，如图 4.5 所示。

(6) 阳离子交换量：5 种原料制备的生物质炭在试验水平区间内 CEC 值最大皆出现在各自的边端，其中玉米秸秆、山核桃、牛粪、猪粪均出现在低端的常温原料，水稻秸秆则出现在 650℃；另外 1 种易腐垃圾炭 CEC 最大值则出现在试验温度区间范围内；CEC 值含量最小的是 500℃水稻秸秆炭，最大的是 650℃水稻秸秆炭，如图 4.6 所示。

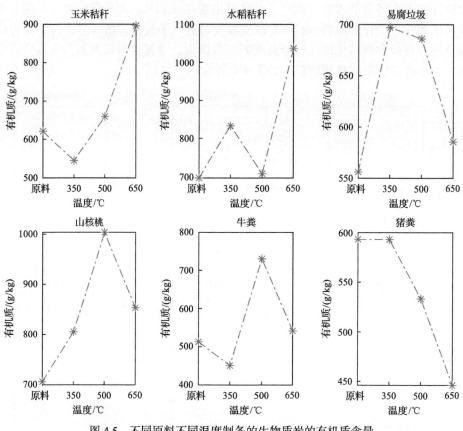

图 4.5 不同原料不同温度制备的生物质炭的有机质含量

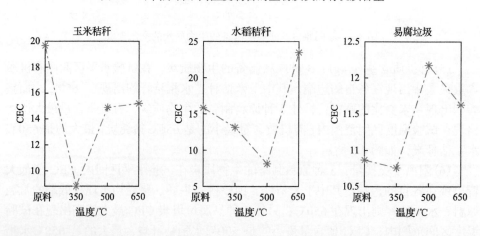

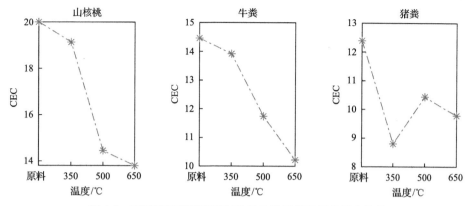

图 4.6　不同原料不同温度制备的生物质炭的阳离子交换量

(7)电导度：3 种原料即玉米秸秆、水稻秸秆、山核桃在试验水平区间内 EC 值最小皆出现在各自的未炭化原料；另外 3 种原料制备的生物质炭，EC 最小值均出现在试验温度区间范围内，意味着温度升高有利于降低 EC 值；EC 值最小者是常温的山核桃原料，最大者是 650℃牛粪炭，如图 4.7 所示。

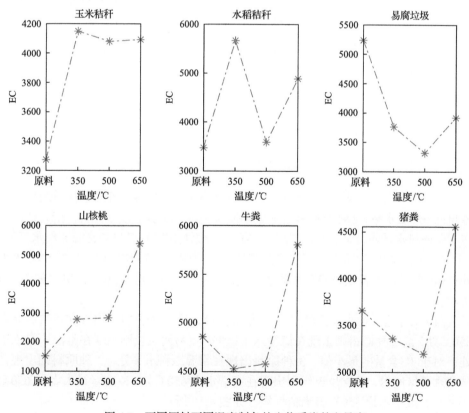

图 4.7　不同原料不同温度制备的生物质炭的电导度

(8)酸碱度：4种原料制备的生物质炭 pH 最大值皆出现在各自的 650℃水平，意味着温度升高有利于提高生物质炭的 pH；而玉米秸秆和水稻秸秆则出现在 500℃水平处；对于 pH 最小值，6 种原料均出现在各自的常温原料水平处；pH 含量最小者是常温的玉米秸秆原料，最大者是 650℃牛粪炭，如图 4.8 所示。

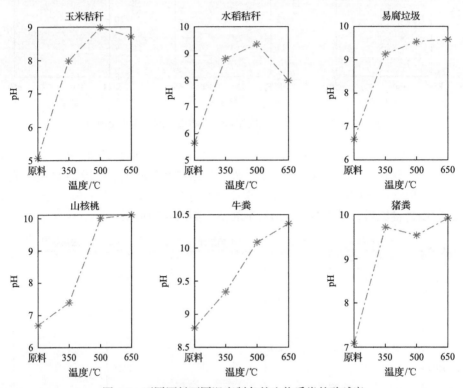

图 4.8　不同原料不同温度制备的生物质炭的酸碱度

(9)Cd 含量(mg/kg)：对于 Cd 含量最小值，3 种原料制备的生物质炭出现在各自的 650℃水平，2 种原料制备的生物质炭出现在试验温度区间内，猪粪则出现在常温原料水平处；对于 Cd 含量最大值，3 种原料出现在各自的常温原料水平处，2 种原料制备的生物质炭出现在试验温度区间范围内，猪粪炭则出现在 650℃水平处；Cd 含量最大者是 500℃水稻秸秆炭，最小者是 650℃玉米秸秆炭，如图 4.9 所示。

(10)K 含量(mg/kg)：对于 K 含量最大值，后 3 种原料均出现在各自的高端 650℃处，前 2 种原料则出现在试验水平区间内，易腐垃圾则出现在常温原料水平处；对于 K 含量的最小值，3 种原料出现在常温原料水平处，2 种原料则出现在试验水平区间内，易腐垃圾炭则出现在高端水平 650℃处；K 含量最大者是 650℃猪粪炭，最小者是 350℃玉米秸秆炭，如图 4.10 所示。

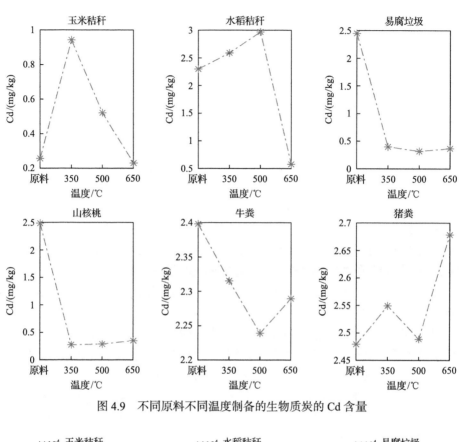

图 4.9　不同原料不同温度制备的生物质炭的 Cd 含量

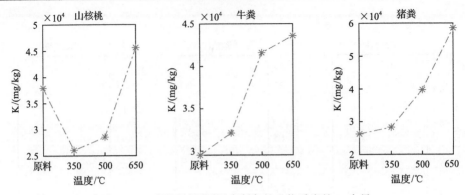

图 4.10　不同原料不同温度制备的生物质炭的 K 含量

另外，对不同指标的相关分析发现：对于呈正线性相关的变量，3 个变量的有 4 组：BET、V_{pore} 和 Zn；C、H 和全氮；Mg、Ca 和 Na；Ni、Cr 和 SO_4^{2-}；2 个变量的有 6 组：有机质和 N、NH_4^+-N 和 S、Zn 和 Cu、Ca 和 Cd、Mg 和 Cd、Na 和 Cd；负线性相关的变量对则有：V_{pore} 和 S、pH 和 S。

袁帅等在查阅 100 多篇文献后，经过统计分析总结出生物质炭在特征参数上呈现如下基本规律[97]：

(1)生物质炭全碳含量在 30%～90%，平均 64%。生物质炭碳含量由大到小来源依次是木质、秸秆、壳类、粪污和污泥。秸秆炭碳含量大多为 40%～80%，木质炭在 60%～85%。生物质炭灰分含量在 0～40%变动，平均 15.52%。灰分含量由大到小依次是污泥、粪污、秸秆、壳类和木质。秸秆炭灰分含量主要在 20%～35%，较少为 15%；木质炭灰分主要在 0～10%。生物质炭碳含量和灰分含量相关系数为–0.77。裂解温度与生物质炭灰分呈正相关，相关系数分别为 0.17 和 0.28。施入生物质炭可以改善土壤状况，生物质炭灰分通常对养分贫瘠土壤及沙质土壤的一些养分补充作用较明显。

(2)生物质炭比表面积绝大多数在 0～520m²/g，平均 124.83m²/g，壳类、秸秆、木质、粪污和污泥生物炭比表面积逐渐降低。秸秆炭比表面积集中在 0～200m²/g，木质炭比表面积集中在 0～100m²/g。制备温度与比表面积的相关系数为 0.48。生物质炭的孔隙结构能降低土壤容重、降低土壤密度，能较好地去除溶液和钝化土壤中的重金属。

(3)生物质炭 pH 范围在 5～12，平均为 9.15。秸秆、污泥、粪污、木质、壳类生物质炭 pH 逐渐降低。秸秆炭 pH 多集中在 8～11，木质炭 pH 相对一致。生物质炭的 CEC 从 0 到 500cmol/kg 都有分布，平均为 71.91cmol/kg。秸秆炭 CEC 值大多集中在 0～100cmol/kg，木质炭则在 5～10cmol/kg 与 15～25cmol/kg 均有一定数量的分布。裂解温度与 pH 和 CEC 的相关系数为 0.58 和 0.30。生物质炭施入土壤后可消耗土壤质子，提高酸性土壤 pH，提高酸性土壤一些养分的有效性，其巨大的表面积还可提高对阳离子的吸附，提高土壤保肥能力。

　　(4)生物质炭的裂解温度大都集中在 200～800℃，偶有出现 1000℃的裂解温度。

　　2. 吸附数据库

　　生物质炭因其具有发达的孔隙结构，表面含有大量的官能团和负电荷，对重金属离子有较强的吸附和固定能力，并且能够通过改变土壤理化性质，增强土壤对重金属镉的络合能力，有效地降低土壤镉污染程度，减轻重金属对作物生长的毒性作用。在控制和治理土壤镉污染、水体中难降解的有机物、重金属阳离子以及其他阴离子等方面具有广阔的应用前景。

　　生物质炭研究的一个新兴子集与它作为一种环境可持续的吸附剂有关。近年来，越来越多的研究量化了不同生物质炭吸收养分的能力，例如铵、硝酸盐和磷酸盐、重金属和有机化合物。作为生物质炭研究、实施以及低成本水和废水处理行业的免费开放获取资源，Aqueous Solutions 在线发布 Biochar 吸附参考数据库，并细分为"农药"，"工业化合物"，"药物"和"天然化合物"子类别[93,95]，该数据库具有如下特点。

　　数据库重点放在有机化合物上，而不包括铵、硝酸盐和磷酸盐等养分吸附数据，也没有温室气体或无机污染物，例如氰化物，砷和重金属。诚然，这些领域理应受到生物质炭研究界越来越多的关注。另外，数据库中有专门针对工程系统中水溶液中污染物的生物质炭吸附，但不包括土壤混合物中有机化合物对生物质炭的吸附数据。生物质炭-纳米材料复合材料、物理或化学活化的炭、水热炭化的产物等在数据库中有部分代表样本。

4.4.2　生物质炭的标准数据库

　　目前，IBI 和 EBC 制定了生物质炭产品认证规范，主要用来指导应用于土壤的生物质炭产品分级。IBI 规定有机碳应高于 10%，根据有机碳含量不同，分为 3 个等级，分别为≥60%、30%～60%、10%～30%。EBC 中规定总 C 质量分数应高于 50%，低于 50%的热解产物归为生物质炭矿物质(biomass carbon minerals, BCM)[92,94]。

　　近年来，我国在生物质炭的原料制备、生产技术、检测方法、产品分级、质量规格、施用规程等方面也在不断推出行业和地方标准，以健全完善生物质炭的质量评价标准体系，为指导和规范生物质炭的生产与应用提供技术支撑。这些标准包括：农业农村部出台的农业行业标准《农业生物质原料 样品制备》(NY/T 3492—2019)、《生物炭基肥料》(NY/T 3041—2016)、《生物炭检测方法通则》(NY/T 3672—2020)、《生物炭基有机肥料》(NY/T 3618—2020)；辽宁省地方标准《秸秆热解制备生物炭技术规程》(DB21/T 2951—2018)、《生物炭分级与检测技术规范》(DB21/T 3321—2020)、《生物炭标识规范》(DB21/T 3320—2020)、《设施果蔬(樱桃番茄、薄皮甜瓜)生物炭与微生物菌剂协同应用技术规程》(DB21/T 3318—2020)、《生物炭直接还田技术规程》(DB21/T 3314—2020);山西省地方标准《旱地麦田生物炭使用技术规程》(DB14/T 1670—2018);山东省地方标准《果园生物炭施用技术规程》(DB37/T 3825—2019);黑龙江大庆市地方标准《砂壤土玉米田生物炭及炭基肥应用技术规程》(DB2306/T 110—2019)等。

《农业生物质原料样品制备》(NY/T 3492—2019)标准,规定了农业生物质原料样品制备的仪器设备、原料采集、样品制备步骤、储存和标识,适用于农作物秸秆和畜禽粪便原料的化学分析、工业分析、热重分析、元素分析、热值分析等试验时的样品制备。

生物炭检测方法通则(NY/T 3672—2020),规定了生物炭的测定项目、测定方法、结果表述、试验记录、试验报告等内容,适用于以农业、林业剩余物为原料制备的生物质炭《生物质分级与检测技术规范》(DB21/T 3321—2020),提出了以土壤管理为目标的生物质炭分级标准。

表 4.4　生物质炭分级标准

项目	指标		
	Ⅰ级	Ⅱ级	Ⅲ级
总碳(C)/%	≥60	—	≥30
固定碳(FC)/%	≥50	—	≥25
氢碳摩尔比(H/C)	≤0.4	—	≤0.75
氧碳摩尔比(O/C)	≤0.2	—	≤0.4
砷(As)/(mg/kg)	≤13	≤40	≤200
铅(Pb)/(mg/kg)	≤0.3	≤0.8	≤4.0
镉(Cd)/(mg/kg)	≤50	≤240	≤1000
铬(Cr)/(mg/kg)	≤90	≤350	≤1300
汞(Hg)/(mg/kg)	≤0.5	≤2.0	≤6.0
铜(Cu)/(mg/kg)	≤50	≤200	—
镍(Ni)/(mg/kg)	≤50	≤190	—
锌(Zn)/(mg/kg)	≤200	≤300	—
PAHs/(mg/kg)	—	≤6	—
苯并[a]芘/(mg/kg)	—	≤0.55	—
PCBs/(mg/kg)	—	≤0.2	—
PCDD/Fs/(ng/kg)	—	≤17	—

注:以烘干基计。

生物炭基有机肥料标准(NY/T 3618—2020)如表 4.5 所示，规定了生物炭基有机肥料的术语和定义、要求、实验方法、检验规则、包装、标识、运输和储存，适用于我国生产和销售的生物炭基有机肥料。

表 4.5　生物炭基有机肥料分级标准

项目	指标	
	Ⅰ 级	Ⅱ 级
生物质炭的质量分数(以固定碳含量计)/%	≥10.0	≥5.0
碳的质量分数(以烘干基计)/%	≥25.0	≥20.0
总氧分($N+P_2O_5+K_2O$)的质量分数(以烘干基计)/%	≥5.0	
水分(鲜样)的质量分数/%	≤30.0	
酸碱度(pH)	6.0~10.0	
粪大肠菌群数/(个/g)	≤100	
蛔虫卵死亡率/%	≥95	
总砷(As)(以烘干基计)/(mg/kg)	≤15	
总汞(Hg)(以烘干基计)/(mg/kg)	≤2	
总铅(Pb)(以烘干基计)/(mg/kg)	≤50	
总镉(Cd)(以烘干基计)/(mg/kg)	≤3	
总铬(Cr)(以烘干基计)/(mg/kg)	≤150	

参 考 文 献

[1] SjÖstrÖm E. Wood chemistry: Fundamentals and applications, second edition[M], San Diego: Acdemic Press, 1993.

[2] Brewer C E, Chuang V J, Masiello C A, et al. New approaches to measuring biochar density and porosity[J]. Biomass and Bioenergy, 2014, 66: 176-185.

[3] Jankowska H, Swiatkowaski A, Choma J. Active Carbon[M]. New York: Wiley, 1991.

[4] Oberlin A. Pyrocarbons-review[J]. Carbon, 2002, 40: 7-27.

[5] Pastor-Villegas J, Pastor-Valle J F, Meneses Rodriguz J M, et al. Study of commercial wood charcoals for the preparation of carbon adsorbents[J]. Journal of Analytical and Applied Pyrolysis, 2006, 76: 103-108.

[6] Rodriguez-Reinoso F. Introduction to carbon technologies[M], Universidad de Alicante, Alicante, Spain, 1997.

[7] Guo J, Lua A C. Characterization of chars pyrolyzed from oil palm stones for the preparation of activated carbons[J]. Journal of Analytical and Applied Pyrolysis, 1998, 46: 113-125.

[8] Spokas K A, Novak J M, Masiello C A, et al. Physical disintegration of biochar: An overlooked process[J]. Environmental Science and Technology Letters, 2014, 1(8): 326-332.

[9] Byrne C E, Nagle D C. Carbonized wood monoliths-characterisation[J]. Carbon, 1997, 35: 267-273.

[10] Byrne C. Polymer, Ceramic, and Carbon Composites Derived from Wood[D]. Baltimore: The Johns Hopkins University. 1996.

[11] Plötze M, Niemz P. Porosity and pore size distribution of different wood types as determined by mercury intrusion porosimetry[J]. European Journal of Wood and Wood Products, 2011, 69: 649-657.

[12] Pulido-Novicio L, Hata T, Kurimoto Y, et al. Absorption capacities and related characteristics of wood charcoal carbonized using a onestep or two-step process[J]. Journal of Wood Science, 2001, 47: 48-57.

[13] Zong Y, Xiao Q, Lu S. Acidity, water retention, and mechanical physical quality of a strongly acidic Ultisol amended with biochars derived from different feedstocks[J]. Journal of Soils and Sediments, 2016, 16(1): 177-190.

[14] Rumpel C, Chaplot V, Planchon O, et al. Perferential erosion of black carbon on steep slopes with slash and burn agriculture[J]. Catena, 2006, 65: 30-40.

[15] Schnee L S, Knauth S, Hapca S, et al. Analysis of physical pore space characteristics of two pyrolytic biochars and potential as microhabitat[J]. Plant and Soil, 2016, 408(1-2): 357-368.

[16] Lou L P, Luo L, Cheng G H, et al. The sorption of pentachlorophenol by aged sediment supplemented with black carbon produced from rice straw and fly ash[J]. Bioresource Technology, 2012, 112: 61-66.

[17] Lu, S, Zong, Y. Pore structure and environmental serves of biochars derived from different feedstocks and pyrolysis conditions [J]. Environmental Science and Pollution Research, 2018, 25(30): 30401-30409.

[18] Jimenez-Cordero D, Heras F, Alonso-Morales N, et al. Porous structure and morphology of granular chars from flash and conventional pyrolysis of grape seeds[J]. Biomass and Bioenergy, 2013, 54: 123-132.

[19] Jones K, Ramakrishnan G, Uchimiya M, et al. New applications of X-ray tomography in pyrolysis of biomass: Biochar imaging[J]. Energy and Fuels, 2015, 29(3): 1628-1634.

[20] Kinney T J, Masiello C A, Dugan B, et al. Hydrologic properties of biochars produced at different temperatures[J]. Biomass and Bioenergy, 2012, 41: 34-43.

[21] Hyvaluoma J., Kulju S, Hannula M, et al. Quantitative characterization of pore structure of several biochars with 3D imaging[J]. Environmental Science and Pollution Research, 2018, 25(26): 25648-25658.

[22] Illingworth J, Williams P T, Rand, B. Characterisation of biochar porosity from pyrolysis of biomass flax fibre[J]. Journal of the Energy Institute, 2013, 86(2): 63-70.

[23] Quin P R, Cowie A L, Flavel R J, et al. Oil mallee biochar improves soil structural properties-A study with x-ray micro-CT[J]. Agriculture Ecosystems and Environment, 2014, 191: 142-149.

[24] Gregg S J, Sing S W. Adsorption, surface area, and porosity[M]. London: Academic Press, 1982.

[25] Washburn E W. Note on a method of determing the distribution of pore sizes in a porous material[J]. PNAS 1921, 7: 115-116

[26] Gray M, Johnson M G, Dragila M I, et al. Water uptake in biochars: The roles of porosity and hydrophobicity[J]. Biomass and Bioenergy, 2014, 61: 196-205.

[27] Krzesinska M, Pilawa B, Pusz S, et al. Physical characteristics of carbon materials derived from pyrolysed vascular plants[J]. Biomass and Bioenergy, 2006, 30(2): 166-176.

[28] Mimmo T, Panzacchi P, Baratieri M, et al. Effect of pyrolysis temperature on miscanthus(Miscanthus x giganteus)biochar physical, chemical and functional properties[J]. Biomass and Bioenergy, 2014, 62: 149-157.

[29] Yargicoglu E N, Sadasivam B Y, Reddy K R, et al. Physical and chemical characterization of waste wood derived biochars[J]. Waste Management, 2015, 36: 256-268.

[30] Suliman W, Harsh J B, Abu-Lail N I, et al. Influence of feedstock source and pyrolysis temperature on biochar bulk and surface properties[J]. Biomass and Bioenergy, 2016, 84: 37-48.

[31] Wang S S, Gao B, Zimmerman A R, et al. Physicochemical and sorptive properties of biochars derived from woody and herbaceous biomass[J]. Chemosphere, 2015, 134: 257-262.

[32] Dias J M, Alvim-Ferraz M C M, Almeida M F, et al. Waste materials for activated carbon preparation and its use in aqueous-phase treatment: A review[J]. Journal of Environmental Management, 2007, 85: 833-846.

[33] 李红艳. 生物质活性炭制备及性能研究[M]. 北京: 化学工业出版社, 2019.

[34] 王申宛, 郑晓燕, 校导, 等. 生物炭的制备、改性及其在环境修复中应用的研究进展[J]. 化工进展, 2020, 39(S2): 352-361.

[35] 陈雪娇, 林启美, 肖弘扬, 等. 改性油菜秸秆生物质炭吸附/解吸 Cd^{2+}特征[J]. 农业工程学报, 2019, 35(18): 220-227.

[36] Kim Y, Ok J I, Vithanage M, et al. Modification of biochar properties using CO_2[J]. Chemical Engineering Journal, 2019, 372: 383-389.

[37] Mian M M, Liu G, Yousaf B, et al. Simultaneous functionalization and magnetization of biochar via NH_3 ambiance pyrolysis for efficient removal of Cr (Ⅵ)[J]. Chemosphere, 2018, 208: 712-721.

[38] 陈健康. 紫外辐射改性碳材料对水中重金属的吸附研究[D]. 重庆: 重庆大学, 2014.

[39] 李桥, 高屿涛, 姜蔚, 等. 紫外辐照改性生物炭对土壤中 Cd 的稳定化效果[J], 环境工程学报, 2017, 11(10): 5708-5714.

[40] Zhang H C, Wang T, Sui Z F, et al. Enhanced mercury removal by transplanting sulfur-containing functional groups to biochar through plasma[J]. Fuel, 2019, 253: 703-712.

[41] Wang T, Liu J, Zhang Y S, et al. Use of a non-thermal plasma technique to increase the number of chlorine active sites on biochar for improved mercury removal[J]. Chemical Engineering Journal, 2018, 331: 536-544.

[42] Zhang H C, Wang T, Zhang Y S, et al. Promotional effect of NH_3 on mercury removal over biochar thorough chlorine functional group transformation[J]. Journal of Cleaner Production, 2020, 257: 120598.

[43] 魏娜, 赵乃勤, 贾威, 等. 活性炭的制备及应用研究进展[J], 炭素技术. 2003, 126(3): 29:33.

[44] 崔纪成, 杨瑛. 活性炭制备技术发展现状的研究[J], 林业机械与木工设备, 2016, 44(9): 8-12.

[45] 袁文辉. 高性能活性炭的制备及其性能研究[J]. 天然气化工, 2007, 22(6): 30-33.

[46] Weber K, Quicker P. Properties of biochar[J]. Fuel, 2018, 217: 240-261.

[47] Gaskin J W, Steiner C, Harris K, et al. Effect of low-temperature pyrolysis conditions on biochar for agricultural use. Transactions of the ASABE 2008, 51: 2061-2069.

[48] Yuan J H, Xu R K, Zhang H. The forms of alkalis in the biochar produced from crop residues at different temperatures [J]. Bioresour Technol, 2011, 102(3): 3488-3497.

[49] Mukherjee A, Zimmerman A R, Harris W. Surface chemistry variations among a series of laboratory-produced biochars [J]. Geoderma, 2011, 163: 247-255.

[50] Liang B, Lehmann J, Solomon D, et al. Black carbon increases cation exchange capacity in soils [J]. Soil Science Society of American Journal, 2006, 70: 1719-1730.

[51] 宗玉统. 城市土壤中黑碳的特征与溯源及其环境意义[D]. 杭州: 浙江大学, 2017.

[52] Lehmann J, Joseph S. Biochar for Environmental Management：Science and Technology[M]. London：Earthscan, 2009.

[53] Singh B, Singh B P, Cowie A L. Characterisation and evaluation of biochars for their application as a soil amendment [J]. Soil Research, 2010, 48: 516-525.

[54] Wan Q, Yuan J H, Xu R K, et al. Pyrolysis temperature influences ameliorating effects of biochars on acidic soil [J]. Environmental Science and Pollution Research, 2014, 21: 2486-2495.

[55] Wang T, Camps-Arbestain M, Hedley M, et al. Determination of carbonate-C in biochars [J]. Soil Research. 2014, 52: 495-504.

[56] Silber A, Levkovitch I, Graber E R pH-dependent mineral release and surface properties of cornstraw biochar: agronomic implications [J]. Environmental Science and Technology. 2010, 44: 9318-9323.

[57] Fidel R B, Laird D A, Thompson M L. Evaluation of modified Boehm titration methods for use with biochars [J]. Journal of Environmental Quality, 2013, 42: 1771-1778.

[58] Tsechansky L, Graber E R. Methodological limitations to determining acidic groups at biochar surfaces via the Boehm titration [J]. Carbon, 2014, 66: 730-733.

[59] Vassilev S V, Baxter D, Andersen L K, et al. An overview of the chemical composition of biomass [J]. Fuel, 2010, 89: 913-933.

[60] Ahmad M, Lee S S, Dou X, et al. Effects of pyrolysis temperature on soybean stover- and peanut shell-derived biochar properties and TCE adsorption in water [J]. Bioresource Technology, 2012,118: 536-544.

[61] Ippolito J, Spokas K, Novak J, et al. Biochar elemental composition and factors influencing nutrient retention. Biochar Environ Manage [M]. New York: Routledge. 2015, 137-161.

[62] Liu Z, Demisie W, Zhang M. Simulated degradation of biochar and its potential environmental implications [J]. Environmental Pollution, 2013, 179: 146-52.

[63] Leng L, Huang H, Li H, et al. Biochar stability assessment methods: A review [J]. Science of the Total Environment, 2019, 647: 210-222.

[64] Chun Y, Sheng G , Chou C T, et al. Compositions and sorptive properties of crop residue-derived chars [J]. Environmental Science and Technology, 2004, 38 (17) : 4649-4655.

[65] Schimmelpfennig S, Glaser B. One step forward toward characterization: Some important material properties to distinguish biochars[J]. Journal of Environmental Quality, 1992, 30: 601-604.

[66] Laine J, Yunes S. Effect of the preparation method on the pore size distribution of activated carbon from coconut shell [J]. Carbon, 1992, 30 (4) : 601-604.

[67] Baldock J A, Smernik R J. Chemical composition and bioavailability of thermally, altered Pinus resinosa (Red Pine) wood [J]. Organic Geochemistry, 2002. 33 (9) :1093-1109.

[68] Hammes K, Smernik R J, Skjemstad J O, et al. Synthesis and characterisation of laboratory-charred grass straw (Oryza saliva) and chestnut wood (Castanea sativa) as reference materials for black carbon quantification [J]. Organic Geochemistry, 2006, 37 (11) : 1629-1633.

[69] Kuhlbusch T A J, Crutzen P J. Toward a global estimate of black carbon in residues of vegetation fires representing a sink of atmospheric CO_2 and a source of O_2 [J]. Global Biogeochemical Cycles, 1995, 9 (4) : 491-501.

[70] 刘兆云. 土壤中黑炭的积累、分布特征及其稳定性的模拟研究[D]. 杭州: 浙江大学, 2013.

[71] Antal M J, Grønli M. The art, science, and technology of charcoal production [J]. Industrial & Engineering Chemistry Research, 2003, 42 (8) :1619-1640.

[72] Van Zwieten L, Kimber S, Morris S, et al. Effects of biochar from slow pyrolysis of papermill waste on agronomic performance and soil fertility [J]. Plant and soil, 2010, 327 (1-2) : 235-246.

[73] Cheng C H, Lehmann J, Thies J E, et al. Oxidation of black carbon by biotic and abiotic processes [J]. Organic Geochemistry, 2006, 37 (11) : 1477-1488.

[74] Hamer U, et al. Interactive priming of black carbon and glucose mineralization [J]. Organic Geochemistry, 2004, 35(7): 823-830.

[75] 郝蓉, 彭少麟, 宋艳暾, 等. 不同温度对黑碳表面官能团的影响[J]. 生态环境学报, 2010, (3): 528-531.

[76] Meng G H, Li A , Yang W, et al. Mechanism of oxidative reaction in the post crosslinking of hypercrosslinked polymers [J]. European Polymer Journal, 2007, 43(6): 2732-2737.

[77] Anandkumar J, Mandal B. Adsorption of chromium (Ⅵ) and Rhodamine B by surface modified tannery waste: kinetic mechanistic and thermodynamic studies [J]. Journal of Hazardous Materials, 2011, 186 (2-3): 1088-1096.

[78] Brewer C E, Schmidt-Rohr K, Satrio J A, et al. Characterization of biochar from fast pyrolysis and gasification systems [J]. Environmental Progress and Sustainable Energy, 2009, 28: 386-396.

[79] Cheng C H, Lehmann J. Ageing of black carbon along a temperature gradient [J]. Chemosphere. 2009, 75: 1021-1027.

[80] Cheng C H, Lehmann J, Engelhard M H. Natural oxidation of black carbon in soils: changes in molecular form and surface charge along a climosequence [J]. Geochimica et Cosmochimica Acta, 2008, 72: 1598-1610.

[81] Lammers K, Arbuckle-Keil G, Dighton J. FT-IR study of the changes in carbohydrate chemistry of three New Jersey pine barrens leaf litters during simulated control burning [J]. Soil Biology and Biochemistry. 2009, 41: 340-347.

[82] Wang X, Zhou W, Liang G, et al. Characteristics of maize biochar with different pyrolysis temperatures and its effects on organic carbon, nitrogen and enzymatic activities after addition to fluvo-aquic soil [J]. Science of the Total Environment, 2015, 538: 137-144.

[83] Wiedemeier D B, Abiven S, Hockaday W C, et al. Aromaticity and degree of aromatic condensation of char [J]. Organic Geochemistry, 2015, 78: 135-143.

[84] Yaashikaa P R, Kumar P S, Varjani S, et al. A critical review on the biochar production techniques, characterization, stability and applications for circular bioeconomy [J]. Biotechnology Reports, 2020, 28,e00570.

[85] Camps-arbestain M, Lehmann J, Singh B. Biochar: A Guide to Analytical Methods, 1st ed.[M]. London and New York: Csiro Publishing, 2017.

[86] Nguyen B T, Lehmann J, Hockaday W C, et al. Temperature sensitivity of black carbon decomposition and oxidation [J]. Environmental Science and Technology, 2010, 44: 3324-3331.

[87] Manyà J J, Ortigosa M A, Laguarta S, et al. Experimental study on the effect of pyrolysis pressure, peak temperature, and particle size on the potential stability of vine shoots-derived biochar [J]. Fuel, 2014, 133: 163-172.

[88] 孙越, 严晓菊, 张延, 等. 生物炭的主要改性方法及其在污染物去除方面的应用[J]. 当代化工, 2019, 48(8): 1700-1703.

[89] 夏洪应. 优质活性炭制备及机理分析[D]. 昆明: 昆明理工大学, 2006.

[90] 霍丽丽, 姚宗路, 赵立欣, 等. 典型农业生物质炭理化特性及产品质量评价[J]. 农业工程学报, 2019, 35(16): 249-257.

[91] 刘福微. 生物质炭理化性质及其质量评价方法的初步研究[D]. 沈阳: 沈阳农业大学, 2018.

[92] International Biochar Initiative. Standardized Product Definition and Product Testing Guidelines for Biochar That Is Used in Soil Version 2.1[R]. (2015-11-23) [2018-12-12].

[93] International Biochar Initiative. Biochar Standards. http://www.biochar~international.org/characterizationstandard [EB]. (2018-12-12) [2021-06-22].

[94] European Biochar Foundation (EBC), Arbaz, Switzerland. Guidelines European Biochar Certificate for a sustainable production of biochar [R]. (2016-02-04) [2018-12-12].

[95] Ithaka Institute. EBC Guidelines & Documents for the Certification.

[96] Lehmann J, Joseph S. Biochar for Environmental Management: Science and Technology[M]. London: Earthscan, 2009.

[97] 袁帅, 赵立欣, 孟海波, 等, 生物炭主要类型、理化性质及其研究展望[J], 植物营养与肥料学报, 2016, 22(5): 1402-1417.

第5章 环境中生物质炭的稳定性和潜在生态风险

生物质炭能较好地抵抗微生物的分解，具有较高的稳定性[1]，然而，生物质炭一旦进入环境，将与环境介质发生各种相互作用，造成一定的碳流失[2]。影响生物质炭在环境中稳定性的主要过程包括物理分解、化学分解和生物分解。物理分解过程主要是以物理侵蚀为主引起的生物质炭破碎分解过程，以及由于雨水淋洗和径流作用下的物理迁移过程，如干湿循环、冻融循环和根的穿透作用引起的破碎分解，以及地表径流的冲刷迁移作用等。化学分解过程主要包括水溶液作用下生物质炭的溶解过程，以及以氧化作用为主造成的生物质炭结构性质改变的化学过程，如可溶性生物质炭的释放、表面含氧官能团的增加等。生物分解过程是生物质炭因为生物的新陈代谢以及酶的催化降解作用而被利用的过程，如微生物矿化、土壤动物的摄取等。生物质炭在环境中的稳定性决定了其环境效应的稳定性，是评价生物质炭环境功能的重要方面。近年来，随着生物质炭的大量生产和广泛应用，人们开始关注生物质炭的潜在环境和生态健康风险。生物质炭来源广泛，制备方法多样，生物质炭在制备和使用过程中可能造成对生态环境负面影响效应，比如生物质炭可能会释放有毒重金属和多环芳烃等物质；吸附在生物质炭上有毒物质二次释放；生物质炭中持久性自由基的强氧化毒性效应等。因此，全面掌握生物质炭的潜在环境生态风险对于生物质炭的大规模推广应用具有重要意义。

5.1 环境中生物质炭的物理分解

5.1.1 环境中生物质炭的碎片化和胶体形成过程

生物质炭在环境中的物理分解主要包括物理侵蚀和物理迁移作用，物理侵蚀作用所形成的碎片在淋溶和地表冲刷作用下发生迁移，造成质量流失，其主要作用途径及影响因素如图 5.1 所示。

生物质炭在土壤中受到研磨作用、冻融作用、膨胀作用和水流冲击作用等发生物理性破碎。研究发现，生物质炭在土壤中的粒径分布相对均一，且随着时间的推移，生物质炭颗粒的外形会变得更圆，嵌入生物质炭孔隙中的黏粒矿物更多，这种变化的速率取决于土壤的研磨性[4]。在干湿循环和冻融循环的环境中，由于吸收水分和冰晶的作用，生物质炭收缩与膨胀，对其物理结构造成压力，使大颗

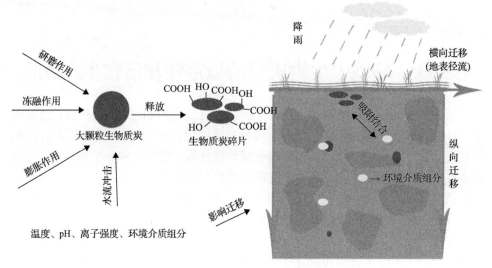

图 5.1　环境中生物质炭的物理侵蚀与迁移过程[3]

粒破碎成微小颗粒[5,6]。土壤中生物质炭颗粒参与了微团聚体的形成，微团聚体中的含碳量比其他颗粒有机质更高，这种团聚体形式有利于抵抗物理分解作用[7]，然而，在亚马孙黑土中大多数的生物质炭都是以非聚合体的形式存在[8]。

　　在生物质炭制备过程中，原材料决定了生物质炭中物理碎片的构成，然而在实际土壤环境中，土壤环境中的温度、压力、根系、水分渗透等物理风化作用，以及生物质炭与土壤组分的相互作用显得更为重要[9]。生物质炭在土壤中受到的物理侵蚀作用同地质风化作用相似，是一个长期缓慢的过程。然而，利用新制备的生物质炭进行的实验研究显示，在较短的时间内(几天到几年的时间)，生物质炭出现了不可忽略的质量损失[10]。在水流冲击下，生物质炭易磨损，可能释放出微米及亚微米级的生物质炭碎片，这些微米及亚微米级碎片的形成可能与环境中生物质炭的初期质量损失相关[5]。水流作用形成的生物质炭微米级碎片其物理化学性质与生物质炭本体有较大的差异，通常，生物质炭微粒比本体大颗粒具有更高的含氧官能团、矿物元素、比表面积和孔隙体积[11]，生物质炭来源和热解温度对其抗水流冲击作用有重要影响。从宏观上来看，用木质原料生产的生物质炭绝大多数表现为粗糙而坚硬的结构，且碳含量较高，而用草、玉米和粪肥作为原料生产的生物质炭通常是粉末状的，碳含量较低，一般地，后者的抗水流冲击作用较前者弱。现有研究表明，畜禽粪便、松木屑、坚果壳和花生壳制备的生物质炭通过水流冲刷造成的质量损失超过 10%[5,12]。对于同一来源的生物质炭而言，高温制备的生物质炭在水流作用下形成的物理碎片小而少，最终的物理质量损失率较低[5]。

生物质炭碎片中的纳米、亚微米级颗粒可在土壤和含水层中形成具有高迁移性的生物质炭胶体，它的形成被认为是生物质炭中碳流失和质量损失不可忽视的过程[5,12,13]。生物质炭胶体已经成为环境中新型的活性胶体，将影响污染物的迁移行为和生物可利用性，近年来受到了越来越多的关注[14]。在研磨和超声作用下，炭化程度较低的组分很容易发生物理破碎而在水溶液中形成生物质炭胶体，水溶液中生物质炭胶体释放量与生物质炭的 O/C 和灰分含量有关[12,15,16]。生物质炭的制备温度和来源是影响生物质炭胶体释放的两个重要因子。一般地，高温裂解生物质炭在水溶液中的胶体释放量低于中低温裂解生物质炭，木本生物质炭胶体释放量低于草本炭和粪便炭 。

目前，关于环境中生物质炭的物理侵蚀作用的研究较少。由于生物质炭来源、制备方法的复杂性及生物质炭性质的差异性，人们对水溶液中生物质炭胶体释放与生物质炭性质、环境条件之间的关系还没有形成统一的认识。明确生物质炭性质与其抗物理侵蚀作用的关系，以及水流侵蚀带来的生物质炭微粒的初期释放机制和影响因素等问题，是人们了解生物质炭在环境中物理稳定性的重要内容。为此，Fang 等[17]研究了生物质炭在水溶液中的初期胶体释放行为、机制和影响因素，调研了生物质炭在我国不同地区土壤水溶液中的胶体产生量，探讨了生物质炭性质、溶液化学性质与生物质炭胶体产生量之间的关系，为人们认识生物质炭在环境中的稳定性和归宿提供相关的意见。

1. 裂解温度对生物质炭在水溶液中胶体形成的影响

不同裂解温度的生物质炭在水溶液中的胶体产生量和质量损失量如图 5.2 和图 5.3 所示。例如，当溶液离子强度≤1mM 时，生物质炭胶体产生量的大小顺序为：BC400＞BC700＞BC200（BC200、BC400 和 BC700 分别代表制备温度为200℃、400℃和 700℃的生物质炭），该顺序与生物质炭的总质量损失顺序一致。生物质炭在水溶液中质量损失包含三部分：①生物质炭胶体释放；②生物质炭中可溶性盐的溶解；③生物质炭中可溶性有机碳的溶出。当溶液离子强度小于 1mM时，对于制备温度为 200℃、400℃和 700℃的生物质炭，其生物质炭胶体产生量占到了水溶液中总质量损失比率分别为 50.2%～92.4%，24.9%～60.8%和 16.0%～60.9%，这意味水溶液中生物质炭胶体形成对于生物质炭质量损失是不可忽视的。此外，水溶液中生物质炭胶体的产生量还与其初始粒径有关。当生物质炭初始粒径为 100 目和 200 目时，生物质炭在水溶液中的胶体产生量变化不大（图 5.2（a）～(c)）。而经过球磨初始粒径下降到 1μm 左右时，生物质炭胶体的产生量显著增加（图 5.3（a)）。例如，当溶液离子强度小于 1mM 时，球磨后的生物质炭胶体产生量是未球磨生物质炭的 4～5 倍。

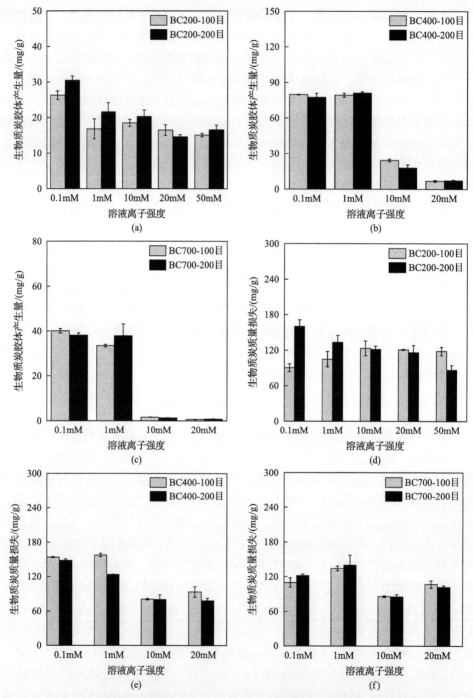

图 5.2　水溶液中初始粒径为 100 目和 200 目生物质炭胶体产生量和质量损失

BC200~BC700 分别代表制备温度为 200~700℃的水稻秸秆炭，本章其余图中含义相同

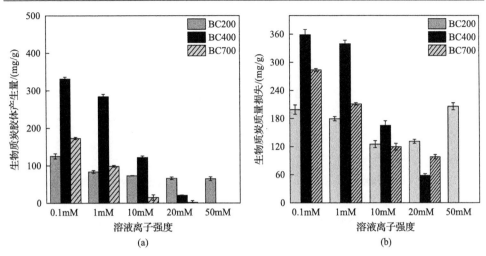

图5.3 水溶液中球磨生物质炭胶体产生量和质量损失

先前研究指出，在裂解温度为300~700℃时，较低裂解温度生物质炭更容易发生物理分解成为微米或纳米级的小颗粒[5, 12, 16]。较低裂解温度制备的生物质炭中，较高的非晶态组分、灰分和O/C含量有助于其在水溶液中形成更细的碎片。然而，研究发现200℃制备的水稻秸秆炭在水溶液中胶体产生量最低。生物质炭的耐磨性可能是影响其物理破碎过程和胶体产生的另一个重要因素。研磨是模拟自然条件下生物质炭和矿物质物理风化的有效方法[5]，生物质炭研磨碎片率可以用来指示生物质炭抗研磨能力。如图5.4(a)~(c)所示，在相同的研磨条件下（即100目、200目和球磨），生物质炭的亚微米级（小于2μm）碎片率大小顺序为：BC400＞BC700＞BC200。这表明生物质炭的耐磨性顺序为：BC200＞BC700＞BC400，即BC200的耐磨性最强，BC400的耐磨性最弱。相应地，水溶液中不同制备温度生物质炭的胶体产生量与生物质炭的耐磨性顺序完全相反。相关性

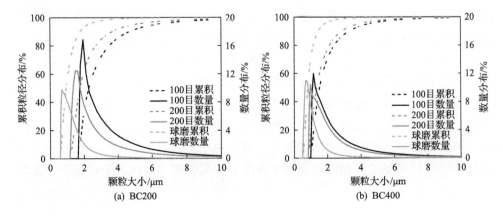

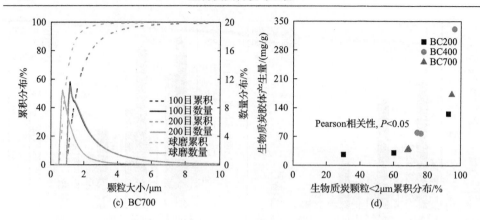

图 5.4　生物质炭的粒径分布以及水溶液中生物质炭胶体产生量与生物质炭粒径分布的关系[17]

分析表明，生物质炭的胶体产生量与生物质炭中亚微米级碎片率呈显著的正相关关系（图 5.4(d)）。因此，裂解温度影响了生物质炭的抗研磨能力（耐磨性），从而影响了水溶液中生物质炭的胶体产生量。

在研究小麦秸秆炭和花生壳炭在水溶液中的胶体形成时，发现了类似于水稻秸秆炭的现象。如图 5.5 所示，两种来源的生物质炭在水溶液中的胶体产生量均受到裂解温度的影响。在裂解温度为 300～500℃时，小麦秸秆炭和花生壳炭的胶体产率均较高，分别为 369.1～401.7mg/g 和 276.5～325.4mg/g，且受裂解温度变化的影响较小。当裂解温度大于 500℃时，小麦秸秆炭和花生壳炭的胶体产生量均显著降低。在相同的裂解温度下，生物质来源对生物质炭胶体产生量也有显著影响。在溶液离子强度为 1mM 时，花生壳炭的胶体产生量低于小麦秸秆炭。两种生物质炭胶体产生量与生物质炭各项性质的相关性分析结果如表 5.1 所示。小麦秸秆炭和花生壳炭在水溶液中的胶体产生量均与其亚微米级碎片率呈显著正相关，这说明生物质炭的胶体产生量与其亚微米级碎片率有着密切关系，即生物质炭中亚微米级碎片率越高，生物质炭胶体产生量越高。这也说明水溶液中生物质炭胶体的释放行为与其抗研磨能力密切相关，即生物质炭的耐磨性越强，生物质炭胶体的产生量越低。因此，增加裂解温度通过增强生物质炭的耐磨性，从而降低相同研磨条件下生物质炭中亚微米级碎片率，最终导致生物质炭胶体产生量降低。此外，生物质炭胶体的形成与其抗研磨能力的关系也适用于不同来源生物质炭之间的比较。在不考虑生物质炭来源的情况下，生物质炭胶体产生量与其亚微米级碎片率之间依然存在显著正相关关系。这说明，较高的花生壳炭耐磨性可能是造成相同溶液离子强度下花生壳炭的胶体产生量低于小麦秸秆炭的重要原因。

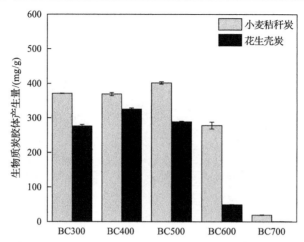

图 5.5　水溶液中不同裂解温度、不同来源生物质炭的胶体产生量(离子强度 1mM)[18]

表 5.1　生物质炭胶体产生量(离子强度 1mM)与生物质炭性质的 Pearson 相关性分析结果(p 值)[18]

p	可溶性有机碳	灰分	C	O	H/C	O/C	(O±N)/C	亚微米级碎片率
小麦秸秆炭	0.10	−0.10	−0.19	0.16	0.12	0.18	0.18	0.04*
花生壳炭	0.23	−0.17	−0.07	0.06	0.11	0.08	0.07	0.02*

注：(−)表示负相关性，*表示显著性水平 $p < 0.05$。

2. 溶液离子强度和 pH 对生物质炭在水溶液中胶体形成的影响

溶液的化学性质如 pH、离子强度和天然有机质的存在可以极大地影响环境中胶体的释放和稳定性[19]。溶液离子强度对生物质炭胶体形成的影响因生物质炭热解温度的不同而不同。以水稻秸秆炭为例，如图 5.3 所示，当溶液离子强度从 0.1mM 增加到 20mM 时，400℃和 700℃制备的水稻秸秆炭的胶体产生量下降了 90%以上，然而 200℃制备的水稻秸秆炭胶体产生量仅下降了 50%左右，且当离子强度进一步增大到 50mM 时，胶体产生量基本保持不变。释放(超声波作用或振荡)和沉降(沉淀过程)是影响生物质炭胶体产生量的两个主要过程。如图 5.6 所示，溶液离子强度对生物质炭胶体沉降过程没有显著的影响，仅 700℃制备的生物质炭胶体在 20mM 时发生了显著沉降。因此，随着溶液离子强度的增加，生物质炭胶体产生量下降主要发生在释放过程，而不是沉降过程。

类似地，小麦秸秆炭和花生壳炭胶体形成与溶液离子强度关系亦因裂解温度的不同而不同。如图 5.7 所示，当溶液离子强度从 1mM 增加到 10mM 时，裂解温度为 300℃、400℃、500℃、600℃、700℃的小麦秸秆炭的胶体产生量分别从

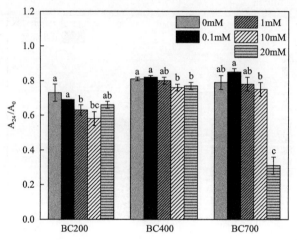

图 5.6　生物质炭胶体在不同溶液离子强度条件下的沉降情况[17]

A_0 和 A_{24} 分别是指生物质炭胶体悬浮液在沉降起始和沉降 24h 之后的吸光度；对于同一来源生物质炭而言，图中不同的字母表示不同处理之间存在显著性差异，$p < 0.05$，本章其余图中字母和数字含义相同

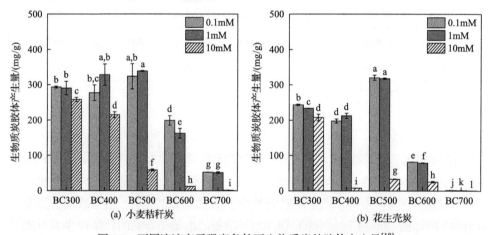

图 5.7　不同溶液离子强度条件下生物质炭的胶体产生量[18]

290.4mg/g、328.6mg/g、339.2mg/g、162.9mg/g 和 51.1mg/g 下降到 258.2mg/g、215.1mg/g、58.5mg/g、12.3mg/g 和 1.4mg/g，分别降低了 11.1%、34.5%、82.8%、92.5%和97.2%，这说明较高裂解温度（大于 500℃）制备的小麦秸秆炭胶体产生量受溶液离子强度影响极大（抑制率超过 80%），而较低裂解温度（小于 500℃）制备的小麦秸秆炭胶体产生量受溶液离子强度影响较小（抑制率小于 35%）。类似地，当溶液离子强度从 1mM 增加到 10mM 时，裂解温度为 300℃、400℃、500℃、600℃、700℃的花生壳炭的胶体产生量分别从 233.6mg/g、212.6mg/g、317.8mg/g、78.7mg/g 和 1.0mg/g 下降到 207.5mg/g、7.7mg/g、32.9mg/g、25.3mg/g 和 0.4mg/g，分别降

低了 11.2%、96.4%、89.6%、67.8%和 60.0%，这说明花生壳炭的胶体产生量受溶液离子强度影响极大，而仅 300℃制备花生壳炭的胶体产生量受溶液离子强度影响较小(抑制率 11.2%)。由此可见，生物质炭胶体形成过程对其质量(碳)流失的贡献因生物质炭制备温度和溶液离子强度而异。

　　溶液 pH 对生物质炭的胶体形成也有显著的影响，研究发现这种影响与生物质炭本身 pH 密切关联。如图 5.8 所示，只有当溶液 pH 小于生物质炭本身 pH 时，生物质炭的胶体形成量才会显著降低。例如，200℃、400℃和 700℃制备的水稻秸秆炭本身 pH 值分别为 5.5、7.5 和 10.0。相应地，200℃制备的水稻秸秆炭胶体在 pH 小于 5.5 时(pH = 3.0)释放量最低。400℃制备的水稻秸秆炭胶体只有在 pH 大于等于 7.5 时才有明显的释放量。700℃制备的水稻秸秆炭胶体只有在 pH 大于等于 10.0 时才有明显的释放量(98.6mg/g)，当 pH 小于 10.0 时(如 pH 为 7.5、5.5 和 3.0)，生物质炭胶体的释放量不到 2mg/g。生物质炭在水溶液中的 pH 是由其表面各种官能团解离和无机元素的溶解决定。研究表明，生物质炭表面羧基的解离常数(pKa)约为 5.15～6.47[20]，当溶液 pH 低于 pKa 时，羧基解离受到抑制，生物质炭疏水性增加，表面负电荷降低，生物质炭颗粒之间的团聚增加，从而减少了生物质炭胶体的形成。溶液 pH 的变化不会显著影响水稻秸秆炭胶体的沉降过程，除了 700℃制备的水稻秸秆炭胶体在 pH 为 3.0 时有较明显沉降之外(图 5.9)。这说明溶液 pH 对生物质炭胶体产生量的影响主要发生在释放阶段，而不是沉降阶段。

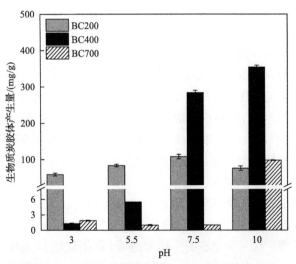

图 5.8　不同溶液 pH 条件下生物质炭胶体产生量[17]

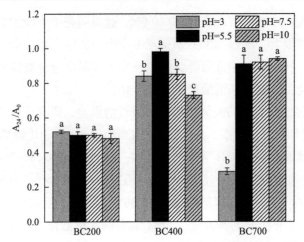

图 5.9　不同溶液 pH 条件下生物质炭胶体的沉降情况[17]

因此，可以得到如下结论：在水溶液中，释放和沉降过程控制了生物质炭胶体的形成，释放过程更容易受到溶液化学性质的影响；较低裂解温度（小于 400℃）制备的生物质炭胶体产生量受到溶液离子强度的影响较小，而较高裂解温度制备的生物质炭胶体产生量受到溶液离子强度影响极大；生物质炭胶体本身 pH 是决定水溶液中生物质炭胶体产生量的临界值。

3. 土壤水溶液中生物质炭胶体形成过程

土壤径流形成的水溶液是土壤中生物质炭胶体形成的重要介质。我国土壤类型多样，土壤性质差异显著，其形成的土壤水溶液性质复杂多样[21]。降雨时，被雨滴分散的土壤颗粒为坡面径流提供了丰富的物质来源[22]，暴雨径流携带了复杂的污染物，如营养物、重金属、石油、碳氢化合物、病原体和盐分等。目前，国内外关于生物质炭在土壤水溶液中的生物质炭胶体释放行为的研究甚少，尤其是对土壤水溶液性质与生物质炭胶体形成之间的关系认识还很有限。

Meng 等[23]以小麦秸秆和水稻秸秆为制备生物质炭的来源，对我国 19 个省份 20 个不同地点的耕地表层土壤系统地考察了不同土壤水溶液中生物质炭胶体形成过程；并应用系统聚类、主成分分析和相关性分析方法，探讨了土壤水溶液性质与生物质炭胶体产生量之间的关系。

试验的土壤水溶液的基本理化性质如表 5.2 所示。通过对土壤水溶液的性质进行系统聚类，可以将 20 个土壤水溶液分成 4 类（图 5.10(a)）。由土壤水溶液聚类谱系图可以看到，代号为 AS 的土壤水溶液（采自鞍山）单独成一类，为第 1 聚类。第 2 聚类所包含的土壤地点有：南京（NJ）、九江（JJ）、衡阳（HY）、杭州（HZ）；第 3 聚类所包含的土壤地点有：东营（DY）、茂名（MM）、天津（TJ）、昭通（ZT）、吉林(JL)、赤峰(CF)、重庆(CQ)、哈尔滨(HEB)、海北藏族自治州(HBZZ)、呼伦贝尔(HLBE)。第 4 聚类所包含的土壤地点有：酒泉(JQ)、衢州(QZ)、乐东黎族自治县(LDLZ)、鹰潭(YT)、太原(TY)。将每一项土壤水溶液性质看作一个变量，每个变量间并不是相互独立的，其间存在着一定的相关关系，为了剔除变量间相关性包含的冗余信息，对土壤水溶液性质进行了主成分分析，得到三个主成分。第一主成分主要与离子强度、K、Ca、Na、Mg 含量有关，解释了 42.6%的变异。第二主成分主要与 DOC、Fe、Al 含量有关，解释了 25.2%的变异。第三主成分主要与 pH 有关，解释了 12.1%的变异。

表 5.2　土壤水溶液的物理化学性质[23]

采样点	代号	土壤分类	pH	离子强度/mM	可溶性有机碳/(mg/L)	金属元素浓度/(mg/L)					
						K	Ca	Na	Mg	Fe	Al
呼伦贝尔	HLBE	黑钙土	8.2	3.9	108.8	6.77	9.65	18.91	1.30	0.12	0.28
哈尔滨	HEB	草甸土	7.5	3.7	86.9	8.69	15.56	1.75	0.59	0.05	0.15
吉林	JL	棕壤	6.9	2.2	93.0	7.29	11.81	3.14	1.58	0.004	0.11
鞍山	AS	棕壤	6.6	7.2	66.3	13.78	38.75	13.46	15.70	ND	0.01
天津	TJ	水成土	7.5	6.0	78.1	8.11	20.98	2.82	3.91	ND	0.01
赤峰	CF	栗钙土	7.4	2.1	87.7	7.43	14.69	2.54	1.51	ND	0.05
东营	DY	盐渍土	7.8	4.3	88.0	9.27	9.28	21.53	2.57	ND	0.08
太原	TY	褐土	8.9	1.4	62.0	6.59	9.43	2.19	2.00	ND	0.02
酒泉	JQ	棕漠土	8.9	2.0	68.7	6.57	4.20	2.10	1.97	0.11	0.21
南京	NJ	水稻土	7.5	2.7	153.4	6.51	11.61	1.89	0.71	0.34	0.59
杭州	HZ	水稻土	7.9	2.4	126.9	7.35	11.43	1.73	0.42	0.08	0.28
衢州	QZ	红壤	5.3	1.7	56.7	6.37	ND	1.28	ND	ND	0.04
九江	JJ	黄棕壤	7.1	1.6	137.8	6.74	3.85	1.60	ND	0.34	0.64
鹰潭	YT	红壤	6.9	0.2	54.1	6.23	ND	1.17	ND	ND	0.06
衡阳	HY	紫色土	7.4	3.9	128.5	7.70	14.28	2.44	0.30	0.16	0.55
昭通	ZT	黄壤	7.6	7.7	96.1	6.60	23.35	2.73	2.50	0.02	0.13
重庆	CQ	石灰性土壤	6.4	0.4	102.8	6.42	ND	1.25	ND	0.16	0.26
茂名	MM	红壤	7.4	6.3	78.2	9.12	17.84	3.51	1.57	ND	0.09
乐东黎族自治县	LDLZ	黄壤	7.8	2.0	35.1	6.30	0.10	1.22	ND	0.01	0.21
海北藏族自治州	HBZZ	黑钙土	7.8	2.1	92.6	10.93	12.23	2.49	1.26	0.03	0.12

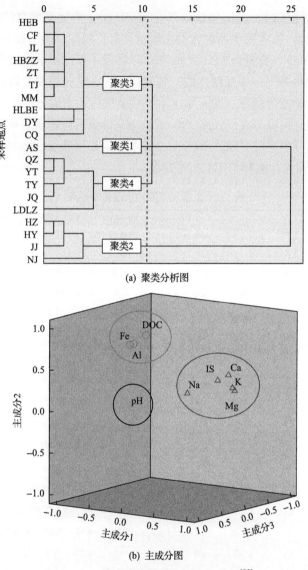

(a) 聚类分析图

(b) 主成分图

图 5.10 土壤水溶液性质的主成分分析[23]

不同土壤水溶液中的生物质炭胶体产生量如图 5.11 所示。土壤水溶液中不同裂解温度制备的生物质炭的胶体产生量差异较大。土壤水溶液中，400℃制备的小麦秸秆炭（Wheat-BC400）的平均胶体产生量比 700 ℃制备的小麦秸秆炭（Wheat-BC700）高 13.2 倍。同样地，400℃制备的水稻秸秆炭（Rice-BC400）的平均胶体产生量比 700℃制备的水稻秸秆炭（Rice-BC700）高 5.7 倍。这一规律与之前的实验室配水溶液研究结果一致，较低裂解温度下制备的生物质炭更容易形成生物质炭胶体[12, 17, 18]。高温裂解生物质炭石墨微晶的结构和硬度增强了其耐磨性能，降低了其物理分解的可能性[17, 18, 24]。值得注意的是，700℃制备的生物质炭在土壤水溶液中的胶体产生量非常低（小于 2mg/g），这意味着高温制备的生物质炭由于胶体流失产生的质量损失和环境风险极低。此外，土壤水溶液中，不同来源的生物质炭胶体产生量差异较大。例如，400℃裂解温度下，小麦秸秆炭（Wheat-BC400）的平均胶体产生量（16.41mg/g）是水稻秸秆炭（Rice-BC400）（9.33mg/g）的 1.8 倍。这可能与小麦秸秆炭中较高的 O/C 有关[12]。

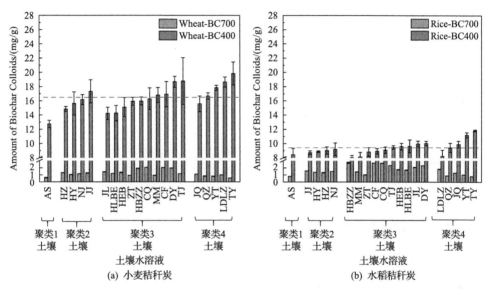

图 5.11　不同土壤水溶液中生物质炭胶体的产生量[23]

　　生物质炭胶体的形成不仅受到生物质炭本身性质的影响，也受到溶液化学性质的显著影响。先前的研究表明，较高的离子强度和较低的 pH 均能显著抑制生物质炭胶体的产生[17]。与 4 种生物质炭在 20 个土壤水溶液中的平均胶体产生量相比，在第 1 聚类土壤水溶液中生物质炭胶体产率明显偏低。这可能与第 1 聚类土壤水溶液中最高的 Ca、Mg、K、Na 含量和较高的离子强度有关。通过 Pearson相关性分析结果表明，生物质炭胶体产生量与土壤水溶液的单项性质均不存在显著相关性。这说明土壤溶液中生物质炭胶体的形成受到土壤水溶液多项性质的综合作用。这与先前的研究结果类似，纳米材料胶体在天然水体中的稳定性也同样受到天然水体综合性质的影响[25, 26]。对研究对象与原始变量的主成分进行相关性分析，可以得出研究对象与原始变量之间的关系[27]。生物质炭胶体产生量与描述土壤水溶液性质的三个主成分相关性分析结果如表 5.3 所示。Wheat-BC400 和 Rice-BC400 的生物质炭胶体产生量与第二主成分呈显著负相关关系（$p < 0.1$），这说明 Wheat-BC400 和 Rice-BC400 胶体产生量与土壤水溶液的 DOC、Fe、Al 含量有密切相关关系。土壤水溶液中的 Fe、Al 元素会以氢氧化铁、氢氧化铝胶体形式

存在，同时也存在羟基配合形成的水合氧化物，且铁铝胶体往往带正电荷，有利于促进生物质炭胶体颗粒的团聚和沉降[28]。铁铝氧化物可通过腐殖质表面的羟基或羧基与矿物表面进行配位体交换，与胡敏酸、富啡酸形成稳定的有机无机复合体[29]。这些有机-无机络合物能促进生物质炭胶体的团聚，最终减少土壤水溶液中生物质炭胶体的产生量。

表 5.3　生物质炭胶体产生量(Y)、指数模型 P 值与土壤水溶液性质的
主成分因子间的 Pearson 相关系数[23]

皮尔逊相关分析		主成分 1	主成分 2	主成分 3
$Y_{Wheat-BC400}$	相关系数	−0.254	−0.449**	0.252
	p	0.280	0.047	0.283
$Y_{Rice-BC400}$	相关系数	−0.147	−0.398*	0.329
	p	0.535	0.082	0.156
$P_{Wheat-BC400}$	相关系数	0.441*	−0.082	−0.081
	p	0.067	0.745	0.751
$P_{Rice-BC400}$	相关系数	−0.288	0.340	0.202
	p	0.246	0.167	0.422

注：(-)代表负相关性；* 代表显著性水平 $p<0.1$；** 代表显著性水平 $p<0.05$. Wheat-BC400 代表 400℃制备的小麦秸秆炭，Rice-BC400 代表 400℃制备的水稻秸秆炭。

5.1.2　环境中生物质炭的胶体团聚过程

1. 生物质炭胶体在水溶液中的临界絮凝浓度

了解生物质炭胶体的团聚行为和稳定性是评估水土环境中生物质炭迁移性和最终归宿的重要环节。临界絮凝浓度(critical coagulation concentration, CCC)是造成胶体快速絮凝的混凝剂的最小浓度，是评价环境中胶体稳定性的重要指标。Fang 等[17]以水稻秸秆炭为例，测定了不同制备温度生物质炭胶体颗粒在 NaCl 溶液中的 CCC_{NaCl}。如图 5.12 所示，400℃和 700℃制备的水稻秸秆炭胶体的水动力学粒径(Dh)随着 NaCl 浓度的增加而增加。400℃和 700℃制备的水稻秸秆炭胶体的 CCC_{NaCl} 值分别为 273mM 和 127mM。水稻秸秆炭胶体的 CCC_{NaCl} 值显著高于其他碳纳米材料，如纳米碳管(25mM)[30]、富勒烯(120mM)[31]、500℃制备大麦草炭胶体(75mM)[16]、400℃制备的纳米级花生壳炭(165mM)[12]和 600℃制备的纳米级花生壳炭(51.5mM)[12]。然而，200℃制备的水稻秸秆炭的 Dh 值随时间在 600nm 和 1800nm 之间波动(图 5.12(a))，与 NaCl 浓度无关，导致 CCC_{NaCl} 计算失败。Xu 等[32]在研究溶解性黑炭(DBC)的团聚行为时也未能成功测定其 CCC_{NaCl}，他们发现水化力在低、高 NaCl 浓度下均对 DBC 的稳定起主导作用。Song 等[16]的研究也未

能成功测定小麦秸秆生物质炭胶体的 CCC_{NaCl}。本研究中，对于 200℃ 制备的水稻秸秆炭胶体而言，仅静电斥力和范德华相互作用力并不能解释胶体稳定性强的原因，因为在离子强度为 50mM 时，水稻秸秆炭胶体颗粒之间并不存在能垒。而此时水合作用力似乎也是可以忽略的，因为路易斯酸碱作用吉布斯自由能 (ΔG_{h0}^{AB}) 是负数 $(-49.2mJ/m^2)$，水稻秸秆炭胶体表面存在显著的疏水性。因此，推测 200℃ 制备的水稻秸秆炭胶体稳定性强可能是水稻秸秆炭释放丰富的可溶性有机碳在颗粒表面产生了较强的空间位阻作用导致。

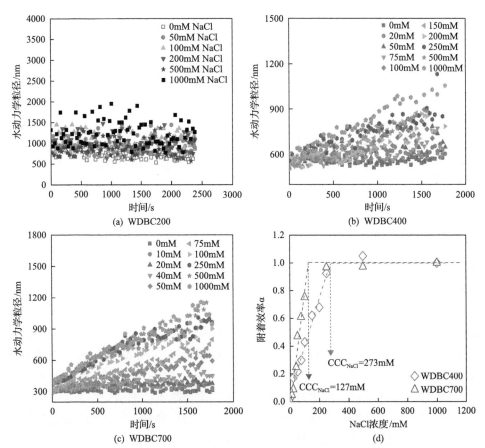

图 5.12　NaCl 溶液体系中生物质炭胶体颗粒的团聚动力学和
团聚附着效率 (α) 与 NaCl 浓度的关系[17]

WDBC200、WDBC400 和 WDBC700 分别代表制备温度为 200℃、400℃ 和 700℃ 制备的水稻秸秆炭胶体

胶体颗粒在含有二价金属阳离子的溶液中的团聚作用比其在相同浓度一价阳离子溶液中要强烈得多。Xu 等[33]研究表明，在 pH=6 时，Na 离子对生物质炭胶体的稳定性影响很小，而 Ca 和 Ba 离子能有效地破坏生物质炭胶体的稳定性。Yi

等[34]发现生物质炭胶体在 NaCl 和 CaCl$_2$ 溶液中的 CCC 值分别为 250mM 和 8.5mM。水溶液中天然有机质也是影响生物质炭胶体稳定性的重要物质，Yang 等[13]研究发现，在不含腐殖酸的水溶液中，300℃制备的小麦秸秆炭的 CCC$_{NaCl}$ 和 CCC$_{CaCl_2}$ 分别是 274mM 和 61.4mM，600℃制备的小麦秸秆炭的 CCC$_{NaCl}$ 和 CCC$_{CaCl_2}$ 分别是 183mM 和 38.1mM。在 5mg/L 的腐殖酸存在时，300℃和 600℃制备的小麦秸秆炭的 CCC$_{NaCl}$ 分别提高到了 1288mM 和 806mM。然而，腐殖酸与 Ca 离子共存似乎对生物质炭胶体稳定性不利。在 5mg/L 的腐殖酸存在时，300℃和 600℃制备的小麦秸秆炭的 CCC$_{CaCl_2}$ 分别降低到 54.6mM 和 37mM，这是由于腐殖酸与 Ca 离子形成了桥接絮凝作用。环境中生物质炭的老化过程同样会对生物质炭的胶体团聚行为产生显著影响，研究表明，原始 300℃和 600℃制备的木屑炭胶体的 CCC$_{NaCl}$ 分别为 300mM 和 182mM，而经过老化作用之后，它们的 CCC$_{NaCl}$ 分别增加到 540mM 和 327mM，这主要是由于老化作用增加了带负电的含氧官能团，使生物质炭胶体的团聚作用减弱[35]。老化作用对木屑炭胶体在 CaCl$_2$ 溶液中的团聚作用是有利的。经过老化作用之后，300℃和 600℃制备的木屑炭胶体的 CCC$_{CaCl_2}$ 数值分别从 58.6mM 和 41.7mM 降低到 25.2mM 和 32.1mM，这与 Ca 离子对木屑炭胶体表面负电荷的电中和作用以及 Ca 离子的桥接作用有关。

2. 土壤水溶液中生物质炭胶体的悬浮稳定性

在研究了生物质炭在我国不同土壤水溶液中的胶体形成基础上，Meng 等[23]进一步考察小麦秸秆炭和水稻秸秆炭胶体在不同土壤水溶液中的悬浮稳定性。如图 5.13 所示，在试验的大多数土壤水溶液中，生物质炭胶体在 24h 内发生缓慢沉降。指数模型拟合参数 P 值表示沉降平衡时所减少的 A/A$_0$，P 值越大，表示生物质炭胶体最终沉降的颗粒越多，生物质炭胶体在水溶液中越不稳定。400℃制备的小麦秸秆炭胶体(Wheat-BC400)和水稻秸秆炭胶体(Rice-BC400)在 20 个土壤水溶液中 P 值的平均值分别为 0.599 和 0.569，即最终将有 59.9%和 56.9%的生物质炭胶体颗粒发生团聚沉降，而有接近 40%的生物质炭胶体将保持悬浮稳定。先前研究表明，在土壤悬浮液中 TiO$_2$ 纳米颗粒经过 10d 的沉降后，大于 98%左右的颗粒都沉降了，仅有 1.17%～2.83%的颗粒保持悬浮[36]。在总有机碳(total organic carbon, TOC)含量低、离子强度含量高的海水中，金属氧化物纳米颗粒(TiO$_2$、ZnO、CeO$_2$)的沉降速率非常高，在沉降 3h 后就有至少 70%的纳米颗粒团聚沉降[25]。富勒烯(C$_{60}$)在所有的测试水样(海水、河水、湖水)中沉降 15d 后均有超过 90%的颗粒发生了沉降[26]。在天然水体(河水)中，纳米 ZnO 颗粒经过 14d 的沉降后，大于 80%的颗粒沉降了，仅有不到 20%的颗粒保持悬浮，而纳米 TiO$_2$ 颗粒经过 14d 的沉降后几乎所有的颗粒都沉降了[37]。因此，相比而言，生物质炭胶体在土壤水溶液中具有比其他纳米材料颗粒更强的悬浮稳定性。

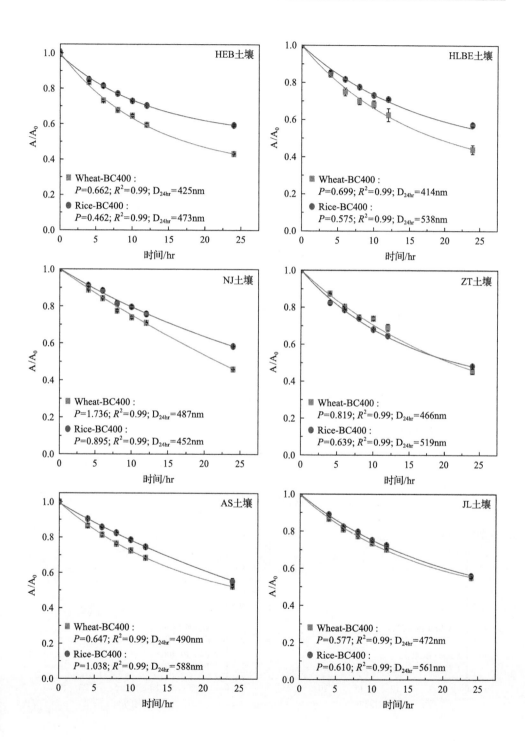

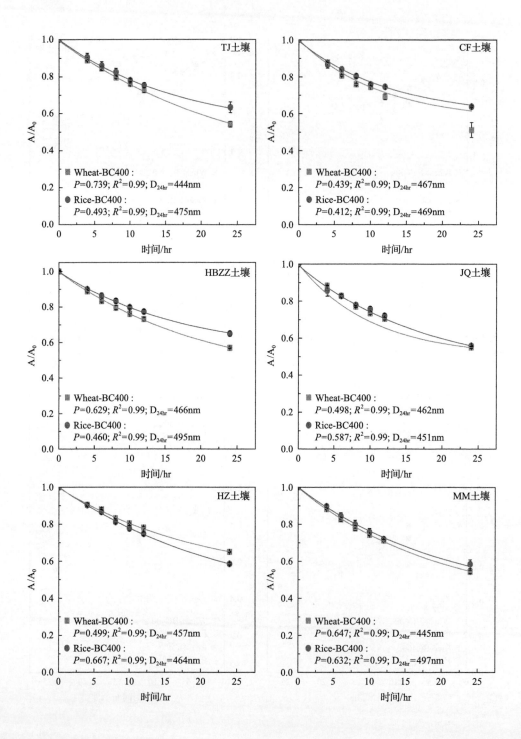

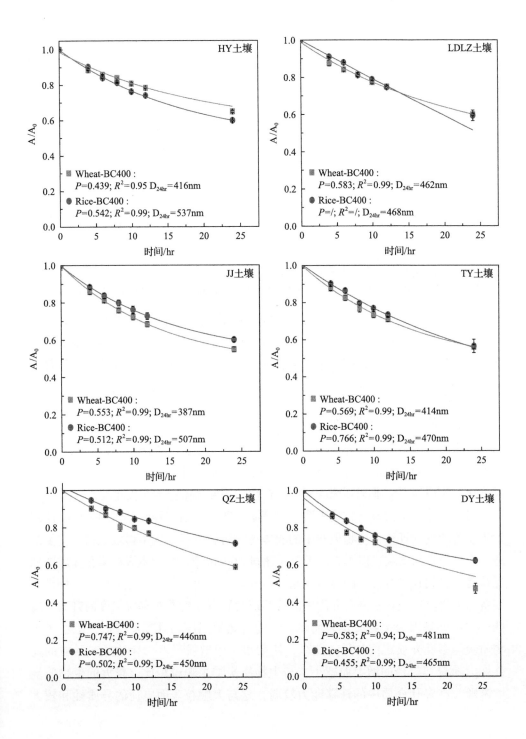

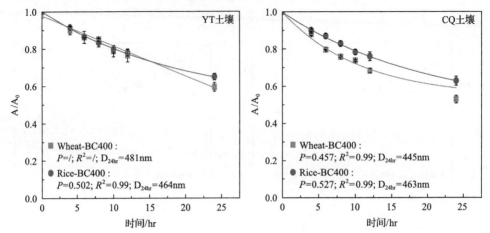

图 5.13　不同土壤水溶液中生物质炭胶体沉降曲线和指数模型拟合参数[23]

D_{24hr} 代表沉降24h之后胶体的水动力学粒径，/代表指数模型无法有效拟合，采样点：HEB=哈尔滨，CF=赤峰，JL=吉林，HBZZ=海北藏族自治州，ZT=昭通，TJ=天津，MM=茂名，HLBE=呼伦贝尔，DY=东营，CQ=重庆，AS=鞍山，QZ=衢州，YT=鹰潭，TY=太原，JQ=酒泉，LDLZ=乐东黎族自治县，HZ=杭州，HY=衡阳，JJ=九江，NJ=南京

　　生物质炭胶体在水溶液的高度稳定性，将不可避免地带来生物质炭胶体在水体和多孔介质中长距离迁移风险，值得人们关注。然而，目前关于生物质炭胶体在天然水环境中的稳定性研究并不多，人们对天然水溶液性质与生物质炭胶体稳定性之间的关系没有形成全面的认识，亟须开展更多系统而深入的研究。

5.1.3　环境中生物质炭的胶体迁移过程

　　生物质炭胶体在多孔介质中的迁移行为不仅决定了其在环境中的归趋，也极大地影响被吸附污染物的环境行为。充分了解环境中生物质炭胶体的迁移行为，对优化生物质炭在农业和环境修复中的良性利用和风险控制至关重要。

　　田间试验和实验室研究均表明，在灌溉、降水和地表径流等作用下生物质炭发生显著的物理迁移。生物质炭中的胶体态和溶解态是其发生移位迁移的主要形态，土壤中生物质炭可以垂直向下迁移超过100cm[38]。生物质炭在多孔介质中的迁移能力受到其自身性质的显著影响。研究表明，小麦秸秆、玉米秸秆、松针等制备的生物质炭微粒在多孔介质中的迁移能力随着生物质炭热解温度的升高而降低，这主要是因为生物质炭表面电负性随着热解温度的升高而降低，减小了生物质炭与多孔介质之间的斥力能垒，使截留作用增强[39, 40]。生物质炭微粒的迁移能力随着其粒径的增大而减小，与生物质炭纳米颗粒相比，较大的生物质炭微米颗粒在多孔介质中的迁移能力较弱，这与大颗粒表面电荷的异质性和较大的物理张力作用有关[40, 41]。生物质炭老化过程可大大增加它们在多孔介质中的迁移能力，这是由于老化导致生物质炭胶体的表面负电荷增加[35]。溶液性质对生物质炭胶体在多孔介质中的迁移能力有较大的影响。随着溶液 pH 的降低和离子强度的增加，生物质炭颗粒其在多孔介质中的迁移能力下降[39, 41]，且增加电解质 $CaCl_2$ 比 NaCl 能更有效地降低生物质炭胶体的迁移能力[35]。其他物质在生物质炭表面的吸附也将改变生物质炭的表面特性，从而影响其迁移行为。例如，腐殖酸可增强生物质炭表面的负电荷，增强其迁移性；而带正电荷的羟基氧化铁与生物质炭之间的静电引力作用以及萘在生物质炭表面吸附产生的负电荷遮蔽效应，都会减少生物质炭微粒与介质颗粒间的电荷斥力作用，增加生物质炭胶体的截留[42, 43]。Cr(VI)在生物质炭胶体上还原性吸附将导致生物质炭表面电负性降低，胶体的水动力学直径增大，生物质炭胶体迁移率随 Cr(VI)吸附量的增加而降低[44]。

尽管目前人们对生物质炭胶体在多孔介质中的物理迁移行为有了一定的认识，但是以往大多数的研究都是基于均质多孔介质试验。而实际环境介质通常是非均性的，特别是土壤或底泥介质非均性极为显著。实际土壤在 1.5 m 的深度就包含覆盖层、淋溶层、沉积层和母质层，上层土壤或底泥颗粒通常与下层介质有着显著的区别。先前针对溶质和纳米材料胶体的研究表明，非均性介质中物质迁移参数与均性介质有显著的区别，其迁移能力、截留特征与非均质介质特征有关[45,46]。因此，生物质炭胶体在非均性多孔介质中的迁移行为可能与其在均性介质中差异显著。然而，目前非均性介质中生物质炭胶体迁移行为的信息还很缺乏，值得深入系统的研究。

浙江科技学院科研团队采用两种不同粒径的石英砂构建了上下两层非均性填充柱，研究了水稻秸秆炭胶体在非均性多孔介质中的迁移和滞留行为，重点考察了溶液离子强度和 pH 对非均性介质中生物质炭胶体迁移行为的影响。研究结果有利于人们更好地了解生物质炭胶体在复杂多孔介质中的迁移行为和环境风险，为生物质炭技术的广泛应用提供理论支持。

非均性石英砂柱中，生物质炭胶体在不同溶液离子强度下的流出曲线和截留曲线分别如图 5.14 所示。随着溶液离子强度增加，生物质炭胶体在非均性石英砂柱中的迁移能力逐渐减弱。例如，当溶液离子强度从 1mM 增加到 50mM，生物质炭胶体的最大流出相对浓度比(C_{Max}/C_0)从 91.3%降低到 42.4%，总流出率从 87.1%降低到 40.2%。这与大多数胶体在均性多孔介质中迁移行为相似，溶液离子强度增加能压缩胶体颗粒的双电层厚度，降低胶体颗粒间的斥力，增加胶体颗粒的粒径，从而降低胶体颗粒在多孔介质中的迁移能力[41]。在非均性石英砂柱中，生物质炭胶体的截留曲线呈现非单调型，截留量峰值往往出现在细-粗石英砂的交界面处（细石英砂侧）。生物质炭胶体的非单调型截留曲线与非均性介质中显著的电荷异质性、介质尺寸异质性和迁移过程中传质通量异质性有关。实验发现，流经上层细石英砂之后，生物质炭胶体的 Zeta 电位绝对值显著降低。在流经细石英砂过程中，生物质炭胶体发生了自团聚作用，有利于其在多孔介质表面的沉积。上下石英砂层介质尺寸异质性直接影响了上下层的传质通量。在其他水动力学参数相同的情况下，大颗粒介质的传质通量大于小颗粒介质[47]。不同粒径多孔介质在物理空间上的结构性差异，还将引发显著的优势流效应。在细颗粒介质与粗颗粒介质交界面处，由于优势流的作用，胶体颗粒在粗颗粒介质中快速向更深处传输[46]。上下层石英砂交界面处，生物质炭胶体迁移的传质通量发生了显著增大，产生优势流效应，这可能是造成下层粗石英砂入口处生物质炭胶体截流量相比上层细石英砂显著降低的重要原因。

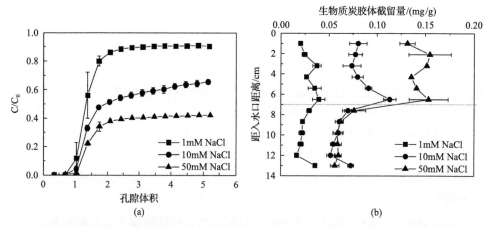

图 5.14　不同溶液离子强度条件下生物质炭胶体在非均性石英砂柱中的流出曲线和截留曲线

　　非均性石英砂柱中，生物质炭胶体在不同溶液 pH 条件下的流出曲线和截留曲线分别如图 5.15 所示。在 pH 为 4.0～11.0 范围内，生物质炭胶体在非均性多孔介质中具有较强的迁移能力，总流出率为 75.8%～88.0%。中性和碱性条件下生物质炭胶体的迁移能力大于酸性条件。不同 pH 条件下，生物质炭胶体在非均性石英砂柱中的截留曲线亦呈现非单调型曲线。分别计算生物质炭颗粒在上下层石英砂介质中的截留比率，结果表明，当离子强度为 1mM、10mM 和 50mM 时，生物质炭胶体在细石英砂中的截留量占其总截留量的比率分别为 58.0%、59.4% 和 70.6%。当溶液 pH 为 4.0、7.0 和 11.0 时，生物质炭胶体在细石英砂中的截留量占总截留量的比率分别为 79.4%、66.0% 和 47.8%。这说明非均性介质中上层细石英砂是影响生物质炭胶体迁移截留行为的关键介质，也是生物质炭胶体截留的主要介质。

　　总之，和以往均性多孔介质相比，生物质炭胶体在非均性石英砂柱中的迁移和截留行为既有相似性，又表现出其独特性。相似性表现在，随着溶液离子强度的增加生物质炭胶体在非均性石英砂柱中的迁移能力逐渐减弱，中性和碱性溶液条件下生物质炭胶体的迁移能力大于酸性溶液条件。独特性表现在，非均性介质中生物质炭胶体的截留曲线表现为非单调型曲线，截留量峰值往往出现在细-粗石英砂的交界面处(细石英砂侧)。这与非均性介质中显著的电荷异质性、介质尺寸异质性和迁移过程中传质通量异质性密切关联。增加溶液离子强度和降低 pH 将促进生物质炭胶体在上层细石英砂介质中的截留。该项研究结果阐明了非均性多孔介质中生物质炭胶体迁移和截留行为的复杂性，为人们深入了解生物质炭胶体在真实环境介质中的归趋提供新的认知。

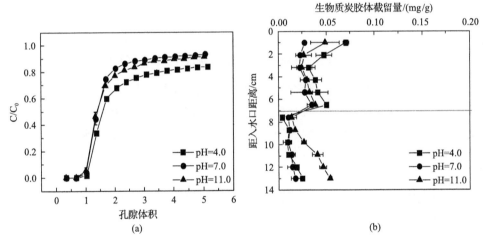

图 5.15　不同溶液 pH 条件下生物质炭胶体在非均性石英砂柱中的流出曲线和截留曲线

5.2　环境中生物质炭的化学分解

5.2.1　环境中生物质炭的溶解过程

　　生物质炭的化学分解主要包括溶解作用和化学氧化作用，其主要作用途径和影响因素如图 5.16 所示。

1. 生物质炭中可溶性有机碳(dissolved organic carbon，DOC)的溶解

　　环境温度、pH、矿物、生物质炭热解温度、生物质来源等对生物质炭中 DOC 的释放有着重要影响，较高的环境温度和碱性环境有利于生物质炭中 DOC 的释放[48]。矿物能够通过盐离子桥接作用和范德华力作用吸附固定 DOC，从而降低

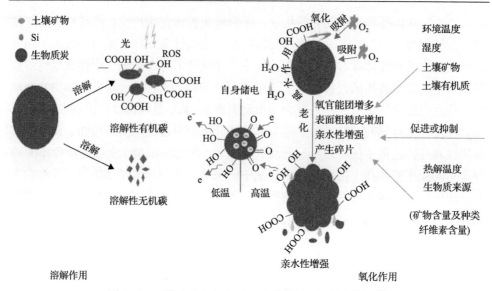

图 5.16　环境中生物质炭的化学分解过程及影响因素[3]

可溶性生物质炭的流失[49]。随着热解温度的升高，生物质炭释放的 DOC 浓度逐渐降低，并且 DOC 的组成结构也将发生变化。当热解温度低于 350℃时，生物质炭释放的 DOC 中以类富里酸多酚及水溶性的芳香结构为主；当热解温度升至500℃时，以富含羧基及其他热化学转化过程产生的中间体物质为主；当热解温度更高时，则是以富含木质素的生物质热解产生的稳定 DOC 为主[50]。不同生物质来源制备的生物质炭，其 DOC 的释放量差异显著。例如，杏仁壳制备的生物质炭释放的 DOC 要明显高于棉花籽、木质素及山核桃壳制备的生物质炭[50]。生物质炭中 DOC 的释放也受到其灰分含量的影响，因为灰分能够促进木质纤维素热解过程中的热化学反应，从而影响 DOC 的生成[51]。

　　以水稻秸秆炭为例，研究了制备温度、初始粒径和溶液化学性质对生物质炭DOC 溶出的影响。如图 5.17(a) 所示，随着裂解温度的增加，生物质炭 DOC 的溶出量显著降低；而减小生物质炭的初始粒径，DOC 的溶出量增加。例如，在固液比为 1∶100 条件下，200℃和 700℃制备的水稻秸秆炭的 DOC 溶出量分别为10.2～30.6mg/g 和 0.08～0.317mg/g。研究指出，生物质炭 DOC 的溶出与生物质炭中含氧官能团的含量呈正相关[52]。高温裂解产生了更多的稳定的芳香性炭结构，溶解性有机碳含量降低[53]。减小生物质炭的初始粒径将导致更多的 DOC 溶出，这是因为更小的颗粒具有更大的比表面积，使生物质炭能更充分地与水接触[54]。如表 5.4 所示，生物质炭 DOC 的溶出量随着溶液 pH 的增加而增加，但是随着溶液离子强度的增加而减少。在较低的 pH 条件下，生物质炭表面官能团(如羟基和羧基)保持非解离状态，而在碱性条件下，它们将发生解离，从而导致更多 DOC 溶出[20]。更高的溶液离子强度有利于 DOC 分子的团聚和沉降，从而减少生物质炭 DOC 的溶出[55]。

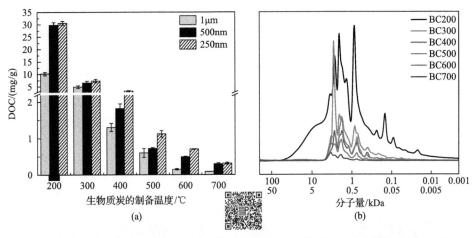

图 5.17　纯水中生物质炭 DOC 溶出量(固液比 1∶100)及其分子量分布[56](彩图扫二维码)

表 5.4　不同溶液 pH 和离子强度条件下生物质炭溶出的 DOC 量[56]

(单位：mg/g)

生物质炭	pH	初始粒径			离子强度	初始粒径		
		250nm	500nm	1μm		250nm	500nm	1μm
BC200	4	19.5±0.7	18.3±0.19	8.6±0.50	0.002	30.7±1.0	29.8±0.8	10.2±0.61
BC300	4	5.25±0.2	4.91±0.51	3.71±0.20	0.002	7.36±0.3	6.51±0.4	4.81±0.4
BC400	4	3.34±0.04	0.95±0.10	1.05±0.05	0.002	4.31±0.3	1.80±0.2	1.30±0.08
BC500	4	0.85±0.03	0.34±0.02	0.41±0.02	0.002	1.10±0.20	0.71±0.1	0.60±0.03
BC600	4	0.36±0.02	0.14±0.01	0.10±0.01	0.002	0.70±0.03	0.52±0.1	0.16±0.02
BC700	4	0.11±0.02	0.1±0.004	0.06±0.01	0.002	0.32±0.02	0.30±0.1	0.08±0.02
BC200	7	30.6±0.80	29.8±0.60	10.2±0.8	0.02	28.0±1.20	25.8±0.7	9.99±0.6
BC300	7	7.37±0.30	6.61±0.61	4.81±0.5	0.02	5.91±0.5	5.42±0.4	3.38±0.3
BC400	7	4.25±0.30	1.81±0.20	1.30±0.2	0.02	3.61±0.5	1.53±0.2	1.07±0.1
BC500	7	1.14±0.20	0.71±0.02	0.60±0.02	0.02	0.80±0.1	0.60±0.1	0.43±0.1
BC600	7	0.710±0.01	0.50±0.02	0.20±0.01	0.02	0.60±0.02	0.4±0.01	0.11±0.01
BC700	7	0.310±0.01	0.32±0.01	0.10±0.00	0.02	0.20±0.01	0.2±0.01	0.08±0.0
BC200	10	41.2±0.8	38.51±0.1	16.2±0.4	0.7	19.7±1.0	18.5±0.5	7.50±0.5
BC300	10	8.82±0.8	8.21±0.60	5.71±0.6	0.7	3.30±0.2	3.10±0.1	2.50±0.4
BC400	10	6.13±0.50	3.62±0.40	1.80±0.2	0.7	1.20±0.1	0.96±0.06	0.81±0.1
BC500	10	2.21±0.30	1.90±0.30	1.11±0.1	0.7	0.54±0.03	0.25±0.03	0.20±0.01
BC600	10	1.43±0.10	0.61±0.03	0.60±0.03	0.7	0.28±0.0	0.17±0.02	0.07±0.0
BC700	10	0.73±0.03	0.52±0.03	0.20±0.02	0.7	0.20±0.0	0.11±0.01	0.02±0.0

　　不同裂解温度生物质炭溶出 DOC 的分子量和组成有极大的区别。用排阻色谱法测定的生物质炭 DOC 分子量分布数据表明(图 5.17(b))，随着裂解温度的增加，生物质炭溶出 DOC 的分子量逐渐增加。三维荧光光谱(3D-EEM)是分析 DOC 组分重要的手段，3D-EEM 谱图可以分成 5 个激发发射区(Ⅰ-Ⅱ区: Ex<250nm，Em<350nm; Ⅲ区: Ex<250nm, Em<350nm; Ⅳ区: 250nm<Ex<280nm, Em<380nm; Ⅴ区: 280nm<Ex, Em>380nm)，区域Ⅰ代表类酪氨酸有机化合物，区域Ⅱ指示类色氨酸有机化合物，区域Ⅲ指示类富里酸物质，区域Ⅳ指示可溶性微生物副产品，区域Ⅴ指示类腐殖酸物质[57]。不同裂解温度水稻秸秆炭溶出 DOC 的 3D-EEM 谱图如图 5.18 所示。

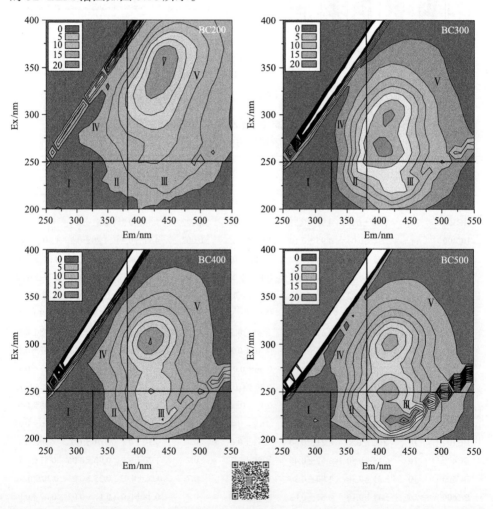

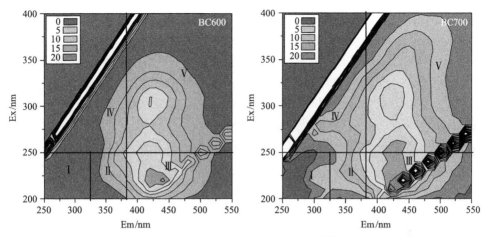

图 5.18　生物质炭溶出 DOC 的 EEM 荧光光谱图[56]（彩图扫二维码）

当生物质炭裂解温度从 200℃增加到 700℃时，DOC 的荧光峰值从区域 V 逐渐转移到区域Ⅲ。较低温度裂解制备的生物质炭溶出的 DOC 荧光信号主要集中在区域 V，指示含有较多的类腐殖酸物质；中等温度裂解制备的生物质炭溶出的 DOC 荧光信号主要集中在区域Ⅲ和 V，且区域 V 的信号强度稍高，指示含有丰富的类腐殖酸物质，其次是类富里酸物质。较高温度裂解制备的生物质炭溶出的 DOC 荧光信号主要集中在区域Ⅲ和 V，且区域Ⅲ的信号强度稍高，指示含有丰富的类富里酸物质，其次是类腐殖酸物质。此外，700℃裂解的生物质炭溶出的 DOC 在区域Ⅰ、Ⅱ和Ⅳ也有一定的荧光信号，指示含有一定的简单芳香族蛋白质（如酪氨酸和类色氨酸）和微生物副产品。

2. 生物质炭内源金属元素的溶解

生物质炭中可溶性盐的溶解也是生物质炭质量损失的重要原因之一。研究表明，450℃制备的木屑炭中溶解性无机碳的释放量约为 61mg/kg，约占总溶解性 C 的 15%[58]。伴随着无机碳释放的是各种可溶性金属阳离子的溶解，如 K、Mg 碳酸盐等。生物质炭中溶出的金属离子既可以是自由离子态，也可以是 DOC 结合态。环境中金属离子与 DOC 的结合将影响金属离子的毒性和生物可利用性。由于生物质炭溶出 DOC 组分的异质性，内源金属离子种类的多样性，生物质炭溶出金属离子与溶出 DOC 的相互作用非常复杂。为此，Hameed 等[56]以水稻秸秆炭为对象，研究了生物质炭溶出金属元素的种类、含量及其与内源 DOC 的关系和影响因素，研究结果为人们理解自然环境中生物质炭内源金属离子的释放过程提供了新的见解。

如图 5.19 所示，总溶解性金属（K、Mg、Mn、Al、Fe、Cu）量随着生物质炭裂解温度的增加而显著减少，而 Si 的溶出量随着裂解温度的增加先增加后降低。

高裂解温度产生的高密度芳香性涡轮层状结构可以很好地锁定碳和金属元素[59]。在低温条件下，生物质炭上的 Si 主要以无定型 Si 存在，脱水作用使得硅酸盐发生聚合，导致碳硅的结合非常紧密，Si 不易溶出；在中等温度条件下，碳组分发生强烈的开裂，使位于组织内部的 Si 暴露出来，Si 的溶出增加；在高温条件下，生物质炭中碳芳香化增强，Si 主要以晶型结构存在，导致溶解态 Si 减少[70]。不同热解温度和粒径的生物质炭中溶解的 K、Mg、Fe、Mn、Al 主要以 DOC 结合态存在（大于 50%）。在裂解温度为 200～700℃时，生物质炭中溶出 DOC 结合态 Si

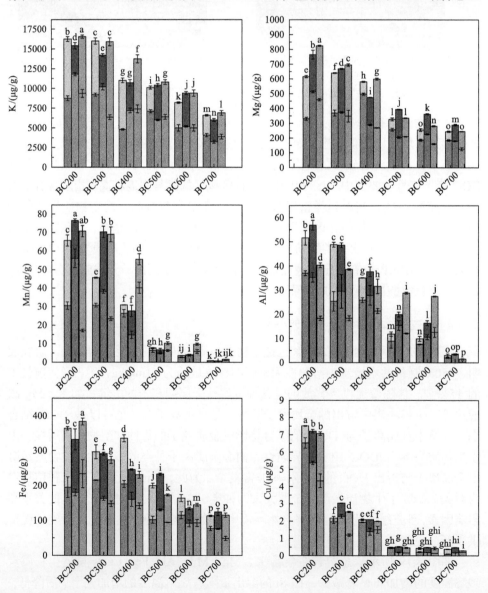

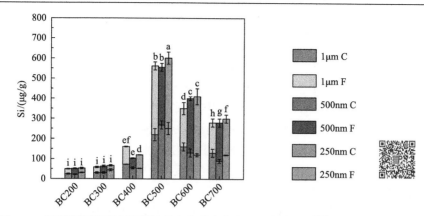

图 5.19　不同裂解温度和不同粒径生物质炭中金属元素溶出量[56]（彩图扫二维码）
C: DOC 结合态；F: 自由溶解态；不同字母代表各处理间的显著性差异 $p < 0.05$

比例约为 39%～52%，说明 Si 主要以自由阴离子态形式溶出。与其他元素不同的是，生物质炭溶出 Cu 离子的形态因裂解温度的不同而差异显著。在低裂解温度条件下，溶出 Cu 离子主要以 DOC 结合态为主，而在高裂解温度条件下，以自由态 Cu 离子为主。

溶液化学性质如 pH 和离子强度的改变对生物质炭金属元素的溶出有较大影响，影响程度因裂解温度而异。研究发现，随着溶液 pH 增加，总溶解态 Mg、Mn、Al 和 Cu 的含量显著降低，而溶解态 Si 的含量显著增加，总溶解态 K 和 Fe 含量基本不变。降低溶液 pH 导致金属离子的溶出增加归因于金属阳离子的解吸和离子交换机制。金属离子的可交换部分主要通过扩散和外层络合作用吸附在生物质炭表面，H 离子的增加替代了结合位点上的金属阳离子，促使其释放。溶液 pH 对 K 元素的溶出影响不大，可能是由于 K 主要以溶解性盐的形式存在于生物质炭中[60]。溶液 pH 增加，Fe 离子很容易形成胶体，从而减少 Fe 的溶出，同时pH 增加也会增强其与 DOC 的结合导致 Fe 离子的释放。因此，对于 Fe 元素而言，pH 的这两个方面的作用相互抵消，最终导致铁的稳定释放。对于 Si 而言，OH 的含量可以改变 SiO_2 和 $H_4SiO_4^0$ 的溶解度[61]。随着 pH 增加，生物质炭表面去质子化增加[62]。在酸性（pH=4）条件下，K、Mg、Mn、Al、Fe、Cu 和 Si 主要以自由态形式溶出；而在中性和碱性条件下，主要以 DOC 结合态溶出。这可能是由于在酸性条件下，溶出的 DOC 发生团聚作用从而降低了对金属离子的络合能力。无论是在 NaCl 还是在 $CaCl_2$ 体系中，总溶解金属离子含量随着溶液离子强度的增加而增加。当离子强度从 0.002M 增加到 0.700M 时，总溶出 K、Mg 和 Si 的含量增加了 5%～28%，Al 和 Fe 含量增加了 30%～60%，Cu 和 Mn 的含量增加了 20%～80%。一方面，离子强度增加，Na 和 Ca 离子将通过阳离子交换作用有效地替换其他金属离子；另一方面，氯离子的增加可能通过氯离子络合作用促进金属的释放。

5.2.2　环境中生物质炭的化学氧化过程

目前，人们通常用生物质炭的抗氧化性来作为评价生物质炭化学氧化作用的指标。氧化作用发生于生物质炭表面(包括外表面和孔隙内表面)，氧化作用使生物质炭表面的 O 及 H 的含量增加，促进含氧官能团的形成(如 OH、—COOH 和 C=O)[63]，提高生物质炭的表面活性和亲水性，增强生物质炭的生物可利用性[14]。此外，氧化作用还能诱发生物质炭的石墨结构周围产生自由基[64, 65]。影响生物质炭化学氧化反应过程的因素有湿度、温度、氧暴露时间、土壤矿物、天然有机质、热解温度、灰分含量等。

(1)湿度。不饱和或者饱和-不饱和交替的环境能够增加生物质炭上羧基及羟基数量，有利于生物质炭的分解[66]。

(2)温度。较高的环境温度会加速生物质炭的氧化进程，提升氧化速率。这是因为，在较低的环境温度下，氧化只发生在生物质炭颗粒的表面，而随着环境温度的升高，生物质炭颗粒的内部也逐渐被氧化[63]。一般地，环境温度升高，生物质炭在土壤中的稳定性降低，平均停留时间减少[67]，但土壤类型不同，环境温度对生物质炭稳定性的影响也不同。当土壤中矿物、有机质含量较大时，环境温度的升高，使有机质-生物质炭-矿物间的作用加强，反而减少了生物质炭的矿化[68]。

(3)氧暴露时间。生物质炭在有氧环境下的暴露时间影响生物质炭的化学稳定。例如，地下水位较高时，由于生物质炭淹没在水中，长期的厌氧环境，使其碳含量较高，氧含量较低，羧基官能团减少，最终矿化速率降低[69]。

(4)土壤矿物及天然有机质。土壤矿物及有机质对生物质炭抵抗化学氧化作用有积极作用。在土壤中，生物质炭会与矿物和有机质发生反应[70]。土壤矿物在 500℃制备的胡桃壳来源生物质炭—矿物质界面上形成诸如 Fe—O—C 等金属-有机复合体，起到了物理隔离的作用，提高了抗氧化性，并减少了生物质炭中 C—O、C=O 及 COOH 的含量，增加生物质炭的稳定性[71]。天然有机质通过疏水吸附、H 键作用、电子供体—受体作用等，联结到生物质炭上，保护生物质炭组分不被氧化或溶解[14]。土壤矿物与生物质炭之间的作用与矿物自身性质有关，有机质-矿物反应与生物质炭所含矿物种类、表面官能团及无机元素有关。比如，鸡粪炭含有较多的含氧官能团(羧基、酚基)，土壤矿物直接与生物质炭表面进行反应；而造纸污泥炭首先通过 Ca^{2+}、Al^{3+} 的桥梁作用吸附土壤有机质，再通过土壤有机质促进生物质炭-土壤矿物复合体的形成[72]。土壤团聚体对生物质炭微粒也有物理保护作用，通过物理隔离减少生物质炭与外界的接触，减少氧化作用和其他侵蚀作用，从而增强生物质炭的稳定性[73]。

(5)热解温度。随着热解温度升高，生物质炭中的 H:C 和 O:C 下降。生物质炭中 H:C 和 O:C 越高，C 流失率越大；反之则 C 流失率减少，生物质炭的抗氧化性增强[74]。研究表明，当热解温度从 300℃升至 700℃时，竹屑生物质炭中 H:C 和 O:C 分别下降了 69%和 81.25%，其抗 $K_2Cr_2O_7$ 氧化能力显著增强[75]。

(6)灰分含量。生物质炭中灰分含量的高低也能影响其抗氧化性。低灰分生物质炭，其抗氧化性受芳香性控制；而高灰分生物质炭，还受到矿物等其他物质的调控，灰分中的矿物相在生物质炭的抗氧化能力方面起到重要作用[76]。

矿物能促进水稻秸秆炭中芳香炭的形成，提升生物质炭的抗氧化性[77]。又例如，P 在麦秆生物质炭的形成过程中，由于偏磷酸盐或者是 C—O—PO_3 的形成，占据 C 键上的活性位点，阻止 C 与 O_2 的接触，从而提高了抗氧化性能[78]。在松树锯末生物质在热解过程中，P—O—P 会插入到 C 晶格中，促进无定形碳的形成并起到交联作用，P 和 C 的作用加强了生物质炭中碳骨架的稳定性，减小碳的流失率[79]。水稻秸秆在热解过程中，Si 在 450~500℃时，其结构会从亚稳态的 α-石英结构变为稳定的 β-石英结构，并缠绕包裹在 C 周围，影响 C 的排列以及结构，这种包裹形式使得生物质炭有更强的稳定性，增强生物质炭的碳截留能力[80]。在竹屑热解过程中，铁黏土矿物在低温下抑制纤维素的分解，在高温下则有促进作用，影响芳香 C 的产率[81]。在 450℃的热解温度下，生物质中无定型 C 与无定型 Si 所形成的稠密结构中，C—Si 键的形成使 C 免受氧化，抗氧化性显著增强[76]。矿物易通过破坏生物质炭芳香结构，降低花生壳炭和牛粪炭的稳定性[82]，但也有研究认为 Ca(OH)$_2$ 可以促进无定型碳向石墨碳的转化，并可提高污泥生物质炭的抗氧化性[83]。除了矿物元素外，高灰分的生物质中还含有其他物质，如蛋白质、脂肪酸、灰烬等，这些组分含量越多，使生物质炭所形成的结构更加复杂，在土壤中的抗氧化机理更加多元化[76]。

生物质炭的化学氧化过程与其在环境中的老化及矿化过程均有着很大的关系。生物质炭的老化是指随着时间的推移，生物质炭受到各种环境作用而破碎、降解，使理化性质发生改变的过程。生物质炭老化后，表面粗糙度增加，亲水性增强，稳定性降低，并能产生大量的物理碎片[84]。酸性环境更容易加速柳树和麦壳来源(400~525℃)生物质炭的老化[84]。氧化作用能够促进木材来源(550℃)生物质炭的老化[85]。生物质炭在环境中的矿化过程是指在环境作用下，生物质炭分解成简单化合物的过程，矿化率的高低反映了生物质炭稳定性强弱。氧化作用能加强生物质炭的物理、化学、生物等风化作用，从而加速生物质炭的矿化。

此外，生物质炭本身具有储存电子的作用。生物质炭具有片层石墨结构，可通过 π—π 作用传递电子；表面的官能团也能作为电子供体、受体进行电子传递，如低热解温度得到的生物质炭以酚基的电子供体为主，而在高温热解生物质炭则以醌基的电子受体作用为主[86]。在厌氧环境中，硬木炭可作为可再充电的生物电子库，其生物电子储存能力可达 0.85~0.87mmol/(e·g)[87]。这说明生物质炭本身就是一个极好的氧化还原反应场所，具有氧化还原活性。然而，目前关于生物质炭自身氧化还原活性与生物质炭氧化作用之间的关系尚未可知，物理分解作用产生的生物质炭微粒在环境中的抗化学氧化性能是否与大颗粒生物质炭存在差异也未可知，这两方面均值得今后深入研究和探讨。

5.2.3　环境中生物质炭的光化学分解过程

截至 2020 年 12 月在科学网（Web of Science）的检索中，生物质炭相关研究有15000 余篇（图 5.20）。然而，只有不到 0.01% 的论文是关于生物质炭光降解的研究，而且这些研究主要集中可溶性生物质炭的光化学反应。由此可见，目前人们对生物质炭光化学特性方面的认识非常有限。

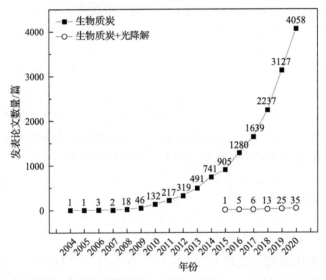

图 5.20　截至 2020 年 12 月科学网检索的关键词"biochar（生物质炭）"和"biochar + photodegradation（生物质炭+光降解）"的论文数量

太阳辐射，特别是高能量的紫外光辐射对室外环境中的生物质炭降解起着重要的作用。研究发现，光辐射 400h 后，生物质炭物理化学性能发生了明显的变化，生物质炭 C 含量和 N 含量明显下降，O 含量明显增加，灰分含量呈现一定的增加趋势[88]。在光辐射过程中 C、N 元素发生了的光氧化反应，一部分 C 和 N 在光和氧气的作用下转化成 CO_2、CO、NO_2 等气体释放。可溶性生物质炭（dissolved biochar, DBC）比颗粒态生物质炭更容易发生光转化降解。DBC 中稠密的芳香性物质在光化学反应中优先发生降解，产生氧化性物质。在太阳光的照射下，由于高分子量组分的光降解作用，DBC 的分子量逐渐降低，经过 169h 的太阳光照射，DBC 的矿化率达 30%[89]。光化学反应优先发生在 DBC 中的芳香族和甲基部分，生成 $CH_2/CH/C$ 和羧基/酯/醌等官能团。在光激发过程中，DBC 产生的主要活性氧基(ROS)包括单线氧基($^1O_2$)、超氧自由基(O_2^-)、羟基自由基($\cdot OH$),其中单线氧基($^1O_2$)的光量子产率是常见可溶性天然有机质的 2~3 倍[89]。DBC 比天然有机质更容易发生光敏化反应[90]。比较紫外光辐射前后 DBC 和天然有机质(natural organic matter, NOM)中的相对含氧量发现,经过辐照后 DBC 中氧含量的增加远大于 NOM[91]。在紫外光的照射下,溶解性有机物颜色丧失和光吸收率降低的现象通常被称为光漂白[92]。在紫外光的照射下,DBC 会发生自身光漂白和产生活性氧基(reactive oxygen species, ROS)两种反应。可溶性生物质炭的光漂白会与产生的 ROS 反应进行光子竞争从而破坏物质产生荧光能力,不可逆的破坏激发态分子,同时进一步降低了可溶性生物质炭产生 ROS 的能力。通过傅立叶变换离子回旋共振质谱研究表明,DBC 的光化学性质比天然可溶性有机质的其他结构成分更不稳定,在 2 个月的光照下几乎完全丧失光化学反应活性[89]。三重激发态 DBC(3DBC*)是 DBC 在光照下产生许多 ROS 的重要前驱体,3DBC*在单电子转移反应中具有比天然有机质更高的表观光量子产率[91],低能态 3DBC*的电子转移系数 f_{TMP} 比天然有机质高 12 倍。因此地表水中 DBC 的存在将改变天然有机质的光化学反应活性。

此外,DBC 活跃的光化学反应过程产生的 ROS 可以加速环境中污染物的光降解,特别是酚类和苯胺类化合物[93]。在紫外光的照射下,DBC 激发产生的 ROS 有效促进了罗丹明 B 的降解[94]。生物质炭悬浮液在紫外光和模拟太阳光照条件下能够产生 $\cdot OH$ 和 $^1O_2$ 等 ROS,能有效降解水中的邻苯二甲酸二乙酯[95]。DBC 能显著加快金霉素的光降解速率,3DBC*对金霉素光降解的贡献率达90%以上,DBC 的光敏化效率随着其分子量的增加而减小[96]。

5.3　环境中生物质炭的生物分解

5.3.1　环境中生物质炭的微生物分解过程

生物质炭的生物分解过程主要包括土壤生物利用、新陈代谢以及酶的催化降解过程,其作用途径和影响因素如图 5.21 所示。

在土壤和沉积物中,微生物降解是生物质炭分解的重要途径之一。Santos 等[97]经过 6 个月的实验室研究发现,生物质炭中的碳能被所有细菌利用,尤其是革兰氏阳性细菌。Farrell 等[98]通过对磷脂脂肪酸的化合物特异性同位素分析发现土壤微生物能够迅速吸收并代谢少量的生物质炭(3%)。目前,生物质炭的生物代谢作用主要通过生物质炭的生物利用率来衡量[99]。在土壤中,微生物对生物质炭的降解可分为两个阶段:快速分解阶段与慢速分解阶段。生物质炭的可利用组分及易降解物质可在短期内迅速降解。生物质炭的可利用部分对微生物来说是一个很好的物质和能量来源,尤其是所含的 N 素。在草地土壤中添加了 10%须芒草根炭

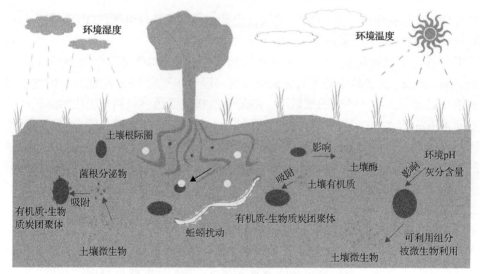

图 5.21　环境中生物质炭的生物分解过程[3]

经过 112d 的培养实验表明，N 可以提升微生物对生物质炭的利用率，促进生物质炭中 C 的矿化[100]。Hamer 等[101]研究发现，与不添加葡萄糖的处理相比，通过微生物共代谢，添加葡萄糖可使玉米炭矿化加速 58%，黑麦炭矿化加速 72%，木材炭矿化加速 115%。虽然生物质炭中的芳香 C 难以被分解，但是仍能被一些菌类（如白腐真菌、担子菌、子囊菌、木腐菌等）利用，只是这部分难分解的压缩芳香环碳的分解很慢[102]。

　　生物质炭所含不稳定碳的可利用性、营养物质、孔隙体积与比表面积、颗粒尺寸、氧化程度，以及自由基的产生，都会影响生物质炭与微生物之间的作用[14]。生物质炭的微生物分解作用受到自身性质与环境条件两方面的影响，自身性质主要有以下几个影响因素。

　　(1) 热解温度。生物质炭中 C 的形式与热解温度有关。热解温度升高，不仅能降低生物质炭中挥发性有机物（volatile organic compounds，VOCs）的含量[103]，还能使生物质炭固定态碳（fixed carbon，FC）的含量增加[104]，不稳定的有机碳及溶解性有机碳减少[105]，从而影响微生物对生物质炭的利用效率。有时，研究者也用挥发性物质（volatile matter，VM）与 FC 的比值来预测生物质炭的半衰期。当 VM/FC<0.88 时，生物质炭的半衰期超过 1000a；而当 0.88<VM/FC<3 时，生物质炭的半衰期为 100~1000a[106]。此外，热解温度的升高使得生物质炭的 R_{50} 指数增大。R_{50} 是评价生物质炭碳截留能力的重要指数，其与生物质炭稳定性存在量化关系。通常可以将生物质炭稳定程度分为三类（表 5.5）：A 类生物质炭的碳截留能力相当于石墨烯，实验室条件下最不易生物降解；B 类生物质炭的碳截流能力介于 A 类与 C 类之间，有一定的生物降解能力；C 类生物质炭的碳截流能力相

当于生物质，最容易生物降解。热解温度越高，R_{50}越大，生物稳定性越强[107]。

表 5.5　常见的生物质炭稳定性评价等级分类方法

稳定性等级	R_{50}（碳截留指数）	H/C	O/C	炭化程度	稳定性
A	$R_{50} \geq 0.7$	H/C<0.4	O/C<0.2	>90%	稳定
B	$0.5 \leq R_{50} < 0.7$	0.4<H/C<0.8	0.2<O/C<0.6	40%～80%	较稳定
C	$R_{50} < 0.5$	H/C>0.8	0.6<O/C	<30%	不稳定
参考文献	[107]	[113]	[114]	[113]	

（2）可溶性成分含量。生物质炭中的可溶性有机质（DOM）由于含有剩余的极性芳香热解产物，含有大量的极性有机小分子及短链羧酸[108]，这些都极易被微生物代谢利用。生物质炭释放的可溶性有机质越多，其生物稳定性越弱。

（3）C:N。N 能促进生物质炭中 C 的生物矿化，C:N 影响生物质炭的生物可利用性[100]。一般地，C:N>100，矿化率较低，如木料类（如桉木木屑）炭；当 C:N<10 时，生物质炭矿化率较高，如鸡粪炭[109]。根据 C:N，草本植物炭的生物可利用性高于硬木炭[110]。因此，生物质炭中的 C:N 显著影响着土壤生物对生物质炭的降解作用，影响其生物稳定性。

（4）木质素和纤维素含量。木质素和纤维素是生物质中含量较大的 C 组分，通过热解最终转化为稳定的芳香 C，其含量对芳香 C 的产率有很大的影响，并且与生物质炭的 R_{50} 指数有关[111, 112]。

生物质炭能通过与环境组分间的作用，增强其稳定性。生物质炭能够通过表面吸附有机质，并与土壤颗粒作用或被菌根的分泌物、菌丝体以及多糖固化形成稳定的有机质-生物质炭团聚体[102]。虽然在生物质炭加入后的前期，由于生物质炭的可利用组分会触发土壤微生物的活性，有一定的正启动效应；但从长期来看，生物质炭表面会吸附有机质，形成的团聚体产生物理保护作用，其对生物质炭的降解有负启动效应[115]。但是也有研究表明，在稻田土耕作层中添加 2.5%水稻秸秆炭（制备温度 500℃），经过一年的培养实验表明土壤中总有机碳含量高，能够促进微生物的共代谢作用，加强生物质炭中 C 的矿化[116]。

同时，生物质炭也会对微生物组成和活性有一定的影响，从而影响微生物对生物质炭的降解。在砂壤土中添加 20～49t/ha 木料炭（制备温度 400～500℃），经过 2 个月的培养实验表明，生物质炭的添加并不会阻碍微生物的活动[117]。生物质炭对土壤微生物的作用受其热解温度的影响，300℃下制得的大豆秸秆炭和松针炭含有较多的溶解性有机碳及活性有机碳，会促进土壤中的细菌、真菌、放线菌、丛枝菌根真菌的数量上升；300℃制备的花生壳炭能提高土壤酶活（如脲酶、荧光素二乙酸水解酶）；而 700℃制得的大豆秸秆炭和松针炭中的固定碳或不可利用态碳的含量较高，对土壤微生物数量影响有限[118]。生物质炭中的灰分含量对其生物降解作用有很大影响。灰分中含有大量的常量与微量元素，有利于土壤微生物对生物质炭的降解作用，尤其在酸性土壤中，高灰分生物质炭的石灰效应(liming effect)显著，pH 提升有利于微生物的生长[119]。生物质炭还可通过电子供体受体作用，促进微生物与天然有机质、土壤矿物以及污染物之间的电子传递，如麦秆制备的生物质炭–针铁矿团聚体会影响细菌对 Fe(III)还原[120]，以及通过电子传递促进微生物对赤铁矿的还原[121]。

5.3.2　环境中生物质炭的动物分解过程

　　土壤动物是环境介质选择性的消费者。当生物质炭被添加到土壤中时，它们很可能会受到影响，反之，生物质炭的稳定性也会受到影响。目前关于生物质炭与土壤动物相互作用的研究不多，而且已有的报道仅限于蚯蚓的研究。蚯蚓通过摄取及生物扰动，使生物质炭更均匀地分布于土壤中。有研究发现，蚯蚓偏好于生活在施加生物质炭的土壤中[122]，但也有研究指出大量施用碱性家禽粪便炭(90t/ha)导致蚯蚓死亡，可能是由于相关的氨、微量营养素和盐类的毒性[123]。生物质炭的石灰化效应促使蚯蚓偏好于生物质炭改良的缺钙土壤，但对钙含量高的土壤没有任何附加[124]。蚯蚓对生物质炭的摄入和其对土壤的生物扰动作用有助于将生物质炭传播到土壤剖面中。在生物质炭通过动物内脏的过程中，微生物可以接种到生物质炭中，并且可以提高土壤-生物质炭微环境中的氧气浓度[125]。生物质炭的物理分解过程也有利于促进生物质炭的生物分解。

　　除蚯蚓外，其他土壤动物如原生动物、线虫、弹尾巴目昆虫、小型节肢动物和白蚁也可能在生物质炭的降解中发挥重要作用。例如，添加小麦秸秆炭并没有改变线虫的总丰度；但真菌线虫的丰度增加，植物寄生线虫的丰度减少。弹尾巴目昆虫物种能够摄取生物质炭，尽管它们的存活率因生物质炭中 N 缺乏而降低[126]。尽管在生物质炭上发现白蚁共生体的存活率很低[127]，但是白蚁丘的养分浓度比周围的土壤高[128]。鉴于热带土壤改良和碳封存的需要，探讨生物质炭与白蚁的相互作用显得尤为重要，迫切需要解决非蚯蚓的土壤动物在生物质炭降解中的作用。

5.3.3　环境中生物质炭的植物分解过程

　　植物与土壤和微生物的相互作用是通过植物根系发生的。植物根系分泌物为土壤微生物提供了生长所需的碳源，增加了微生物的生物量，促进了微生物的代谢过程，从而将增加生物质炭的分解[101]。因此，在局部根际环境中，协同代谢可能是生物质炭的主要分解途径。植物根系还可以通过改变土壤的物理和化学特性(如水和 pH)及通过分泌有机物质来调节微生物群落的结构和活动[129]。酸性根际分泌物可能参与根际相关生物质炭的非生物分解。有研究发现，生物质炭能够吸附来自植物的化感物质，从而缓解化感物质对土壤微生物活性的抑制作用；与相邻的未改良土壤相比，生物质炭改良土壤中的微生物活性更高[130]。因此，植物能够通过非生物作用直接影响生物质炭的分解速率，也可以通过微生物氧化间接影响生物质炭的分解速率。从根系径向漏出的氧气可促进生物质炭的氧化，而从根部释放的有机分子可吸附到生物质炭的矿物层上或直接吸附到生物质炭表面[131]。生物质炭对土壤有机碳的吸附有助于土壤有机碳的稳定，而植物根系又会影响土壤生态系统中生物质炭的稳定性。特别是在水稻田中，由于水稻土经历饱和和非饱和状态的循环，水稻植株对生物质炭稳定性的影响更值得关注。研究发现，虽然水稻植株对生物质炭的基本特性和分解速率没有显著影响，但水稻植株对生物质炭颗粒的表面氧化有促进作用[132]。利用 C^{13} 标记技术，研究者们观察到水稻植株能显著增加生物质炭中的碳与土壤微生物中的碳相结合。在整个水稻生长周期中，生物质炭中约 0.047%的碳被吸收到水稻植株中。水稻根系分泌物和生物质炭颗粒进入水稻植株可能会降低生物质炭在水稻土中的稳定性[132]。因此，在预测生物质炭在土壤系统中的固碳潜力时，应考虑植物的影响。

此外，农业管理措施也可能会对生物质炭矿化产生影响。由于机械扰动增加了生物质炭分解速率，耕作也会起到同样的作用。耕作时的作物类型也可能影响微生物对生物质炭改良剂的反应。例如，Van Zwieten 等[124]报道了用相同生物质炭修饰但用不同作物(大豆、萝卜和小麦)种植的土壤中微生物活性差异极大。由于这些微生物的改变，生物质炭的稳定性很可能受到影响。尽管人们对生物质炭和生物之间的作用有了较多的认识，但是对于生物质炭氧化还原作用对微生物转化和分解生物质炭的影响缺乏系统研究，对植物根际圈内生物质炭的化学及生物分解作用尚缺乏深入的研究。此外，生物质炭尺寸也可能会影响生物质炭与微生物之间作用。小尺寸的生物质炭(如生物质炭微粒)可能更易被植物根系吸附或者被微生物、动物利用。然而，目前关于生物质炭尺寸对生物分解作用的影响尚未可知。

5.4 环境中生物质炭的潜在生态风险

生物质炭由于其制备原料的广泛性和独特的理化性质，被认为是 21 世纪新型友好功能材料，广泛用于土壤改良、环境修复、污染控制、固碳减排、农业生产等领域。如同纳米技术带来的工业革命一样，任何一种被广泛使用并可能大量进入环境的材料都需要关注其对人类和生态带来的可能负面影响。生物质炭在制备过程中会产生重金属、多环芳烃、持久性自由基及多种污染性气体等有害化学物质。尽管有大量的研究表明，生物质炭具有改善土壤营养元素循环，促进植物生长且降低污染物在植物体内累积的作用[133,134]，但也有研究发现，在肥沃的土壤里添加生物质炭不但没有提高农作物的产量，反而抑制了作物的生长[135]。因此，生物质炭的环境效应和潜在的生态风险值得关注。

5.4.1　生物质炭中重金属的潜在生态风险

重金属自然存在于生物质原料，并通过生产过程浓缩在生物质炭中。欧洲生物质炭认证和国际生物质炭联盟提出了生物质炭中部分重金属/类金属元素的最大安全阈值(表 5.6)。许多研究发现生物质炭中的重金属含量远远低于最大安全阈值[136]，然而也有研究发现 350℃制备的凤眼莲炭中水溶性 As 和 Cd 含量以及 350℃和550℃制备的污泥基生物质炭中水溶性 Cd 含量超出了最大安全阈值[137]。生物质炭中重金属的含量与其生物质来源、制备温度密切相关。研究表明，不同农林废弃生物质来源制备的生物质炭中均含有一定量的重金属，松针制备的生物质炭中的重金属含量普遍高于麦秆制备的生物质炭；对于同一生物质来源，通常高温制备生物质炭中重金属元素的总量显著高于低温制备生物质炭，但某些重金属元素如 Pb 和 Cr 在高温制备生物质炭中的含量低于低温制备的生物质炭，这可能与某些重金属在高温下易于挥发损失有关[138]。然而，重金属的生态风险不仅与其总量有关，更与其存在形态(溶解态重金属)相关。研究发现，低温制备的生物质炭中可溶性重金属含量远远高于高温制备的生物质炭[56]，这说明尽管低温制备的生物质炭中重金属的总量不高，但其生物可利用性较高。对于农林废弃生物质来源制备的生物质炭而言，人们以生物质炭田间全年施用量 4%评估了连续施用 5 年后对土壤重金属累积的影响，发现高施用量情况下所试验的生物质炭中的重金属在土壤重的累积量均比较有限，环境风险较小[138]。

在众多生物质炭的来源中，污泥来源生物质炭中重金属含量往往显著高于农业废弃物，因此污泥基生物质炭中重金属的潜在生态风险值得关注。一般认为，随着热解温度增加，污泥基生物质炭中重金属的含量增加，但重金属的浸出浓度、生物有效性、毒性降低。范世锁等[139]采用 Tessier 序列提取方法系统地研究了污泥基生物质炭中重金属的形态分布。研究发现，污泥基生物质炭中重金属含量顺序为：Zn>Cu>Ni>As>Pb>Cd。随着热解温度增加，残渣态重金属含量显著增加。当热解温度为 700℃时，污泥基生物质炭中残渣态 Cu、Zn、Pb、Cd、Ni和 As 含量占其总量分别达 95%、53%、71%、59%、57%和58%。通过 Hakanson 方法评价污泥基生物质炭的潜在生态风险可以发现，污泥基生物质炭中的主要风险因子是 As、Cd 和 Zn。污泥基生物质炭中重金属的含量和形态也取决于污泥的来源。Agrafioti 等[140]应用希腊某地的市政污泥制备了 300~500℃的污泥基生物质炭，并采用淋洗法探讨了生物质炭中重金属的释放情况，发现无论在酸性还是碱性条件下，浸出液中的 Cd、Cu、Ni、Pb、Cr、As 的浓度均低于美国 EPA 土壤应用标准较低，表明污泥基生物质炭作为土壤改良剂环境风险极低。相比于污泥而言，污泥的热解能有效降低重金属的浸出性和生物有效性，炭化是污泥资源化利用的有效途径之一。

5.4.2　生物质炭中多环芳烃的潜在生态风险

生物质炭在制备过程中会产生多环芳烃(polycyclic aromatic hydrocarbons，PAHs)。生物质炭进入环境之后，其内源 PAHs 逐渐释放并在环境中长期存在，可能进入植物、动物，对生态环境造成潜在危害。生物质炭中 PAHs 的含量因生物质来源、制备方法和热解温度而异。某些生物质炭中 PAHs 含量远远低于欧洲生物质炭认证和国际生物质炭联盟提出的生物质炭中 PAHs 最大安全阈值(表 5.6)，而某些生物质炭中 PAHs 却超出阈值[141,142]。Hale 等[141]发现慢裂解生物质炭中 PAHs 的总量远低于土壤环境质量标准限值，而快裂解和气化裂解的生物质炭中 PAHs 的总量超过了土壤环境质量标准。针对生物质炭田间应用环境风险的研究表明，在不考虑 PAHs 自然降解和外源输入的前提下，在低施用量条件下(0.32%)，生物质炭的应用不易对土壤造成 PAHs 的环境风险；但在高施用量条件下(4%)，在第 1 年，生物质炭施用会导致土壤轻度污染，而连续施用 5 年后土壤中 PAHs 含量达到中度或重度污染的程度[138]。

表 5.6　生物质炭中重金属、类金属和有机物的最大安全阈值

元素	欧洲生物质炭认证		国际生物质炭联盟
	基本等级	优级	
As/(mg/kg)	n.a	n.a	13～100
Cd/(mg/kg)	1.5	1	1.4～39
Cr/(mg/kg)	90	80	93～1200
Co/(mg/kg)	n.a	n.a	34～100
Cu/(mg/kg)	100	100	143～1500
Hg/(mg/kg)	1	1	0.8～17
Mo/(mg/kg)	n.a	n.a	5～75
Ni/(mg/kg)	50	30	47～600
Pb/(mg/kg)	150	120	121～300
Se/(mg/kg)	n.a	n.a	2～36
Zn/(mg/kg)	400	400	416～2800
PAHs/(mg/kg)	12	4	6～20
PCB/(mg/kg)	0.2	n.a	0.2～0.5
二噁英/(ng/kg)	20 (I-TEQ)	n.a	9
呋喃/(ng/kg)	20 (I-TEQ)	n.a	9

注：n.a 指无从得知。

相比于低温制备生物质炭，高温制备生物质炭中含有更多的大分子量 PAHs，其毒性更强[142]。在针对藻类、细菌、原生动物和甲壳类动物的生物质炭毒理学研究结果表明，甲壳类动物对生物质炭中 PAHs 的毒性反应最灵敏，它的毒性效应与生物质炭中 PAHs 含量呈显著正相关关系[136]。含有高浓度 PAHs 的生物质炭能有效抑制脲酶活性[143]，导致沙门氏菌/微粒体致突变性[144]。虽然 PAHs 可以对人类健康构成严重威胁，但最近研究表明，生物质炭在模拟肺液中几乎没有释放出 PAHs，这表明生物质炭中 PAHs 可能不容易通过吸入途径产生危害[145]。当前，关于生物质炭中 PAHs 释放产生的毒性效应研究还不充分，特别是不同生物质炭在田间施用过程中 PAHs 的释放和相关毒性评估信息更少，亟待开展更加系统而深入的研究。

5.4.3　生物质炭中持久性自由基的潜在生态风险

持久性自由基(persistent free radicals，PFRs)是相对于传统的短寿命自由基而提出的。与其他自由基相比，PFRs 是共振稳定的，它们与固体颗粒的外表面或内表面结合，可以通过电子顺磁共振波谱(electron paramagnetic resonance spectroscopy，EPR)进行测定。理论上说，PFRs 在真空中的寿命似乎是无限的，但它们可以与氧分子发生反应，在空气中将随时间发生衰减。一般地，PFRs 可以分成三类：氧中心自由基、碳中心自由基和含氧碳中心自由基。目前，研究者在生物质炭中普遍检测到 PFRs，且对生物质炭中 PFRs 的形成过程、机制及影响因素也有了一定的认识[146]。

生物质炭中的 PFRs 是生物质在热解过程中过渡金属元素与有机物相互作用下产生并固定，其寿命长，危害大[147]。在生物质裂解过程中，纤维素、半纤维素和木质素经历不同阶段的分解，其中木质素的结构最为复杂，认为是将经历自由基的连续反应才被分解。因此，有研究指出生物质炭中 PFRs 的形成来源于木质素的分解过程[148]。在高温下热裂解过程中，过渡金属可以将电子转移到酚木质素，大量生成苯酚或醌部分，从而在生物质炭表面形成 PFRs。Liao 等[65]对生物质热解过程中 EPR 信号进行了原位观察，发现在热解最初 30min 内，出现了短暂的 EPR 信号峰，这可能是有机物侧链断裂形成的外表面自由基快速反应和消散；随后 EPR 信号增强，在 60～120min 时，EPR 信号开始减弱，这可能是由于表面自由基发生了系列反应；在 120～150min(冷却过程)时，EPR 信号开始显著增强，这可能是冷却过程中系统从不同方向压缩大分子结构，分解化学物质，并刺激产生额外的 PFRs。非常值得注意的是，冷却过程中产生的 PFRs 主要是氧中心自由基，这可能是 C—O 键断裂和/或氧进入断裂 C—C 键的结果。

生物质炭中 PFRs 的形成与制备方法密切相关,其浓度和种类因裂解温度和时间不同而差异显著。通常较高温裂解产生 PFRs 的时间更短。一般来说,在较低的热解温度和较短的热解时间下,主要形成氧中心 PFRs,随着温度的升高,氧中心 PFRs 会发生衰变或分解,转化为碳中心 PFRs[149]。但是,裂解温度太高也不利于 PFRs 的生成。例如,松木炭制备时,当裂解温度小于 500℃时,PFRs 生成量随着温度增加而增加,而当温度进一步增加到 700℃时,PFRs 生成量急剧下降。700℃制备的牛粪炭和稻壳炭几乎检测不到 PFRs[150]。对生物质负载一定量的过渡金属元素和酚类化合物将促进生物质炭中 PFRs 的形成,但负载的过渡金属和酚类浓度过高将不利于 PFRs 生成,在较低浓度下,过渡金属离子接受来自酚类化合物的电子,而过量的过渡金属离子将由于电子穿梭效应加速过渡金属离子的还原,从而消耗生物质炭上的 PFRs[147]。

由于强氧化作用及诱导产生活性氧自由基作用,PFRs 对生物体的毒性作用不容忽视。生物质炭 PFRs 能够显著抑制玉米、小麦和水稻种子的发芽、根茎生长,损伤细胞质膜;生物质炭 PFRs 对植物的毒性呈现出明显的剂量-效应关系,在低浓度下几乎不会产生负面的影响[65]。Liu 等[143]研究了玉米芯炭对脲酶介导的尿素水解的抑制作用,其主要机制是玉米芯炭的氧化反应或促活性氧自由基的生成,其次是重金属和 PAHs 的释放。生物质炭 PFRs 对秀丽线虫具有神经毒性,低剂量对其运动行为具有刺激作用,但高剂量会削弱其对化学物质的识别和反应能力,这说明将生物质炭应用于土壤可能对生物产生潜在的神经毒性作用[151]。目前关于生物质炭 PFRs 对生物毒性的研究并不多,不同生物质炭 PFRs 对不同种类植物、土壤动物及微生物的毒性效应缺乏系统的探索和评价。

此外,生物质炭生产过程中可能形成的其他有毒物质还有 VOCs、二噁英、呋喃和多氯联苯[152]。研究发现,生物质炭生产过程中产生的 VOCs 浓度相对较高,可以观察到对水芹菜的显著毒性效应,而二噁英和呋喃的产生量通常很低,生物有效性成分低于分析检测限[153]。近年来,有研究者指出由于生物质炭具有低体积密度和高孔隙率的特点,很容易通过自然或机械土壤扰动释放到大气中。虽然,目前人们对生物质炭颗粒吸入风险尚未阐明,但研究发现生物质炭可增加土壤中 $<10\mu m (PM_{10})$ 颗粒物的排放量[154]。生物质炭对土壤细颗粒排放的影响受到生物质炭种类的影响,并不是所有的生物质炭都有这种效应[155]。总之,目前关于生物质炭潜在的环境和生态风险的研究还很不充分,缺乏充分的证据来准确评估生物质炭应用所带来的风险。而这部分内容却是决定生物质炭能否在农业系统中大规模推广应用的关键,值得今后开展系统和深入的研究。

参 考 文 献

[1] Singh B P, Cowie A L, Smernik R J, et al. Biochar carbon stability in a clayey soil as a function of feedstock and pyrolysis temperature[J]. Environmental Science and Technology, 2012, 46(21): 11770-11778.

[2] Jaffé R, Ding Y, Niggemann J, et al. Global charcoal mobilization from soils *via* dissolution and riverine transport to the oceans[J]. Science, 2013, 340(6130): 345-346.

[3] 方婧, 金亮, 程磊磊, 等. 环境中生物质炭稳定性研究进展[J]. 土壤学报, 2015, 56: 1034-1047.

[4] Ponomarenko E V, Anderson D W. Importance of charred organic matter in black chernozem soils of Saskatchewan[J]. Canadian Journal of Soil Science, 2001, 81(3): 285-297.

[5] Spokas K A, Novak J M, Masiello C A, et al. Physical disintegration of biochar: An overlooked process[J]. Environmental Science and Technology Letters, 2014, 1(8): 326-332.

[6] Mohanty S K, Boehm A B. Effect of weathering on mobilization of biochar particles and bacterial removal in a stormwater biofilter[J]. Water Research, 2015, 85(15): 208-215.

[7] Brodowski S, John B, Flessa H, et al. Aggregate-occluded black carbon in soil[J]. European Journal of Soil Science, 2006, 57: 539-546.

[8] Glasser B, Balasho E, Haumaier L, et al. Black carbon in density fractions of anthropogenic soils of the Brazilian Amazon region[J]. Organic Geochemistry, 2000, 31: 669-678.

[9] Rosa J M, Rosado M, Paneque M, et al. Effects of aging under field conditions on biochar structure and composition: Implications for biochar stability in soils[J]. Science of the Total Environment, 2018, 613: 969-976.

[10] 孙红文, 张彦峰, 张闻. 生物炭与环境[M]. 北京: 化学工业出版社, 2013.

[11] 韩旸, 多立安, 刘仲齐, 等. 生物炭颗粒的分级提取、表征及其对磺胺甲唑的吸附性能研究[J]. 环境科学学报, 2017, 37(6): 2181-2189.

[12] Liu G C, Zheng H, Jiang Z X, et al. Formation and physicochemical characteristics of nano biochar: insight into chemical and colloidal stability[J]. Environmental Science and Technology, 2018, 52(18): 10369-10379.

[13] Yang W, Shang J Y, Prabhakar S, et al. Colloidal stability and aggregation kinetics of biochar colloids: Effects of pyrolysis temperature, cation type, and humic acid concentrations[J]. Science of The Total Environment, 2019, 658: 1306-1315.

[14] Lian F, Xing B S. Black carbon(biochar) in water/soil environments: molecular structure, sorption, stability, and potential risk[J]. Environmental Science and Technology, 2017, 51(23): 13517-13532.

[15] Liu C, Chu W, Li H, et al. Quantification and characterization of dissolved organic carbon from biochars[J]. Geoderma, 2019, 335: 161-169.

[16] Song B Q, Chen M, Zhao L, et al. Physicochemical property and colloidal stability of micron- and nano-particle biochar derived from a variety of feedstock sources[J]. Science of the Total Environment, 2019, 661: 685-695.

[17] Fang J, Cheng L L, Jin L, et al. Release and stability of water dispersible biochar colloids in aquatic environments: Effects of pyrolysis temperature, particle size, and solution chemistry[J]. Environmental Pollution, 2020, 260: 114037.

[18] 程磊磊, 孟庆康, 金亮, 等. 裂解温度和离子强度对不同来源生物炭胶体释放行为的影响[J]. 环境科学学报, 2020, 40(50): 1768-1778.

[19] Borgnino L. Experimental determination of the colloidal stability of Fe(III)-montmorillonite: effects of organic matter, ionic strength and pH conditions[J]. Colloids and Surfaces A: Physicochemical and Engineering Aspects, 2013, 423: 178-187.

[20] Chen Z M, Xiao X, Chen B L, et al. Quantification of chemical states, dissociation constants, and contents of oxygen-containing groups on the surface of BCs produced at different temperatures[J]. Environmental Science and Technology, 2015, 49: 309-317.

[21] 中国科学院南京土壤研究所土壤系统分类课题组. 中国土壤系统分类检索[M]. 第3版. 合肥: 中国科学技术大学出版社, 2011.

[22] Wang S S, Sun B Y, Li C D, et al. Runoff and Soil Erosion on Slope Cropland: A Review[J]. Journal of Resources and Ecology, 2018, 9(5): 461-470.

[23] Meng Q K, Jin L, Cheng L L, et al. Release and sedimentation behaviors of biochar colloids in soil solutions[J]. Journal of Environmental Science, 2021, 100: 269-278.

[24] Naisse C, Girardin C, Lefevre R, et al. Effect of physical weathering on the carbon sequestration potential of biochars and hydrochars in soil[J]. GCB Bioenergy, 2015, 7(3): 488-496.

[25] Keller A A, Wang H, Zhou D, et al. Stability and aggregation of metal oxide nanoparticles in natural aqueous matrices[J]. Environmental Science and Technology, 2010, 44(6): 1962-1967.

[26] Quik J T K, Velzeboer I, Wouterse M, et al. Heteroaggregation and sedimentation rates for nanomaterials in natural waters[J]. Water Reseach, 2014, 48: 269-279.

[27] 李心慧, 朱嘉伟, 王旋, 等. 基于主成分分析的河南省粮食产量影响因素分析[J]. 河南农业大学学报, 2016, 50(2): 268-274.

[28] 徐锐, 端木义静, 温力雄, 等. 与羟矾石Basaluminite固相平衡的土壤溶液中铝形态分布的计算机模拟[J]. 环境科学学报, 2001, 21: 75-80.

[29] 王璐莹, 秦雷, 吕宪国, 等. 铁促进土壤有机碳累积作用研究进展[J]. 土壤学报, 2018, 55(5): 1041-1050.

[30] Saleh N B, Pfefferle L D, Elimelech M. Aggregation kinetics of multiwalled carbon nanotubes in aquatic systems: measurements and environmental implications[J]. Environmental Science & Technology, 2008, 42(21): 7963-7969.

[31] Chen K L, Elimelech M. Aggregation and deposition kinetics of fullerene (C60) nanoparticles[J]. Langmuir, 2006, 22(26): 10994-1001.

[32] Xu F, Wei C, Zeng Q, et al. Aggregation behavior of dissolved black carbon: implications for vertical mass flux and fractionation in aquatic systems[J]. Environmental Science and Technology, 2017, 51(23): 13723-13732.

[33] Xu C, Deng K, Li J, et al. Impact of environmental conditions on aggregation kinetics of hematite and goethite nanoparticles[J]. Journal of Nanoparticle Research, 2015, 17(10): 1-13.

[34] Yi P, Pignatello J J, Uchimiya M, et al. Heteroaggregation of cerium oxide nanoparticles and nanoparticles of pyrolyzed biomass[J]. Environmental Science and Technology, 2015, 49(22): 13294-13303.

[35] Wang Y, Zhang W, Shang J, et al. Chemical aging changed aggregation kinetics and transport of biochar colloids[J]. Environmental Science and Technology, 2019, 53(14): 8136-8146.

[36] Fang J, Shan X Q, Wen B, et al. Stability of titania nanoparticles in soil suspensions and transport in saturated homogeneous soil columns[J]. Environmental Pollution, 2009, 157: 1101-1109.

[37] Fang J, Shijirbaatar A, Lin D H, et al. Stability of co-existing ZnO and TiO$_2$ nanomaterials in natural water: aggregation and sedimentation mechanisms[J]. Chemosphere, 2017, 184: 1125-1133.

[38] Major J, Lehmann J, Rondon M, et al. Fate of soil-applied black carbon: downward migration, leaching and soil respiration[J]. Global Change Biology, 2010, 16: 1366-1379.

[39] 杨雯, 郝丹丹, 徐东昊, 等. 生物炭颗粒在饱和多孔介质中的迁移与滞留[J]. 土壤通报, 2017, 48(2): 304-312.

[40] Wang D J, Zhang W, Hao X Z, et al. Transport of biochar particles in saturated granular media: effects of pyrolysis temperature and particle size[J]. Environmental Science and Technology, 2013, 47: 821-828.

[41] Chen M, Wang D, Yang F, et al. Transport and retention of biochar nanoparticles in a paddy soil under environmentally-relevant solution chemistry conditions[J]. Environmental Pollution, 2017, 230: 540-549.

[42] Wang D J, Zhang W, Zhou D M. Antagonistic effects of humic acid and iron oxyhydroxide grain-coating on the transport of biochar nanoparticle in saturated sand[J]. Environmental Science and Technology, 2013, 47: 5151-5161.

[43] Yang W, Wang Y, Shang J Y, et al. Antagonistic effect of humic acid and naphthalene on biochar colloid transport in saturated porous media[J]. Chemosphere, 2017, 189: 556-564.

[44] Jin R, Liu Y, Liu G, et al. Influence of chromate adsorption and reduction on transport and retention of biochar colloids in saturated porous media[J]. Colloids and Surfaces A, 2020, 597: 124791.

[45] Fang J, Wang M H, Lin D H, et al. Enhanced transport of CeO_2 nanoparticles in porous media by macropores[J]. Science of the Total Environment, 2016, 543: 223-229.

[46] Dong S, Gao B, Sun Y, et al. Visualization of graphene oxide transport in two-dimensional homogeneous and heterogeneous porous media[J]. Journal of Hazardous Materials, 2019, 369: 334-341.

[47] Liang Y, Scott A, Jiri S, et al. Sensitivity of the transport and retention of stabilized silver nanoparticles to physicochemical factors[J]. Water Research, 2013, 47: 2572-2582.

[48] Li M, Zhang A F, Wu H M, et al. Predicting potential release of dissolved organic matter from biochars derived from agricultural residues using fluorescence and ultraviolet absorbance[J]. Journal of Hazardous Materials, 2017, 334: 86-92.

[49] 徐子博, 俞璐, 杨帆, 等. 土壤矿物质-可溶态生物炭的交互作用及其对碳稳定性的影响[J]. 环境科学学报, 2017, 37(11): 4329-4335.

[50] Uchimiya M, Ohno T, He Z Q. Pyrolysis temperature-dependent release of dissolved organic carbon from plant, manure, and biorefinery wastes[J]. Journal of Analytical and Applied Pyrolysis, 2013, 104: 84-94.

[51] Lin Y, Munroe P, Joseph S, et al. Water extractable organic carbon in untreated and chemical treated biochars[J]. Chemosphere, 2012, 87(2): 151-157.

[52] Mukherjee A, Zimmerman A R. Organic carbon and nutrient release from a range of laboratory-produced biochars and biochar-soil mixtures[J]. Geoderma, 2013, 193: 122-130.

[53] Xiao X, Chen B L, Zhu L Z. Transformation, morphology, and release of silicon and carbon in rice straw-derived BCs under different pyrolytic temperatures[J]. Environmental Science and Technology, 2014, 48: 3411-3419.

[54] McLaughlan R G, Al-Mashaqbeh O. Effect of media type and particle size on dissolved organic carbon release from woody filtration media[J]. Bioresource Technology, 2009, 100: 1020-1023.

[55] Kalbitz K, Geyer S. Different effects of peat degradation on dissolved organic carbon and nitrogen[J]. Organic Geochemistry, 2002, 33: 319-326.

[56] Hameed R, Cheng L L, Yang K, et al. Endogenous release of metals with dissolved organic carbon from biochar: Effects of pyrolysis temperature, particle size, and solution chemistry[J]. Environmental Pollution, 2019, 255: 113253-113263.

[57] Chen W, Westerhoff P, Leenheer J A, et al. Fluorescence excitation emission matrix regional integration to quantify spectra for dissolved organic matter[J]. Environmental Science and Technology, 2003, 37(24): 5701-5710.

[58] Jones D L, Murphy D V, Khalid M, et al. Short term biochar-induced increase in soil CO_2 release is both biotically and abiotically mediated[J]. Soil Biology and Biochemistry, 2011, 43(8): 1723-1731.

[59] Keiluweit M, Nico P T, Johnson M G, et al. Dynamic molecular structure of Plant biomass-derived black carbon (Biochar)[J]. Environmental Science and Technology, 2010, 44: 1247-1253.

[60] Zhao Y H, Zhao L, Mei Y Y, et al. Release of nutrients and heavy metals from BC-amended soil under environmentally relevant conditions[J]. Environmental Science and Pollution Research, 2018, 25: 2517-2527.

[61] Zhu J X, Tang C H, Wei J M, et al. Structural effects on dissolution of silica polymorphs in various solutions[J]. Inorganica Chimica Acta, 2018, 471: 57-65.

[62] Duval Y, Mielczarski J A, Pokrovsky O S, et al. Evidence of the existence of three types of species at the quartz-aqueous solution interface at pH 0-10: XPS surface group quantification and surface complexation modeling[J]. The Journal of Physical Chemistry B, 2002, 106: 2937-2945.

[63] Cheng C H, Lehmann J, Thies J E, et al. Oxidation of black carbon by biotic and abiotic processes[J]. Organic Geochemistry, 2006, 37(11): 1477-1488.

[64] Nia Z K, Chen J Y, Tang B, et al. Optimizing the free radical content of graphene oxide by controlling its reduction[J]. Carbon, 2017, 116: 703-712.

[65] Liao S H, Pan B, Li H, et al. Detecting free radicals in biochars and determining their ability to inhibit the germination and growth of corn, wheat and rice seedlings[J]. Environmental Science and Technology, 2014, 48(15): 8581-8587.

[66] Nguyen B T, Lehmann J. Black carbon decomposition under varying water regimes[J]. Organic Geochemistry, 2009, 40(8): 846-853.

[67] Fang Y Y, Singh B, Singh B P. Effect of temperature on biochar priming effects and its stability in soils[J]. Soil Biology and Biochemistry, 2015, 80: 136-145.

[68] Fang G, Gao J, Liu C, et al. Key role of persistent free radicals in hydrogen peroxide activation by biochar: implications to organic contaminant degradation[J]. Environmental Science and Technology, 2014, 48: 1902-1910.

[69] Hao R, Wang P C, Wu Y P, et al. Impacts of water level fluctuations on the physicochemical properties of black carbon and its phenanthrene adsorption desorption behaviors[J]. Ecological Engineering, 2017, 100: 130-137.

[70] Oihane F U, Nahia G B, Javier A, et al. Storage and stability of biochar-derived carbon and total organic carbon in relation to minerals in an acid forest soil of the Spanish Atlantic area[J]. Science of the Total Environment, 2017, 587: 204-213.

[71] Yang F, Zhao L, Gao B, et al. The interfacial behavior between biochar and soil minerals and its effect on biochar stability[J]. Environmental Science and Technology, 2016, 50(5): 2264-2271.

[72] Lin Y, Munroe P, Joseph S, et al. Nanoscale organo-mineral reactions of biochars in ferrosol: An investigation using microscopy[J]. Plant and Soil, 2012, 357(12): 369-380.

[73] Zhang Q Z, Du Z L, Lou Y L, et al. A one-year short-term biochar application improved carbon accumulation in large macroaggregate fractions[J]. Catena, 2015, 127: 26-31.

[74] Bai M, Wilske B, Buegger F, et al. Biodegradation measurements confirm the predictive value of the O:C-ratio for biochar recalcitrance[J]. Journal of Plant Nutrition and Soil Science, 2014, 177(4): 633-637.

[75] Chen D Y, Yu X Z, Song C, et al. Effect of pyrolysis temperature on the chemical oxidation stability of bamboo biochar[J]. Bioresource Technology, 2016, 218: 1303-1306.

[76] Han L F, Ro K S, Wang Y, et al. Oxidation resistance of biochars as a function of feedstock and pyrolysis condition[J]. Science of the Total Environment, 2018, 616: 335-344.

[77] Li F Y, Cao X D, Zhao L, et al. Effects of mineral additives on biochar formation: carbon retention, stability, and properties[J]. Environmental Science and Technology, 2014, 48(19): 11211-11217.

[78] Zhao L, Cao X D, Zheng W, et al. Phosphorus assisted biomass thermal conversion: reducing carbon loss and improving biochar stability[J]. Plos One, 2014, 9(12): 115373.

[79] Zhao L, Zheng W. Mašek O, et al. Roles of phosphoric acid in biochar formation: synchronously improving carbon retention and sorption capacity[J]. Journal of Environmental Quality, 2017, 46(2): 393-401.

[80] Guo J H, Chen B L. Insights on the molecular mechanism for the recalcitrance of biochars: Interactive effects of carbon and silicon components[J]. Environmental Science and Technology, 2014, 48(16): 9103-9112.

[81] Rawal A, Stephen D J, Hook J M, et al. Mineral biochar composites: Molecular structure and porosity[J]. Environmental Science and Technology, 2016, 50(4): 7706-7714.

[82] 顾博文, 曹心德, 赵玲, 等. 生物质内源矿物对热解过程及生物炭稳定性的影响[J]. 农业环境科学学报, 2017, 36(3): 591-597.

[83] Ren N N, Tang Y Y, Li M. Mineral additive enhanced carbon retention and stabilization in sewage sludge derived biochar[J]. Process Safety and Environmental Protection, 2017, 115: 70-78.

[84] Rechberger M V, Kloss S, Rennhofer H, et al. Changes in biochar physical and chemical properties: accelerated biochar aging in an acidic soil[J]. Carbon, 2017, 115: 209-219.

[85] Mia S, Dijkstra F A, Singh B. Aging induced changes in biochar's functionality and adsorption behavior for phosphate and adsorption behavior for phosphate and ammonium[J]. Environmental Science and Technology, 2017, 51(15): 8359-8367.

[86] Klüpfel L, Keiluweit M, Kleber M, et al. Redox properties of plant biomass-derived black carbon(biochar)[J]. Environmental Science and Technology, 2014, 48(10): 5601-5611.

[87] Saquing J, Yu Y H, Chiu P. Wood-derived black carbon(biochar) as a microbial electron donor and acceptor[J]. Environmental Science and Technology Letters, 2016, 3(2): 62-66.

[88] Li Neng, Rao Fei, He Lili, et al. Evaluation of biochar properties exposing to solar radiation: a promotion on surface activities[J]. Chemical Engineering Journal, 2019, 384: 123353.

[89] Fu H, Liu H, Mao J, et al. Photochemistry of dissolved black carbon released from biochar: reactive oxygen species generation and phototransformation[J]. Environmental Science and Technology, 2016, 50(3): 1218-1226.

[90] Stubbins A, Niggemann J, Dittmar T, et al. Photo-lability of deep ocean dissolved black carbon[J]. Biogeosciences, 2012, 9: 485-505.

[91] Wang H, Zhou H, Ma J, et al. Triplet Photochemistry of Dissolved Black Carbon and Its Effects on the Photochemical Formation of Reactive Oxygen Species[J]. Environmental Science and Technology, 2020, 54(8): 4903-4911.

[92] Zagarese H E, Diaz M, Pedrozo F, et al. Photodegradation of natural organic matter exposed to fluctuating levels of solar radiation[J]. Journal of Photochemistry and Photobiology B: Biology, 2001, 61(1-2): 35-45.

[93] Arnold W A. One electron oxidation potential as a predictor of rate constants of N-containing compounds with carbonate radical and triplet excited state organic matter[J]. Environmental Science-Processes and Impacts, 2014, 16: 832-838.

[94] 吴丹萍, 李芳芳, 赵婧, 等. 生物炭中溶解性有机质光催化降解罗丹明 B[J]. 环境工程学报, 2019, 13(11): 2562-2569.

[95] Fang G D, Liu C, Wang Y, et al. Photogeneration of reactive oxygen species from biochar suspension for diethyl phthalate degradation[J]. Applied Catalysis B: Environmental, 2017, 214: 34-45.

[96] Tian Y, Feng L, Wang C, et al. Dissolved black carbon enhanced the aquatic photo-transformation of chlortetracycline via triplet excited-state species: The role of chemical[J]. Environmental Research, 2019, 179: 108855.

[97] Santos F, Torn M S, Bird J A. Biological degradation of pyrogenic organic matter in temperate forest soils[J]. Soil Biology and Biochemistry, 2012, 51: 115-124.

[98] Farrell M. Microbial utilisation of biochar-derived carbon[J]. Science of the Total Environment, 2013, 465: 288-297.

[99] Zimmerman A R. Abiotic and microbial oxidation of laboratory-produced black carbon (biochar)[J]. Environmental Science and Technology, 2010, 44(4): 1295-1301.

[100] Jiang X Y, Haddix M L, Cotrufo M F. Interactions between biochar and soil organic carbon decomposition: Effects of nitrogen and low molecular weight carbon compound addition[J]. Soil Biology and Biochemistry, 2016, 100: 92-101.

[101] Hamer U, Marschner B, Brodowski S. Interactive priming of black carbon and glucose mineralization[J]. Organic Geochem, 2004, 35: 823-830.

[102] Ameloot N, Graber E R, Verheijen F G A, et al. Interactions between biochar stability and soil organismsz: Review and research needs[J]. European Journal of Soil Science, 2013, 64(4): 379-390.

[103] Rafiq M, Bachmann R T, Rafiq M T, et al. Influence of pyrolysis temperature on physico-chemical properties of corn stover (Zea mays L.) biochar and feasibility for carbon capture and energy balance[J]. PloS One, 2016, 11(6): 0156894.

[104] Azuara M, Baguer B, Villacampa J I, et al. Influence of pressure and temperature on key physicochemical properties of corn stover-derived biochar[J]. Fuel, 2016, 186: 525-533.

[105] Al-Wabel M I, Al-Omran A, El-Naggar A H, et al. Pyrolysis temperature induced changes in characteristics and chemical composition of biochar produced from conocarpus waste[J]. Bioresource Technology, 2013, 131: 374-379.

[106] Leng L J, Huang H J, Li H, et al. Biochar stability assessment methods: A review[J]. Science of the Total Environment, 2019, 647: 210-222.

[107] Harvey O R, Kuo L J, Zimmerman A R, et al. An index-based approach to assessing recalcitrance and soil carbon sequestration potential of engineered black carbons (biochars)[J]. Environmental Science and Technology, 2012, 46(3): 1415-1421.

[108] Mitchell P J, Simpson A J, Soong R, et al. Shifts in microbial community and water-extractable organic matter composition with biochar amendment in a temperate forest soil[J]. Soil Biology and Biochemistry, 2015, 81: 244-254.

[109] Grutzmacher P, Puga A P, Bibar M P S, et al. Carbon stability and mitigation of fertilizer induced N_2O emissions in soil amended with biochar[J]. Science of the Total Environment, 2018, 625: 1459-1466.

[110] Bakshi S, Banik C, Laird D A. Quantification and characterization of chemically-and thermally-labile and recalcitrant biochar fractions[J]. Chemosphere, 2018, 194: 247-255.

[111] Mimmo T, Panzacchi P, Baratieri M, et al. Effect of pyrolysis temperature on miscanthus (Miscanthus giganteus) biochar physical, chemical and functional properties[J]. Biomass and Bioenergy, 2014, 62: 149-157.

生物质炭科技与工程

[112] Windeatt J H, Ross A B, Williams P T, et al. Characteristics of biochars from crop residues: Potential for carbon sequestration and soil amendment[J]. Journal of Environmental Management, 2014, 146: 189-197.

[113] Conti R, Rombolà A G, Modelli A, et al. Evaluation of the thermal and environmental stability of switchgrass biochars by Py-GC-MS[J]. Journal of Analytical and Applied Pyrolysis, 2014, 110: 239-247.

[114] Spokas K A. Review of the stability of biochar in soils: Predictability of O:C molar ratios[J]. Carbon Management, 1 (2) : 2010, 289-303.

[115] Maestrini B, Nannipieri P, Abiven S. A meta-analysis on pyrogenic organic matter induced priming effect[J]. GCB Bioenergy, 2015, 7 (4) : 577-590.

[116] Wu M X, Han X G, Zhong T, et al. Soil organic carbon content affects the stability of biochar in paddy soil[J]. Agriculture, Ecosystems and Environment, 2016, 223: 59-66.

[117] Ameloot N, Sleutel S, Alberti G, et al. C mineralization and microbial activity in four biochar field experiments several years after incorporation[J]. Soil Biology and Biochemistry, 2014, 78: 195-203.

[118] Bhaduri D, Saha A, Desai D, et al. Restoration of carbon and microbial activity in salt-induced soil by application of peanut shell biochar during short-term incubation study[J]. Chemosphere, 2016, 148: 86-98.

[119] Murray J, Keith A, Singh B. The stability of low- and high-ash biochars in acidic soils of contrasting mineralogy[J]. Soil Biology and Biochemistry, 2015, 89: 217-225.

[120] Kappler A, Wuestner M L, Ruecker A, et al. Biochar as an electron shuttle between bacteria and Fe (III) minerals[J]. Environmental Science and Technology Letters, 2014, 1 (8) : 339-344.

[121] Xu S N, Adhikari D, Huang R, et al. Biochar-facilitated microbial reduction of hematite[J]. Environmental Science and Technology, 2016, 50 (5) : 2389-2395.

[122] Chan K Y, Van Zwieten L, Meszaros I, et al. Using poultry litter biochars as soil amendments[J]. Australian Journal of Soil Research, 2008, 46: 437-444.

[123] Liesch A M, Weyers S L, Gaskin J W. Impact of two different biochars on earthworm growth and survival[J]. Annals of Environmental Science, 2010, 4: 1-9.

[124] Van Zwieten L, Kimber S, Morris S, et al. Effects of biochar from slow pyrolysis of papermill waste on agronomic performance and soil fertility[J]. Plant and Soil, 2010, 327: 235-246.

[125] Augustenborg C A, Hepp S, Kammann C, et al. Biochar and earthworm effects on soil nitrous oxide and carbon dioxide emissions[J]. Journal of Environmental Quality, 2012, 41: 1203-1209.

[126] Salem M, Kohler J, Rillig M C. Palatability of carbonized materials to Collembola[J]. Applied Soil Ecology, 2013, 64: 63-69.

[127] Hua H T, Kirton L G. Effects of different substrates and activated charcoal on the survival of the subterranean termite Coptotermes curvignathus in laboratory experiments (Isoptera:Rhinotermitidae) [J]. Sociobiology, 2007, 50: 479-497.

[128] Eggleton P, Tayasu I. Feeding groups, life types and the global ecology of termites[J]. Ecological Research, 2001, 16 (5) : 941-960.

[129] Paterson E. Importance of rhizodeposition in the coupling of plant and microbial productivity[J]. European Journal of Soil Science, 2003, 54: 741-750.

[130] Kolb S E, Fermanich K J, Dornbush M E. Effect of charcoal quantity on microbial biomass and activity in temperate soils[J]. Soil Science Society of America Journal, 2009, 73: 1173-1181.

[131] Joseph S. et al. An investigation into the reactions of biochar in soil[J]. Soil Research, 2010, 48: 501-515.

[132] Wu M X, Feng Q B, Sun X, et al. Rice (Oryza sativa L) plantation affects the stability of biochar in paddy soil[J]. Scientific reports, 2015, 5 (1): 10001.

[133] Zheng B X, Ding K, Yang X R, et al., Straw biochar increases the abundance of inorganic phosphate solubilizing bacterial community for better rape (*Brassica napus*) growth and phosphate uptake[J]. Science of the Total Environment, 2019, 647: 1113-1120.

[134] Khan S, Reid B J, Li G, et al. Application of biochar to soil reduces cancer risk via rice consumption: a case study in Miaoqian village, Longyan, China[J]. Environmental International, 2014, 68: 154-161.

[135] Juliaw G, Radam S, Keith H, et al. Effect of peanut hull and pine chip biochar on soil nutrients, corn nutrient status, and yield[J]. Agronomy Journal, 2010, 102 (2): 623 -633.

[136] Oleszczuk P, Jo I, Ku M. Biochar Properties Regarding to Contaminants Content and Ecotoxicological Assessment[J]. Journal of Hazardous Materials, 2013, 260: 375-382.

[137] 吴诗雪, 王欣, 陈灿, 等. 凤眼莲、稻草和污泥制备生物炭的特性表征与环境影响解析[J]. 环境科学学报, 2015, 35 (12): 4021-4032.

[138] 仓龙, 朱向东, 汪玉, 等. 生物质炭中的污染物含量及其田间施用的环境风险预测[J]. 农业工程学报, 2012, 28 (15): 163-167.

[139] 范世锁, 汤婕, 程燕, 等. 污泥基生物炭中重金属的形态分布及潜在生态风险研究[J]. 生态环境学报, 2015, 24 (10): 1739-1744.

[140] Agrafioti E, Bouras G, Kalderis D, et al. Biochar production by sewage sludge pyrolysis[J]. Journal of Analytical and Applied Pyrolysis, 2013, 101: 72-78.

[141] Hale S, Lehmann J, Rutherford D. et al. Quantifying the total and bioavailable polycyclic aromatic hydrocarbons and dioxins in biochars[J]. Environmental Science and Technology, 2012, 46: 2830-2838.

[142] Keiluweit M, Kleber M, Sparrow M A, et al. Solvent -extractable polycyclic aromatic hydrocarbons in biochar: influence of pyrolysis temperature and feedstock[J]. Environmental Science and Technology, 2012, 46 (17): 9333-9341.

[143] Liu Y, Dai Q, Jin X, et al. Negative impacts of biochars on urease activity: high pH, heavy metals, polycyclic aromatic hydrocarbons, or free radicals[J]. Environmental Science and Technology, 2018, 52: 12740-12747.

[144] Anjum R, Krakat N, Toufiq R M, et al. Assessment of mutagenic potential of pyrolysis biochars by Ames salmonella/mammalian-microsomal mutagenicity test[J]. Ecotoxicology and Environmental Safety, 2014, 107: 306-312.

[145] Liu X, Ji R, Shi Y, et al. Release of polycyclic aromatic hydrocarbons from biochar fine particles in simulated lung fluids: implications for bioavailability and risks of airborne aromatics[J]. Science of the Total Environment, 2019, 655: 1159-1168.

[146] Ruan X, Sun Y Q, Du W M, et al. Formation, characteristics, and applications of environmentally persistent free radicals in biochars: A review[J]. Bioresource Technology, 2019, 281: 457-468.

[147] Fang Y Y, Singh B P, Singh B. Temperature sensitivity of biochar and native carbon mineralisation in biochar-amended soils[J]. Agriculture, Ecosystems and Environment, 2014, 191: 158-167.

[148] Volpe R, Menendez J M B, Reina T R, et al. Free radicals formation on thermally decomposed biomass[J]. Fuel, 2019, 255: 115802.

[149] Yang J, Pan B, Li H, et al. Degradation of pnitrophenol on biochars: role of persistent free radicals[J]. Environmental Science and Technology, 2016, 50: 694-700.

[150] Qin J, Cheng Y, Sun M, et al. Catalytic degradation of the soil fumigant 1,3-dichloropropene in aqueous biochar slurry[J]. Science of the Total Environment, 2016, 569: 1-8.

[151] 张绪超, 陈懿, 胡蝶, 等. 生物炭中持久性自由基对秀丽隐杆线虫的毒性[J]. 中国环境科学, 2019, 9(6): 2644-2651.

[152] Gelardi D L, Li C Y, Parikh S J. An emerging environmental concern: Biochar-induced dust emissions and their potentially toxic properties[J]. Science of the Total Environment, 2019, 678: 813-820.

[153] Buss W, Mašek O. Mobile organic compounds in biochar-a potential source of contamination-phytotoxic effects on cress seed (Lepidiumsativum) germination[J]. Journal of Environmental Management, 2014, 137: 111-119.

[154] Ravi S, Sharratt B S, Li J, et al. Particulate matter emissions from biochar-amended soils as a potential tradeoff to the negative emission potential[J]. Scientific Reports, 2016, 6: 1-7.

[155] Li C, Bair D A, Parikh S J. Estimating potential dust emissions from biochar amended soils under simulated tillage [J]. Science of the Total Environment, 2018, 625: 1093-1101.

第6章　生物质炭在土壤培肥中的应用

土壤是自然界物质和能量交换的重要场所之一，其可以为作物生长发育提供必要的水分、养分和介质。然而，由于自然条件变化和我国农业专业化、机械化和集约化程度不断提高，优质土地不断被征用，土壤物理、化学和生物学性质不断恶化，土壤环境污染日趋严重，可耕作土地的数量和质量普遍下降[1]。科学合理改良土壤成为我国农业绿色可持续发展的关键。土壤改良剂施用是培肥土壤的重要措施之一，目前研究表明，利用废弃生物质在缺氧条件下产生的生物质炭具有碱性、多孔、高比表面积和营养元素高度稳定性的特点，生物质炭施用可有效降低土壤容重、提高土壤孔隙度，改善土壤水分养分运移，促进土壤养分固持和微生物生长繁殖，从而培肥土壤，促进农作物增产增收[2]。本章重点介绍生物质炭在土壤培肥过程中对土壤物理性质、养分含量、微生物特性和作物产量的综合影响，为生物质炭农田土壤培肥和地力提升提供理论支撑。

6.1　土壤培肥概述

6.1.1　国内外土壤培肥研究进展

土壤是农业可持续发展的基础资源，土壤培肥用以补偿由于养分随农产品收获和农作物秸秆带出农田对土壤养分库亏损造成的影响[3]，是维持农田土壤肥力水平最主要的措施之一。随着人们对农田土壤开发利用强度的日益提高，农业投入和产出均呈现大幅度增加，促进了农业生产力的巨大飞跃的同时，也出现了农用物资投入巨大、农业产投比边际效益急剧下降、农用有机废弃物随意丢弃或焚烧、土壤硝酸盐等盐分大量累积、土壤板结、土壤酸化等一系列不可忽视的弊病，不仅造成养分资源的损失，同样对农村生态环境产生了严重的污染和破坏[4-6]。在人们追求农作物产量和品质提高的同时，维持农田土壤肥力同时避免农业面源污染，营建良好农田生态环境，已成为农业现代化面临的焦点问题。

科学研究和实践表明，土壤肥力提升主要从培肥措施与土壤养分含量、土壤酶活性、土壤微生物、土壤动物等肥力指标之间的响应效果和机理角度入手。

1. 培肥措施与土壤基本理化性质

施肥是土壤培肥的最常用手段之一。虽然无机肥施用可以快速提高土壤养分元素含量，但长期连续施用无机肥会导致土壤酸化，并且无机肥在高度风化的土壤上利用率低，施用后在降雨的影响下会快速淋失，造成土体及水体污染[7]。鉴于此，目前我国农村通常采用有机肥和化肥配施的方式来解决单独施用化肥所带来的弊端。有机肥是天然有机质经生物分解或发酵而成的一类肥料，主要来源于植物和动物，经消毒、发酵等工艺后消除了其中的有毒有害物质，施于土壤可以为植物生长提供养分，具有原料来源广、数量大、养分全、肥效长，须经微生物分解转化后才能为植物所吸收，改土培肥效果好的特点。常用的有机肥料品种有绿肥、人粪尿、厩肥、堆肥和沼肥等[8]。长期实践表明，有机肥料与化肥配施可以显著改善土壤理化性状，提高土壤肥力，促进作物增产。首先，有机/无机肥料配施可以显著提升土壤有机碳含量。我国红壤长期定位试验的研究结果均表明，有机/无机肥配施 9 年后土壤有机碳含量比不培肥处理增加了 5.61g/kg[9]。蒋端生等[10]研究表明，施用有机肥能提高旱地土壤有机质、全氮和碱解氮含量，有利于植物生长。其次，有机/无机肥配施对土壤氮素含量影响显著。氮素是作物产量的首要限制因子，无机氮肥施用对土壤速效氮含量影响显著。国内外诸多长期定位试验结果显示，有机/无机肥配施可以扩大土壤全氮含量与有效氮库，显著提高土壤氮素肥力水平。绿肥+NPK 和沼肥+NPK 处理的肥料氮残留率比单施化肥的高 1～1.5 倍，而在等氮肥用量条件下，秸秆与化肥配施的土壤速效氮含量可分别比单施秸秆和单施化肥增加 30%和 40%，同时还能抑制土壤中硝态氮的累积[11]。在红壤地区，营养元素对作物生长的限制作用大小为磷＞氮＞钾，旱地红壤磷素最为缺乏，因此在亚热带红壤地区长期(25 年)采用磷肥与有机肥料配施的方式，能提高 0～15cm 土层速效磷含量，对提高作物产量效果也较好[12]。综上所述，有机肥料和无机肥料的合理配施是维持农田土壤良好基本理化性状和农业可持续发展的有效措施。

2. 培肥措施与土壤酶活性

土壤酶是土壤生物化学反应的催化剂，土壤中大量的化学反应都是酶促反应。尽管土壤中酶含量较低，但它参与了包括土壤中的生物化学过程在内的自然界物质循环，发挥着重要作用[13]。因此，土壤酶活性可以快速敏感地反映不同土壤环境下土壤肥力的变化情况，其活性被认为是土壤肥力的一个重要指标[14]。土壤酶活性受培肥措施的影响，其中有机肥料的施用可显著提高土壤的酶活性。施用有机肥可以促进作物根系代谢，增加根系分泌物，提高根际土壤微生物的繁殖速率，从而促进土壤酶活性的增强。不同种类有机物料的养分状况、C/N 值和木质素含量的差异较大，故其对土壤酶活性的影响也存在着较大差异。一般来说，施用有机物料的 C/N 值和木质素含量越低，土壤微生物活性越高，土壤酶活性也相应得到提高[3]。从某种意义上来说，施用有机肥料是一种"加酶"措施。因此，通过施用有机肥改善土壤酶活性是培肥土壤的重要措施。

3. 培肥措施与土壤微生物肥力指标

国内外大量研究证实，土壤的微生物生物量与土壤肥力显著相关。一般来说，丰富的土壤微生物可以减少植物病害发生的几率，提高作物产量[15]。现有研究表明，生物质炭可以提高根系土壤约180%的反硝化细菌生物量，同时提高490%固氮菌生物量[16]。定期施用农家肥农田的土壤微生物生物量氮明显高于常年施用化学肥料的土壤。

土壤肥力水平及其演变趋势是影响农业可持续发展与粮食安全的关键因素。随着世界人口的不断增加，农业土地承载力日益加重，单位土地上的粮食产出需要不断提高，这就迫切要求采取合理的培肥措施以提高农业土壤肥力水平，促进粮食持续稳产高产。目前，国内外有关培肥措施与土壤肥力的关系研究已取得了显著的进展，但随着农业种植制度、生产方式、化学品投入等管理措施的不断变化，土壤培肥不断面临新的问题和挑战，寻找新的经济有效且负作用低的培肥方式成为促进农业可持续发展的关键所在。

6.1.2　生物质炭土壤培肥原理

近年来，对生物质炭的研究已经充分证明，将生物质炭施用于农田，具有显著改善土壤生态和功能的作用。

1. 疏松土壤，改善土壤团聚结构

生物质炭作为有结构的有机物料输入农田，可以降低土壤容重，疏松土壤结构，促进土壤团聚作用，提高团聚体稳定性，从而有利于农业耕作和作物根系生长。生物质炭本身质地较轻，其稀释作用会降低土壤容重，进而提高土壤的孔隙度[17]。有研究发现，施用生物质炭可以降低 $0.06\sim0.11g/cm^3$ 的土壤容重，在老成土中施用生物质炭同样可以显著提高土壤孔隙度和对水分的保持能力[18,19]。土壤团聚体稳定性是评价土壤结构的重要指标之一，水稳性团聚体含量高，土壤通气性好，养分循环及水分渗透性强，更有利于作物的生长。目前，由于生物质炭原材料及制备条件的差异，研究生物质炭对土壤团聚体影响的结果也不尽相同。有研究发现，施用 2.5%和 5%的生物质炭 63d 后，土壤团聚体平均质量直径显著提升；同时在两种粉壤土中施用生物质炭 295d 后，团聚体平均质量直径同样显著提升[20]。然而，同样有研究发现，在两种砂壤土中施用 4g/kg、8g/kg 和 16g/kg 的生物质炭无法提高土壤团聚体的稳定性，在砂壤土中施用 47t/ha 的生物质炭对土壤团聚体稳定性同样没有显著影响[21-23]。

2. 调节土壤 pH，提高养分调蓄能力

现有研究表明，生物质炭对土壤 pH 的调节作用主要表现在降低土壤酸度[24]。

生物质炭可使酸性大田土壤pH提高0.1~0.3个单位，有研究发现，将350℃下热解10种农作物残渣制得的生物质炭施用在酸性土壤中可以提高土壤pH，同时阳离子交换量(CEC)含量也随之升高；高剂量的生物质炭(50t/ha)可以提高酸性土壤pH、有机碳以及CEC含量，但低剂量的生物质炭(10t/ha)却对以上指标没有显著影响[24]。另外，生物质炭对土壤酸度的调节受土壤类型的影响，石灰性土壤上施用生物质炭对土壤pH、有效磷及土壤阳离子并没有显著影响，但在酸性土壤上这些指标变化显著。浙江科技学院科研团队在浙江省开化县池淮镇海顺茶园的研究发现，茶树生长最适宜pH为4.5~6.0，以5.5左右最佳，施用猪粪炭可以显著提升土壤pH，其中，1%猪粪炭处理对土壤pH的提升效果最为显著。同时，该团队在对衢州市第四纪红土母质发育而来的红壤研究时发现，当玉米秸秆炭、猪粪热解炭(350℃)和猪粪水热炭(180℃)添加量大于2%时，其与0.3%石灰混施能够显著提高土壤pH，降低土壤交换性酸和交换性铝的含量，并且能够显著提高土壤交换性盐基的含量。

3. 提高土壤养分含量，增强养分元素有效性

土壤养分含量是表征土壤肥力的指标之一。生物质炭最主要的培肥价值在于提高土壤有机碳含量。一方面，生物质炭可以通过迫使微生物对生物质炭本身分解，保护土壤中已有有机碳不被分解，从而达到提高土壤有机碳含量的目的[25]。另一方面，当生物质炭施入土壤后，物理风化作用会导致生物质炭破碎成细小的颗粒，提高其可向土壤迁移组分的比例，进而增加土壤中有机碳的含量[26]。例如，与不施生物质炭处理相比，20t/ha和40t/ha生物质炭配合施用氮肥可以提高石灰性土壤25%和42.2%的有机碳含量[27]；Arthur等[28]研究了桦木炭施用后第7个月和第19个月对农田土壤有机碳含量的影响，发现50t/ha桦木生物质炭在施用7个月后，提高了农田2.71%的有机碳含量，而施用19个月后则提高了3.50%的有机碳含量。

生物质炭热解温度同样影响其调控土壤有机碳含量的效果，低温热解生物质炭(约250℃)较高温热解生物质炭(约600℃)能更好地提高土壤有机碳含量，这可能是由于生物质炭中对土壤有机碳起提高作用的部分是在低温下生成的。另外，高温热解的生物质炭含有大量固定态碳，从而导致生物质炭更加稳定，相反，低温热解生物质炭其易分解态碳含量较高，能更好地被土壤微生物利用，从而促进土壤有机碳含量的提高[29]。

氮素是作物生长所必需的大量营养元素之一，土壤中氮素的丰缺及供给状况直接影响农作物的生长水平。现有研究表明，生物质炭与无机肥料配施可以提高肥料利用率，提高养分元素在土壤中的有效性，进而改善土壤肥力[30]。大田与盆栽试验表明，生物质炭与75%推荐尿素配合施用可以提高水稻的养分利用率，并

且在缺乏有机碳的钙质土上配合施用生物质炭与无机化肥可以提高玉米对氮素的利用率[27]。磷是植株生长发育所需必要元素之一,磷能促进植株各种代谢正常进行,同时提高植物的抗寒性和抗旱性。生物质炭施用既增加了土壤磷钾含量,又促进其有效性的提升。石灰性土壤中磷的有效性主要受 Ca-P 的影响,而酸性土壤中则主要受 Fe-P 和 Al-P 的影响[31]。酸性土壤中磷肥会逐渐被土壤中的氧化铁和氧化铝所吸附固定,形成难溶性的铁磷和铝磷,导致土壤有效磷含量和回收率降低[23]。生物质炭主要通过调控土壤酸碱度将土壤中的 Al 离子和 Fe 离子饱和,从而提高酸性土壤有效磷含量[33]。

4. 减少农田氮素流失,提高氮素农学利用率

生物质炭施用于农田,由于促进了氮素的缓释性和改变了土壤硝化作用条件,硝酸盐淋失和 N_2O 排放得到极大抑制,由此提高了氮素农学利用率 20%以上,是目前为止无化学抑制剂下减排幅度最大和提高氮肥利用率最高的管理措施[34,35]。

5. 促进土壤微生物生长,调控土壤酶活性

生物质炭可以通过改善其内部及周边土壤颗粒的底物和酶活性来提高土壤微生物生物量、活性及种群多样性[36]。生物质炭巨大的比表面积、丰富的孔隙结构可以为微生物提供合适的栖息地[37]。另外,土壤微生物丰度和活性都受到 pH 的影响,生物质炭可以通过调节土壤酸度来促进微生物的生长[38],生物质炭较高的CEC 可以提高土壤溶液的缓冲能力,降低土壤 pH 的变化幅度,从而为微生物创造合适的土壤生长环境。由于生物质炭施用大幅度增加了土壤有机质,土壤团聚化改善了微生物土壤生境,促进了微生物的生长繁殖和群落平衡,有效抑制长期连作条件下微生物的生长。同时,生物质炭对土壤不同酶活性也有显著改善,浙江科技学院科研团队研究发现,猪粪炭可以显著提升茶园土磷酸酶、过氧化氢酶和蔗糖酶活性,提升茶园土壤肥力。

综上所述,生物质炭与绿色农业研究和技术发展不但是解决农林废弃物处理的出路,也是呼应中央对农业发展的"一控二减三基本"目标,是促进农业新的产业增长点和提升耕地地力的重要机遇。

6.2 生物质炭对土壤物理性质的改善

土壤物理性质是土壤功能的基础,主要通过土壤容重、孔隙度、机械组成和团聚体组成等性质体现,不同土壤物理特征参数并不是相互独立的,彼此存在复杂的关系。如土壤容重的改变将影响土壤孔隙度,进而影响土壤持水能力和导水特征,而团聚体稳定性高的土壤通常具有较低的土壤容重和较高的孔隙度[39]。土

壤物理性质受到自然因素和人为因素的共同影响,直接调控土壤养分循环和作物
生长。因此,通过农业措施、水利建设和添加土壤改良剂等手段可以对不良土壤
物理性状进行调节,提高土壤肥力,提升作物产量[40]。本节重点介绍生物质炭施
用对土壤容重、孔隙度、水力学性质和团聚体稳定性方面的影响,为生物质炭的
科学施用提供理论依据。

6.2.1　生物质炭对土壤容重的影响

　　土壤容重是指单位体积的干土质量,其对土壤的透气性、入渗性能、持水能
力、溶质迁移特征及土壤的抗侵蚀能力都有非常大的影响。土壤容重变化会影响
土壤与大气的气体交换,影响水分及养分在土壤中的运移,进而影响作物的生长
发育[41]。土壤容重过大,土壤总孔隙度下降,土壤紧实,不利于雨水下渗和土壤
同外界气体的交换,导致作物根系在土壤中难以生长,造成作物在旱季无法吸收
土壤中的水分,严重时造成作物减产或绝产;而土壤容重过低会造成土壤过于松
散,植物根系难以扎稳,土壤与外界水、热、气交换过于频繁,致使土壤微生物
活性增强,土壤中易矿化有机碳分解速率加快,土壤保肥性减弱[42]。

　　生物质炭本身密度较低,加之丰富的孔隙结构,施入土壤中可以快速降低土
壤容重[43]。Mukherjee 等[44]田间试验表明,生物质炭施用 4 个月后可以显著降低
土壤容重,其中,7.5t/ha 生物质炭处理容重相较于空白显著降低了 13%。同样,
Liu 等[45]在对我国四川省广汉市水稻土的研究中同样发现生物质炭可以显著降低
水稻土容重(图 6.1)。

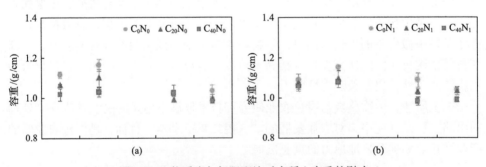

图 6.1　生物质炭与氮肥配施对水稻土容重的影响

　　Jin 等[33]对江西旱地红壤的研究中发现,施用生物质炭可以显著降低土壤容
重。未施用生物质炭之前,土壤容重分布于 1.24~1.48g/cm³,施用生物质炭后,
土壤容重快速降低,生物质炭处理土壤容重与空白相比降低了 12.5%~24.2%,且
与空白处理相比差异显著($p<0.05$)。6 年试验期内生物质炭可以持续降低旱地红
壤土壤容重,但降低效果随生物质炭施用时间延长有所下降(图 6.2)。

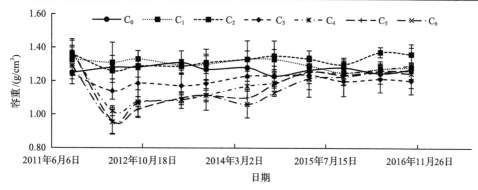

图 6.2　生物质炭对旱地红壤土壤容重的影响

　　然而，施用生物质炭降低土壤容重，并不能完全归结于生物质炭的稀释效应。向白浆土中添加木质植物生物质炭，6 个月后土壤容重降低到 1.13g/cm³，即使剔除土壤中的生物质炭颗粒，土壤容重仍为 1.17g/cm³，比原始土壤低近 8%。该结果说明，除了生物质炭本身对土壤容重有稀释效应外，生物质炭还通过改善土壤通气状况，保持养分和水分，从而提高土壤微生物的数量与活性，增强菌体与矿物质颗粒之间的相互作用，促进微生物代谢产物胶结土壤矿物质颗粒的作用，从而降低土壤容重[46]。

6.2.2　生物质炭对土壤水力学性质的影响

　　土壤水力学特征主要包括土壤持水能力(饱和含水量、田间持水量、凋萎系数等)、饱和导水率、非饱和导水率和土壤水势等，土壤水力学性质决定了土壤持水和供水能力，是影响作物产量的关键因素。现有研究表明，当生物质炭施入土壤后，可以通过调节土壤大小孔隙分布及增强团聚体稳定性来改变土壤中溶液的渗滤模式、滞留时间及流量，提高土壤对水分的保持能力[47]。通常情况下，在砂质土壤上施用生物质炭能更好地提高土壤的持水性，Gaskin 等[48]研究发现，在砂质老成土上施用高剂量(88mg/ha)生物质炭可以显著提高土壤的持水性，而含有更高黏粒含量的黏土其水力学性质对生物质炭施用的响应较为迟缓。采用较高温度下制备的生物质炭可能对黏质土水力学性质的改善相对较明显，高温制备的生物质炭所含透水大孔隙较为丰富，而这种大孔隙可以提高黏质土壤的透水性，从而提高黏质土壤的饱和导水率[49]；同样，Du 等[50]发现，生物质炭与猪场沼液共同配施可以显著提高黄褐土的饱和导水率。因此，利用生物质炭来改善土壤墒情已经得到大部分学者的认可。

1. 生物质炭对土壤饱和导水率的影响

　　土壤饱和导水率是衡量田间土壤水分入渗的重要指标，土壤饱和导水率越高，土壤水分渗透性能越强，土壤墒情越好[46]。施用生物质炭能够改变土壤孔隙状况，无论是对土壤水分入渗，还是水分再分布，理论上都应有显著的影响。生物质炭对不同质地土壤的饱和导水率影响不一致，通常生物质炭可以降低砂质土壤的饱和导水率，而提升黏质土壤的饱和导水率[38]。Jin 等[33]研究，发现红壤地区土壤饱和导水率随着生物质炭施用量的增加而显著提高，生物质炭处理土壤饱和导水率较不施生物质炭处理提高了 $0.61 \times 10^{-4} \sim 8.08 \times 10^{-4}$ cm/s，且提高幅度均达到显著水平（$p < 0.05$）。然而，随着生物质炭施用年限的延长，其对土壤饱和导水率的调控效应逐渐减弱（图 6.3）。

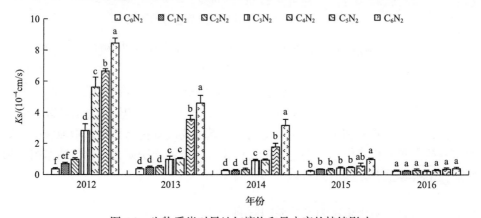

图 6.3　生物质炭对旱地红壤饱和导水率的持续影响

生物质炭降低砂质土壤饱和导水率的原因是生物质炭较小的颗粒可以堵塞土壤孔隙或与土壤无机矿物结合减少土壤孔隙。例如，施用粉末生物质炭比颗粒生物质炭更能降低砂质土壤的饱和导水率[51]。

2. 生物质炭对土壤持水性的影响

土壤持水性主要通过土壤水分特征曲线所表征的几个重要参数所体现，具体包括饱和含水量、田间持水量、有效水含量、凋萎系数等。一方面，生物质炭具有多孔性并有较大的比表面积，可以通过增加生物质炭颗粒和水分之间的吸附力提高田间持水量。对红壤的研究表明，土壤饱和含水量随着生物质炭施用量的增加而提高，生物质炭处理的土壤饱和含水量较不施生物质炭土壤提高幅度达到 $2.34\% \sim 16.57\%$[38]。同样，向砂土中添加生物质炭，培养 8 周后发现，施用 45t/ha 生物质炭提高了砂土田间持水量的 33%，而施用 22t/ha 及以下的生物质炭处理对土壤田间持水量并没有显著影响。另一方面，较小的生物质炭颗粒可以填充砂质土壤的大孔隙，增加毛细孔分布数量，从而增加砂土田间持水量[43]。在施用生物质炭改良四川紫色土的研究中发现，生物炭施用能增加土壤有机质含量，降低土壤容重，并增强土壤润湿性(接触角减小)，有利于水分的吸持，供应植物用水需求。生物炭施用能使紫色土中植物无法利用的滞留水(θr)和易流失的结构性孔隙水(θstr)的含量有所下降，而使植物有效的基质性孔隙水(θtxt)含量明显提高。

土壤有效水含量通常指基质势为-33～-1500kPa 的土壤含水量之差，一般说来，土壤萎蔫点降低或土壤持水量提高，土壤有效水含量也会随之增加。生物质炭能够增加土壤有效水含量的原因与生物质炭提高土壤田间持水量的原因类似，即生物质炭具有较大的亲水表面积和孔隙度，水分吸附在生物质炭表面，储存在生物质炭孔隙内[52]。

6.2.3　生物质炭对土壤矿物质颗粒团聚作用和团聚体稳定性的影响

土壤团聚体作为土壤肥力的基本单元，对土壤肥力的提升至关重要。通常，土壤团聚体稳定性是评价土壤结构的重要指标之一。从农艺学角度来讲，有利于作物生长的土壤结构主要取决于 1～10mm 的土壤水稳性团聚体含量的高低。水稳性团聚体含量高，土壤通气性好，养分循环及水分渗透性强，更有利于作物的生长。另外，较高的土壤水稳性团聚体含量可以在土壤表面形成结壳，降低雨水对土壤的冲刷淋失。

生物质炭促进土壤矿物质颗粒团聚作用机理可能包括以下三个方面。

(1)生物质炭施用后土壤有机质提升在土壤团聚体形成过程发挥着重要作用。对旱地红壤培肥的研究中发现，生物质炭施用后土壤有机质含量显著提升，0～15cm 耕作层土壤 2～1mm 和 1～0.5mm 粒径水稳性团聚体随着生物质炭的施用量的增加而逐渐提高，与空白相比提高幅度达到 95.4%～254%。同时，小于 0.25mm 的水稳性微团聚体所占比例随生物质炭施用量的增加逐渐下降。对 15～30cm 土壤的团聚体分布特征研究发现，施用生物质炭对 15～30cm 土层各粒径水稳性团聚体并未产生显著影响，15～30cm 土层小于 0.25mm 粒径的水稳性微团聚体所占比例普遍高于 0～15cm 土层，而大于 2mm 和 2～1mm 粒径水稳性团聚体所占比例则普遍低于 0～15cm 土层(表 6.1)。研究结果表明，生物质炭施用通过提升土壤有机质含量促进土壤微团聚体胶结，导致大粒径团聚体所占比例逐渐增加，而微团聚体所占比例逐渐下降。

(2)生物质炭表面有羟基和羧基等多种官能团，带有大量的负电荷，也带有一定量的正电荷，可以通过静电力直接与矿物质颗粒表面的金属离子结合，亦或通过多价离子的键桥作用，将矿物质土粒团聚在一起，形成具有水稳定性的团聚体。对典型冻土生物质炭土壤改良的研究发现，生物质炭施用 21 天后土壤团聚体稳定性显著提高，并在第 84 天差异达到极显著水平[53]。

表 6.1　施用生物质炭对水稳性团聚体组成特征的影响

土层/cm	处理	各粒级水稳性团聚体的比例/%				
		>2mm	1~2mm	0.5~1mm	0.25~0.5mm	<0.25mm
0~15	C_0	4.21±0.52a	4.16±0.54d	11.51±1.10e	34.13±0.25a	45.99±1.88a
	C_1	4.35±0.41a	5.77±0.67d	13.43±1.23d	28.64±0.87b	47.81±1.07a
	C_2	4.36±0.13a	8.13±0.87c	15.22±1.13c	27.77±0.60b	44.52±0.95ab
	C_3	4.58±0.52a	9.46±0.49bc	15.95±0.40c	26.40±0.71bc	43.61±0.54ab
	C_4	4.73±0.64a	9.33±0.07c	16.67±0.93bc	28.76±0.79b	40.51±2.35b
	C_5	4.29±0.41a	12.25±0.29ab	18.41±0.43b	26.82±0.89bc	38.23±0.16c
	C_6	4.34±0.42a	14.74±0.69a	20.67±0.41a	21.45±1.09c	38.80±0.59c
15~30	C_0	2.58±0.63a	4.49±0.51a	15.30±0.88a	20.67±1.29a	56.96±1.72a
	C_1	2.60±0.73a	4.23±0.15a	14.46±0.40a	19.59±1.16a	59.12±0.48a
	C_2	2.54±0.75a	4.18±0.12a	14.92±1.37a	20.18±0.61a	58.18±1.63a
	C_3	2.71±0.16a	5.10±0.51a	15.70±0.41a	19.68±0.33a	56.81±0.82a
	C_4	2.23±0.30a	4.55±0.23a	16.10±0.25a	19.54±0.53a	57.58±0.41a
	C_5	2.54±0.32a	4.57±0.28a	17.12±0.40a	20.18±0.49a	55.59±0.45a
	C_6	2.43±0.43a	4.69±0.61a	16.45±1.66a	20.68±0.72a	55.75±2.26a

注：同一土层同列不同小写字母表示相同土层不同处理间差异达显著水平（$p<0.05$）。

（3）生物质炭可以提高土壤阳离子尤其是 Ca^{2+} 含量，而 Ca^{2+} 可以取代土壤中 Na^+ 和 Mg^{2+} 离子，从而抑制土壤团聚体分散和破坏，提高大团聚体的稳定性[53]。同时，生物质炭含有一定量的易分解的有机物质，施入土壤后可作为微生物基质提高微生物生物量，而微生物细胞本身也可作为胶结剂促进土壤矿物质颗粒胶结成为稳定性更高的团聚体[54]。

综上所述，生物质炭施用可以显著降低土壤容重，提高土壤饱和导水率、饱和含水量、田间持水量和有效水含量等水力学指标，有助于改善土壤物理性质，提升土壤肥力和作物产量。

6.3　生物质炭对土壤养分状况的改善评价

土壤养分是指能够被植物直接或者间接吸收和利用的营养元素，它是土壤肥力的物质基础，也是评价土壤质量的重要指标之一。土壤养分的丰缺程度直接关系到作物的生长、发育和产量。目前，生物质炭在提升土壤养分含量，降低养分淋失，提高养分利用率方面已得到广泛认可，利用生物质炭与有机无机肥料配合施用，既可以提升土壤肥力提高作物产量，又可以缓解单施化肥所带来的弊端。本节将从生物质炭对土壤大量和微量元素含量影响，以及养分淋失和养分利用率的角度探讨生物质炭对土壤养分状况的改善。

6.3.1　生物质炭对土壤氮磷钾含量的影响

在缺乏有机碳的钙质土上配合施用生物质炭与无机化肥，可以提高玉米对氮素的利用率。在酸性的富碳水稻土上，生物质炭与氮肥配施可以提高水稻的氮肥利用率及产量，而在石灰性土壤中施用生物质炭可以显著提高植物所需大量营养元素的含量（N、P、K），但对微量营养元素含量影响不显著[57]。

在对旱地红壤的研究中发现，施用生物质炭可以提高土壤全氮含量。未施用生物质炭前，土壤全氮含量集中在 0.83～1.07g/kg 范围内，生物质炭施用 1 年后，高剂量生物质炭处理（30～40t/ha）土壤全氮含量提高幅度分别为 41.9%和 40.8%[33]。生物质炭施用提高土壤氮素有效性的原因有三个方面：①生物质炭的施用提高了土壤 CEC，从而降低了氮素的流失[58]；②生物质炭施用可以抑制肥料中的硝态氮向植物不可利用的氮素形态转化，从而提高氮肥利用率[59]；③生物质炭的施用促进了土壤有机质的积累，提高了土壤微生物的活性，促进了氮素的转化与吸收[60]。

磷能够促进各种代谢正常进行，保证植物正常生长发育，同时提高植物的抗寒性和抗旱性。磷的植物有效性受土壤理化性质的影响，生物质炭通过提高土壤团聚体表面负电荷，影响土壤颗粒对磷的吸附效应[61]。与此同时，生物质炭自身也是重要的磷源，Chintala 等[62]通过研究玉米秸秆、柳枝及松木渣生物质炭磷含量发现，玉米秸秆炭的磷含量最高，其次是柳枝炭，最后是松木渣炭。

酸性土壤中交换性铝会与磷结合，生成难溶的铝磷，从而降低磷的有效性，当土壤 pH 为 4.2 时，交换性铝含量达到最高值，并且交换性铝含量随着土壤 pH 升高而逐渐降低。浙江科技学院科研团队发现，生物质炭的施用可以降低土壤酸度，降低土壤中交换性铝含量，而无机钙镁磷肥的强碱性及尿素水解过程中对土壤质子的消耗同样可以提高土壤 pH，降低土壤中游离铁铝氧化物的浓度，从而提高酸性土壤有效磷含量（图 6.4）[49]。

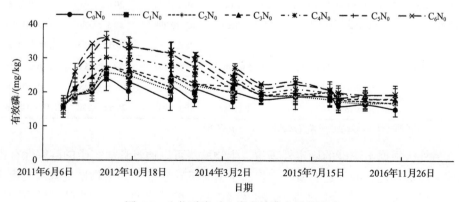

图 6.4　生物质炭对土壤有效磷含量的影响

另外，大田及盆栽试验发现，生物质炭与无机肥料配合施用可以通过促进菌根结合，使根系更容易获得土壤溶液中的有效磷，从而提高作物对缺磷砂质土壤养分的吸收和磷的利用，以提高作物的产量[63,64]。

钾是作物的主要营养元素,同时也是影响作物生长和农产品品质的要素之一。近年来的研究表明，生物质炭添加对土壤钾元素的影响主要体现在土壤钾的可利用性上。将水稻秸秆炭施用于农田土壤可以显著提高稻田土壤钾含量，与空白处理相比，还田 1 年和 2 年后土壤可利用态钾含量分别增加 608% 和 273%[65]。一般认为，生物质炭提升土壤速效钾含量的主要原因有以下几点：①作物秸秆和草本植物制备的生物质炭含有丰富的钾元素，可以在土壤中缓慢释放，提高土壤速效钾含量；②生物质炭输入可以有效提高酸性土壤的 pH，减少钾素固定，增加土壤钾素的解析；③生物质炭的输入可以提高土壤 CEC 和持水力，减少土壤钾素的淋溶损失；④生物质炭可能会进入土壤矿物质层与固定的钾离子发生反应与竞争，使一部分无效钾转化为可利用态的钾[66]。

6.3.2 生物质炭对土壤有机碳含量的影响

由于生物质炭含有较高的碳含量，其最主要的施用价值在于提高土壤有机碳含量。首先，生物质炭原材料本身是一种含碳量较高的有机物料，在热解的过程中碳可以更多的转换成芳香形式的碳，施入到土壤中提高了土壤中难分解碳所占比例[67]。南京农业大学科研团队在对河南林庄村有机碳含量较低的土壤进行培肥研究时发现，生物质炭可以很好地提高贫瘠土壤有机碳和全氮的含量，同时降低土壤容重，40t/ha 的生物质炭与氮肥配施(C_2N_1)可以提高约 42.2%的有机碳含量，而 20t/ha 的生物质炭与氮肥配施(C_1N_1)则可提高约 25%的有机碳含量(表 6.2)。

表 6.2 生物质炭与氮肥配施对贫瘠土壤肥力和作物产量的提升

	处理	pH	SOC/(g/kg)	全氮/(g/kg)	铵态氮/(mg/kg)	硝态氮/(mg/kg)	容重/(g/cm³)
不施氮	C_0N_0	8.15±0.21b	10.9±1.0c	0.87±0.06c	1.30±0.14c	20.4±3.9b	1.37±0.1a
	C_1N_0	8.24±0.04ab	15.7±0.5ab	1.08±0.02ab	1.63±0.29b	20.3±1.0b	1.23±0.03b
	C_2N_0	8.38±0.06a	17.2±1.6a	1.14±0.003a	1.98±0.75a	20.0±0.31b	1.09±0.001c
施氮肥	C_0N_1	8.28±0.03ab	11.6±0.7c	1.04±0.01b	1.35±0.25c	22.9±2.3a	1.36±0.02a
	C_1N_1	8.38±0.02a	14.5±0.2b	1.12±0.11ab	1.34±0.23c	21.9±0.82ab	1.23±0.11b
	C_2N_1	8.23±0.05ab	16.5±0.5a	1.11±0.003ab	1.60±0.93b	20.5±0.75b	1.19±0.005bc

注：表中不同字母表示处理间的差异达到显著水平($p < 0.05$)。

另外，根据土壤碳的稳定性理论，生物质炭可以通过释放衍生的溶解性有机物或通过保存现有的天然有机碳来提高土壤有机碳含量[68]。生物质炭施入土壤后促进土壤有机-无机复合体的形成，将土壤中易分解矿化的有机质组分与微生物隔离，从而降低了土壤有机碳的矿化，减少有机碳分解，间接提高土壤有机碳含量。花莉等[69]研究发现，生物质炭的施用使土壤中有机碳各组分含量发生了变化，其中易分解的腐殖酸含量较生物质炭使用前显著降低，而相对稳定不易分解的胡敏素和木质素含量却显著升高。最后，生物质炭施用可以提高土壤肥力，促进农作物生长，使作物根系分泌更多有机酸和糖类等含碳化合物，从而促进土壤中有机碳含量的提升[38]。

6.3.3　生物质炭对土壤微量元素含量和有效性的影响

土壤微量元素是指在自然土壤中广泛存在但含量及其可给性较低的化学元素，如锌(Zn)、锰(Mn)、铜(Cu)、硼(B)等，铁(Fe)虽然是土壤中的大量元素，含量可达 4%，但其在植物体内的含量和土壤中的有效态含量很低，因此也被称为微量元素。作物对微量元素的需要量虽然很少，但对植物的生命活动却不可或缺。微量元素多是组成酶、维生素和生长激素的成分，直接参与有机体的代谢活动[70]。如 Fe 元素可影响植物酶的形成与代谢、呼吸和光合作用、植物激素和 DNA 的合成等，植物缺 Fe 元素会引发叶子的萎黄；植物缺 Mn 元素时，叶脉间会出现失绿并伴有坏死斑点。粮食作物缺 Zn 元素会降低作物的产量和营养价值，长期食用缺锌的作物将影响人的免疫系统，并有可能损害大脑功能[70]。

目前，关于生物质炭对微量元素含量和有效性影响的研究存在着一定的不确定性。大田研究表明，生物质炭显著降低了土壤 $CaCl_2$ 提取态 Zn 的含量，小麦和水稻籽粒中 Zn 含量显著下降，分析原因为生物质炭上吸附的 Zn-OM 组分随生物质炭施用量的增加而提高，生物质炭较高的有机碳含量是影响土壤有效 Zn 含量下降的原因[71]。对酸性水稻土的研究发现，DTPA-Fe 的含量随培养时间的延长逐渐降低。生物质炭添加后中性土和酸性土 DTPA 提取态 Fe 的含量均显著低于对照处理，降幅达到 20.7%~80.9%，与 Fe 类似，所有处理 DTPA 可提取态 Mn 的含量在培养过程中逐渐降低[72]。

同样，生物质炭显著降低了 DTPA 可提取态 Pb 和 Cd 的含量，即生物质炭能有效降低 Pb 和 Cd 的生物有效性。生物质炭能有效固定 Pb、Cr、Cd 和 Zn，是由于土壤 pH 升高引起金属离子的沉淀，pH 升高增加了土壤和生物质炭表面的可交换电荷，增强金属的静电吸附作用，导致重金属微量元素植物有效性下降。同时，生物质炭过量的有机质可能导致有机结合态微量元素的含量升高。微量元素通过与有机质的螯合作用转化为难溶性沉淀物，因此生物质炭施用引起有机质含量变化在影响微量元素溶解方面也起着重要的作用[73]。

6.3.4　生物质炭对土壤养分淋溶的影响

土壤养分淋溶是指土壤中的营养元素随下渗水流由表层向底层移动的过程，

是农业土壤养分循环的重要环节，养分淋溶不但会降低肥料利用率，消耗土壤养分库，而且对农田生态环境产生严重影响。然而，长期以来，我国农业生产管理中过量施用氮肥、磷肥的现象十分普遍，造成生产成本增大，肥料利用率很低，其中氮肥利用率为 20%～50%，磷肥利用率仅为 15%～25%，过量氮磷向水体迁移是导致地表水体富营养化、地下水质恶化和农业面源污染的主要原因之一[74]。因此，科学合理地施用氮磷肥料、减少养分淋溶损失、降低环境污染风险并提高作物养分利用率，是我国农田生态系统管理和农业经济可持续发展中亟须解决的重大问题。

生物质炭孔隙结构发达，比表面积巨大，具有高度的生物化学稳定性和良好的吸附性能。近年来，有关生物质炭对控制氮磷淋失的报道表明，生物质炭对土壤养分流失具有一定的控制作用，生物质炭主要通过其理化特性及其与土壤生物的相互作用途径，对土壤氮磷等营养元素的淋溶产生影响。

1. 生物质炭自身理化特性

养分淋溶主要发生在溶液中，因而生物质炭可以通过影响土壤水分运移来调控土壤养分淋溶。首先，生物质炭与土壤混合后改变了土壤原有的孔隙状况，对土壤保水性有一定提升，减少了土壤水分的渗漏流失，从而降低养分淋溶损失[75,76]。采用室内土柱模拟试验研究生物质炭对土壤硝酸盐淋溶的影响发现，随着生物质炭施用量的增加，不同剂量生物质炭处理硝酸盐淋溶的开始时间从 45min 增加到 263min，淋溶总时间从 917min 增加到 2175min，且各处理与空白相比差异显著，即生物质炭施用量的增加延缓了硝态氮的出流时间也增加了硝态氮的出流总时间。硝态氮累积淋失总量从 10.59mg 下降至 8.88mg，同时相对浓度峰值也从 0.39 下降到 0.34，即随着生物质炭施用量的增加，硝态氮的淋失总量明显下降（表 6.3）[9]。

表 6.3　生物质炭对土壤硝酸盐淋溶过程的影响

处理	淋溶开始时间/min	淋溶总时间/min	硝态氮淋失总量/mg	C/C_0	流速/(ml/h)
C_0	$45 \pm 2.16e$	$917 \pm 20.82c$	$10.59 \pm 0.17a$	$0.39 \pm 0.011a$	$25.26 \pm 2.11f$
C_1	$75 \pm 2.45d$	$962 \pm 30.74c$	$10.39 \pm 0.26ab$	$0.37 \pm 0.017ab$	$26.18 \pm 1.48ef$
C_2	$122 \pm 3.27c$	$1450 \pm 78.62b$	$9.95 \pm 0.14bc$	$0.37 \pm 0.010ab$	$29.20 \pm 2.82e$
C_3	$125 \pm 2.78c$	$1461 \pm 48.33b$	$9.89 \pm 0.18c$	$0.35 \pm 0.009bc$	$34.32 \pm 1.85d$
C_4	$151 \pm 6.16bc$	$1683 \pm 60.83ab$	$9.38 \pm 0.10c$	$0.34 \pm 0.018bc$	$38.72 \pm 2.22c$
C_5	$188 \pm 2.68b$	$1954 \pm 48.36a$	$9.21 \pm 0.15c$	$0.34 \pm 0.010c$	$44.53 \pm 1.86b$
C_6	$263 \pm 6.75a$	$2175 \pm 58.33a$	$8.88 \pm 0.26d$	$0.34 \pm 0.007c$	$49.23 \pm 2.05a$

注：同列不同小写字母表示差异显著（$p < 0.05$）。

硝态氮运移曲线(BTCs)同样反映出生物质炭在减缓养分淋溶损失方面的效果。如图 6.5 所示，未添加生物质炭处理的运移曲线相对浓度峰值最高，分布最窄，随着生物质炭施用量的增加，生物质炭处理硝态氮相对浓度峰值逐渐降低，分布变宽，硝态氮穿透曲线并不对称，运移曲线呈现出一定的拖尾现象，且生物质炭施用量越高，穿透曲线拖尾现象越明显，表明生物质炭施用可以减少水分渗漏流失，减少硝酸盐的淋溶损失。

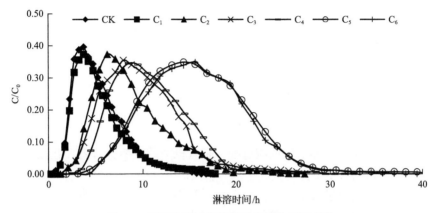

图 6.5　不同生物质炭施用量硝酸盐穿透曲线

其次，生物质炭通过表面电荷或共价作用促进养分吸附。例如，松树枝炭可以通过表面羧基官能团吸附和降低土壤氮素的硝化作用，从而提高氮素在土壤中的存留[77]。由于生物质炭对壤砂土中 NH_4^+-N 的吸附作用，导致土壤中有效氮素含量降低或保持不变，从而降低土壤中氮素的消耗[78]。值得注意的是，不同温度下热解的生物质炭对土壤氮素固定能力不同，400℃和 600℃下制备的生物质炭可以有效地吸附土壤中的 NH_4^+-N，显著降低土壤中无机氮的淋失[79]。

最后，生物质炭的颗粒大小还可能影响淋溶潜力。生物质炭制备初期，生物质原料的粒径范围在某种程度上是可人为控制的，但是，在热解过程中由于炭化反应，生物质炭颗粒粒径和形态往往发生变化，而在运输过程中的碰碰往往会形成更小的颗粒。此外，生物质炭施入土壤后，受降雨、风化和生物物理扰动形成更细微的生物质炭颗粒。小于 10μm 的颗粒能在砂质结构的土壤中移动，小于 200μm 的天然胶体能通过粗质扰动土，而大部分比例的生物质炭粒径都小于上述值，因此，这些颗粒可以穿过土壤剖面运动并成为促进氮磷等养分运输的中介[80]。

2. 生物质炭与土壤生物相互作用

生物质炭颗粒为土壤微生物提供了生长栖息的理想场所，这些微生物可以通过矿化作用将有机氮转化为植株可利用或易挥发态氮，或通过大量的真菌菌丝系统来促进植物对 P 和 Mg 等养分的吸收。尽管添加生物质炭后土壤气态氮氧化物的排放有所降低，然而在超出植物氮素需求量时，土壤微生物的矿化作用及土壤持水量的变化造成微生物周围形成厌氧条件，生物质炭的输入反而可能加速氮的淋溶和气态氮的损失[81]。

综上所述，生物质炭独特理化性质使其在农业环境领域的功能拓展成为可能。将生物质炭施入土壤来减少养分淋溶将带来双重效益，一方面，生物质炭通过固持土壤氮磷等养分，有效减少由于降雨所造成的氮磷流失，减少土壤养分向地下水的淋溶或向地表水的冲刷损失；另一方面，生物质炭可以提高土壤养分利用率，减少肥料施用量，降低农业面源污染。因此，生物质炭施用有望成为一种固持农田土壤作物养分的新途径。

6.4　生物质炭对土壤微生物特性的影响

土壤微生物参与多种生化反应过程，是有机物的主要分解者，在陆地生态系统养分循环中扮演着重要角色。近年来的一些研究表明，生物质炭孔隙结构发达，比表面积巨大，其通过吸附大量的营养物质为细菌、放线菌和真菌等土壤微生物提供合适的生长和繁育场所，避免其遭受其他微型动物的捕食[53]。有研究发现，施用生物质炭可以提高根际约74%的真菌数量并提高约95%的菌丝长度[82]。另外，土壤微生物丰度及活性都受到土壤 pH 的影响，生物质炭一般呈碱性，并含有丰富的营养物质，其输入不但可以显著改善土壤的物理化学性质，而且可以为土壤微生物的生长代谢提供机质。因此，生物质炭在土壤中的人为输入可能引发土壤微生物种群结构多样性、丰度和活性的变化，从而影响土壤生物学特性。

6.4.1　生物质炭对土壤微生物生物量的影响

土壤微生物碳氮反应土壤微生物生物量，表征不同种类微生物所占比例，是土壤肥力的最敏感、最重要指标之一。不同原材料和不同温度下制备的生物质炭对土壤微生物生物量的影响有所不同，玉米和水稻秸秆炭均可以提高土壤微生物量，且生物质炭裂解温度越高，施用后土壤微生物生物量提高幅度越大；水果核、棕榈叶、椰壳、松木和坚果壳经 300℃ 和 600℃ 两种温度热裂解制成生物质炭施入砂壤土中培养 4 个星期后发现，600℃热裂解的松木炭显著提高了土壤细菌丰度并发现相比革兰氏阳性菌，生物质炭对革兰氏阴性菌丰度的提高幅度更大[83,84]。对旱地红壤长达 6 年的生物质炭培肥研究表明，生物质炭与氮肥配施能有效地提高土壤微生物生物量碳氮，且随着生物质炭与氮肥施用量的增加呈上升趋势。生物质炭施用后第 1 年，高剂量生物质炭处理(40t/ha)土壤微生物生物量碳氮与对照相比分别提高了 57.3% 和 112.5%。随着生物质炭施用年限的延长，土壤微生物量碳氮呈现出先升高后降低的趋势，各处理的土壤微生物量碳氮均在施用生物质炭后第 3 年达到峰值(图 6.6)[33]。

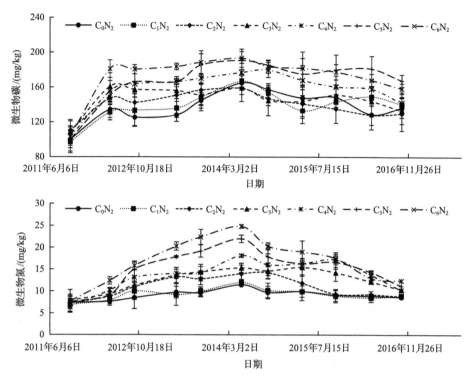

图 6.6　生物质炭与氮肥配施对土壤微生物量碳氮的影响

总的来说，生物质炭施入后显著提高了土壤微生物量碳，平均增幅为 18%。并且，不同的土地利用方式、农业措施、生物质炭性质和土壤性质都影响着生物质炭对土壤微生物量碳氮的调控效应。

6.4.2　生物质炭对土壤微生物群落结构的影响

土壤微生物群落结构是指一定生境下，土壤微生物的组成、数量及其相互关系。土壤微生物群落结构对环境变化极其敏感，土壤物理和化学性质的细微变化都会对微生物群落结构产生影响。盆栽和田间实验结果表明，生物质炭能够调控土壤微生物的群落组成和多样性，促进土壤中有益微生物数量的增加[85]。盆栽试验显示，橡木炭可提高土壤中一些微生物群落的相对丰度，如放线菌门及芽单胞菌门等，而玉米秸秆炭显著提高了细菌多样性，添加生物质炭的土壤细菌 shannon 指数是对照的 3 倍[86,87]。Xu 等[88]采用高通量测序的方法研究了水稻秸秆炭输入对油菜种植土壤微生物群落结构的影响，结果显示，生物质炭的添加可以引起土壤微生物群落结构的变化，其中酸杆菌门(*Acidobacteria*)和绿弯菌门(*Chloroflexi*)最为敏感。宋延静等[89]采用 DGGE 技术研究了棉花秸秆炭添加对滨海盐碱土土壤固氮菌群落结构的变化，研究显示，施加生物质炭后艾德昂菌属(*Ideonella*)和斯科曼氏球菌属(*Skermanella*)的相对丰度明显提高，但是固氮螺菌属(*Azospirillum*)基本不受影响。在利用生物质炭进行原位土壤培肥时，对微生物群落结构的改善是恢复的先决条件。Chen 等[90]对四川广汉试验基地典型水稻土的生物质炭培肥研究发现，生物质炭处理在 114bp、290bp 和 492bp 的 T-RFs 相对丰度中观察到显著的变化，114bp 和 492bp 的 T-RFs 的相对丰度随生物质炭添加量的增加而降低。在 40t/ha 的生物质炭施用量下，其他 T-RFs (139bp、142bp、290bp 和 508bp)的相对丰度也增加。这些变化表明，在较高的生物质炭添加剂量下，某些细菌种群的生长受到刺激。在 40t/ha 生物质炭施用下，Shannon 和 Simpson 指数(分别为 3.03 和 0.95)显著高于对照组(分别为 2.80 和 0.91)。

　　然而，也有一些研究发现，生物质炭输入对土壤微生物群落结构没有显著影响，甚至降低了土壤微生物的多样性。Anderson 等[91]采用 T-RFLP 和高通量测序相结合的方法分析了生物质炭对土壤细菌群落结构的影响，发现生物质炭对土壤细菌群落的多样性产生了负面效益，其中链霉菌科(Streptomycetaceae)放线菌减少了 11%，小单孢菌科(Micromonosporaceae)放线菌减少了 7%。目前研究认为，生物质炭输入对土壤微生物群落结构多样性影响的复杂程度可能与生物质炭的施用时长、种类和添加量密切相关。

6.4.3　生物质炭对土壤氮循环微生物功能基因的影响

　　养分元素的循环利用是陆地生态系统的主要功能过程之一，养分循环与平衡直接影响着生态系统生产力的高低，并关系到生态系统的稳定性。土壤中 95% 以上的氮是以有机形态存在，植物无法直接吸收利用，只有通过矿化作用转化为有效氮才能被植物吸收利。土壤微生物是有机氮的主要分解者，在陆地生态系统养分循环中扮演着重要角色。土壤微生物量及其周转不仅对有效氮(N)起着储备库和源的作用，对土壤氮的植物有效性及在陆地生态系统的循环发生深刻的影响，而且在控制有机质分解、控制病原菌、释放微量营养物质和植物生长激素方面也起着基础性作用。硝化/反硝化作用是土壤氮素转化的关键环节，也是氮损失的最主要途径[92]。氮素经过硝化后产生的硝态氮，加剧了氮素淋失的风险；经反硝化作用后产生的 N_2O 和 N_2 排放直接造成氮素的损失，抑制土壤硝化/反硝化过程是促进氮素增效的关键。现有研究表明，硝化/反硝化的本质是土壤微生物和相关功能基因参与的生物化学过程，厘清对硝化/反硝化起主导作用的功能基因变化和氮素增效之间的关系，有利于农田氮肥减施增效管理，提高农田生态健康[93,94]。

　　硝化作用是氮素循环的中间环节，氨氧化是硝化过程的第一步，由具有氨单加氧酶基因 *amo*A 的氨氧化古菌(AOA)和氨氧化细菌(AOB)执行[95]。亚硝化作用是硝化反应的第二步，将 NO_2 转化为 NO_3^-，由编码催化亚硝化反应的 *nrx*A 基因主导完成。在硝化过程中，中间产物 NH_2OH 或 NO_2^- 会发生化学分解或不完全氧化释放出 N_2O(图 6.7)[96]。

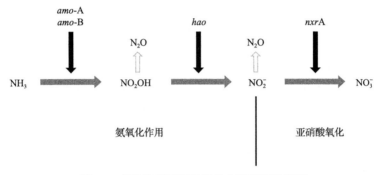

图 6.7　硝化作用进程及相关功能基因示意图

反硝化作用是在多种微生物的参与下硝酸盐通过四步还原反应最终被还原成 N_2，并在中间过程释放强效应温室气体 N_2O。反硝化过程需要编码两种不同的硝酸还原酶的亚基：膜结合硝酸还原酶(NAR)和周质硝酸还原酶(NAP)，在反硝化和异化硝酸盐还原过程中介导硝酸盐还原为亚硝酸盐。随后，亚硝酸盐还原酶基因(*nir*S/*nir*K)介导 NO_2^- 还原为 NO，这是反硝化的限速步骤[97]。*nor*B 基因编码一氧化氮还原酶，负责将 NO 还原为 N_2O，最后，编码 N_2O 还原酶的 *nos*Z 基因负责 N_2O 完全反硝化为 N_2(图 6.8)。

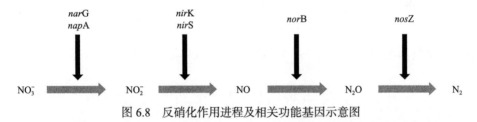

图 6.8　反硝化作用进程及相关功能基因示意图

一般情况下，通过为反硝化作用提供底物，硝化-反硝化作用耦合发生，二者作用构成土壤氮肥损失的最主要途径。现有研究表明，硝化作用是生态系统中氮素以硝酸根形式淋失的潜在途径之一，降低硝化基因相对丰度可以提高氮肥农学效率、氮肥偏生产力、氮肥吸收利用率[98]；同样，无机氮肥经反硝化作用后产生 N_2O 和 N_2 排放到大气中，同样会造成氮素利用率下降[92]。

目前，有关生物质炭施用对农田硝化/反硝化过程和功能基因研究关注的重点集中在其环境效应(硝酸盐淋失，N_2O 排放)，农学意义尚缺乏系统的考量[99]。现有研究表明，不同生物质炭形成条件的会导致其对硝化作用相关功能基因产生不同的影响[100]。自然产生的生物质炭通过调节土壤酸度，改善土壤通气性和微生物

生境提升 *amo*A-A 和 *amo*A-B 功能基因丰度[101,102]。然而，人工制备的生物质炭由于原料和制备工艺的原因，本身存在一定量的挥发性有机物质，这些有机物作为硝化抑制剂抑制氨氧化/亚硝酸氧化微生物和功能基因（*amo*A/*nxr*A），进而抑制硝化作用。Clough 等[103]的研究结果显示，人工制备的生物质炭通过向土壤中释放硝化抑制剂-α 松萜从而抑制土壤硝化速率，减缓硝化作用进程。同时，新鲜猪粪制备的生物质炭所释放的多环芳烃类物质会降低亚硝酸氧化微生物和功能基因丰度，导致亚硝酸氧化作用受到抑制，减缓硝化作用强度[104]。

关于生物质炭对反硝化功能基因的研究结果大多并不一致。生物质炭显著提高了 *nar*G 功能基因的丰度，促进 NO_3^- 向 NO_2^- 的转化，同时生物质炭通过改善土壤生境刺激反硝化菌的生长，导致 *nir*K 和 *nir*S 功能基因丰度增加，加速 NO_2^- 向 NO 的转化。Harter 等[105]的研究发现，土壤反硝化功能基因 *nos*Z 与 *nir*S+*nir*K 的比值受生物质炭的直接影响，添加生物质炭的土壤 *nos*Z/(*nir*S+*nir*K) 值始终高于对照组，据此可以推测，生物质炭通过改变反硝化菌的组成结构和丰度来影响土壤反硝化作用。同时，生物质炭富含不稳定有机分子，这些有机分子驱动土壤微生物碳氮周转，更有利于提升诸如 *nir*K 和 *nos*Z 在内的反硝化基因丰度[106,107]。然而，同样有研究表明，生物质炭施用可以降低反硝化功能基因丰度。首先，生物质炭孔隙结构丰富，施入土壤有利于土壤气体交换，抑制了土壤微生物反硝化作用，降低了反硝化功能基因丰度[108]。其次，在氮素缺乏、有机质较低的土壤中添加生物炭后，生物质炭会吸附土壤中硝态氮，从而导致反硝化过程底物不足，反硝化功能微生物和功能基因丰度受到抑制[109]。最后，生物炭的施入，使固氮微生物的数量增加，导致氮的反硝化作用减弱。

综上，生物质炭通过对土壤氮循环微生物功能基因的影响作用于氮素物质周转，并最终影响到土壤氮淋失，氨挥发及温室气体氮氧化物的排放等环境问题。

6.5　生物质炭对作物产量品质提升效应

由于生物质炭孔隙结构丰富，比表面积巨大并含有丰富的营养物质，采用生物质炭培肥土壤，提高农作物产量已经得到广泛认可。通常认为，生物质炭的施用可以提高 18%的作物产量，并且生物质炭对农作物产量的提高主要集中在高风化、低肥力及以高岭石和倍半氧化物为主的高酸度土壤上[110,111]。现有研究表明，施用橡树皮生物质炭可以提高 43%的玉米产量，施用牛粪炭可以提高 98%～150%的农作物产量，施用木料及玉米秸秆炭可以提高 114%～444%的农作物产量，而施用生物质炭 3 年后农作物产量则提高了 140%[112-114]。然而，也有研究表明，生物质炭对农作物产量并没有显著影响，甚至高剂量施用生物质炭会对农作物产量产生负面效应。例如，在砂壤和粉砂壤两种温带土壤上施用 15g/kg 的生物质炭，发现玉米产量并没有显著提高，而当生物质炭施用量大于 100g/kg 时，玉米的产量会随着生物质炭施用量的提高而显著下降[115]。本节将分别探讨生物质炭施用对不同农作物产量和品质的提升效果，为生物质炭的合理施用提供理论支持。

6.5.1 生物质炭对水稻产量和生物量的影响

水稻是我国主要的粮食作物，促进水稻高产对我国农业自给自足具有重要现实意义。宋燕凤等[116]在位于江苏省南京市江宁区秣陵镇的研究发现，与单施磷处理相比，磷肥与陈化 2 年的生物质炭处理(PB_{2y})及磷肥与陈化 5 年的生物质炭处理(PB_{5y})配施，水稻产量分别显著提高 13.7%和 16.3%，磷素利用效率则分别提高35.4%和 45.5%，随着生物质炭陈化年限的增加，水稻增产效果显著(图 6.9)。

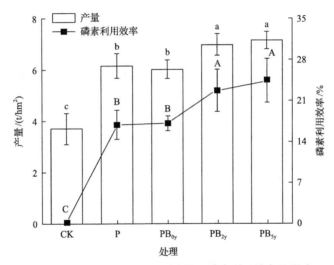

图 6.9 陈化生物质炭对水稻产量和磷素利用效率的影响

南京农业大学科研团队在位于江苏省宜兴市太湖流域的水稻试验表明，生物质炭的施用可以显著提高水稻产量，未施用生物质炭处理水稻产量为 4.8t/ha，施用生物质炭后水稻产量提升至 5.3~6.1t/hm²，其中，中高剂量生物质炭处理水稻产量与空白相比差异显著(表 6.4)。

表 6.4 生物质炭施用对水稻产量的影响

处理	NPP/(kg C/ha)	NEE/(kg C/ha)	水稻产量/(kg/ha)
C_0	4571±528b	−3053±539a	4803±759b
C_1	5251±96ab	−3717±74a	5285±114ab
C_2	5762±297a	−4484±240b	6007±330a
C_3	5874±923a	−4719±901b	6067±700a

注：表中不同字母表示处理间的差异达到显著水平($p<0.05$)；NPP：净初级生产力；NEE：净生态系统交换。

6.5.2　生物质炭对小麦产量和生物量的影响

　　小麦是我国北方地区常见的粮食作物,南京农业大学科研团队探讨生物质炭和木醋液配施对小麦生物量和产量的影响,结果发现,生物质炭和木醋液可以促进小麦产量提高。第一季未施肥处理小麦产量为 0.57t/ha,而施用生物质炭和木醋液的处理小麦产量达到 6.61t/ha;第二季未施肥处理小麦产量达到 3.62t/ha,而 BPC-1 和 BPC-2 处理的小麦产量则达到了 4.9t/ha 和 5.80t/ha(表 6.5)。尽管 2012由于春季干旱影响了小麦生长,但由于施肥、耕作和有机肥的投入,土壤生产力有所恢复,BPC-1 的小麦产量在 2011 年基础上又增加了 36%,然而 BPC-2 处理小麦的产量则下降了 60%。

表 6.5　生物质炭与木醋液配施对小麦产量的影响

年份	处理	小麦产量
2010~2011 年	CK0	$0.57 \pm 0.01b$
	BPC	$6.61 \pm 1.25a$
2011~2012 年	CK1	$3.62 \pm 0.57b$
	BPC-1	$4.94 \pm 0.19a$
	BPC-2	$5.80 \pm 0.55a$

　　注:表中不同字母表示处理间的差异达到显著水平($p < 0.05$)。

　　试验第 2 年,CK1 处理小麦千粒重(WPT)为 26.5g,而 BPC-2 处理则为 41.4g;CK1 处理每穗粒重为 1.02g,BPC-2 为 1.46g,然而,两个处理之间的总穗数没有明显差异。试验第一年 BPC-1 和 BPC-2 的每公顷穗数和每穗粒数分别比 CK1 增加 0.41%~10.41%和 0.42%~28.97%,第二年 BPC-2 的千粒重和产量分别比 BPC-1 增加 23.61%和 37.48%(图 6.10)。

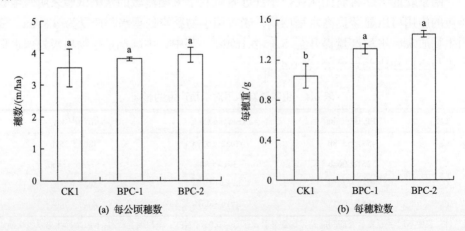

(a) 每公顷穗数　　　　　　　　　(b) 每穗粒数

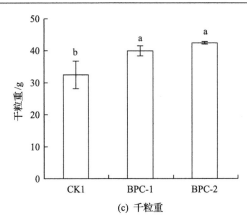

图 6.10　生物质炭与木醋液配施对小麦的影响

研究结果显示，施用生物质炭可以在两季作物生长期内显著提升小麦产量，同时提高小麦每穗粒数和千粒重，对当地农业生产具有较好的推动作用。

6.5.3　生物质炭对玉米产量和生物量的影响

黄淮海地区是我国第二大玉米主产区，夏玉米种植面积约占全国总产量的36%，因此，改善土壤质量、保持作物稳产高产是该区域农业生产的重要目标。南京农业大学科研团队采用生物质炭提升玉米产量，研究发现，生物质炭施用显著提高了土壤的有机碳含量、全氮含量及 pH，降低了土壤的体积质量，改善土壤的孔隙度，显著增加了土壤的保水性能。玉米生长后期，施用生物质炭的玉米产量有所提高。从地上部分的生物量来看，在拔节期生物质炭处理的地上部分生物量显著低于空白，C_2 处理在大喇叭口期仍显著低于空白，而到玉米生长后期的吐丝、乳熟和蜡熟期，C_1 处理生物量显著高于空白(表 6.6)。由此可知，土壤中施加生物质炭会对玉米前期生长产生一定的抑制作用，施加量 40t/ha 比 20t/ha 表现出的抑制作用更大，但是在生长中后期，玉米植株生物量在生物质炭低施用量条件下显著高于空白处理。

表 6.6　生物质炭对不同生育阶段玉米株高的影响

处理	苗期	拔节期	大口期	吐丝期
C_0	41.3±0.9a	67.2±3.3a	208.3±8.5a	270.3±5.7a
C_1	39.8±0.4a	63.5±1.3a	205.8±4.5a	260.3±6.1a
C_2	37.1±0.2b	61.8±3.7a	199.7±14.6a	263.5±9.2a

注：同列数据小写字母不同表示处理间差异达到 $p < 0.05$ 显著水平，下同。

总体来说，采用生物质炭与氮肥配施技术可以显著提高玉米产量和氮素的农学利用率，同时，玉米穗长、穗数、穗粒数和千粒重均随生物质炭施用量的增加而显著提高。

6.5.4　生物质炭对蔬菜产量和品质的影响

1. 生物质炭对红薯产量的影响

浙江科技学院科研团队在杭州市小和山校内试验基地研究发现，猪粪炭与沼液配施提高了 3.8%～65.1%的红薯平均产量，当猪粪炭施用量为 4%，沼液为 50% 标准氮肥施用量时，红薯产量达到峰值 46.78t/ha（图 6.11）。

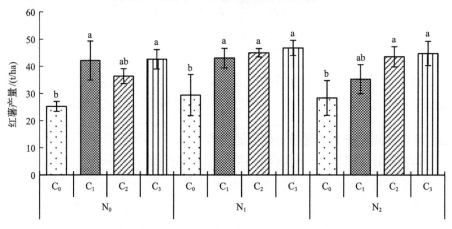

图 6.11　猪粪炭与沼液配施对红薯产量的影响

2. 生物质炭对白菜品质的影响

浙江科技学院研究团队在临安板桥农场应用炭基有机肥施用种植长梗白菜，研究发现，炭基肥施用促进白菜根系的生长，未施肥根系鲜重为 6.92±0.73g，而施炭基有机肥的白菜根系鲜重达到 8.17±0.85g，说明炭基肥土壤施用能促进植物根系生长（图 6.12）。

(a) 产量　　　　　　　　　　　　　　(b) 根系

图 6.12　生物质炭对白菜产量和根系的影响

6.5.5　生物质炭培肥土壤综合评价

近年来，利用生物质炭培肥土壤，缓解障碍土壤肥力制约因子已经成为研究的热点。生物质炭可以减缓土壤酸化，提高土壤养分含量(阳离子交换量，氮素、磷素及有机碳等)，并提高土壤养分有效性和肥料利用率。根据生物质炭对调控贫瘠土壤的基本规律，我国科学家本着自主创新和应用优先的原则，试验开发了生物质炭农业应用技术，在我国主要农作区物多地连续多年对生物质炭农业应用技术进行了试验示范，目前已经构建了一套生物质炭绿色农业的模块化技术体系，在土壤培肥方面提出了一系列技术规范。

生物质炭通常呈碱性，具有丰富的孔隙结构和巨大的比表面积，并富含营养物质，施入土壤可以调节土壤酸度，降低土壤容重，提高土壤通气透水孔隙所占比例，加速土壤腐殖化进程，改善土壤微生物丰度和群落结构，提高土壤肥力，进而促进农作物生长和产量提升。尽管越来越多的研究表明，生物质炭施用对改善土壤肥力、保障全球粮食稳产增产具有重要现实意义。然而，有关生物质炭大规模改良中低产田的实际应用才刚刚起步，对于如何经济合理的施用生物质炭仍有待探索。同时，有关生物质炭对土壤改良和农作物增产的研究主要集中在宏观现象上，生物质炭与土壤微生物的协同交互，生物质炭与土壤团聚体形成、粒径分布和破坏率大小，生物质炭与植物根系间的水养运移，这些交互作用与土壤性质提升和农作物产量品质提升的相互关系仍有待进一步探索。

参 考 文 献

[1] 司振中, 李貌, 邱维理, 等. 中国耕地资源的区域差异与保护问题[J]. 自然资源学报, 2011, 25(5): 713-721.

[2] 潘根兴, 李恋卿, 刘晓雨, 等. 热裂解生物质炭产业化:秸秆禁烧与绿色农业新途径[J]. 科技导报, 2015, 33(13): 92-101.

[3] 黄东风, 王利民, 李卫华, 等. 培肥措施培肥土壤的效果与机理研究进展[J]. 中国生态农业学报, 2014, 22(2): 127-135.

[4] 颜晓元, 夏龙龙, 遆超普. 面向作物产量和环境双赢的氮肥施用策略[J]. 中国科学院院刊, 2018, 33(2): 177-183.

[5] 徐亚新, 何萍, 仇少君, 等. 我国马铃薯产量和化肥利用率区域特征研究[J]. 植物营养与肥料学报, 2019, 25(1): 22-35.

[6] 储成, 吴赵越, 黄欠如, 等. 有机质提升对酸性红壤氮循环功能基因及功能微生物的影响[J]. 环境科学, 2020, 41(5): 2468-2475.

[7] Jin Z W, Chen C, Chen X M, et al. Biochar impact on nitrate leaching in upland red soil, China[J]. Environmental Earth Sciences, 2016, 75(14): 1109.

[8] Zhang H M, Wang B R, Xu M G, et al. Crop yield and soil responses to long-term fertilization on a red soil in southern China[J]. Pedosphere, 2009, 19(2): 199-207.

[9] 周卫军, 王凯荣, 张光远, 等. 有机与无机肥配合对红壤稻田系统生产力及其土壤肥力的影响[J]. 中国农业科学, 2002, 35(9): 1109-1113.

[10] 蒋端生. 红壤丘陵区耕地肥力质量演变规律及其影响因素研究[D]. 湖南: 湖南农业大学, 2008.

[11] Srivastava S C, Singh J S. Microbial C, N and P in dry tropical forest soils: Effects of alternate land-uses and nutrient flux[J]. Soil Biology and Biochemistry, 1991, 23(2): 117-124.

[12] Aulakh M S, Garg A K, Kabba B S. Phosphorus accumulation, leaching and residual effects on crop yields from long-term applications in the subtropics[J]. Soil Use and Management, 2007, 23(2): 417-427.

[13] Lehmann J, Rillig M C, Thies J, et al. Biochar effects on soil biota-a review. Soil Biology and Biochemistry. 2011, 43(9): 1812-1836.

[14] Paz-Ferreiro J, Trasar-Cepeda C, Maria del C L, et al. Intra-annual variation in biochemical properties and the biochemical equilibrium of different grassland soils under contrasting management and climate[J]. Biology and Fertility of Soils, 2011, 47(6): 633-645.

[15] Vrieze D J. The littlest farmhands[J]. Science, 2015, 349(6249): 680-683.

[16] 韩光明, 孟军, 曹婷, 等. 生物炭对菠菜根际微生物及土壤理化性质的影响[J]. 沈阳农业大学学报, 2012, 43(5): 515-520.

[17] 靖彦, 陈效民, 刘祖香. 生物质炭与无机肥料配施对旱地红壤有效磷含量影响的研究[J]. 应用生态学报, 2013, 24(4): 989-994.

[18] 葛顺峰, 彭玲, 任饴华, 等. 秸秆和生物质炭对苹果园土壤容重、阳离子交换量和氮素利用的影响[J]. 中国农业科学, 2014, 47(2): 366-373.

[19] Novak J M, Busscher W J, Watts D W. Biochars impact on soilmoisture storage in an ultisol and two aridisols[J]. Soil Science, 2012, 177(5): 310-320.

[20] Jien S H, Wang C S. Effects of biochar on soil properties and erosion potential in a highly weathered soil[J]. Catena, 2013, 110(110): 225-233.

[21] Herath H M S K, Camps-Arbestain M, Hedley M. Effect of biochar on soil physical properties in two contrasting soils: An Alfisol and an Andisol[J]. Geoderma, 2013, 209-210(11): 188-197.

[22] Liu X H, Han F P, Zhang X C. Effect of biochar on soil aggregates in the loess plateau: Results from incubation experiments[J]. International Journal of Agriculture and Biology, 2012, 14(6): 975-979.

[23] Hardie M, Clothier B, Bound S, et al. Does biochar influence soil physical properties and soil water availability?[J] Plant and Soil, 2014, 376(1-2): 347-361.

[24] Lentz R D, Ippolito J A. Biochar and manure affect calcareous soil and corn silage nutrient concentrations and uptake[J]. Journal of Environmental Quality, 2012, 41(4): 1033-1043.

[25] Ouyang L, Yu L, Zhang R. Effects of amendment of different biochars on soil carbon mineralisation and sequestration[J]. Soil Research, 2014, 52(1): 46-54.

[26] Jaffé R, Ding Y, Niggemann J, et al. Global charcoal mobilization from soils via dissolution and riverine transport to the oceans[J]. Science, 2013, 340(6130): 345-347.

[27] Zhang A, Liu Y, Pan G, et al. Effect of biochar amendment on maize yield and greenhouse gas emissions from a soil organic carbon poor calcareous loamy soil from Central China Plain[J]. Plant and Soil, 2012, 351(1-2): 263-275.

[28] Arthur E, Tuller M, Moldrup P, et al. Effects of biochar and manure amendments on water vapor sorption in a sandy-loam soil[J]. Geoderma, 2015, 243-244: 175-182.

[29] Yin Y F, He X H, Gao, R, et al. Effects of rice straw and its biochar addition on soil labile carbon and soil organic carbon[J]. Journal of Integrated Agriculture, 2014, 13(3): 491-498.

[30] Alburquerque J A, Salazar P, Barrón V, et al. Enhanced wheat yield by biochar additionj under different mineral fertilization levels[J]. Agronomy for Sustainable Development, 2013, 33(3): 475-484.

[31] Xu H J, Wang X H, Li H, et al. Biochar impacts soil microbial community composition and nitrogen cycling in an acidified soil[J]. Environmental Science and Technology, 2014, 48(16): 9391-9399.

[32] El-Naggar A H, Usman A R A, Al-Omran A, et al. Carbon mineralization and nutrient availability in calcareous sandy soils amended with woody waste biochar[J]. Chemosphere, 2015, 138: 67-73.

[33] Jin Z W, Chen C, Chen X M, et al. The crucial factors of soil fertility and rapeseed yield-A five year field trial with biochar addition in upland red soil, China[J]. Scence of the Total Environmental 2019, 649: 1467-1480.

[34] 赵光昕, 张晴雯, 刘杏认, 等. 农田土壤硝化反硝化作用及其对生物炭添加响应的研究进展[J]. 中国农业气象, 2018, 39(7): 442-452.

[35] 谢祖彬, 刘琦. 生物质炭的固碳减排与合理施用[J]. 农业环境科学学报, 2020, 39(4): 901-907.

[36] Gomez J D, Denef K, Stewart C E, et al. Biochar addition rate influences soil microbial abundance and activity in temperate soils[J]. European Journal of Soil Science, 2014, 65(1): 28-39.

[37] Hang L, Meng X Y, Wong M H, et al., Effects of biochar on soil microbial community and functional genes of a landfill cover three years after ecological restoration[J]. Science of the Total Environment, 2020, 717: 137133.

[38] Lehmann J, Rillig M C, Thies J A C, et al. Biochar effects on soil biota-a review[J]. Soil Biology and Biochemistry, 2011, 43(9): 1812-1836.

[39] Blanco-Canqui H. Biochar and soil physical properties[J]. Soil Science Society of America Journal, 2017, 81(4): 687-711.

[40] Zimmerman A R, Gao B, Ahn, M Y. Positive and negative carbon mineralization priming effects among a variety of biochar-amended soils[J]. Soil Biology and Biochemistry, 2011, 43(6): 1169-1179.

[41] 李秋霞, 陈效民, 靳泽文, 等. 生物质炭对旱地红壤理化性状和作物产量的持续效应[J]. 水土保持学报, 2015, 29(3): 208-213.

[42] 林成谷. 土壤学[M]. 北京: 农业出版社, 1998.

[43] Busscher W J, Novak J M, Evans D E, et al. Influence of pecan biochar on physical properties of a Norfolk loamy sand[J]. Soil Science, 2010, 175(1): 10-14.

[44] Mukherjee A, Lal R, Zimmerman A R. Impacts of Biochar and Other Amendments on Soil-Carbon and Nitrogen Stability: A Laboratory Column Study[J]. Soil Science Society of America Journal, 2014, 78(4): 1258-1266.

[45] Liu X, Zhou, Chi Z, et al. Biochar provided limited benefits for rice yield and greenhouse gas mitigation six years following an amendment in a fertile rice paddy[J]. Catena, 2019, 179: 20-28.

[46] Burrell L D, Zehetner F, Rampazzo N, et al. Long-term effects of biochar on soil physical properties[J]. Geoderma, 2016, 282: 96-102.

[47] Shackley S, Hammond J, Gaunt J, et al. The feasibility and costs of biochar deployment in the UK[J]. Carbon Management, 2011, 2(3): 335-356.

[48] Gaskin J W, Speir R A, Harris K, et al. Effect of peanut hull and pine chip biochar on soil nutrients, corn nutrient status, and yield[J]. Agronomy Journal, 2010, 102(2): 623-633.

[49] Jin Z W, Chen C, Chen X M, et al. Soil acidity, available phosphorus content and optimum fertilizer N and biochar application rate-A six-year field trial with biochar and fertilizer N addition in upland red soil, China[J]. Field Crops research, 2019, 232: 77-87.

[50] Du Z, Chen X, Qi X, et al. The effects of biochar and hoggery biogas slurry on fluvo-aquic soil physical and hydraulic properties: a field study of four consecutive wheat-maize rotations[J]. Journal of Soils and Sediments, 2016, 16(8): 2050-2058.

[51] Omondi M O, Xia X, Nahayo A, et al. Quantification of biochar effects on soil hydrological properties using meta-analysis of literature data[J]. Geoderma, 2016, 274: 28-34.

[52] Blanco-Canqui H. Biochar and soil physical properties[J]. Soil Science Society of America Journal, 2017, 81(4): 687-711.

[53] Jien S H, Wang C S. Effects of biochar on soil properties and erosion potential in a highly weathered soil[J]. Catena, 2013, 110: 225-233.

[54] Lehmann J, Rillig M C, Thies J A C, et al. Biochar effects on soil biota-a review[J]. Soil Biology and Biochemistry, 2011, 43(9): 1812-1836.

[55] Zhang A, Cui L, Pan G, et al. Effect of biochar amendment on yield and methane and nitrous oxide emissions from a rice paddy from Tai Lake plain, China[J]. Agriculture, Ecosystems and Environment, 2010, 139(4): 469-475.

[56] Zhang W, Wang S. Effects of NH_4^+ and NO_3^- on litter and soil organic carbon decomposition in a Chinese fir plantation forest in South China[J]. Soil Biology and Biochemistry, 2012, 47: 116-122.

[57] Gunes A, Inal A, Taskin M B, et al. Effect of phosphorus-enriched biochar and poultry manure on growth and mineral composition of lettuce(Lactuca sativa L. cv.) grown in alkaline soil[J]. Soil Use and Management, 2014, 30: 182-188.

[58] Masulili A, Utomo W, Syechfani M. Rice husk biochar for rice based cropping system in acid soil 1. The characteristics of rice husk biochar and its influence on the properties of acid sulfate soils and rice growth in West Kalimantan, Indonesia[J]. Journal of Agricultural Science, 2010, 2(1): 39-47.

[59] Widowati W, Asnah, A. Biochar can enhance potassium fertilization efficiency and economic feasibility of maize cultivation[J]. Journal of Agricultural Science, 2014, 6: 24-32.

[60] Pan G, Zhou P, Li Z, et al. Combined inorganic/organic fertilization enhances N efficiency and increases rice productivity through organic carbon accumulation in a rice paddy from the Tai Lake region, China[J]. Agriculture, Ecosystems and Environment, 2009, 131(3): 274-280.

[61] Han F, Ren L, Zhang X C. Effect of biochar on the soil nutrients about different grasslands in the Loess Plateau[J]. Catena, 2016, 137: 554-562.

[62] Chintala R, Schumacher T E, Mcdonald L M, et al. Phosphorus sorption and availability from biochars and soil/biochar mixtures[J]. Clean-Soil, Air, Water, 2014, 42(5): 626-634.

[63] Farrell M, Macdonald L M, Butler G, et al. Biochar and fertiliser applications influence phosphorus fractionation and wheat yield[J]. Biology and Fertility of Soils, 2014, 50(1): 169-178.

[64] Blackwell P, Joseph S, Munroe P, et al. Influences of biochar and biochar-mineral complex on mycorrhizal colonisation and nutrition of wheat and sorghum[J]. Pedosphere, 2015, 25(5): 686-695.

[65] Dong D, Yang M, Wang C et al. Responses of methane emissions and rice yield to applications of biochar and straw in paddy field. Journal of Soil and Sediments, 2013, 13: 1450-1460.

[66] 马彦茹, 杨新华, 葛春辉, 等. 棉秆生物质炭对两种石灰性土壤速效磷、速效钾的激活效应研究. 新疆农业科学. 2014, 51: 660-666.

[67] Liu Y, Lu H, Yang S. Impacts of biochar addition on rice yield and soil properties in a cold waterlogged paddy for two crop seasons[J]. Field Crop Research, 2016, 191: 161-167.

[68] Al-Wabel M I, Hussain Q, Usman A R A, et al. Impact of Biochar Properties on Soil Conditions and Agricultural Sustainability: A Review[J]. Land Degradation and Development, 2017.

[69] 花莉, 金素素, 洛晶晶. 生物质炭输入对土壤微域特征及土壤腐殖质的作用效应研究[J]. 生态环境学报, 2012, 21(11): 1795-1799.

[70] 沈惠国. 土壤微量元素对植物的影响[J]. 林业科技情报, 2010, 42: 12-14.

[71] Sorrenti G, Masiello C A, Toselli M. Biochar interferes with kiwifruit Fe-nutrition in calcareous soil[J]. Geoderma, 2016, 272: 10-19.

[72] 朱红. 生物炭对土壤微量元素生物有效性的影响及机制研究[D]. 2020.

[73] Zhu Y G, Khan S, Cai C, et al. Sewage sludge biochar influence upon rice (Oryza sativa L.) yield, metal bioaccumulation and greenhouse gas emissions from acidic paddy soil[J]. Environmental Science Technology, 2013, 47(15): 8624-8632.

[74] 牛新湘, 马兴旺. 农田土壤养分淋溶的研究进展[J]. 中国农学通报, 2011, 27(3): 451-456.

[75] 靖彦, 陈效民, 李秋霞, 等. 施用生物质炭对红壤中硝态氮垂直运移的影响及其模拟[J]. 应用生态学报, 2014, 25(11): 3161-3167.

[76] Karhu K, Mattila T, Bergstrm I, et al. Biochar addition to agricultural soil increased CH_4 uptake and water holding capacity-Results from a short-term pilot field study[J]. Agriculture Ecosystems and Environment, 2011, 140(1): 309-313.

[77] Marks E A N, Mattana S, Josep M Alcañiz, et al. Gasifier biochar effects on nutrient availability, organic matter mineralization, and soil fauna activity in a multi-year Mediterranean trial[J]. Agriculture Ecosystems and Environment, 2016, 215(21): 30-39.

[78] Kizito S, Wu S, Kipkemoi Kirui W, et al. Evaluation of slow pyrolyzed wood and rice husks biochar for adsorption of ammonium nitrogen from piggery manure anaerobic digestate slurry[J]. Science of The Total Environment, 2015, 505: 102-112.

[79] Zhang H, Voroney R P, Price G W. Effects of temperature and processing conditions on biochar chemical properties and their influence on soil C and N transformations[J]. Soil Biology and Biochemistry, 2015, 83: 19-28.

[80] Lehmann J, Joseph S. Biochar for Environmental Management: Science and Technology[M]. London: Earthscan Publishers, 2009.

[81] 刘玉学, 王耀锋, 吕豪豪, 等. 生物质炭化还田对稻田温室气体排放及土壤理化性质的影响[J]. 应用生态学报, 2013, 24(8): 2166-2172.

[82] Warnock D D, Mummey D L, Mcbride B, et al. Influences of non-herbaceous biochar on arbuscular mycorrhizal fungal abundances in roots and soils: Results from growth-chamber and field experiments[J]. Applied Soil Ecology, 2010, 46(3): 450-456.

[83] Gul S, Whalen J K, Thomas B W, et al. Physico-chemical properties and microbial responses in biochar-amended soils: mechanisms and future directions[J]. Agriculture Ecosystems Environment, 2015, 206: 46-59.

[84] Zheng J, Han J, Liu Z, et al. Biochar compound fertilizer increases nitrogen productivity and economic benefits but decreases carbon cmission of maize production[J]. Agriculture Ecosystems Environment, 2017, 241: 70-78.

[85] Chen C P, Cheng C H, Huang Y H, et al. Converting leguminous green manure into biochar: changes in chemical composition and C and N mineralization[J]. Geoderma, 2014, 232-234, 581-588.

[86] Ding L J, Su J Q, Sun G X, et al. Increased microbial functional diversity under long-term organic and integrated fertilization in a paddy soil[J]. Applied Microbiology and Biotechnology, 2018, 102: 1969-1982.

[87] Chen J, Sun X, Li L, et al. Change in active microbial community structure, abundance and carbon cycling in an acid rice paddy soil with the addition of biochar[J]. European Journal of Soil Science, 2016, 67(6): 857-867.

[88] Xu H J, Wang X H, Li H, et al. Biochar impacts soil microbial community composition and nitrogen cycling in an acidic soil planted with rape[J]. Environmental Science and Technology, 2014, 48: 9391-9399.

[89] 宋延静, 张晓黎, 龚骏. 添加生物质炭对滨海盐碱土固氮菌丰度及群落结构的影响[J]. 生态学杂志, 2014, 33(8): 2168-2175.

[90] Chen J, Sun X, Li L, et al. Change in active microbial community structure, abundance and carbon cycling in an acid rice paddy soil with the addition of biochar[J]. European Journal of Soil ence, 2016, 67(6): 857-867.

[91] Anderson C R, Condron L M, Clough T J, et al. Biochar induced soil microbial community change: Implications for biogeochemical cycling of carbon, nitrogen and phosphorus[J]. Pedobiologia, 2011, 54(5-6): 309-320.

[92] 张玉树, 丁洪, 秦胜金. 农业生态系统中氮素反硝化作用与 N_2O 排放研究进展[J]. 中国农学通报, 2010, 26(6): 253-259.

[93] 王青霞, 陈喜靖, 喻曼, 等. 秸秆还田对稻田氮循环微生物及功能基因影响研究进展[J]. 浙江农业学报, 2019, 31(2): 333-342.

[94] Xiao Z, Rasmann S, Yue L, et al. The effect of biochar amendment on N-cycling genes in soils: a meta-analysis[J]. Science of The Total Environment, 2019, 696: 133984.

[95] Prosser J. Autotrophic Nitrification in Bacteria[J]. Advances in Microbial Physiology, 1990, 30: 125.

[96] Caranto J, Vilbert A, Lancaster K. *Nitrosomonas europaea cytochrome* P460 is a direct link between nitrification and nitrous oxide emission[J]. Proceedings of the National Academy of Sciences of the United States of America, 2016, 113(51): 14704-14709.

[97] Kuypers M, Marchant H, Kartal B. The microbial nitrogen-cycling network[J]. Nature Reviews Microbiology, 2018, 16: 263-276.

[98] 左明雪, 孙杰, 徐如玉, 等. 丛枝菌根真菌与有机肥配施对甜玉米根际土壤氮素转化及氮循环微生物功能基因的影响[J]. 福建农业学报, 2020, 35(9): 1012-1025.

[99] 朱兆良. 农田中氮肥的损失与对策[J]. 土壤与环境, 2000, 9(1): 1-6.

[100] Taketani R, Tsai S. The influence of different land uses on the structure of archaeal communities in Amazonian anthrosols based on 16S rRNA and *amo*A genes[J]. Microbial Ecology, 2010, 59(4): 734.

[101] Lin Y, Ye G, Liu D, et al. Long-term application of lime or pig manure rather than plant residues suppressed diazotroph abundance and diversity and altered community structure in an acidic Ultisol[J]. Soil Biology and Biochemistry, 2018, 123: 218-228.

[102] Ouyang Y, Evans S, Friesen M, et al. Effect of nitrogen fertilization on the abundance of nitrogen cycling genes in agricultural soils: A meta-analysis of field studies[J]. Soil Biology and Biochemistry, 2018, 127: 71-78.

[103] Clough T, Bertram J, Ray J, et al. Unweathered wood biochar impact on nitrous oxide emissions from a bovine-urine-amended pasture soil[J]. Soil Science Society of America Journal, 2010, 74(3): 852-860.

[104] Troy S, Lawlor P, Flynn C, et al. The impact of biochar addition on nutrient leaching and soil properties from tillage soil amended with pig manure[J]. Water Air and Soil Pollution, 2014, 225(3): 1-15.

[105] Harter J, Krause H M, Schuettler S, et al. Linking N_2O emissions from biochar-amended soil to the structure and function of the N-cycling microbial community[J]. The ISME Journal, 2014, 8(3): 660-674.

[106] Zwieten L. Van Kimber S, Morris S, et al. Effects of biochar from slow pyrolysis of Papermill waste on agronomic performance and soil fertility[J]. Plant and Soil, 2010, 327(1-2): 235-246.

[107] Tao R, Wakelin S, Liang Y, et al. Nitrous oxide emission and denitrifier communities in drip-irrigated calcareous soil as affected by chemical and organic fertilizers[J]. Science of the Total Environment, 2018, 612: 739-749.

[108] 孙雪, 刘琪琪, 郭虎, 等. 猪粪生物质炭对土壤肥效及小白菜生长的影响[J]. 农业环境科学学报, 2016, 35(9): 1756-1763.

[109] 颜永毫, 王丹丹, 郑纪勇. 生物炭对土壤 N_2O 和 CH_4 排放影响的研究进展[J]. 中国农学通报, 2013, 29(8): 140-146.

[110] Hagemann N, Joseph S, Schmidt H P, et al. Organic coating on biochar explains its nutrient retention and stimulation of soil fertility[J]. Nature Communication, 2017, 8(1): 1089.

[111] Spokas K A, Cantrell K B, Novak J M, et al. Biochar: A synthesis of its agronomic impact beyond carbon sequestration[J]. Journal of Environment Quality, 2012, 41(4): 973.

[112] Cornelissen G, Jubaedah, Nurida N L, et al. Fading positive effect of biochar on crop yield and soil acidity during five growth seasons in an Indonesian Ultisol[J]. Science of The Total Environment, 2018, 634: 561-568.

[113] Uzoma K C, Inoue M, Andry H, et al. Influence of biochar application on sandy soil hydraulic properties and nutrient retention[J]. Journal of Food and Agriculture Environment, 2011, 9(3): 1137-1143.

[114] Yamato M, Okimori Y, Wibowo I F, et al. Effects of the application of charred bark of Acacia mangium on the yield of maize, cowpea and peanut, and soil chemical properties in South Sumatra, Indonesia[J]. Soil Science and Plant Nutrition, 2010, 52(4): 489-495.

[115] Borchard N, Siemens J, Ladd B, et al. Application of biochars to sandy and silty soil failed to increase maize yield under common agricultural practice[J]. Soil and Tillage Research, 2014, 144: 184-194.

[116] 宋燕凤, 张前前, 吴震, 等. 田间陈化生物质炭提高稻田土壤团聚体稳定性和磷素利用率[J]. 植物营养与肥料学报, 2020, 26(4), 613-621.

第 7 章　生物质炭在盐碱地及酸化土壤改良中的应用

根据 2018 年发布的《中国土地矿产海洋资源统计公报》显示，全国共有农用地面积 6.45 万 hm²，其中耕地面积 1.35 万 hm²，总量巨大但人均耕地不 0.1hm²，仅为世界人均数量的 45%、发达国家人均的 1/4。我国耕地的基本特征是整体质量偏低，中低产田比例大，土壤障碍因素多，退化和污染严重，耕地占优补劣现象十分普遍。提高农业土壤质量，必须研究不同类型土壤特点并对其进行针对性地科学改良。在众多的改良方法中，生物质炭作为一种新型土壤改良剂，具有发达的孔隙结构、巨大的比表面积、极强的吸附性能等特性，施入土壤后可显著改善土壤理化性质，增加土壤养分含量，提高土壤微生物多样性，优化土壤微生物生长环境，从而提高土壤肥力和作物产量。因此，近年来将生物质炭以炭基肥或者改良剂的方式应用到酸、碱性土壤的改良中已成为土壤改良方面研究的热点[1]。

7.1　盐碱化土壤改良

土壤盐碱化已经成为当前全世界共同面临的土地资源可持续利用难题。统计显示，即便在全人类的共同关注和治理下，全球的盐碱化土地仍然以每年 $1.0 \times 10^6 \sim 1.5 \times 10^6 \text{hm}^2$ 的速度在增长。世界上的盐渍土总面积超过 9.55 亿 hm²，占地球陆地面积的 10%，广泛分布区各大洲 100 多个国家[2]。我国盐碱化土地面积近 1 亿 hm²，其中现代盐渍化土地面积 $3.7 \times 10^7 \text{hm}^2$，残余盐渍化土地 $4.5 \times 10^7 \text{hm}^2$，潜在盐渍化 $1.7 \times 10^7 \text{hm}^2$，主要分布于西北内陆地区、东北、华北和滨江沿海地带。盐碱化土地是我国最主要的中低产土壤类型之一，同时也是重要的后备土地资源类型之一。土地盐碱化除受到气候及地质因素影响，还受到人类土地利用方式和活动的明显影响。其中，化肥的过量施用、不合理的灌溉及粗放式的耕作管理是导致土壤的退化和生产力水平降低的主要人为因素。

7.1.1　盐碱地成因及类型

1. 盐碱地概念

盐碱地是土壤里含可溶性的无机盐离子过多的盐化土和交换性碱性离子(Na^+ 为主)含量较多的碱化土的总称。其中,盐土是指土壤表层的含盐量＞0.6%的土壤;碱土是交换性碱性离子含量的占比超过了总阳离子的 20%以上或 pH＞9。盐土和碱土在形成过程中存在非常紧密的联系，当碱土中的 Na^+含量过高，必然也会导致土壤中的含盐量偏高，因此盐土和碱土是很难彻底分清楚，人们通常把盐土和碱土统称为盐碱土[3]。土壤盐碱化的特征主要表现在土壤表层，但造成土壤盐碱化的盐分离子则主要来自土壤下层和地下水。在盐碱地自然形成的过程中，土壤深层的盐分离子随着水分蒸发不断向土壤表层迁移和聚集，导致表层土壤的含盐量和 pH 提高，进而造成了土壤的盐碱化并危害到植被的正常发育生长[4]。按照不同盐分含量对植被的伤害程度对盐碱地进行分类：土壤含盐量<0.1%时为非盐碱化土壤；当土壤含盐量处于 0.1%～0.2%称其为轻度盐碱地；当土壤含盐量在 0.2%～0.4%称其为中度盐碱地，当土壤含盐量在 0.4%～0.6%时称其为重度盐碱地，当土壤中的含盐量>0.6%时称之为盐地[5]。

2. 盐碱地形成因素

现代盐碱地的形成是自然原因和人为原因长时间共同作用的结果。其中，自然原因包括气候变化、地质条件、地貌特征和水文条件等；人为原因则包括水利工程、农田灌溉和人为所形成的地貌等。

1) 气候

自然降水和蒸发量是影响土壤盐碱离子运动及再分配的主要气象原因。如果区域内降水量小，蒸发量大，盐分就会随着水分的蒸发及渗透作用逐渐积聚在土壤表层。当雨季来临后，聚集于土壤表层的可溶性盐随自然降水产流或下渗而流失，土壤出现暂时脱盐现象。旱季期间土壤水分蒸发强烈，地下水因毛细作用携带大量盐分上升聚集在表层土壤，形成返盐现象。许多干旱半干旱地区由于受季风性气候的影响较大，土壤脱盐和返盐会呈现季节性交替出现的变化规律，但长期来看返盐量要大于脱盐量。我国东北和西北地区由于冬季严寒使土壤水分产生梯度差异，也会造成土壤盐分在地表积累[6]。

2) 区域地形地貌

区域地形地貌主要是通过影响地表水和地下水的交互运动而间接的影响盐分积累和移动。土壤盐分容易随地表径流或壤中流自高海拔地区向低海拔湖泊及盆地积累转运，形成盐分的跨区域积累。由此造成的结果是，盐碱地往往多形成于内陆盆地、山间洼地和沿海平坦的低洼地区，例如，我国的盐碱地多分布于新疆内陆盆地以及东北华北平原等河流中下游地区[7]。东北地区的盐碱地是以苏打盐碱地为主，其形成主要是因为该地区铝硅酸盐经降雨、蒸发使盐分转移到低洼地区，形成了可溶性的碳酸盐。

3) 土壤成土母质

成土母质是土壤形成的物质基础和植物矿物养分元素的最初来源。母质组成和结构直接影响土壤矿化盐类以及盐碱化的程度。如果沉积物中可溶性盐含量较高，随时间推移沉积物结构破坏，经外力作用形成高盐分土壤。不同作用力形成的土壤，其盐分的组成成分不尽相同。母质形成的结构也直接影响土壤盐碱化的程度。其中，只有中间适度的土壤毛细管孔径表现出的毛细作用力能够促使盐碱地迁移，极大和极小的毛细管都不参与土壤盐分再分布过程。

4) 区域水文条件

地下水埋深与干旱区植被生长的需水条件与土壤盐分密切相关。地下水埋深较浅，地下水中的可溶盐分随水分蒸发聚集于地表，引起地表盐分累积，对植被的生长造成胁迫，从而造成盐碱危害[8]。通常越是干旱地区，蒸发越强烈，地下水矿化程度也就越高，土壤越易发生盐碱化[9]。海水对沿海地区土壤的浸渍，可以加速形成盐碱地，从而形成了滨海盐碱地[10]。

5) 人为活动因素

工业革命后特别是近百年以来，随着人口规模的急剧增加以及对土地资源的大规模开发，人类生产活动对土地资源的自然演变产生了深远的影响。特别是对于干旱半干旱地区，人类对土地资源的不合理的开发利用和管理是促使土地次生盐碱化重要推动因素。如在干旱半干旱地区因大水漫灌或者只灌不排等不合理措施，会导致地下水的水位快速上升和地表的土壤盐分增加，使非盐碱化土地发生次生盐碱化。在东北地区由于人类的过度开发或导致原有的植被大面积破坏，湿地消失和水资源流失，最终形成盐碱地[11]。

3. 盐碱地的危害

1) 对土壤理化性质的影响

土壤盐碱化会对土壤的理化性质产生较大影响。盐碱化会引起土壤质地与结构的变化，造成土壤板结，导致土壤透水性变差。土壤盐碱化还会导致土壤肥力的下降以及养分的迁移和转化[12]。土壤盐碱化能够使土壤中有毒金属的溶解度与迁移率提高，促使重金属在植物体内的富集，进而威胁人体健康[13]。盐碱胁迫对土壤酶活性与土壤微生物也有显著的影响。盐度增加会使土壤微生物氮转化速率、精氨酸氨化和硝化速率、微生物生物量氮和脲酶活性降低，但对不同类型土壤酶的影响有所不同[14]。土壤中脲酶与蔗糖酶受盐碱胁迫时活性呈先升后降的变化，而过氧化氢酶活性则呈不断上升的趋势[15]。轻度盐碱胁迫能促进碱性磷酸酶活性，而重度盐碱胁迫则对其产生抑制作用。土壤中微生物丰度、多样性、群落组成及生态功能受土壤盐碱胁迫的显著影响，且具有更强的敏感性，因此能较早地指示生态系统功能的变化。受盐碱类型和盐碱程度胁迫程度的不同，土壤细菌群落组成也会表现出一定的差异，但可通过调节物种组成响应与适应盐碱胁迫[16]。

2) 对植物生长发育的影响

盐碱化对植物的影响主要通过引发生理干旱、危害植物体组织与细胞、阻碍植物对养分的摄入等方面产生作用。受盐碱胁迫影响，植物体的光合作用、蛋白质合成、能量和脂代谢等过程都会出现衰退。研究表明，一定程度范围内的盐胁迫有利于促进一些耐盐植物的生长代谢，但当盐离子浓度超过特定范围后，植物叶片的净光合速率、蒸腾作用、气孔导度均呈不同程度的减弱，影响植物的正常生长[17]。盐分胁迫还会导致植物体内产生大量活性氧(ROS)，促使植物细的氧化损伤甚至死亡。对于耐盐植物，盐分胁迫能够促使机体产生超氧化物歧化酶(SOD)和过氧化物酶(POD)协助清除植物体内多余的超氧化自由基，从而减轻盐胁迫对植物造成的损伤[18]。

盐碱的腐蚀作用还能直接破坏植物组织。在土壤 pH 较高的情况下，–OH 对植物体产生直接毒害作用。植物体内积聚的过多盐分则会阻碍蛋白质合成，加重含氮的中间代谢产物积累，导致植物体组织细胞中毒。土壤盐碱还会阻碍植物的营养摄入与吸收，过多的盐分使土壤物理性状与肥力状况不佳，导致植物营养摄入减慢，转化利用率也降低。土壤中过量的 Na$^+$ 极易导致植物体对钾、磷和其他营养元素的吸收减少，抑制磷的转移，严重影响植物体的营养状况[18,19]。

7.1.2　盐碱化土壤改良技术现状

美国、苏联等欧美国家早在 20 世纪 30 年代就开展了盐碱地改良的研究与实践工作，我国 20 世纪 50 年代起，也逐步开展了大规模的盐碱地改良。早期的盐碱地改良方式主要以工程措施为主，主要包括灌水洗盐、排水除盐(暗管排水)、客土改良等。随着盐碱地改良理论和技术的发展，逐步推行施用有机肥料(秸秆、畜禽粪便等)，种植绿肥植物、耐盐作物及水旱轮作等措施均起到了一定的改良效果。到 20 世纪 80 年代在离子置换理论的指导下，国内应用化学方法改良盐碱地的实践逐渐兴起，最常用的化学改良剂有石膏、磷石膏、烟气脱硫石膏、绿矾等。随着人们环保意识的增强，通过培育耐盐作物等生物措施开展盐碱地改良被广泛应用。与此同时，微生物改良土壤也取得了较好效果[20]。

1. 工程改良措施

工程改良措施主要利用灌溉洗盐、铺设隔离层、客土改良、暗管排盐等工程方式改良滨海盐碱地，也叫物理改良方法。在采用工程措施改良农田中，一般利用灌溉措施将盐分淋洗至耕作层以下，或通过铺设隔离层阻碍潜水上升，从而减轻表层土壤盐分含量。隔盐层是通过铺设沙子、秸秆、沸石、陶粒等来阻碍盐分上升，降低土壤电导率[21-23]。客土改良通常是指将高盐表层土剥离后换成一定厚度的低盐土壤，也叫换土法。铺设隔离层与客土改良等方法虽然可以有效改良盐碱地，但是工程要耗费巨大，效果不能持续，难以大面积推广应用，多用于园林绿化等小范围改良。秸秆覆盖能有效地促进短时间内盐碱地植被的恢复，但依然存在土地返盐和植被退化的风险[24]。孙兆军等[25]在宁夏平罗西大滩进行的研究结果表明，大水洗碱措施能降低耕层土壤盐分含量和pH，有利于土壤排碱，且灌水泡田量越大，改良效果越好，农作物产量越高，因此，在灌水条件较好的地区，改良碱土型盐碱地可多采用大水洗盐压盐。然而，对水资源短缺的干旱半干旱地区，灌水洗盐的方式因要求较多的淡水资源，会造成有限水资源的极大浪费。对于缺水地区，覆膜滴灌、暗管排盐等节水措施，同样可以达到盐碱地改良的目标，且能够有效节约水资源[23]。刘洪光等[26]针对盐碱地滴灌葡萄的研究结果表明，滴灌配合覆膜，可极大提高表层土壤水分含量，在灌水和覆膜内土壤水分的反复蒸发、凝聚、下渗微循环作用下，土壤的盐分向土壤底部迁移，且靠近滴头处土壤土层盐分迁移愈加明显。

2. 化学改良措施

化学改良措施是利用化学方法改变胶体的吸附性阳离子的组成以实现改善土壤结构，调节酸碱度和土壤营养状况，达到改良盐碱土的目的。利用石膏改良盐碱地的研究与实践已经被广泛应用。脱硫石膏（主要成分为 $CaSO_4 \cdot 2H_2O$）作为火电厂的主要副产品，已经广泛应用于盐碱地改良。脱硫石施入盐碱地后，其所含 Ca^{2+} 和土壤中游离的 $NaHCO_3$ 和 Na_2CO_3 通过化学作用，生成 $CaCO_3$、$Ca(HCO_3)_2$ 和 Na_2SO_4 等物质。Na_2SO_4 可通过灌溉洗盐冲刷排出，从而减少土壤中的 Na^+ 离子。特别是土壤胶体对 Ca^{2+} 的吸附要强于对 Na^+ 的吸附，因此 Ca^{2+} 可以将 Na^+ 通过离子置换后被淋洗。研究表明，碱化土壤施用脱硫石膏后，土壤 pH 和碱化度（exchangeable sodium percentage，ESP）均出现明显下降，土壤含盐量也随之减少，植物的生长发育状况也得到改善。虽然脱硫石膏改良盐碱地效果显著，但部分脱硫石膏本身可能携带有较多可溶性盐，施入土壤后也会对植物生长造成危害[27,28]。因此，用脱硫石膏改良盐碱地时需科学规划施用量与施用频率，以减少脱硫石膏对土壤的二次污染。

将脱硫石膏与其他盐碱地土壤改良剂配合使用以实现更好的改良效果的研究和实践不断涌现。脱硫石膏与有机物料配施能显著降低耕层土壤 pH 与 Na^+ 的含量，提高土壤大孔隙分布[29]，与腐殖酸复配能够有效降低土壤的盐碱化程度，且其效果优于单一使用脱硫石膏。另外，还有生物质炭、蚯蚓粪、糠醛渣、开心果渣、粉煤灰、各类工业废弃物等施入盐碱土壤后能够改善土壤结构，降低土壤 Na^+

和 K[+]等碱性离子含量，提高土壤养分的有效性与利用率，促进植物的生长[29]。

3. 生物改良措施

生物改良措施被认为是盐碱地改良措施中最安全有效的方式。生物改良措施主要包括种植耐盐植物和培养噬盐微生物来实现盐碱地改良。开展种植耐盐植物实现盐碱地改良，具有方法简单、投资费用低等优点，与灌溉淋盐、排水系统与土壤培肥等措施相结合，能够起到植被和土地生产力的快速恢复。耐盐植物具有聚盐性或泌盐性，可以直接摄取土壤中的盐分，改善土壤的通透性[30]。种植耐盐植物不仅可以降低土壤的盐碱度，还可以改善盐碱土壤的理化性质，增加地表植被覆盖抑制土壤表层水分蒸发，抑制土壤盐分随蒸发作用向地表运动，还能促进土壤生物群落的恢复。同时，耐盐植物的蒸腾作用可降低地下水位，进而限制底层土壤返盐行为[31]。在盐碱地中，耐盐植物根系的生长除可改善土壤结构，其分泌的有机酸及植物残体腐殖酸还能中和土壤碱性，增加有机质和提高肥力。另外，随着生物基因工程技术的发展，通过编辑植物特定的耐盐基因提高植物对盐胁迫的耐受性也在成为新的发展方向[32]。

除植物改良措施，利用微生物对盐碱地实施改良也受到广泛关注。在微生物菌群中，AM 真菌已被国内研究实践证实可有效增强植物的耐盐能力，表现出改良土壤的效果[33]。AM 真菌在自然条件下分布广泛，可显著降低胁迫效应，促进植物对营养元素的吸收，同时可降低离子毒害，且能与植物形成菌根，具有良好的应用前景[34]。张雯雯等[35]利用 AM 真菌与蚯蚓相配合对滨海盐碱地改良研究表明，蚯蚓和 AM 真菌可以在中、重度盐碱地条件下通过改良土壤理化特性来促进玉米养分吸收和生长。另外，生物菌肥还可与土壤调理剂配施能降低土壤的 pH 和全盐量，促进植物幼苗生长与幼苗叶片叶绿素含量与光合作用能力，提高植物的高度、密度和盖度。

针对我国盐碱土资源的特点和现状，常用水利工程措施、有机肥混施、化学改良剂调节、表层覆盖技术、滴灌等改良措施，同时也采用种植耐盐植物等生物学方法[36]。这些方法在不同地区盐碱土改良中都起到了一定的改良效果，但也面临着一些研究和实践难题。水利工程方法和物理方法成效卓著，但工程成本高且不可持续，难以大面积推广。化学改良剂在降低土壤含盐量的同时，也可能造成土壤二次污染等后果。生物学方法被认为是目前改良盐碱地最为经济有效的方法，但存在见效时间长，受气象水文要素制约的问题[37]。因此，继续探索因地制宜、经济合理、行之有效且生态可持续的方法是当前及今后盐碱地改良面临的主要问题。生物质炭作为一种来源广泛，技术成熟并能够实现废弃生物质循环利用的新型材料，为盐碱地改良技术研究提供了新的发展方向。

7.2　生物质炭改良盐碱化土壤

7.2.1　生物质炭对盐碱地土壤物理性质的影响

　　生物质炭丰富的孔隙和巨大的比表面积能够显著改善盐碱化土壤的孔隙分布、持水能力和团聚结构(图 7.1)。例如，将秸秆炭施入砂性盐碱地后显著降低了土壤容重，增加了土壤的孔隙度和含水率，提高了表层土壤盐分淋洗和水肥利用效率。在同等土壤水吸力条件下，土壤含水率随生物质炭施入量的增加而增大，而渗透量降幅可达 40%[38]。对于黏重易板结土壤，生物质炭的输入则能显著增加大孔隙的含量，提高土壤的透气透水性能和有效含水量。曹雨桐等[39]研究表明，将质量比 2%的生物质炭施入滨海盐碱地可使土壤饱和导水率提高 46.4%，土壤总有效孔隙度提高 8.3%，大大提高了降雨洗盐排盐的能力。新疆干旱区盐碱土生物质炭改良研究也表明，土壤的田间持水量比未施入生物质炭提高了 1 倍，土壤 pH 也在灌溉和淋滤作用下降低，同时提高了盐碱土壤的有机质、全氮含量和作物产量[40]。

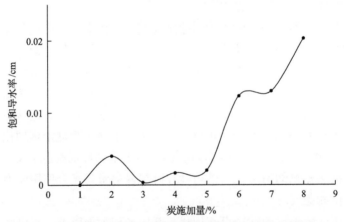

图 7.1　不同施炭量对滨海盐碱地土壤饱和导水率的影响

　　土壤团聚体作为土壤结构和功能的基本单元，是土壤中物质与能量传输、根系发育和微生物活动的核心基质，同时也是反映土壤质量和肥力重要指标。土壤团聚体的大小、分布和稳定性决定了土壤能够为植物正常生长提供必要的水分和养分[41]。生物质炭丰富的孔隙结构和巨大的比表面积可作为土壤团聚体形成的胶结物质，促进土壤团聚体的形成和稳定性的提升，并为土壤微生物活动提供适宜的场所。生物质炭的 pH 对盐碱土壤的孔隙结构和团聚体稳定性产生一定影响。酸性生物质炭能够显著促进盐碱土的饱和导水率，主要是因为酸性生物质炭降低了土壤颗粒表面净负电荷，引起土壤发生絮凝反应[42]。生物质炭施入盐碱土后还能够提高土壤的有机碳含量，有利于阳离子与土壤胶体发生黏结，进而促进土壤团粒结构的形成[43,44]。相对于秸秆、畜禽粪便的直接还田，生物质炭还具有不易分解的特性和肥力缓释的功能，有利于碳的长期封存，同时还能降低病虫害的发生[45]。

　　土壤电导率(electrical conductivity，EC)是衡量土壤盐碱程度的主要指标。研究表明，施用生物质炭后能够有效抑制土壤表层盐分的聚集。一定量生物质炭的施入不仅可以增加土壤的持水量，同时还可抑制土壤水分的蒸发，从而降低土壤表层返盐量。但这一过程受到生物质炭施入量的制约，需要根据盐碱地的实际情况合理施用。过量的生物质炭输入会促进土壤钠吸附比(sodium adsorption ratio，SAR)的提高，甚至会因其具有较强的疏水性而加剧盐碱化土壤的结构退化[46,47]。因此，因地制宜定量适配是利用生物质炭改良盐碱地的前提和关键。

　　生物质炭改良盐碱地深受其制备原料、热解条件和热解时间的影响。对于不同的盐碱地类型，首先需要审慎选择合适的生物质炭及复配材料以达到有效改良。另外，在生物质炭制备过程中还可通过控制裂解温度和持续时间、调控生物质原料比例、原料中 Ca^{2+}、Na^+ 的含量或者利用多 Ca^{2+}、低 Na^+ 的酸性活化材料制备具有所需特性的生物质炭，进一步提升生物质炭改良盐碱性土壤效果[48]。

7.2.2　生物质炭对盐碱地土壤化学性质的影响

　　盐碱化土壤的化学性质主要受到土壤盐分含量和类型的影响。淡水淋洗能够有效降低盐碱地表土中的盐分含量，但是对滨海盐碱地等地下水位较高且盐含量较高的土壤需要更进一步的措施来改良。大部分的盐碱地可以通过施加有机或无机土壤改良剂来降低土壤中交换性 Na^+ 的饱和度，起到改善土壤的理化性质和提高土壤肥力的作用。对于诸如苏打碱土中富含 $NaHCO_3$ 或 Na_2CO_3 的盐碱地，降低盐碱土壤的 pH 必须减少土壤中胶体 Na^+ 的含量。生物质炭施入盐碱地不仅可以促进可溶性盐的浸出，而且还能够对胶体附着的碱性盐离子起到较好的置换作用[49]。室内模拟入渗实验显示，田间生物质炭能够在较短时间内将盐碱土电导率降至5ms/cm 以下[50]。究其原因，一方面可能是生物质炭提高了盐渍土壤孔隙度和渗透系数，加速了盐分的浸出，另一方面可能是盐分中的 Na^+ 被吸附/滞留在生物质炭表面或盐分被物理截留在生物质炭细孔中，降低了土壤溶液中的盐浓度。与此同时，生物质炭的存在还降低了土壤水分蒸发，减少了盐水随土壤水的向上运动和在表层的聚集[51]。

　　生物质炭对土壤 pH 的影响受生物质原料和施入量的影响。近年来的研究结果表明，碱性土壤施入生物质炭后，土壤的 pH 显著降低，但导致土壤 pH 值降低的缘由还不明确。盐碱土的 pH 主要与土壤的高 ESP 值(通常为 Na^+ 含量)有关，而生物质炭的施入降低了土壤 ESP，是导致土壤 pH 降低的可能机制之一[52,53]。生物质炭除了可降低土壤 ESP，部分生物质炭较低的 pH 对盐碱土碱性降低也会起一定作用。Wang 等[54]利用生物质炭改良滨海盐碱土结构认为，土壤 pH 的降低可能是生

物质炭中的 Ca^{2+}、Mg^{2+} 被与土壤胶体中 H^+ 发生置换所造成，而且，生物质炭的高 CEC 有利于促进植物对 K+、Ca^{2+} 等阳离子的吸收，促使植物根系释放 H^+ 以维持电荷平衡，导致土壤 pH 降低。另外，生物质炭在自然氧化过程和生物降解中能够释放酸性官能团也可能是导致盐碱土 pH 降低的因素之一。Lashari 等[55] 认为，生物质炭对土壤孔隙结构的改变促使降雨或灌溉后盐分的淋洗是降低土壤 pH 的主要因素。当前，对于生物质炭改良盐碱土的研究尚处于起步阶段，且多数研究是在实验室模拟开展，因此对于生物质炭对盐碱地化学性质的影响还需深入研究。

7.2.3　生物质炭对盐碱地土壤养分的影响

生物质炭丰富的孔隙和比表面积可有效吸附土壤中的营养元素和有机质，同时能够起到缓释的功能，可以直接或间接影响土壤的营养状况。盐碱地普遍存在盐分含量高、有机质含量低、透气性差、养分难以被吸收的问题，尤其是土壤中大量交换性 Na^+ 的存在，极易引发离子间产生拮抗反应并导致渗透压升高，制约植物对矿质营养和水分的吸收和利用[56]。盐碱化土壤中通常有效氮、磷、钾含量较低，而高的 EC 和 ESP 则会导致土壤微生物群落活性差，间接影响养分的转化及其有效性。磷的有效性受土壤 pH 和有机质含量的影响，被认为是盐碱地植被生长的主要限制因素之一[57]。当土壤 pH>7 时，磷的有效性则会迅速降低。在盐碱地土壤中施入生物质炭，不仅可直接为植物生长发育提供磷源，而且可通过改善土壤的微环境，促进植物对磷的吸收、利用和转化。生物质炭的施入还可以通过提高土壤中溶磷菌如硫杆菌、假单胞菌的相对丰度来促进农作物对有效磷含量的增加[58]。然而，也有研究表明，生物质炭的输入降低了土壤中磷的有效性[59]，究其原因可能是施用碱性生物质炭后提高了土壤 pH，导致土壤中的磷被固化而致使其无法被植物吸收和利用。因此，用生物质炭改良盐碱地时，需特别注意生物质炭原材料特性、pH、热解时间和炭化温度及目标盐碱地土壤理化性质，以免造成土壤中有效磷含量的降低而不能被农作物吸收利用。

盐碱地土壤中过量的 Na^+ 会降低植物对 K^+ 的吸收和利用，因此在盐碱土中确保 Na^+/K^+ 比处在一个合理的范围对于植物的正常生长、发育和产量至关重要。施加生物质炭可提高盐碱土中 K^+ 浓度，是生物质炭能够促进盐胁迫下植物生长的重要机制之一。生物质炭施入还能够显著提高盐碱地土壤中交换性 K^+[60]。Saifullah 等[61] 认为，生物质炭输入对土壤和植物养分状况的间接影响比直接影响更为重要。生物质炭能够通过改善土壤颗粒的表面性质，进而增加土壤养分的滞留，减少养分的淋失，改善土壤的养分状况，提高植物对养分的吸收利用，从而间接影响土壤和植物的养分状况。

施用生物质炭可以整体改善土壤耕作层土壤氮素的营养条件，进而提高固氮细菌丰度和活性，有利于促进营养物质转化养和有效性[62]。生物质炭施加可以提高土

壤团聚颗粒对 NH_3/NH_4 的吸附并减少氮素的挥发, 同时减少硝化和反硝化作用, 但生物质炭施用比例不当则会造成氮素的损失[63], 如图 7.2 所示为不同生物质炭处理下土壤及硝化速率。过量的碱性生物质炭施入会造成盐碱地土壤 pH 升高, 进而导致正常土壤中氮素的气态(NH_3)的挥发, 而酸性生物质炭则能抑制氮素的损失。因此, 在盐碱地改良过程中, 可通过降低生物质炭 pH 来提高土壤氮的截留和有效性。另外生物质炭对盐碱地进行改良, 可能会降低土壤中铁(Fe)、锌(Zn)、铜(Cu)、锰(Mn)的有效性, 但相关结论需要进一步验证[64]。

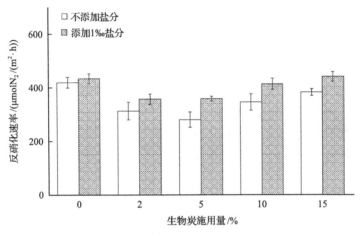

图 7.2　不同生物质炭处理下土壤反硝化速率

7.3　酸性土壤改良

从世界范围来看, 酸性土壤主要分布在两大地区: 一是热带-亚热带地区, 二是温带地区。北欧和北美的酸化问题主要发生在灰化土上。我国的酸性土壤主要分布在长江以南的广大热带和亚热带地区和云贵川等地, 面积约为 $2.04 \times 10^8 hm^2$, 大部分土壤 pH<5, 甚至低于 4.5, 而且酸化土地面积还在扩大, pH 不断降低。引起我国土地酸化的主要原因是近几十年来我国工业产业化的高速发展促使大量酸性气体的集中排放和农业活动中过量化学肥料的施用。空气中酸性沉降物的急剧增加引发我国南方地区酸沉降的频率和强度增加。目前, 我国南方黄红壤地区已成为世界上除北美和欧洲之外的第 3 大酸雨区。

7.3.1　酸性土壤成因及类型

1. 酸性土壤的概念及成因

土壤酸化是指土壤中氢离子不断增加的过程或者说是土壤酸度由低变高的过

程。土壤本身存在一些天然酸性物质，如土壤中动植物呼吸作用所产生的碳酸，以及动植物残体分解矿化所产生的有机酸等[65]。自然条件下土壤酸碱性变化是一个动态平衡的过程，酸化的速度非常缓慢，但近年来受人为活动的影响，这一平衡被人为破坏。当前，造成土壤酸化的人为因素主要包括酸性气体的大量排放所导致酸沉降的增加，以及过量使用化学肥料等不当的农业措施。排放到空气中的 SO_2 和氮氧化物，与大气中水分结合形成酸雨而进入土壤，一部分直接渗入地表形成干沉降，另一部分经过一系列的化学反应最后形成 SO_4^{2-} 和 NO_3^-。酸沉降一度被认为是导致土壤酸化的最主要原因。然而，近几年随着我国对污染气体排放管控加强，直接排放到大气中的酸性物质在逐步降低，但南方酸性土壤的 pH 并没有明显的升高，反而存在继续降低的趋势[66]。调查发现，除了酸沉降导致我国农田土壤的酸化这一因素，不合理的农业耕作与管理措施也是导致土壤大范围且不断酸化的另一个主要原因。这些不当的农业措施包括大量化学肥料特别是铵态氮肥的使用、豆科作物的种植、不当的施肥量和施肥方式、土壤中的碱性物质随收获过程而脱离等。徐仁扣等[67,68]在澳大利亚的一个长期田间试验表明，与碳、氮循环相关的土壤和植物过程是加速该地区土壤酸化的主要原因。

2. 土壤酸化的危害

1) 土对土壤质量与健康的影响

土壤酸化首先会导致土壤结构体的退化和板结。酸化土壤胶体丰富的 H^+ 将导致土壤交换性 Ca^{2+}、无机黏结剂、胶结物质、粘粒、腐殖物质被破坏而淋失。土壤中 Ca^{2+} 是作为土壤结构形成的基础，其流失极易导致土壤团聚结构的分解，进而导致土壤通气透水性差，影响作物根系的发育以及对水分、养分的吸收[69]。

土壤酸化还是造成土壤肥力质量降低的主要因素之一。在土壤酸化过程中，土壤中的 Na^+、K^+、Ca^{2+} 等交换性盐基离子大量淋失，有效态营养元素的含量也急剧减少，从而导致土壤肥力下降[70]。土壤 pH 对磷元素的有效性具有强烈影响。当 pH 位于 5.5～7.5 时，土壤中有效磷的含量最高，随着 pH 的降低，磷的有效性会快速降低。另外，酸性土壤中往往含有大量 Al^{3+}、Fe^{2+} 等还原性离子，这些离子易与 PO_4 离子相结合形成难溶性磷酸盐，会进一步降低磷的有效性[71]。特别是土壤酸化将会造成土壤为植物生长发育供应 N、P、K 的能力下降，从而降低了土壤肥力[72]。

土壤酸化能在一定程度降低土壤健康质量，这些负面影响主要集中于土壤铝的活性的提高和惰性重金属元素的活化，使土壤中的 Al^{3+} 和重金属离子大量增加。当土壤溶液中活性铝的浓度超过一定范围时，就会对植物根系造成明显毒害，表现为根系根短小卷曲，脆弱易断。当土壤 pH<4.1 时，土壤溶液的游离态铅会急剧增加，严重危害作物健康与发育[73]。土壤酸化还对重金属元素的

活化有积极作用，随着 pH 的降低，土壤中有效铁、有效铜、有效锰及有效钙的含量增加明显[74]。土壤中的某些重金属元素如 Pb 和 As、Cr 和 As 间的协同消长效应会发生复合污染[75,76]。

2）对土壤微生物和酶活性的影响

土壤微生物及土壤酶必须处于合适的 pH 范围内才能表现良好的活性与功能，一旦超出适宜区间，其活性就会迅速降低，甚至失去活性。土壤微生物一般适宜生存在中性至微碱性土壤环境中，例如芽孢杆菌、自生固氮菌适宜土壤 pH 值为 6.6～7.5，氨化细菌为 6.6～7.5，硝化细菌为 6.5～6.9[77]。土壤酸化不利于微生物的生长繁殖，致使微生物种类和数量减少，群落丰度和多样性也会随之降低。酸化严重时甚至会导致微生物种群和群落结构遭受破坏，破坏土壤微生态系统和土壤物质循环[78]。微生物活动对土壤中氮素硝化过程具有重要作用，土壤 pH 下降抑制硝化细菌、氨氧化细菌数量和活性，降低土壤硝化率和硝化作用，导致土壤中氮素循环转化受阻。Huang 等[79]研究表明土壤酸化使嗜酸反硝化细菌的活性增强，有益微生物活性降低，影响有机质的矿化和腐殖质的合成，同时增加土壤 N_2O 的排放。土壤酶参与 C、N、S 养分的循环转化，是衡量土壤肥力的重要指标之一。土壤酸化能降低土壤酶活性。土壤 pH 越低，其对酶活性的抑制作用越强，如土壤磷酸酶最适 pH 值范围为 6.0～7.0，一旦超出适宜范围，土壤中磷酸酶的活性就会显著下降[80]。

3）对农作物生长发育的影响

农田土壤酸化对农作物生长发育存在多方面的威胁，其中，通过活化重金属、改变土壤结构致使土壤养分元素和盐基离子淋失、铝离子活化毒害植物根系等过程来产生影响。对于不适宜在酸性土壤生长的农作物，土壤酸化严重破坏农作物生长发育的环境，导致农作物生长发育受阻。土壤酸化后适宜农作物种植的品种丰度会大幅减少，农作物的产量和品质也会明显降低。例如，土壤酸化会导致小麦幼苗根系中可溶性糖含量，硝酸还原酶和谷氨酸合成酶活性降低[81]。曾勇军等[82]研究结果表明，随着土壤 pH 的下降，水稻分蘖数受到抑制，生育期延长，干物质量及穗粒数、结实率和千粒重均呈降低趋势。土壤酸化还会导致农作物品质降低，容易诱发果实苦痘病、白菜干烧心、芹菜裂茎等生理性病害，影响农作物产量和品质。因此，在农业生产中应高度重视土壤酸化对土壤、生态环境的危害，及时采取有效措施减少、防控和改良酸化土壤，对酸性土壤实现可持续利用具有重要的意义。

7.3.2　酸化土壤改良现状

1. 土壤酸化来源阻控

控制土壤酸化的根本方法是控制土壤中酸性物质的过量形成，并减少外源酸性物质的介入，即从源头上控制造成酸沉降的 SO_2、NO_x 等污染物的排放。首先是要提高全社会环境保护意识，加强政府和社会监管力度，限制工农业污染物的排放，从源头上控制酸沉降物；其次是研发和采用环保型新工艺和新材料来降低酸性物质排放。在农业上，合理施用化学肥料并增施有机肥，同时配合恰当的种植与耕作模式，可在一定程度上减缓土壤酸化的过程。另外，随着农业集约化的发展，推广应用精准施肥来降低施肥量，提高肥料利用效率是降低土壤质量的有效途径。

2. 改良剂的应用

1) 石灰改良剂

传统的酸化土壤改良方法是施用石灰类碱性物质如白云石（$CaMg(CO_3)_2$）、熟石灰（$Ca(OH)_2$）、生石灰（CaO）、石灰石（$CaCO_3$）等。石灰类物质施入土壤中能中和土壤酸性物质，增加土壤交换性盐基 Ca^{2+} 含量，消除 Al^{3+} 及重金属离子毒害，减缓土壤酸化速率，同时利于农作物对土壤养分的吸收，改良效果良好。蒙园园等[83]酸性土改良实验结果显示，复合石灰调理剂能提高酸性土壤 pH 值提高 0.06～0.44 个单位，降低交换性铝含量 37.4%～68.9%。在施用石灰改良的同时，可与其他碱性肥料如草木灰、生物质炭等改良材料配合使用，能起到更好的改良效果。章明奎等[84]在侵蚀红壤中用中性肥料对大麦生长的实验表明：土壤经有机肥或石灰改良后，再施中性肥料，可减少铝毒，促进大麦生长，但长期施用石灰会导致土壤板结、养分元素 Ca、K、Mg 平衡失调等问题的发生。

2) 工矿副产品改良

工矿业副产物如沸石、白云石、碱渣、粉煤灰等经无害化处理后改良酸化土壤已得到广泛应用。粉煤灰、碱渣、赤泥、城市污泥等工矿业副产物对酸性土壤的改良效果显著。魏岚等[85]利用碱渣改良广东酸性土壤结果显示，土壤 pH 值提高了 1.72，土壤交换性铝含量降低 37.3%，同时增加交换性 Ca^{2+} 和 Mg^{2+} 含量。然而，工矿业副产物都含有 Cd、Pb、Cr、Hg、As 重金属离子，施入后会增加土壤潜在的重金属污染风险，长期大量施用可能引起土壤环境污染[86]。因此，在实际施用时，应注意其对土壤环境的污染问题。

3) 有机物料改良

有机物料改良酸性土壤，不仅能提高土壤肥力，还能增强对酸化土壤的缓冲能力，对提高土壤 pH 具有显著效果。可用于改良的有机物料类分布广泛，包括农作物秸秆、有机肥、绿肥等，具有巨大的实用价值。有机物料中普遍含有大量碱性物质及矿质元素如 Ca、Mg 等能够增强土壤抗酸功能。有机肥还可与土壤中单体 Al 发生螯合作用，使 Al 以螯合态沉淀到土壤中，降低土壤交换性 Al 含量，减轻 Al 的毒害。张永春等[87]研究表明增施有机肥能减缓土壤酸化速率。Butterly

等[88]研究表明,高 C/N 比的农作物秸秆对酸化土壤的综合改良效果最好,如油菜、鹰嘴豆、小麦秸秆均可显著提升土壤 pH。需要注意的是,有机生物质易被微生物分解,改良效果持续时间较短,且在分解过程中产生 CO_2 等温室气体,应对其施用方法和过程进行优化处理。

7.4　生物质炭改良酸化土壤

由于生物质炭多呈碱性,具有巨大的比表面积、良好的吸附性及多孔性及较高的阳离子交换量(cation exchange capacity,CEC)等特点,对于改良酸性土壤,提高土壤 pH 具有天然的优势。有研究表明生物质炭可显著提高酸性土壤 pH 值及盐基饱和度(base saturation,BS),同时减少土壤交换性酸和交换性 Al 含量,改良效果明显优于秸秆还田[89]。因此,生物质炭因原料来源广泛、理化特性突出,作为一种新兴土壤改良剂备受国内外学者的关注。

7.4.1　生物质炭对酸化土壤物理性质的影响

1. 对土壤团聚结构的影响

生物质炭的疏松多孔及表面积巨大等特性,能有效吸附土壤胶体,促进土壤团粒结构的形成。研究显示,酸性土壤施用生物质炭后,一定时期内水稳定性团聚体总量可增加 15.0%~30.0%[90]。李江舟等[91]长期定位试验结果也表明,生物质炭施入酸性土壤后,0.25mm 粒级以上团聚体数量增加量超过 50%。生物质炭连续施用可大幅提高耕作层土壤团聚体稳定性,且提升效果与用量在一定范围内呈正相关关系。生物质炭对酸性土壤团聚体的影响可能是通过增强土壤生物的活性,促使其产生更多团聚体形成所需的胶结物质,从而提高团聚体的稳定性。然而,也有学者认为生物质炭会造成团聚体稳定性下降,进而导致土壤黏结力减弱,水土流失风险升高。Peng 等[92]研究发现生物质炭使团聚体稳定性下降 1.0%~17.0%。还有研究认为,施用生物质炭虽可以提高团聚体的含量,但对团聚体的形成和稳定性影响较小,特别是生物质炭对酸性土壤 0.053~0.25mm 粒级的团聚含量无显著影响[93]。生物质炭不易分解且分解过程不产生促进团聚体稳定物质,可能不利于团聚体的形成与水稳定性,还可能与酸性土壤的结构、质地、土壤环境等相关。

容重是表征土壤熟化程度的重要指标。熟化程度较高则容重较小。施用生物质炭能够降低土壤容重,增加土壤总孔隙度和有效孔隙度,提高土壤水分涵养能力,改善土壤肥力,促进农作物健康生长,且改良效果优于秸秆还田。阎海涛等[94]在植烟的弱酸性土壤进行试验结果表明,容重随生物质炭添加量增大而逐渐减小,最高可降低 12.7%。熊荟菁等[95]研究发现，在葡萄园的酸性土壤中施用生物质炭后，土壤的孔隙比增加，透气性增强，容重显著下降 9.4%。

2. 对土壤持水能力的影响

土壤持水能力是衡量土壤生产力的重要指标之一。生物质炭的多孔性具有较强的持水能力，能够提高土壤水分和养分储量。黄超等[90]试验结果显示，酸性土壤施入不同用量的生物质炭，田间持水量可增加 7.5%～9.6%，增加量与生物质炭施用量在一定范围内呈现正比关系。熊荟菁等[95]利用生物质炭改良葡萄园酸性土壤，发现土壤的含水量提高了 35.4%。生物质炭的疏松多孔结构、强大吸附能力，使得土壤中的水分、矿质离子和有机粒子等被牢牢地吸附在点位上，水分得以储存，养分得到更高效利用。

7.4.2　生物质炭对酸化土壤化学性质的影响

1. 对酸性土壤 pH 的影响

土壤 pH 与土壤养分的有效性密切相关。土壤 pH 较低时将会出现土壤肥力减弱、质量下降、农作物无法正常生长等现象，而生物质炭大多呈现碱性且 pH 较高，对于改良酸性土壤具有天然的优势。许多研究和实践也发现，施用生物质炭后，酸性土壤 pH 上升明显，上升范围处于 0～2 不等[92]。张阿凤等[96]研究发现，在酸性植烟土壤中加入生物质炭后 pH 上升 0.5。Yuan 等[89]利用多种秸秆炭进行酸性土壤改良发现，豆类植物生物质炭对 pH 的影响要高于非豆类植物秸秆炭。

生物质炭影响酸性土壤 pH 作用机制可能包括：①大多生物质炭自身呈碱性或强碱性，进入土壤后能直接提高土壤 pH；②生物质炭施入后能够促进土壤中有机氮的矿化，而氮的矿化过程会消耗 H^+，间接提升 pH；③生物质炭具有优良的吸附性，进入土壤后能够吸附土壤中的碱性离子如 NH_4^+ 而抑制硝化作用，间接提升土壤 pH。另外，生物质炭制备过程中形成的碳酸盐和有机酸根施入酸性土壤后发生脱羧作用，消耗了环境中的 H^+，也能在一定程度上促进 pH 升高[97]。浙江科技学院科研团队利用不同类型和不同用量生物质炭（分别为 1%秸秆炭、2%秸秆炭、1%猪粪炭、2%猪粪炭）对酸性土壤改良研究发现，土壤 pH 分别提高了 0.29、0.24、0.41、0.07（图 7.3）。

2. 对酸性土壤阳离子交换量(CEC)的影响

CEC 值可以用来估计土壤固定和交换土壤阳离子的能力，是反映土壤保肥性能的重要指标之一。土壤 CEC 值提高有利于营养物质缓释效果，并且能够促进植物对营养成分的充分吸收。生物质炭因其巨大的比表面积能显著提升了土壤对阳

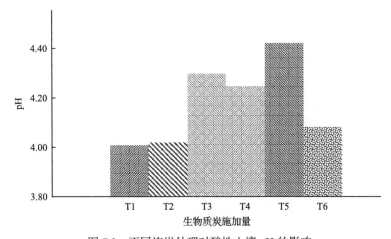

图 7.3　不同施炭处理对酸性土壤 pH 的影响

T1：未加猪粪炭、未施用化肥；T2：未加猪粪炭、施用化肥；T3：1.0%/350℃猪粪炭；
T4：2.0%/350℃猪粪炭；T5：1%/500℃秸秆炭；T6：1%/500℃秸秆炭

离子的吸附效果，从而增加耕作层土壤 CEC 值。Chintala 等[98]利用不同类型生物质炭改良酸性土壤结果表明，玉米秸秆炭对土壤 CEC 的改良效果更佳，提升率达到 32.2%。研究认为，生物质炭对土壤 CEC 的作用机制主要包括：①生物质炭表面有很多负电荷及阴离子，施入后增强了土壤胶体对盐基离子的吸附性，促进酸性土壤 CEC 提高。②生物质炭表面的芳香族化合物氧化形成羧基官能团的过程中，增加了对阳离子的吸附值，提升了酸性土壤 CEC。另外，生物质炭的施入还能够促进游离态的 K^+、Ca^{2+}、Mg^{2+} 等交换性盐基离子大幅增加，且其增量与生物质炭的施用量相关。

3. 对土壤养分的影响

土壤养分含量直接影响作物的生长及产量，是衡量土壤肥力的重要指标之一。在酸性土壤中施用生物质炭后，总氮含量往往会急剧上升。张阿凤等[96]施用不同量生物质炭改良酸性土壤，发现土壤中全氮含量均显著提升，同时土壤硝态氮和铵态氮分别提高 48.8%和 90.5%。阎海涛等[94]研究发现，酸性土壤中全氮含量与生物质炭添加量呈显著正相关关系。浙江科技学院科研团队将不同类型生物质炭与熟石灰复配改良酸性土壤发现，添加生物质炭后土壤微生物量碳和氮、土壤可溶性有机碳和氮、土壤活性有机碳和氮的含量均有显著的提高，其中，2%猪粪热解炭+0.3%石灰+化肥混施的处理提高的幅度最大。

生物质炭施用能提高土壤中 P 元素的含量、有效性及农作物吸收率。大部分研究认为，生物质炭施入酸性土壤后，土壤中总磷和速效磷含量均会出现大幅提升，其中，总磷提升幅度能达到 1 倍，速效磷的提升幅度能达到 1.5 倍，且随生物质炭施入量的增加而增大[99]。但也有研究认为，生物质炭的添加对酸性土壤速效磷含量并无显著影响，甚至略有下降，究其原因可能与生物质炭提高土壤 pH 有关[101]。生物质炭的施用可以增加植物对钾的吸收并提高土壤养分的利用效率。施用生物质炭后，酸性土壤中全钾和速效钾含量均出现大幅提升，同时还显著改善了土壤中的养分条件[96]。根据不同试验结果分析，生物质炭提高土壤养分含量的原因：①生物质炭自身含有较高的速效养分，可直接土壤养分含量；②生物质炭丰富的孔隙和较大的比表面积，增强了其对营养元素的吸持能力，减少了养分元素的淋溶，且具有缓释作用；③生物质炭发达的孔隙结构为土壤微生物提供适宜的栖息环境，提高了土壤保肥性能；④生物质炭通过提升土壤 pH、CEC 来降低 Fe^{2+}、Al^{3+} 的交换量，提高 P 的有效性。

4. 对酸性土壤重金属的影响

土壤重金属含量过高可导致植物营养不良，根系和叶片等出现病变，引起动物呼吸系统紊乱、免疫力降低、各器官疾病等。过高的土壤酸性还将促使土壤中钝化的重金属离子的释放。因此，为了降低土壤中重金属含量和活性，国内外针对酸性土壤中重金属污染开展了大量研究。生物质炭可不同程度地降低酸性土壤中重金属的含量，特别是对土壤中有效态 Cd 含量的降低作用非常显著。如果用碱性或者碱改性生物质炭，游离态 Cd 的含量可降低 50%～60%[94]。Herath 等[97] 研究发现，酸性土壤中可交换态重金属浓度能够随生物质炭用量增加而显著降低，其中重金属 Cr 几乎完全被钝化在土壤当中而丧失生物可利用性。在重金属污染的酸性土壤中，施加生物质炭后农作物生长发育状况明显好转，表明生物质炭可以固定土壤重金属，降低其生物可利用性，确保植物能够正常生长。生物质炭较强的碱性可以提高土壤，进而促使土壤重金属被固化或絮凝，促使游离态土壤重金属离子被钝化，降低其在土壤中的迁移[101]。另外，生物质炭所含有的表面官能团能够与土壤中的重金属发生络合反应而钝化，降低土壤重金属的生物毒害作用。

7.4.3 生物质炭对酸性土壤微生物及酶活性的影响

1. 对土壤微生物活性的影响

土壤微生物能够在植物根系周围构建相对稳定的微生态环境，对保护植物根系、减少病原菌和害虫侵害、供应养分等均有积极影响，同时还能敏锐地反映土壤微生态环境的变化。生物质炭因其特殊的理化性质，在调控土壤微生物数量、活性和群落结构等方面能够发挥重要作用。生物质炭施入酸性土壤后，一方面可以提高农作物根部的真菌繁殖能力，促进细菌、真菌和放线菌等的生长，提高真菌和革兰氏阴性菌生物量；另一方面还改变了土壤微生物的群落结构和相对丰度[94]。

需要注意的是，生物质炭对土壤微生物的积极作用受到添加量的影响。在酸性土壤中，随着生物质炭添加量的升高，土壤中细菌和真菌的数量呈现先上升后下降的趋势[97]。在肥力较低的酸性土壤中添加生物质炭可显著增加土壤微生物总量，表现出正相关关系；而在肥力较高的酸性土壤则完全相反，土壤微生物总量随生物质炭添加量的增加而降低[90]。一般认为，生物质炭对土壤微生物的积极影响主要是因为生物质炭疏松多孔的结构为土壤微生物栖息和生长繁育提供良好的场所和养分条件，有利于提升微生物整体数量及活性，但这一结论还需进一步验证。

2. 对土壤酶活性的影响

　　土壤酶主要是来自土壤微生物活动和植物根系分泌。土壤酶可直接参与土壤中有机物分解、养分循环等所有的生物化学过程，是反映土壤生化过程的活跃程度、微生物活性和养分循环状况，衡量土壤质量的重要指标。生物质炭的输入能够提高多种土壤酶的活性，如土壤脱氢酶、过氧化氢酶、荧光素水解酶、酸性和碱性磷酸酶等，且酶活性与生物炭的用量呈正相关关系[102]。生物质炭的施用还能提高酸性土壤葡萄糖苷酶和亮氨酸氨基肽酶、土壤反硝化酶和土壤脱氢酶、土壤脲酶和蔗糖酶的活力[103]。浙江科技学院科研团队利用生物质炭改良酸性土壤研究实践也发现，施入生物质炭后土壤磷酸酶、过氧化氢酶、土壤脲酶和蔗糖酶的活性均得到不同程度的提升(图 7.4)。张阿凤等[96]研究表明，适量的生物质炭处理可使根际土壤脲酶活性增强 35.0%，土壤蔗糖酶活性增强 1 倍左右，但随着生物质炭添加量的升高，土壤脱氢酶的活性下降。黄剑[104]研究也发现，施加适量的生

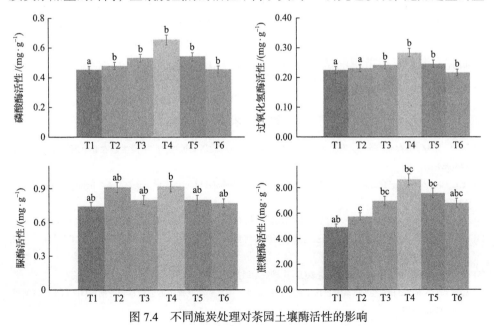

图 7.4　不同施炭处理对茶园土壤酶活性的影响

物质炭有利于碱性磷酸酶和过氧化氢酶的活性，当用量较高时，脲酶、葡糖苷酶和纤维双糖苷酶活性却被抑制。

7.4.4　生物质炭对酸性土壤作物生长发育的影响

生物质炭独特的理化性质能够作用于土壤养分的含量及有效性，可显著促进种子萌发和植物根系生长，进而提升农作物生产力、产量及品质。生物质炭添加后可提高土壤 pH，减少铝毒侵害，增加有效 P、有效 K 等营养元素含量。生物质炭的巨大比表面积还能够有效吸附土壤养分，为土壤微生物群落提供了适宜的生存空间与营养物质。生物质炭发达的孔隙结构增加了土壤的孔隙度和持水性，改善了植物根系的生长环境。另外，生物质炭的连续施用对土壤中养分、有机质与酶的活性等具有一定的正向累积效应。Dong 等[105]使用农作物秸秆炭进行水稻田试验发现，施用生物质炭后水稻产量增加了 13.5%。Peng 等[92]对玉米地酸性土壤改良研究发现，施加生物质炭后玉米产量能够显著增加。需要注意的是，生物质炭用量和土壤肥力的差异会对农作物产生较大影响，一般用量较少时可提高农作物产量，用量较多时农作物产量反而下降。生物质炭能显著提高低肥力土壤上黑麦草的产量，并且增幅随用量增加而增大，而对高肥力土壤上黑麦草产量的影响不显著，并且当用量达到一定数量时，生物质炭甚至抑制黑麦草的生长进而造成产量有所下降[90]。

生物质炭作为一种新型土壤改良剂，在酸、碱性土壤理化性质改善、生物活性增强、作物产量与品质提升等方面均取得良好的效果。然而，生物质炭的实际应用依然面临诸多问题，比如针对特定性质土壤的生物质炭用量，需深入研究和详细论证。生物质炭的原料广泛且性质各异，制备方法也不尽相同，需要建立一套标准统一的评价体系，规范不同类型生物质炭的特性和应用事项。当前生物质炭研究大多处于小范围的试验阶段，在田间应用可能产生的风险也缺乏认知。这些问题都亟须解决。

参 考 文 献

[1] 王典, 张祥, 姜存仓, 等. 生物质炭改良土壤及对作物效应的研究进展[J]. 中国生态农业学报, 2012, 20(8): 963-967.

[2] Rengasamy P. World salinization with emphasis on Australia[J]. Journal of experimental botany, 2006, 57(5): 1017-1023.

[3] 李建国, 濮励杰, 朱明, 等. 土壤盐渍化研究现状及未来研究热点[J]. 地理学报, 2012, 67(9): 1233-1245.

[4] 王婧, 逄焕成, 任天志, 等. 地膜覆盖与秸秆深埋对河套灌区盐渍土水盐运动的影响[J]. 农业工程学报, 2012, 28(15): 52-59.

[5] 于宝勒. 盐碱地修复利用措施研究进展[J]. 中国农学通报, 2021, 37(7): 81-87.

[6] 张伟, 向本春, 吕新, 等. 莫索湾垦区不同滴灌年限及不同水质灌溉棉田盐分运移规律研究[J]. 水土保持学报, 2009, 23(6): 215-219.

[7] Barrett-Lennard E G. Restoration of saline land through revegetation[J]. Agricultural Water Management, 2002, 53(1-3): 213-226.

[8] 赵文智, 刘鹄. 荒漠区植被对地下水埋深响应研究进展[J]. 生态学报, 2006(8): 2702-2708.

[9] 樊自立, 陈亚宁, 李和平, 等. 中国西北干旱区生态地下水埋深适宜深度的确定[J]. 干旱区资源与环境, 2008, 22(2): 1-5.

[10] 张鹏锐, 李旭霖, 崔德杰, 等. 滨海重盐碱地不同土地利用方式的水盐特征[J]. 水土保持学报, 2015, 29(2): 117-121, 203.

[11] 杨厚翔, 雷国平, 徐秋, 等. 基于危险度与风险格局的土地盐碱化监测区优先级评价[J]. 农业工程学报, 2019, 35(7): 246-254.

[12] Farifteh J, Farshad A, George R J. Assessing salt-affected soils using remote sensing, solute modelling, and geophysics[J]. Geoderma, 2006, 130(3-4): 191-206.

[13] Ghallab A, Usman A. Effect of sodium chloride-induced salinity on phyto-availability and speciation of Cd in soil solution[J]. Water, Air, and Soil Pollution, 2007, 185(1-4): 43-51.

[14] Chris-Emenyonu C M, Onweremadu E U, Njoku J D, et al. Soil carbon sequestrations in forest soils in relation to parent material and soil depth in south-eastern Nigeria[J]. American Journal of Climate Change, 2020, 9(4): 400-409.

[15] 颜路明, 郭祥泉. 盐碱胁迫对香樟幼苗根际土壤酶活性的影响[J]. 土壤, 2017, 49(4): 733-737.

[16] Zhang G, Bai J, Tebbe C C, et al. Salinity controls soil microbial community structure and function in coastal estuarine wetlands[J]. Environmental Microbiology, 2021, 23(2): 1020-1037.

[17] 李辛, 赵文智. 雾冰藜(Bassia dasyphylla)种子萌发和幼苗生长对盐碱胁迫的响应[J]. 中国沙漠, 2018, 38(2): 300-306.

[18] Zhao Y, Wang S, Li Y, et al. Long-term performance of flue gas desulfurization gypsum in a large-scale application in a saline-alkali wasteland in northwest China[J]. Agriculture Ecosystems & Environment, 2018, 261: 115-124.

[19] Golldack D, Lüking I, Yang O. Plant tolerance to drought and salinity: stress regulating transcription factors and their functional significance in the cellular transcriptional network[J]. Plant cell reports, 2011, 30(8): 1383-1391.

[20] 马晨, 马履一, 刘太祥, 等. 盐碱地改良利用技术研究进展[J]. 世界林业研究, 2010(2): 28-32.

[21] 高飞, 贾志宽, 路文涛, 等. 秸秆不同还田量对宁南旱区土壤水分, 玉米生长及光合特性的影响[J]. 生态学报, 2011, 31(3): 777-783.

[22] 赵海成, 付志强, 郑桂萍, 等. 连年秸秆与生物炭还田对盐碱土理化性状及水稻产量的影响[J]. 西南农业学报, 2018, 31(9): 1836-1844.

[23] 王少丽, 周和平, 瞿兴业, 等. 干旱区膜下滴灌定向排盐和盐分上移地表排模式研究[J]. 水利学报, 2013, 44(5): 549-555.

[24] 赵兰坡. 松嫩平原盐碱土改良利用: 理论与技术[M]. 松嫩平原盐碱土改良利用: 理论与技术, 2013.

[25] 孙兆军. 银川平原盐碱荒地改良模式研究[D]. 北京: 北京林业大学, 2011.

[26] 刘洪光. 盐碱地滴灌葡萄土壤水盐养分运动机理与调控研究[D]. 石河子: 石河子大学, 2018.

[27] 俄胜哲, 袁洁, 姚嘉斌, 等. 酒钢集团脱硫石膏养分及重金属含量特征研究[J]. 中国农学通报, 2014, 30(33): 193-196.

[28] Environmental impact of a coal combustion-desulphurisation plant: abatement capacity of desulphurisation process and environmental characterisation of combustion by-products[J]. Chemosphere, 2006, 65(11): 2009-2017.

[29] Zhao Y, Wang S, Li Y, et al. Long-term performance of flue gas desulfurization gypsum in a large-scale application in a saline-alkali wasteland in northwest China[J]. Agriculture Ecosystems & Environment, 2018, 261: 115-124.

[30] 徐克章. 盐胁迫对不同水稻品种光合特性和生理生化特性的影响[J]. 中国水稻科学, 2013, 27(3): 280-286.

[31] 潘洁, 王立艳, 肖辉, 等. 滨海盐碱地不同耐盐草本植物土壤养分动态变化[J]. 中国农学通报, 2015, 31(18): 168-172.

[32] 蔡雨, 张永乾, 刘吉利, 等. 盐碱地不同基因型甜高粱的能源品质形成规律及其评价[J]. 草业科学, 2017(1): 7-12.

[33] Hidri R, Barea J M, Mahmoud M B, et al. Impact of microbial inoculation on biomass accumulation by Sulla carnosa provenances, and in regulating nutrition, physiological and antioxidant activities of this species under non-saline and saline conditions[J]. Journal of Plant Physiology, 2016, 201: 28-41.

[34] 周昕南, 杨亮, 许静, 等. 接种 AM 真菌对不同盐度土壤中向日葵生长的影响[J]. 农业资源与环境学报, 2020, 37(5): 744-752.

[35] 张雯雯. 蚯蚓和菌根协同促进盐碱地玉米生长的作用机理[D]. 北京: 中国农业大学, 2019.

[36] 陈义群, 董元华. 土壤改良剂的研究与应用进展[J]. 生态环境学报, 2008, 17(3): 1282-1289.

[37] 杨真, 王宝山. 中国盐渍土资源现状及改良利用对策[J]. 山东农业科学, 2015(4): 125-130.

[38] 勾芒芒, 屈忠义. 生物炭对改善土壤理化性质及作物产量影响的研究进展[J]. 中国土壤与肥料, 2013(5): 1-5.

[39] 曹雨桐, 佘冬立. 施用生物炭和聚丙烯酰胺对海涂围垦区盐碱土水力性质的影响[J]. 应用生态学报, 2017, 28(11): 3684-3690.

[40] 王荣梅, 杨放, 许亮, 等. 生物炭在新疆棉田的应用效果研究[J]. 地球与环境, 2014, 42(6): 757-763.

[41] 李景, 吴会军, 武雪萍, 等. 长期保护性耕作提高土壤大团聚体含量及团聚体有机碳的作用[J]. 植物营养与肥料学报, 2015(2): 106-114.

[42] Kumari I, Moldrup P, Paradelo M, et al. Soil properties control glyphosate sorption in soils amended with birch wood biochar[J]. Water, Air, & Soil Pollution, 2016,227.

[43] The impact of organic amendments on soil hydrology, structure and microbial respiration in semiarid lands[J]. Geoderma, 2016, 266: 58-65.

[44] Kim H S, Kim K R, Yang J E, et al. Effect of biochar on reclaimed tidal land soil properties and maize(Zea mays L.) response[J]. Chemosphere, 2015, 142(2): 153-159.

[45] 蔡昆争, 高阳, 田纪辉. 生物炭介导植物病害抗性及作用机理[J]. 生态学报, 2020, 40(22): 8364-8375.

[46] 杨刚, 周威宇. 生物炭对盐碱土壤理化性质、生物量及玉米苗期生长的影响[J]. 江苏农业科学, 2017, 45(16): 68-72.

[47] Danish S, Younis U, Nasreen S, et al. Biochar consequences on cations and anions of sandy soil[J]. J. Biodivers. Environ. Sci, 2015,6: 121-131.

[48] Liu S, Meng J, Jiang L, et al. Rice husk biochar impacts soil phosphorous availability, phosphatase activities and bacterial community characteristics in three different soil types[J]. Applied Soil Ecology, 2017, 116: 12-22.

[49] Yue Y, Guo W N, Lin Q M, et al. Improving salt leaching in a simulated saline soil column by three biochars derived from rice straw(Oryza sativa L.), sunfower straw(Helianthus annuus), and cow manure[J]. Journal of Soil & Water Conservation, 2016, 71(6): 467-475.

[50] A S C T, A S F, A N G, et al. Biochar mitigates negative effects of salt additions on two herbaceous plant species[J]. Journal of Environmental Management, 2013, 129(18): 62-68.

[51] Akhtar S S, Andersen M N, Liu F. Residual effects of biochar on improving growth, physiology and yield of wheat under salt stress[J]. Agricultural Water Management, 2015, 158: 61-68.

[52] Lashari M S, Ye Y, Ji H, et al. Biochar-manure compost in conjunction with pyroligneous solution alleviated salt stress and improved leaf bioactivity of maize in a saline soil from central China: a 2-year field experiment[J]. Journal of the Science of Food & Agriculture, 2015, 95(6): 1321-1327.

[53] Shaygan M, Reading L P, Baumgartl T. Effect of physical amendments on salt leaching characteristics for reclamation[J]. Geoderma, 2017, 292: 96-110.

[54] Wang S, Gao B, Li Y, et al. Manganese oxide-modified biochars: Preparation, characterization, and sorption of arsenate and lead[J]. Bioresour Technol, 2015, 181: 13-17.

[55] Lashari M S, Liu Y, Li L, et al. Effects of amendment of biochar-manure compost in conjunction with pyroligneous solution on soil quality and wheat yield of a salt-stressed cropland from Central China Great Plain[J]. Field Crops Research, 2013, 144: 113-118.

[56] Rengasamy P. Soil processes affecting crop production in salt-affected soils[J]. Functional Plant Biology, 2010, 37(7): 613-620.

[57] Elgharably A G. Nutrient availability and wheat growth as affected by plant residues and inorganic fertilizers in saline soils. [Z]. 2008.

[58] Liu S, Meng J, Jiang L, et al. Rice husk biochar impacts soil phosphorous availability, phosphatase activities and bacterial community characteristics in three different soil types[J]. Applied Soil Ecology, 2017, 116: 12-22.

[59] Gang X, You Z, Sun J, et al. Negative interactive effects between biochar and phosphorus fertilization on phosphorus availability and plant yield in saline sodic soil[J]. Science of the Total Environment, 2016, 568(oct.15): 910-915.

[60] Glisczynski F V, Pude R, Amelung W, et al. Biochar-compost substrates in short-rotation coppice: Effects on soil and trees in a three-year field experiment[J]. Journal of Plant Nutrition and Soil Science, 2016, 179(4): 574-583.

[61] Saifullah, Dahlawi S, Naeem A, et al. Biochar application for the remediation of salt-affected soils: Challenges and opportunities[J]. Science of The Total Environment, 2018, 625: 320-335.

[62] Strickland M, Leggett Z, Sucre E, et al. Biofuel intercropping effects on soil carbon and microbial activity[J]. Ecological Applications, 2015, 25: 140-150.

[63] Esfandbod M, Phillips I R, Miller B, et al. Aged acidic biochar increases nitrogen retention and decreases ammonia volatilization in alkaline bauxite residue sand[J]. Ecological Engineering, 2017, 98: 157-165.

[64] Mehrotra N K, Khanna V K, Agarwala S C. Soil-sodicity-induced zinc deficiency in maize[J]. Plant and Soil, 1986, 92(1): 63-71.

[65] 赵旭, 蔡思源, 邢光熹, 等. 热带亚热带酸性土壤硝化作用与氮淋溶特征[J]. 土壤, 2020, 52(1): 1-9.

[66] Lei D, Jing L, Yan X, et al. Air-pollution emission control in China: Impacts on soil acidification recovery and constraints due to drought[J]. Science of the Total Environment, 2013, 463-464(11): 1031-1041.

[67] 徐仁扣, Coventry D. R. 某些农业措施对土壤酸化的影响[J]. 农业环境保护, 2002, 21(5): 385-388.

[68] Bergholm J, Berggren D, Alavi G. Soil acidification induced by ammonium sulphate addition in a Norway spruce forest in southwest Sweden[J]. Water Air & Soil Pollution, 2003, 148(1/4): 87-109.

[69] 韦杨嫣. 胶结物质对土壤孔隙结构的影响及土壤性状对酸的响应研究[D]. 杭州: 浙江大学, 2017.

[70] 高国震, 董治浩, 胡承孝, 等. 土壤酸化对樱桃番茄养分积累和分配的影响[J]. 华中农业大学学报, 2021, 40(1): 179-186.

[71] 黄敏, 梁荣祥, 尹维文, 等. 典型设施环境条件对土壤活性磷变化的影响[J]. 中国环境科学, 2018, 38(5): 1818-1825.

[72] 林小兵, 孙永明, 江新凤, 等. 江西省茶园土壤肥力特征及其影响因子[J]. 应用生态学报, 2020(4).

[73] 崔翠, 程闯, 赵愉风, 等. 52 份豌豆种质萌发期耐铝毒性的综合评价与筛选[J]. 作物学报, 2019, 45(5): 798-805.

[74] 温明霞, 石孝均, 聂振朋, 等. 重庆市柑桔园土壤酸碱度及金属元素含量的变化特征[J]. 水土保持学报, 2011, 25(5): 191-194.

[75] 陈乐, 詹思维, 刘梦洁, 等. 生物炭对不同酸化水平稻田土壤性质和重金属 Cu,Cd 有效性影响[J]. 水土保持学报, 2020(1): 358-364.

[76] Cai Z, Wang B, Zhang L, et al. Striking a balance between N sources: Mitigating soil acidification and accumulation of phosphorous and heavy metals from manure[J]. Science of The Total Environment, 2021, 754: 142189.

[77] 韩文炎, 王皖蒙, 郭赟, 等. 茶园土壤细菌丰度及其影响因子研究[J]. 茶叶科学, 2013(2): 147-154.

[78] Chen D, Li J, Lan Z, et al. Soil acidification exerts a greater control on soil respiration than soil nitrogen availability in grasslands subjected to long-term nitrogen enrichment[J]. Functional Ecology, 2016, 30(4): 658-669.

[79] Huang Y, Long X E, Chapman S J, et al. Acidophilic denitrifiers dominate the N₂O production in a 100-year-old tea orchard soil.[J]. Environmental Science & Pollution Research International, 2015, 22(6): 4173-4182.

[80] 赵海燕, 徐福利, 王渭玲, 等. 秦岭地区华北落叶松人工林地土壤养分和酶活性变化[J]. 生态学报, 2015, 35(4): 1086-1094.

[81] 童贯和, 梁惠玲. 模拟酸雨及其酸化土壤对小麦幼苗体内可溶性糖和含氮量的影响[J]. 应用生态学报, 2005, 16(8): 1487.

[82] 曾勇军, 周庆红, 吕伟生, 等. 土壤酸化对双季早、晚稻产量的影响[J]. 作物学报, 2014, 40(5): 899-907.

[83] 蒙园园, 石林. 矿物质调理剂中铝的稳定性及其对酸性土壤的改良作用[J]. 土壤, 2017, 49(2): 345-349.

[84] 章明奎. 中性肥料对侵蚀红壤的土壤溶液酸度及大麦生长的影响[J]. 浙江农业科学, 1995, 000(5): 225-228.

[85] 魏岚, 杨少海, 邹献中, 等. 不同土壤调理剂对酸性土壤的改良效果[J]. 湖南农业大学学报(自然科学版), 2010, 36(1): 77-81.

[86] Li J Y, Wang N, Xu R K, et al. Potential of industrial byproducts in ameliorating acidity and aluminum toxicity of soils under tea plantation[J]. Pedosphere, 2010, 20(5): 645-654.

[87] 张永春, 汪吉东, 沈明星, 等. 长期不同施肥对太湖地区典型土壤酸化的影响[J]. 土壤学报, 2010(3): 465-472.

[88] Butterly C R, Baldock J A, Tang C. The contribution of crop residues to changes in soil pH under field conditions[J]. Plant & Soil, 2013, 366(1-2): 185-198.

[89] Yuan J H, Xu R K, Qian W, et al. Comparison of the ameliorating effects on an acidic ultisol between four crop straws and their biochars[J]. Journal of Soils & Sediments, 2011, 11(5): 741-750.

[90] 黄超, 刘丽君, 章明奎. 生物质炭对红壤性质和黑麦草生长的影响[J]. 浙江大学学报(农业与生命科学版), 2011, 37(4): 439-445.

[91] 李江舟, 代快, 张立猛, 等. 施用生物炭对云南烟区红壤团聚体组成及有机碳分布的影响[J]. 环境科学学报, 2016, 36(6): 2114-2120.

[92] Peng X, Ye L L, Wang C H, et al. Temperature- and duration-dependent rice straw-derived biochar: Characteristics and its effects on soil properties of an Ultisol in southern China[J]. Soil and Tillage Research, 2011, 112(2): 159-166.

[93] 王富华, 黄容, 高明, 等. 生物质炭与秸秆配施对紫色土团聚体中有机碳含量的影响[J]. 土壤学报, 2019(4): 929-939.

[94] 阎海涛, 殷全玉, 丁松爽, 等. 生物炭对褐土理化特性及真菌群落结构的影响[J]. 环境科学, 2018(5): 2412-2419.

[95] 熊荟菁, 张乃明, 赵学通, 等. 秸秆生物炭对葡萄园土壤改良效应及葡萄品质的影响[J]. 土壤通报, 2018, v.49; No.295(4): 186-191.

[96] 张阿凤, 邵慧芸, 成功, 等. 小麦生物质炭对烤烟生长及根际土壤理化性质的影响[J]. 西北农林科技大学学报(自然科学版), 2018, 046(6): 85-93, 102.

[97] Herath I, Kumarathilaka P, Navaratne A, et al. Immobilization and phytotoxicity reduction of heavy metals in serpentine soil using biochar[J]. Journal of Soils & Sediments, 2015, 15(1): 126-138.

[98] Chintala R, Schumacher T E, Mcdonald L M, et al. Phosphorus sorption and availability from biochars and soil/biochar mixtures[J]. Clean-Soil, Air, Water, 2014, 42(5): 626-634.

[99] Hemati Matin N, Jalali M, Antoniadis V, et al. Almond and walnut shell-derived biochars affect sorption-desorption, fractionation, and release of phosphorus in two different soils[J]. Chemosphere, 2020, 241: 124888.

[100] Parvage M M, Ulén B, Eriksson J, et al. Phosphorus availability in soils amended with wheat residue char[J]. Biology and Fertility of Soils, 2012, 49(2): 245-250.

[101] Beesley L, Inneh O S, Norton G J, et al. Assessing the influence of compost and biochar amendments on the mobility and toxicity of metals and arsenic in a naturally contaminated mine soil[J]. Environmental Pollution, 2014, 186(mar.): 195-202.

[102] Masto R E, Kumar S, Rout T K, et al. Biochar from water hyacinth(Eichornia crassipes)and its impact on soil biological activity-ScienceDirect[J]. CATENA, 2013, 111(1): 64-71.

[103] Galvez A, Sinicco T, Cayuela M L, et al. Short term effects of bioenergy by-products on soil C and N dynamics, nutrient availability and biochemical properties[J]. Agriculture Ecosystems & Environment, 2012, 160(none): 3-14.

[104] 黄剑. 生物炭对土壤微生物量及土壤酶的影响研究[D]. 北京: 中国农业科学院, 2012.

[105] Dong D, Yang M, Wang C, et al. Responses of methane emissions and rice yield to applications of biochar and straw in a paddy field[J]. Journal of Soils and Sediments, 2013, 13: 1-11.

第8章 生物质炭在农田土壤重金属污染修复中的应用

土壤重金属污染具有隐蔽性、毒性大、非降解等特点，已成为危及生态环境和人类健康的全球性关键问题。我国当前农田土壤重金属污染形势严峻，土壤重金属污染所带来的主要农作物重金属超标问题令人担忧。近年来，生物质炭作为一类新型环境修复功能材料，因其特殊结构和基本特性，对重金属阳离子具有较强的吸附固持能力，在提高重金属稳定性，以及控制污染和修复土壤等方面具有广泛的应用前景。生物质炭施入土壤后，通过直接吸附或者通过改变土壤性质等间接影响土壤中重金属的赋存形态，降低其迁移性和生物有效性，达到稳定重金属的目的，从而减少农作物对重金属的吸收和累积。因此，生物质炭在农田土壤重金属污染修复方面具有重要的应用价值。

8.1 农田土壤重金属污染修复概述

8.1.1 农田土壤重金属污染现状

重金属一般是指相对密度等于或大于 $5.0g/cm^3$ 的金属元素，包括铁(Fe)、锰(Mn)、铜(Cu)、锌(Zn)、镉(Cd)、铅(Pb)、汞(Hg)、铬(Cr)、镍(Ni)、钴(Co)等 45 种元素，砷(As)是一种类金属，因其化学性质和环境行为都与重金属元素类似，所以也被列为重金属范畴。土壤重金属污染是指土壤中的重金属含量超过了土壤的背景值或土壤环境质量标准限定值，并对生态环境造成破坏导致恶化的现象。生态环境部对我国 30 万公顷基本农田保护区土壤中有害重金属的抽查结果发现，土壤中的重金属点位超标率达 12.1%[1]。Niu 等[2]采集我国 31 个省份 131 个农田表层土壤样品，测定结果发现土壤中重金属 Pb、Cd、Zn 和 Cu 总量远高于土壤重金属背景值，农田土壤呈现不同程度的重金属污染问题。2014 年环境保护部和国土资源部联合发布《全国土壤污染状况调查公报》，我国土壤污染物点位超标率达 16.1%，以重金属等无机污染类型为主，其中土壤 Cd 和 Ni 的点位超标率位居前二位，分别为 7.0%和 4.8%；长江三角洲、珠江三角洲、东北老工业基地等地部分区域的土壤重金属污染问题较为突出。据农业部普查结果，我国 24 个省(市)、320 个重点污染点约 548 万公顷土壤中重金属含量超标的农产品耕种面积在 48 万公顷以上[3]。目前，我国稻田土壤 Cd 污染问题较为突出，如 Liu 等[4]对我国 22 个省份稻田土壤 Cd 含量调查发现，稻田的 Cd 含量范围为 0.01～5.50mg/kg，平均值为 0.23mg/kg，其中稻田土壤 Cd 含量最高的 3 个省份依次为湖南(0.73mg/kg)、广西(0.70mg/kg)和四川(0.46mg/kg)。当前，土壤重金属污染问题已受到国家的高度重视，《全国农业可持续发展规划(2015～2030 年)》中将"保护耕地资源，防治耕地重金属污染"列为未来时期农业可持续发展重点任务。《土壤污染防治行动计划》中对今后一个时期我国土壤污染防治工作做出了全面战略部署。当前，我国农田土壤重金属污染防治与修复工作亟待加强。

8.1.2　农田土壤重金属污染修复技术研究进展

土壤重金属污染的修复是指应用一些物理化学技术或者生物手段，使土壤中重金属含量或者有效性大幅度降低，达到使土壤生态系统恢复原有的健康状态，阻止土壤的重金属进入植物体内，切断重金属通向人体转移的途径的目的。由于农田土壤主要用于农业生产，在选择修复技术时，不仅要考虑修复效果等因素，还需要重点关注修复技术与当地农时农事的匹配性、土壤修复后理化性质及农产品产量的稳定性等问题。目前，在农田土壤重金属污染修复技术应用较广泛的技术主要有重金属低积累农作物品种筛选、重金属原位钝化、农艺调控和植物富集提取等技术。

1. 重金属低积累农作物品种筛选

不同农作物和同一农作物不同品种或基因型对重金属的吸收和积累上存在很大差异。在农田土壤重金属污染防治中，开展重金属低积累农作物品种的筛选，对于降低农作物可食部位重金属含量，减少重金属向食物链迁移，保障人体健康具有重要意义。筛选和培育重金属低积累农作物品种，不但有效降低农作物可食部位重金属的含量，而且技术利用简单、经济成本低，且环境友好[5]。刘维涛等[6]认为，重金属低积累农作物应同时具备以下条件：该农作物的地上部和根部的重金属含量低于或者可食用部位低于有关标准；富集系数和转运系数都小于 1；该农作物对重金属毒害具有较高的耐性，在较高的重金属污染下能够正常生长，并且生物量没有显著降低。当前，国内外在重金属低积累水稻[7~9]、小麦[10,11]、玉米[12,13]、蔬菜[14,15]、大豆[16,17]等品种的筛选方面做了大量的研究，但由于农作物品种的区域特色十分明显，受土壤、气候、田间管理等因素的影响，当前急需建立针对不同种植区域、不同重金属元素、不同农作物品种的重金属低积累农作物数据库和种子库，并分类制订其栽培调控措施和田间应用规范，力保在服务农田安全利用的同时又达到高产的双赢目标[18,19]。

2. 农艺调控技术

在土壤污染防治中，农艺调控技术是指利用农艺措施对耕地土壤中污染物的生物有效性进行调控，减少污染物从土壤向农作物特别是可食用部分的转移，从而保障农产品安全生产，实现受污染耕地安全利用。农艺调控措施主要包括种植重金属低积累农作物、调节土壤理化性状、科学管理水分、施用功能性肥料等。淹水处理被认为是一种较好的降低水稻重金属吸收的农艺措施。田间条件下，淹水处理相比旱作处理，可使稻米中 Cd 的含量由 1.15mg/kg 降低到 0.10mg/kg 以下[20]。在轻度重金属污染稻田土壤，在水稻抽穗后 3 周内，通过水分调控使 Eh 控制在–73mV、pH 在 6.2 时，可同时降低水稻 Cd 和 As 的吸收[21]。叶面喷施硅肥可有效阻隔叶面中重金属向籽粒中的转运[22]。在中轻度污染稻田，结合水分管理与增施钙镁磷肥等措施可显著降低土壤有效态 Cd 含量和稻米对 Cd 的积累[19]。氮肥使用方面，施用铵态氮造成农作物根际 pH 下降，从而增加土壤中 Cd 的溶出[23]。也可考虑对重金属超标农田采用调整种植结构等方式，使其自然恢复或修复达标后再种植粮食作物。在中重度污染区选择种植油菜、花生和甘蔗等低重金属积累农作物来替代水稻可以达到安全利用的目的，也可改种棉花、红麻、苎麻和蚕桑等纤维植物，阻断土壤重金属进入食物链[24]。农艺调控技术是一种较成熟的土壤修复方法，具有操作简单、成本较低、对土壤环境扰动小等优点，但其修复效果有限，适用范围仅限于轻微和轻度重金属污染农田的修复。

3. 重金属超标农田治理性休耕

由于我国对耕地资源的长期过度利用，导致部分耕地地力严重透支和土壤污染加剧严重影响我国耕地的可持续利用[19]。2016 年农业部、财政部等 10 部门和单位联合发布《探索实行耕地轮作休耕制度试点方案》将休耕制度提到了国家战略高度。休耕不是弃耕，休耕是主动降低土地利用强度，从而通过养地可提升耕地产能与功能、缓解土壤污染、增强农产品安全。休耕制度在我国是一项全新的制度安排，在确保国家粮食安全的基本原则下，科学推进耕地轮作休耕制度，是探索"藏粮于地、藏粮于技"的具体实施途径[25]。在重金属超标区进行的轮作休耕模式主要有替代种植、土壤改良、科学灌溉、控制吸收和 VIP(低积累品种+灌溉技术+pH 调控)创新污染治理模式[26]。然而，我国耕地资源紧张，粮食供给和粮食安全压力巨大，不宜对污染农田进行大面积的休耕。同时，治理性休耕制度需要完善相应的法律法规政策，需在技术支撑、资金保障、管理措施等方面予以明确，这样才能确保休耕制度有效运转和规范实施[27]。

4. 植物富集吸收技术

植物修复尤其是以超积累植物为主体的植物吸取修复技术,具有绿色无污染、经济有效、操作方便、不破坏土壤结构等优点被广泛关注。超富集植物修复重金属污染土壤在盆栽和野外田间试验均具有广泛的应用潜力[28]。近年来,国内外学者在重金属超富集植物筛选与机理研究方面开展了大量的研究,具有代表性的超富集植物有 As 超富集植物蜈蚣草、Cd 超富集植物东南景天和宝山堇菜、Zn 超富集植物天蓝遏蓝菜和 Pb 超富集植物印度芥菜等。如东南景天是一种我国原生的 Cd 超富集植物[29],对 Cd 耐性强,且具有很强的 Cd 吸收富集能力[30,31],因此具有修复 Cd 污染土壤的潜力。尽管具备超富集 Cd 的能力,但生物量小、土壤 Cd 有效性差及地上部积累量低等因素限制其在实际应用中的修复效率[32,33]。

5. 原位钝化修复技术

原位钝化修复被认为是修复重金属污染土壤经济有效的处理方法之一,它是指向重金属污染土壤施用钝化材料,通过改变土壤中重金属的形态和降低重金属活性,从而减少植物对重金属的富集和吸收,具有绿色经济、效果明显、对土壤破坏小等特点[34,35]。常用的无机钝化剂主要包括黏土矿物类、石灰、含磷材料、工业副产品类及金属氧化物等,这类钝化剂相对于其他钝化剂有比较高的稳定性,在重金属污染土壤中的研究和应用最为广泛,主要通过吸附、固定等反应降低重金属的有效性;有机钝化剂主要有农林废弃物和污泥等,通过向污染土壤中施加有机物料,使有机物料和重金属结合形成相对稳定的络合物,从而降低重金属的有效性;微生物钝化剂是一种利用微生物的生物富集和生物转化等作用方式降低土壤中重金属生物有效性的修复剂,目前多数微生物是通过重金属污染土壤生长的植物根系筛选而来的,但这方面的工作大多集中于机理研究,涉及应用的研究较少。

不同钝化剂对不同类型重金属的钝化效果存在一定的差异,并且土壤重金属污染常常是复合污染,单靠一种钝化修复产品难达到预期效果,因此复合钝化剂的研发和应用是农田污染土壤安全利用的重要发展方向。此外,新型钝化剂如生物质炭的研发备受关注,如生物质炭可以通过离子交换、表面络合和吸附沉淀等作用来降低重金属生物有效性[36,37],钝化效果好。但是,这类钝化剂的制作成本相对较高,钝化剂研究还没有达到适用于大面积治理土壤的标准,不能大范围推广应用。因此,亟需研发低廉、高效、潜在污染风险小的土壤重金属污染新型钝化产品。

8.1.3　生物质炭在农田土壤重金属修复中的应用

近年来,基于农林废弃物的生物质炭的研制及其在土壤重金属污染修复中的应用已引起了科研人员的高度关注。生物质炭是生物质在限氧和热裂解条件下获得的一种固体材料，含有稳定有机碳及可溶性有机及矿质灰分等多组分混合物[38]。生物质炭具有较大的比表面积和孔隙结构，具有负电荷多、离子交换能力强，强碱性，且生物质炭表面含有大量酚羟基、羧基和羰基等官能团，因此生物质炭对重金属阳离子具有较强的固持吸附能力，在提高重金属稳定性和修复土壤等方面具有广泛的应用前景[39-41]。研究发现，施用生物质炭显著降低土壤中重金属的生物有效性，减少农作物对重金属的富集和吸收[42,43]；同时施用生物质炭显著提高土壤有机碳的积累，提高土壤养分，促进农作物生长[44-46]。然而，获取低成本、高性能、环境友好的生物质炭材料是解决当前土壤重金属污染修复的技术难点与重点。

8.2 生物质炭对土壤重金属环境行为的影响

8.2.1 生物质炭对土壤重金属形态转化的影响

目前，对土壤或沉积物中重金属形态的分析方法应用经典的 Tessier 顺序提取法和欧盟通用的 BCR 顺序提取法。土壤中重金属的形态不同，其所表现的环境毒性也有所不同。其中，土壤中重金属的毒性由酸提取态的重金属含量决定，酸可提取态是土壤中最活跃、移动性最强的重金属组分，它由可溶解态、交换态和碳酸盐结合态的重金属组成。可氧化态(有机结合态)和可还原态(铁锰氧化物结合态)重金属结合形态性质不稳定，随着土壤环境条件的变化，这些结合态的重金属会再次释放到土壤环境中被植物吸收利用，存在潜在的环境风险。结合在土壤矿物的晶格结构中的重金属形态被称为残渣态，它是最稳定的形态，这个形态的重金属难以被释放出来。

生物质炭作为一种新型环保功能钝化材料，其呈碱性，具有比表面积大、孔隙结构丰富、富含表面官能团等优点，生物质炭施入土壤后，会通过自身特性直接作用或改变土壤性质等，间接影响土壤重金属的赋存形态，对重金属污染土壤的起到钝化作用。侯艳伟等[47]研究结果表明，生物质炭对土壤理化性质有较大影响，施加生物质炭能够调节土壤 pH，使土壤中有机质含量显著增加，Cu、Zn、Mn、Cd 等重金属的化学形态也随着改变。生物质炭施用可显著降低土壤中可交换态 Cd 含量，将其转化成更稳定的有机结合态和残渣态，从而降低植物对 Cd 的吸收作用[43]。Sohi 等[48]研究发现，长时间施用生物质炭对土壤中重金属的形态转化产生显著影响，但不同性质和不同种类的生物质炭对于土壤重金属形态转化的影响效果有所差异。高译丹等[49]比较生物质炭、石灰及生物质炭和石灰配施 3 种改良剂对土壤 Cd 形态转化的影响，结果表明，与对照处理相比，其他 3 种处理使交换态 Cd 含量分别降低 8.6%~13.7%、17.8%~21.7%和 18.4%~23.3%；施用生物质炭显著降低了交换态 Cd 的比例，使其转化为植物不可利用的残渣态等。高瑞丽等[50]将水稻秸秆炭施入 Cd、Pb 复合污染的土壤培养 30 天后发现，施用生物质炭，可提高土壤 pH，降低弱酸提取态、可氧化态和可还原态 Pb 含量，增加残渣态 Pb 含量；但施用生物质炭使土壤中弱酸提取态 Cd 向可氧化态转化；弱酸提取态 Cd、Pb 含量减少，降低了土壤中 Cd、Pb 的生物有效性。

　　然而，土壤中不同重金属元素的化学形态的变化与土壤类型、生物质炭种类和施用量等相关。图 8.1 为水稻秸秆和猪粪混合制备生物质炭施用到铅锌尾矿重金属污染土壤，培养 150 天后土壤中 Zn、Pb、Cd、Cu 形态分布情况。从图 8.1可以看出，培养结束后，Zn、Pb、Cd、Cu 在土壤中主要的赋存形态为残渣态；除 Cd 外，Zn、Pb、Cu 水溶态和交换态比例都较低，表明其活性低，在土壤中迁移性很小。其中，与对照空白处理相比，施用生物质炭可显著降低土壤中水溶态和交换态 Pb 的含量，且随着施用量的增加而显著下降。

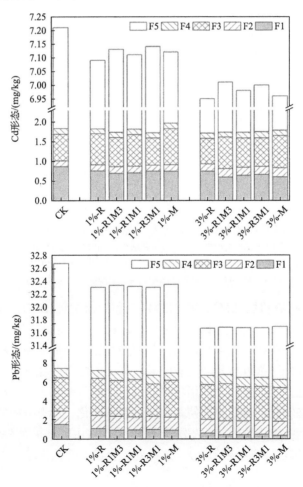

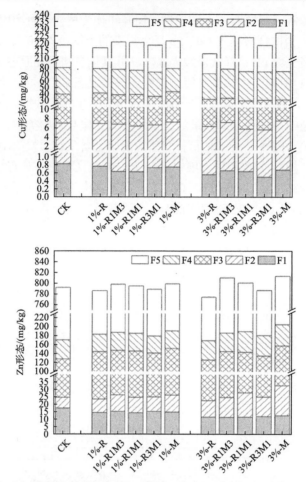

图 8.1　施用生物质炭对铅锌尾矿区土壤中 Zn、Pb、Cd、Cu 形态分布的影响[51]

F1、F2、F3、F4、F5 分别表示水溶态和交换态、碳酸盐结合态、铁锰氧化物结合态、有机结合态和残渣态
CK 表示对照处理；R 为水稻秸秆炭；M 为猪粪炭；R3M1、R1M1、R1M3 分别为秸秆和猪粪质量比为 3∶1、
1∶1、1∶3 于 400℃制备的混合炭；1% 和 3% 表示生物质炭的施用量

　　图 8.2 是施用有机肥（PM）、碱性材料（T）和生物质炭（BCB 和 BCD）对水稻分蘖期和成熟期土壤 Cd 形态转化的影响。由图 8.2 可以看出，对照处理土壤中 Cd 主要以酸可提取态存在，占 40% 以上。与对照相比，在分蘖期，猪粪有机肥、碱性材料和猪粪炭处理都可显著降低酸可提取态 Cd 的百分比含量，使其向可还原态和残渣态转化。至成熟期，施用材料处理后，酸可提取态有所降低，有机肥处理使其向残渣态转化，其他处理使其向可还原态转化。形态分析的结果表明，生物质炭的施用会影响土壤中 Cd 的形态分布，使土壤中的酸提取态 Cd 转化为更加稳定的形态（如可还原态和残渣态），这种变化会显著降低土壤 Cd 的移动性和植物有效性。

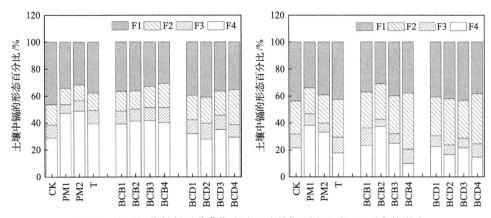

图 8.2　施用钝化材料对分蘖期(左)和成熟期(右)土壤 Cd 形态的影响

F1、F2、F3、F4 分别表示酸溶态、可还原态、可氧化态和残渣态

PM1 和 PM2 分别为猪粪施用量为 0.1%和 0.2%；T，碱性钝化剂；

BCB 和 BCD 分别为 400 和 600℃猪粪炭；1～4 对应生物质炭施用量为 0.2%，0.5%，1%和 5%

8.2.2　生物质炭对土壤重金属有效性的影响

重金属生物有效性的大小决定着其在土壤中的毒性的强弱，因此，在修复重金属污染土壤中，降低重金属的生物有效性对改善土壤质量至关重要。生物质炭自身呈碱性且含有丰富的含氧官能团，可通过络合、沉淀等化学机制有效固定土壤中的重金属，从而降低重金属元素的生物有效性。如 Ali 等[52]在酸性土壤被 Ni 污染后加入生物质炭，土壤的 pH 显著增加，$CaCl_2$ 提取的 Ni 的可交换组分降低了 59%～71%。Wang 等[53]田间试验发现，土壤施用生物质炭后，二乙基三胺五乙酸(DTPA)提取态的 Cd 含量降低 92.02%，形态分析表明，Cd 在土壤中的迁移率也降低，向更稳定的形态转化。现有研究结果已证实，施用生物质炭显著降低土壤中重金属的生物有效性，减少农作物对重金属的富集和吸收[43,54,55]。

图 8.3 反映的是铅锌尾矿重金属污染土壤施用水稻秸秆和猪粪有机肥混合制备生物质炭后，培养 150 天过程中土壤有效态 Cd、Cu、Pb、Zn 含量的变化情况。从图 8.3 施用可以看出，与对照 CK 相比，施用不同生物质炭后，土壤中 Cd 有效态含量均出现了不同程度的降低，且随着添加量的增加，降幅增加。在培养过程中，CK 与 R、R3M1、R1M1、R1M3、M 土壤中 Cd 有效态含量大致为总体呈现先降低后上升的趋势，而上升趋势较降低趋势要平缓一些，所以，包括 CK 在内，土壤中有效态 Cd 含量在培养结束后都比初始要低一些。培养结束时，与对照 CK 相比，在 1%施用量下，生物质炭分别使其下降了 14.51%、11.64%、16.41%、26.25%、15.19%，在 3%施用量下分别下降了 27.47%、34.23%、43.40%、49.12%、42.82%。此外，在不同施用量下，R1M3 较其他生物质炭均取得最优效果。

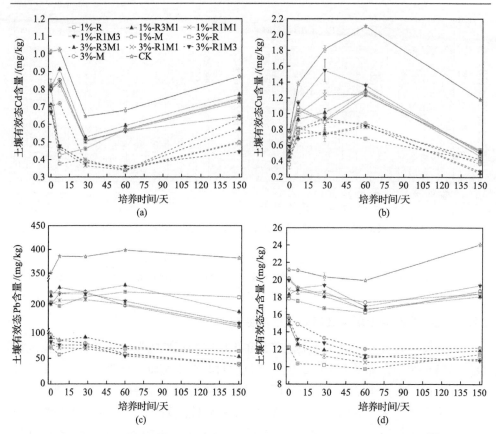

图8.3　生物质炭施用后对矿区土壤有效态 Cd、Cu、Pb、Zn 含量的影响[51]

图(b)~(d)图例同图(a)

　　土壤中有效态 Cu 含量大体上均为先增加后减少，其中，CK 在培养结束后 Cu 有效性含量有所增加。培养结束时，与对照 CK 相比，在 1%施用量下，生物质炭分别使其下降了 53.78%、55.09%、55.49%、57.54%、60.18%，在 3%施用量下分别下降了 65.62%、78.60%、63.81%、76.82%、68.68%。在 1%施用量下，M 较其他生物质炭取得最优效果，而在 3%施用量下，R3M1 取得最优效果。

　　与对照 CK 相比，施用不同类型生物质炭后，土壤有效态 Pb 含量均出现了不同程度的降低，且随着施用量的增加，降幅增加。在培养过程中，CK 土壤中 Pb 有效态含量总体呈现先上升后逐渐减少的趋势，至培养结束，Pb 有效态含量较初始有所增加；R、R3M1、R1M1、R1M3、M 在 1%施用量下大体为小幅增加、逐渐降低，而在 3%施用量下以快后慢的速率逐渐降低。在 150 天培养结束时，与对照 CK 相比，在 1%施用量下，生物质炭分别使 Pb 下降了 44.68%、50.90%、56.63%、55.87%、57.37%；在 3%施用量下分别下降了 83.11%、85.90%、89.70%、89.75%、89.85%。在 1%和 3%施用量下，M 较其他生物质炭取得最优效果，而 R 效果较差，

R3M1、R1M1、R1M3 三者比较相近。

与对照 CK 相比，施用不同种类生物质炭后，土壤有效态 Zn 含量均出现了不同程度的降低，且随着施用量的增加，降幅增加。在培养过程中，CK 土壤中有效态 Zn 含量总体呈现先降低后上升的趋势；在 1% 施用量下，R、R3M1、R1M1、R1M3、M 大致为先降低后上升的趋势，而这个上升趋势比 CK 所呈现的上升趋势要平缓一些；在 3% 施用量下，R、R3M1、R1M1、R1M3、M 总体呈逐渐降低的趋势，有效态 Zn 含量减小的速率变小。培养结束时，与对照 CK 相比，在 1% 施用量下，生物质炭 R、R3M1、R1M1、R1M3、M 分别使其下降了 22.34%、24.83%、23.39%、19.61%、23.48%，在 3% 施用量下，分别下降了 52.52%、50.58%、54.66%、55.44%、49.44%。此外，在 1% 施用量下，R3M1 较其他生物质炭取得最优效果，而在 3% 施用量下，R1M3 取得最优效果。

对于重金属元素 Zn、Pb、Cd、Cu 来说，不同种类生物质炭对降低其在土壤中有效态含量的效果均不尽相同，而钝化效果较好的多为猪粪炭或者猪粪比例略高的生物质炭。一方面，因为生物质炭具有石灰效应，能够提高土壤 pH[56]。土壤 pH 升高促进重金属离子的水解，有利于土壤胶体对重金属离子的吸附。另一方面，生物质炭可以通过自身表面密集的阳离子交换位点促进重金属离子的吸附。生物质炭表面的官能团如羧基和酚羟基等对重金属有着强烈的亲和力；并且对 Pb 的亲和力要大于对 Zn 和 Cd。还有研究表明，生物质炭灰分组分中的某些元素如 P 能够和 Zn 和 Pb 发生共沉淀，形成溶解度极低、相对较为稳定的化合物如 $Zn_3(PO_4)_2 \cdot 4H_2O$、$Pb_5(PO_4)(OH)_3$ 等[57,58]。

8.2.3　生物质炭对土壤重金属迁移性的影响

当生物质炭施入土壤后，其表面功能基团与表层离子发生氧化还原反应，引起土壤污染物的迁移转化[59]。生物质炭可通过自身理化性直接影响重金属的迁移能力或间接提高土壤的 CEC 和 pH，增加土壤有机质含量以及提高微生物活性影响重金属的迁移力。试验表明，生物质炭能有效降低土壤中 Cu、Pb、Zn 和 Ni 等重金属迁移力，但对不同重金属元素迁移性影响效果不一，这与生物质炭自身特性和制备条件密切相关[60]。研究发现，生物质炭施入土壤后可通过提高土壤 pH，降低重金属 Cu 和 Zn 的有效性，降低元素在土壤中的迁移性[61,62]。小麦壳和桉树枝制备生物质炭，分别以 1% 和 5% 的量施入土壤，土壤中的 Cd 浓度下降，并随生物质炭施用量的增加下降效果更显著[63]。提高生物质炭制备温度可增加其对 Cd 的吸附能力，但会降低其对 As 的吸附能力[64]。土柱淋溶试验和土壤浸提法等多数研究证明，生物质炭施用能有效固定土壤中 Cd、Cu、Pb、Zn 等阳离子型重金属元素，但有可能增加土壤中 As 的移动性[65,66]。也有研究发现，相比水稻土，砂土中施用生物质炭可提高地下水的持水能力，淋溶液的增加导致 Cd、Pb 向深层土壤运移[67]。Zhang 等[68]通过土柱培养实验研究了生物质炭对重金属迁移的影响，发现生物质炭释放的可溶性有机质易与重金属 Ni 的结合，增加土壤柱中 Ni 向下迁移的趋势。由此说明，生物质炭材料来源和制备条件的不同，导致土壤理化性质改变，增加其对重金属的吸附，还引起重金属形态由有效态向植物难利用形态转化，从而降低土壤中重金属迁移性。除此之外，也可看出其迁移性还受土壤类型、重金属赋存形态、生物质炭施用量和施用时间等因素的影响。

8.3　生物质炭对炭际土壤中重金属环境行为的影响

土壤是一个复杂的系统，生物质炭还田后将会首先与其表面接触的土壤之间发生相互作用，可能会干扰土壤局部小生境的物质流、能量流与营养流，以及微生物群落结构，从而直接影响生物质炭与土壤的物理化学特性[69,70]。有学者将生物质炭与土壤界面形成的特殊的微域环境称之为炭际圈(Charosphere)，类似于植物根系周围的根际环境[71,72]。生物质炭炭际土壤理化性质可能不同于非炭际土壤。目前有关生物质炭施用对炭际土壤理化性质和重金属的分布、迁移转化的影响研究较少。采用多隔层三室根箱法研究生物质炭对酸性土壤氮素转化的实验中发现，生物质炭施入显著提高了 1～5mm 近炭际土壤 pH 和矿质元素的含量，且由 1～5mm 近炭际微域向大于 5mm 远炭际微域呈下降趋势；但炭际土壤中溶解性有机碳(DOC)含量与土壤 pH、矿质元素含量变化规律相反[73]。土壤理化性质如 pH 值、DOC 含量和矿质元素等是影响土壤重金属化学形态及有效性的关键因子[36,74,75]。有研究证实，生物质炭对土壤中有效态 Cd 和 Ni 的含量与土壤 pH 呈显著负相关，生物质炭产生的石灰效应导致土壤 pH 快速升高，促使重金属吸附在生物质炭上[43,76]。重金属阳离子可以与生物质炭表面活性基团(如羧基、羟基等)、矿质元素及有机物等发生表面络合作用或沉淀作用[36]。

但生物质炭表面 DOC 对土壤重金属有效性既有促进作用又有抑制作用[77]。Uchimiya 等[74]研究发现，低温制备的生物质炭溶出 DOC 对土壤中重金属的有效性有促进作用，而高温制备的生物质炭溶出 DOC 对重金属具有钝化作用。Bian 等[78]研究发现，通过热水洗除生物质炭表面 DOC 可显著提高生物质炭残留固体对土壤中重金属 Pb、Cd、Cu、Zn 的钝化效果；生物质炭表面有机碳组分和无机矿物组分在吸附重金属离子中的贡献不同。然而，不同类型生物质炭施用后炭际土壤中重金属生物有效性及形态转化的影响的研究，鲜有报道。

生物质原料热解制备的生物质炭具有较高的比表面积和丰度的孔隙度，对重金属等污染物具有很好的吸附能力，且具有较强的水分固持能力。生物质炭可以有效吸附土壤孔隙水中的重金属离子，从而降重金属的生物有效性。当前多数研究偏重于生物质炭施用对土壤中重金属钝化的宏观效应，而生物质炭进入土壤后会直接影响其接触的土壤中重金属的活性，炭际土壤是一个潜在改变重金属生物有效活性的土壤。然而，生物质炭施用后炭际土壤中重金属的活性、迁移性和形态变化情况需要进一步探讨。

8.3.1　生物质炭对炭际土壤中重金属有效性的影响

氯化钙（$CaCl_2$）提取的土壤有效态 Cd 的降低量可以作为生物质炭钝化土壤 Cd 效率的一个重要指标。Wang 等[75]的双层网袋试验在保证不影响物质交换条件下，可以容易分离生物质炭和土壤，测量两者的重金属有效态含量及形态转化，更加精确地研究生物质炭对土壤重金属有效性的影响。从图 8.4 可以看出，相比于对照组，炭际土壤中有效态 Cd 含量首先有一个明显下降，继而变化趋于稳定直到实验结束。在生物质炭施用于土壤的第 1 天，炭际土壤中的有效态 Cd 出现了明显下降，相比于对照组，BC300-S、BC500-S、BC700-S 中有效态 Cd 的含量分别减少了 66.6%、66.6%、50%，并且在前 7 天仍持续下降。7 天后，炭际土壤中 Cd 的有效态含量趋于稳定，95 天实验结束后，BC300-S、BC500-S、BC700-S 中有效态 Cd 含量分别维持在 0.70mg/kg、0.80mg/kg 和 0.11mg/kg 左右，相比于对照组分别降低了 75.00%、73.33%和 63.33%。由此可知，猪粪热解生物质炭钝化土壤有效 Cd 的能力是：BC300＞BC500＞BC700。

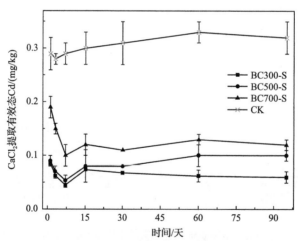

图 8.4　不同生物质炭炭际土壤有效态 Cd 含量变化情况[76]

BC300-S、BC500-S、BC700-S 分别为 300℃、500℃和 700℃生物质炭处理炭际土壤

$CaCl_2$ 提取的土壤有效态 Cd 也是土壤 Cd 毒性和生物可利用性的一个重要指标。在本研究中，生物质炭表面的有效态 Cd 含量几乎为零，这是由于有效态的 Cd 都被吸附在了生物质炭表面[79]。有效态 Cd 降低表明猪粪热解生物质炭在降低炭际土壤 Cd 溶解性和可利用性上作用显著，而其中又以 BC300 低温热解炭最为

有效，这可能与其未炭化的生物量部分有关。Cd 的钝化效果受 pH 变化影响也十分明显，随着 pH 的提高，土壤中重金属会由溶解和可移动的形态转变为难以溶解的形态（例如碳酸盐结合态、磷酸盐结合态、氧化物和氢氧化物等）。本实验前 7 天内炭际土壤有效态 Cd 的迅速下降可归因为生物质炭影响下土壤性质的改变，而随后的轻微变化可能与金属离子在生物质炭微孔中扩散、吸附、沉降及生物质炭本身发生缓慢氧化过程有关[80]。

8.3.2　生物质炭对炭际土壤中重金属迁移性的影响

生物质炭 Cd 全量是用来检测土壤和生物质炭之间 Cd 的迁移关系，如图 8.5 所示，在 95 天的实验中，炭际土壤中的 Cd 总量有呈现不断下降的趋势。在第 95 天，炭际土壤 BC300-S、BC500-S 和 BC700-S 中 Cd 的总量分别为 1.20mg/kg、1.14mg/kg 和 1.16mg/kg，低于对照空白土壤中 Cd 的含量（1.34mg/kg）。而在生物质炭中总 Cd 的含量明显高于原生物质炭，在第 1 天总 Cd 含量就达到了一个很高的水平，BC300、BC500 和 BC700 中的 Cd 全量分别由 0.64mg/kg、0.84mg/kg 和 0.87mg/kg 上升到 1.14mg/kg、1.20mg/kg 和 1.27mg/kg，95 天后，Cd 的全量逐渐增加至 1.40mg/kg、1.75mg/kg 和 1.49mg/kg。

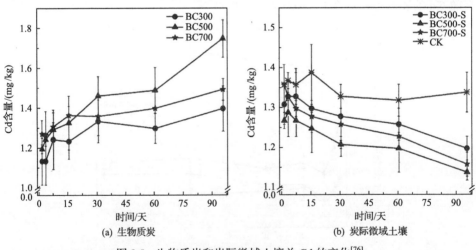

图 8.5　生物质炭和炭际微域土壤总 Cd 的变化[76]

土壤与生物质炭中 Cd 的全量的结果表明炭际土壤中的 Cd 全量有所下降，而前期多数研究表明土壤中 Cd 的全量在施用生物质炭后不会发生变化，这说明炭际微域土壤的特性与一般的土壤可能有所区别。同时，现有研究无法将施用在土壤中的生物质炭与土壤完全分离，这也可能导致测定的土壤中含有部分生物质炭，从而无法准确测量出重金属的全量。相反，生物质炭表面的 Cd 全量在培养过程中呈现持续上升的趋势，并且在实验结束时达到了峰值。生物质炭表面的吸附作用是生物质炭固持重金属的一个至关重要的机理，土壤 pH 增加促使自由离子水解，提升专性吸附能力和亲和力，也促进吸附作用的进行。

8.3.3　生物质炭对炭际土壤中重金属形态转化的影响

运用 BCR 顺序提取第 1 天、第 30 天和第 95 天的田间网袋实验中炭际土壤中 Cd 的形态，结果如图 8.6 所示，炭际土壤中四种形态的 Cd 含量之和与对照组相比较低，这与重金属全量测定中的结果相符合。然而，不同形态的 Cd 变化趋势不同，其中，相比对照组，三种生物质炭炭际土壤酸提取态 Cd 明显下降，其中 BC300-S 的下降最显著，其酸提取态的 Cd 含量由第 1 天的 0.60mg/kg 降低至第 95 天的 0.51mg/kg（占总含量的 45%减少到 40%），相比于对照组，其酸提取态的重金属降低了 40%。在第 95 天，炭际土壤中可还原态的 Cd 含量高于对照土壤，BC300-S 的提升最为显著（0.39mg/kg 相比于对照的 0.30mg/kg），可氧化态的 Cd 变化较小。

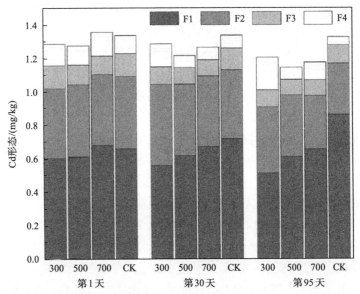

图 8.6　第 1 天、30 天和 95 天炭际土壤中 Cd 的形态变化情况[76]

炭际土壤中 Cd 的形态分布受生物质炭显著影响。其中，土壤中 Cd 的毒性由酸提取态的 Cd 含量决定，酸提取态是土壤中最活跃、移动性最强的 Cd 组分，它由可溶解态、交换态和碳酸盐结合态的 Cd 组成。BC300-S 中酸提取态的 Cd 含量最低，表明低温生物质炭钝化 Cd 的能力最强。在本实验中，可氧化态的 Cd 变化较小，而可还原态的 Cd 变化较大，这表明施用猪粪炭会提高 Cd 与铁锰氧化物的共沉降作用。在 BC300-S 中残渣态 Cd 的显著提升表明生物质炭的施用使更多的 Cd 被吸附在土壤矿物组分中，这与土壤 pH 的提高和有效态 Cd 的沉淀作用有关。

8.4 生物质炭负载微生物在土壤重金属污染修复中的应用

微生物修复土壤重金属污染，是利用某些微生物的活性，对重金属污染物进行吸附、吸收、溶解、沉淀、转化等，以达到降低重金属污染物含量或其生物活性的目的[81,82]。重金属污染土壤直接施加活性微生物虽然简单易行，但是活性微生物非常容易流失，或者索性被其他微生物吞噬，其对土壤重金属的钝化作用较弱[83]。固定化微生物修复是将外源微生物先吸附于载体上，再复合施加入土壤修复体系，载体物质可以为活性微生物的定殖提供场所和营养源，有利于保持微生物高度富集和活性，以提高钝化修复效果。

载体的选择对固定化微生物技术尤为重要，生物质炭具有多孔结构、丰富的含氧官能团和营养元素，可以吸附土壤中有机、无机污染物，改善土壤污染环境，减轻对微生物的毒害作用，使微生物能够正常生长繁殖[84]。利用生物质炭负载细菌进行修复可避免微生物单独施加后随下渗或径流进入地下水或河流而对水体产生污染的局限性，生物质炭作为载体能提供一个良好的缓冲体系并为微生物提供生存繁殖的空间，从而实现对重金属污染的高效、可持续的修复[85]。因此，许多学者利用生物质炭为载体，制备生物质炭-细菌复合材料来降低土壤重金属的生物有效性，实现抗性菌株在土壤重金属污染修复中的利用[86,87]。

现有研究发现，*Penicillium sp.*菌属在 As 污染土壤的修复中具有极大的潜力[88]，生物质炭的施用会增加 As 污染土壤的 pH 进而促进砷的释放[89]，而生物质炭负载青霉菌在 T3B3（菌剂拌种量为 20%，生物质炭施用量为 4%）处理时，使土壤有效 As 含量由 17.71mg/kg 降至 12.69mg/kg，钝化率为 27.6%[90]。Ma 等[91]将 *Bacillus sp.* TZ5 在生物质炭上成功负载后施入土壤，显著降低土壤 Cd 的有效性，并显著减少黑麦草对 Cd 吸收和积累。Tu 等[87]研究发现，玉米秸秆炭负载 *Pseudomonas sp.* NT-2 显著降低土壤 Cd 和 Cu 的生物有效性，土壤中交换态 Cd 向铁锰氧化物结合态转化，而碳酸盐结合态 Cu 则转化为残渣态。微生物细胞膜上具有各类型吸附专性蛋白，其对重金属的作用具有一定的选择性，不同菌株配比组合所产生的协同作用，可以提高生物质炭负载微生物对复合重金属铀（U）和 Cd 的钝化效果[84]。生物质炭负载微生物通过吸附固定方式复合制备的钝化剂在改善土壤性质、修复土壤重金属污染等方面有着很大的潜在应用价值。然而，许多利用生物质炭负载微生物钝化土壤重金属污染的研究大多处于实验室模拟和小规模田间试验阶段，需要加大田间试验的研究力度，探讨生物质炭负载微生物对重金属污染土壤修复的长效机制。

8.5　生物质炭对主要农作物重金属吸收积累的影响

生物质炭作为土壤改良剂在改善土壤理化性质的同时，还可以利用自身疏松多孔的结构及表面丰富的含氧官能团吸附土壤中重金属污染，改变重金属在土壤中的赋存形态和迁移性，从而降低重金属的生物有效性，从而减少植物对重金属的吸收。然而，不同重金属元素的生物地球化学特性有很大不同，生物质炭对土壤中不同重金属生物有效性的影响有很大不同。施用生物质炭后，不同植物对不同重金属元素的吸收存在差异；植物生长过程中，根系分泌物在一定程度上可以影响生物质炭对重金属的钝化效应。因此，应该针对不同生物质炭种类、不同土壤类型、不同农作物品种等因素，探讨生物质炭对农作物吸收重金属的影响。

8.5.1　生物质炭对蔬菜中重金属吸收积累的影响

Khan 等[92]研究发现花生壳炭比污泥炭、豆秆炭及水稻秸秆炭更能降低萝卜中Cd、As、Cu、Pb 等重金属的含量，且生物质炭在 5%施用量效果要优于 2%施用水平。Gartler 等[93]研究发现，向土壤中生物质炭显著增加萝卜中 Zn 的含量，但对其他蔬菜中 Zn 的含量无显著影响。图 8.7 为水稻秸秆和猪粪混合制备生物质炭对铅锌矿尾矿区种植青菜地上部中 Zn、Pb、Cd、Cu 含量的影响。

从图 8.7 可以看出，与对照组相比，无论是在 1%施用量还是在 3%施用量下，青菜地上部 Zn、Pb、Cd、Cu 含量均明显降低，其中，在 1%施用量下，Zn、Pb、Cd、Cu 含量分别降低了 58.37%～81.78%、60.66%～78.93%、72.33%～83.06%和16.77%～62.61%；在 3%施用量下，Zn、Pb、Cd、Cu 含量分别降低了 56.78%～73.27%、57.43%～82.48%、61.35%～76.60%和 9.18%～35.37%。这可能与生物质炭本身含有的 Zn、Pb、Cd、Cu 有关。一方面，猪粪炭本身含有的重金属 Zn、Pb、Cd、Cu 浓度相对较高，在施入土壤后不断相互作用过程中，可能逐渐释放出 Zn、

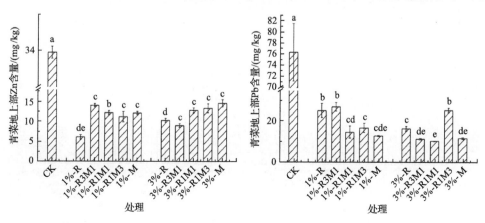

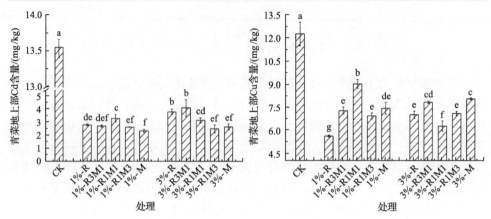

图 8.7　不同处理对青菜地上部 Zn、Pb、Cd、Cu 含量的影响[51]

Pb、Cd、Cu，一定程度上也提供部分易吸收的重金属离子；另一方面，猪粪炭因其营养元素含量丰富促进了农作物生长，在一定程度上可能也促进农作物对重金属离子的吸收，尤其是增加了青菜地上部对 Zn 和 Cu 的吸收。

图 8.8 为不同处理对青菜地下部 Zn、Pb、Cd、Cu 含量的影响。从图 10.8 可以看出，与对照 CK 相比，青菜地下部 Zn、Pb、Cd、Cu 含量均明显降低，且随着生物质炭施用量的增加，Zn、Pb、Cd、Cu 含量减少。在 1%施用量下，青菜地下部 Zn、Pb、Cd、Cu 含量分别降低了 47.70%～70.98%、56.78%～77.85%、60.50%～67.4%和 71.65%～84.13%；在 3%施用量下，青菜地下部 Zn、Pb、Cd、Cu 含量分别降低了 66.10%～88.26%、80.02%～93.01%、80.25%～91.58%和 79.79%～93.03%。相比于其他生物质炭，秸秆炭在减少青菜地下部根系吸收重金属上效果最为显著。

综上可知，生物质炭一方面对农作物生物量的促进作用显著，另一方面能够有效地减少农作物对土壤中重金属的吸收，而蔬菜生物量的增加在一定程度上又对农作物吸收重金属产生了稀释作用，降低了蔬菜对重金属的吸收和累积作用。

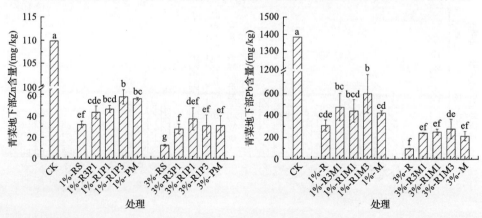

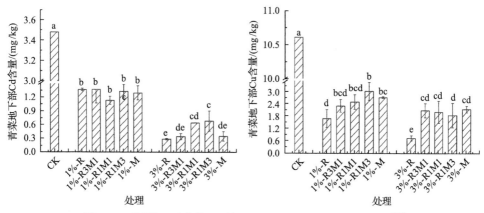

图 8.8　不同处理对青菜地下部 Zn、Pb、Cd、Cu 含量的影响[51]

8.5.2　生物质炭对水稻中重金属吸收积累的影响

水稻是我国第一大粮食作物,也被认为是对重金属吸收最强的大宗谷类作物[19]。生物质炭具有疏松多孔结构和丰富的含氧官能团能吸附土壤重金属污染物,降低土壤中重金属的生物有效性,从而降低糙米中 Cd 的含量[94]。生物质炭可以降低土壤重金属的生物有效性,且随着生物质炭施用剂量的增加而显著下降。Bian 等[95]研究发现,生物质炭在 20t/ha 和 40t/ha 施用量下,分别使糙米中 Cd 的下降幅度达到 20%~37% 和 42%~48%;连续 3 年试验,与对照组相比,糙米中 Cd 的含量减少了 27.5%~67.3%,说明生物质炭对糙米中 Cd 的累积能力具有长期降低效果。

浙江科技学院科研团队通过田间试验研究,猪粪、碱性材料和猪粪炭对水稻分蘖期植株中 Cd 含量的影响,由图 8.9 可以看出,所有处理中水稻根系中 Cd 的

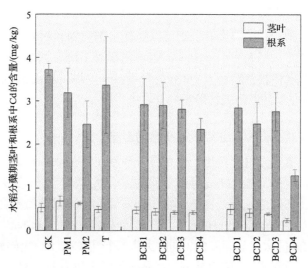

图 8.9　施用钝化材料对分蘖期水稻茎叶和根系 Cd 含量的影响

含量均大于茎叶中 Cd 的含量。与对照组相比，猪粪处理增加了水稻分蘖期茎叶中 Cd 的含量，但降低了根系中 Cd 的含量；碱性材料降低了水稻茎叶和根系中 Cd 的含量，但差异不显著；猪粪炭 BCB 和 BCD 显著降低根系中 Cd 的含量，且在 5%根系中 Cd 的含量降低幅度最大；生物质炭处理可降低水稻茎叶中 Cd 的含量，但差异不显著。从所有处理效果来看，BCD 在 5%施用量下，可显著降低水稻茎叶和根系中 Cd 的含量。

由图 8.10 可以看出，水稻成熟期，所有处理中水稻植株中 Cd 的含量均为根系＞茎叶稻壳和稻米中 Cd 的含量。与对照组相比，猪粪 PM2 处理显著降低水稻成熟期茎叶和根系中 Cd 的含量；碱性材料增加根系中 Cd 的含量，但降低了水稻茎叶中 Cd 的含量；猪粪炭 BCB 和 BCD 在高施用量下显著降低根系和茎叶中 Cd 的含量，且随着施用量的增加，水稻根系和茎叶中 Cd 含量呈下降趋势。

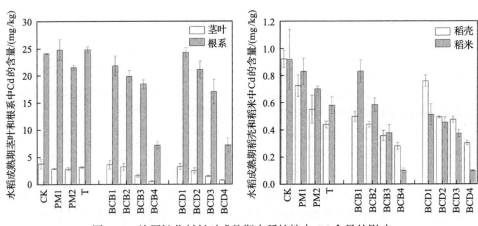

图 8.10　施用钝化材料对成熟期水稻植株中 Cd 含量的影响

与对照组相比，施用猪粪有机肥可以降低水稻稻壳和稻米中 Cd 的含量，且有机肥施用量越高，稻壳和稻米中 Cd 的含量显著下降。同时，碱性材料和猪粪炭可以显著降低水稻稻壳和稻米中 Cd 的含量，且生物质炭在 5%施用量下，稻米中 Cd 的含量符合食品中污染物限量标准。

8.5.3　生物质炭对小麦中重金属吸收积累的影响

小麦是我国第二大粮食作物，也是容易积累 Cd 的农作物之一，随着我国土壤重金属污染状况的加剧，小麦等粮食作物重金属超标问题备受关注。生物质炭作为一种高效、环保的土壤改良剂，在土壤修复和消减重金属粮食污染风险方面具有很大的潜力。Moreno-Jiménez 等[96]在碱性土壤中施用 20t/ha 生物质炭发现土壤溶液中 Cd、Pb 的浓度显著降低，同时大麦籽粒中 Cd、Pb 的浓度下降幅度分别为 41%和 61%。竹炭在 5%施用量下，可显著降低土壤有效态 Cd 含量，使小麦根系、地上部和籽粒的 Cd 含量比对照组分别降低 34.06%、21.57%和 23.33%。

浙江科技学院科研团队研究了猪粪及其生物质炭对小麦植株重金属吸收的影响。由图 8.11 可以看出，对于小麦植株中 Cu 含量而言，施用猪粪及其生物质炭后，显著增加小麦根系中 Cu 的含量，但显著减少小麦籽粒中 Cu 的含量。猪粪及其生物质炭在 1.5t/ha 和 3t/ha 施用量下，小麦根系中 Cu 的含量分别比对照组增加 8.04%、23.62%、14.10%和 47.98%；小麦籽粒中 Cu 的含量与对照组相比分别下降了 4.29%、6.45%、14.71%和 10.37%；而对小麦芒和芒茎叶 Cu 的含量无明显影响。小麦籽粒中 Cu 含量与土壤 pH 和根系中 Cu 的含量呈现显著负相关（$P<0.05$），相关系数分别为-0.556 和 0.523。小麦籽粒中 Cu 含量下降可能是因为土壤 pH 升高降低土壤有效 Cu 的含量及小麦根系对 Cu 的阻隔，防止 Cu 向小麦植株地上部位迁移。

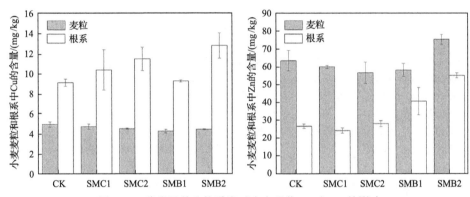

图 8.11　猪粪及其生物质炭对小麦吸收 Cu 和 Zn 的影响

SMC 为猪粪有机肥；SMB 为猪粪炭；1 和 2 分别表示材料用量为 1.5t/ha 和 3t/ha

对于小麦中 Zn 的含量而言，小麦籽粒中 Zn 的含量最高，其次是小麦根系。施用猪粪及生物质炭 SMC1、SMC2 和 SMB1 可使小麦籽粒中 Zn 的含量分别下降 5.66%、10.44%和 8.30%，而高生物质炭处理 SMB2 使小麦籽粒中 Zn 的含量增加了 18.77%。猪粪处理降低了小麦芒中 Cu 的含量，而生物质炭处理显著增加小麦芒中 Cu 的含量。SMC1、SMC2、SMB1 和 SMB2 处理使小麦芒茎中 Cu 的含量分别增加 5.58%、9.07%、58.06%和 127.59%，使小麦根系中 Cu 的含量分别增加 2.92%、2.83%、57.98%和 113.84%。小麦籽粒中 Zn 的含量与土壤有效 Zn 和芒、茎芒、根系中 Zn 的含量呈现显著正相关关系，相关系数分别为 0.583、0.782、0.770 和 0.672。总体上，猪粪炭相比猪粪处理，可显著增加小麦植株中 Zn 的含量，但显著降低小麦地上部 Cu 的含量。

当前对于生物质炭钝化土壤重金属、降低蔬菜、水稻和小麦等主要农作物吸收的研究大多数采用盆栽试验，田间试验尤其是长期的田间定位试验研究较少。在实际的农业生产活动中，生物质炭对主要农作物重金属吸收的阻控效果受到生物质炭种类、土壤类型、农作物品种、田间管理措施等因素的影响。因此，需要长期开展田间试验，验证生物质炭降低农作物重金属吸收的长期效果并进行大规模推广应用。

参 考 文 献

[1] 骆永明. 重金属污染土壤修复与管理研究[J]. 中国科技成果, 2012, (20): 21-22.

[2] Niu L, Yang F, Xu C, et al. Status of metal accumulation in farmland soils across China: From distribution to risk assessment[J]. Environmental Pollution, 2013, 176: 55-62.

[3] 唐浩, 曹乃文. 浅谈我国土壤重金属污染现状及修复技术[J]. 安徽农学通报, 23(7): 103-105.

[4] Liu X J, Tian G J, Jiang D, et al. Cadmium (Cd) distribution and contamination in Chinese paddy soils on national scale[J]. Environmental Science and Pollution Research, 2016, 23: 17941-17952.

[5] 薛涛, 廖晓勇, 王凌青, 等. 镉污染农田不同水稻品种镉积累差异研究[J]. 农业环境科学学报, 2019, 38(8): 1818-1826.

[6] 刘维涛, 周启星, 孙约兵, 等. 大白菜对铅积累与转运的品种差异研究[J]. 中国环境科学, 2009, 29(1): 63-67.

[7] 蒋彬, 张慧萍. 水稻精米中铅镉砷含量基因型差异的研究[J]. 云南师范大学学报, 2002, 22(3): 37-40.

[8] Zhang H J, Zhang X Z, Li T X, et al. Variation of cadmium uptake, translocation among rice lines and detecting for potential cadmium-safe cultivars[J]. Environmental Earth Science, 2014, 71(1): 277-286.

[9] 刘三雄, 刘利成, 闵军, 等. 水稻镉低积累新品系的筛选[J]. 湖南农业科学, 2019, (4): 5-7, 11.

[10] 杨素勤, 程海宽, 张彪, 等. 不同品种小麦 Pb 积累差异性[J]. 生态与农村环境学报, 2014, 30(5): 646-651.

[11] 李乐乐, 刘源, 李宝贵, 等. 镉低积累小麦品种的筛选研究[J]. 灌溉排水学报, 2019, 38(8): 53-58, 72.

[12] 雷恩, 刘艳红. 个旧矿区周边农田高产、重金属低积累玉米品种的筛选[J]. 江苏农业科学, 2015, 43(9): 124-127.

[13] 赵丽芳, 黄鹏武, 宗玉统, 等. 适宜浙南地区种植的重金属低积累玉米品种筛选[J]. 浙江农业科学, 2019, 60(8): 1370-1372.

[14] Zhou Y, Xue M, Yang Z, et al. High cadmium pollution risk on vegetable amaranth and a selection for pollution-safe cultivars to lower the risk[J]. Frontiers of Environmental Science & Engineering, 2013, 7(2): 219-230.

[15] 杜俊杰, 李娜, 吴永宁, 等. 蔬菜对重金属的积累差异及低积累蔬菜的研究进展[J]. 农业环境科学学报, 2019, 38(6): 1193-1201.

[16] 赵云云, 钟彩霞, 方小龙, 等. 华南地区夏播大豆品种镉耐性及籽粒镉积累的差异[J]. 大豆科学, 2013, 32(3): 336-340.

[17] 张彦威, 张军, 徐冉, 等. 籽粒有毒重金属低富集大豆品种筛选及与环境作用效应分析[J]. 大豆科学, 2019, 38(6): 839-846.

[18] 胡鹏杰, 李柱, 吴龙华. 我国农田土壤重金属污染修复技术、问题及对策刍议[J]. 农业现代化研究, 2018, 39(4): 535-542.

[19] 徐建明, 孟俊, 刘杏梅, 等. 我国农田土壤重金属污染防治与粮食安全保障[J]. 中国科学院院刊, 2018, 33(2): 153-158.

[20] Hu P J, Li Z, Yuan C, et al. Effect of water management on cadmium and arsenic accumulation by rice (Oryza sativa L.) with different metal accumulation capacities[J]. Journal of Soils and Sediments, 2013, 13: 916-924.

[21] Honma T, Ohba H, Kaneko-Kadokura A, et al. Optimal soil Eh, pH, and water management for simultaneously minimizing arsenic and cadmium concentrations in rice grains[J]. Environmental Science & Technology, 2016, 50, 4178-4185.

[22] Wang S H, Wang F Y, Gao S C. Foliar application with nanosilicon alleviates Cd toxicity in rice seedlings[J]. Environmental Science and Pollution Research, 2015, 22(4): 2837-2845.

[23] Zaccheo P, Crippa L, Pasta V D. Ammonium nutrition as a strategy for cadmium mobilisation in the rhizosphere of sunflower[J]. Plant and Soil, 2006, 283(1/2): 43-56.

[24] 王凯荣, 龚惠群, 王久荣. 栽培植物的耐镉性与镉污染土壤的农业利用[J]. 农业环境保护, 2000, 19(4): 196-199.

[25] 赵其国, 滕应, 黄国勤. 中国探索实行耕地轮作休耕制度试点问题的战略思考[J]. 生态环境学报, 2017, 26(1): 1-5.

[26] 黄国勤, 赵其国. 中国典型地区轮作休耕模式与发展策略[J]. 土壤学报, 2018, 55(2): 283-292.

[27] 陈展图, 杨庆媛. 中国耕地休耕制度基本构架构建[J]. 中国人口·资源与环境, 2017, 27(12): 126-136.

[28] 胡鹏杰, 吴龙华, 骆永明. 重金属污染土壤及场地的植物修复技术发展与应用[J]. 环境监测管理与技术, 2011, 23(3): 39-42.

[29] Yang X, Long X, Ye H, et al. Cadmium tolerance and hyperaccumulation in a new Zn hyperaccumulating plant species (Sedum alfredii Hance)[J]. Plant and Soil, 2004, 259: 181-189.

[30] Tian S, Lu L, Labavitch J, et al. Cellular sequestration of cadmium in the hyperaccumulator plant species Sedum alfredii[J]. Plant Physiology, 2011, 157: 1914-1925.

[31] Liang J, Shohag M J I, Yang X, et al. Role of sulfur assimilation pathway in cadmium hyperaccumulation by Sedum alfredii Hance[J]. Ecotoxicology and Environmental Safety, 2014, 100: 159-165.

[32] Zhang X, Lin L, Chen M, et al. A nonpathogenic Fusarium oxysporum strain enhances phytoextraction of heavy metals by the hyperaccumulator Sedum alfredii Hance[J]. Journal of Hazardous Materials, 2012, 229: 361-370.

[33] Chen B, Zhang Y, Rafiq M T, et al. Improvement of cadmium uptake and accumulation in Sedum alfredii by endophytic bacteria Sphingomonas SaMR12: Effects on plant growth and root exudates[J]. Chemosphere, 2014, 117: 367-373.

[34] Song B, Zeng G, Gong J, et al. Evaluation methods for assessing effectiveness of in situ remediation of soil and sediment contaminated with organic pollutants and heavy metals[J]. Environment International, 2017, 105: 43-55.

[35] O'Connor D, Peng T Y, Zhang J L, et al, Biochar application for the remediation of heavy metal polluted land: A review of in situ field trials[J]. Science of the Total Environment, 2018, 619-620: 815-826.

[36] Cao X D, Harris W, Properties of dairy-manure-derived biochar pertinent to its potential use in remediation[J]. Bioresource Technology, 2010, 101: 5222-5228.

[37] Meng J, Feng X L, Dai Z M, et al, Adsorption characteristics of Cu(II) from aqueous solution onto biochar derived from swine manure[J]. Environmental Science and Pollution Research, 2014, 21(11): 7035-7046.

[38] Wu P, Wang Z, Wang H, et al. Visualizing the emerging trends of biochar research and applications in 2019: a scientometric analysis and review[J]. Biochar, 2020, 2: 135-150.

[39] Xie T, Reddy K R, Wang C W, et al. Characteristics and applications of biochar for environmental remediation: a review[J]. Critical Reviews in Environmental Science and Technology, 2015, 45(9): 939-969.

[40] He L Z, Zhong H, Liu G X, et al. Remediation of heavy metal contaminated soils by biochar: Mechanisms, potential risks and applications in China[J]. Environmental Pollution, 2019, 252(Part A): 846-855.

[41] Yuan P, Wang J Q, Pan Y J, et al. Review of biochar for the management of contaminated soil: Preparation, application and prospect[J]. Science of the Total Environment, 2019, 659: 473-490.

[42] EI-Naggar A, Shaheen S M, Ok Y S, Rinklebe J. Biochar affects the dissolved and colloidal concentrations of Cd, Cu, Ni and Zn and their phytoavailability and potential mobility in a mining soil under dynamic redox-conditions[J]. Science of the Total Environment, 2018, 624: 1059-1071.

[43] Meng J, Zhong L B, Wang L, et al. Contrasting effects of alkaline amendments on the bioavailability and uptake of Cd in rice plants in a Cd-contaminated acid paddy soil[J]. Environmental Science and Pollution Research, 2018, 25(9): 8827-8835.

[44] Prendergast-Miller M T, Duvall M, Sohi S P. Biochar-root interactions are mediated by biochar nutrient content and impacts on soil nutrient availability[J]. European Journal of Soil Science, 2014, 65: 173-185.

[45] Agegnehu G, Nelson P N, Bird M I. The effects of biochar, compost and their mixture and nitrogen fertilizer on yield and nitrogen use efficiency of barley grown on a Nitisol in the highlands of Ethiopia[J]. Science of the Total Environment, 2016, 569-570: 869-879.

[46] Guo X, Liu H, Zhang J. The role of biochar in organic waste composting and soil improvement: A review[J]. Waste Management, 2020, 102: 884-899.

[47] 侯艳伟, 曾月芬, 安增莉. 生物质炭施用对污染红壤中重金属化学形态的影响[J]. 内蒙古大学学报(自然科学版), 2011, 42: 460-466.

[48] Sohi S P, Krull E, Lopez-Capel E, et al. A review of biochar and its use and function in soil[J]. Advances in Agronomy, 2010, 105: 47-82.

[49] 高译丹, 梁成华, 裴中健, 等. 施用生物炭和石灰对土壤镉形态转化的影响[J]. 水土保持学报, 2014, 28: 258-261.

[50] 高瑞丽, 朱俊, 汤帆, 等. 水稻秸秆生物炭对镉-铅复合污染土壤中重金属形态转化的短期影响[J]. 环境科学学报, 2016, 36(1): 521-527.

[51] Meng J, Tao M M, Wang L L, et al. Changes in heavy metal bioavailability and speciation from a Pb-Zn contaminated soil amended with biochars from co-pyrolysis of rice straw and swine manure[J]. Science of the Total Environment, 2018, 633: 300-307.

[52] Ali U, Shaaban M, Bashir S, et al. Rice straw, biochar and calcite incorporation enhance nickel(Ni) immobilization in contaminated soil and Ni removal capacity[J]. Chemosphere, 2020, 244: 125418.

[53] Wang Y, Zheng K, Zhan W, et al. Highly effective stabilization of Cd and Cu in two different soils and improvement of soil properties by multiple-modified biochar[J]. Ecotoxicology and Environmental Safety, 2021, 207: 111294.

[54] EI-Naggar A, Shaheen S M, Ok Y S, et al. Biochar affects the dissolved and colloidal concentrations of Cd, Cu, Ni and Zn and their phytoavailability and potential mobility in a mining soil under dynamic redox-conditions[J]. Science of the Total Environment, 2018, 624: 1059-1071.

[55] Chen D, Wang X B, Wang X L, et al. The mechanism of cadmium sorption by sulphur-modified wheat straw biochar and its application cadmium-contaminated soil[J]. Science of the Total Environment, 2020, 714: 136550.

[56] Yuan J H, Xu R K, Zhang H. The forms of alkalis in the biochar produced from crop residues at different temperatures[J]. Bioresource Technology, 2011, 102: 3488-3497.

[57] Cao X, Ma L, Liang Y, et al. Simultaneous immobilization of lead and atrazine in contaminated soils using dairy-manure biochar[J]. Environmental Science & Technology, 2011, 45: 4884-4889.

[58] Hmid A, Al Chami Z, Sillen W, et al. Olive mill waste biochar: a promising soil amendment for metal immobilization in contaminated soils[J]. Environmental Science and Pollution Research, 2015, 22: 1444-1456.

[59] 赖长鸿, 李松蔚, 廖博文, 等. 生物质炭在土壤污染修复中的潜在作用[J]. 北京联合大学学报(自然科学版), 2015, 29(4): 50-54.

[60] 黄代宽, 李心清, 董泽琴, 等. 生物质炭的土壤环境效应及其重金属修复应用的研究进展[J]. 贵州农业科学, 2014(11): 159-165.

[61] Hua L, Wu W, Liu Y, et al. Reduction of nitrogen loss and Cu and Zn mobility during sludge composting with bamboo charcoal amendment[J]. Environmental Science and Pollution Research, 2009, 16(1): 1-9.

[62] 张迪, 胡学玉, 柯跃进, 等. 生物质炭对城郊农业土壤镉有效性及镉形态的影响[J]. 环境科学与技术, 2016, 39(4): 88-94.

[63] Zhang Z, Solaiman Z M, Meney K, et al. Biochars immobilize soil cadmium, but do not improve growth of emergent wetland species Juncus subsecundus in cadmium-contaminated soil[J]. Journal of Soils and Sediments, 2013, 13(1): 140-151.

[64] 楚颖超, 李建宏, 吴蔚东. 椰纤维生物质炭对 Cd(Ⅱ)、As(Ⅲ)、Cr(Ⅲ)和 Cr(Ⅵ)的吸附[J]. 环境工程学报, 2015, 9(5): 2165-2170.

[65] Bakshi S, He Z L, Harris W G. Biochar amendment affects leaching potential of copper and nutrient release behavior in contaminated sandy soils[J]. Journal of Environmental Quality, 2014, 43: 1894-1902.

[66] Ahmad M, Ok Y S, Kim B Y, et al. Impact of soybean stover- and pine needle-derived biochars on Pb and As mobility, microbial community, and carbon stability in a contaminated agricultural soil[J]. Journal of Environmental Management, 2016, 166: 131-139.

[67] Sun J, Cui L, Quan G, et al. Effects of biochars on heavy metals migration and fractions changes with different soils types in column experiment[J]. Bioresources, 2020, 15(2): 4388-4406.

[68] Zhang X, Su C, Liu X, et al. Periodical changes of dissolved organic matter(DOM)properties induced by biochar application and its impact on downward migration of heavy metals under flood conditions[J]. Journal of Cleaner Production, 2020, 275: 123787.

[69] Lehmann J, Rillig M C, Thies J, et al. Biochar effects on soil biota- A review[J]. Soil Biology & Biochemistry, 2011, 43(9): 1812-1836.

[70] Karppinen E M, Mamet S D, Stewart K J, et al. The charosphere promotes mineralization of ^{13}C-Phenanthrene by psychrotrophic microorganisms in Greenland soils[J]. Journal of Environmental Quality, 2019, 48(3): 559-567.

[71] Luo Y, Durenkamp M, De Nobili M, et al. Microbial biomass growth, following incorporation of biochars produced at 350℃ or 700℃, in a silty-clay loam soil of high and low pH[J]. Soil Biology & Biochemistry, 2013, 57: 513-523.

[72] Quilliam R S, Glanville H C, Wade S C, et al. Life in the 'charosphere' - Does biochar in agricultural soil provide a significant habitat for microorganisms?[J]. Soil Biology & Biochemistry, 2013, 65: 287-293.

[73] Yu M J, Meng J, Yu L, et al. Changes in nitrogen related functional genes along soil pH, C and nutrient gradients in the charosphere[J]. Science of the Total Environment, 2019, 650(Part 1): 626-632.

[74] Uchimiya M, Cantrell K B, Hunt P G, et al. Retention of heavy metals in a Typic Kandiudult amended with different manure-based biochars[J]. Journal of Environment Quality, 2012, 41(4): 1138-1149.

[75] Wang L, Meng J, Li Z T, et al. First "charosphere" view towards the transport and transformation of Cd with addition of manure derived biochar[J]. Environmental Pollution, 2017, 227: 175-182.

[76] He L, Zhong H, Liu G, et al. Remediation of heavy metal contaminated soils by biochar: Mechanisms, potential risks and applications in China[J]. Environmental Pollution, 2019, 252: 846-855.

[77] Li G, Khan S, Ibrahim M, et al. Biochars induced modification of dissolved organic matter(DOM)in soil and its impact on mobility and bioaccumulation of arsenic and cadmium[J]. Journal of Hazardous Materials, 2018, 348: 100-108.

[78] Bian R J, Joseph S, Shi W, et al. Biochar DOM for plant promotion but not residual biochar for metal immobilization depended on pyrolysis temperature[J]. Science of the Total Environment, 2019, 662: 571-580.

[79] Cui X, Fang S, Yao Y, et al. Potential mechanisms of cadmium removal from aqueous solution by Canna indica derived biochar[J]. Science of Total Environment, 2016, 562: 517-525.

[80] Houben D, Evrard L, Sonnet P. Mobility, bioavailability and pH-dependent leaching of cadmium, zinc and lead in a contaminated soil amended with biochar[J]. Chemosphere, 2013, 92(11): 1450-1457.

[81] 孙嘉龙, 李梅. 微生物对重金属的吸附、转化作用[J]. 贵州农业科学, 2007, 35(5): 147-150.

[82] 戚鑫, 肖伟, 陈晓明, 等. 基于寡培养可视化的铀污染检测的微生物组合[J]. 环境工程学报, 2017, 11(8): 4845-4849.

[83] Wang T, Sun H W, Zhang Y F, et al. Cadmium immobilization by bioamendment in polluted farmland in Tianjin, China[J]. Fresenius Environmental Bulletin, 2012, 21(11c): 3507-3514.

[84] 戚鑫, 陈晓明, 肖诗琦, 等. 生物炭固定化微生物对 U、Cd 污染土壤的原位钝化修复[J]. 农业环境科学学报, 2018, 37(8): 1683-1689.

[85] Wu B, Wang Z, Zhao Y, et al. The performance of biochar-microbe multiple biochemical material on bioremediation and soil micro-ecology in the cadmium aged soil[J]. Science of the Total Environment, 2019, 686: 719-728.

[86] Li L J, Wang S T, Li X Z, et al. Effects of pseudomonas chenduensis and biochar on cadmium availability and microbial community in the paddy soil[J]. Science of the Total Environment, 2018, 640-641: 1034-1043.

[87] Tu C, Wei J, Guan F, et al. Biochar and bacteria inoculated biochar enhanced Cd and Cu immobilization and enzymatic activity in a polluted soil[J]. Environment International, 2020, 137: 105576.

[88] 吴佳, 谢明吉, 杨倩, 等. 砷污染微生物修复的进展研究[J]. 环境科学, 2011, 32(3): 817-823.

[89] Zheng R L, Cai C, Liang J H, et al. The effects of biochar from rice residue on the formation of iron plaque and the accumulation of Cd, Zn, Pb, As in rice (Oryza sativa L.) seedlings[J]. Chemosphere, 2012, 89(7): 856-862.

[90] 段靖禹, 周长志, 曹柳, 等. 生物炭复合青霉菌修复砷污染土壤对其微生物群落功能多样性的影响[J]. 环境科学研究, 2020, 33(4): 1037-144.

[91] Ma H, Wei M Y, Wang Z R, et al. Bioremediation of cadmium polluted soil using a novel cadmium immobilizing plant growth promotion strain Bacillus sp. TZ5 loaded on biochar[J]. Journal of Hazardous Materials, 2020, 388: 122065.

[92] Khan S, Waqas M, Ding F, et al. The influence of various biochars on the bioaccessibility and bioaccumulation of PAHs and potentially toxic elements to turnips (Brassica rapa L.)[J]. Journal of Hazardous Materials, 2015, 300: 243-253.

[93] Gartler J, Robinson B, Burton K, et al. Carbonaceous soil amendments to biofortify crop plants with zinc[J]. Science of the Total Environment, 2013, 465: 308-313.

[94] Zhang M, Shan S D, Chen Y G, et al. Biochar reduces cadmium accumulation in rice grains in a tungsten mining area-field experiment: effects of biochar type and dosage, rice variety, and pollution level[J]. Environmental Geochemistry and Health, 2019, 41: 43-52.

[95] Bian R J, Joseph S, Cui L Q, et al. A three-year experiment confirms continuous immobilization of cadmium and lead in contaminated paddy field with biochar amendment[J]. Journal of Hazardous Materials, 2014, 272: 121-128.

[96] Moreno-Jiménez E, Fernández J M, Puschenreiter M, et al. Availability and transfer to grain of As, Cd, Cu, Ni, Pb and Zn in a barley agri-system: Impact of biochar, organic and mineral fertilizers[J]. Agriculture, Ecosystems & Environment, 2016, 219: 171-178.

第9章 生物质炭在土壤有机污染物修复中的应用

随着我国工业化的高速发展以及污水灌溉、农药杀虫剂施用等人类活动大量开展，导致各种有机污染物通过大气、水体、固废等进入土壤，引起我国大面积耕地土壤质量下降。在此背景下，原位化学修复技术因其成本效益高，环境兼容性强和扰动低等优势被认为是土壤有机污染修复领域中最具应用前景的技术之一，其中生物质炭作为一种富碳多孔的电负性材料，施用于土壤后能固定并降解有机污染物，从而提升土壤微生物和农作物的生存环境。生物质炭既可单独施用于土壤中直接吸附固定有机污染物，又可配合生物固定化技术实现污染物生物降解，同时降低污染物生物有效性和全量。施用于农业土壤的生物质炭将与土著微生物和农作物根系发生交互效应，协同吸附-降解有机污染物。本章针对土壤有机污染现状，重点关注不同来源和工艺制备的生物质炭在土壤有机污染修复工程中发挥的作用和机制，为有机污染农田安全利用的"边生产边修复"过程提供理论和技术支撑。

9.1 土壤有机污染物修复概述

作为陆地生态系统重要组成部分之一的土壤，栖息着地球上绝大部分的生产者和消费者，是农业生态系统的基础。近几十年来，由于采矿冶炼、废弃物回收、工业污灌、农药杀虫剂过量施用等人类活动导致各种有机污染物进入土壤，并逐渐积累直至超过土壤自净能力阈值，从而引起土壤质量下降。土壤中常见的有机污染物包括持久性有机污染物(persistent organic pollutants，POPs)和新兴有机污染物(emerging organic contaminants，EOCs)，其中持久性有机污染物主要有多环芳烃(polycyclic aromatic hydrocarbons，PAHs)、多氯联苯(polychlorinated biphenyls，PCBs)及有机氯农药(organochlorine pesticides，OCPs)等，而新兴有机污染物主要指雌激素、染料和抗生素等。这些污染物具有持久性、亲脂性和高毒性等特征，不仅能通过直接接触(皮肤吸收和微粒吸入)影响人体健康和农作物品质，还会通过食物链的富集效应产生人畜的健康风险。然而，相当一部分含氯、多环、大分子有机污染物难以在土壤中通过非生物-生物过程逐步降解转化，具有较高稳定性且会长期残留。因此，亟需针对性地发展土壤有机污染防治与修复技术以应对农产品安全和人类健康问题，尤其是寻求具有成本低廉、高效安全、环境友好的原位修复技术，在实现污染物毒性和生物有效性降低的同时，提高土壤环境质量[1,2]。

当前，有机污染土壤的传统修复技术主要包括物理、化学、生物及三者的联合修复策略，单一的修复过程往往因存在多种环境制约因素使其修复效率受到影响，真实的土壤环境中不同有机污染物之间存在拮抗、协同及加和等交互效应，这些复杂的环境行为给土壤修复过程带来了巨大的困难和挑战[3]。

9.1.1　土壤有机污染物种类及成因

1. 土壤有机污染物种类

1) 多环芳烃

美国环保局(USEPA)列出了 16 种优先控制的多环芳烃，包括苊、苊烯、蒽、苯并[a]芘、苯并[a]蒽、苯并[b]荧蒽、苯并[k]荧蒽、䓛、二苯并[a, h]蒽、荧蒽、芴、茚并[1, 2, 3-c, d]芘、萘、菲、芘、苯并[g, h, i]苝[4]。多环芳烃由 2 个或多个融合芳香环组成，根据苯环的连接方式可分为联苯和联多苯类、多苯代脂肪烃类和稠环芳烃类，主要是有机物不完全燃烧或热解产生的副产品，其来源包括自然和人为活动。其中，多环芳烃的人为来源主要有交通、石油工业、油漆染料、生活供热和垃圾焚烧等过程[5]，对城市土壤多环芳烃的贡献率排序为石油炼化＞燃煤＞交通＞其他[6]。

2) 多氯联苯

多氯联苯在自然环境下无法产生，其来源与工业生产直接相关，被《斯德哥尔摩公约》首批列入全球控制的 12 种持久性有机污染物之一。虽然多氯联苯在我国已经停止生产，但几十年前临时封存的相关设备和产品(电容器、变压器、液压机等)仍因拆解等原因导致泄露而污染周边土壤[7]。一些化工过程的副反应及垃圾焚烧同样会产生多氯联苯，由于其难溶性和难降解，能长期积累于表层土壤，最终通过生物富集、浓缩和放大进入人体器官。

3) 有机农药

有机农药是以有机氯、磷、氟、硫、铜等化合物为有效成分，利用苯和环戊二烯为主要成分仿生合成对害虫、病原菌、杂草等有害生物进行防治的一类农药，其在土壤中的主要来源为农业生产过程中的过量施用，导致在大气、地表和地下水中迁移，危害生态环境健康。有机氯农药与多环芳烃、多氯联苯并列土壤三大典型持久性有机污染物，主要包括五氯硝基苯、DDT、六六六、艾氏剂、硫丹、氯丹等[8]，其半衰期可长达几年至几十年，同时因其亲脂性而易在动物母乳、血液和脂肪组织中累积。

4) 雌激素

土壤中的环境雌激素包括邻苯二甲酸酯(Phthalate acid esters，PAEs)、雌三醇、雌酮、17α-雌二醇及 17β-炔雌醇等[9]，虽易降解但其产物仍具有生物毒性，在生物积累和放大的同时会引起生物体内分泌系统紊乱。农业土壤中的邻苯二甲酸酯主要来自食品包装袋、温室大棚农膜（含 PAEs 20%～60%）中的增塑剂和肥料的添加剂，因其与基底以不稳定的非共价键结合，在高温、高湿、高蒸发量和无雨水淋洗的设施农业中大量释放残留，被蔬菜吸收积累在可食部分[10]。口服避孕药、促家畜生长激素中的天然/合成雌激素一般通过生活污水、动物粪便的污灌和施肥进入土壤造成污染。例如 Ferreira 等[11]发现畜禽粪便中雌二醇、雌酮和雌三醇等激素的含量较高，牛粪、猪尿液对土壤中这三类天然激素的贡献率达 58%～96%。

5) 药物及个人护理用品（pharmaceuticals and personal care products，PPCPs）

当前，为缓解水资源短缺和施肥成本的压力，生活、工业废水通过简单回收处理后可用于农业土壤灌溉和有机污泥施肥，但溶解、吸附的多种 PPCPs 新型有机污染物无法通过常规手段完全去除，如合成麝香、消炎止痛药、抗生素等[12]，其中，青霉素（Penicillin，PE）、磺胺类（Sulfonamide，SA）、头孢菌素（Cephalosporin，CE）、四环素（Tetracycline，TC）等抗生素及其降解产物是最常报道的 PPCPs。虽然 PPCPs 的半衰期不长，但持续农业和畜牧业中污灌和有机肥的高强度持续输入，导致出现 PPCPs 长期残留土壤的现象。

2. 土壤有机污染成因

石油化工、污水灌溉、有机污泥、农业投入品（除草剂、杀虫剂、农膜等）是土壤有机污染物最主要的来源，大部分有机污染物具有疏水性、亲脂性和持久性，主要集中在土壤固相系统中，需要经过漫长的半衰期才能被逐渐降解，在农业生态系统中对土壤微生物、农作物均会产生一定毒性效应，并通过食物链富集进入人体。同时，工业泄漏和排放的挥发性有机污染物通常以气态或微粒态的形式进入大气，通过长、短距离运输机制、干湿大气沉降进入并在土壤中积累[13]，随后，在土壤中因其扩散迁移能力的差异而形成点源、面源污染，其中，面源污染在全球影响较大，可在距离污染位点较远区域被监测到。总的来说，吸附于土壤的有机污染物最终将导致整体食物链的健康风险，了解其成因可从源头上控制其对土壤的净流入通量。

9.1.2　国内外土壤有机污染物修复研究进展

当前土壤有机污染的修复技术主要分为原位修复和异位修复两大类，考虑到技术运用的尺度局限性、成本效益和环境影响，国内外土壤有机污染物修复的热点集中在原位修复，可实现在轻微扰动土壤生态系统的条件下去除有机污染物。

1. 电动强化

电动强化修复通过电迁移、电渗流和电泳等方式将污染物从土体有效富集到处理区域，利用电流的热效应和电极反应提供一定的 pH、温度和氧化还原电位，同时辅以表面活性剂和氧化剂增强污染物的解吸和生物降解，具有操作简单、效率高的优势，可与其他技术相结合实现有机污染物的同时迁移和去除[14]。

2. 气相抽提

针对土壤中挥发性有机污染(volatile organic compounds, VOCs)，在污染区域的非饱和层中设置抽提井，通过抽取抽提井中的空气制造真空或负压，促使挥发性有机物和部分半挥发性有机物从土壤孔隙中解吸，伴随地层土壤中的气体一并抽出，再经过地面尾气处理系统(如活性炭剂)处理后安全排放[15]。为强化处理效果，通常还会向土壤添加常温解吸药剂或进行热脱附(蒸汽加热、射频加热等)，增加土壤孔隙度和污染物的移动性，使土壤颗粒内固定的挥发性有机物充分释放，该技术可操作性强且修复成本低，对土壤理化性质影响较小。

3. 原位淋洗

无需挖掘或移动污染场地，根据实际污染的有机物种类特征选取特定淋洗剂并将其注入到目标区域，使其通过泵的作用流经土层，将污染物淋洗至地下水层，再从中抽提出含有污染物质的淋洗剂，通过分离、净化、回收实现污染物的安全处置和土壤修复技术集成[16]。同时，可运用多级淋洗、电动力强化和化学氧化等组合方式实现高效修复。由于生物表面活性剂具有良好的环境兼容性，可在提取有机污染的同时促进其被微生物降解，如 Occulti 等[17]发现，2.25g/L 的大豆卵磷脂对多氯联苯的去除率可达 60%以上，且具有较低的环境微生物毒性效应。

4. 生物修复

土壤有机污染的生物修复同时需要植物和微生物的参与，一般利用植物代谢过程的提取、固定、转化、挥发作用和微生物胞内、胞外酶的共代谢降解机制实现，具有低成本、低扰动和环境效益等优势，但修复周期较长，效果受不同自然环境下(温度、pH 等)污染物生物可利用度差异的制约[18]。植物体可直接吸收积累污染物，在其根际环境可协同微生物分泌各类酶剂将多氯代烯烃、联苯、酚矿化为 CO_2、H_2O 及无毒的低分子产物，同时部分积累的污染物可以通过植物挥发进入大气，降低其在土壤中的含量[19]。生物堆肥法、生物通气法、生物反应器等微生物修复技术首先利用细菌、真菌的细胞膜或细胞壁吸附固定污染物，随后通过跨膜运输在胞内以污染物为碳源将其催化降解，同时获得生长代谢所需的能量，该过程中需要额外加入其他无机养分、电子受体等以满足土著微生物生境需求[20]。

5. 化学氧化-固定

化学氧化技术是将化学试剂均匀地混入污染土壤中，通过吸附、催化、氧化、还原等一系列过程将目标有机污染物转化为小分子、低毒、低生物有效性的产物，从污染物总量和有效态含量降低的两个方面实现修复[21]。一些催化材料通过吸收光产生电子-空穴对，激发出的强氧化自由基同样可实现土壤表层中污染物的降解，如 Zhang 等[22]发现，紫外光照射 TiO$_2$ 添加的土壤 9h 后对硝基苯酚光降解率达 93.9%。生物质炭作为一种新型多孔吸附-催化材料，能通过自身的表面官能团、电子传递能力及人为的表面改性掺杂吸附、降解多环芳烃、类固醇激素等有机污染物，其主要来源为农林废弃生物质且具有肥效，能够在缓解废弃物处置压力的同时修复污染，改良土壤，实现"以废治污"，成为当前化学修复有机污染技术的核心热点。

9.1.3　生物质炭土壤有机污染物修复原理与技术

近年来，许多研究者通过添加化学钝化、阻控材料来改变有机污染物在土壤中的交互效应和迁移转化过程，从而调控其生物有效性和毒性[23]。生物质炭被认为是一种既能有效吸附有机污染物，促进其氧化还原和生物降解，又能增加土壤肥力、改善土体结构的新型钝化调理剂，成为了国内外研究的热点材料。然而，不同温度、原料、工艺、改性方式制备的生物质炭在不同的土壤类型中对有机污染物的修复效果差异显著，同时也受有机污染物本身理化性质影响，因此，实际修复工程中需要根据真实污染情况制备"靶向"功能生物质炭以提高修复效率[24]。

在 300~800℃的范围内，随着热解温度的升高，生物质炭的大孔结构不断增加，导致其比表面积提升，但进一步升高温度其多孔结构会发生部分坍塌，使孔径变小，因此生物质炭对菲、萘等多环芳烃的吸附容量随着温度的变化先增加后降低[25]。然而，Zhang 等[26]发现，水稻秸秆炭随着制备温度的增加对邻苯二甲酸二乙酯的吸附容量有所下降，同时 Chen 等[27]也发现 600℃的果皮炭比表面积不如 500℃和 700℃制备的材料，这些特殊的现象均说明温度不能完全决定生物质炭的吸附性能和比表面积，还需要充分考虑原料等因素。一些研究表明，不同原料制备的生物质炭对多氯联苯吸附容量有显著差异，工业有机废弃物炭、小麦秸秆炭比树叶炭吸附效果更好[28]。另外，生物质炭对污染物的吸附还与其本身芳香化结构的含量相关，其环状闭合共轭体系有利于污染物吸附位点的增加，尤其是由木质素含量高的原料制备的生物质炭，其对邻苯二甲酸二甲酯的吸附能力更高[29]。

生物质炭中炭化部分对有机污染物的吸附机制包括静电作用、疏水作用、π—π 相互作用和氢键形成、表面沉淀、微孔填充等，而未炭化部分的生物质还具有线性、非竞争性的分配吸附作用[30]。当前土壤的有机污染主要以复合污染为主，多种有机污染物共存,其在生物质炭表面的吸附原理和机制需要详细讨论。例如,生物质炭对雌激素(双酚 A、17α-雌二醇)及消炎止痛药(布洛芬、卡马西平)的吸附机制分别是以 π—π 相互作用、氢键形成为主导[31]。同时,土壤本身理化性质的差异对生物质炭的修复作用也会产生一定影响,特别是土壤可溶性有机碳(dissolved organic carbon,DOC)的含量,当其过高时会竞争性抑制有机污染物的修复,占据活性吸附位点;土壤 pH 主要影响有机污染物的表面电荷、解离程度及亲水性,高 pH 下有机污染物往往发生电离,与生物质炭的亲和能力下降[32]。除了吸附机制外,生物质炭及其改性材料还能通过化学/生物降解途径降低土壤中有机污染物的绝对含量。研究表明,生物质炭可作为一种具有氧化还原活性的电子穿梭体在黏土矿物—金属氧化物—微生物—有机污染物之间传递电子,催化加速污染的降解。Chen 等[33]证实生物质炭可通过调节土壤孔隙度和保水保肥的增益提升土壤微生物功能活性,从而促进其对有机污染物的降解效率。生物质炭含有养分和矿物质的微孔结构也为微生物提供了适宜的生存环境,可作为特定功能菌剂的载体,将污染物充分富集到其表面后作为碳源被异化分解。

9.2　生物质炭中有机污染物的环境行为

生物质炭的制备过程中因其废弃物原料和不完全热解过程导致其基质中物理掺杂一定量的有机污染物,如多环芳烃、多氯代二苯并二噁英/呋喃(polychlorinated dibenzo—dioxins/furans,PCDD/Fs)、多氯联苯和焦油。通常情况下,生物质炭中有机污染物的溶解和解吸是非常有限的,有效性含量低于总量的 10%。Hale 等[34]首次研究了 50 种慢热解生物质炭中多环芳烃含量,其结果在 0.07~3.27μg/g,低于土壤环境质量标准,随着热解温度和时间的增加而降低。De la Rosa 等[35]考察了稻壳、木屑、污泥等材料热解的生物质炭中 16 种多环芳烃的含量,其中含量居前的萘、菲和蒽主要存在于低温热解的稻壳炭中,不同类型生物质炭在 0.32%的施用量下不易发生多环芳烃积累风险,而在 4.0%的施用量下连续施用 5 年后会导致土壤多环芳烃含量达到中重度污染(表 9.1)。

表 9.1　不同生物质炭施用量下土壤中多环芳烃积累水平

土壤样本	0.32%施用量		4.0%施用量	
	1 年/(mg/kg)	5 年/(mg/kg)	1 年/(mg/kg)	5 年/(mg/kg)
1	13.8	69.1	173	864
2	4.70	23.7	59.2	296
3	17.5	87.6	219	1095
4	11.3	56.4	141	705
5	2.00	10.1	25.2	126

目前，国际生物质炭联盟(International Biochar Initiative, IBI)要求对生物质炭中的多环芳烃、二噁英、多氯联苯进行监测，限量分别为 6～20mg/kg、9ng/kg、0.2～0.5mg/kg。通常在聚甲醛-硅-聚乙烯组成的惰性容器中采用甲苯热提取法将生物质炭纳米孔中吸附的多环芳烃和二噁英竞争解吸，测定结果表明，大部分生物质炭中有机污染物生物有效性极低，与基质结构紧密结合，其"汇"的功能大于"源"[36]。

生物质在热解为生物质炭的过程中经历了脱水、化学重排及炭化等物理化学作用，其中有机物发生转变和浓缩，芳香性和含量上升。水分、氯及过渡金属元素含量较高的固体废弃物制备生物质炭时更易产生二噁英类污染物(尤其是多氯联苯)，对这类原料要谨慎考虑是否能够安全利用(表 9.2)。因此，在考虑采用生物质炭修复土壤有机污染时，首先要对其固有的有机污染物组分和有效性进行分析，了解制备清洁生物质炭产品的主要因素，明确生物质炭结构中有机污染物组分的真实环境行为和潜在环境风险，这是生物质炭土壤修复工程应用的前提。

表 9.2　不同来源生物质炭中二噁英含量

来源	热解温度/℃	八氯代二噁英浓度/(pg/g)	四氯代二噁英浓度/(pg/g)	毒性二噁英浓度/(pg/g)
餐厨垃圾	300	—	13.3	1.2
餐厨垃圾	600	84.0	7.5	0.2
柳枝	900	—	2.2	0.2
松木	900	91.5	10.7	0.2

9.2.1　生物质炭中有机污染物的形成机制

生物质的热解过程中有大量有机化合物作为前体、中间产物或终产物参与脱水、重排、缩合等化学反应，产生的合成气、生物油和炭基固相中包含了挥发性有机物，其中毒性最大的多环芳烃和多氯代芳香族化合物近年来受到了极大的关注。纤维素、半纤维素和木质素在实验室控制条件下的限氧热解或是不充分燃烧是多环芳烃的典型形成过程，一般主要包括两个机制：①高热合成，即 500～900℃的条件下原料中纤维素、果胶、多酚类有机物裂解产生的气态烃自由基，随后这些物质经历一系列双分子反应而形成更大、更多的芳香环结构[37]，同时完成了去氢和加成 C_2H_2，但随着环数增加含量降低。通常，生物质炭的制备温度低于 750℃，以形成轻质多环芳烃萘为主(平均约占 40%)，但随着温度和保温时间的增加多环芳烃产量增加，同时逐渐聚合形成致癌毒性更高的重质多环芳烃(如苯并[a]芘)，且芳香环数可上升至 17。②低热成炭，即在低于 600℃下因固相的缩合、炭化、芳香化、还原形成炭基材料中的多环芳烃，但随着温度的上升该反应的多环芳烃产率下降，500℃下生物质炭中大部分芳香环数不大于 7 或 8 环，其中 300～500℃芘的生成较为稳定，300～400℃时菲的比例相对较高，且随着温度升高明显减少[38]。反应末期的冷却过程中，挥发性多环芳烃会因冷凝而嵌入生物质炭的孔内或沉积在其表面[39]。总的来说，低温成炭作用是生物质炭中形成多环芳烃的主要过程。

目前，针对生物质炭中多环芳烃的残留量与其保温时间是否具有相关性的研究鲜有报导，但个别研究中发现保温时间从 4h 增加至 8h 可使多环芳烃浓度从 1.98mg/g 下降至 0.60mg/g，而萘、荧蒽及芘对多环芳烃贡献率则完全不受保温时间影响[40]。从原料的角度来看，木质炭中多环芳烃产量更高，而关于多氯芳烃化合物如氯苯、邻氯苯酚、多氯联苯形成机制的研究相对较为缺乏，一般植物枝条、秸秆在 300～500℃范围内热解不产生多氯芳烃，而含氯较高的市政垃圾炭含有一定量的二噁英，因此原料是炭基结构中氯代有机污染物存在的决定因素[41]。相比于废弃物焚烧，低温热解获得的生物质炭中多氯芳烃化合物的含量更低，通常在 1pg-TEQ/g 以下，使当前的技术条件无法满足对其形成过程和浓度变化的研究。此外，其他因素如老化、淋失等效应导致生物质炭亲水性成分的损失亦会引起含有的有机污染物浓度升高，而氧气的存在既能提高多环芳烃的产率，又能导致挥发性有机污染物、活性自由基和多环芳烃合成前体的氧化。

9.2.2 生物质炭中有机污染物的生物有效性

虽然当前大部分的研究者和政府部门仍然重点关注环境中有机污染的总量，并制定和颁布了针对不同有机污染的法律法规来界定污染情况，但过去的 10 年间发生了思路变化，特别是在与污染物相关的环境暴露风险和生态毒理学影响等方面的研究中引入了"生物有效性(bioavailability)"的概念，用于定量污染物总量中具有生物学活性或者说真正被生物利用的组分，可最真实地反映环境生物受到的暴露毒性高低[42]。然而，生物质炭热解过程中副产物的生物有效性还没有统一的结论，在施用前需首先确保产品生物质炭中多环芳烃等污染物的生物有效性低于安全阈值。

Hamad 等[43]的研究发现自然森林火灾产生的焦炭中多环芳烃被强烈和持久地吸附在炭骨架中可达亿万年之久，其含量(0.6～17.9mg/kg)与实验室制备的松木炭较为接近，有效态多环芳烃释放十分缓慢。相反，Singh 等[44]通过短期的加速老化试验认为，某些类型生物质炭在土壤中的半衰期低于 100 年，从而导致固持的多环芳烃完全释放转化为有效态。500～650℃的生物质炭中生成的类石墨烯片层结构间可以与菲以及更大质量的多环芳烃形成永久性闭塞，通过聚甲醛提取获得的有效组分含量低于 10ng/kg，降解时间尺度达百年，而 Zielińska 和 Oleszczuk[45]提取的污泥生物质炭中多环芳烃有效含量高达 86～216ng/kg，且与生物质炭 H/C 比呈显著正相关($P<0.05$)。此外，还发现生物质炭热解温度和时间的增加可降低其中有机污染物的生物可利用度，且轻质多环芳烃如萘的生物有效性比重质持久

性有机污染物更高。利用种子发芽毒性实验可预测环境中有机污染物对植物有效性的高低，如 Li 等[46]阐述了高剂量玉米秸秆炭提取液对番茄种子萌发的抑制作用，但这种研究方法仅代表溶液中的速效成分，无法定量反映植物通过与生物质炭交互作用获得的可利用组分。同时，Lyu 等[47]采用大鼠肝癌细胞株 H4IIE—luc 毒性试验来表征 250～700℃制备的木屑炭中多环芳烃和多氯代二苯并二噁英/呋喃的有效生理毒性，发现高温制备的生物质炭因其毒性风险较低更适合用于土壤修复。

　　总的来说，由于生物质炭本身是一种性能卓越的吸附材料，其中原生的优先控制类持久性有机污染物有效态含量通常低于总量的 1%，在环境中往往充当污染物的"吸附汇"而不是"解吸源"[48]，当生物质炭合理施用并适当提升其制备温度时，不易在土壤中引入新的有机污染物。

9.2.3 生物质炭中有机污染物的环境影响

　　化学提取或生物毒性试验结果表述了生物质炭中有机污染物的移动性和被生物吸收积累的潜在风险，生物质炭中多环芳烃含量从 0.1～10000mg/kg 变化幅度较大，这与不同研究中采用的提取方法和有机溶剂有关，目前索氏提取法配合甲苯获得的结果认可度较高[49]。Yu 等[50]认为生物质炭中多环芳烃的有效性很低，被紧密地结合在生物质炭的孔隙中，当作为土壤改良剂时由于增加土壤孔隙结构，还能显著降低土壤中多环芳烃的生物有效性，但无法避免材料中多环芳烃对土壤生物暴露的问题。例如，Oleszczuk 等[51]发现即使生物质炭中多环芳烃只有 0.5mg/kg，其仍会影响植物发芽并对土壤微生物产生急性毒性。

　　生物质炭应用于土壤改良时，其中原生的有机污染物生物有效性受到诸多土壤中生物和非生物的交互影响而发生改变，从而导致的环境风险需要重点关注。首先，土壤和生物质炭中的可溶性有机碳可进入土壤溶液，从而促进有机污染物的淋溶。其次，土壤孔隙中的微生物和植物根系可通过分泌生物表面活性剂或有机酸活化生物质炭上的有机污染物。此外，土壤类型、pH、养分等理化性质决定了土壤中生物的活性，这些因素间接影响了生物质炭中有机污染物的环境行为。因此，需要在实际应用的场景下进行详细探讨[52,53]。

　　有学者针对挥发性有机物含量高的软木炭进行了健康风险的研究，认为某些挥发性有机组分的过量释放可持续 50h 以上，且顶空浓度高于 0.4mg/kg，这类生物质炭在开放的空间中使用和储存都会引起一定的植物毒性效应，需要预先进行低热处理或与挥发性有机物含量较低的生物质炭混合以减轻健康风险[54]。De la Rosa 等[35]采用总毒性当量浓度(total toxic equivalent concentration，TTEC)评估了 14 种生物质炭中多环芳烃的环境风险，发现旋转反应器生产的生物质炭产品中多环芳烃的生物毒性最低(6～53μg/kg)，而使用间歇式热解反应器在 400～500℃制备的生物质炭具有最高的潜在致癌风险，主要由于苯并[a]芘和蒽这些重质多环芳烃在大于300℃产生后无法被及时分离。与此同时，Gruss等[55]针对300℃以下低温快速热解的木片炭研究了其对中型土壤动物的生理毒性，因其中含有的有机污染物总量非常低而未检出毒性效应，但在5%高施用剂量的避毒试验中发现其对跳虫有短期毒性风险。瑞士颁布的土壤影响法令(2012)将多氯联苯、二噁英等有机污染物的限值定为5pg-TEQ/g，对于大部分的商业生物质炭来说均不存在超标风险。同时，Kołtowski和Oleszczuk[56]研究了在100~300℃下干燥去除柳树枝炭和小麦秸秆炭中多环芳烃后对浮游动物的影响，发现生物质炭中多环芳烃含量去除的比率与其引起生态毒性无显著相关性，只有当生物质炭原生多环芳烃含量较高时才有可能导致健康风险。

综上所述，为了避免在利用生物质炭作为土壤改良修复材料时对土壤生态系统造成潜在负面效应，在生产时必须严格监控其原生有机污染物的浓度，优先选择含氯、催化金属低的原料，并通过热解温度调控和反应副产物分离工艺实现生物质炭的绿色制造与安全应用。

9.3　生物质炭对土壤中有机污染物的吸附降解机制

为了控制和消减土壤中有机物污染物对农业生产、生态环境健康的影响，在减少工业废弃物、化肥农药输入和化石燃料燃烧途径的同时，必须严格阻控土壤中有机污染物的迁移转化，以免进入食物链引起不可逆的健康风险。利用生物质炭及其功能化材料原位吸附—阻控—降解各类有机污染物，使其生物有效性及可利用度显著下降，已经成为当前国内外研究和土壤修复工程的聚焦热点。生物质炭作为一种富碳异质性有机材料具有大量亲和有机污染物的官能团，相比无机矿物和金属材料对多环芳烃、多氯联苯等有更卓越的吸附性能，其吸附机制主要包括表面吸附和分配作用，进一步还可细分为静电作用、疏水作用、π—π相互作用、氢键形成、表面沉淀、微孔填充等(表9.3)，表面吸附通常为污染物在吸附位点的化学成键结合过程，而特殊的微孔填充则是生物质炭孔隙内表面的吸附和分配综合过程[57]，分配作用常见于低温热解不完全的生物质炭对土壤中非极性有机污染物的物理吸附过程。

表9.3　生物质炭对土壤中有机污染物吸附机制及效果

生物质炭原料(温度)	有机污染物	主导机制	吸附效果/%
污泥(500℃)	多环芳烃	分配作用	10
松木(700℃)	菲	孔隙填充	45
木屑(850℃)	毒死蜱	表面吸附、分配作用	90
芦苇秸秆(500℃)	1,1-二氯乙烯	表面吸附、分配作用	90
玉米秸秆(450℃)	二嗪农	表面吸附	99

生物质炭具有良好的电子传递能力，其含有的持久性自由基·OH、$O_2^{·-}$ 等可作为电子受体高效降解有机污染物，如催化 H_2O_2 和过硫酸盐生成·OH 和 $SO_4^{·-}$、$SO_4^{·-}$ 的类芬顿反应可实现对多氯联苯的氧化降解，而生物质炭上的活性电子供体也可通过接触有机污染物发生还原脱卤。另外，生物质炭在减少有机物污染物生物有效性和毒性的同时也会限制其生物降解过程，使土壤微生物无法获得游离态的有机污染物进行新陈代谢，但在低浓度多环芳烃污染的土壤中这种作用可以忽略，且 Garcia-Delgado 等[58]的"菌核降解"技术中可协同生物质炭和平菇(*Pleurotus ostreatus*)以促进土壤中多环芳烃的修复效率。生物质炭施用于有机物污染的土壤后，能够增强土壤微生物的功能活性，并促进其对有机污染物的降解效果，如 Trigo 等[59]发现生物质炭通过激发微生物量而促进了杀虫剂的降解，但当施用量高于 2%或其比表面积较大时可能会增加除草剂在土壤中的留存时间。随着生物质炭的老化，其理化性质逐渐发生变化，对有机污染物的吸附降解机制可能有所改变。一些研究发现其对多环芳烃和除草剂的吸附降解行为受老化的影响很小，效果可持续数年之久[60]，甚至可能因孔隙的增多而提升吸附效果，且不同原料的生物质炭抗老化的能力也有所不同。

目前，对于生物质炭老化后的修复稳定性研究较少，需要更多关注老化过程对生物质炭性质和土壤中有机污染物的影响。总之，真实的土壤环境中生物质炭对一种或多种有机污染物的吸附降解过程是多种机制的复杂协同效应，需根据实际测试分析和表征结果来进一步讨论。

9.3.1　生物质炭对土壤有机污染物生物有效性的影响

生物质炭已广泛用于吸附和固持土壤中的有机污染物，大量研究表明其显著降低有机污染物的生物有效性和潜在毒性，使其进入人类食物链和淋溶进入地下水的风险得以控制(表 9.4)。在原料方面，Zhang 等[26]发现不同的小麦秸秆炭和竹炭均能在各种类型土壤中显著降低邻苯二甲酸二乙酯的生物有效性，性能优于水稻秸秆炭，归因于前者原料中更高的木质素含量可提升生物质炭中的芳香碳。

表 9.4　生物质炭对土壤中有机污染物生物有效性的影响[50]

原料(温度)	施用比例/%	污染物	效果
花生壳(500℃)	2~5	多环芳烃	生物有效性降低 68%~80%，胡萝卜中积累量减少 71%~84%
小麦秸秆(550℃)	2	多氯联苯	油菜根中积累量降低 62%~94%
牛粪(450℃)	5	阿特拉津	0.01mol/L $CaCl_2$ 提取态降低 66%
竹片(650℃)	0.5	邻苯二甲酸二乙酯	与空白土壤相比吸附能力提升 98 倍
松木片(500℃)	20	二噁英	生物有效性降低 40%

在溶解性和极性方面，由于生物质炭具有疏水性，根据"相似相溶"原则其更容易吸附疏水性较强的有机污染物(如菲只能吸附在疏水界面上)，而对有机污染物的亲水性降解产物如醇、酸等的吸附性能较差，特别是在土壤中添加生物质炭后对磺酸类有机物污染物几乎无法吸附。由于生物质炭对农药和杀虫剂的吸附能力是土壤的上千倍，Kookana[61]证明仅需 0.1%施用量即可显著降低非极性有机污染物(如敌草隆)的生物有效性并增加黑麦草的生物量，而 Song 等[62]则发现秸秆炭减少了六氯苯的挥发和蚯蚓的摄入，同时也减缓其生物降解过程。土壤孔隙水中有机污染含量的测定，有时也作为其生物有效性的判定指标，Beasley[63]利用30%的生物质炭使土壤孔隙水中多环芳烃浓度降低 50%，其中水稻秸秆炭可在 2周的土培时间下截留土壤溶液中的菲，使玉米幼苗对其吸收量显著减少。通过土柱淋溶试验，可将生物质炭对有机污染物生物有效性指标的影响量化为具体迁移浓度的变化，如 Xu 等[64]利用 5%的竹炭减少了土壤中五氯酚 42%的累积淋失，而小麦秸秆炭则使流动性农药异丙隆的淋溶率降低 93%。总之，生物质炭对土壤中有机污染物生物有效性的降低效果既受生物质炭特性的影响，更取决于有机污染的本身性质，不同分子结构、化学官能团、溶解性、极性等因素控制着污染物与生物质炭表面的靠近和反应过程。

同时，土壤理化性质中的多种因素均会影响有机污染物的生物有效性，如土壤 pH、有机质、共存离子、机械组成等。土壤中的有机质可以络合难溶的有机污染物从而改变其生物有效性，生物质炭对土壤有机碳含量的促进作用可增强有机污染物的吸附。Cao 等[65]采用 2.5%～5%牛粪炭修复土壤中的阿特拉津，施用 210天后显著降低 0.01mol/L CaCl$_2$提取态阿特拉津浓度 66%，TCLP 毒性特性溶出程序结果表明其生理毒性降低 77%，主要与土壤有机碳含量增加有关。随着土壤 pH的变化，其中存在的有机污染物会发生解离或质子化现象，使生物质炭对土壤的pH 扰动间接影响有机污染物的吸附过程。如对于弱碱性的西玛津和阿特拉津等除草剂(pK_a=1.6～1.7)，在较高的土壤 pH 下会与表面基团(羧基、酚基)去质子化的生物质炭产生静电排斥，而对于邻苯二甲酸二乙酯等脂类污染物则会引起其水解并增强亲水性，使生物质炭对其吸附性能下降，从而增加生物有效性[66]。同时，土壤粒径分布也影响着生物质炭的吸附效果，通常在砂土和黏土中生物质炭对农药的固定效果优于其在壤土中的表现[67]。

综上所述，生物质炭对土壤有机污染物生物有效性的降低能力受到土壤类型和污染物本身特性的巨大影响，可作为特定土壤有机污染条件下是否施用生物质炭作为修复材料的参考。

9.3.2 生物质炭对土壤有机污染物的吸附特性

生物质炭对于土壤有机污染物的吸附首先需要利用其巨大的比表面积，通常木质纤维原料制备的生物质炭比表面积(450～500m²/g)显著高于动物源固体废弃物获得的产物(130～310m²/g)，主要取决于生物质炭中的微孔结构比例[68]，而同一种原料的生物质炭随着制备温度的增加微孔率上升。生物质炭与污染物之间的静电相互作用主要通过其表面的含氧官能团实现，可引导污染物靠近生物质炭功能位点，在弱酸性条件下污染物的质子化作用有利于亲和负电性炭基表面，若通过改性降低生物质炭的零电荷点，可进一步增强其静电吸附作用。生物质炭的表面活性吸附位点通常为有机官能团，以—OH、C═C、C═O 和 C—H 等为主，其中，芳香化官能团和结构含量随着热解温度增加进一步得以提升，可达90%以上，并随着芳香性的增强生物质炭与有机污染物的 π—π 相互作用增大，结合含氧官能团可在吸附的同时发生电子传递，进而促进污染物的降解[69]。Wang 等[70]证明了700℃制备的猪粪炭比350℃制备时对特丁津和西维因的吸附和降解效率更高，这与热解温度导致的生物质炭极性减弱和芳香性增强有关，极性官能团会形成水膜阻碍有机污染物靠近生物质炭上的吸附位点。

生物质炭表面吸附通过其巨大的比表面积和大量的极性官能团得以展现，以吉布斯自由能(40kJ/mol)划分物理和化学吸附的差异，生物质炭负电荷表面与质子化的有机物污染物之间静电相互作用属于物理吸附，而其极性官能团与污染物可形成新的氢键、配位键或 π—π 键等化学键，如生物质炭表面酸性含氧官能团(羟基、羧基等)可与极性有机物形成离子键而吸附固定，对菲、芘等多环芳烃则通过其苯环大 π 键的电子流动和 π—π 共轭实现强烈的化学吸附[71]。

相反，与高温热解生物质炭的表面吸附不同，低温热解生物质炭(比表面积低、芳香性弱、极性官能团丰富)的分配作用是发生在吸附位点上的分子间弱相互作用，许多有效吸附位点仍被无机矿物占据，通常由非离子有机污染物根据"相似相溶"原则从土壤颗粒亲水相单一线性吸附到生物质炭疏水相[72]，吸附强度由污染物和生物质炭的极性匹配度决定，而有机污染物浓度过高时生物质炭表面吸附超过最大吸附容量后也会以分配作用为主要机制。通常来说，当制备温度升高时生物质炭中[N+O]/C 和 H/C 比值降低，其极性越低而芳香性越强，对弱极性有机物污染的分配作用增加，但芳香性的提升使生物质炭的疏水作用减弱，不利于分配作用的发生，且芳香性变化对吸附机制改变的贡献大于极性变化。Chiou 等[73]探究了 100～250℃低温热解松针炭对邻二甲苯和三氯苯等非极性有机污染物的吸附特性，同样证明了分配作用为主导机制。此外，通过慢吸附填充到生物质炭微孔结构中的有机污染物可被长期固定，类似形成残渣态组分，该过程并非单一物理捕获，孔隙内表面静电吸附和极性官能团成键作用同时存在，这种机制在微孔率高的生物质炭中可占主导作用[74]，特别是对于极性较强、分子量较小的有机污染物(如二氯乙烯)。此外，土壤中存在的水分子可改变污染物的表面电荷和生物质炭的理化性质，甚至可加速生物质炭的老化从而影响吸附效率，需要对该种机制进行进一步的研究。

　　总的来说，吸附机制可总结为：低温、比表面积低、芳香化程度弱的生物质炭以分配作用为主导，高温、芳香化程度高、极性弱的生物质炭以表面吸附主导，而进一步提升制备温度（>700℃）将增加微孔填充机制中分配作用的比重（图 9.1）。

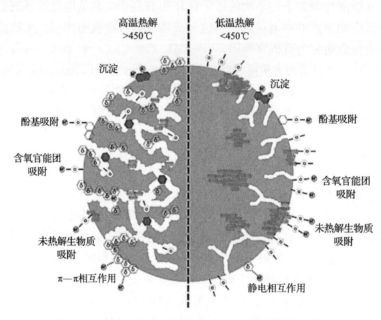

图 9.1　以制备温度为主导因素的生物质炭吸附特性总结

9.3.3　生物质炭对土壤有机污染物的降解机制

　　对于土壤中有机污染物可持续的修复过程应该同时包含吸附和降解，在降低生物有效性的同时减少其全量，通常包括生物降解、水解、光解和氧化等过程，一些研究者已经致力于利用生物质炭加速土壤有机污染物降解的可行性研究。其中，有机污染物在土壤中最主要的消耗和分解途径为生物降解，添加生物质炭后可迅速激发土壤微生物群落丰度和结构多样性，提升微生物降解过程，其次为生物质炭本身的持久性自由基介导降解机制。例如，Tatarková 等[75]发现，与空白土壤相比，添加 1%麦秸炭的土壤中 2-甲-4-苯氧基乙酸的降解半衰期缩短了 16 天，源自生物质炭中养分元素的供应耦合了微生物的降解过程并减少了污染环境胁迫，类似的结果在 Jablonowski 等[76]利用 0.1%～5%硬木炭加速土壤阿特拉津矿化的研究中也有所体现，其对植物生长的促进作用同样可以增加根际共生微生物的降解效率。

　　由于生物质炭表面具有大量吸附位点和电子传递体，可催化还原部分有机污染物(如硝基芳香化合物)从而促进其生物化学降解过程，如 Yu 等[77]认为生物质炭在硫化物还原硝基苯为苯胺的过程中充当加速平台的作用。

另外，生物质炭的石灰效应也能促进土壤中有机污染物的碱性水解，从而更易被微生物利用降解，这也是常用的有机污染物清除技术之一[33]。Trigo 等[59]采用夏威夷果壳炭修复异丙甲草胺污染的土壤，认为降解机制在生物质炭老化的过程中比吸附机制对污染物生物有效性降低的贡献更多。同时，Tong 等[78]在水稻土中添加 2%猪粪炭后发现油菜根中多氯联苯含量降低 61.5%～93.7%，归因于猪粪炭通过增强土壤微生物胞外电子传递和生长代谢极大地促进了多氯联苯的脱氯降解速率。另外，生物质炭本身在高温制备过程中易产生持久性自由基，可激发活性氧自由基 ROS 的化学生成，借助生物质炭的电子传递效应，其可对土壤中有机污染物进行高效协同降解。通常，生物质炭中的持久性自由基包括酚羟基、半醌基、苯氧基等，这些大 π 键中的未配对电子可直接还原其它有机污染物，同时也可激活土壤中 H_2O_2、过硫酸盐、O_2 等产生多种活性氧自由基氧化降解有机污染物(图 9.2)，因此生物质炭对有机污染物降解后可能获得还原或氧化产物[79]。

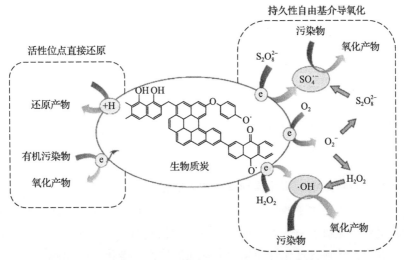

图 9.2　生物质炭中持久性自由基氧化/还原降解有机污染物机制

特定温度和原料制备的生物质炭常常具备类石墨烯结构和大量碳量子点，其化学性质稳定，是良好的电子供体和受体，当制备温度低于 500℃时其 π 电子密度决定了其作为电子受体，而制备温度高于 500℃时其则成为供体，这种特殊的性质可使生物质炭作为催化降解土壤有机污染物的理想基质(表 9.5)，如利用 TiO_2 改性生物质炭对磺胺甲恶唑、苯酚等进行高效光催化降解[80]。在 200～500℃内，生物质炭可与多种金属氧化物(ZnO、Fe_2O_3 等)组成半导体结构从 4-硝基酚获得电子，产生降解副产物邻苯二酚和对苯二酚[81]。Li 等[82]制备了纳米零价铁改性生物质炭激活过硫酸盐修复土壤中的十溴联苯醚，可在 4h 内将其降解 82.1%。生物质炭表面的活性氧自由基也影响着其降解有机污染物的过程，如硫酸根自由基阴离子（$SO_4^- \cdot$）更倾向于通过电子传递反应降解有机污染物，而羟基自由基则更易与目标污染物发生捕氢和加成反应，因此 $SO_4^- \cdot$ 含量更高的生物质炭可降解的土壤有机污染物种类更多[83]。当制备温度高于 800℃时，生物质炭表面石墨烯结构逐渐崩塌，此时的降解作用主要由其表面碳量子点上高效传递电子对实现，即非自由基参与过程，如 Zhou 等[84]利用高温猪骨炭降解 2,4-二氯苯酚。Sigmund 等[85]在砂壤土、黏壤土中分别添加了 5%的 550℃芒草炭，发现芴、菲、芘和二苯并呋喃等部分被芒草炭吸附而导致总体降解量减少，但未吸附的有效性组分被微生物加速降解，特别是分子量较大的芘和菲，由于空间位阻而无法进入芒草炭微孔，更易在芒草炭上栖息且以其为碳源的微生物生化降解。

表 9.5　生物质炭对不同类型土壤中有机污染物降解的影响

原料（温度）	施用比例/%	土壤类型	污染物	降解效果
桉树枝（450℃）	1	砂壤土	卡巴呋喃	提升 182%
棉花秸秆（850℃）	1	黏壤土	毒死蜱	提升 260%
小麦秸秆（300℃）	1	石灰性	2-甲-4-苯氧基乙酸	提升 413%
木片（725℃）	5.3	壤砂土	2-甲-4-苯氧基乙酸	提升 2101%

综上所述，生物质炭添加到土壤后对有机污染物降解的促进作用有直接和间接的机制，通常土著微生物和生物质炭表面的持久性自由基贡献最大，未来的研究热点将集中在生物质炭-土著微生物区系耦合生物降解土壤有机污染物。

9.3.4　生物质炭对土壤有机污染物修复效果的稳定性

当生物质炭施用于土壤后，会经历一系列的生物地球化学过程，与土壤中的可溶性有机质、无机养分、气体、微生物、动物及植物根系在炭际微域中发生强烈的交互效应，导致其理化性质发生变化而被称作为老化。Crombie 等[86]利用元素分析法和加速老化法证明了生物质炭的稳定性与 O/C 原子比呈显著正相关，制备过程中热解越慢则产物芳香性和稳定性更高，当生物质炭老化时其芳香碳含量降低，亲水性、极性官能团、阳离子交换量和碱性增强，这些都会导致对不同性质的有机污染物吸附能力发生变化。相同原料、不同温度下制备的生物质炭老化后对有机污染物的吸附变化不一，低温生物质炭老化后吸附性能反而高于高温生物质炭。生物质炭修复有机污染物的效率和稳定性与其随时间的老化程度密切相关，其比表面积、粒径和孔隙度由于可溶性有机质覆盖、结构崩塌和孔隙堵塞而发生变化，表面的持久性自由基也会逐渐消耗，因此需要明确生物质炭老化后是否可继续吸附降解土壤中的有机污染物,有利于评估生物质炭作为土壤改良剂的长期价值。研究表明,生物质炭与土壤中天然有机物和黏土矿物的交互作用主导了生物质炭的老化,例如土壤中高浓度的胡敏酸占据生物质炭活性吸附位点后导致吡虫啉的吸附降低[87]。通常,生物质炭老化后由于表面积的下降和官能团的损失而对有机污染物的吸附性能有所下降,如 Martin 等[88]发现松木炭在土壤环境中老化 32 个月后对敌草隆的吸附容量降低 47%,Cheng 等[89]证明水稻秸秆炭老化 98 天后使五氯酚更易释放,但老化 2 年后的硬木炭对西玛津的吸附降解性能与新制硬木炭几乎没有差异。然而,宋洋等[90]表明土壤中添加 1%生物质炭能够显著降低土壤中氯苯的生物有效性,并且随老化时间延长降低效果更为显著,归因于含碳物质持续氧化生成更多含氧表面官能团(—OH、—C—O、—C═O、—COOH 等)以促进表面吸附,说明生物质炭对土壤有机污染物修复的稳定性除了老化时间、生物质炭类型外也受污染物本身性质影响。

不同有机污染物分子结构、极性的差异使其对生物质炭老化过程的响应不同,如 Gámiz 等[91]比较了阴离子杀虫剂咪草啶酸、毒莠定和弱碱杀虫剂特丁津被土壤中新鲜和老化 6 个月的橡木炭吸附的差异,发现与空白和新鲜橡木炭处理相比,由于 pH 降低和可溶性有机质淋失,老化橡木炭仅对特丁津的吸附量有所增加,但促进了毒莠定的生物降解,而对咪草啶酸没有任何影响(表 9.6)。相反,由于生物质炭本身较为稳定,短期的老化不足以显著改变其理化性质,如 Junqueira 等[92]评估了桉树炭老化 30 天内在潜育土和淋溶土中对草甘膦吸附—生物降解作用的动态变化,均未发现桉树炭老化对污染物迁移转化和微生物活性的显著性影响。

表 9.6　生物质炭老化对土壤中有机污染物一阶降解系数的影响

处理	毒莠定		咪草啶酸		特丁津	
	k/d^{-1}	R^2	k/d^{-1}	R^2	k/d^{-1}	R^2
空白	0.005	0.857	0.011	0.950	0.018	0.754
添加 2%新鲜生物质炭	0.008	0.899	0.013	0.979	0.016	0.804
添加 2%老化生物质炭	0.014	0.929	0.013	0.942	0.013	0.950

正确评估生物质炭的修复稳定性需要延长其老化的时间尺度,通常需以年为单位进行研究,以施用 500℃小麦秸秆炭修复菲 0～2 年为周期,由于吸附机制以分配作用和孔隙截留为主,吸附容量随着小麦秸秆炭的比表面积从 $10.7 m^2/g$ 下降至 $8.33 m^2/g$ 而降低,归因于土壤有机质的吸附。因此,根据模型预测约 2.5 年后土壤中小麦秸秆炭将老化至对菲完全没有吸附效果[93],而一些低温制备的新鲜生物质炭中含有更多易矿化组分包裹或覆盖着其微孔结构,会在老化过程中逐渐消除,进而提升材料的修复性能。此外,Ren 等[94]探究了土壤中小麦根系分泌物与

生物质炭老化的交互作用对已固定的阿特拉津解吸的影响，发现在根际区域中含有羧基、带阴离子的分泌物导致阿特拉津重新从生物质炭和土壤中释放，且加速了生物质炭的老化失效，但总的来说，700℃制备的猪粪炭比300℃时在真实耕作环境下对有机污染物的固持稳定性更高，即活性位点的非线性化学吸附比分配作用的物理线性吸附更不可逆（表9.7）。在碱性钙质土壤中，对于性质不同的抗生素类有机污染物土霉素和氟苯尼考，老化1年的秸秆炭对疏水性更高、极性更低的土霉素吸附效果的降低更多，与其本身亲水性和电负性的增强有关[95]。因此，在实际农田土壤中考虑生物质炭修复稳定性时，需同时考虑生物质炭的制备温度、老化机理、污染物性质及农作物根系活动。

表 9.7　根系分泌物对不同温度老化生物质炭中阿特拉津总吸附量和解吸率的影响

老化生物质炭(温度)	吸附总量/μg	根际分泌物成分	首次解吸率/%	三次总解吸率/%
猪粪炭(300℃)	80.2	总分泌物	26.0	38.7
		中性组分	23.6	36.6
		阴离子组分	26.6	40.6
		阳离子组分	27.3	41.1
猪粪炭(700℃)	351.8	总分泌物	10.9	25.5
		中性组分	10.8	23.2
		阴离子组分	12.7	27.4
		阳离子组分	13.0	27.8

9.4　生物质炭-微生物交互作用对土壤有机污染物修复的影响

　　生物质炭施用于土壤后能增加碳储量，提升土壤肥力和质量，固定和降解污染物，这些效应改变了土壤微生物生存环境，从而直接或间接地影响土壤微生物群落结构、多样性和新陈代谢功能。相反，生物质炭引起的土壤微生物胞外分泌物（特别是信号分子）的吸附和降解可能扰乱微生物种间信息交互，带来不利的群落结构更替。土壤微生物群落的绝对丰度和功能基因的表达对土壤中有机污染物的生物降解至关重要，因此生物质炭-微生物的交互作用中土壤理化性质介导的微生物响应机制（活性、群落结构、酶等）对土壤有机污染物的降解过程值得探讨。相关热点研究主要包括生物质炭介导土壤有机污染物的微生物转化，以及生物质炭促进微生物细胞-土壤有机污染物-有机碳源系统中的电子传递[96]。

　　生物质炭对土壤理化性质的改变主要包括pH、养分有效性和保水性，引起了不同微生物类群的异质性响应，通过微生物群落结构相对丰度的变化使土壤元素循环和生态功能改变，其中土壤酶活性的高低影响着多种关键生物地球化学过程[97]。近期研究表明，在生物质炭中接种特定的污染物降解功能菌可增强土壤中有机污染物的生物降解，主要机理包括生物质炭的吸附作用和微生物的降解利用，具有潜在应用前景。此外，生物质炭表面存在的持久性自由基激活土壤活性氧加速了其与微生物胞外和微生物种间的电子传递，对有机污染物的生物降解起到了重要的作用[81]。因此，需要重点明确生物质炭的哪些性质对微生物群落活性和结构的影响较大，以及两者的交互如何实现污染物降解途径。生物质炭-微生物的主要交互作用(图 9.3)包括：①生物质炭的孔隙结构和表面为土壤微生物提供栖息地；②生物质炭中的养分促进土壤微生物生长和酶活从而提升生物降解；③土壤微生物加速生物质炭老化和有机污染物解吸；④生物质炭改良土壤理化性质，降低有机污染物生物有效性和毒性从而改善微生物生境；⑤生物质炭改变土壤微生物种内和种间的物质和电子传递[98]。

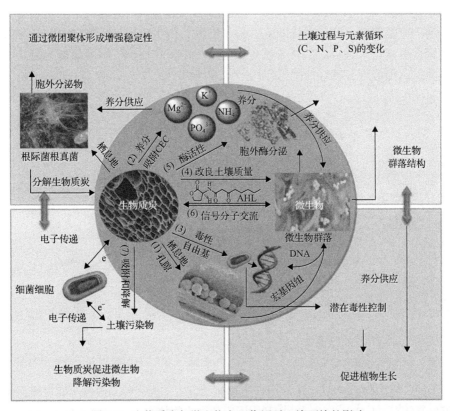

图 9.3　生物质炭与微生物交互作用对土壤环境的影响

9.4.1　生物质炭对土壤微生物修复有机污染物的影响

生物质炭作为土壤改良剂可降低土壤中有机污染物的生物毒性，如 700℃柳枝炭的添加提高了多环芳烃污染土壤中费氏弧菌和白符跳的生长繁殖能力[99]，相应地提升其污染物降解效率。

　　大量研究表明，生物质炭可作为土壤微生物和有机污染物间的电子穿梭体以促进微生物的生物降解过程，包括桥接贯通微生物细胞、土壤矿物和有机物，同时扮演着微生物胞外呼吸和生长所需醋酸盐的电子受体和微生物还原脱卤（如地杆菌属）的电子供体，且这种能力受到生物质炭中氧化还原活性基团（如酚基和醌基）含量的影响。例如，生物质炭的添加显著提升硫还原地杆菌对五氯酚的降解作用，而在未添加的处理中五氯酚几乎难以降解，归因于生物质炭通过表面吸附加速了微生物细胞和五氯酚间的电子传递[100]。

　　此外，生物质炭中的可溶性有机组分（尤其是酚类）可作为微生物的碳源，影响着微生物对有机污染物氧化还原降解能力的高低。一方面，生物质炭的类石墨烯芳香结构中 π—π 键具有较高导电性能（200～2200mS/cm），支持着生物质炭作为微生物细胞-有机污染物间的电子穿梭体（图 9.4），同时还避免了微生物与有机污染物的直接接触，降低毒性效应。另一方面，微生物促进生物质炭的老化过程使其释放更多持久性自由基并参与有机污染物的氧化还原，对多氯联苯醚、邻苯二甲酸二乙酯等均有较好的降解作用[101]。

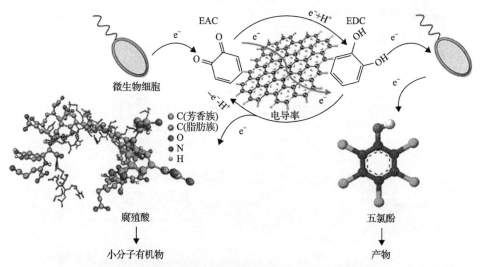

图 9.4　生物质炭作为电子穿梭体促进微生物细胞-有机酸/五氯酚间电子转移示意图

　　因此，将生物质炭和土著/外源微生物相结合可作为一种高效的土壤有机污染物新型修复策略，如 Galitskaya 等[102]利用固定化微生物技术（immobilized microorganism technology，IMT）使生物质炭作为载体负载恶臭假单胞菌（*Pseudomonas putida*）、绿脓假单胞菌（*Pseudomonas aeruginosa*）等多环芳烃降解细菌，实现了土壤中多环芳烃的降解速率显著提升，同时增加了土著微生物相关降解功能基因的表达。生物质炭提升土壤微生物去除多环芳烃的过程包括：①生物质炭预吸附、浓缩固定多环芳烃；②多环芳烃降解微生物的定殖、新陈代谢和多环芳烃的最终降解。Garcia-Delgado 等[58]研究发现生物质炭的添加使土壤微团聚体增多，给予其中栖息的微生物更合适的生境(如良好的 pH、温度和水分)，且主要增加了土壤中白腐真菌的生长和其对菲、蒽、芘等多环芳烃的降解作用。Ni 等[103]在淹水的水稻土中施用 2%的 300℃玉米秸秆炭，发现其显著提升了鞘氨醇单胞菌属(Sphingomonas)、溶杆菌属(Lysobacter)、马赛菌属(Massilia)等产甲烷菌的相对丰度，增加了编码脱氢酶和双加氧酶的功能基因表达，从而实现多环芳烃的快速厌氧降解，这些土著微生物将甲烷生成作为末端电子受体。此外，木屑炭和小麦秸秆炭的输入可不同程度地强化土壤中总石油烃(正链烷烃 C8~C40)的生物降解，且制备温度越高对短链石油烃的降解促进效果越好，归因于生物质炭表面性质和适宜栖息的功能菌类群[104]。未来的研究中仍需要进一步明确生物质炭类型、制备温度、土壤环境等条件对生物质炭促进土壤微生物降解有机污染物的影响。

9.4.2　生物质炭–微生物对土壤有机污染物的修复机制

　　土壤中的生物质炭由于表面吸附了土壤孔隙中的离子、有机质和水分等，对有机污染物的吸附能力通常显著低于其在溶液中的水平，但降解能力却显著提升，除了其表面持久性自由基的光降解途径增强外，其对土壤质量的改善、污染的浓缩效应间接激发了土著微生物的生物降解作用。土壤微生物对有机污染物的降解作用受环境 pH、污染物毒性和养分循环的影响，生物质炭可作为庇护场所和碱性缓冲剂使其在污染环境下保持较好的生理活性。已有研究表明，生物质炭吸附土壤有机污染物后使其生物有效性降低，部分抑制微生物利用降解，而 350~500℃生物质炭既能短期吸附固定有机污染物，又能逐渐解吸以利于微生物降解，更适用于真实土壤环境的有机污染物去除。如 350℃花生壳炭能较好地平衡苯酚对香茅醇假单胞菌(Pseudomonas citronellolis)的毒性和生物可利用度，对土壤高浓度苯酚(400~1200mg/kg)降解率达 99%[105]。

　　生物质炭作为一种特定的碳源，施用后往往降低土著微生物群落的整体多样性，但特异性功能菌群的丰度和功能基因表达得以提升，有利于有机污染物的短期降解过程。Kong 等[106]在石油工程污染的土壤中施用 300~500℃木屑炭和小麦秸秆炭进行 84 天的培养试验，发现多环芳烃降解菌(如鞘氨醇单胞菌)逐渐成为优势物种，更适宜在 500℃生物质炭(比表面积和孔隙多于 300℃生物质炭)改良的土壤中生长，且对低分子量多环芳烃的去除率更高，而生物质炭-NaN₃溶液(抑制微生物活性)处理组的多环芳烃降解水平显著低于空白土壤。因此，土壤中多环芳烃的高效降解需要生物质炭为微生物和多环芳烃提供催化反应界面，仅仅吸附到生物质炭中无法被直接降解。

生物质炭长期施用于土壤会逐渐发生老化，其对土壤中有机污染物的生物有效性和环境行为的影响有别于新鲜生物质炭。Alvarez 等[107]研究了 40t/ha 竹炭老化 10 年后对土壤中广谱除草剂甲嘧磺隆降解及细菌群落的影响，发现甲嘧磺隆的降解半衰期因生物质炭的老化从 37 天延长至 52 天，归因于生物质炭表面长期氧化形成大量—C≡O、—COOH 等含氧官能团增加了污染物的吸附，抑制了微生物的降解作用。同时，老化的生物质炭对土壤微生物类群的选择性更强，其在多环芳烃土壤中与变形菌门、厚壁菌门等细菌的交互作用要强于在其他有机污染的土壤。相反，在石油烃污染的土壤中长期施用鸡粪炭、木屑炭等可促成土壤细菌和古菌以微生物燃料电池(MFCs)反应降解污染物，其丰富的磷酸盐等矿物和芳香性增加了土壤环境导电性能，使得产甲烷菌、固氮菌、产电菌以协同共生的方式实现土壤中多环芳烃、长链烷烃的生物电化学降解和养分元素转化[108]。生物质炭中的 O/C、H/C 比和类石墨烯结构显著影响着其作为电子穿梭体的效率，未来的研究需重点关注其施用于土壤后这些性质的变化以及对微生物-有机污染物电子传递途径的影响。

9.4.3 生物质炭–微生物交互对有机物污染物修复效果的影响

生物质炭对土著微生物和固定化功能微生物降解有机污染物的促进机制主要包括生物强化和生物刺激，将原本难以被微生物靠近利用或具有生物毒性的杀虫剂、多溴联苯醚等有机污染物转化为可利用的碳源和氮源，加快其在微生物新陈代谢中的消耗降解。其中，生物质炭的生物刺激作用来源于其较高的 C/N 比对贫营养土壤中氮、磷有效性提升的"激发效应"和其多孔结构对水分、矿物质的固持能力。另外，外源微生物的加入会因土著微生物的竞争制约和污染物毒性而无法充分发挥降解性能，这些效应可被生物质炭载体的强化生长作用抵消。例如，在 500℃椰壳炭上接种 0.07g/g 克雷伯氏菌（*Klebsiella* sp.)可使土壤中 69.1%的聚丙烯酰胺在 30 天内被其产生的酰胺酶水解为氨气(图 9.5)，进而被因生物刺激作用而提升丰度的土壤硝化细菌氧化利用，该过程中外源接种菌、土著细菌的多样性和活性均得以刺激和强化，生物质炭和微生物表现出了协同降解作用[109]。

生物质炭-微生物交互作用主要体现在对有机污染物的吸附、催化和生物降解的有机统一，如生物质炭既保护了栖息于其中的微生物不受环境胁迫，又通过表面吸附捕获有机污染物，增加其生物可利用的浓度，加速电子和物质在污染物-微生物之间的运移，使固定化的微生物逐渐适应污染环境，与土著微生物达到生态平衡，以生物强化和刺激作用实现土壤有机污染物的高效生物降解。

土壤中的生物质炭作为有机物的"汇"，其对多环芳烃、多氯联苯等有机污染物和微生物的吸附性能比土壤有机碳高 10～1000 倍，使其从土壤弱结合位点解吸，重新固定到活性吸附中心。生物质炭对有机污染物的持久性吸附可能不利于

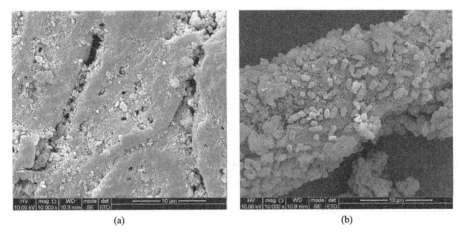

(a) 　　　　　　　　　　　　　(b)

图 9.5　椰壳炭固定化克雷伯氏菌前后表面形貌图

其矿化降解，仅仅降低生物有效性并不能真正实现土壤修复，因而当前大量的研究开展了浸渍、接种特异性功能降解细菌/真菌到生物质炭表面以形成生物膜，高效协同吸附、降解有机污染物[110]。

Xiong 等[111]采用接种黄分枝杆菌(*M. gilvum*)浓度为 1.27×10^{11}cell/g 的水稻秸秆炭增强土壤中多环芳烃的生物降解，激活土著微生物双加氧酶功能基因 *nidA* 的表达后对菲、荧蒽和芘的降解率达 62.6%、52.1%和 62.1%，但额外添加表面活性剂的处理中降解率显著下降，从而发现了生物质炭-微生物降解过程必须包括：①生物质炭增强多环芳烃从土壤转移到多孔碳结构中汇聚；②接触到微生物细胞的多环芳烃先行降解，该位点与生物质炭"汇"间形成浓度梯度驱动多环芳烃解吸；③外源/土著微生物形成的生物膜在生物质炭电子穿梭体帮助下降解污染物（图 9.6）。类似地，Qin 等[112]利用污泥改性生物质炭中的大量甲烷氧化细菌降解了垃圾填埋土壤中 95.4%～100%的丙酮和氯苯，生物质炭提供了更适宜的 pH、

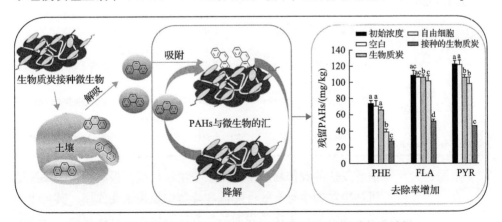

图 9.6　生物质炭接种黄分枝杆菌对土壤中多环芳烃降解的效果

氮元素和水分含量，激活了土壤微生物分泌甲烷单加氧酶发挥降解作用。此外，当某些有机污染物难以被微生物直接降解时，可通过生物质炭复配碳源（如菇渣、秸秆等）的方式提供额外的可溶性有机碳强化生物刺激作用[40]。

9.5 生物质炭对农作物有机污染物吸收积累的影响

根据2016颁布的《土壤污染防治行动计划》，因耕地资源短缺，我国大面积有机污染农田需通过安全利用的方式实现"边生产边修复"，其中化学钝化和生物降解技术被寄予厚望。生物质炭对土壤质量的改善包括土壤肥力提升、微生物功能活性增强和保水性增加，在吸附和生物降解有机污染物的同时可促进农作物生长和产量，是响应我国重大需求的热点技术[113]。

考虑到环境风险和修复效益，生物质炭在农作物生长环境中的合理施用量一般在0.5%～5%，该条件下生物质炭的增产和减毒效应显著。作为环境友好型的原位修复策略，大量研究者应用生物质炭阻控土壤-农作物系统间的有机污染物迁移，减少农作物中污染物的吸收积累。根际环境中生物质炭-微生物-农作物根系的交互效应对有机污染物的吸附、生物降解影响复杂，需要对相关环境因子分类探讨，特别是根系分泌物与根际微生物对污染物生物有效性的协同作用。长期试验表明，高温生物质炭减少农作物有机污染物吸收的机制以吸附封存为主，而低温生物质炭通过调控根际微域中的生物降解实现农作物安全生产[114]，相关研究结果见表9.8。

表9.8 不同土壤-植物系统中生物质炭对持久性有机污染物生物有效性和迁移的影响

农作物种类	污染物	生物质炭用量	修复效果
莴苣 (*Lactuca sativa* L.)	16种多环芳烃(20.2mg/kg)	500℃污泥炭(5%)	可食用部分浓度降低61.5%
小白菜 (*Brassica chinensis* L.)	多氯联苯(9.0mg/kg)	550℃小麦秸秆炭(2%)	地下部分浓度降低77.6%
水稻 (*Oryza sativa* L.)	16种多环芳烃(7.5mg/kg)	300℃玉米秸秆炭(2%)	地上部分降低30.0%
胡萝卜 (*Daucus carota* L.)	四溴代二苯醚(125μg/kg)	300℃玉米秸秆炭(2%)	地下部分浓度降低77.8%
黑麦草 (*Lolium perenne* L.)	六氯苯(3.8mg/kg)	500℃小麦秸秆炭(1%)	地下部分浓度降低93.2%

水稻、大豆等根系发达的农作物产生的根系分泌物可增强根际微生态系统活性，在根土界面有机污染物的生物有效性降低和降解中发挥重要作用，其与生物质炭施用的协同修复机制包括：①作为表面活性剂使有机污染物从根际土壤吸附

位点解吸,能力排序为低分子量有机酸>氨基酸>糖类[115];②具有酶活性直接参与有机污染物降解(如漆酶、硝基还原酶、脱卤素酶等)或激发生物质炭-微生物系统中的共代谢;③受生物质炭影响产生更多易利用有机碳源改善根际微生物的群落结构和功能以提高生物降解效率。此外,随着农作物的生长,其根系的延长可能进入到生物质炭孔隙中,为功能微生物提供养分,但也会破坏生物质炭物理结构,导致已吸附固定的污染物重新释放,且不同生物质炭应对土壤生物化学作用的稳定性有所差异。对于根系欠发达的叶菜类农作物,其根际土壤与生物质炭的交互效应不显著,主要依靠有机污染物的吸附固定阻断其通过孔隙水进入根部。因此,研究生物质炭对农作物有机污染物吸收积累的影响时需同时考虑生物质炭类型、农作物品种、土著微生物群落组成等要素。

9.5.1　生物质炭对粮食作物中有机污染物吸收积累的影响

农业生态系统中,生物质炭阻控有机污染物在粮食作物中的积累往往需要其与农作物发达的根系、土著微生物的降解作用相互协作。在淹水稻田中,Ni 等[103]发现施用低温生物质炭后水稻根际微域多环芳烃的降解显著提升,认为生物质炭促进根系分泌低分子有机酸(甲酸、苹果酸、丙酸等),产生更多可溶性有机碳-多环芳烃结合物,且更易向微生物表面移动,从而激活产甲烷菌的丰度和功能基因进行生物降解(图 9.7),修复后稻米产量提升 55%,根中多环芳烃积累量降低40%。同时,在不同种植制度下,生物质炭对水稻吸收积累污染物的影响存在较大差异,可通过摄入稻米的人体健康风险进行评估。相比于水稻、小麦等的单季淹水或旱作制度,添加 300℃玉米秸秆炭的水稻-胡萝卜轮作体系可使水稻根际土

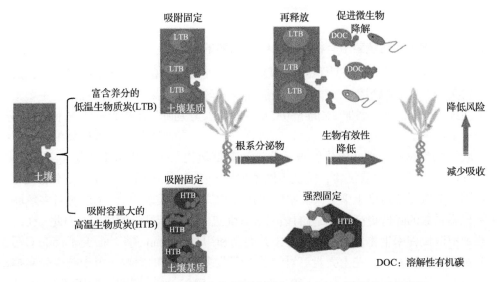

图 9.7　生物质炭与根系分泌物协同降低水稻对有机污染物的吸收风险

壤中多环芳烃残留量显著降低，增加胡萝卜可食用部分生物量57%，降低稻米中多环芳烃引起的人体健康风险，归因于富含养分的低温秸秆炭和不同农作物根系促成了多样性、丰度和网络复杂性更高的根际共生微生物群落，并抑制了病原菌类群生长[116]。另外，土壤好氧-厌氧交替也被证实可提升多溴联苯醚和石油烃的生物降解，在淹水厌氧条件下生物质炭驱动水稻根际微生物还原降解污染物，在好氧条件下根系分泌物促进中间产物的氧化消耗[117]。

在小麦、玉米旱作的土壤中，生物质炭的施用可同时调控土壤可溶性有机碳、硝态氮和铵态氮的含量，利用 *Acedibacter* 属和硝化螺菌属细菌促进碳/氮养分循环和农作物养分吸收，使土壤生态系统的稳定性增强，从而抵御有机污染物的毒害[118]。同时，生物质炭可改良旱地土壤容重，提高气体交换速率，有利于粮食作物发达根系的生长，增加土著功能微生物之间的交互密度，使腐质霉属（*Humicola*）等共生根瘤菌产生过氧化物同工酶降解有机污染物。

Brennan 等[119]在多环芳烃污染土壤中添加 450℃松木炭研究其对玉米生理指标的影响，发现玉米叶绿素含量和地上部生物量显著提升，而多环芳烃的积累量显著降低；然而土壤孔隙水和玉米地下部的多环芳烃含量无明显变化，说明松木炭主要改变了污染物在玉米地下部-地上部间的转运过程（转运系数下降33%），降低与多环芳烃相关的细胞转运蛋白活性，从而实现玉米对污染物的"拒吸"。另外，Jiao 等[120]利用玉米秸秆炭形成生物膜，并促进根系分泌物的化学降解，配合土著微生物共代谢过程协同降低水溶态抗生素（磺胺嘧啶、罗红霉素等）含量，从而减少其马铃薯中的积累，提高块茎中淀粉、蛋白质、维生素等含量，阻断有害内生菌的抗性基因转移。因此，生物质炭降低粮食作物中有机污染物的积累还能提升其品质，保障食物安全和人类健康。

9.5.2　生物质炭对蔬菜中有机污染物吸收积累的影响

因多氯联苯高度的化学稳定性和亲脂性，使其不断在食物链中积累放大，成为蔬菜中头号有机污染物，尤其易被脂肪含量较高的根菜类吸收，且浓度主要集中在地下部。例如，添加 2%的 550℃小麦秸秆炭分别降低小白菜和胡萝卜可食部分对土壤中 2～4 氯代联苯吸收量 93.7%和 62.4%，与小麦秸秆炭直接吸附降低多氯联苯的生物有效性和农作物根系分泌酶降低氯代水平线性相关[121]。类似地，Silvani 等[122]开展盆栽试验，验证不同添加比例的 300℃稻壳炭和 700℃木屑炭对长期受多氯联苯污染土壤中大头菜吸收污染物的影响，发现 4%的木屑炭对多氯联苯积累系数的降低更高，而 1%的稻壳炭有促进多氯联苯富集的风险。因此，在蔬菜种植区域施用生物质炭需充分考虑其类型和用量。Khan 等[123]研究了 500℃污泥炭、水稻秸秆炭、花生壳炭等对红萝卜吸收多环芳烃的影响，由于花生壳炭拥有较大的比表面积（4.25m²/g）、较多的介孔（2～50nm）和较弱的极性（O/C=0.19），其 5%的施用量实现了多环芳烃生物有效浓度降低 80%，但 2%的施用量下使农作物最大增产 49%，在评估修复效应时需兼顾两种因素选择生物质炭，为大面积生产应用制定合适的策略。

　　叶菜类作物对有机污染物的吸收与根菜类相比有所不同，常见的持久性有机污染物较少向其可食用的地上部迁移，近期的研究主要围绕生物质炭对其积累新兴有机污染物的影响展开。Hurtado 等[124]采用 5%的 650℃树枝炭减轻生菜对灌溉水中双酚 A、咖啡因、布洛芬等新兴有机污染物 20%～76%的吸收量，根据对映体组分确认了电中性的布洛芬主要因生物质炭的 π—π 电子供受体交互和疏水作用被吸附固定致使其在生菜地上部含量降低，而其他电负性的新兴有机污染物在生菜根际土壤中被生物质炭催化降解[125]。另外，生物质炭与堆肥混合施用可调控土壤养分元素比例，提升土著微生物的功能活性，通过农作物生长的稀释作用和根际微生物降解减少有机污染物吸收。如 300℃玉米秸秆炭与秸秆-猪粪堆肥 1∶1混施后可有效降低土壤中 2,2′,4,4′-四溴联苯醚的生物有效性和绝对含量，降低其在胡萝卜根中 80.3%的积累量，而单独玉米秸秆炭的施用对其降解无促进作用，需依靠堆肥激发土壤氮、磷、钾等养分利用率，提高微生物生物量和交互作用，从而促进根际土壤中芽单胞菌属（*Gemmatimonas*）、草酸杆菌属（*Oxalobacteraceae*）、鞘氨醇单胞菌属（*Sphingomonas*）等优势降解细菌将 82.9%的污染物逐渐降解为低分子脱溴代谢物[126-127]。因此，将生物质炭的吸附作用和基于堆肥的生物降解技术相结合更易实现有机污染农田土壤的"边生产边修复"，未来的研究需重点关注各类生物质炭的长期施用对有机污染土壤中微生物群落和农作物生长的综合效应。

参 考 文 献

[1] Bridges T S, Gustavson K E, Schroeder P, et al. Dredging processes and remedy effectiveness: Relationship to the 4 Rs of environmental dredging.[J]. Integrated Environmental Assessment and Management, 2010, 6(4): 619-630.

[2] Song B, Zeng G, Gong J, et al. Evaluation methods for assessing effectiveness of in situ remediation of soil and sediment contaminated with organic pollutants and heavy metals[J]. Environment International, 2017, 105: 43-55.

[3] Luo J, Qi S, Xie X, et al. The assessment of source attribution of soil pollution in a typical e-waste recycling town and its surrounding regions using the combined organic and inorganic dataset[J]. Environmental Science & Pollution Research, 2017, 24(3): 3131-3141.

[4] Qian Y, Xu M, Deng T, et al. Synergistic interactions of *Desulfovibrio* and *Petrimonas* for sulfate-reduction coupling polycyclic aromatic hydrocarbon degradation[J]. Journal of Hazardous Materials, 2020, (407:124385).

[5] Cachada A, Pato P, Rocha-Santos T, et al. Levels, sources and potential human health risks of organic pollutants in urban soils[J]. Science of the Total Environment, 2012, 430: 184-192.

[6] Shi R, Li X, Yang Y, et al. Contamination and human health risks of polycyclic aromatic hydrocarbons in surface soils from Tianjin coastal new region, China[J]. Environmental Pollution, 2020: 115938.

[7] Xing G H, Chan J K Y, Leung A O W, et al. Environmental impact and human exposure to PCBs in Guiyu, an electronic waste recycling site in China[J]. Environment International, 2009, 35(1): 76-82.

[8] He X, Xia N, Zhang Y, et al. Simultaneous determination of 65 polychlorinated biphenyls,polycyclic aromatic hydrocarbons and organochlorine pesticides in marine sediments by GC-MS with accelerated solvent extraction[J]. Journal of Instrumental Analysis, 2011, (2): 152-160.

[9] Wei Z, Wang J J, Fultz L M, et al. Application of biochar in estrogen hormone-contaminated and manure-affected soils: Impact on soil respiration, microbial community and enzyme activity[J]. Chemosphere, 2020: 128625.

[10] 冯宇希, 涂茜颖, 冯乃宪, 等. 我国温室大棚邻苯二甲酸酯(PAEs)污染及综合控制技术研究进展[J]. 农业环境科学学报, 2019, 38(10): 2239-2250.

[11] Ferreira A R, Guedes P, Mateus E P, et al. Emerging organic contaminants in soil irrigated with effluent: Electrochemical technology as a remediation strategy[J]. Science of the Total Environment, 2020: 140544.

[12] Archer E, Petrie B, Kasprzyk-Hordern B, et al. The fate of pharmaceuticals and personal care products(PPCPs), endocrine disrupting contaminants(EDCs), metabolites and illicit drugs in a WWTW and environmental waters[J]. Chemosphere, 2017, 174: 437-446.

[13] Ravindra K, Sokhi R, Grieken R V. Atmospheric polycyclic aromatic hydrocarbons: Source attribution, emission factors and regulation[J]. Atmospheric Environment, 2018, 42(13): 2895-2921.

[14] Ma Y, Li X, Mao H, et al. Remediation of hydrocarbon-heavy metal co-contaminated soil by electrokinetics combined with biostimulation[J]. Chemical Engineering Journal, 2018, 353: 410-418.

[15] Samaksaman U, Peng T H, Kuo J H, et al. Thermal treatment of soil co-contaminated with lube oil and heavy metals in a low-temperature two-stage fluidized bed incinerator[J]. Applied Thermal Engineering, 2016, 93: 131-138.

[16] Teng Y, Wu J, Lu S, et al. Soil and soil environmental quality monitoring in China: A review[J]. Environment International, 2014, 69(8): 177-199.

[17] Occulti F, Roda G C, Berselli S, et al. Sustainable decontamination of an actual-site aged PCB-polluted soil through a biosurfactant-based washing followed by a photocatalytic treatment[J]. Biotechnology & Bioengineering, 2010, 99(6): 1525-1534.

[18] Vigliotta G, Matrella S, Cicatelli A, et al. Effects of heavy metals and chelants on phytoremediation capacity and on rhizobacterial communities of maize[J]. Journal of Environmental Management, 2016, 179: 93-102.

[19] Zhou Q, Zhang L, Chen J, et al. Performance and microbial analysis of two different inocula for the removal of chlorobenzene in biotrickling filters[J]. Chemical Engineering Journal, 2016, 284: 174-181.

[20] Zhou J, Yuan Y, Zhu Z, et al. A review on bioremediation technologies of organic pollutants contaminated soils[J]. Ecology and Environmental Sciences, 2015, 24: 343-351.

[21] Mao X, Jiang R, Xiao W, et al. Use of surfactants for the remediation of contaminated soils: A review[J]. Journal of Hazardous Materials, 2015, 285: 419-435.

[22] Zhang H, Ma D, Qiu R, et al. Non-thermal plasma technology for organic contaminated soil remediation: A review[J]. Chemical Engineering Journal, 2017, 313: 157-170.

[23] Topka P, Soukup K, Hejtmánek V, et al. Remediation of brownfields contaminated by organic compounds and heavy metals: A bench-scale test of a sulfur/vermiculite sorbent for mercury vapor removal[J]. Environmental Science and Pollution Research, 2020, 27(33): 42182-42188.

[24] Cui L, Yin C, Chen T, et al. Remediation of organic halogen- contaminated wetland soils using biochar[J]. Science of the Total Environment, 2019, 696: 134087.

[25] Chen Y, Zhang X, Chen W, et al. The structure evolution of biochar from biomass pyrolysis and its correlation with gas pollutant adsorption performance[J]. Bioresource Technology, 2017, 246: 101-109.

[26] Zhang X, He L, Sarmah A K, et al. Retention and release of diethyl phthalate in biochar-amended vegetable garden soils[J]. Journal of Soils and Sediments, 2014, 14(11): 1790-1799.

[27] Chen B, Chen Z. Sorption of naphthalene and 1-naphthol by biochars of orange peels with different pyrolytic temperatures[J]. Chemosphere, 2009, 76(1): 127-133.

[28] Wu H, Lai C, Zeng G, et al. The interactions of composting and biochar and their implications for soil amendment and pollution remediation: A review[J]. Critical Reviews in Biotechnology, 2017, 37(6): 754-764.

[29] Cesarino I, Araújo P, Domingues Júnior A P, et al. An overview of lignin metabolism and its effect on biomass recalcitrance[J]. Brazilian Journal of Botany, 2012, 35(4): 303-311.

[30] Lian F, Xing B. Black carbon(biochar)in water/soil environments: Molecular structure, sorption, stability, and potential risk[J]. Environmental ence & Technology, 2017, 51(23): 13517-13532.

[31] Huang Q, Song S, Chen Z, et al. Biochar-based materials and their applications in removal of organic contaminants from wastewater: State-of-the-art review[J]. Biochar, 2019, 1: 45-73.

[32] Rajapaksha A, Chen S, Tsang D, et al. Engineered/designer biochar for contaminant removal/immobilization from soil and water: Potential and implication of biochar modification[J]. Chemosphere, 2016, 148: 276-291.

[33] Chen B, Yuan M, Qian L. Enhanced bioremediation of PAH-contaminated soil by immobilized bacteria with plant residue and biochar as carriers[J]. Journal of Soils & Sediments, 2012, 12(9): 1350-1359.

[34] Hale S E, Lehmann J, Rutherford D, et al. Quantifying the total and bioavailable polycyclic aromatic hydrocarbons and dioxins in biochars[J]. Environmental Science & Technology, 2012, 46(5): 2830-2838.

[35] De la Rosa J M, Sánchez-Martín Á M, Campos P, et al. Effect of pyrolysis conditions on the total contents of polycyclic aromatic hydrocarbons in biochars produced from organic residues: Assessment of their hazard potential[J]. Science of the Total Environment, 2019, 667: 578-585.

[36] Arp H P H, Hale S E, Elmquist Krus M, et al. Review of polyoxymethylene passive sampling methods for quantifying freely dissolved porewater concentrations of hydrophobic organic contaminants[J]. Environmental Toxicology & Chemistry, 2015, 34(4): 710-720.

[37] Ravindra K, Sokhi R, Grieken R V. Atmospheric polycyclic aromatic hydrocarbons: Source attribution, emission factors and regulation[J]. Atmospheric Environment, 2008, 42(13): 2895-2921.

[38] Kaal J, Schneider M P W, Schmidt M W I. Rapid molecular screening of black carbon(biochar)thermosequences obtained from chestnut wood and rice straw: A pyrolysis-GC/MS study[J]. Biomass and Bioenergy, 2012, 45: 115-129.

[39] Buss W, Masek O, Graham M, et al. Inherent organic compounds in biochar-their content, composition and potential toxic effects[J]. Journal of Environmental Management, 2015, 156(1): 150-157.

[40] Bao H, Wang J, Zhang H, et al. Effects of biochar and organic substrates on biodegradation of polycyclic aromatic hydrocarbons and microbial community structure in PAHs-contaminated soils[J]. Journal of Hazardous Materials, 2020, 385: 121595.

[41] Wang C, Wang Y, Herath H M S K. Polycyclic aromatic hydrocarbons(PAHs)in biochar-their formation, occurrence and analysis: A review[J]. Organic Geochemistry, 2017, 114: 1-11.

[42] Duan L, Naidu R, Liu Y, et al. Comparison of oral bioavailability of benzo[a]pyrene in soils using rat and swine and the implications for human health risk assessment[J]. Environment International, 2016, 94: 95-102.

[43] Hamad A, Jasper A, Uhl D. The record of Triassic charcoal and other evidence for palaeo-wildfires: Signal for atmospheric oxygen levels, taphonomic biases or lack of fuel?[J]. International Journal of Coal Geology, 2012, 96-97: 60-71.

[44] Singh B P, Cowie A L, Smernik R J. Biochar carbon stability in a clayey soil as a function of feedstock and pyrolysis temperature[J]. Environmental Science & Technology, 2012, 46(21): 11770-11778.

[45] Zielińska A, Oleszczuk P. Effect of pyrolysis temperatures on freely dissolved polycyclic aromatic hydrocarbon (PAH) concentrations in sewage sludge-derived biochars[J]. Chemosphere, 2016, 153: 68-74.

[46] Li Y, Shen F, Guo H, et al. Phytotoxicity assessment on corn stover biochar, derived from fast pyrolysis, based on seed germination, early growth, and potential plant cell damage[J]. Environmental Science & Pollution Research, 2015, 22: 9534-9543.

[47] Lyu H, He Y, Tang J, et al. Effect of pyrolysis temperature on potential toxicity of biochar if applied to the environment[J]. Environmental Pollution, 2016, 218: 1-7.

[48] Mayer P, Hilber I, Gouliarmou V, et al. How to determine the environmental exposure of PAHs originating from biochar[J]. Environmental Science & Technology, 2016, 50(4): 1941-1948.

[49] Bucheli T D, Bachmann H J, Blum F, et al. On the heterogeneity of biochar and consequences for its representative sampling[J]. Journal of Analytical & Applied Pyrolysis, 2014, 107: 25-30.

[50] Yu L, Duan L, Ravi N, et al. Abiotic factors controlling bioavailability and bioaccessibility of polycyclic aromatic hydrocarbons in soil: Putting together a bigger picture[J]. Science of the Total Environment, 2018, 613-614: 1140-1153.

[51] Oleszczuk P, Jo Ko I, Ku Mierz M, et al. Microbiological, biochemical and ecotoxicological evaluation of soils in the area of biochar production in relation to polycyclic aromatic hydrocarbon content[J]. Geoderma, 2014, 213: 502-511.

[52] Dutta T, Kwon E, Bhattacharya S S, et al. Polycyclic aromatic hydrocarbons and volatile organic compounds in biochar and biochar-amended soil: A review[J]. Global Change Biology Bioenergy, 2016, 1: 1-15.

[53] Gao Y, Yuan X, Lin X, et al. Low-molecular-weight organic acids enhance the release of bound PAH residues in soils[J]. Soil & Tillage Research, 2015, 145: 103-110.

[54] Buss W, Mašek O. High-VOC biochar-effectiveness of post-treatment measures and potential health risks related to handling and storage[J]. Environmental Science and Pollution Research, 2016, 23(19): 19580-19589.

[55] Gruss I, Twardowski J P, Latawiec A, et al. Risk assessment of low-temperature biochar used as soil amendment on soil mesofauna[J]. Environmental Science and Pollution Research, 2019, 26(18): 18230-18239.

[56] Kołtowski M, Oleszczuk P. Toxicity of biochars after polycyclic aromatic hydrocarbons removal by thermal treatment[J]. Ecological Engineering, 2015, 75: 79-85.

[57] 李晓娜, 宋洋, 贾明云, 等. 生物质炭对有机污染物的吸附及机理研究进展[J]. 土壤学报, 2017, 54(6): 1313-1325.

[58] Garcia-Delgado C, Alfaro-Barta I, Eymar E. Combination of biochar amendment and mycoremediation for polycyclic aromatic hydrocarbons immobilization and biodegradation in creosote-contaminated soil[J]. Journal of Hazardous Materials, 2015, 285: 259-266.

[59] Trigo C, Spokas K, Hall K, et al. Metolachlor sorption and degradation in soil amended with fresh and aged biochars[J]. J Agric Food Chem, 2016, 64(16): 3141-3149.

[60] Jones D L, Edwards-Jones G, Murphy D V. Biochar mediated alterations in herbicide breakdown and leaching in soil[J]. Soil Biology & Biochemistry, 2011, 43(4): 804-813.

[61] Kookana R S. The role of biochar in modifying the environmental fate, bioavailability, and efficacy of pesticides in soils: A review[J]. Soil Research, 2010, 48(7): 627-637.

[62] Song Y, Wang F, Bian Y, et al. Bioavailability assessment of hexachlorobenzene in soil as affected by wheat straw biochar[J]. Journal of Hazardous Materials, 2012, 217-218: 391-397.

[63] Beasley L, Moreno-Jimenez E, Gomez-Eyles J L. Effects of biochar and greenwaste compost amendments on mobility, bioavailability and toxicity of inorganic and organic contaminants in a multi-element polluted soil[J]. Environmental Pollution, 2010, 158(6): 2282-2287.

[64] Xu T, Lou L, Luo L, et al. Effect of bamboo biochar on pentachlorophenol leachability and bioavailability in agricultural soil[J]. Science of the Total Environment, 2012, 414: 727-731.

[65] Cao X, Ma L, Liang Y, et al. Simultaneous immobilization of lead and atrazine in contaminated soils using dairy-manure biochar[J]. Environmental Science & Technology, 2011, 45(11): 4884-4889.

[66] Schaffer M, Boxberger N, Boernick H, et al. Sorption influenced transport of ionizable pharmaceuticals onto a natural sandy aquifer sediment at different pH[J]. Chemosphere, 2012, 87(5): 513-520.

[67] Larsbo M, Loefstrand E, Veer D V A D, et al. Pesticide leaching from two Swedish topsoils of contrasting texture amended with biochar[J]. Journal of Contaminant Hydrology, 2013, 147: 73-81.

[68] Peng P, Lang Y H, Wang X M. Adsorption behavior and mechanism of pentachlorophenol on reed biochars: pH effect, pyrolysis temperature, hydrochloric acid treatment and isotherms[J]. Ecological Engineering, 2016, 90: 225-233.

[69] Ahmad M, Rajapaksha A U, Lim J E, et al. Biochar as a sorbent for contaminant management in soil and water: A review[J]. Chemosphere, 2014, 99: 19-33.

[70] Wang H, Lin K, Hou Z, et al. Sorption of the herbicide terbuthylazine in two New Zealand forest soils amended with biosolids and biochars[J]. Journal of Soils and Sediments, 2009, 10(2): 283-289.

[71] Lou, L P, Luo, L, Wang L N, et al. The influence of acid demineralization on surface characteristics of black carbon and its sorption for pentachlorophenol[J]. Journal of Colloid and Interface Science, 2011, 361(1): 226-231.

[72] Fu Q L, He J Z, Blaney L, et al. Sorption of roxarsone onto soils with different physicochemical properties[J]. Chemosphere, 2016, 159: 103-112.

[73] Chiou C T, Cheng J, Hung W N, et al. Resolution of adsorption and partition components of organic compounds on black carbons[J]. Environmental Science & Technology, 2015, 49(15): 9116-9123.

[74] Hu E, Cheng H. Impact of surface chemistry on Microwave-Induced degradation of atrazine in mineral micropores[J]. Environmental Science & Technology, 2013, 47(1): 533-541.

[75] Tatarková V, Hiller E, Vaculík M. Impact of wheat straw biochar addition to soil on the sorption, leaching, dissipation of the herbicide(4-chloro-2-methylphenoxy)acetic acid and the growth of sunflower(*Helianthus annuus* L.)[J]. Ecotoxicology and Environmental Safety, 2013, 92(3): 215-221.

[76] Jablonowski N D, Borchard N, Zajkoska P, et al. Biochar-mediated ^{14}C-atrazine mineralization in atrazine-adapted soils from Belgium and Brazil[J]. Journal of Agricultural & Food Chemistry, 2013, 61(3): 512-516.

[77] Yu X, Gong W, Liu X H, et al. The use of carbon black to catalyze the reduction of nitrobenzenes by sulfides[J]. Journal of Hazardous Materials, 2011, 198: 340-346.

[78] Tong H, Hu M, Li F B, et al. Biochar enhances the microbial and chemical transformation of pentachlorophenol in paddy soil[J]. Soil Biology and Biochemistry, 2014, 70: 142-150.

[79] Pan B, Li H, Lang D, et al. Environmentally persistent free radicals: Occurrence, formation mechanisms and implications[J]. Environmental Pollution, 2019, 248: 320-331.

[80] Sun Y, Gao B, Yao Y, et al. Effects of feedstock type, production method, and pyrolysis temperature on biochar and hydrochar properties[J]. Chemical Engineering Journal, 2014, 240: 574-578.

[81] Yang J, Pan B, Li H, et al. Degradation of p-Nitrophenol on Biochars: Role of Persistent Free Radicals[J]. Environmental Science & Technology, 2016, 50(2): 694-700.

[82] Li H, Zhu F, He S. The degradation of decabromodiphenyl ether in the e-waste site by biochar supported nanoscale zero-valent iron/persulfate[J]. Ecotoxicology and Environmental Safety, 2019, 183: 109540.

[83] Chen L, Yang S, Zuo X, et al. Biochar modification significantly promotes the activity of Co_3O_4 towards heterogeneous activation of peroxymonosulfate[J]. Chemical Engineering Journal, 2018, 354: 856-865.

[84] Zhou X, Zeng Z, Zeng G, et al. Persulfate activation by swine bone char-derived hierarchical porous carbon: Multiple mechanism system for organic pollutant degradation in aqueous media[J]. Chemical Engineering Journal, 2020, 383: 123091.

[85] Sigmund G, Poyntner C, Piñar G, et al. Influence of compost and biochar on microbial communities and the sorption/degradation of PAHs and NSO-substituted PAHs in contaminated soils[J]. Journal of Hazardous Materials, 2018, 345: 107-113.

[86] Crombie K, Mašek O, Sohi S P, et al. The effect of pyrolysis conditions on biochar stability as determined by three methods[J]. Global Change Biology Bioenergy, 2013, 5(2): 122-131.

[87] Uchimiya M, Lima I M, Klasson K T, et al. Contaminant immobilization and nutrient release by biochar soil amendment: Roles of natural organic matter[J]. Chemosphere, 2010, 80(8): 935-940.

[88] Martin S M, Kookana R S, Zwieten L V, et al. Marked changes in herbicide sorption-desorption upon ageing of biochars in soil[J]. Journal of Hazardous Materials, 2012, 231-232: 70-78.

[89] Cheng G, Zhu L, Sun M, et al. Desorption and distribution of pentachlorophenol(PCP) on aged black carbon containing sediment[J]. Journal of Soils & Sediments, 2014, 14: 344-352.

[90] 宋洋, 王芳, 杨兴伦, 等. 生物质炭对土壤中氯苯类物质生物有效性的影响及评价方法[J]. 环境科学, 2012, 33(1): 169-174.

[91] Gámiz B, Velarde P, Spokas K A, et al. Changes in sorption and bioavailability of herbicides in soil amended with fresh and aged biochar[J]. Geoderma, 2019, 337: 341-349.

[92] Junqueira L V, Mendes K F, Sousa R N D, et al. Sorption-desorption isotherms and biodegradation of glyphosate in two tropical soils aged with eucalyptus biochar[J]. Archives of Agronomy and Soil Science, 2020, 66(12): 1651-1667.

[93] Ren X, Sun H, Wang F, et al. Effect of aging in field soil on biochar's properties and its sorption capacity[J]. Environmental Pollution, 2018, 242: 1880-1886.

[94] Ren X, Wang F, Cao F, et al. Desorption of atrazine in biochar-amended soils: Effects of root exudates and the aging interactions between biochar and soil[J]. Chemosphere, 2018, 212: 687-693.

[95] He Y, Liu C, Tang X, et al. Biochar impacts on sorption-desorption of oxytetracycline and florfenicol in an alkaline farmland soil as affected by field ageing[J]. Science of the Total Environment, 2019, 671: 928-936.

[96] Zhu X, Chen B, Zhu L, et al. Effects and mechanisms of biochar-microbe interactions in soil improvement and pollution remediation: A review[J]. Environmental Pollution, 2017, 227: 98-115.

[97] Paz-Ferreiro J, Fu S, Mendez A, et al. Interactive effects of biochar and the earthworm Pontoscolex corethrurus on plant productivity and soil enzyme activities[J]. Journal of Soils & Sediments, 2014, 14(3): 483-494.

[98] Gao X, Cheng H Y, Valle I D, et al. Charcoal disrupts soil microbial communication through a combination of signal sorption and hydrolysis[J]. ACS Omega, 2016, 1(2): 226-233.

[99] Kołtowski M, Charmas B, Skubiszewska-Zieba J, et al. Effect of biochar activation by different methods on toxicity of soil contaminated by industrial activity[J]. Ecotoxicology and Environmental Safety, 2017, 136: 119-125.

[100] Yu L, Yuan Y, Tang J, et al. Biochar as an electron shuttle for reductive dechlorination of pentachlorophenol by Geobacter sulfurreducens[J]. Scientific Reports, 2015, 5: 16221.

[101] Fang G, Zhu C, Dionysiou D D, et al. Mechanism of hydroxyl radical generation from biochar suspensions: Implications to diethyl phthalate degradation[J]. Bioresource Technology, 2015, 176: 210-217.

[102] Galitskaya P, Akhmetzyanova L, Selivanovskaya S. Biochar-carrying hydrocarbon decomposers promote degradation during the early stage of bioremediation[J]. Biogeosciences, 2016, 13(20): 5739-5752.

[103] Ni N, Wang F, Song Y, et al. Mechanisms of biochar reducing the bioaccumulation of PAHs in rice from soil: Degradation stimulation vs immobilization[J]. Chemosphere, 2018, 196: 288-296.

[104] 孔露露, 周启星. 生物炭输入土壤对其石油烃微生物降解力的影响[J]. 环境科学学报, 2016, 36(11): 4199-4207.

[105] Zhao L, Xiao D, Liu Y, et al. Biochar as simultaneous shelter, adsorbent, pH buffer, and substrate of Pseudomonas citronellolis to promote biodegradation of high concentrations of phenol in wastewater[J]. Water Research, 2020, 172: 115494.

[106] Kong L, Gao Y, Zhou Q, et al. Biochar accelerates PAHs biodegradation in petroleum-polluted soil by biostimulation strategy[J]. Journal of Hazardous Materials, 2018, 343: 276-284.

[107] Alvarez D O O, Mendes K F, Tosi M, et al. Sorption-desorption and biodegradation of sulfometuron-methyl and its effects on the bacterial communities in Amazonian soils amended with aged biochar[J]. Ecotoxicology and Environmental Safety, 2021, 207: 111222.

[108] Li X, Li Y, Zhang X, et al. Long-term effect of biochar amendment on the biodegradation of petroleum hydrocarbons in soil microbial fuel cells[J]. Science of the Total Environment, 2019, 651: 796-806.

[109] Ma L, Hu T, Liu Y, et al. Combination of biochar and immobilized bacteria accelerates polyacrylamide biodegradation in soil by both bio-augmentation and bio-stimulation strategies[J]. Journal of Hazardous Materials, 2021, 405: 124086.

[110] Liang L, Ping C, Sun M, et al. Effect of biochar amendment on PAH dissipation and indigenous degradation bacteria in contaminated soil[J]. Journal of Soils & Sediments, 2015, 15(2): 313-322.

[111] Xiong B, Zhang Y, Hou Y, et al. Enhanced biodegradation of PAHs in historically contaminated soil by *M. gilvum* inoculated biochar[J]. Chemosphere, 2017, 182: 316-324.

[112] Qin L, Huang X, Xue Q, et al. In-situ biodegradation of harmful pollutants in landfill by sludge modified biochar used as biocover[J]. Environmental Pollution, 2020, 258: 113710.

[113] Agegnehu G, Bass A M, Nelson P N, et al. Benefits of biochar, compost and biochar-compost for soil quality, maize yield and greenhouse gas emissions in a tropical agricultural soil[J]. Science of the Total Environment, 2016, 543: 295-306.

[114] Ni N, Kong D, Wu W, et al. The role of biochar in reducing the bioavailability and migration of persistent organic pollutants in soil-plant systems: A review[J]. Bulletin of Environmental Contamination and Toxicology, 2020, 104(2): 157-165.

[115] Gao Y, Hu X, Zhou Z, et al. Phytoavailability and mechanism of bound PAH residues in filed contaminated soils[J]. Environmental Pollution, 2017, 222: 465-476.

[116] Ni N, Li X, Yao S, et al. Biochar applications combined with paddy-upland rotation cropping systems benefit the safe use of PAH-contaminated soils: From risk assessment to microbial ecology[J]. Journal of Hazardous Materials, 2021, 404: 124123.

[117] Zhao P, Wang W, Whalen J K, et al. Transportation and degradation of decabrominated diphenyl ether in sequential anoxic and oxic crop rotation[J]. Environmental Pollution, 2020, 266: 115082.

[118] Yang W, Wang S, Ni W, et al. Enhanced Cd-Zn-Pb-contaminated soil phytoextraction by Sedum alfredii and the rhizosphere bacterial community structure and function by applying organic amendments[J]. Plant and Soil, 2019, 444(1): 101-118.

[119] Brennan A, Moreno Jiménez E, Alburquerque J A, et al. Effects of biochar and activated carbon amendment on maize growth and the uptake and measured availability of polycyclic aromatic hydrocarbons (PAHs) and potentially toxic elements (PTEs) [J]. Environmental Pollution, 2014, 193: 79-87.

[120] Jiao W, Du R, Ye M, et al. 'Agricultural Waste to Treasure' -Biochar and eggshell to impede soil antibiotics/ antibiotic resistant bacteria (genes) from accumulating in *Solanum tuberosum* L.[J]. Environmental Pollution, 2018, 242: 2088-2095.

[121] Wang Y, Wang Y, Wang L, et al. Reducing the bioavailability of PCBs in soil to plant by biochars assessed with triolein-embedded cellulose acetate membrane technique[J]. Environmental Pollution, 2013, 174: 250-256.

[122] Silvani L, Hjartardottir S, Bielská L, et al. Can polyethylene passive samplers predict polychlorinated biphenyls (PCBs) uptake by earthworms and turnips in a biochar amended soil?[J]. Science of the Total Environment, 2019, 662: 873-880.

[123] Khan S, Waqas M, Ding F, et al. The influence of various biochars on the bioaccessibility and bioaccumulation of PAHs and potentially toxic elements to turnips (Brassica rapa L.) [J]. Journal of Hazardous Materials, 2015, 300: 243-253.

[124] Hurtado C, Canameras N, Dominguez C, et al. Effect of soil biochar concentration on the mitigation of emerging organic contaminant uptake in lettuce[J]. Journal of Hazardous Materials, 2017, 323: 386-393.

[125] Jung C, Park J, Lim K H, et al. Adsorption of selected endocrine disrupting compounds and pharmaceuticals on activated biochars[J]. Journal of Hazardous Materials, 2013, 263: 702-710.

[126] Xiang L, Sheng H, Gu C, et al. Biochar combined with compost to reduce the mobility, bioavailability and plant uptake of 2,2',4,4'-tetrabrominated diphenyl ether in soil[J]. Journal of Hazardous Materials, 2019, 374: 341-348.

[127] Stiborova H, Vrkoslavova J, Lovecka P, et al. Aerobic biodegradation of selected polybrominated diphenyl ethers (PBDEs) in wastewater sewage sludge[J]. Chemosphere, 2015, 118: 315-321.

第10章 生物质炭在水体重金属污染物去除中的应用

数十年以来，随着经济快速增长和人们生活水平需求的不断提高，大量工农业废水和生活污水直接或间接排放到各大水体中，使水环境遭到严重污染，对环境和生态健康安全造成破坏，水环境污染问题已是世界各国高度关注的问题之一，水体净化成为环境修复中的重中之重。其中，重金属污染是近年来比较突出的水体污染问题，尤其是金属采矿、钢铁及有色金属冶炼、金属加工以及电镀等行业产生大量的含金属离子废水，部分废水没有经过合格处理就排放出去，导致水体中的重金属离子不断地富集，含量超标。重金属污染问题不同于其他有机物污染，水体中的重金属及其化合物不能被微生物降解、利用，为微生物提供能量，同时还会通过食物链进行生物放大，严重影响动植物生存，也给人类的生命健康带来严重的威胁。以废弃生物质为原料制备生物质炭基复合材料用于水体重金属修复引起国内外研究学者的广泛关注。

10.1 水体重金属污染物去除概述

10.1.1 水体重金属污染现状及危害

1. 水体重金属污染物种类及成因

废水中的重金属离子主要有汞(Hg)、铬(Cr)、镉(Cd)、钴(Co)、镍(Ni)、铜(Cu)、锌(Zn)、铅(Pb)等，主要来源于金属电镀、采矿和矿物加工、颜料制造、制革厂、氯碱、散热器制造、冶炼、合金工业、蓄电池制造、印刷和摄影工业等。这些有毒重金属未经处理就释放到环境中，造成了一系列重大的全球问题。虽然微量重金属(如 Cu 和 Zn)对人体健康至关重要，但当重金属含量超过临界水平时，它们将对人类、动物和环境造成严重威胁。

2. 水体重金属污染危害

众所周知，大部分重金属离子是有毒有害的，由于重金属离子废水排放不达标所造成的水污染已经严重威胁着全球经济发展、人类身体健康和生态系统循环。重金属离子废水所引发的问题已经受到世界各国广泛的关注。

水体重金属一般具有以下特点：其一，同种金属元素的毒性会随着价态的改变而不同，多数重金属属于过渡元素，它们价态多变，并且具有较高的化学活性，而对某种金属而言，不同价态的金属毒性也有较大的差异，一般来说重金属从非自然态转变为自然态时，毒性降低；其二，相比无机态的重金属来说，有机态的重金属具有更高的毒性；其三，毒害性范围广泛，含重金属的废水如果不经过处理而直接排放，对人、动植物存在巨大的潜在危害，一旦发生重金属废水污染事件，对环境影响和危害更大。根据已有文献的报道，对大多数重金属来说，当其浓度达到 $10\sim110\text{mg/L}$ 时，即可产生毒性，而对 Hg、Cd、Pb、Cr、As 等毒性较强的重金属来说，在极低浓度下就能产生极大的毒性，如重金属 Hg 浓度为 0.001mg/L^{-1} 时便可产生毒性；其四，重金属离子废水不经过处理直接排放到环境中，就会通过食物链在动植物体内积聚，并影响生物体正常的生理代谢，进而危害人体的健康。重金属离子被生物体吸收后可与生物体内的蛋白质、氨基酸或脂肪酸等结合形成有机酸盐，还能与 CO_3^{2-} 和 PO_4^{3-} 反应生成无机金属盐，进而影响人们的身体健康。重金属离子不仅会损坏人体健康，而且对自然界中的其他生物也会造成危害。灌溉用水中存在的重金属离子也会影响植物的健康生长，导致植物根部生长受到抑制，使叶片发黄进而引起植物发育受阻，严重者会引起死亡造成农林业减产，而且重金属离子会通过植物的叶茎或根茎进行富集影响整个食物链系统。

10.1.2 水体重金属去除方法

随着全球经济的飞速发展和人民生活水平的不断提升，大量污染物的排放导致各种重金属污染物进入水体，严重威胁人类的身体健康。因此，有效去除水体中的重金属成为亟待解决的问题。为了解决这一问题，人们开发了化学沉淀、电化学、膜分离、光催化、吸附和生物法等一系列处理技术。

1. 化学沉淀法

化学沉淀法是目前应用最广泛的重金属废水处理方法，因为它操作简单、处理费用相对低廉。在化学沉淀过程中，化学物质与重金属离子形成不溶性沉淀物。形成沉淀物可以通过沉淀或过滤与水分离，经处理的水可达标排放或重复利用。传统的化学沉淀处理方法主要包括氢氧化物沉淀、硫化物沉淀和铁氧体沉淀。

1) 氢氧化物沉淀法

氢氧化物沉淀法是通过添加碱性物质调节 pH 使重金属离子生成难溶的氢氧化物而沉淀分离，该方法具有操作简单、价格低廉、pH 易于控制等特点，是重金属废水处理中最常应用的方法。氢氧化物沉淀法虽然得到了广泛的应用，但是在操作时还需要注意以下几个方面：①中和沉淀后，废水中若 pH 高，需要中和处理后才可排放；②废水中常常有多种重金属共存，当废水中含有 Zn、Pb、Sn、Al 等两性金属时，pH 偏高，沉淀可能有再溶解倾向，因此要严格控制 pH，实行分段沉淀；③有些颗粒小，不易沉淀，则需加入絮凝剂辅助沉淀生成；④废水中有些阴离子如：卤素、氰根等有可能与重金属形成络合物，因此要在中和之前进行预处理。

2）硫化物沉淀法

硫化物沉淀法是用硫化物（Na_2S、H_2S 等）去除废水中溶解性重金属离子的一种有效方法。与氢氧化物沉淀法相比，硫化物沉淀法可以在 pH 为 7～9 的条件下使金属高度分离，处理后的废水一般不用中和，形成的金属硫化物具有易于脱水和稳定等特点。硫化物沉淀法也存在着一些缺点：①硫化物沉淀剂在酸性条件下易生成硫化氢气体，产生二次污染。②硫化物沉淀物颗粒较小，易形成胶体，会对沉淀和过滤造成一定的不利影响。

3）铁氧体沉淀法

铁氧体沉淀法处理重金属废水就是向废水中投加铁盐，通过控制 pH、氧化、加热等条件，使废水中的重金属离子与铁盐生成稳定的铁氧体共沉淀物，然后采用固液分离的手段，达到去除重金属离子的目的，该法是日本 NEC 公司首先提出的，用于重金属废水及实验室污水的处理，得到较好的效果。铁氧体法沉淀可一次性去除废水中多种重金属离子，形成的沉淀颗粒大，容易分离，颗粒不返溶，不会产生二次污染，而且形成的是一种优良的半导体材料。但是这种方法在操作中需要加热到 70℃左右，并且在空气中慢慢氧化，操作时间长，消耗能量多。

2. 电化学法

电化学法指应用电解的基本原理，使废水中重金属离子通过电解分别在阳、阴两极上发生氧化还原反应使重金属富集，然后进行处理。电解法是集氧化还原、分解和沉淀为一体的处理方法，包括电凝聚、电气浮、电解氧化和还原等多种净化过程。按照阳极类型不同，电解法可分为电解沉淀法和回收重金属电解法。其中，电解沉淀法主要用于含 Cr 废水的处理，一般采用铁板作为阴极和阳极，在直流电作用下，铁阳极不断溶解，产生的亚铁离子在酸性条件下将 Cr^{6+} 还原成 Cr^{3+}，随着反应的进行，氢离子的浓度逐渐降低，使溶液从酸性转变为碱性，使溶液中的 Cr^{3+} 生成沉淀。

3. 膜分离法

随着现代生物学和物理学的快速发展，膜分离技术应运而生。这是一种具有选择透过性的、由无机材料或有机高分子材料制作而成的多孔薄膜，其原理是在外力的作用下，小分子物质通过薄膜，大分子物质被截留在膜的另一侧，从而达到物质分离的效果。在水处理方面的应用中，膜分离技术可以使分子量较小的水分子顺利通过，而将水中的盐类、无机物等分离出来，从而达到水提纯、净化的要求。随着制造业技术的不断提高，很多材料都可以用于过滤膜的生产，这使膜分离技术成本降低，可以广泛应用于生物制药、化工生产和食品制造等多个行业。在当今世界水资源紧张的情况下，对生活污水、工业冷却循环水、工业废水等进行充分处理，使之达到排放、回用、回灌标准变得越来越重要。理应采用资源节约型和环境友好型材料充分利用和发展膜分离技术，保护人类赖以生存的水资源。膜分离技术分为很多种，其中包括电渗析（ED）、微滤（MF）、超滤（UF）、纳滤（NF）、反渗透（RO）和膜生物反应器（MBR）等。

4. 光催化法

光催化技术以其低毒性、易操作、反应条件温和、环境友好等一系列的优点在能源开发和环境修复等领域展现出良好的应用前景，有望成为解决环境和能源问题的重要途径。光催化基本原理是当半导体受到能量大于或等于禁带宽度的光子照射后，产生电子（e^-）和空穴（h^+），电子（e^-）越过禁带宽度迁移到导带，吸附在表面上的 O_2 被还原生成超氧自由基（$\cdot O_2^-$），进一步去氧化降解有机污染物。而留在价带上的空穴（h^+），一部分直接降解污染物，另一部分氧化表面吸附的 OH 或 H_2O 生成羟基自由基（$\cdot OH$）等，进一步去降解污染物产生小分子。在光生电子空穴迁移的过程中很容易发生光生电子空穴的复合，影响光催化降解效率。因此，提高光生载流子的分离效率是强化光催化材料活性的一个重要途径。

5. 吸附法

吸附是指当流体与多孔固体接触时，流体中某一组分或多个组分在固体表面处产生积蓄，此现象称为吸附。吸附也指物质（主要是固体物质）表面吸住周围介质（液体或气体）中的分子或离子现象。广义地讲，指固体表面对气体或液体的吸着现象。固体称为吸附剂，被吸附的物质称为吸附质。吸附法由于高效、低成本、操作简单而备受关注，影响吸附效果好坏最重要的是吸附材料的选择。

尽管文献中关于炭吸附剂吸附重金属的报道很多，但定量评价官能团在重金属吸附中的作用却很少。一般来说，官能团与重金属之间的分子间相互作用是复杂的，这取决于碳表面的异质性和化学性质、水溶液的离子环境以及吸附质。重金属被吸附的机制可能涉及物理吸附、静电相互作用、离子交换、表面络合和降水。Harvey 等[1]强调，路易斯碱官能团（如羰基和芳香结构）有利于偶极-偶极相互作用，如阳离子-氢氧键对 Cd^{2+} 的吸附，而路易斯碱官能团则有利于阳离子-氢氧键的吸附(例如，去质子化的羧酸和苯酚)有利于通过阳离子交换吸附。另外，溶液 pH 也是一个重要因素，因为它不仅影响金属形态，还影响炭吸附剂的表面电荷和官能团的络合行为。一般而言，化学吸附(离子交换、表面络合、沉淀)在去除水溶液中重金属方面的作用比物理吸附(静电相互作用和物理吸附)更显著。需要特别注意的是，在特定的水环境中，可以有几种机制同时起作用。例如，离子交换、静电相互作用、表面络合等都与表面官能团密切相关，通过静电力、结合位点的形成、共价键的形成。

6. 生物法

生物法是指利用植物或微生物的富集、絮凝等作用去除废水中重金属，是一种环保的水体重金属治理的方式，主要包括植物修复法、生物絮凝法、生物吸附法等。

1) 植物修复法

植物修复是利用植物对水体重金属进行积累性吸收、转化和富集，使水体重金属得到修复。植物修复成本比较低，但植物修复周期长，处理能力有限，使用范围有一定的限制。

2) 生物絮凝法

生物絮凝是微生物或代谢物使重金属絮凝沉淀。生物絮凝法安全无毒、絮凝活性较高，但是该方法处理效率低，水质也易受污染。

3) 生物吸附法

生物吸附作为一种新兴的重金属废水处理技术，是一种非常安全、环保的方法，并且几乎不会造成二次污染。原料来源广泛、种类繁多、成本低、在低浓度下处理效果好、吸附容量大、吸附设备简单、易操作的特性使生物吸附法在废水处理方面具有广阔的应用前景。

10.1.3　生物质炭水体重金属去除原理与技术

1. 生物质炭水体重金属去除原理

随着工农业的高速发展，环境问题越来越严重，日益引发人民关注的重金属污染对产品安全和人类健康都造成了巨大威胁。为此人们发明了一系列的技术去除土壤和水体中的污染物，其中吸附法被认为是一种高效环保的修复技术而得到大力推广。Ahmad 等[2]发表了综述，探讨了生物质炭对于土壤和水体中重金属和有机污染物的吸附作用与机理，引用次数迄今已高达 1586 次左右，足见研究者对生物质炭吸附污染物效应的关注，其研究多集中于有机污染物和以重金属为主的无机污染物。随着研究的深入，研究者发现生物质炭对重金属有着较强的吸附能力，与以往普通生物质吸附材料相比更高效且稳定，在未来的发展中具有很强的应用潜力。Wang 等[3]利用花生壳和中药残渣在 300～600℃制备的一系列生物质炭进行了对溶液中 Pd 的吸附，研究发现，由于受理化性质差异的影响，不同原料和温度下制备的生物质炭对 Pd 的吸附能力显著不同。由此可见，生物质炭的制备温度和原料可以通过影响生物质炭的性质结构进而控制其对重金属的吸附性能与机理，这一"构效关系"是近年来的研究重点，这不仅有助于更好地探究生物质炭吸附重金属的机理，同时对于未来功能性生物质炭的定向设计尤为关键。

根据以往研究，生物质炭对重金属的潜在吸附机制主要可以归纳为以下几种。

(1)无机沉淀机制。无机矿质组分是生物质炭的重要组成成分，尤其是畜禽粪便的矿物组分含量较高，Cao 等[4]以 200℃和 350℃制备的牛粪炭对 Pb 进行了吸附，通过 XRD 分析发现生物质炭的无机盐组分(CO_3^{2-}和 PO_4^{3-})与 Pb 形成的 $\beta\text{-}Pb_9(PO_4)_6$ 和 $Pb_3(CO_3)_2(OH)_2$ 沉淀是吸附的主要机制，并进一步通过 Langmuir 模型拟合指出沉淀机制所占比重为 84%～87%。

(2)离子交换机制。生物质中的一些矿质元素如 K、Na、Ca 和 Mg 等熔沸点较高，因此在热解完成后这些元素仍可以通过直接的静电吸引力，与官能团形成络合物或者形成无机化合物等形式保留在生物质炭表面和内部，溶液中重金属离子即可通过与这些离子发生离子交换作用而吸附到生物质炭表面，此外也可以与生物质炭表面质子化的酸性官能团上的质子进行离子交换反应。

(3)含氧官能团的表面络合机制。低温制备的生物质炭含有较为丰富的含氧官能团(—COOH、—OH 和—R—OH 等)，而这些含氧官能团与重金属之间的表面络合作用同样被证实是生物质炭吸附重金属的重要机制，因为这个过程也伴随着离子交换的发生，所以与上一个机制有部分重合。

(4)离子 π 键机制。生物质炭一般具有高度芳香性，而芳环结构富含 π 电子，因此在重金属吸附过程中芳环结构即可以作为电子供体通过离子 π 键作用实现吸附。

2. 生物质炭水体重金属去除技术

当前，生物质炭在水环境污染治理的应用中大部分集中于利用生物质炭对重金属污染水体进行治理，治理种类包括 Al、As、Cd、Cr、Cu、Pb、Hg、Ni、Zn 等，其吸附性能主要与水体 pH、重金属种类及初始浓度和吸附温度、吸附时间、生物质炭种类及性质均有关系。Kong 等[5]在对新疆棉花秸秆制备生物质炭的研究分析发现，生物质炭对 Pb^{2+} 和 Cd^{2+} 的吸附性能与水体 pH 呈正相关，即吸附率随水体 pH 的升高而增加，在 pH>9 时，其吸附效率接近 100%。除此之外，目前，关于生物质炭对水溶液中 Pb^{2+}、Cd^{2+}、Cu^{2+}、Zn^{2+} 等重金属的吸附性能研究，生物质炭对水体重金属存在多种吸附机理，其一为生物质炭表面官能团，主要包括—OH、—O—、—COOH 等含氧官能团，该官能团与重金属之间形成络合作用，以降低水溶液中重金属含量[4]；其二为生物质炭可以与特定重金属形成碳酸盐或磷酸盐，从而将水溶液中可溶态重金属转变为不可溶态沉淀体，同时生物质炭表面的含氧官能团（—OH、—O—、—COOH 等）可与重金属离子发生离子交换作用，生物质炭的 C=C 中 π 电子可以与重金属离子发生配键作用，以减少水体中可溶态重金属含量。因此，生物质炭表面官能团的种类对其吸附水体重金属性能起决定性作用[6]。

10.2　水体重金属吸附影响因素

10.2.1　溶液 pH 对生物质炭基材料吸附性能的影响

溶液的 pH 是影响污染物在水中吸附的关键因素之一。在较低的 pH 范围内，通过提高溶液的 pH 可以提高污染物的去除率。当溶液 pH 超过一定的值时，污染物的去除率降低。pH 随污染物和磁性生物质炭的不同而变化。

Li 等[7]研究了磁性生物质炭在水溶液中对 Cd^{2+}的吸附行为。结果表明，当初始溶液的 pH 从 2 增加到 4 时，去除效率显著提高。在 pH>5 时，随着溶液 pH 的升高，Cd^{2+}与质子对结合位点的竞争减弱，Cd^{2+}氢氧化物的形成可导致吸附效率的提高。利用生物质炭对不同 pH 值下废水中的 Pb 和 Cd 进行去除。Yap 等[8]研究发现，在较低的 pH 下，阳离子浓度较高，结合位点较多，由于带正电荷，Pb^{2+}和 Cd^{2+}阳离子被排斥，导致金属离子去除率较低。通过提高溶液的 pH，提高了磁性生物质炭表面的负电荷强度，提高了金属去除率。Lalhmunsiama 团队[9]研究磁性生物质材料在不同 pH 条件下对 Cd^{2+}和 Pb^{2+}的去除率，Cd^{2+}和 Pb^{2+}的去除效率随溶液 pH 的增大而显著增加（pH 在较低范围内）。当溶液 pH 为 4.0 时，Cd^{2+}和 Pb^{2+}的去除率达到恒定值分别为 99.75%和 95.72%，但随着溶液 pH 的进一步升高，这两种金属离子的去除率保持不变。

10.2.2　温度对生物质炭基材料吸附性能的影响

环境温度在一定程度上改变了金属离子的迁移率和传质率，也改变了碰撞频率。大多研究报道生物质炭对污染物的吸附是一个吸热过程，吸附量随温度的升高而增大。一些研究已使用热力学参数（吉布斯自由能、焓变化、熵变化）来描述温度对重金属去除的影响。吉布斯自由能（ΔG^0）、焓变化（ΔH^0）和熵变化（ΔS^0）计算由硫化锌负载 BC 在不同温度下（15℃、25℃、35℃）对 Pb^{2+}的吸附过程。结果表明，随着温度的增加，ΔG^0 的值降低，温度的增加会促进反应的进行[10]。此外，基于不同反应温度下得到的正值 ΔH^0 和 ΔS° 表明 Pb^{2+}的去除是一个吸热和无序的过程。同时，基于 As^{5+} 的吸附动力学，在较高温度下，Fe_3O_4 负载 BC 复合材料展现了更高的 As^{5+} 的去除效率[11]。

10.2.3　生物质炭基材料与重金属接触时间对吸附性能的影响

一般情况下，磁性生物质炭对污染物的去除率在接触初始阶段迅速提高，在此之后，由于吸附位点的饱和、生物质炭表面不溶性物质的形成、污染物之间的排斥力等因素，污染物去除速率逐渐降低。

Yap 等[8]评价了镉浓度随时间的变化，在初始阶段，可以观察到吸附速率急剧增加。一段时间后（50~100min），吸附速率降低，趋于稳定。同时，Yap 团队研究了合成矿物吸附剂对水溶液中 Cd^{2+} 和 Pb^{2+} 离子的去除。对 Cd^{2+} 和 Pb^{2+} 的吸附能力在起初的 20min 迅速提高，归因于吸附剂表面积较大。此后，由于吸附剂表面吸附位点的饱和，Cd^{2+} 和 Pb^{2+} 的吸附速率逐渐减慢，最终在 30min 达到平衡。磁性生物质炭表面不溶性硅酸盐的形成阻止了吸附剂进入内部吸附层[12]。

10.2.4　生物质炭基材料的用量对吸附性能的影响

吸附剂用量对吸附效率有显著影响。正常情况下，污染物去除率随磁性生物质炭用量的增加而增加，但单位吸附容量随用量的增加而降低。因此，优化磁性生物质炭的用量对水污染物的去除具有重要意义。

Kolodynska 等[13]研究了不同剂量（$5g/dm^3$、$7.5g/dm^3$ 和 $10g/dm^3$）的铁改性生物质炭对 Cd^{2+} 离子的吸附。结果表明，磁性生物质炭对污染物的吸附能力随着磁性生物质炭用量的增加而降低。Pan 等[14]通过分析不同用量的 $Na_2SO_3/FeSO_4$ 改性花生秸秆炭对 Cr^{6+} 的吸附，发现随着生物质炭用量的增加，溶液 pH 和 Cr^{6+} 去除率均增大。当磁性生物质炭添加量达到 4g/L，溶液 pH 为 7.1 时，Cr^{6+}（1.5mM）去除率为 100%。同时，随着磁性生物质炭添加量的增加，抗生素的去除率由 23.4%提高到 99.1%。

10.2.5　溶液中的竞争离子对生物质炭基材料吸附性能的影响

竞争离子对污染物的去除有重要影响，因为这些离子可以与污染物离子竞争生物质炭的吸附位置。酸离子对重金属的吸附有一定的促进或抑制作用。

Zhang 等[15]研究了盐离子和金属离子对污染物的吸附也有促进或抑制作用，研究了 $CaCl_2$、Na_3PO_4 和 Na_2SO_4 溶液对 Cr^{6+} 吸附的影响，吸附量的顺序为 NaCl>Ca（NO_3）$_2$>$CaCl_2$>Na_3PO_4>Na_2SO_4。Chen 等[16]研究表明，静电是磁性生物质炭去除 Cr^{6+} 的一种可能的吸附机制，揭示了 Na^+、Mg^{2+} 和 Ca^{2+} 离子对磁性生物质炭吸附 Cd^{2+} 和 Pb^{2+} 的影响。结果表明，即使 Na^+、Mg^{2+} 和 Ca^{2+} 浓度升高到较高水平，对 Pb^{2+} 去除率也没有显著影响。

10.3 　生物质炭对重金属的吸附机理

10.3.1 　吸附热力学

有毒金属在水溶液中的污染已成为一个世界性的普遍问题。生物质炭在水处理中的应用已成为研究的重点之一。生物质炭对各种重金属的吸附特性见表 10.1，有关重金属包括 Al、As、Cd、Cr、Cu、Pb、Hg、Ni 和 Zn。吸附等温线对优化吸附剂的使用至关重要，因为它描述了吸附剂与吸附质之间的相互作用[17]。许多经验模型已经被用来分析实验数据和描述生物质炭吸附重金属的平衡，最流行和广泛使用的是：Langmuir、Freundlich、Langmuir-Freundlich 和 Temkin 方程。从收集的数据可以看出，Langmuir 和 Freundlich 模型在描述生物质炭对重金属的平衡吸附时都比其他方程更符合数据，Langmuir 等温线假设在吸附剂表面上均匀吸附的是单层吸附[18]。

表 10.1 　生物质炭对不同重金属的吸附特性[19]

原料	热解温度/℃	热解时间	重金属	吸附温度/℃	吸附 pH	吸附量/(mg/g)	等温线	动力学模型	参考文献
水稻秸秆	400	3.75h	Cu^{2+}	25±1	5.0	0.59[a]	Langmuir	—	Tong 等[20]
矿渣肥料	100	6h	Al	25±1	4.3	0.2424±15.0[a]	Langmuir	—	Qian 等[21]
牛粪	400	6h	Al	25±1	4.3	0.2963±6.2[a]	Langmuir	—	Qian 等[21]
牛粪	700	6h	Al	25±1	4.3	0.2432±4.0[a]	Langmuir	—	Qian 等[21]
玉米秸秆	600	2h	Cu^{2+}	22±2	5	12.52	Langmuir	PSO[b]	Chen 等[22]
玉米秸秆	600	2h	Zn^{2+}	22±2	5	11.0	Langmuir	PSO	Chen 等[22]
阔叶树	450	<5s	Cu^{2+}	22±2	5	6.79	Langmuir	PSO	Chen 等[22]
阔叶树	450	<5s	Zn^{2+}	22±2	5	4.54	Langmuir	PSO	Chen 等[22]
荻草	300	1h	Cd^{2+}	25	7	11.40±0.47	Langmuir	PSO	Kim 等[23]
荻草	400	1h	Cd^{2+}	25	7	11.99±1.02	Freundlich	PSO	Kim 等[23]
荻草	500	1h	Cd^{2+}	25	7	13.24±2.44	Freundlich	PSO	Kim 等[23]
荻草	600	1h	Cd^{2+}	25	7	12.96±4.27	Freundlich	PSO	Kim 等[23]
花生秸秆	400	3.75h	Cu^{2+}	25±1	5.0	1.40[a]	Langmuir	—	Tong 等[20]
松针	200	16h	U^{6+}	25	—	62.7	Langmuir	PSO	Zhang 等[24]
松木	300	20min	Pb^{2+}	25	—	3.89	Langmuir	PSO	Liu 等[25]
米糠	300	20min	Pb^{2+}	25	—	1.84	Langmuir	PSO	Liu 等[25]
水稻秸秆	100	6h	Al	25±1	4.3	0.1309±16.0[a]	Langmuir	—	Qian 等[21]

续表

原料	热解温度/℃	热解时间	重金属	吸附温度/℃	吸附pH	吸附量/(mg/g)	等温线	动力学模型	参考文献
水稻秸秆	400	6h	Al	25±1	4.3	0.3976±11.0[a]	Langmuir	–	Qian 等[21]
水稻秸秆	700	6h	Al	25±1	4.3	0.3537±8.2[a]	Langmuir	–	Qian 等[21]
污泥	550	2h	Pb^{2+}	25	–	–	Langmuir	PSO	Lu 等[26]
污泥	400	2h	Pb^{2+}	25±2	5.0	–	Langmuir	PSO	Zhang 等[27]
污泥	400	2h	Cr^{6+}	25±2	5.0	–	Freundlich	PSO	Zhang 等[27]
大豆秸秆	400	3.75h	Cu^{2+}	25±1	5.0	0.83[a]	Langmuir	–	Tong 等[20]
互花米草	400	2h	Cu^{2+}	25	6.0	48.49±0.64	Langmuir	PSO	Li 等[28]
甜菜	300	~2h	Cr^{6+}	22±0.5	2.0	123	Langmuir	PSO	Dong 等[29]
柳枝稷	300	30min	U^{6+}	25	3.9±0.2	2.12	Langmuir	–	Kumar 等[30]

注：1)a mmol/g。

2)b Pseudo-second-order。

Chen 等[22]研究了0.1～5.0mM不同初始重金属浓度下Cu^{2+}和Zn^{2+}的吸附等温线，得出的相关系数表明，Langmuir 模型($R^2 > 0.998$)比 Freundlich 模型(R^2 为0.86～0.94)更符合拟合结果。Tong 等[20]使用 Langmuir、Freundlich 和 Temkin 方程拟合三种生物质炭对Cu^{2+}的吸附数据，相关系数R^2表明 Langmuir 方程拟合最佳。一些研究也报道了生物质炭吸附重金属的动态数据更符合 Freundlich 等温线[31]。Freundlich 等温线揭示了异质吸附的信息，并不局限于单层的形成[23]。在城市污水污泥热解生物质炭吸附 Pb^{2+} 和 Cr^{6+}的研究中，模拟了生物质炭吸附等温线 Langmuir 和 Freundlich 方程，结果表明，Pb^{2+}吸附行为更符合 Langmuir 方程，Cr^{6+}吸附等温线更符合 Freundlich 方程[27]。

10.3.2 吸附动力学

吸附动力学与生物质炭的物理/化学特性密切相关。吸附动力学的结果影响吸附机理，吸附机理可能涉及物质输运和化学反应过程。对于生物质炭在污染物去除方面的实际应用，需要了解这一过程的动力学。研究生物质炭吸附污染物的动力学模型有三种：拟一级动力学模型、拟二级动力学模型和颗粒内扩散模型。这些动力学模型为控制吸附过程提供了有价值的信息，包括吸附剂表面、化学反应、扩散机制。

大多数研究采用拟一级和拟二级动力学模型来研究生物质炭对水污染物的吸

附。表 10.1 显示了使用各种生物质炭去除污染物的动力学模型的最佳拟合总结。在大多数情况下，重金属的去除过程更好地遵循了伪二阶模型。伪二阶动力学模型是基于如下假设，即限制速率的步骤可能是化学吸附，化学吸附涉及通过吸附剂和吸附剂之间共享或交换电子[32]。例如，Lu 等[26]研究了在初始 pH 为 2～5 时，污泥衍生生物质炭对 Pb^{2+} 的吸附动力学，假设吸附物在吸附剂上的化学吸附为伪二阶模型它很好地拟合了这个动力学吸附。Liu 和 Zhang[25]分别采用伪一阶和伪二阶模型研究了 Pb 在松木和谷壳衍生生物质炭上的吸附机理，并报道了类似的结果。Kołodynska 等[33]选择 Cu^{2+} 和 Pb^{2+} 用于研究生物质炭去除金属离子的动力学和吸附特性，动力学数据表明，动力学过程与拟二阶模型吻合较好。Khare 等[34]植物废料衍生生物质炭用于去除酸性废水中不同金属(Cd、Cr、Cu 和 Pb)的解决方案，研究结果表明，金属离子的吸附符合 pseudo-second-order 动力学模型，相比一级动力学模型，二级动力学模型能更好地拟合动力学，它表明反应速率的限制步骤可能是化学吸附。

以上数据表明，拟二阶模型较拟一阶模型更符合研究较多的金属离子动力学数据。此外，大多数相关的研究表明，生物质炭对有机污染物的吸附符合 pseudo-second-order 模型表明化学吸收作用过程起主要作用。Jia 等[35]研究生物质炭吸附水溶液中的四环素，拟合出 pseudo-second-order 动力学模型，结果发现，生物质炭对于水溶液中的四环素具有良好的吸附效果，因此生物质炭有望应用于水体中抗生素的处理。

10.3.3　生物质炭与重金属的相互作用

1. 物理吸附

物理吸附相比于化学吸附是一个较弱的过程，重金属通过扩散运动进入炭吸附剂的孔隙，然后沉积在碳表面而不形成化学键。一般来说，吸附材料的孔径分布和比表面积对物理吸附的影响很大[36]。材料中微孔的增加可以显著增加比表面积，促进物理吸附，而中孔的增加可以促进污染物扩散，加速吸附动力学[37]。原料类型和碳合成方法是决定炭吸附剂孔结构的常见因素，如生物质的炭化/热解温度，氧化石墨烯和碳纳米管的石墨化过程[38]。另外，碳表面的异质性和极性及与官能团的结合有助于物理吸附，特别是通过静电吸引和离子偶极力推动重金属在碳表面的物理运动。

通常，物理吸附取决于炭材料的表面性质和孔隙结构以及重金属的性质。物理吸附是常见的，但不可能作为主要的吸附机制。尽管如此，一些研究指出了物理吸附对碳材料上水性重金属吸附的重要性。例如，Nayak 等[38]认为，两种 ACs 对水溶液中 Cd^{2+} 和 Ni^{2+} 的去除主要受物理吸附和孔扩散过程控制。Xie 等[39]发现物理吸附对核桃壳衍生生物质炭吸附 Cu^{2+} 起作用，由柳枝（300℃）或热解松木制成的生物质炭（700℃时）可部分通过物理扩散吸附重金属 $Cu^{2+[30,40]}$。Liu 等[25]研究表明，通过水热炭化生物质制备的生物质炭对 Pb^{2+} 的吸附是一个物理吸热过程。Zhang 等[41]报道通过物理吸附过程，还原聚乙烯吡咯烷酮修饰的 Cu^{2+} 离子明显受到碳原子的吸引。

2. 静电作用

带正电荷的重金属和带负电荷的炭吸附剂之间容易发生静电相互作用，特别是在官能团存在的情况下。静电作用作为一个相对弱的过程，它对重金属吸附在炭吸附剂上的贡献只是次要的。由于大多数碳表面的电荷是可变的，静电相互作用在重金属吸附中的处理效果取决于溶液的 pH 和吸附剂的零电荷点。碳和溶液之间的电荷界面对表面基团的电离有很强的依赖性。

一些研究认为静电相互作用是碳材料吸附重金属的机理之一。例如，Lv 等[42]发现了被 EDTA 功能化的竹子生物质炭通过强络合、静电吸引、离子交换和物理吸附协同作用高效地去除 Pb^{2+} 和 Cu^{2+}。Liang 等[43]研究表明，MnO_2 改性生物质炭具有优越的吸附性能（最大容量：Pb^{2+} 为 268.0mg/g，Cd^{2+} 为 45.8mg/g），它的吸附主要包括静电吸附、络合和离子交换等。Chen 等[44]研究结果证实，羟基与金属离子之间的静电吸引和离子交换协同贡献对三维石墨烯泡沫中 As^{5+} 和 Pb^{2+} 离子的吸附起重要作用，三维石墨烯泡沫由于层数较少、具有高石墨结构的垂直排列的石墨烯薄片，比表面积较大，更有利于吸附的进行。Lu 和 Chiu 等[45]研究了纯化后的 CNTs 对 Zn^{2+} 离子的吸附，发现随着溶液 pH（1～8）的增加，CNTs 对 Zn^{2+} 的静电吸引力增强，吸附量增加。

3. 离子交换

重金属与质子在羧基、羟基等含氧官能团上的离子交换是炭吸附剂吸附重金属的主要机制之一。碳表面吸附重金属所进行的离子交换效率主要取决于金属污染物的离子大小和吸附剂的表面官能团化学性质。当以离子交换为主要机制时，离子交换容量（CEC）是衡量重金属吸附的重要指标。

离子交换通常发生在 M^{2+} 和二价金属之间含氧官能团上的氢离子。过程可以表示为

$$—COOH + M^{2+} \longrightarrow —COOM^+ + H^+ \tag{10.1}$$

$$—OH + M^{2+} \longrightarrow —OM^+ + H^+ \tag{10.2}$$

$$—2COOH + M^{2+} \longrightarrow —COOMOOC— + 2H^+ \tag{10.3}$$

$$—2OH + M^{2+} \longrightarrow —OMO- + 2H^+ \tag{10.4}$$

$$—COOH + M^{2+} + —OH \longrightarrow —COOMO- + 2H^+ \tag{10.5}$$

显然，溶液 pH 是影响离子交换反应的关键因素。在酸性 pH 下，有更多的质子(H^+)可以饱和金属结合位点。从金属被吸附的碳表面释放的 H^+改变了溶液的 pH。El-Shafey 等[46]首先对稻壳进行炭化得到生物质炭，随后用硫酸进行处理，处理过的炭吸附剂对 Zn^{2+}和 Hg^{2+}表现出很强的吸附性能，通过机理分析得出吸附过程主要是通过 H^+去质子化和离子交换。Thitame 等[47]研究发现，生物质活性炭对 Pb^{2+}的有效吸附主要以酸性官能团的离子交换为主，在 pH 为 6 时吸附量最大。此外，研究表明重金属的吸附不仅可以通过去质子化和离子交换进行，也可以通过与 Na^+、K^+、Ca^{2+}、Mg^{2+}等阳离子的离子交换来实现。Rio 等[48]报道污泥衍生生物质炭去除水中 Cu^{2+}主要是由于有毒重金属 Cu^{2+}与生物质炭表面 Ca^{2+}的交换。

4. 表面络合

表面络合(内球和外球)通常是形成多原子结构。络合物具有独特的金属-官能团相互作用，在炭吸附剂对重金属的吸附中起主导作用。例如，重金属通过与低温制备的生物质炭中的羧基、酚基和官能团络合，可以有效被去除。Guo 等[49]指出，芦苇中提取的炭吸附剂通过尿素磷酸盐活化去除 Cd^{2+}，这一吸附过程主要涉及离子交换、静电吸引和表面络合，其中，含氮官能团与 Cd^{2+}络合是 Cd^{2+}去除的主要原因。Pourbeyram 等[50]揭示了 GO/Zr/P 纳米复合材料主要通过表面络合来实现对 Pb^{2+}、Cd^{2+}、Cu^{2+}和 Zn^{2+}的吸附。Meena 等[51]报道炭气凝胶吸附剂去除水中重金属的主要机制是表面络合和离子交换。

5. 共沉淀

共沉淀是吸附过程中在溶液或表面形成固体产物。例如，生物质炭从水溶液中去除 Pb^{2+}可能受到沉淀机制的控制，这种沉淀机制将 Pb^{2+}转化为生物质炭表面的矿物，如铈石($PbCO_3$)和水铈石($Pb_3(CO_3)_2(OH)_2$)。共沉淀作为去除重金属的主要机制之一，往往与离子交换、静电作用、表面络合等其他机制协同工作。重金属在炭吸附剂上的沉淀可能比其他过程具有更快的动力学。共沉淀在某种程度上受表面官能团的影响，但是表面官能团本身对重金属在炭吸附剂上的沉淀影响不大，它主要通过影响其他吸附机制间接促进沉淀过程。例如，表面官能团参与了城市污泥生物质炭吸附 Cr^{3+}的几种机制，并促进表面沉淀过程在生物质炭表面形成 $Cr(OH)_3$。氧化后的碳纳米管可以吸附更多的重金属，如 Pb^{2+}、Cu^{2+}和 Cd^{2+}，由于吸附沉淀和静电吸引的结合，重金属去除效率得到大大提升[52]。另外，在高 pH(pH>7.0)条件下，氧化石墨烯对 Cu^{2+} 离子的吸收主要以沉淀和表面络合为主[53]。

10.4　生物质炭对水体重金属的去除

生物质炭是秸秆、动物粪便、木材等生物残体在缺氧且一定温度条件下炭化热解生成的富碳残体。由于制备生物质炭的原材料、热解温度、技术工艺等方面的差异，生物质炭在 pH、结构、比表面积、持水性、挥发分含量、灰分含量等理化性质上具有多样性和不同的环境效应。目前，研究较多的生物质炭有小麦秸秆炭复合材料、玉米秸秆炭复合材料、猪粪炭复合材料、松木炭复合材料、杉木炭复合材料等。

10.4.1　小麦秸秆炭对水体重金属的去除

小麦秸秆是一种农业废弃物，内含丰富的有机质，其主要以纤维素、半纤维素、木质素形式存在。小麦秸秆内含有大量 Si、Al 元素，是沸石分子筛的主要构成元素。以小麦秸秆为原材料，当裂解温度为 600℃时，小麦秸秆炭孔隙结构最为明显，且小麦秸秆炭表面较为光滑平整。对于单一 CrO_4^{2-} 污染水体，不同生物质炭对水体中 CrO_4^{2-} 的去除效率均达到 90% 以上。当水体溶液初始 pH=5 时，小麦秸秆炭对 CrO_4^{2-} 的去除效率达到最佳，此外，小麦秸秆炭对 CrO_4^{2-} 的吸附性能随温度的升高而增加，吸附过程符合 Freundlich 模型，为吸热反应。在复合污染水体中，生物质炭去除 CrO_4^{2-} 性能差别较小，且去除效率随污染物浓度的升高而降低，吸附过程符合 Laungmuir 模型，此吸附过程为放热反应[54]。

10.4.2　玉米秸秆炭对水体重金属的去除

玉米秸秆中含有大量碳水化合物及 N、P、K 等多种营养元素，具有重要应用价值，但是长期以来由于农民对于玉米秸秆处理认识不高，秸秆的利用率普遍偏低。因此，开发利用玉米秸秆有效改善生态环境或为当今迫切需要解决的问题。

Zhang 等[55]研究了不同炭化温度、不同升温速率下玉米秸秆的热失重行为及其形貌变化。炭化温度越高、升温速率越快，其比表面积越大，但玉米秸秆炭骨架结构损伤越严重。升温速率为 15K/min，炭化温度 600℃为玉米秸秆较优的炭化条件。此外，玉米秸秆炭对重金属 Cd^{2+} 与 Pb^{2+} 具有较好的吸附能力，对 Cr^{6+} 的吸附能力相对较弱。吸附动力学分析结果表明，在对 Cd^{2+} 与 Pb^{2+} 的吸附过程中，化学吸附与物理吸附作用共存，但化学吸附发挥主导作用，而吸附 Cr^{6+} 的过程中，则是物理吸附起主导作用。

10.4.3　猪粪炭对水体重金属的去除

畜禽粪便主要指畜禽养殖业中产生的一类农业固体废物,包括猪粪、牛粪、羊粪、鸡粪、鸭粪等。其中,猪粪质地较细,含有较多的有机质和氮磷钾养分,猪粪分解较慢,经过肥料发酵剂的科学处理,猪粪便可以加工成优质有机肥,达到零污染、零排放、无臭味,适宜做基肥。近期越来越多的研究聚焦于猪粪炭复合材料对水体中重金属的去除。

猪粪含有丰富的官能团,Lin 等[56]以猪粪为原材料,通过高温聚合反应,制备得到猪粪炭(BC),用 HCl、$NH_3 \cdot H_2O$ 或 $KMnO_4$ 修饰生物质炭得到 HCl-BC、NH_3-BC 和 Mn-BC 改性生物质炭。改性生物质炭带负电荷,具有较大的比表面积和总孔容,和较高的 Si—O—Si、O—H 和 C=O 键的含量,另外,Mn-BC 拥有一个新的 Mn—O 键。随后,测试了猪粪炭对多种重金属的吸附效果,以 Zn、Cu 和 As 作为目标污染物,猪粪炭展现了良好的吸附效果。随后,Wang 等[57]采用水热处理后的污泥与不同浓度的猪粪在600℃下共热解,研究了它对 Cd 的去除效果。通过热解,不稳定的馏分(酸溶馏分、可还原性馏分和可氧化馏分)转化为稳定的残余馏分,对重金属的吸附效果显著增加,有趣的是,增加猪粪的含量,进一步提高了重金属的去除效率。共热解后,原料的潜在环境风险显著降低,增加50%的猪粪之后,其潜在生态风险指数进一步降低。

10.4.4　松木炭对水体重金属的去除

科学研究者们近期展开松木炭及改性松木炭复合材料对水体中重金属去除的研究。Zhou[58]以松木屑为原材料热解制备生物质炭,镁改性生物质炭较生物质炭的比表面积增大了 4 倍;改性松木炭对 Pb^{2+}、Cd^{2+} 和 Cu^{2+} 的吸附量明显大于原始松木炭;吸附均符合 Langmuir 等温吸附模型并遵循拟二级动力学方程,平衡吸附量分别为 8.80mg/g、8.94mg/g 和 6.12mg/g。

浙江科技学院科研团队[59]研究发现,以松木树种剩余物为原料,通过高温聚合制备生物质炭,随后,通过水热法制备可回收利用的磁性 $BC/ZnFe_2O_4$ 复合材料,并开展其对水体中 Cr^{6+} 的吸附-光催化协同去除效果及机理研究(图 10.1)。结果表明,相比于 BC 和 $ZnFe_2O_4$,$BC/ZnFe_2O_4$ 拥有宽的可见-近红外吸收光谱(200~1300nm)和更高的光生电子空穴分离效率。pH 为 3 时,$BC/ZnFe_2O_4$ 对 Cr^{6+} 的去除率最高,归因于酸性条件下,Cr^{6+} 在溶液中的主要存在形式为 $HCrO_4^-$ 和 $Cr_2O_7^{2-}$,在较低 pH 条件下 H^+ 浓度的增加可以促进 $Cr_2O_7^{2-}$ 的去除,有利于 Cr^{6+} 还原 Cr^{3+} 的过程,而在碱性条件下,Cr^{6+} 的主要优势种为 CrO_4^{2-},CrO_4^{2-} 和 OH 离子具有相同的吸附位点,存在竞争吸附。同时,科研团队测试了 $BC/ZnFe_2O_4$ 的吸附-光催化性能,在可见光照射下,$BC/ZnFe_2O_4$ 作为光催化剂可以去除80%的 Cr^{6+},明显高于 BC(0) 和 ZnFe$_2$O$_4$(44%)，原因主要有以下两个方面：第一，Cr^{6+} 被还原成 Cr^{3+}，释放出更多的 Cr^{6+} 吸附活性位点，促进 Cr^{6+} 的吸附，进一步提高去除效率；第二，光致电子的消耗加速了光致电子-空穴对的产生和分离。

图 10.1　BC/ZnFe$_2$O$_4$ 的扫描电镜图和 EDS 能谱图[59]

随后，浙江科技学院科研团队[60]研究发现，通过一步煅烧法使 Bi/Fe$_3$O$_4$ 原位生长在生物质炭表面(图 10.2)，BC/Bi/Fe$_3$O$_4$ 在 200～2000nm 具有较宽的光吸收。在可见光照射下，180min 后 BC/Bi/Fe$_3$O$_4$ 对 Cr^{6+} 表现出良好的吸附-光催化性

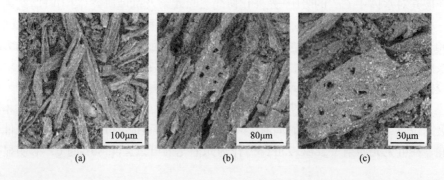

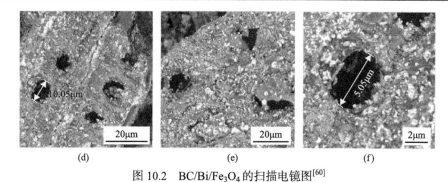

图 10.2　BC/Bi/Fe$_3$O$_4$ 的扫描电镜图[60]

能（95%），明显高于 Fe$_3$O$_4$（79%）或 Bi/Fe$_3$O$_4$（66%），一方面归因于等离子体共振效应和光生载流子的高效分离，另一方面归因于宽光谱的吸收。BC/Bi/Fe$_3$O$_4$ 可以通过磁性回收，稳定性好。本研究不仅为制备表面等离子体共振（SPR）半导体光催化剂去除重金属提供了思路，而且实现了农林废弃物的资源化利用。

参 考 文 献

[1] Harvey O R, Herbert B E, Rhue R D, et al. Metal interactions at the biochar-water interface: Energetics and structure-sorption relationships elucidated by flow adsorption microcalorimetry[J]. Environmental Science & Technology, 2011, 45(13): 5550-5556.

[2] Ahmad M, Rajapaksha A U, Lim J E, et al. Biochar as a sorbent for contaminant management in soil and water: A review[J]. Chemosphere, 2014, 99: 19-33.

[3] Wang Z, Liu G, Zheng H, et al. Investigating the mechanisms of biochar's removal of lead from solution[J]. Bioresource Technology, 2015, 177: 308-317.

[4] Cao X, Ma L, Gao B, et al. Dairy-manure derived biochar effectively sorbs lead and atrazine[J]. Environmental Science & Technology, 2009, 43(9): 3285-3291.

[5] 孔德花, 魏育东. 生物炭对重金属离子 Pb^{2+}和 Cd^{2+}的吸附作用研究[J]. 内蒙古石油化工, 2015, 41(1): 11-13.

[6] Xu X, Cao X, Zhao L, et al. Removal of Cu, Zn, and Cd from aqueous solutions by the dairy manure-derived biochar [J]. Environmental Science and Pollution Research, 2013, 20(1): 358-368.

[7] Li B, Yang L, Wang C-Q, et al. Adsorption of Cd(II) from aqueous solutions by rape straw biochar derived from different modification processes[J]. Chemosphere, 2017, 175: 332-340.

[8] Yap M W, Mubarak N M, Sahu J N, et al. Microwave induced synthesis of magnetic biochar from agricultural biomass for removal of lead and cadmium from wastewater[J]. Journal Of Industrial and Engineering Chemistry, 2017, 45: 287-295.

[9] Lalhmunsiama, Gupta P L, Jung H, et al. Insight into the mechanism of Cd(II) and Pb(II) removal by sustainable magnetic biosorbent precursor to Chlorella vulgaris[J]. Journal of the Taiwan Institute of Chemical Engineers, 2017, 71: 206-213.

[10] Wang X, Du Y, Ma J. Novel synthesis of carbon spheres supported nanoscale zero-valent iron for removal of metronidazole[J]. Applied Surface Science, 2016, 390: 50-59.

[11] Liu Z, Zhang F-S, Sasai R. Arsenate removal from water using Fe$_3$O$_4$-loaded activated carbon prepared from waste biomass[J]. Chemical Engineering Journal, 2010, 160(1): 57-62.

[12] Chen G, Shah K J, Shi L, et al. Removal of Cd(II) and Pb(II) ions from aqueous solutions by synthetic mineral adsorbent: Performance and mechanisms[J]. Applied Surface Science, 2017, 409: 296-305.

[13] Kolodynska D, Bak J, Koziol M, et al. Investigations of heavy metal ion sorption using nanocomposites of iron-modified biochar[J]. Nanoscale Research Letters, 2017, 12.

[14] Pan J J, Jiang J, Xu R K. Removal of Cr(VI) from aqueous solutions by $Na_2SO_3/FeSO_4$ combined with peanut straw biochar[J]. Chemosphere, 2014, 101: 71-76.

[15] Zhang M M, Liu Y G, Li T T, et al. Chitosan modification of magnetic biochar produced from Eichhornia crassipes for enhanced sorption of Cr(VI) from aqueous solution[J]. RSC Advances, 2015, 5(58): 46955-46964.

[16] Chen K, He J, Li Y, et al. Removal of cadmium and lead ions from water by sulfonated magnetic nanoparticle adsorbents[J]. Journal of Colloid and Interface Science, 2017, 494: 307-316.

[17] Goh K H, Lim T T, Dong Z. Application of layered double hydroxides for removal of oxyanions: A review[J]. Water Research, 2008, 42(6-7): 1343-1368.

[18] Hu X J, Wang J S, Liu Y G, et al. Adsorption of chromium (VI) by ethylenediamine-modified cross-linked magnetic chitosan resin: Isotherms, kinetics and thermodynamics[J]. Journal of Hazardous Materials, 2011, 185(1): 306-314.

[19] Tan X, Liu Y, Zeng G, et al. Application of biochar for the removal of pollutants from aqueous solutions[J]. Chemosphere, 2015, 125: 70-85.

[20] Tong X J, Li J Y, Yuan J H, et al. Adsorption of Cu(II) by biochars generated from three crop straws[J]. Chemical Engineering Journal, 2011, 172(2-3): 828-834.

[21] Qian L, Chen B. Dual role of biochars as adsorbents for aluminum: The effects of oxygen-containing organic components and the scattering of silicate particles[J]. Environmental Science & Technology, 2013, 47(15): 8759-8768.

[22] Chen X, Chen G, Chen L, et al. Adsorption of copper and zinc by biochars produced from pyrolysis of hardwood and corn straw in aqueous solution[J]. Bioresource Technology, 2011, 102(19): 8877-8884.

[23] Kim W K, Shim T, Kim Y S, et al. Characterization of cadmium removal from aqueous solution by biochar produced from a giant Miscanthus at different pyrolytic temperatures[J]. Bioresource Technology, 2013, 138: 266-270.

[24] Zhang Z B, Cao X H, Liang P, et al. Adsorption of uranium from aqueous solution using biochar produced by hydrothermal carbonization[J]. Journal Of Radioanalytical and Nuclear Chemistry, 2013, 295(2): 1201-1208.

[25] Liu Z, Zhang F S. Removal of lead from water using biochars prepared from hydrothermal liquefaction of biomass [J]. Journal of Hazardous Materials, 2009, 167(1-3): 933-939.

[26] Lu H, Zhang W, Yang Y, et al. Relative distribution of Pb^{2+} sorption mechanisms by sludge-derived biochar[J]. Water Research, 2012, 46(3): 854-862.

[27] Zhang W, Mao S, Chen H, et al. Pb(II) and Cr(VI) sorption by biochars pyrolyzed from the municipal wastewater sludge under different heating conditions[J]. Bioresource Technology, 2013, 147: 545-552.

[28] Li M, Liu Q, Guo L, et al. Cu(II) removal from aqueous solution by Spartina alterniflora derived biochar[J]. Bioresource Technology, 2013, 141: 83-88.

[29] Dong X, Ma L Q, Li Y. Characteristics and mechanisms of hexavalent chromium removal by biochar from sugar beet tailing[J]. Journal of Hazardous Materials, 2011, 190(1-3): 909-915.

[30] Kumar S, Loganathan V A, Gupta R B, et al. An Assessment of U(VI) removal from groundwater using biochar produced from hydrothermal carbonization[J]. Journal Of Environmental Management, 2011, 92(10): 2504-2512.

[31] Agrafioti E, Kalderis D, Diamadopoulos E. Arsenic and chromium removal from water using biochars derived from rice husk, organic solid wastes and sewage sludge[J]. Journal Of Environmental Management, 2014, 133: 309-314.

[32] Ho Y S, McKay G. Pseudo-second order model for sorption processes[J]. Process Biochemistry, 1999, 34(5): 451-465.

[33] Kolodynska D, Wnetrzak R, Leahy J J, et al. Kinetic and adsorptive characterization of biochar in metal ions removal[J]. Chemical Engineering Journal, 2012, 197: 295-305.

[34] Khare P, Dilshad U, Rout P K, et al. Plant refuses driven biochar: Application as metal adsorbent from acidic solutions[J]. Arabian Journal of Chemistry, 2017, 10: 3054-3063.

[35] Jia M, Wang F, Bian Y, et al. Effects of pH and metal ions on oxytetracycline sorption to maize-straw-derived biochar[J]. Bioresource Technology, 2013, 136: 87-93.

[36] Zuo S L. A review of the control of pore texture of phosphoric acid-activated carbons[J]. New Carbon Materials, 2018, 33(4): 289-302.

[37] Fomkin A A, Men'shchikov I E, Pribylov A A, et al. Methane adsorption on microporous carbon adsorbent with wide pore size distribution[J]. Colloid Journal, 2017, 79(1): 144-151.

[38] Nayak A, Bhushan B, Gupta V, et al. Chemically activated carbon from lignocellulosic wastes for heavy metal wastewater remediation: Effect of activation conditions[J]. Journal of Colloid and Interface Science, 2017, 493: 228-240.

[39] Xie R, Jin Y, Chen Y, et al. The importance of surface functional groups in the adsorption of copper onto walnut shell derived activated carbon[J]. Water Science and Technology, 2017, 76(11): 3022-3034.

[40] Liu Z, Zhang F S, Wu J. Characterization and application of chars produced from pinewood pyrolysis and hydrothermal treatment[J]. Fuel, 2010, 89(2): 510-514.

[41] Zhang Y, Chi H, Zhang W, et al. Highly efficient adsorption of copper ions by a PVP-reduced graphene oxide based on a new adsorptions mechanism[J]. Nano-Micro Letters, 2014, 6(1): 80-87.

[42] Lv D, Liu Y, Zhou J, et al. Application of EDTA-functionalized bamboo activated carbon (BAC) for Pb(II) and Cu(II) removal from aqueous solutions[J]. Applied Surface Science, 2018, 428: 648-658.

[43] Liang J, Li X, Yu Z, et al. Amorphous MnO₂ modified biochar derived from aerobically composted swine manure for adsorption of Pb(II) and Cd(II)[J]. ACS Sustainable Chemistry & Engineering, 2017, 5(6): 5049-5058.

[44] Chen G, Liu Y, Liu F, et al. Fabrication of three-dimensional graphene foam with high electrical conductivity and large adsorption capability[J]. Applied Surface Science, 2014, 311: 808-815.

[45] Lu C Y, Chiu H S. Adsorption of zinc(II) from water with purified carbon nanotubes[J]. Chemical Engineering Science, 2006, 61(4): 1138-1145.

[46] El-Shafey E I. Removal of Zn(II) and Hg(II) from aqueous solution on a carbonaceous sorbent chemically prepared from rice husk[J]. Journal of Hazardous Materials, 2010, 175(1-3): 319-327.

[47] Thitame P V, Shukla S R. Removal of lead (II) from synthetic solution and industry wastewater using almond shell activated carbon[J]. Environmental Progress & Sustainable Energy, 2017, 36(6): 1628-1633.

[48] Rio S, Faur-Brasquet C, Le Coq L, et al. Structure characterization and adsorption properties of pyrolyzed sewage sludge[J]. Environmental Science & Technology, 2005, 39(11): 4249-4257.

[49] Guo Z, Zhang X, Kang Y, et al. Biomass-derived carbon sorbents for Cd(II) removal: Activation and adsorption mechanism[J]. ACS Sustainable Chemistry & Engineering, 2017, 5(5): 4103-4109.

[50] Pourbeyram S. Effective removal of heavy metals from aqueous solutions by graphene oxide-zirconium phosphate (GO-Zr-P) nanocomposite[J]. Industrial & Engineering Chemistry Research, 2016, 55(19): 5608-5617.

[51] Meena A K, Mishra G K, Rai P K, et al. Removal of heavy metal ions from aqueous solutions using carbon aerogel as an adsorbent[J]. Journal of Hazardous Materials, 2005, 122(1-2): 161-170.

[52] Li Y H, Ding J, Luan Z K, et al. Competitive adsorption of Pb^{2+}, Cu^{2+} and Cd^{2+} ions from aqueous solutions by multiwalled carbon nanotubes[J]. Carbon, 2003, 41(14): 2787-2792.

[53] Li X, Tang X, Fang Y. Using graphene oxide as a superior adsorbent for the highly efficient immobilization of Cu(II) from aqueous solution[J]. Journal of Molecular Liquids, 2014, 199: 237-243.

[54] 刘韵. 小麦秸秆资源化利用及其产物对水体污染物的吸附治理效应研究[D]. 西安: 陕西师范大学, 2019.

[55] 张维莉. 玉米秸秆炭材料的制备及其重金属吸附性能研究[D]. 长沙: 湖南工业大学, 2018.

[56] Jiang B, Lin Y, Mbog J C. Biochar derived from swine manure digestate and applied on the removals of heavy metals and antibiotics[J]. Bioresource Technology, 2018, 270: 603-611.

[57] Li C, Xie S, Wang Y, et al. Simultaneous heavy metal immobilization and antibiotics removal during synergetic treatment of sewage sludge and pig manure[J]. Environmental Science and Pollution Research, 2020, 27(24): 30323-30332.

[58] 周世真. 改性生物炭的制备及其对重金属的吸附作用[D]. 石家庄: 河北师范大学, 2019.

[59] Shen X, Zheng T, Yang J, et al. Removal of Cr(VI) from acid wastewater by BC/ZnFe$_2$O$_4$ magnetic nanocomposite via the synergy of absorption-photocatalysis[J]. ChemCatChem, 2020, 12: 4121-4131.

[60] Shen X, Yang Y, Song B, et al. Magnetically recyclable and remarkably efficient visible-light-driven photocatalytic hexavalent chromium removal based on plasmonic biochar/bismuth/ferroferric oxide heterojunction[J]. Journal of Colloid and Interface Science, 2021, 590: 424-435.

第11章 生物质炭在水体有机污染物去除中的应用

有机物是水体污染物中的主要类别之一，有机污染可导致水体丧失饮用功能，影响水生动植物生存，造成水体发黑发臭，从而导致生态系统的严重破坏。生物质炭一般保存了生物质原生孔隙结构，具有较大的比表面积和孔隙率，表面还可有含氧官能团分布，对许多有机污染物表现出良好的吸附性能。因此，生物质炭作为来源广泛的高效吸附剂，在水体有机物去除领域应用潜力巨大。

11.1 水体有机污染物去除概述

11.1.1 水体有机污染物种类及成因

水体中有机污染物主要来源于两个方面，即外界向水体中排放的有机物和水体自身产生的有机物。外界向水体中排放的有机物多为人工合成的有机物(synthetic organic compounds，SOC)，来自农业废水、城市污水、工业废水、降水、事故废水等，是水体有机污染的主要来源；水体自身产生的有机物即水生生物产生的有机物和底泥释放的有机物，是天然有机物(natural organic matter，NOM)，通常在水体有机物总量中占比很小。

根据其微生物降解性质，水体有机污染物可分为易生物降解有机物和难生物降解有机物(又称持久性有机污染物，persistent organic pollutants，POPs)等类型[1]。

1. 易生物降解有机物

易生物降解有机物如碳水化合物、蛋白质、氨基酸、木质素、酯、醛等，可悬浮或溶解于水体中，易被微生物分解为 CO_2 等简单无机物，在分解过程中需消耗 O_2，因此又称为耗氧有机物。这类污染物对水体的主要危害在于通过自身生化分解和为好氧微生物提供养分促进其呼吸过程降低水体中的溶解氧，从而使水体丧失饮用价值，影响水体中鱼类等水生动物生存，甚至导致水体发黑发臭。

易生物降解有机污染物主要来源于造纸、印染、制革、食品、石油化工、煤化工、生物化工等行业排放的工业废水、生活污水和农业废水。畜禽养殖业常排放较高浓度的耗氧有机物废水，浓度可高于一般工业废水和生活污水。此外，城市生活污水也排放大量的耗氧有机物，其特点是浓度低、排放总量较大。

2. 难生物降解有机物

难生物降解有机污染物如多氯联苯、有机氯化物等，主要来自农药、印染、塑料、合成橡胶、化纤等行业排放的工业废水和农业废水。这类有机物通常性质稳定，难以被微生物降解，能长时间残留在水体中，在经过传统污水处理厂处理后，往往主要分布在固体颗粒相上，并以这种方式进入污泥。这类污染物大多具有毒性和致畸、致癌、致突变等作用，可通过食物链积累、传递，从而危害动物和人体健康。2001 年，包括中国在内的 127 个国家和地区签署了《斯德哥尔摩公约》，禁止或限制 12 种主要持久性有机污染物的生产、使用和排放，包括艾氏剂、氯丹、双对氯苯基三氯乙烷(DDT)、狄氏剂、异狄氏剂、七氯、六氯苯、灭蚁灵、毒杀芬、多氯联苯(PCBs)、多氯代二苯并二噁英(PCDDs)和多氯代二苯并呋喃(PCDFs)。

水体有机污染物根据来源还可分为：①药品和个人护理用品(pharmaceuticals and personal care products，PPCPs)；②农药；③洗涤剂；④有机染料；⑤其他常见工业有机化学品[2]。

11.1.2　国内外水体有机污染物去除进展

目前，水环境中有机污染物的修复方法主要有生物法、化学法、物理化学法及联合处理法等。

1. 生物法

生物法又称生物化学处理法，是去除水体中有机污染物的主要方法之一。生物法的原理是利用好氧微生物或厌氧微生物的代谢作用，分解水体中的有机污染物，使其转化为 CO_2、H_2O、NH_3 等无机物，从而净化水体。

生物法可分为好氧生物处理法和厌氧生物处理法两大类。前者可去除水体中溶解态或以胶体形式存在的有机污染物，主要用于处理低浓度有机废水，与厌氧工艺联用后可用于高浓度有机废水的处理，主要处理工艺包括活性污泥法和生物膜法(包括生物滤池、生物转盘、生物接触氧化塘、生物流化床等)两类[3]。后者可分解水体和生物污泥中的有机污染物，可用于高浓度或低浓度有机废水的处理。

生物法是处理易生物降解有机污染物最为经济有效的方法之一，但当水体中有机污染物可生物降解性差、浓度高或具有毒害作用时，单一的生物处理往往难以满足要求，需与其他方法联用。

2. 化学法

化学法主要包括中和、混凝、氧化等。中和法通过酸碱中和反应稳定水的 pH，混凝法通过投加化学药剂使水中微小悬浮物和胶体物质脱稳形成沉淀而被去除，氧化法则利用强氧化剂氧化分解水体有机污染物，使其转变为无毒或毒性较小的物质。其中，氧化法应用较多、研究也较深入，通过氧化还原反应可改变有机化合物的结构与性状，从而降低水体色度，去除有毒、难生物降解有机污染物。常用的氧化剂包括空气、O_2、O_3（臭氧）、Cl_2（液氯、氯气）、H_2O_2（过氧化氢）等。

3. 物理化学法

物理化学法主要包括吸附、萃取、膜分离、汽提等。

吸附法在有毒、难降解有机污染物的处理中应用最为广泛，其原理是利用多孔吸附剂与有机污染物之间的范德华力、疏水相互作用、氢键等物理、化学相互作用，使污染物吸着于吸附剂表面，从而净化水体的方法。目前常用的吸附剂有活性炭、沸石、黏土、硅藻土、木屑等，其中，活性炭应用最广。此外，一些新兴材料，如碳纳米材料、金属有机框架材料、生物质炭等可具有较活性炭更高的吸附容量或更为低廉的价格，近年来受到了研究者的广泛关注[4]。其中，生物质炭孔隙度高、比表面积大，具有高度芳香化结构，表面可保留羟基、羰基、羧基等官能团，这些特征显示出生物质炭在吸附分离领域的应用潜力。研究表明，生物质炭对水体中农药、多环芳烃、酚类、染料等有机污染物均表现出良好的吸附性能[5]。并且，生物质炭原料来源广泛，生产成本低廉，在水体有机污染物去除方面开发潜力巨大。

萃取法利用有机物在水相、有机相两相分配比的不同从而分离有机物，适用于不溶于水或难溶于水的有机污染物的去除，常用于含苯、苯胺、酚等有机污染物的高浓度废水处理。

膜分离法是利用膜的选择透过性分离、浓缩水中污染物的方法，根据膜孔尺寸和透过原理的不同可分为微滤、超滤、纳滤、反渗透、电渗析等。膜分离可获得较高的有机污染物去除率，如反渗透可以去除水体中 99%以上的药物分子[2]，但膜需定期清洗造成了较高的处理成本。

汽提法主要用于去除废水中的挥发性有机污染物，其原理是利用高压蒸汽将废水中易挥发物质夹带入气相，从而达到废水中有机物去除的目的。

11.1.3　生物质炭水体有机污染物去除原理与技术

1. 生物质炭水体有机污染物去除原理

生物质炭对水体有机污染物的去除主要基于生物质炭对有机物的良好吸附性能，其可去除的有机物包括抗生素、染料、油类、农药、多环芳烃以及其他持久性有机污染物等[6,7]。生物质炭保存了生物质原有的孔隙结构，具有较大的比表面积和含氧表面官能团，因而可由表面吸附(通过疏水作用、氢键、π—π 电子供受体作用等)、分配、孔填充等方式吸附有机污染物。总体而言，生物质炭对有机物的吸附是多种机制共同驱动的结果，其中，表面吸附、分配作用和孔隙截留应占主导作用[5, 8]。有时，直接热化学法制备的生物质炭比表面积、孔隙率、表面官能团丰度难以满足对某些有机污染物的吸附要求，且生物质炭表面大多带负电荷，对水体中阴离子的吸附能力较差，因此可通过活化、掺杂、表面改性等方式进一步优化生物质炭的理化特性，制备复合生物质炭吸附材料，改善生物质炭对有机污染物的吸附量与吸附选择性[9]。

生物质炭不仅能直接吸附有机污染物，其丰富的孔隙结构也能为微生物提供稳定的栖息环境，保持微生物细胞活性，从而提高微生物对有机污染物的降解效率[10]。在厌氧消化反应体系中添加生物质炭不仅能保持微生物厌氧消化活性，还能利用生物质炭本身的弱碱性提高系统 pH 和缓冲能力，保证系统稳定运行。另外，生物质炭可通过自身对体系中 NH_4^+ 和 NO_3^- 的吸附降低硝化作用与反硝化作用的底物浓度，缓和氨抑制作用，从而整体上提高系统厌氧消化处理效率[11]。因此，可通过生物质炭固定化微生物技术将吸附作用与微生物降解作用相结合，实现水体有机污染物的截留与去除。

此外，生物质炭还可在有机物的氧化还原等化学降解中起到催化剂作用。生物质炭可活化二硫苏糖醇、过硫酸盐等氧化还原试剂对有机物的氧化还原降解，从而提高降解速率和有机物去除率[12]。将生物质炭作为基体材料，与光催化剂结合，制备复合光催化剂，不仅可提高光催化剂的吸附能力，还可作为光生电子的接受体，延长其寿命，同时降低电子-空穴的复合概率，从而提高光催化剂的活性[13]。因此，生物质炭基光催化复合材料可将吸附作用与光催化降解作用相结合，实现水体有机污染物的去除。

2. 生物质炭水体有机污染物去除技术

生物质炭用于水体有机污染物的吸附可采用通用吸附技术：静态吸附和动态吸附。静态吸附可采用吸附槽或吸附罐作为吸附设备，通过搅拌混合，使吸附快速达到平衡。动态吸附一般有固定床、流化床、移动床、膨胀床等，其中固定床最为常用，可采用多床串联提高污染物去除率，或采用多床并联同时进行吸附与解吸、实现连续化操作[1]。

生物质炭固定化微生物技术属于微生物固定中的结合固定化。结合固定化技术包括生物滤池、生物转盘、生物流化床等，在水处理中已被广泛应用。生物质炭基生物滤池可以规避生物质炭低机械强度的影响，充分发挥生物质炭对有机污染物的吸附和强化微生物对有机污染物的降解作用，其对水体有机污染物的强化去除作用已经得到了证实[14]。

11.2　生物质炭对有机污染物的吸附机理

11.2.1　生物质炭与有机污染物的相互作用

生物质炭与有机污染物的相互作用受污染物化学性质及生物质炭自身理化性质(如比表面积、孔结构、表面官能团等)的影响。在复杂环境中,各类生物质炭对有机污染物的吸附过程通常是多种吸附机理共同作用的结果,主要包括由疏水相互作用、氢键、π—π 电子供受体作用等引起的表面吸附、分配作用、孔隙截留等。

1. 表面吸附

生物质炭由于具有较大的比表面积和丰富的表面官能团,因而具有较大的表面能,可通过表面吸附使有机物在固液界面上富集,这是生物质炭与有机物相互作用的主要机理之一。生物质炭对有机物的表面吸附以物理吸附为主,通过库仑相互作用、氢键、π—π 电子供受体作用、偶极作用、疏水相互作用等弱的分子间作用力实现,以氢键为机理的吸附有时也被称为半化学吸附。生物质炭通常不具有与有机物形成共价键从而产生化学吸附的位点,通过羧化、酰胺化等化学反应改性的生物质炭可具有形成化学吸附的表面官能团[15]。

1)库仑相互作用

库仑相互作用也称"静电相互作用",由吸附质和吸附剂上的相反电荷所引起,是可电离和离子型有机物在生物质炭上吸附的最重要机制之一。由静电相互作用引起的吸附有时也称离子交换。

生物质炭通过该机理可吸附的有机物种类与生物质炭表面的离解官能团有关,带正电荷的生物质炭表面倾向于吸附阴离子型有机物,反之,带负电荷的生物质炭表面则倾向于结合阳离子有机物。水体中的离子强度和 pH 决定了有机物与生物质炭之间产生静电吸引或静电排斥。溶液 pH 决定了生物质炭表面所带的净电荷,低 pH 下生物质炭表面具有净正电荷,高 pH 下,生物质炭表面具有净负电荷[16]。有机物溶液离子强度对吸附的影响较为复杂,一方面,离子强度的增加可增加吸附质与吸附质、吸附剂与吸附剂之间的静电斥力,从而促进生物质炭对有机物的吸附;另一方面,离子强度的提高可降低生物质炭对有机物的静电吸引[17],二者综合决定了离子强度影响生物质炭吸附有机物的净效应。

2)氢键

氢键是氢供受体之间的特殊强偶极相互作用。富 π 电子生物质炭以及表面具有羧基、羟基等官能团的生物质炭可与具有氢受体原子(如氮、氧、氟等)的有机物形成氢键，从而吸附此类有机物[15]。如污泥基生物质炭富含羟基，对阿特拉津的氨基表现出了很高的吸附亲和力[18]。

此外，如有机物与生物质炭之间同时具有库仑相互作用，可产生电荷辅助氢键(charge-assisted hydrogen bonding，CAHB)，对于富氧生物质炭表面有机物的弱吸附，电荷辅助氢键可以是比 π 相互作用或疏水相互作用更主要的吸附机制。CAHB 包括三类：负电荷辅助氢键((−)CAHB)、正电荷辅助氢键((+)CAHB)和双电荷辅助氢键((+/−)CAHB)。其中，负电荷吸附剂和吸附质之间的负电荷辅助氢键(−)CAHB 在生物质炭对可离解有机化合物的吸附中已被证实，如磺胺吡啶在生物质炭表面的吸附[19]。(−)CAHB 机制高度依赖于溶液 pH 和吸附剂、吸附质的酸度系数(pKa)，氢键两端基团的 pKa 值越相似，(−)CAHB 就越强。

3) π—π 电子供受体作用

π-π 电子供受体作用是芳香环之间、芳香环与大 π 键之间的分子间作用力，通常发生在具有类石墨烯表面的生物质炭对芳香族化合物的吸附中[17]。生物质炭需要极高的温度(＞1100℃)才能完全石墨化，在较低的炭化温度下(约 500℃)，生物质炭芳香结构之间不规则的电荷共享导致生物质炭的电子密度增加或减少，生成富 π 电子体系或缺 π 电子体系。在低于一定温度(约 500℃)时，生物质炭的芳香系统主要充当电子受体，随着炭化温度的升高，生物质炭的作用逐渐向电子供体转变[18]。这一作用已在芦苇炭对磺胺甲恶唑的吸附中被证实[20]。

4) 偶极作用

偶极作用即范德华力，包括取向力、诱导力和色散力，广泛存在于生物质炭对含有极性官能团的有机物的吸附中，如卤代烃、乙醚、腈等[15]。随着热处理温度的升高，生物质炭的芳香性和非极性提高，偶极作用减小。

5) 疏水相互作用

疏水相互作用是非极性分子之间的一种弱相互作用。具有疏水表面的生物质炭可通过疏水相互作用和分配作用吸附中性和疏水性有机物[17]。与分配相比，疏水相互作用机制需要的水合能较低，是生物质炭石墨烯结构吸附不同有机物的主要机制。生物质炭对一些可电离有机物的吸附也可以疏水相互作用为主要机制，如氯代苯甲酸、邻氯苯甲酸和苯甲酸等[21]。有机物的疏水性越高，其在生物质炭表面通过疏水相互作用的吸附越显著。如全氟辛酸盐(PFOA)和全氟辛烷磺酸酯(PFOS)具有高度的疏水性，它们通过疏水相互作用在竹炭上的吸附非常显著[22]。热解温度的升高可减少生物质炭表面极性基团的数量来增加疏水性，从而提高生物质炭对有机物的吸附，如全氟辛烷磺酸在玉米秸秆炭上的吸附量随着生物质炭热解温度的升高而增加即被认为是由疏水相互作用为主导的吸附机制所导致的[23]。

2. 分配作用

这里的分配作用指有机物在生物质炭表面上的吸附类似于有机物在亲水、亲油两相之间的分配，也可理解为生物质炭有机质对有机物的溶解作用[17]。有机物在生物质炭表面的吸附特性主要取决于生物质炭中石墨化组分(具有石墨烯和晶化结构)和非石墨化组分(如有机碳、无定形碳等)的性质，分配作用始于有机物向生物质炭非石墨化部分有机质的扩散，而后，这些有机化合物溶解在生物质炭的有机物基质中，以增强其在生物质炭表面的附着性。在生物质炭中，有机物通过分配作用产生的吸附多发生在含有脂肪族和多环芳香结构(如酮、糖、酚等)的无定形碳相上。如，200℃和350℃下制备的乳制品生物质炭和猪粪炭对阿特拉津的吸附机制即为阿特拉津在生物质炭有机碳部分的分配[24]。一般来说，在富含挥发分的生物质炭对高浓度有机物的吸附中，分配机制占主导地位[25]。

3. 孔填充

孔填充主要发生在吸附剂的微孔(小于 2nm)和介孔(2～50nm)结构中[17]。孔隙填充机制对极性和非极性有机物在不同类型与特性生物质炭表面的大量吸附均有促进作用。如邻苯二酚在火炬松、栎树和伽马草炭上的吸附主要与微孔填充机制有关[26]。通常情况下，孔隙填充机制有利于低浓度有机物在挥发分含量低的生物质炭上的吸附。

11.2.2　吸附平衡与热力学

有机物在生物质炭表面吸附的热力学机理很复杂，吸附平衡和吸附热力学数据是表征吸附现象热力学机理与本质的重要手段。

1. 吸附等温线

吸附平衡常采用吸附等温线来进行描述，即恒温条件下，吸附质浓度与平衡吸附量的关系曲线，吸附等温线的形状可反映吸附机理。以分配作用为主要机理的吸附过程，由于吸附量与吸附剂的表面吸附位无关，而与吸附质在吸附剂中的溶解度有关，因而吸附等温线是近似线性的，浙江科技学院科研团队研究发现 2-萘酚在竹水热炭表面的吸附即属于此类(图 11.1)[27]。而以表面吸附为主要机理的吸附过程，吸附量与吸附剂的表面吸附位有关，吸附等温线是非线性的，大多有机物在生物质炭表面的吸附均表现为这一类型的等温线。

生物质炭对有机物的吸附等温线大多符合 Langmuir 或 Freundlich 等温模型，如浙江科技学院科研团队研究发现 Langmuir 模型和 Freundlich 模型均能良好描述四环素在稻秸炭和猪粪炭上的吸附等温线(图 11.2)[28]。

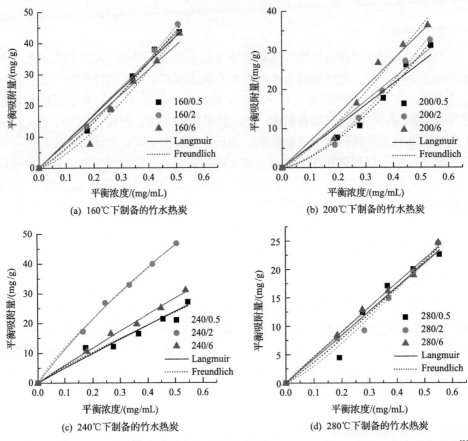

图 11.1　25℃下，竹水热炭对 2-萘酚的吸附等温线及 Langmuir 和 Freundlich 方程拟合曲线[27]

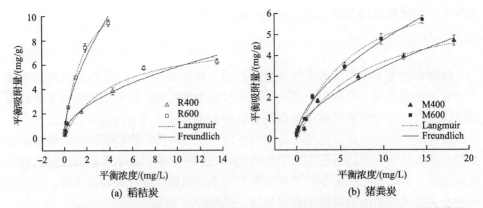

图 11.2　四环素在两种生物质炭上的吸附等温线及 Langmuir 和 Freundlich 方程拟合曲线
样品名称 R/M 分别代表稻秸和猪粪，400/600 代表热解温度[28]

此外，Sips 模型、Redlich-Peterson 模型和 Toth 模型也可用于生物质炭对某些有机物吸附等温线的描述。如对于水杨酸、4-硝基苯胺、苯甲酸和邻苯二甲酸在磁性生物质炭表面的吸附等温线，Sips、Redlich-Peterson 和 Toth 模型拟合效果优于 Langmuir 和 Freundlich 方程[29]。

2. 吸附热力学

有机物在生物质炭上吸附的重要热力学参数包括焓变(ΔH)、熵变(ΔS)和吉布斯自由能变(ΔG)。有机物在生物质炭上吸附的吉布斯自由能变可通过吸附平衡常数计算，吸附平衡常数则可通过实验测定或由 Langmuir 常数 K_L 或 Freundlich 常数 K_F 计算，焓变、熵变则可进一步采用恒压下的 van't Hoff 方程进行计算[15]。

生物质炭对有机物的吸附既有吸热过程，也有放热过程。如茶废料炭从水相中吸附呋喃丹的吸附焓约为–46kJ/mol[30]，表明了过程的放热属性，而 1,3-二硝基苯和萘在松针炭上的吸附焓分别约为 14kJ/mol 和 16kJ/mol[31]，表明这两种有机物的吸附过程是吸热的。以上结果也间接证明了生物质炭对有机物吸附机理的复杂性。吸附自由能反映了吸附过程的自发程度，自发过程的 ΔG 为负值，ΔG 绝对值越大，代表过程的不可逆性越高。表面吸附是自发过程，物理吸附为主要机制的吸附自由能变绝对值通常小于 40kJ/mol，反之则表明吸附机制以化学吸附为主。生物质炭对有机物吸附的 ΔG 的量级约为 10kJ/mol 或更少，如 25℃下，竹水热炭对刚果红和 2-萘酚的吸附自由能分别为–12.14kJ/mol 和–10.97kJ/mol，极少超过 50kJ/mol，这也表明了生物质炭对有机物的吸附机理中，物理吸附占主导。

11.2.3　吸附动力学

在生物质炭对水体中有机物的吸附过程中，当生物质炭孔径与有机物分子尺寸或临界直径(吸附过程中，能够使吸附质分子渗入的吸附剂最小孔径)相近时，其在生物质炭孔道中的扩散受空间位阻限制明显，扩散控制模型通常适合描述这种情况下的吸附动力学。如三嗪类除草剂在生物质炭上的吸附受空间效应影响显著，吸附过程符合扩散控制动力学模型[32]。

当生物质炭和有机物之间形成共价键或强物理吸附，如离子交换，吸附反应可视为整个吸附过程的速控步骤，适合采用吸附反应模型(反应控制动力学模型)。如，溶液 pH 为 7～8 时，正离子化的甲基紫在油菜秸秆炭上的吸附以离子交换为主要机理，吸附过程符合拟一级动力学模型[33]。

然而，不能仅根据动力学模型的适用性推测吸附机理，许多弱物理吸附过程也能较好地符合吸附反应模型。尽管如此，吸附动力学模型的构建对于生物质炭在工业化应用中采用固定床吸附的特性预测仍然至关重要。

11.3 生物质炭对有机污染物吸附效果影响因素

生物质炭对有机污染物的吸附效果受多种因素影响，其中生物质炭的自身理化性质首先决定了其应用范围，此外，有机物特性如极性、分子尺寸等以及吸附过程条件如溶液 pH、吸附温度、接触时间、吸附质浓度等也会影响整个吸附过程的热力学、动力学特性。

11.3.1 生物质炭理化性质对吸附效果的影响

通常情况下，生物质炭并非完全石墨化，其结构包含石墨化组分和非石墨化组分两部分，理化性质复杂，因而在对有机物的吸附中体现出不同类型、分布不均的吸附位点和复杂的吸附机理。生物质炭的理化性质主要受原料种类和制备方法与条件的影响。生物质炭的理化性质如比表面积、孔隙结构与孔径分布、有机质含量、灰分含量等又进一步影响其对水体中有机污染物的吸附效果。

1. 芳香性与极性

生物质炭的芳香性和极性主要取决于其石墨化程度。生物质炭石墨化程度越高，其无定形的极性脂肪族结构演变为凝聚芳香核的比例越高，芳香性增强，极性降低，吸附机制也由分配作用为主转变为表面吸附为主[34]。

生物质炭的极性主要取决于其脂肪族部分，并极大影响其对有机化合物的吸附效果。极性官能团的比例可通过(氧+氮)/碳((O+N)/C)指数间接表示。丰富的含氧官能团，如羧基，可增加生物质炭的整体极性。较高的极性可使生物质炭对极性有机物和可解离有机物具有较强的吸附亲和力和较高的吸附容量，而不利于其对疏水性化合物的亲和力。如 Lian 等[35]发现较低温度下制备的生物质炭由于表面具有更多的极性官能团，对磺胺甲恶唑表现出较好的吸附效果。此外，生物质炭的表面极性还与其灰分含量有关，Sun 等[36]报道生物质炭灰分含量与表面极性之间存在显著的正相关，除灰后的非极性部分容易通过疏水相互作用或 π 相互作用吸附非极性有机化合物如苯酐和阿特拉津等。

2. 比表面积、孔容、孔径分布与孔隙结构

比表面积、孔容对吸附的影响较为明确，较大的比表面积与孔容可提供较多的吸附场所与位点，因而有利于生物质炭对有机物的吸附。生物质炭的孔径范围从亚纳米到几十微米不等，但生物质炭的孔隙网络中位于颗粒内部的大多为微孔（<2nm），而连接生物质炭表面的则大多为介孔（2~50nm）[15]。当有机物尺寸远小于生物质炭的孔径，孔隙结构与孔径分布将不对吸附产生显著影响，但当有机

物分子大小与孔径相当时，孔隙结构将通过影响有机物分子的内扩散(孔扩散)速率而影响吸附动力学。当孔径与有机物分子临界直径之比小于 10 时，这种效应将非常显著[37]。研究人员在研究生物质炭对三嗪类化合物的吸附中发现，这些有机物在生物质炭孔道中的扩散系数是它们临界直径的倒序，这说明了由于孔径所产生的空间位阻对于三嗪类化合物吸附的影响[32]。

3. 表面电荷

表面电荷是控制可电离和离子型有机物通过库仑相互作用在生物质炭表面吸附的一个重要性质，可采用离子交换容量或 Zeta 电位进行表征。生物质炭表面常带有负电荷官能团，使其对阳离子有机物的吸附能力优于对阴离子有机物的吸附能力[9]。在实际吸附时，应同时考虑在特定溶液 pH 下生物质炭的表面电荷和有机物的解离程度两方面对于库仑相互作用的影响。

此外，直接获得的生物质炭无法满足应用性能的要求时，还可通过活化与改性(如酸/碱改性、氧化/还原改性、金属掺杂改性等)等手段进一步优化生物质炭的理化特性，获得更为丰富的孔道和多样的表面官能团，从而改善其对水体中有机物的吸附效果。

11.3.2　有机污染物理化性质对吸附效果的影响

有机物特性影响其在生物质炭表面的吸附机理，疏水性有机物的吸附以疏水相互作用、分配作用为主要机理，强极性有机物通过与生物质炭表面极性官能团的氢键及其他偶极相互作用发生吸附，水体中以离子态存在的有机化合物则可通过库仑相互作用被生物质炭吸附，具有苯环结构的有机物可通过与生物质炭芳香结构之间 π—π 相互作用力吸附于生物质炭表面。如芦苇秸秆炭对弱极性菲的吸附以分配机制为主，对较强极性的 1,1-二氯乙烯的吸附则以表面吸附和微孔填充机制为主[8]。

此外，有机物分子尺寸与生物质炭孔道的匹配性可通过分子筛作用影响有机物的截留效果，从而使不同分子大小的有机物在同一生物质炭上因孔道填充效果不同而导致吸附量的差异。同时，当有机物分子大小与生物质炭孔径相当时，显著的空间效应也会影响吸附动力学。

11.3.3　吸附过程条件对吸附效果的影响

吸附过程条件通过影响生物质炭表面电荷、空余吸附位、有机物离子化程度、吸附过程进度等影响生物质炭对水体中有机物的吸附效果。

1. 溶液 pH

溶液 pH 可影响生物质炭的表面电荷以及有机化合物的溶解度和离子化程度，

从而影响吸附机理与效果，因而是生物质炭对水体有机物的吸附中最重要的影响因素之一。溶液 pH 对吸附的影响程度主要取决于目标有机物和生物质炭的自身性质，对可电离和离子型有机物的吸附影响较大，对弱极性、不可电离有机物的吸附影响较小，对表面官能团丰富的生物质炭影响较大，对石墨化程度高的生物质炭相对影响较小[17]。当溶液 pH 小于生物质炭零电位点时，生物质炭表面带正电荷，反之则带负电。在低 pH 条件下，生物质炭表面的官能团被质子化，有利于其对阴离子有机物的吸附。从有机物性质的角度而言，pH 的影响则难以简单概括，总体而言，pH 变化若能使有机物在水体中溶解度降低的，可有利于其在生物质炭表面的吸附，此外，pH 还通过影响有机物的存在状态影响其在生物质炭上的吸附。如磺胺甲嘧啶在 pH=1 时主要以正离子形式存在，在生物质炭上的吸附主要通过 π—π 电子供受体作用实现，而其在碱性环境中则以负离子形式存在，主要通过氢键在生物质炭表面吸附[38]。

综合来看，溶液 pH 对生物质炭的有机物吸附效果显示出显著影响。如，当溶液 pH 在 3～9 时，氧氟沙星在木薯渣炭上的吸附量随 pH 增加而增加[39]；磺胺甲恶唑和磺胺吡啶在甘蔗渣炭上的吸附量则随着 pH(2～6)的增加而降低[40]。

2. 生物质炭用量

生物质炭用量主要通过影响吸附剂提供的总吸附位点影响吸附效果。高剂量的生物质炭能提供更多的空隙、表面积和空余吸附位，从而最大限度地去除水体中的有机物。然而，生物质炭用量增加也将导致成本增加，因此，在实际应用中，往往需确定生物质炭最佳用量以同时保证较低的成本和满意的有机物去除率。

3. 吸附时间

吸附时间通过影响吸附达到平衡的程度而影响吸附效果，通常通过吸附动力学确定。吸附在初始阶段速率最快，由于这一阶段生物质炭表面可提供大量吸附活性位点，这一阶段也称快速吸附阶段，它决定了整个吸附过程和吸附速率。生物质炭对有机物的吸附时间随生物质炭和有机物性质的不同而各异，如对硝基苯酚在铁、锌掺杂生物质炭上的吸附在 7h 内可达平衡吸附量的 80%，30h 可达到最终平衡[41]，松果炭对甲基蓝的吸附能在 2h 内达到平衡[42]，竹水热炭对刚果红和 2-萘酚的吸附则能在 1h 内分别达到平衡吸附量的 95% 和 92%(如图 11.3 所示)。

4. 吸附温度

吸附温度对生物质炭有机物吸附效果的影响与吸附过程的吸放热有关，若吸附过程是放热的，则低温有利于获得较高的吸附量，反之则高温有利于获得较高

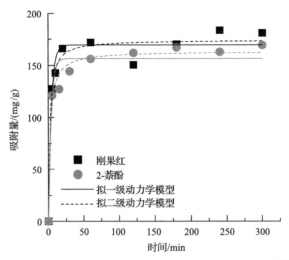

图 11.3 刚果红和 2-萘酚在竹水热炭上的吸附动力学[43]

的吸附量。但由于生物质炭对有机物的吸附机理复杂，物理吸附、半化学吸附等常常共同作用，所以温度对吸附的影响也不能一概而论，往往需要结合具体案例具体分析。如农药克津在磁性柳枝稷炭上的吸附量在 25～35℃的温度范围内随温度的升高而略有增加，而在 35～45℃的温度范围内则基本保持不变[44]。

5. 吸附质初始浓度

吸附质初始浓度对生物质炭有机物吸附效果的影响可理解为吸附驱动力的大小对吸附的影响[45]。通常情况下，提高吸附质初始浓度可提高生物质炭的平衡吸附量，这是由于溶液本体与生物质炭表面之间吸附质较高的浓度梯度，使吸附过程具有较强的驱动力。如，当吸附质初始浓度从 40mg/L 增加到 100mg/L 时，磁性柳枝稷炭对水溶液中赛克津的吸附量从 15.1mg/g 增加到 39.6mg/g[44]。但由于存在极限吸附量，例如，吸附若符合 Langmuir 模型，则极限吸附量为单分子层饱和吸附量，因此，吸附质初始浓度达到一定值后，吸附量将不再明显增加。

6. 共存离子

生物质炭的吸附能力是多方面的，除有机物外，生物质炭还具有吸附多污染环境中无机污染物的能力，因而共存污染物将对吸附产生影响。共存污染物在吸附剂表面的吸附通常存在三种机制：独立吸附、协同吸附与竞争吸附[46]，不同的生物质炭在不同的多污染体系中表现出各异的吸附机制。如共存的 Cr(Ⅵ)和 Pb(Ⅱ)金属离子通过干扰有机物与吸附剂之间氢键的形成而抑制了阿特拉津在污泥生物质炭上的吸附[18]；与之不同的是，低浓度（10mg/L）Pb（II）的存在可促进 4-硝基酚在铁、锌掺杂生物质炭表面的吸附，而随着 Pb（II）浓度的升高，其对 4-硝基酚吸附的促进作用逐渐转变为竞争性吸附，当 Pb（II）的浓度达到 110mg/L 时，4-硝基酚的吸附完全被抑制[43]。

11.4　生物质炭及生物质炭复合材料对水体有机污染物的去除

生物质炭对水体中多种有机污染物如多环芳烃、农药、抗生素等有良好的吸附效果，并可通过改性进一步丰富表面官能团，增加吸附活性位点，提高有机物吸附性能。生物质炭上固定化微生物或负载光催化剂还可将吸附与微生物降解或光催化降解相结合，实现水体有机物的高效截留与去除。

11.4.1　生物质炭与改性生物质炭吸附剂对水体有机污染物的去除

1. 对 PPCPs 的吸附

未改性生物质炭可直接吸附水体中的四环素类、磺胺类、喹诺酮类等多种抗生素[47]。如皇竹草炭对水中磺胺嘧啶和磺胺氯哒嗪的最大吸附去除率分别出现在 25℃下、pH=5、生物质炭用量分别为 8g/L 和 5g/L、抗生素浓度为 10mg/L、吸附时间 4h 的条件下，为 93.6%和 92.7%[48]；水稻秸秆炭对水中磺胺二甲基嘧啶和磺胺甲恶唑的最大吸附量分别可达 2857.1mg/kg 和 1724.1mg/kg[49]。

生物质炭对 PPCPs 的吸附常见机理为 π—π 电子供受体作用和氢键作用（包括 CAHB），酸/碱改性可改变生物质炭表面电荷与官能团，金属改性可赋予生物质炭纳米层状等形貌特征[9]，从而提高生物质炭表面与 PPCPs 的特异性亲和力，增加改性生物质炭比表面积而提高吸附量。如 g-MoS$_2$-BC 生物质炭纳米复合材料具有类石墨层状结构，通过静电相互作用、π—π 共轭效应、氢键和孔隙填充等机制的共同作用可使其对盐酸四环素的吸附量提高数十倍[50]；硝酸铜改性的花生壳炭对水环境中盐酸多西环素的去除率是原生物质炭的两倍[51]。

2. 对染料的吸附

生物质炭对水体中多种染料表现出了良好的吸附。与生物质炭对 PPCPs 的吸附机制相似，生物质炭对染料的吸附也以 π—π 电子供受体作用、氢键和离子交换作用为主要机理，酸/碱改性、金属改性、功能材料改性等也能进一步改善生物质炭对染料的吸附效果。表 11.1 中列举了一些生物质炭和改性生物质炭对水中不同染料的吸附效果（不同吸附条件下）。

表 11.1　一些生物质炭及改性生物质炭对水中不同染料的吸附效果

生物质炭/改性生物质炭	染料	吸附量	文献
猪粪炭	亚甲基蓝	16.30mg/g	[7]
墨西哥丁香木质炭	结晶紫	125.5mg/g	[52]
山核桃壳炭	活性红 141	130.00mg/g	[53]
花生秸秆炭、大豆秸秆炭、稻壳炭	甲基紫	256.4mg/g、178.6mg/g、123.5mg/g（Langmuir 拟合吸附量）	[33]
稻秸炭	孔雀绿	148.74mg/g	[54]
竹炭	酸性黄、亚甲基蓝、酸性蓝	0.0416mmol/g、0.998mmol/g、0.0406mmol/g（Langmuir 拟合吸附量）	[55]
乙酸铵活化氮掺杂芦苇炭	酸性红 18	134.17mg/g（Langmuir 拟合吸附量，原生物质炭的 1.41 倍）	[56]
MgAl-LDH 牛骨生物质炭复合物	亚甲基蓝	406.47mg/g	[57]
钙盐改性山核桃坚果壳炭	酸性蓝 74，活性蓝 4	43.63mg/g、12.78mg/g（原生物质炭的 3 倍以上）	[58]
竹屑水热炭	刚果红	90.51mg/g	[43]

3. 对多环芳烃的吸附

生物质炭对水体中多环芳烃(polycyclic aromatic hydrocarbons，PAHs)的吸附机理受有机物浓度和生物质炭理化性质两方面因素的影响[58]。总体来说，低浓度 PAHs 在生物质炭表面的吸附以疏水作用为主要机制，而 PAHs 浓度较高时，疏水作用明显减弱。有机质含量高、表面极性官能团多的生物质炭对 PAHs 的吸附以分配作用和表面吸附为主导；而有机质含量低、芳香性强、极性小的生物质炭通常具有较大的比表面积和较发达的孔隙结构，对 PAHs 的吸附以表面吸附和孔填充作用为主。生物质炭可吸附水体中菲、萘、芘、蒽等 PAHs，所采用的生物质炭原料包括玉米秸秆、小麦秸秆、大豆秸秆、花生壳、玉米芯、松针等。

酸改性、金属改性、功能材料改性等改性手段可提高生物质炭的比表面积，增加表面官能团，改变生物质炭孔隙结构，因而均能提高生物质炭对水体中 PAHs 的吸附能力。如酸改性芝麻秸秆炭经 H_3PO_4 改性后，比表面积和孔隙率增加，对溶液中菲、萘、芘的吸附效果明显优于不经改性的生物质炭；纳米零价铁改性的生物质炭复合材料孔隙多为大孔和中孔，有利于有机物在孔道中的扩散，对菲、蒽、萘、苯并芘等的吸附能力均较原生物质炭有所提升[59]。

4. 对农药的吸附

生物质炭对水体中农药的吸附同样受生物质炭理化性质和有机物浓度的影

响。有机质含量高、极性大的生物质炭（如在较低的热解温度下制备的生物质炭）对农药的吸附以分配和表面吸附的共同作用为主要机制，对极性农药分子的吸附效果优于石墨化程度较高的生物质炭；而极性低、比表面积大的生物质炭对农药的吸附则以表面吸附为主导，适合用于弱极性农药的吸附去除。此外，低浓度农药分子在生物质炭表面更易通过表面吸附发生附着；而在较高浓度的农药溶液中，吸附机理在生物质炭的孔道被填充后逐渐转变为分配作用为主[60]。

生物质炭由于自身的芳香化结构，可与具有芳香环结构的农药分子发生 π—π 相互作用，从而表现出良好的吸附效果，如生物质炭对于西玛津、西维因、莠去津等的吸附均收效良好[61, 62]。此外，农药分子的构型可影响其在生物质炭孔隙中的填充从而影响吸附效果，相对而言，近平面芳香族化合物较易被吸附并获得较高的吸附容量[60]。

5. 对其他类型有机物的吸附

生物质炭在水体中其他类型有机物的吸附去除中也有广泛的应用，如酚类、油类等。如稻壳炭可通过氢键等相互作用吸附水体中的苯酚，吸附容量可达 589mg/g[63]，枫木炭对海水中油的吸附容量可达 3.60～6.30g/g，具有用作防溢油吸附剂的潜力[64]。

11.4.2　生物质炭固定化微生物对水体有机污染物的去除

生物质炭固定化微生物技术可用于水体中多种有机污染物的去除，如酚类、PAHs 等。如改性花生壳炭固定化微生物在 pH=7.0、温度 30℃、芘浓度为 50mg/L 时对芘的降解，7 天内去除效果为 70.2%，比游离菌处理效果高 25%[65]；将松木炭固定化微生物用于去除水体中的苯酚时，最初 3h 内，固定化微生物复合材料对苯酚主要表现为吸附作用，与生物质炭对苯酚的去除能力相近，3h 后表现为吸附降解，对苯酚的处理性能较生物质炭有 30%的提高[66]。

在各类微生物固定化技术中，生物质炭基生物滤池文献研究报道较多。生物质炭作为生物滤池填料的优势在于：①生物质炭对水体中各类有机物的吸附已有广泛研究，对某些有机物的去除效率与商用活性炭相当[67]；②生物质炭的理化性质可通过改变原料、制备方法、工艺条件及前后处理进行调控，从而保证其良好的水储存量、较高的水力传导率，以及对目标污染物的高效吸附，从而提高生物滤池的有机物去除效果；③生物质炭理化性质的调控还可进一步调控植物根际生长和微生物生长繁殖，从而强化有机污染物的生物降解与转化[14]。

生物质炭基生物滤池对水体中有机污染物的去除效果受生物质炭理化性质、有机物性质、溶液性质和水力负荷等多方面因素的影响，其中，生物质炭的作用又包含对生物滤池水力传导性的影响、对植物生长的影响、对微生物群落的影响等多方面。生物质炭的内部孔隙结构可增加其水储存量，而生物质炭对水力传导率的影响则与其粒径有关，可表现为增加或降低两种相反的作用，因此在设计生物滤池时应考虑生物质炭与其他填料颗粒尺寸的匹配，以保证生物滤池的高水力传导率[14]。

生物质炭基生物滤池在水体中药物、农药、阻燃剂等有机污染物去除中的应用已有文献报道，如气化木屑炭基生物滤池对水体中苯并三唑类、除草剂、阻燃剂、农药等有机污染物的去除率可达 99%[68]；木屑热解炭用于水体中双酚 A 的去除，持续运行 3 个月后去除率仍可达 98.4%以上，处理后的水质（双酚 A 含量）可达国家饮用水推荐标准[69]。此外，生物质炭不仅能通过吸附作用和促进微生物降解作用强化生物滤池对水体有机污染物的去除，同时，生物质炭基生物滤池对抗性基因也表现出了良好的去除效果[14]。

11.4.3　生物质炭复合材料对水体有机污染物的催化降解

生物质炭复合材料在水体有机污染催化降解中起到的作用主要包括两方面：吸附有机物使其易于与催化活性位点接触和自身参与催化反应提高有机物催化降解效率。

1. 生物质炭复合材料催化有机物降解机理

具有电子供体作用的生物质炭，如含石墨烯结构生物质炭，在催化降解有机污染物过程中可提供电子从而参与反应，起到催化剂的作用[12]。生物质炭复合材料可能存在的电子供体基团包括 π 电子、含氧官能团、过渡金属、氮掺杂剂、光生电子和持久性自由基等。

1) π 电子

过硫酸盐（peroxymonosulfate and peroxydisulfate，PMS/PS）可通过产生硫酸根自由基来降解有机污染物，此方法是高级氧化去除有机污染技术中的有效手段之一，而过硫酸根阴离子较低的氧化电位使不经活化的过硫酸盐有机物去除率远低于活化后的过硫酸盐。石墨烯是一种有效的过硫酸盐活化剂，其 π 电子离域系统有利于在晶界处形成富电子边缘及空位缺陷，促进氧化还原过程[70]。类似地，生物质炭中的石墨烯层可为过硫酸盐的活化提供 π 电子[71]。

2) 含氧官能团

生物质炭上的醌基、酮基均可作为电子供体活化过硫酸盐，酚羟基可通过还原氧生成过氧化氢和羟基自由基，因此，生物质炭表面的含氧官能团在有机物高效降解中同样起到催化作用[12]。生物质炭表面含氧官能团受制备方法与条件影响显著，因此，生物质炭的催化性能可以通过炭化过程来控制。

3）掺杂剂

生物质炭中掺杂的过渡金属离子由于具有可变价态，能够通过电子转移过程活化过硫酸盐；而氮掺杂生物质炭，由于氮比碳原子具有更小的共价半径和更高的电负性，可诱导电子从相邻碳上的转移，使碳区域带更多的正电荷，从而能与过硫酸盐强结合形成氧化反应活性中间体，改变催化活性[70]。如，氮掺杂石墨化生物质炭催化过硫酸盐降解有机物的效率可比原始生物质炭高 39 倍[72]。

4）光生电子

光生电子可在生物质炭基复合光催化剂中产生，使其在有机物的光催化高级氧化方面表现出优异的性能。如在 TiO_2/葵花杆芯炭复合材料处理 3h 后，水溶液中亚甲基蓝的降解残留率仅为 6.84%[70]。

5）持久性自由基

持久性自由基是相对于短寿命自由基而提出的，其半衰期较长，可在环境中存在数十分钟、数小时甚至更久，可在有机质中温热解生物质炭中普遍生成[73]。持久性自由基可将电子传递给过氧化物，从而通过激发过氧化物（如 H_2O_2、过氧二硫酸盐等）强化污染物降解[12]。如松针、小麦、玉米秸秆炭能有效活化 H_2O_2，产生羟基自由基，降解 2-氯联苯，而生物质炭中的持久性自由基是羟基自由基形成的主要贡献者[74]。此外，生物质炭对过硫酸盐的活化作用可同时通过持久性自由基和 π 电子两条路径进行，如铁掺杂生物质炭对双酚 A 降解的催化即被认为是以上两条途径的共同作用[75]。

6）其他

除作为电子供体外，生物质炭中的石墨烯结构可为过硫酸盐和 H_2O_2 活化充当电子转移的导体，从而促进有机物的降解[76]。此外，在光催化方面，生物质炭的类石墨烯结构还被认为可使生物质炭基光催化复合材料的光吸收区域从紫外拓宽到可见光，从而拓宽光催化的应用范围[77]。

2. 生物质炭复合材料催化有机物降解性能

1）生物质炭的催化还原性能

Oh 等[78]将生物质炭用于二硝基苯胺类除草剂和炸药的催化还原降解。结果显示，用家禽粪便炭吸附法和二硫苏糖醇直接还原法只能去除约 28%和 20%的二甲戊灵，而生物质炭催化的还原降解（采用二硫苏糖醇为还原剂），可在 120min 内降解 95%的除草剂。

2）生物质炭的过硫酸盐活化性能

锯屑生物质炭[79]、钴浸渍生物质炭[80]、氮掺杂生物质炭[81]和木基生物质炭[82]

对过硫酸盐均表现出了优异的活化性能，因而具有高效的有机污染物去除作用。Huang 等[83]发现，在污泥生物质炭添加量为 0.2g/L，pH 为 4～10 范围内每摩尔氧化剂每小时可移除 3.21mol 双酚 A，30min 内总有机碳（total organic carbon，TOC）移除率可达 80%。石墨烯结构污泥生物质炭也能有效地活化过氧化二硫酸盐（PDS），与单独使用 PDS 相比，降解速率常数提高了 48.3 倍，3h 内可氧化降解 94.6%的磺胺甲恶唑和 58%的 TOC[84]。

3）生物质炭光催化复合材料性能

TiO_2/类石墨烯结构竹生物质炭复合材料可促进亚甲基蓝的光催化降解，且稳定性和光化学耐久性良好，四次循环使用后活性没有明显衰减[85]。Zhao 等[86]以酵母菌炭为基体材料，在表面合成了具有核壳结构的 $TiO_2@Fe_3O_4$，酵母菌炭具有一定导电性，其作为电子导体和受体提高了 TiO_2 光生电子的转移效率，进而提高了复合材料的光催化活性。

此外，溶液 pH 和共存阴离子可极大影响生物质炭催化有机物降解的效率。生物质炭/光芬顿催化有机物的降解须在较低的 pH 条件下方能获得满意的降解速率，生物质炭/光催化剂、生物质炭/过硫酸盐法则可在较宽的 pH 范围内表现出良好的氧化降解性能[12]。共存阴离子可通过影响有机物催化降解过程中自由基的产生而影响有机物降解效率。如 $MnFe_2O_4$-生物质炭/PMS 体系中可生成高氧化活性的·Cl/Cl_2/HOCl，100mM Cl^-的存在可提高 Orange II 的降解效率，相反，100mM NO_3^-、$H_2PO_4^-$ 和 CH_3COO^-则可诱导 SO_4^-· 的猝灭从而显著抑制降解速率常数[71]。但不同体系中的研究结果并不完全一致。如污泥生物质炭催化过硫酸盐降解磺胺甲恶唑的降解率不受 10mM Cl^- 和 NO_3^- 的影响，但 HCO_3^- 和 PO_4^{3-}可严重抑制降解速率[84]。

11.4.4　综合效应评价

生物质炭虽能有效吸附水中各种有机污染物，但其自身含有的有毒元素，如重金属、类金属和多环芳烃，仍将有可能对水体造成二次污染[87]。根据目前已有报道，生物质炭中的大多数有害元素含量极微，在可接受范围内。但也有报道显示，生物质炭的水溶性部分可能对水生微生物存在毒害作用，如 Smith 等[88]报道了花生壳炭、鸡粪炭及松木炭水提取物对水生环境光合微生物蓝绿藻（cyanobacteria *Synechococcus*）和真核绿藻（*Desmodesmus*）的影响。其中，鸡粪炭和花生壳炭水提取物对 2 种微生物生长无明显抑制作用，而松木炭水提物则表现出明显的生长抑制作用，且呈剂量依赖性。

生物质炭有害组分的种类与含量受原料和制备过程影响显著。如草本植物生物质炭比木质生物质炭的多环芳烃含量更高，多环芳烃含量随热解温度的升高、时间的延长而降低[89, 90]。然而，目前原料与制备条件对生物质炭各类有害成分组成与含量的影响仍有待系统性研究，且这些有害元素在生物质炭内的长期稳定性仍有待检验。因此，在生物质炭大规模应用于水体有机污染修复之前，仍应广泛研究各类生物质炭的水环境安全性。

使用生物质炭进行有机污染水体修复的成本还需综合考虑以下方面：各种生产模式中，生物质炭的成本效应（包括原料成本、工艺成本等）；生物质炭与其他吸附剂的综合效应对比，包括吸附性能、催化降解性能等；活化、改性对其使用效果、成本效应的综合影响；生物质炭的再生利用性能及最终废弃物处理成本等。

参 考 文 献

[1] 杨健, 章非娟, 余志荣. 有机工业废水处理理论与技术[M]. 北京: 化学工业出版社, 2005.

[2] Lu F, Astruc D. Nanocatalysts and other nanomaterials for water remediation from organic pollutants[J]. Coordination Chemistry Reviews 2020, 408: 213180.

[3] 申森, 王振强, 付慧坛. 水体中有机物污染的治理技术[J]. 科技资讯, 2007, 02: 100.

[4] Yu F, Li Y, Han S, et al. Adsorptive removal of antibiotics from aqueous solution using carbon materials[J]. Chemosphere, 2016, 153: 365-385.

[5] 何迎东. 生物炭对污水典型污染物的去除机理与应用研究进展[J]. 农业与技术, 2020, 40(09): 109-114.

[6] Mohan D, Sarswat A, Ok Y S, et al. Organic and inorganic contaminants removal from water with biochar, a renewable, low cost and sustainable adsorbent--a critical review[J]. Bioresource Technology, 2014, 160: 191-202.

[7] Dai Y, Zhang N, Xing C, et al. The adsorption, regeneration and engineering applications of biochar for removal organic pollutants: A review[J]. Chemosphere, 2019, 223: 12-27.

[8] 李晓娜, 宋洋, 贾明云, 等. 生物质炭对有机污染物的吸附及机理研究进展[J]. 土壤学报, 2017, 54(6): 1313-1325.

[9] 王靖宜, 王丽, 张文龙, 等. 生物炭基复合材料制备及其对水体特征污染物的吸附性能[J]. 化工进展, 2019, 38(8): 3838-3851.

[10] 秦宇, 吴慧芳. 生物炭固定化微生物技术在废水处理中的研究进展[J]. 江西化工, 2018, (5): 21-23.

[11] 赵力剑, 廖黎明, 卢宇翔, 等. 生物质炭在环境治理领域中的研究应用进展[J]. 工业用水与废水, 2018, 49(4): 1-7.

[12] Fang Z, Gao Y, Bolan N,et al. Conversion of biological solid waste to graphene-containing biochar for water remediation: A critical review[J]. Chemical Engineering Journal, 2020, 390: 124611.

[13] 高乃玲. 基于生物质炭的磁性铋系复合光催化剂的设计及其吸附/降解四环素残留的应用研究[D]. 镇江: 江苏大学, 2017.

[14] 卢伦. 生物炭基模拟生物滤池对新型污染物的吸附截留和去除机理[D]. 杭州: 浙江大学, 2019.

[15] Tong Y, McNamara P J, Mayer B K. Adsorption of organic micropollutants onto biochar: a review of relevant kinetics, mechanisms and equilibrium[J]. Environmental Science Water Research & Technology, 2019, 5: 821-838.

[16] Mukherjee A, Zimmerman A R, Harris W. Surface chemistry variations among a series of laboratory-produced biochars[J]. Geoderma, 2011, 163: 247-255.

[17] Abbas Z, Ali S, Rizwan M, et al. A critical review of mechanisms involved in the adsorption of organic and inorganic contaminants through biochar[J]. Arabian Journal of Geosciences, 2018, 11(16): 448.

[18] Zhang W, Zheng J, Zheng P, et al. Atrazine immobilization on sludge derived biochar and the interactive influence of coexisting Pb(II) or Cr(VI) ions[J]. Chemosphere, 2015, 134: 438-445.

[19] 王朋, 肖迪, 梁妮, 等. 电荷辅助氢键的形成机制及环境效应研究进展[J]. 材料导报, 2019, 33 (3): 812-818.

[20] Zheng H, Wang Z, Zhao J, et al. Sorption of antibiotic sulfamethoxazole varies with biochars produced at different temperatures[J]. Environmental Pollution, 2013, 181: 60-67.

[21] Li H, Cao Y, Zhang D, et al. pH-dependent KOW provides new insights in understanding the adsorption mechanism of ionizable organic chemicals on carbonaceous materials[J]. Science of the Total Environment, 2018, 618: 269-275.

[22] Deng S, Nie Y, Du Z, et al. Enhanced adsorption of perfluorooctane sulfonate and perfluoroocatanoate by bamboo-deriver granular activated carbon[J]. Journal of Hazardous Materials, 2015, 282: 150-157.

[23] Guo W, Huo S, Feng J, et al. Adsorption of perfluorooctane sulfonate (PFOS) on corn straw-derived biochar prepared at different pyrolytic temperatures[J]. Journal of the Taiwan Institute of Chemical Engineers, 2017, 78: 265-271.

[24] Cao X, Ma L, Gao B, et al. Dairy-manure derived biochar effectively sorbs lead and atrazine[J]. Environmental Science & Technology, 2009, 43: 3285-3291.

[25] Keiluweit M, Nico P S, Johnson M G, et al. Dynamic molecular structure of plant biomass-derived black carbon (biochar) [J]. Environmental Science & Technology, 2010, 44: 1247-1253.

[26] Kasozi G N, Zimmerman A R, Nkedi-Kizza P, et al. Catechol and humic acid sorption onto a range of laboratory-produced black carbons (biochars) [J]. Environmental Science & Technology, 2010, 44: 6189-6195.

[27] Li Y, Meas A, Shan S, et al. Production and optimization of bamboo hydrochars for adsorption of Congo red and 2-naphthol[J]. Bioresource Technology, 2016, 207: 379-386.

[28] Wang H, Fang C, Wang Q, et al. Sorption of tetracycline on biochar derived from rice straw and swine manure[J]. RSC Advances, 2018, 8: 16260-16268.

[29] Karunanayake A G, Todd O A, Crowley M L, et al. Rapid removal of salicylic acid, 4-nitroaniline, benzoic acid and phthalic acid from wastewater using magnetized fast pyrolysis biochar from waste Douglas fir[J]. Chemical Engineering Journal, 2017, 319: 75-88.

[30] Vithanage M, Mayakaduwa S S, Herath I, et al. Kinetics, thermodynamics and mechanistic studies of carbofuran removal using biochars from tea waste and rice husks[J]. Chemosphere, 2016, 150: 781-789.

[31] Chen Z, Chen B, Zhou D, et al. Bisolute sorption and thermodynamic behavior of organic pollutants to biomass-derived biochars at two pyrolytic temperatures[J]. Environmental Science & Technology, 2012, 46: 12476-12483.

[32] Xiao F, Pignatello J J. Interactions of triazine herbicides with biochar: Steric and electronic effects[J]. Water Research, 2015, 80: 179-188.

[33] Xu R, Xiao S, Yuan J, et al. Adsorption of methyl violet from aqueous solutions by the biochars derived from crop residues[J]. Bioresource Technology, 2011, 102: 10293-10298.

[34] Chen B, Zhou D, Zhu L. Transitional adsorption and partition of nonpolar and polar aromatic contaminants by biochars of pine needles with different pyrolytic temperatures[J]. Environmental Science & Technology, 2008, 42: 5137-5143.

[35] Lian F, Sun B, Song Z, et al. Physicochemical properties of herb-residue biochar and its sorption to ionizable antibiotic sulfamethoxazole[J]. Chemical Engineering Journal, 2014, 248: 128-134.

[36] Sun K, Kang M, Zhang Z, et al. Impact of deashing treatment on biochar structural properties and potential sorption mechanisms of phenanthrene[J]. Environmental Science & Technology, 2013, 47, (20), 11473-11481.

[37] Karger J, and Ruthven D M. Diffusion in Zeolites and Other Microporous Solids[M]. John Wiley, 1992.

[38] Teixidó M, Pignatello J J, Beltrán J, et al. Speciation of the ionizable antibiotic sulfamethazine on black carbon (biochar) [J]. Environmental Science & Technology, 2011, 45 (23): 10020.

[39] Huang P, Ge C, Feng D, et al. Effects of metal ions and pH on ofloxacin sorption to cassava residue-derived biochar[J]. Science of the Total Environment, 2018, 616-617: 1384-1391.

[40] Yao Y, Zhang Y, Gao B, et al Removal of sulfamethoxazole（SMX）and sulfapyridine（SPY）from aqueous solutions by biochars derived from anaerobically digested bagasse[J]. Environmental Science and Pollution Research International, 2018, 25（26）: 25659-25667.

[41] Wang P, Tang L, Wei X, et al. Synthesis and application of iron and zinc doped biochar for removal of p-nitrophenol in wastewater and assessment of the influence of co-existed Pb（II）[J]. Applied Surface Science, 2017, 392: 391-401.

[42] Dawood S, Sen T K, Phan C. Synthesis and characterization of slow pyrolysis pine cone bio-char in the removal of organic and inorganic pollutants from aqueous solution by adsorption: kinetic, equilibrium, mechanism and thermodynamic[J]. Bioresource Technology, 2017, 246: 76-81.

[43] Li Y, Meas A, Shan S, et al. Hydrochars from bamboo sawdust through acid assisted and two-stage hydrothermal carbonization for removal of two organics from aqueous solution[J]. Bioresource Technology, 2018, 261: 257-264.

[44] Essandoh M, Wolgemuth D, Pittman C U, et al. Adsorption of metribuzin from aqueous solution using magnetic and nonmagnetic sustainable low-cost biochar adsorbents[J]. Environmental Science and Pollution Research International, 2017. 24: 4577-4590.

[45] Li X, Wang C, Zhang J, et al. Preparation and application of magnetic biochar in water treatment: A critical review[J]. Science of the Total Environment, 2020, 711: 134847.

[46] Wang C, Gu L, Liu X, et al. Sorption behavior of Cr（VI）on pineapple-peel-derived biochar and the influence of coexisting pyrene[J]. International Biodeterioration & Biodegradation, 2016, 111: 78-84.

[47] 邓雅雯, 晏彩霞, 聂明华, 等. 生物炭对抗生素的吸附/解吸研究进展[J]. 环境污染与防治, 2020, 42（3）: 376-384.

[48] 赵涛, 蒋成爱, 丘锦荣, 等. 皇竹草生物炭对水中磺胺类抗生素吸附性能研究[J]. 水处理技术, 2017, 43（4）: 56-61, 65.

[49] 王开峰, 彭娜, 吴礼滨, 等. 水稻秸秆生物炭对磺胺类抗生素的吸附研究[J]. 环境科学与技术, 2017, 40（9）: 61-67.

[50] Zeng Z, Yu S, Wu H, et al. Research on the sustainable efficacy of g -MoS$_2$ decorated biochar nanocomposites for removing tetracycline hydrochloride from antibiotic-polluted aqueous solution[J]. Science of The Total Environment, 2018, 648: 206-217.

[51] Liu S, Xu W H, Liu Y G, et al. Facile synthesis of Cu（II）impregnated biochar with enhanced adsorption activity for the removal of doxycycline hydrochloride from water[J]. Science of the Total Environment, 2017, 592: 546-553.

[52] Wathukarage A, Herath I, Iqbal M C M, et al. Mechanistic understanding of crystal violet dye sorption by woody biochar: implications for wastewater treatment[J]. Environ Geochem Health, 2019, 41（4）: 1647-1661.

[53] Zazycki M A, Godinho M, Perondi D, et al. New biochar from pecan nutshells as an alternative adsorbent for removing reactive red 141 from aqueous solutions[J]. Journal of Cleaner Production, 2018, 171: 57-65.

[54] Hameed B H, El-Khaiary M I. Kinetics and equilibrium studies of malachite green adsorption on rice straw-derived char[J]. Journal of Hazardous Materials, 2008, 153（1-2）: 701-708.

[55] Mui E L, Cheung W H, Valix M, et al. Dye adsorption onto char from bamboo[J]. Journal of Hazardous Materials, 2010, 177（1-3）: 1001-1005.

[56] Wang L, Yan W, He C, et al. Microwave-assisted preparation of nitrogen-doped biochars by ammonium acetate activation for adsorption of acid red 18[J]. Applied Surface Science, 2018, 433: 222-231.

[57] Meili L, Lins P V, Zanta C L P S, et al. MgAl-LDH/Biochar composites for methylene blue removal by adsorption[J]. Applied Clay Science, 2019, 168: 11-20.

[58] Aguayo-Villarreal I A, Hernández-Montoya V, Rangel-Vázquez N A, et al. Determination of QSAR properties of textile dyes and their adsorption on novel carbonaceous adsorbents[J]. Journal of Molecular Liquids, 2014, 196: 326-333.

[59] 杨巧珍, 钟金魁, 李柳. 生物炭对多环芳烃的吸附研究进展[J]. 环境科学与管理, 2018, 43(5): 64-67.

[60] 李赛君, 吕金红, 李建法. 生物炭对农药的吸附及土壤中环境行为的影响[J]. 湖北农业科学, 2015, 54(8): 1793-1797.

[61] Zhang G, Zhang Q, Sun K, et al. Sorption of simazine to corn straw biochars prepared at different pyrolytic temperatures[J]. Environmental Pollution, 2011, 159: 2594-2601.

[62] Zhang P, Sun H, Yu L, et al. Adsorption and catalytic hydrolysis of carbaryl and atrazine on pig manure-derived biochars: impact of structural properties of biochars[J]. Journal of Hazardous Materials, 2013, 244-245: 217-224.

[63] Liu W J, Zeng F X, Jiang H, et al. Preparation of high adsorption capacity bio-chars from waste biomass[J]. Bioresource Technology, 2011, 102(17): 8247-8252.

[64] Nguyen H N, Pignatello J J. Laboratory tests of biochars as absorbents for use in recovery or containment of marine crude oil spills[J]. Environmental Engineering Science, 2013, 30: 374-380.

[65] Deng F, Liao C, Yang C, et al. Enhanced biodegradation of pyrene by immobilized bacteria on modified biomass materials[J]. International Biodeterioration & Biodegradation, 2016, 110: 46-52.

[66] 杜勇. 生物炭固定化微生物去除水中苯酚的研究[D]. 重庆: 重庆大学, 2012.

[67] Ulrich B A, Im E A, Werner D, et al. Biochar and activated carbon for enhanced trace organic contaminant retention in stormwater infiltration systems[J]. Environmental Science & Technology, 2015, 49(10): 6222-6230.

[68] Ulrich B A, Loehnert M, Higgins C P. Improved contaminant removal in vegetated stormwater biofilters amended with biochar[J]. Environmental Science: Water Research & Technology, 2017, 3(4): 726-734.

[69] Lu L, Chen B. Enhanced bisphenol A removal from stormwater in biochar-amended biofilters: Combined with batch sorption and fixed-bed column studies[J]. Environmental Pollution, 2018, 243: 1539-1549.

[70] 荣幸. 磁性生物炭活化过硫酸盐降解水中有机污染物的研究[D]. 济南: 山东大学, 2019.

[71] Fu H, Ma S, Zhao P, et al. Activation of peroxymonosulfate by graphitized hierarchical porous biochar and $MnFe_2O_4$ magnetic nanoarchitecture for organic pollutants degradation: Structure dependence and mechanism[J]. Chemical Engineering Journal, 2019, 360: 157-170.

[72] Zhu S, Huang X, Ma F, et al. Catalytic Removal of Aqueous Contaminants on N-Doped Graphitic Biochars: Inherent Roles of Adsorption and Nonradical Mechanisms[J]. Environmental Science & Technology, 2018, 52(15): 8649-8658.

[73] Ruan X, Sun Y, Du W, et al. Formation, characteristics, and applications of environmentally persistent free radicals in biochars: A review[J]. Bioresource Technology, 2019, 281: 457-468.

[74] Fang G, Gao J, Liu C, et al. Key Role of Persistent Free Radicals in Hydrogen Peroxide Activation by Biochar: Implications to Organic Contaminant Degradation[J]. Environmental Science & Technology, 2014, 48(3): 1902-1910.

[75] Jiang S F, Ling L L, Chen W J, et al. High efficient removal of bisphenol A in a peroxymonosulfate/iron functionalized biochar system: Mechanistic elucidation and quantification of the contributors[J]. Chemical Engineering Journal, 2019, 359: 572-583.

[76] Dai X, Fan H, Yi C, et al. Solvent-free synthesis of a 2D biochar stabilized nanoscale zerovalent iron composite for the oxidative degradation of organic pollutants[J]. Journal of Materials Chemistry A, 2019a, 7: 6849-6858.

[77] Li H, Hu J, Wang X, et al. Development of a bio-inspired photo-recyclable feather carbon adsorbent towards removal of amoxicillin residue in aqueous solutions[J]. Chemical Engineering Journal, 2019, 373: 1380-1388.

[78] Oh O, Son J, Chiu P C. Biochar-mediated reductive transformation of nitro herbicides and explosives[J]. Environmental Toxicology & Chemistry, 2013, 32 (3): 501-508.

[79] He J, Xiao Y, Tang J, et al. Persulfate activation with sawdust biochar in aqueous solution by enhanced electron donor-transfer effect[J]. Science of the Total Environment, 2019, 690: 768-777.

[80] Dong C D, Chen C W, Tsai M L, et al. Degradation of 4-nonylphenol in marine sediments by persulfate over magnetically modified biochars[J]. Bioresource Technology, 2019, 281: 143-148.

[81] Liu C, Chen L, Ding D, et al. From rice straw to magnetically recoverable nitrogen doped biochar: Efficient activation of peroxymonosulfate for the degradation of metolachlor[J]. Applied Catalysis B: Environmental, 2019, 254: 312-320.

[82] Zhu K, Wang X, Geng M, et al. Catalytic oxidation of clofibric acid by peroxydisulfate activated with wood-based biochar: Effect of biochar pyrolysis temperature, performance and mechanism[J]. Chemical Engineering Journal, 2019, 374: 1253-1263.

[83] Huang B, Jiang J, Huang G, et al. Sludge biochar-based catalysts for improved pollutant degradation by activating peroxymonosulfate[J]. Journal of Materials Chemistry A Materials for Energy & Sustainability, 2018, 6: 8978-8985.

[84] Yin R, Guo W, Wang H, et al. Singlet oxygen-dominated peroxydisulfate activation by sludge-derived biochar for sulfamethoxazole degradation through a nonradical oxidation pathway: Performance and mechanism[J]. Chemical Engineering Journal, 2019, 357: 589-599.

[85] Wu F, Liu W, Qiu J, et al. Enhanced photocatalytic degradation and adsorption of methylene blue via TiO_2 nanocrystals supported on graphene-like bamboo charcoal[J]. Applied Surface Science, 2015, 358: 425-435.

[86] Zhao X, Lu Z, Kan J, et al. Synthesis of stable core–shell structured $TiO_2@Fe_3O_4$ based on carbon derived from yeast with an enhanced photocatalytic ability[J]. Rsc Advances, 2016, 6 (52): 46889-46899.

[87] Tan X, Liu Y, Zeng G, et al. Application of biochar for the removal of pollutants from aqueous solutions[J]. Chemosphere, 2015, 125: 70-85.

[88] Smith C R, Buzan E M, Lee J W. Potential impact of biochar water-extractable substances on environmental sustainability[J]. ACS Sustainable Chemistry & Engineering, 2012, 1 (1): 118-126.

[89] Keiluweit M, Kleber M, Sparrow M A, et al. Solvent-extractable polycyclic aromatic hydrocarbons in biochar: influence of pyrolysis temperature and feedstock[J]. Environmental Science & Technology, 2012, 46 (17): 9333-9341.

[90] Hale S E, Lehmann J, Rutherford D, et al. Quantifying the total and bioavailable polycyclic aromatic hydrocarbons and dioxins in biochars[J]. Environmental Science & Technology, 2012, 46 (5): 2830-2838.

第 12 章　生物质炭在水体氮磷防控中的应用

面源污染具有来源多样分散、涉及范围广、不易监测等特点,已成为水环境污染防治的难题。农业生产中过量施用的氮磷进入水体造成面源污染,成为了水体富营养化的主要贡献源,导致了农田养分流失、生产能力下降、生态环境质量恶化等严重的问题。面源污染治理的主要措施包括污染物源头的控制、流失路径的拦截及污染场地的修复[1]。近些年,关于生物质炭对水体氮磷防控的研究已成为面源污染防治的热点。生物质炭价格相对低廉,具有高比表面积、发达的孔结构、含氧官能团丰富和阳离子交换容量高等特点,可以改善土壤理化性质,促进植物的生长及其对氮磷的利用性,为植物根系、动物和微生物提供生长空间,改变土壤生物群落结构与活性,加速土壤氮磷的物质循环,进而缓解农业面源污染。本章详细介绍了水体氮磷污染的特点与防控进展,围绕生物质炭对水体氮磷的吸附特性、对土壤流失氮磷的持留作用以及对植物-动物-微生物去除氮磷的强化作用等方面进行了系统阐述,以期为推进我国农业面源污染防控提供新方法。

12.1　水体氮磷污染防控概述

氮和磷是生物体结构和功能所必需的基本元素,例如,氮是蛋白质合成的主要物质、磷调控细胞膜和能量传递[2]。但是,工业化污染释放与农业化肥超量的施用,导致大量外源氮磷元素的输入,远超过水体自净能力,引发水体黑臭和富营养化等面源污染,已成为严重威胁地表水质量的重要污染源,成为社会、经济可持续发展亟待解决的问题[3]。随着点源污染治理水平的提高,面源污染防控的严重性日益显现,对水环境污染占有较大比重。污染物源头控制是面源污染治理最有效的防治措施之一,能够实现污染物的最小量输出,还可以起到控制污染程度的作用。

12.1.1　水体氮磷污染物种类及成因

我国地表水污染物中,非点源污染占很大比重,例如,太湖的污染负荷中,83%的总氮和 84%的总磷来源于农田、畜禽养殖业和农村生活污水,其贡献率超过工业和城市生活的点源污染[4]。2017 年,全国水污染物排放量,总氮 304.14 万 t,总磷 31.54 万 t,其中农业源水污染物排放量总氮 141.49 万 t,总磷 21.20 万 t,分别占排放总量的 46.52%和 67.22%(《第二次全国污染源普查公报》的公告)。

农业生产中化肥的高投入、氮磷利用率低等原因造成土壤中养分盈余，多余的氮磷在淋溶和径流的作用下进入水体导致营养物质的超标，进而造成水体大面积富营养化。水体中的氮主要以无机氮和有机氮形式存在，有机氮在各种微生物酶的作用下会转化为无机氮元素，去除水体中的无机氮是除氮的关键[5]。水体中的磷以有机磷和无机磷形式存在，其中无机磷含量较高，主要包括聚磷酸盐和正磷酸盐等[6]。在《国家环境保护"十三五"规划》中，特别地加入了总氮和总磷等指标以提高水环境质量。学者认为，水体中无机氮浓度超过 0.3mg/L 或总磷浓度大于 0.02mg/L，就有可能出现富营养化[7]，导致水生态系统的退化并且破坏水体的自净能力，造成严重的水体富营养化等污染。

12.1.2　国内外水体氮磷污染防控的研究进展

氮和磷等污染是全球水污染的一个重难点问题，特别是农业面源污染引发的土壤氮磷的流失，该部分大多具有水溶性和交换性，运移能力强，是导致水体富营养化的主要原因[8]。由于化肥和农药的施用量偏高，畜禽粪便利用率低，农村污水处理不到位，土壤中氮磷急剧富集，当水分充足时，氮磷会通过径流或淋溶的方式流失，加剧了水体污染[9]。2018 年全国水土流失面积 273.69 万 km²，占总监测范围的 28.61%，流失带走的氮、磷、钾及微量元素等大部分进入了天然水体[10]。土壤中氮磷流失的主要动力为降雨和径流，关键因素是土壤氮磷养分与径流的相互作用。

近年来，国内外研究学者都聚焦于径流中污染物的迁移、转化规律，主要对降雨径流、汇流和污染迁移等进行研究。张欢[11]发现施用肥料种类与施用量的改变，会显著改变农田地表径流的氮磷含量，水作农田的氮磷流失强度要远高于旱作农田。高杨等[12]发现土壤类型与性质不同导致土壤养分流失量存在根本差异，有效地改良土壤，控制及减少径流与泥沙流失是控制土壤养分流失的关键因素。张翼等[13]采用大田试验，研究尿素、缓释肥及混合施用下稻田径流中氮磷流失，发现施用尿素导致的氮磷流失负荷远高于缓释肥和混合肥。控排水可以有效减少水稻田的氮磷流失，利用沉淀作用与农作物的吸收及微生物的硝化与反硝化作用，促进农作物的生长并提高产量，进而提升了氮磷的利用率。硝态氮相对比较稳定，铵态氮是肥料施入土壤后各类形态氮素周转的关键物质。

氮磷污染的源头控制主要为优化农业生产技术达到减少污染物产生与排放，主要包括精准施肥、测土配方和水肥综合管理技术等。施用控释或缓释肥料能够较大的降低氮磷的流失。姚金玲等[14]研究了不同施肥方式下农田体系的氮磷径流损失特征，发现洱海流域水稻-大蒜轮作农田施用 100%专用缓释掺混肥效果较好，减少土壤径流氮磷流失并保证作物产量。源头控制氮磷流失的重要举措是提高施肥灌溉后的氮磷利用率。测土配方施肥是以土壤测试和肥料田间试验为基础，根据农作物需肥规律、土壤供肥性能和肥料效应，提出氮、磷、钾等肥料的施用数量、时期和方法的环境友好型施肥方式。例如，浙江省台州市 2018 年使用测土配方施肥技术，共完成农田面积 205266.6hm²，有效减少化肥施用量 3102.5t，减少农药使用量 283.9t，有效地减少了施肥导致氮磷流失对环境的污染[15]。近年来水稻免耕栽培技术也得到了较大的发展，该技术可以减少水土流失，提高土壤肥力，改善稻田生态环境，促进农业可持续发展。

引水冲洗仅是对富营养化的水体进行稀释，并没有去除污染物，而是把污染转移到其他地区，侵占下游水体的环境容量，不能长久地改善水体污染。而化学法通过投加化学药剂来实现污染物去除，但投放药剂可能会造成二次污染，而且能耗高、维护难度大且成本高[16]。物理方法治理水体污染，取得的效果都只能暂时，并不能恢复水体生态系统能力，达到长久治理的效果[17]。生态法是较为适宜的技术，具有处理效果、投资低、运行成本低的特点，还能有效地利用生物的净化作用[18]。

12.1.3　生物质炭水体氮磷防控原理

生物质炭是生物质材料在供氧不足条件下经高温炭化形成的性质稳定的炭材料，具有高孔隙度、大比表面积、强吸附性能等特点[19]，不仅实现生物质资源化利用，还是一种绿色环保且成本较低的吸附剂，具有广阔的应用前景。生物质炭的吸附主要包括分配作用机制、表面吸附机制、联合作用机制以及其他微观机制。表面吸附是指被吸附物质与吸附表面之间通过分子间引力或化学键而形成的吸附过程，而生物质炭吸附土壤中 NH_4^+、NO_3^- 和 PO_4^{3-} 等非极性离子均是以此为主要机制[20]。龚宇鹏等[21]选取太湖中芦苇为原料，制备出负载纳米级 MgO 的芦苇炭，能够高效吸附水体中的氮磷，对磷酸盐的最大吸附量可达 100mg/g，对氨氮的最大吸附量可达 30mg/g。生物质炭能够吸附土壤中未被作物利用的氮磷等营养元素，延缓养分在土壤中的释放，在一定程度上减少养分流失，起到保肥作用。同时，生物质炭还能降低土壤容重，改善土壤孔隙度，其亲水性官能团还可以增加土壤的持水量，特别是小孔隙结构能够降低土壤养分的渗漏速度，延缓水溶性营养离子的溶解迁移时间，加强对移动性强、易淋溶流失的养分吸附[22]。生物质炭表面丰富的含氧官能团具有较高离子吸附交换能力，能够吸附土壤中溶解态的氮和磷离子。生物质炭可以调节酸性土壤的 pH，增加土壤有机质，其具有较大的比表面积及表面大量负电荷，对土壤氮和磷元素的吸附也具有促进作用[23]。生物质炭还能作为生态化处理工艺的外加碳源，强化植物、动物与微生物的脱氮除磷作用。生物质炭作为人工湿地的优质填料基质，利于植物和微生物的生长，同时吸附氮磷等污染物富集于植物根系与微生物周围，形成过饱和状态的污染物浓度，进而强化了污染物降解过程的传质效率，促进了氮和磷的吸附与生物降解作用。

12.2　生物质炭对水体氮磷的吸附效能与机理

生物质炭价格相对低廉，原料多为农林废弃生物质，具有高比表面积、发达的孔结构、碳含量高、含氧官能团丰富和阳离子交换容量高等特点，成为环境修复领域的重要材料[24]。生物质炭的物理和化学性质、吸附选择性和吸附容量与原料和热解温度直接相关[25]。此外，生物质炭中的金属元素也可以通过结合 NH_4^+、NO_3^- 和 PO_4^{3-} 等养分特异性和非特异性吸附[26]。目前，大部分研究是利用生物质炭去除有机污染物，就生物质炭在去除氮磷的影响因素和机理等方面研究还少有系统的报道[27]。

12.2.1　生物质炭对水体氮的吸附性能与影响因素

铵是水体氮的主要无机形态之一，铵和氨之间的转化依赖于 pH 和温度，根据艾默生等的计算(1975 年)，在 pH<8.2 和温度<28℃的大多数水环境中铵(NH_4^+)是氨(NH_3)的主要形式(>90%)。近些年进行了大量的间歇吸附研究，以评估不同原料和生产温度制备的生物质炭对氨氮去除效率。Saleh 等[28]发现，花生壳炭是一种稳定且成本低廉的氨氮吸附剂，但未改性生物质炭用于氨氮吸附都存在吸附量较低的问题。邢英等[29]制备的桉树废木炭对水体氨氮的最大静态吸附量约 1.24mg/g。Yang 等[30]采用松木屑在 300℃和 550℃炭化生成 2 种生物质炭，利用小麦秸秆在 550℃条件下制备生物质炭，3 种生物质炭对氨氮的吸附能力分别为 5.38mg/g、3.37mg/g、2.08mg/g。Saleh 等[28]认为生物质炭对水体氨氮的吸附主要依靠物理过程，受比表面积、孔结构特征等影响较大，而 Sarkhot 等[31]发现生物质炭对水体氨氮主要为离子交换和表面含氧官能团的作用。此外，KIzito 等[32]发现生物质炭 pH 及颗粒尺寸等也会显著影响对氨氮的吸附，其吸附能力与生物质炭 pH 成正比，与颗粒尺寸成反比。不同原料和制备条件的生物质炭对水体氨氮吸附有较大差异，但大部分吸附效果并不理想，对生物质炭进行改性处理成为潜在的研究方向。

Kameyama 等[33]评估蔗渣制备的生物质炭吸附氮的性能，发现吸附等温线最符合 Freundlich 吸附模型，但在平衡浓度 100mg/L 时，吸附较弱小于 0.8mg/L。马锋锋等[34]以牛粪炭作为吸附剂，研究了 pH 和阳离子等因素对其吸附氨氮的影响及吸附特性，结果表明，Na^+、Ca^{2+}的存在对牛粪炭吸附氨氮有抑制作用，当水体中的 Na^+ 和 Ca^{2+} 两种离子浓度相同时，其影响氨氮吸附的大小顺序为 $Na^+>Ca^{2+}$，牛粪炭吸附氨氮的适宜 pH 应为 5~8。增加生物质炭表面积和改性可以增加生物质炭吸附位点的数量，而含氧官能团的减少可能会降低生物质炭与硝酸盐之间的静电斥力。常用的改性技术可为三大类：物理改性、化学改性、生物改性。物理改性方法通常是进行热处理，该改性方法可以提高生物质炭的比表面积和孔容，但其缺点是会造成生物质炭表面的含氧官能团的减少。化学改性方法有酸浸渍、碱浸渍、金属盐溶液浸渍等方法，通常在生物质炭化之前进行，也可对生物质炭单独处理。酸浸渍和碱浸渍处理，通过改变生物质炭表面酸性/碱性官能团数量以增加生物质炭对污染物的吸附位点。金属盐溶液（铁盐、镁、钙盐等）的浸渍改性使生物质炭表面负载一些金属氧化物或金属氢氧化物，从而提高生物质炭对污染物的吸附性能[35]。而生物法改性是使微生物固定生长在生物质炭的表面，通过协同作用去除污染物。

12.2.2 生物质炭对水体磷的吸附性能与影响因素

水中磷的无机形态以不同的阴离子形式存在，如 H_2PO_4、PO_4^{2-}、PO_4^{3-} 等，这取决于环境 pH，与 NO_3^- 一致，PO_4-P 通常被生物质炭的带电表面负离子排斥，因此，未改性生物质炭用于磷酸盐吸附难以获得较好的效果。Cui 等[36]比较了不同植物制备的生物质炭对 PO_4-P 的吸附能力，发现只有 4 种生物质炭对水相中 PO_4-P 的去除呈阳性，说明生物质炭与磷的相互作用较弱。生物质炭吸附磷的能力与其生物属性相关，花生壳炭对 PO_4-P 有更大的容量，在 20℃条件下吸附量可以达到 2.0mg/g，远高于相同温度制备的橡树、大豆和竹木炭[37]。

类似于硝酸盐，已有研究通过向生物质炭原料中添加金属和金属氧化物来增加磷酸盐的吸附。孙婷婷等[38]通过 $FeCl_3$ 和 $KMnO_4$ 溶液对果壳炭进行浸渍改性，结果表明，铁锰复合改性生物质炭对低浓度磷的吸附效果远大于铁改性及锰改性，当溶液的 pH 为 4～10，均具有较高的去除率和吸附量，等温吸附实验数据符合 Freundlich 方程，为多层吸附，吸附动力学分析发现，改性后果壳炭在 60min 内基本达到吸附平衡，以化学吸附为主。Yao 等[39]通过直接热解西红柿叶子制备生物质炭回收水溶液中的磷酸盐发现，尽管吸附过程相对缓慢，但是吸附量却大于 100mg/g，生物质炭表面有很多的 $Mg(OH)_2$ 和 MgO 微粒，这些粒子在吸附过程中起到了重要的作用，吸附饱和的生物质炭其磷含量最高可达到自身 10%以上的比例，所以有可能用作土壤改良剂或缓释肥料。磷酸盐的去除与生物质炭中 Mg 的含量具有很强的相关性，与生物质炭中 Ca 等其他金属元素的含量相关性并不显著。Jung 等[40]采用一种新型电改性法制备生物质炭，生物质原料在铝电极溶液里搅拌 5min，进行电化学改性，改性后的混合物在 600℃条件下裂解 2h，得到改性后的生物质炭，其比表面积相比于传统改性有较大提高，对水体磷的吸附可达到 32mg/g 的吸附量。

12.2.3 生物质炭对水体氮磷同步吸附的性能与机理

在实际应用中，生物质炭吸附水体氮磷更多是同时发生的，大量的研究集中在生物质炭吸附氮和磷的同步过程。PO_4^{3-} 的存在对生物质炭吸附 NH_4^+ 的无显著影响，但是却显著抑制了生物质炭对 NO_3^- 吸附性能，抑制可以归因于硝酸盐的竞争和共存离子在炭表面竞争离子交换反应[41]。有研究表明，共存离子 NO_3^- 对 PO_4^{3-} 的吸附影响不大[42]，镁改性玉米秸秆炭在合成磷酸盐溶液中表现出更强的磷酸盐吸附能力[43]，这些现象可以归因于生物质材料的类型和热解条件。祝天宇等[44]以林木废弃物为原料，通过湿式热解和干式热解两种方式，制备镁改性生物质炭，并研究其对废水中氮、磷的同步去除性能，结果表明湿式浸渍热解和干式混合热解制备的生物质炭吸附效果无显著差异，$MgCl_2$ 制备改性生物质炭是较为适宜的改性方法，浸渍浓度、热解温度、热解速度及生物质炭粒径均会对吸附效果有影响，镁改性生物质炭对氮和磷的吸附量分别为 35.28mg/g 和 110.29mg/g。在吸附过程中镁改性生物质炭表面形成了鸟粪石沉淀，吸附后的材料可作为一种缓释型炭基氮磷复合肥。Chen 等[45]制备了一种黏土/生物质炭复合材料，分析其水溶液中的 NH_4^+ 和 PO_4^{3-} 的吸附能力，随着热解温度的升高，生物质炭中金属离子的含量增大，对磷酸盐的吸附能力提升。氨氮吸附主要是由于氨氮与生物质炭表面极性官能团之间发生了化学作用，生物质炭的比表面积增大，其对氨氮的吸附量却在减少，表明比表面积并不是影响吸附的关键因素。

12.3　生物质炭对土壤流失氮磷的持留作用与机理

农业生产中化肥的高投入、氮磷利用率较低等造成土壤中养分盈余，在降雨或灌溉作用下，过量的养分主要在径流的作用下进入水体造成面源污染，来自农田退水中的氮磷营养元素超负荷摄入是水体大面积富营养化的最主要原因，据调查，我国 38%的水库和 65%的湖泊存在富营养化，其中大部分的氮磷来自农业面源污染[46]。因此，土壤中氮磷养分的转化与持留作用对保护地下水资源和防控面源污染具有重要意义。

12.3.1　土壤氮磷流失对水环境污染的影响

化肥是农业生产重要的外源化学投入要素，从 2007 年到 2017 年，我国粮食及各种经济作物产量增幅均在 20%以上，化肥施用具有重要的贡献，我国水稻、玉米、小麦三大粮食作物化肥利用率为 37.8%[47]，过分依赖化肥提高或维持作物产量的农业方式难以解决氮磷流失的问题。2017 年，全国种植业总氮流失量 71.9 万 t，占农业源排放总量的 46%，种植业总磷流失量 7.6 万 t，占农业源排放总量的 33%[48]。施入农田土壤的氮磷以径流、淋溶等形式进入天然水体，其中硝酸盐淋失是氮素淋失的主要形式[49]，降低了肥料的利用率，同时对水环境带来严重的危害。陆欣欣等[50]研究表明，化肥的氮磷比例在保证水稻氮素供应充足的前提下，化肥中的磷素大幅超出作物需求，引起施肥期内径流流失较多的磷元素，且随着施肥量增大而增加。水土流失过程中伴随着土壤耕作层被破坏，氮磷等养分元素的损失在连续的动态过程中同时发生[51]。土壤侵蚀带来的泥沙本身是有机物、重金属、铵离子和磷酸盐的主要携带者，在降雨产生的径流作用下，形成降雨-径流-侵蚀-水污染输出的链式反应，并且污染物流失量随水土流失的加大而增加。

农业面源污染治理，污染物源头的控制作为最有效的防治措施之一，既可以提高土壤对氮磷的持留能力来降低淋溶等发生，又能提升化肥利用率，这对农业循环发展与面源污染防控都具有重要意义。生物质炭是一种良好的土壤改良修复剂，可以有效吸附氮磷等元素，为改善土壤质量、缓解农业面源污染提供了良好的技术基础。

12.3.2 生物质炭对土壤流失氮的持留作用与机理

氮肥在土壤中转化为被作物吸收利用的铵根、硝酸根离子，同时氮素也是活跃的变价元素。土壤氮的损失途径主要包括气态损失、无机氮损失以及有机氮损失，其中硝酸根的大量淋失会导致地下水的浓度升高进而造成水体富营养化[52]和糖尿病等疾病[53]。生物质炭具有弱碱性，可以有效改良酸性土壤，同时其具有多孔结构和较高比表面积，有效提高土壤的吸附能力，对土壤持水能力、养分固持、阳离子交换量等均有促进作用。生物质炭为土壤微生物群落提供适合的栖息环境，提高土壤中硝化细菌活性，促进土壤中与氮元素利用相关的微生物酶的活性，最终实现氮素反硝化过程。

生物质炭在控制土壤氮磷养分淋失方面具有很好的应用前景，但生物质炭的种类、添加量与土壤类型等对氮素流失防控的效果有很大的影响。周志红等[54]研究表明，生物质炭在适当的施用量下，可以大幅地降低土壤氮素的淋失作用，$100t/hm^2$ 的施用量降低黑钙土和紫色土总氮淋失量分别为 74%和 78%，较低的生物质炭施用量反而会促进氮素的淋失。研究表明[55]土壤中添加生物质炭能够有效减少总氮的淋失，添加量为 2%、4%、6%和 8%与不添加生物质炭的对照相比，总氮淋失量分别减少 17.6%、24.7%、30.6%和 37.7%，最适宜的添加量分别为 8%和 2%。因此，利用生物质炭防治土壤氮素的淋失需要使施用量达到适宜的水平。不同的耕地类型与生物质炭种类对土壤养分流失具有重要的差异化作用。杨放等[56]研究表明，生物质炭施用明显减少盐渍化土壤中总氮和硝态氮的淋失，提高土壤的持续性供氮能力。Chintala 等[57]认为生物质炭显著提高酸性土壤的 pH，对碱性土壤没有显著影响。孙宁婷等[58]研究表明，生物质炭对土壤孔隙结构的改变以及生物质炭比表面积和粒径分布可共同影响土壤水分运移，生物质炭种类和混施深度的差异会导致土壤水分运移与养分流失显著差异。

同时，生物质炭也可以部分替代氮肥作用，在氮肥减量 25.0%条件下，生物质炭促进了蔗苗生长，蔗苗地上部分生物量比正常施氮增加了 65.8%，还提高了土壤有机碳、氮素和植物可利用性[59]。采用生物质炭代替部分化肥，降低了水稻田面水的氮磷浓度，稻田退水氮的输出负荷减少了 39%～50%，经济成本有所增加，但是削减了氮污染物的输出，显著提高了生态效益[60]。研究表明，在紫色土坡耕地进行减肥配施生物质炭，能降低径流量和氮的流失通量[61]；在黑土区坡耕地施用玉米秸秆炭也能减少降雨径流，减少氮、磷等养分流失[19]。生物质炭因其良好的理化特性与稳定性，也用于新型缓释肥研发与生产，有效提高肥料养分利用率，减少氮磷流失。唐司尘等[62]研制生物质炭包膜尿素的缓释肥，具有高氮低磷特征，缓释肥氮释放速率比尿素低 9%～21%，其氮释放特征参数对指导缓释肥的改良与应用具有重要参考价值。

12.3.3　生物质炭对土壤流失磷的持留作用与机理

相对于氮元素，磷元素的循环周期更长，更不易从水体中去除，因此，土壤流失的磷成为水体富营养化的限制性因素之一，减少磷的流失对于控制面源污染具有重要作用。磷肥施入耕地后容易被土壤所固定而难以被植物利用，当季利用率一般仅为 10%～25%，而且磷肥中有效磷含量的缺乏也导致了土壤中有效磷含量的较少，为保证土壤磷素养分充足，通常施用过量的磷肥，长期施用磷肥使土壤处于富磷状态，加重磷元素淋失的程度[63]。生物质炭对土壤中磷转化的影响主要是提高磷素的有效性，促使有效磷低的土壤中固定态磷转化为有效态磷，直接增加土壤中有效磷含量。生物质炭表面吸附的有机分子能与土壤中 Al^{3+}、Fe^{3+} 和 Ca^{2+} 等离子形成螯合物，避免金属离子与磷素发生沉淀反应，间接提高土壤磷素的有效性[64]。

不同原料的生物质炭对土壤氮磷流失调控效果也不相同，潘复燕等[65]采用树脂、生物质炭和硝化抑制剂作为土壤添加剂，发现施化肥的同时配施生物质炭和硝化抑制剂，可显著增加小麦产量(增产103%)，可减少麦田磷流失 26%～46%，起到了缓解麦田面源污染的作用。沙壤中施用椒木炭($20t/hm^2$)可以有效降低淋溶液 20.6%的总磷浓度，但是施用花生壳炭会使淋溶液中总磷浓度增加[66]。生物质炭显著提高了土壤磷的有效性和持留效果，但也受到多种因素的影响，例如土壤性质、生物质炭的类型等，在处理时不同的情况需要有针对性地进行技术摸底。

12.4　生物质炭强化植物-动物-微生物去除氮磷的效能与机理

生物质炭可以改善土壤理化特性，如降低土壤容重，提高土壤 pH，增加土壤有机质、碳/氮及微量元素，促进植物的生长及其对氮磷的利用性。生物质炭的多孔结构可为植物根系、动物和微生物提供生长空间，益于动物、微生物存活繁殖，提高土壤生物群落结构与活性,加速土壤氮磷的物质循环进程,缓解农业面源污染[67]。

12.4.1 生物质炭强化动、植物去除水体氮磷的效能与机理

水生植物一般生长快,氮磷吸收能力强,能有效地净化农田退水污染,根据其生活方式分为三大类,即漂浮植物、挺水植物和沉水植物,其中沉水植物对水体底泥净化具有重要作用。植物根际能够为微生物提供栖息繁殖场所,产生的有机酸、氨基酸和碳水化合物还可以促进根际微生物对有机物代谢分解[68]。施用生物质炭改变了土壤环境,从而影响作物根系的形态特征和生理特性,土壤的抗张力强度和容重会显著下降,孔隙度随之增大,土壤中水分、空气和养分也会增多,有利于植物根系的生长与延伸,促进作物养分吸收,减少氮和磷等养分的流失[31, 69]。周劲松等[70]研究了稻田土壤育苗基质中添加生物质炭对秧苗根系形态建成的影响,发现添加 5.0%的施加量使水稻秧苗根系长度、根系表面积和根系体积等明显增加。张作合等[71]研究表明,施加 12.5t/hm² 秸秆炭的水稻田产量、氮肥吸收利用率和氮肥农学利用率,较不施加处理分别提高 13.05%、30.54%和 11.67%。土壤环境的改善也有利于土壤动物和微生物群落的繁殖,强化氮磷的物质循环。由于根系生长在土壤中不易被监测,关于生物质炭对根系形态特征和生理特性变化的研究相对较少。

生物质炭作为人工湿地的基质,可以提高植物和动物的活性,强化水体中的氮磷污染物去除。王宁等[72]研究基于生物质炭的曝气人工湿地,发现系统氨氮和总氮的去除率较对照组湿地提高了 5.1%和 6.9%。生物质炭能够改善湿地内部的氧环境,作为潜在的碳源提高生物工艺的脱氮性能[73]。Chen 等[74]研究发现,对于低温制备的生物质炭,酚羟基作为电子供体可以增强硝酸盐的还原,高温生物质炭良好的电导率结构会促进 N_2O 的还原。生物质炭虽然有利于氮的去除,但是不利磷的去除,使用时需要对其添加量进行优化处理。

生物质炭具有高度稳定性和较强的吸附性能,在 N_2O 和 CO_2 等农业温室气体减排方面具有较大的应用潜力。柯跃进等[75]指出,施用生物质炭降低耕地土壤 CO_2 排放量的潜力可高达 41%。刘椒等[76]指出,施用生物质炭显著降低了蚯蚓诱导的土壤 N_2O 排放量,不同施用量对土壤 N_2O 累积排放量均存在显著。底栖动物能有效改善人工湿地的堵塞问题,在氮磷削减中也发挥了重要富集作用。Li 等[77]发现,投放的泥鳅和田螺等底栖生物的人工湿地,化学需氧量(COD)和氨氮等污染物的去除效果均有提高,说明底栖生物有改善水质的作用。生物质炭作为人工湿地的良好基质,促进了水生动物的存活和繁殖,强化了食物链的稳定性,进而提高了水体氮磷污染物的去除。

12.4.2 生物质炭强化微生物降解水体氮磷的性能与机理

微生物通过硝化和反硝化作用使各种含氮化合物转化为分子氮达到脱氮目

的，除磷是利用微生物在厌氧条件下放磷而在好氧条件下过量吸磷，使磷积累在剩余污泥中，达到去除废水中磷的目的，无机磷还可通过微生物的正常同化吸收作用进行利用[42]，部分解决了氮磷对环境的污染问题。生物脱氮除磷具有效果快、成本低的技术优势，应用前景良好。生物质炭的孔隙结构和高比表面积为微生物提供载体，有利于其富集，能够耐受外界不良环境。利用生物质炭进行特定功能微生物的固定化，成本低廉，微生物产生量少，生物膜成形快，对环境变化的适应性强，对污染物去除效率高[78]。同时，生物质炭能够为微生物提供多种的营养元素和微量元素，从而为微生物的生长提供了基础。

Dias 等[79]将生物质炭用于家禽粪便的堆肥过程，有机物的降解速率提高了70%，氮的流失比例也显著降低，堆肥中微生物的活性增强，群落结构和相对丰度也发生了显著的变化，这可能是生物质炭的稳定性和高孔隙率对微生物造成了一定的影响。徐民民等[80]研究了生物质炭对小麦根际和根内微生物的影响，结果表明，生物质炭显著影响小麦根际代表性微生物种类与功能。生物质炭和氮肥联合施用可以优化玉米根系和根际微生物群落，根际土壤中的微生物物种丰富度高于非根际土壤。然而，土壤细菌多样性并没有显著影响，却不同程度地促进了非根际土壤中优势菌群的生长。涂玮灵等[81]采用投加反硝化细菌制剂的方法修复水体底泥，结果表明，反硝化细菌投加量为 $0.5g/m^3$ 时，有机质降解率为 13.6%，水体 COD、氨氮、总氮和总磷的去除率分别达到 76.5%、94.4%、87.8%和 79.4%。然而，微生物菌剂多为液体或粉末状，具有时效性，要连续不断投加，治理时间较长，在处理开放水域时易流失，运行费用偏大[82]。菌液与炭质载体充分接触混合，即可得到固定化微生物的载体，该方法的优点为机械强度大、效率高、成本低和环境适应性强，固定化微生物的种群数量、活性和污染物的降解效率均得到显著提高[83]。

微生物对温度、溶解氧、基质性质、pH 等有苛刻要求，实验条件筛选的高效菌种在实际水体氮磷去除过程存在原住微生物的竞争[84]。王朝旭等[85]采用 NaOH 和 H_2O_2 改性稻壳炭为载体，发现微生物固定化体更利于恶臭假单胞菌活性恢复与氨氮去除，去除过程更符合准二级动力学方程。陈金媛等[86]研究猪粪炭、水稻秸秆炭和稻壳炭对活性污泥中的溶解性微生物产物(SMP)、胞外聚合物(EPS)的组成及其含量的影响，添加生物质炭的 SMP 中蛋白质的含量减少了 62.3%~76.6%，EPS 中蛋白质的含量增加了 17.8%~32.8%，猪粪炭对微生物影响最大，导致氮的转化效率提高，并且对磷也有更好的去除效果。生物质炭通过固定化微生物技术，可以应用于反硝化滤池和人工湿地等，强化生物系统在低温和 pH 波动等恶劣条件下的脱氮除磷效能和稳定性。

人工湿地是通过模拟自然湿地进行人为设计和改造，以基质、植物和微生物为主体，凭借物理、化学和生物协同作用来处理污水的自然生态系统。基质在人工湿地中具有重要的作用，为植物、动物和微生物提供适合的生境，同时有利于污染物的去除，污染物吸附和水力渗透性是基质筛选的主要依据。卢少勇等[87]对比了多种人工湿地填料，发现生物质炭孔隙率和渗透系数等性能较好，与氨氮结合能力强，能够在人工湿地中有效吸附氨氮。徐德福等[88]发现不同生物质炭添加均利于湿地植物根系的生长，其中木屑生物质炭的效果最为显著，提高了湿地的溶解氧浓度。钟乐[89]构建了生物质炭联合电化学强化的人工湿地系统，发现生物质炭强化显著提高了人工湿地对氨氮、硝态氮及总氮的去除效率，但是不利总磷的去除，生物质炭主要强化了异养反硝化细菌的脱氮作用，电化学主要强化了自养反硝化细菌的脱氮作用。

12.4.3　生物质炭对水体氮磷污染防治的应用

农业面源污染控制技术，如缓冲带技术、人工湿地技术、生态沟渠技术等，对农业面源污染具有一定程度的防控作用，但难以达到对农业面源污染有效防治和资源的循环利用。分析生物质炭对土壤流失氮磷持留特性的强化作用，研究生物质炭提升生态系统对氮磷利用性与资源化的回用技术，可以有效地缓解农业面源污染的环境压力。为此，浙江科技学院科研团队集成创新研究了农田退水氮磷污染多级高效拦截技术，具体的设施详见图 12.1。

图 12.1 中，第一级拦截设施为生态沟渠，以牛粪炭作为沟渠的基质之一，选取的沉水植物和挺水植物根系可以直接、高效吸收利用农田流失的氮和磷用于自身生长和繁殖。植物协同底栖动物，加快拦截底泥氮磷污染。第二级拦截设施为多级强化微生物脱氮除磷，该设施具有缺氧、兼氧、厌氧交替运行，形成短程硝化反硝化过程。在每个反应室中加入填料，该填料是由畜禽废弃物和粉煤灰制备的改性生物质炭。以此生物质炭作为微生物载体，延长微生物的停留与存活周期，加强微生物的氮磷降解转化性能，促进厌氧过程电子传递和活性表达，有利于反硝化的进行。第三级拦截为生物质炭氮磷吸附拦截设施，所用装置为并联式分层吸附塔，对二级拦截后的出水进行预处理去除残留的杂质。再从底部由中/细格栅进水，保证进水流速的均匀性，在生物质炭填料中进行充分高效的吸附。第二级和第三级拦截设施淘汰后的生物质炭回用于农田，进行全链式的物质循环利用。该设施将多级高效拦截与养分回用相结合，用于处理农田退水，可以实现农田氮磷流失防治与资源化，有效缓解农业面源污染的环境压力，具有经济环保、使用简单、"以废治废"可持续技术优势，具有良好的推广和应用前景。

浙江科技学院科研团队集成创新研发的氮磷污染多级高效拦截技术，用于农田退水氮磷治理实验，种植作物为单季稻，待多级系统稳定运行后，连续监测水质指标，农田退水经过三级拦截设施后，处理出水 COD、总氮和总磷得到有效的

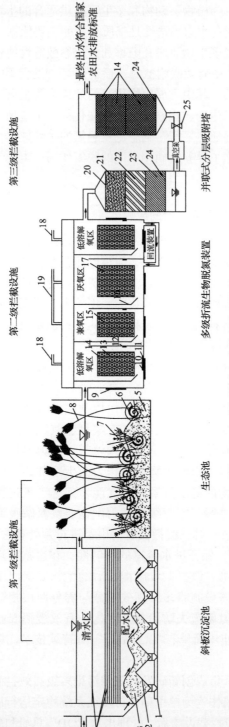

图12.1 氮磷污染多级高效拦截设施简图

1-排泥管；2-污泥斗；3-污泥；4-斜板；5-底泥；6-底栖动物（以螺蛳为例）；7-沉水植物（以苦草为例）；8-挺水植物（以芦苇为例）；9-电热板；10-溶解氧监测器；11-微孔曝气管；12-温度传感器；13-硝化菌；14-畜禽生物炭负载粉煤灰；15-硝化菌和反硝化菌；16-折流板；17-反硝化菌；18-通气管；19-沼气集气管；20-打孔挡板；21-鹅软石层；22-中粒径石英砂层；23-细粒度石英砂层；24-中粒度石英砂层；25-阀门

处理，表明研发的多级高效拦截技术有效地持留了农田退水的氮磷污染物，且系统运行稳定。将吸附饱和的生物质炭还田，对农田流失的氮磷进行资源回用，提高了土壤的肥力和农作物的产量。

参 考 文 献

[1] 王一格, 王海燕, 郑永林, 等. 农业面源污染研究方法与控制技术研究进展[J]. 中国农业资源与区划, 2021, 42(1): 25-33.

[2] Marschner H. Marschner's mineral nutrition of higher plants[M]. London: Academic Press, 2011.

[3] Shen Z, Liao Q, Hong Q, et al. An overview of research on agricultural non-point source pollution modelling in China[J]. Separation and Purification Technology, 2012, 84(2): 104-111.

[4] Wang J L, Fu Z S, Qiao H X, et al. Assessment of eutrophication and water quality in the estuarine area of Lake Wuli, Lake Taihu, China[J]. Science of The Total Environment, 2019, 650: 1392-1420.

[5] 胡玉婷, 王书伟, 颜晓元, 等. 中国农田氮淋失相关因素分析及总氮淋失量估算[J]. 土壤, 2011, 43(1): 19-25.

[6] Yin Q Q, Wang R K, Zhao Z H. Application of Mg-Al-modified biochar for simultaneous removal of ammonium, nitrate, and phosphate from eutrophic water[J]. Journal of Cleaner Production, 2018, 176: 230-240.

[7] Conley D J, Paerl H W, Howarth R W, et al. Likens GE: ecology controlling eutrophication: Nitrogen and phosphorus[J]. Science, 2009, 323(5917): 1014-1015.

[8] Dai Y, Wang W, Lu L, et al. Utilization of biochar for the removal of nitrogen and phosphorus[J]. Journal of Cleaner Production, 2020, 257: 120573.

[9] Wang W, Wu X H, Yin C M, et al. Nutrition loss through surface runoff form slope lands and its implications for agricultural management[J]. Agriculture Water Manage, 2019, 212: 226-231.

[10] 林祚顶, 李智广. 2018年度全国水土流失动态监测成果及其启示[J]. 中国水土保持, 2019, 12: 1-4.

[11] 张欢. 太湖地区施肥种类与强度对农田土壤氮平衡及氮流失影响研究[D]. 南京: 南京农业大学, 2014.

[12] 高杨, 宋付朋, 马富亮, 等. 模拟降雨条件下3种类型土壤氮磷钾养分流失量的比较[J]. 水土保持学报, 2011, 25(2), 15-18.

[13] 张翼, 岳玉波, 赵峥, 等. 不同施肥方式下稻田氮磷流失特征[J]. 上海交通大学学报(农业科学版), 2015, 33(1): 1-7.

[14] 姚金玲, 张克强, 郭海刚, 等. 不同施肥方式下洱海流域水稻-大蒜轮作体系氮磷径流损失研究[J]. 农业环境科学学报, 2017, 36(11): 2287-2296.

[15] 陈海生, 王亚芹, 李世炜. 台州市生态循环农业创新实践探索[J]. 安徽农学通报, 2018, 24(15)8: 6-7.

[16] 邓玉营. 富营养化水体生物修复研究进展[J]. 湖北农业科学, 2012, 51(4): 660-663.

[17] 王文冬, 王利军, 王艳梅, 等. "表潜结合式"人工湿地用于处理城市微污染水体[J]. 中国给水排水, 2019, 35(2): 100-104.

[18] 吴晓鸾, 杜悦矜, 周林艳, 等. 模块化填料人工湿地处理农村生活污水[J]. 环境工程学报, 2019, 13(3): 664-671.

[19] 李昌见, 屈忠义, 勾芒芒, 等. 生物炭对土壤水肥热效应的影响试验研究[J]. 生态环境学报, 2014, 23(7): 1141-1147.

[20] Hale S E, Alling V, Martinsen V, et al. The sorption and desorption of phosphate-P, ammonium-N and nitrate-N in cacao shell and corn cob biochars[J]. Chemosphere, 2013, 91(11): 1612-1619.

[21] Gong Y P, Ni Z Y, Xiong Z Z, et al. Phosphate and ammonium adsorption of the modified biochar based on Phragmites australis after phytoremediation[J]. Environ Sci Pollut R, 2017, 24(9): 8326-8335.

[22] 吴昱, 刘慧, 杨爱峥, 等. 黑土区坡耕地施加生物炭对水土流失的影响[J]. 农业机械学报, 2018, 49(5): 287-294.

[23] 刘莉, 李倩, 黄成, 等. 生物质炭和石灰对酸化紫色土的改良效果[J]. 环境科学与技术, 2019, 42(12): 173-179.

[24] Ahmad M, Rajapaksha A U, Lim J E, et al. Biochar as a sorbent for contaminant management in soil and water: A review[J]. Chemosphere, 2014, 99: 19-33.

[25] Hassan M, Liu Y, Naidu R, et al. Influences of feedstock sources and pyrolysis temperature on the properties of biochar and functionality as adsorbents: A meta-analysis[J]. Science of The Total Environment, 2020, 744: 140714.

[26] Wang Z, Bakshi S, Li C, et al. Modification of pyrogenic carbons for phosphate sorption through binding of a cationicpolymer[J]. Journal of Colloid and Interface Science, 2020, 579: 258-268.

[27] Wang L, Wang Y J, Ma F, et al. Mechanisms and reutilization of modified biochar used for removal of heavy metals from waste water: A review[J]. Science of Total Environment, 2019, 668: 1298-1309.

[28] Saleh M E, Mahooud A H, Rashad M. Peanut biochar as a stable adsorbent for removing NH$_4$-N from wastewater: A preliminary study[J]. Advances in Environmental Biology, 2012, 6(7): 2170-2176.

[29] 邢英, 李心清, 周志红, 等. 生物炭对水体中铵氮的吸附特征及其动力学研究[J]. 地球与环境, 2011, 39(4): 511-516.

[30] Yang H I, Lou K, Rajapaksha A U, et al. Adsorption of ammonium in aqueous solutions by pine sawdust and wheat straw biochars[J]. Environ Sci Pollut R, 2018, 25(26): 25638-25647.

[31] Sarkhot D V, Ghezzehei T A, Berhe A A. Effectiveness of biochar for sorption of ammonium and phosphate form dairy effluent[J]. Journal of Environment Quality, 2013, 42(5): 1545-1554.

[32] Kizito S, Wu S, Kipkemoi Kirui W, et al. Evaluation of slow pyrolyzed wood and rice husks biochar for adsorption of ammonium nitrogen from piggery manure anaerobic digestate slurry[J]. Science of the Total Environment, 2015, 505: 102-112.

[33] Kameyama K, Miyamoto T, Shiono T, et al. Influence of sugarcane bagasse-derived biochar application on nitrate leaching in calcaric dark red soil[J]. Journal of Environmental Quality, 2012, 41(4): 1131-1137.

[34] 马锋锋, 赵保卫, 刁静茹, 等. 牛粪生物炭对水中氨氮的吸附特性[J]. 环境科学, 2015, 5: 1678-1685.

[35] Li R, Wang J J, Zhou B, et al. Simultaneous capture removal of phosphate, ammonium and organic substances by MgO impregnated biochar and its potential use in swine wastewater treatment[J]. Journal of Cleaner Production, 2017, 147: 96-107.

[36] Cui X, Hao H, Zhang C, et al. Capacity and mechanisms of ammonium and cadmium sorption on different wetland-plant derived biochars[J]. Science of The Total Environment, 2016, 539: 566-575.

[37] Jung, K W, Hwang, M J, Ahn, K H, et al. Kinetic study on phosphate removal from aqueous solution by biochar derived from peanut shell as renewable adsorptive media[J]. International Journal of Environmental Science and Technology, 2015, 12(10): 3363-3372.

[38] 孙婷婷, 高菲, 林莉. 复合金属改性生物炭对水体中低浓度磷的吸附性能[J]. 环境科学, 2020, 41(2): 784-791.

[39] Yao Y, Gao B, Chen J, et al. Engineered biochar reclaiming phosphate from aqueous solutions: mechanisms and potential application as a slow-release fertilizer[J]. Environmental Science and Technology, 2013, 47(15): 8700-8708.

[40] Jung K W, Ahn K H. Fabrication of porosity-enhanced MgO/biochar for removal of phosphate from aqueous solution: application of a novel combined electrochemical modification method[J]. Bioresource Technology, 2016, 200: 1029-1032.

[41] Cho D W, Chon C M, Kim Y J. Adsorption of nitrate and Cr(Ⅵ) by cationic polymer modified granular activated carbon[J]. Chemical Engineering Journal, 2011, 175: 298-305.

[42] Yao Y, Gao B, Inyang M, et al. Removal of phosphate from aqueous solution by biochar derived from anaerobically digested sugar beet tailings[J]. Journal of Hazardous Materials, 2011, 190(1-3): 501-507.

[43] Fang C, Zhang T, Li P, et al. Application of magnesium modified corn biochar for phosphorus removal and recovery from swine wastewater[J]. Int. J. Environ. Res. Public Health, 2014, 11(9): 9217-9237.

[44] 祝天宇, 卢泽玲, 刘月娥, 等. 镁改性生物炭制备条件对其氮、磷去除性能的影响[J]. 环境工程, 2018, 1: 37-41.

[45] Chen L, Chen X L, Zhou C H, et al. Environmental-friendly montmorillonite-biochar composites: Facile production and tunable adsorption-release of ammonium and phosphate[J]. Journal of Cleaner Production, 2017, 156: 648-659.

[46] Du X, Su J, Li X, et al. Modeling and evaluating of non-point source pollution in a semi-arid watershed: Implications for watershed management[J]. Clean-Soil, Air, Water, 2016, 44(3): 247-255.

[47] 胡钰, 林煜, 金书秦, 等. 农业面源污染形势和"十四五"政策取向[J]. 环境保护, 2021, 40(1): 31-36.

[48] 刘晨峰, 赵兴征, 汪志锋, 等. 农业污染源氮磷排放特征与"十四五"时期的对策建议[J]. 环境保护, 2020, 48(18): 28-33.

[49] Zheng H, Wang Z Y, Deng X, et al. Impacts of adding biochar on nitrogen retention and bioavailability in agricultural soil[J]. Geoderma, 2013, 206: 32-39.

[50] 陆欣欣, 岳玉波, 赵峥, 等. 不同施肥处理稻田系统磷素输移特征研究[J]. 中国生态农业学报, 2014, 22(4): 394-400.

[51] Shen Z, Liao Q, Hong Q, et al. An overview of research on agricultural non-point source pollution modelling in China[J]. Separation and Purification Technology, 2012, 84(2): 104-111.

[52] Huang X P, Huang L M, Yue W Z. The characteristics of nutrients and eutrophication in the Pearl River estuary, South China[J]. Marine Pollution Bulletin, 2003, 47(1): 30-36.

[53] Feleke Z, Sakakibara Y. A bio-electrochemical reactor coupled with adsorber for the removal of nitrate and inhibitory pesticide[J]. Water Research, 2002, 36(12): 3092-3102.

[54] 周志红, 李心清, 邢英, 等. 生物炭对土壤氮素淋失的抑制作用[J]. 地球与环境, 2011, 39(2): 278-284.

[55] 李卓瑞, 韦高玲. 不同生物炭添加量对土壤中氮磷淋溶损失的影响[J]. 生态环境学报, 2016, 25(2): 333-338.

[56] 杨放, 李心清, 刑英, 等. 生物炭对盐碱土氮淋溶的影响[J]. 农业环境科学学报, 2014, 33(5): 972-977.

[57] Chintala R, Schumacher thomas E, Mcdonald Louis M, et al. Phosphorus sorption and availability from biochars and soil /biochar mixtures[J]. Clean-Soil, Air, Water, 2014, 42(5): 626-634.

[58] 孙宁婷, 王小燕, 周豪, 等. 生物质炭种类与混施深度对紫色土水分运移和氮磷流失的影响[J]. 土壤学报, 2021.

[59] 张赛, 陈杭, 胡朝华, 等. 减氮配施生物炭调理剂对甘蔗苗生长和土壤养分的影响[J]. 农业与技术, 2021, 41(4): 21-23.

[60] 冯轲, 田晓燕, 王莉霞, 等. 化肥配施生物炭对稻田田面水氮磷流失风险影响[J]. 农业环境科学学报, 2016, 35(2): 329-335.

[61] 王舒, 王子芳, 龙翼, 等. 生物炭施用对紫色土旱坡地土壤氮流失形态及通量的影响[J]. 环境科学, 2020, 41(5): 2406-2415.

[62] Tang S C, Yang X S, Zhang W T, et al. Characteristics of nitrogen and phosphorus release from struvite coated ureaand struvite combined with biochar coated urea in calcareous soil[J]. Journal of University of Chinese Academy of Sciences, 2021, 38(1): 83-93.

[63] 朱浩宇, 贾安都, 王子芳, 等. 化肥减量对紫色土坡耕地磷素流失的影响[J]. 中国环境科学, 2021, 41(1): 342-352.

[64] Asai H, Samson B K, Stephan H M, et al. Biochar amendment techniques for upland rice production in Northern laos 1: Soil physical properties, leaf SPAD and grain yield[J]. Field Crops Research, 2009, 111(1): 81-84.

[65] 潘复燕, 薛利红, 卢萍. 不同土壤添加剂对太湖流域小麦产量及氮磷养分流失的影响[J]. 农业环境科学学报, 2015, 34(5): 928-936.

[66] Yao Y, Gao B, Zhang M, et al. Effect of biochar amendment on sorption and leaching of nitrate, ammonium, and phosphate in a sandy soil[J]. Chemosphere, 2012, 89(11): 1467-1471.

[67] Gao S, DeLuca T H, Cleveland C C. Biochar additions alter phosphorus and nitrogen availability in agricultural ecosystems: A meta-analysis[J]. Science of the Total Environment, 2019, 654: 463-472.

[68] Clemente R, Almela C, Bernal M P. A remediation strategy based on active phytoremediation followed by natural attenuation in a soil contaminated by pyrite waste[J]. Environmental Pollution, 2006, 143(3): 397-406.

[69] Sanchez-Garcia M, Alburquerque J A, Aanchez-Monedero M A, et al. Biochar accelerates organic matter degradation and enhances N mineralization during composting of poultry manure without a relevant impact on gas emissions[J]. Bioresource Technology, 2015, 192: 272-278.

[70] 周劲松, 闫平, 张伟明, 等. 生物炭对东北冷凉区水稻秧苗根系形态建成与解剖结构的影响[J]. 作物学报, 2017, 43(1): 72-81.

[71] 张作合, 张忠学. 稻作水炭运筹下氮肥吸收转运与分配的 ^{15}N 示踪分析[J].农业机械学报, 2019, 50(11): 239-249.

[72] 王宁, 黄磊, 罗星, 等. 生物炭添加对曝气人工湿地脱氮及氧化亚氮释放的影响[J]. 环境科学, 2018, 39(10): 115-121.

[73] Zhou X, Jia L, Liang C, et al. Simultaneous enhancement of nitrogen removal and nitrous oxide reduction by a saturated biochar-based intermittent aeration vertical flow constructed wetland: Effects of influent strength[J]. Chemical Engineering Journal, 2018, 334: 1842-1850.

[74] Chen G, Zhang Z, Zhang Z, et al. Redox-active reactions in denitrification provided by biochars pyrolyzed at different temperatures[J]. Science of The Total Environment, 2018, 615: 1547-1556.

[75] 柯跃进, 胡学玉, 易卿, 等. 水稻秸秆生物炭对耕地土壤有机碳及其 CO_2 释放的影响[J]. 环境科学, 2014, 35(1): 93-99.

[76] 刘椒, 那立苹, 张琳, 等. 不同量生物炭施用与蚯蚓互作对土壤N_2O及CO_2排放的影响[J]. 生态与农村环境学报, 2012, 37(3): 353-359.

[77] Li P F, Zhang J, Xin H J, et al. Effects and cipagopaludina cathayensis on pollutant removal and microbial community in constructed wetlands[J]. Water, 2015, 7(5): 2422-2434.

[78] 丁文川, 曾晓岚, 王永芳, 等. 生物炭载体的表面特征和挂膜性能研究[J]. 中国环境科学, 2011, 31(9): 1451-1455.

[79] Dias B O, Silva C A, Higashikawa F S, et al. Use of biochar as bulking agent for the composting of poultry manure: effect on organic matter degradation and humification[J]. Bioresource Technology, 2010, 101(4): 1239-1246.

[80] 徐民民, 黄莹, 李波, 等. 生物炭对小麦根际和根内微生物群落结构的影响[J]. 浙江农业学报, 2021, 33(3): 518-528.

[81] 涂玮灵, 胡湛波, 梁益聪, 等. 反硝化细菌修复城市黑臭河道底泥实验研究[J]. 环境工程, 2015, 33(10): 5-9.

[82] 宋晓兰, 张洁, 陈渊, 等. 微生物修复技术在苏南某黑臭河道的应用[J]. 环境科学与技术, 2014, 37: 166-168.

[83] Wang Z Y, Ying X U, Wang H Y, et al. Biodegradation of crude oil in contaminated soils by free and immobilized microorganisms[J]. Pedosphere, 2012, 22(5): 717-725.

[84] 薄涛, 季民. 内源污染控制技术研究进展[J]. 生态环境学报, 2017, 26(3): 514-521.

[85] 王朝旭, 任静. 改性生物炭固定异养硝化菌对水中低浓度氨氮的去除[J]. 环境污染与防治, 2021, 43(2): 139-144.

[86] 陈金媛, 刘学文, 吕菊锋. 生物炭对活性污泥中 SMP 和 EPS 的组成及脱氮除磷的影响[J]. 环境工程, 2020, 9: 133-138.

[87] 卢少勇, 万正芬, 李锋民, 等. 29 种湿地填料对氨氮的吸附解吸性能比较[J]. 环境科学研究, 2016, 8: 1187-1194.

[88] 徐德福, 潘潜澄, 李映雪, 等. 生物炭对人工湿地植物根系形态特征及净化能力的影响[J]. 环境科学, 2018, 7: 3187-3193.

[89] 钟乐. 生物炭联合电化学强化人工湿地脱氮除磷的效能及机制研究[D]. 哈尔滨: 哈尔滨工业大学, 2019.

第13章 生物质炭在大气污染物处理中的应用

生物质炭具有比表面积大、孔隙结构丰富的特点，可作为吸附剂、催化剂和填料，处理 CO_2、NO_x、VOCs、Hg^0、H_2S 和 SO_2 等大气污染物。本章结合生物质炭的特性，阐述生物质炭材料在大气污染控制领域中的应用，对比不同生物质炭材料处理大气污染物的性能，分析生物质炭在大气污染物处理方面的应用潜力，为废弃生物质资源化利用提供参考。

13.1 大气污染物处理概述

13.1.1 大气污染现状及危害

大气污染是指由人类或自然活动，向大气中排放的污染物质，超过一定浓度，持续一定时间，并对人体或者环境产生了一定危害的现象。进入 21 世纪，人们的物质生活在得到极大丰富的同时，也给环境带来了巨大的压力。由于工业和城市的迅速发展，人类活动对大自然的影响日益剧增，燃煤烟气、机动车尾气的过量排放等都对大气环境造成了严重影响，导致大气中二氧化碳(CO_2)、氮氧化物(NO_x)、挥发性有机物(volatile organic compounds，VOCs)、二氧化硫(SO_2)等有害成分增加，危害人类健康，破坏局部生态环境，当大气污染问题较为严重时，会造成区域性环境问题，如酸雨、温室效应等。人类社会发展所引发的环境问题，正逐步威胁着地球的生态平衡，大气污染已成为了全球性重大问题之一。

人类历史上曾发生过多次直接影响到人类健康和发展的大气污染问题。1930 年比利时马斯河谷烟雾事件是 20 世纪最早记录下来的大气污染惨案，在 SO_2 等有害气体和粉尘污染的综合作用下，当地居民有上千人发生呼吸道疾病，出现不同程度的胸痛、咳嗽、流泪、喉痛、呼吸困难、恶心、呕吐等症状，在一星期之内就有 60 多人死亡。后来世界各国也因大气污染物排放过量问题导致一系列大气污染事件发生，其中包括震惊全球的有 1948 年美国多诺拉烟雾事件、1940 年美国洛杉矶光化学烟雾事件、1952 年伦敦烟雾事件和 1955 年日本四日市烟雾事件等。鉴于大气环境污染问题日趋严重，20 世纪 60 年代末，人们环保意识不断觉醒，纷纷要求制定针对大气环境污染治理的相关办法和法规。1972 年，联合国在瑞典的斯德哥尔摩召开了第一次人类环境会议，通过了《人类环境会议宣言》，并确定每年的 6 月 5 日为世界环境日，呼吁人类共同改善地球的生态环境；为了保护和改善生态环境，1987 年，我国第六届全国人民代表大会通过了《中华人民共和国大气污染防治法》，2017 年，我国第十二届全国人民代表大会又提出坚决打赢蓝天保卫战，进一步使治理大气污染向纵深推进，诸多大气污染问题得到了解决，生态环境得到明显的改善。

13.1.2　大气污染物与生物质炭

大气污染物可分为气溶胶状态污染物和气态污染物。气溶胶状态污染物包括粉尘、烟、飞灰、雾等，气态污染物包括 NO_x、SO_2、VOCs、CO、CO_2、O_3 等。目前，我国常规监测的大气污染物包括 PM_{10}、$PM_{2.5}$、NO_2、SO_2、O_3 和 CO 共 6 种。大气污染物的来源可分为天然源和人为源两大类。火山爆发、森林火灾和沙尘暴等属于天然源，工业生产、交通运输、秸秆焚烧等属于人为源。

生物质炭是以废弃生物质为原料制备而成的富碳材料，具有来源广、可再生和可持续的特点。为了获得比表面积大、孔隙结构丰富的生物质炭材料，需要对生物质炭进行改性，生物质炭改性的方法主要有物理改性法、化学改性法、物理化学改性法和生物改性法。物理改性能够增加生物质炭的比表面积，形成更多的中孔和微孔，改善孔隙结构，常见的物理改性方法有蒸汽改性、CO_2 改性、微波改性、球磨改性和磁改性等，物理改性法生产工艺清洁、简单，能够避免腐蚀设备和污染环境，所制备的生物质炭可直接使用，不需要清洗和再加工，具有不添加杂质、成本低的优点，但也存在改性温度高、时间长、能耗大的问题。化学改性能够改变生物质炭表面化学性质，常见的化学改性方法有氧化改性、还原改性、酸碱改性等，用到的化学试剂有 KOH、$ZnCl_2$、H_3PO_4、HCl 等，化学改性法具有操作温度低、时间短、产物比表面积大的优点，但改性剂使用量大，易腐蚀设备和污染环境。物理化学改性法通过将物理改性和化学改性相结合，先用化学改性剂浸渍原料，再将浸渍产物物理改性，物理化学改性法不仅能够克服单一物理改性法或者化学改性法存在的缺陷，还能有效调控生物质炭的孔径和比表面积。生物改性是将生物质原料先经过微生物厌氧消化等处理后热解制备成生物质炭，能够提高生物质炭的比表面积、阳离子交换能力。

13.1.3　生物质炭处理大气污染物的原理与技术

有关生物质炭材料的应用研究，起初主要集中于土壤修复和水体污染物处理。近年来，越来越多的研究聚焦于利用生物质炭材料处理大气污染物，例如 CO_2、NO_x、VOCs、Hg^0、H_2S 和 SO_2 等。生物质炭材料的理化特性与其在大气污染物控制中的应用潜力直接相关。因此，通过全面分析生物质炭材料的理化特性，解析生物质炭理化特性与大气污染物处理性能间的关联性，能够阐明生物质炭处理大气污染物的原理。生物质炭材料的特性一般包括比表面积、pH、孔隙度、元素组成、阳离子交换量、表面官能团、晶体类型、热稳定性、微观结构等。常用的分析仪器有比表面积分析仪、X 射线衍射光谱仪(X-ray diffraction spectrometer，XRD)、X 射线荧光光谱仪(X-ray fluorescence spectrometer，XRF)、红外光谱仪

（Fourier transform infrared spectrometer，FT-IR）、核磁共振仪（nuclear magnetic resonance spectrometer，NMR）、热重分析仪（thermal gravimetric analyzer，TGA）、扫描电镜（Scanning electronic microscopy，SEM）、透射电镜（transmission electron microscopy，TEM）、拉曼光谱（Raman spectrometer）等，如图 13.1 所示。

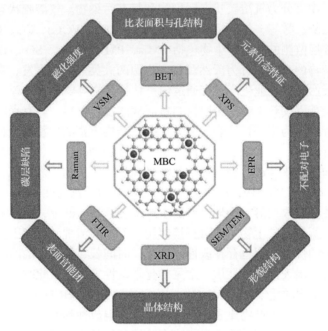

图 13.1 生物质炭表征方法[1]

　　已有的研究表明，生物质炭处理大气污染物的原理主要包括吸附和催化两方面，其吸附特性主要取决于孔隙结构和表面化学性质，可分为物理吸附和化学吸附两类，而催化特性主要与表面化学特性相关。相应地，生物质炭处理大气污染物的技术也分为吸附技术和催化技术两大类。气体吸附技术从设备类型上可分为固定床、移动床和流化床。催化技术主要可分为光催化技术、热催化技术和电催化技术三大类。此外，生物质炭还能用于生物法处理废气，在生物法处理废气的过程中充当填料，为微生物提供附着场所。

13.2　生物质炭处理 CO_2

13.2.1　CO_2 及其危害

　　随着全球经济社会的快速发展，煤、石油、天然气等化石燃料的消耗持续攀升，造成 CO_2 排放量日趋增加。CO_2 是造成温室效应的主要气体之一，CO_2 过量排放，会引发全球变暖、海平面上升、生态系统恶化等生态环境问题。燃气和燃煤电厂是

CO_2 的主要排放源，其每年排放的 CO_2 占全球 CO_2 年总排放量的 60%左右。2016年中国、法国、英国、日本等多国共同签订了《巴黎气候变化协定》，推进 CO_2 减排，增强对气候变化的应对能力。为实现 CO_2 减排目标，各国科学家均在全力研发化石燃料的替代品。政府间气候变化专门委员会(Intergovernmental Panel on Climate Change，IPCC)指出，为将全球变暖幅度要控制在 1.5℃以内，2030 年全球 CO_2 的排放量需要比 2017 年下降 49%。2021 年 3 月 15 日中央财经委员会第九次会议强调，我国要把碳达峰、碳中和纳入生态文明建设整体布局，如期实现 2030 年前碳达峰、2060 年前碳中和的目标，这事关中华民族永续发展和人类命运共同体构建。

13.2.2　生物质炭在 CO_2 捕集中的应用

CO_2 捕集和封存技术是 CO_2 减排技术的研究热点，将 CO_2 从烟气中高效分离是 CO_2 捕集和封存技术的核心环节。目前，利用有机胺溶液吸收 CO_2 是较为成熟的 CO_2 捕集技术，然而该技术存在高能耗、易腐蚀设备和易受杂质干扰等问题。相较之下，CO_2 吸附技术具有吸附容量高、再生能耗小、选择性好和易于操作等优点，具有广阔的应用前景。常规的吸附材料有改性炭材料、改性沸石、复合膜、钛纳米管和金属有机骨架材料等。开发廉价、实用、高疏水和可重复实用的 CO_2 吸附材料一直是各国科学界关注的焦点。研究表明，微孔结构丰富，且表面富有含氮官能团的炭材料通常具有较好的 CO_2 吸附容量。生物质炭材料孔道结构多样、表面官能团种类丰富，且具有生产成本低、质量轻、比表面积大、化学稳定性好和吸附速度快等特点。利用废弃生物质作为前驱体，制备生物质炭材料吸附 CO_2，是一条以废治污的绿色途径。

生物质炭材料 CO_2 吸附性能评价有多种方法，如固定床吸脱附法、气体吸附分析仪法和热重吸附法等。固定床吸脱附法是利用固定床吸附装置，将生物质炭材料填充在反应管中，通入浓度为 15%左右的 CO_2 气体，由气相色谱仪分析吸附和脱附过程中进出口 CO_2 浓度，从而根据吸脱附曲线计算出单位质量生物质炭材料 CO_2 吸附量。气体吸附分析仪法是直接利用具有气体吸脱附量分析功能的仪器测定 CO_2 的吸附量。热重吸附法是利用热重分析仪，通过测定单位质量生物质炭材料在一定温度下吸附 CO_2 的质量，从而计算出生物质炭材料的 CO_2 吸附量。不同生物质炭的 CO_2 吸附容量见表 13.1。

表 13.1　不同原料制备的生物质炭材料 CO_2 吸附量比较

原料种类	炭化/改性条件	吸附温度/℃	吸附压力/bar	吸附容量/(mmol/g)	参考文献
烟草秸秆	700℃	25	1	4.8	Ma 等[2]
眼镜豆壳	650℃	50	1	4.4	Malesh 等[3]
木屑	700℃	25	1	5.0	Mokaya 等[4]

原料种类	炭化/改性条件	吸附温度/℃	吸附压力/bar	吸附容量/(mmol/g)	参考文献
咖啡渣	800℃	25	1	3.8	Wang 等[5]
餐厨垃圾+木屑	550℃	25	1	3.2	Ok 等[6]
甘蔗渣	900℃	30	1	1.8	马等[8]
稻谷壳	710℃	25	1	4.2	Li 等[7]
马尾藻	800℃	25	1	1.0	Liu 等[9]
Manya	700℃	25	0.15	1.3	Manya 等[10]
椰子壳	600℃	25	1	4.2	Yang 等[11]

Ma 等利用烟草秸秆制备的多孔生物质炭材料的 CO_2 吸附容量能够达到 4.8mmol/g，利用密度泛函理论计算(DFT)研究表明生物质炭表面的羧基和羟基等含氧官能团主要靠静电相互作用吸附 CO_2，并根据蒙特卡罗方法(grand canonical Monte Carlo，GCMC)推算，在 CO_2 吸附过程中，表面含氧官能团的作用贡献率占 37%，孔结构的作用贡献率占 63%[2]。Malesh 等利用眼镜豆壳制备的多孔生物质炭材料 CO_2 的吸附容量能够达到 4.4mmol/g，指出生物质炭的 CO_2 吸附容量主要受其表面碱性官能团、比表面积和石墨碳结构影响[3]。Mokaya 等利用废木料制备的多孔生物质炭材料的微孔直径主要是在 5.5～7Å，利于 CO_2 的吸附，其 CO_2 吸附容量能达到 5mmol/g[4]。Wang 等以咖啡渣为原料，制备了富氮多孔生物质炭材料，其 CO_2 吸附容量能够达到 3.8mmol/g，生物质炭表面的多孔结构和氮含量是影响 CO_2 吸附容量的主要因素[5]。Ok 等利用餐厨垃圾和废木料作为原料，制备了吸附 CO_2 的生物质炭材料，并认为生物质炭材料表面的含 N、S 官能团是其具有 CO_2 高吸附性能的重要原因之一[6]。Li 等以稻谷壳为原料，通过 KOH 活化法制备得到的生物质炭，CO_2 吸附容量能够达到 4.2mmol/g[7]。可见，生物质炭的 CO_2 吸附容量主要取决于原料特性和制备工艺，生物质炭表面官能团类型、比表面积和孔结构是影响其 CO_2 吸附容量的主要因素。

13.2.3　生物质炭在催化还原 CO_2 中的应用

CO_2 催化还原技术能够将 CO_2 转化为小分子有机物，是具有前景的 CO_2 减排与再利用技术。CO_2 催化还原技术包括热催化还原技术、光催化还原技术和电催化还原技术。用于 CO_2 催化还原的生物质炭催化剂的制备包括炭化和活化两个主要阶段。其中，炭化阶段包括水热炭化处理或热解炭化处理，炭化产物经过酸洗除杂烘干后，可得到生物质炭材料。而且，利用 B、P、S、N 等杂原子对生物质炭材料进行改性后，能够提高其表面的缺陷浓度，从而提高生物质炭催化剂的催化效率。

在 CO_2 电化学催化还原技术中，可采用三电极系统的单室电化学装置进行性能测试，该装置以饱和甘汞电极或 Ag/AgCl 电极为参比电极，铂电极为辅助电极，玻璃炭电极作为工作电极，并填充电解液。同时，需要通过电化学工作站对生物质炭催化剂进行循环伏安扫描 (cyclic voltammetry，CV) 和线性伏安扫描 (linear sweep voltammograms，LSV)，研究生物质炭催化剂的电化学催化活性。并利用气相色谱、核磁共振谱和红外光谱等设备进行产物检测，分析产物种类。Li 等利用小麦粉为原料，通过一步热解法制备生物质炭材料，将 CO_2 电化学催化还原为 CO，法拉第电流效率能够达到 83.7%，电流密度能够达到 6.6mA/cm^2[12]；Yuan 等利用苔藓作为生物质原料制备生物质炭材料，并将其作为 CO_2 电化学还原催化剂，将 CO_2 还原为 CH_4、C_2H_5OH 和 CH_3OH，法拉第电流效率分别能够达到 56.0%、26.0% 和 10.5%[13]。

利用生物质炭作为 CO_2 光催化还原剂载体，是目前 CO_2 催化还原的一个研究热点。然而，由于 CO_2 光催化反应过程较为复杂，CO_2 光催化还原效率不理想，CO_2 光催化还原技术的研究还在起步阶段。Kumar 等利用巴旦木枝条为原料，制备了异质结构生物质炭基光催化剂，能够将 CO_2 光催化还原为 CH_4[14]。

13.3　生物质炭处理 NO_x

13.3.1　NO_x 及其危害

NO_x（NO、NO_2、N_2O 等）是化石燃料燃烧和工业生产过程中产生的大气污染物，据中华人民共和国生态环境部《2016—2019 年全国生态环境统计公报》显示，2019 年我国 NO_x 排放量为 1233.9 万 t，主要来源包括工业源、移动源和生活源。NO_x 进入大气环境后，会造成雾霾、近地面臭氧浓度增加、光化学烟雾、酸雨、土壤酸化等影响人类健康和发展的环境问题[15-17]，具体包括如下几方面：NO_x 主要以 NO 和 NO_2 的形式存在，其中 NO 同血液中的血红蛋白的亲和力很强，人体一旦吸入过量的 NO，会使血液运输氧气的能力大幅降低，造成人体供养不足，导致中枢神经系统受到破坏，引起痉挛、麻痹等症状，严重时会致人缺氧死亡；NO_x 和碳氢化合物 (HCs) 在阳光的作用下，会生成含有臭氧、醛、酮、酯等成分的光化学烟雾，造成二次污染，对动植物和环境产生危害；NO_x 和 O_3 化学发应，导致大气中 O_3 减少，造成臭氧空洞，导致紫外光隔离作用减弱；NO_x 是一种酸性气体，在空气中会与水反应形成硝酸或亚硝酸，也会进一步同空气中的粉尘结合形成硝酸盐气溶胶，这些成分在降雨过程中会形成酸雨，对动植物造成危害。

13.3.2　生物质炭在选择性催化还原 NO_x 中的应用

目前，选择性催化还原 (selective catalytic reduction，SCR) 技术是 NO_x 的主要控

制技术，该技术利用 NH₃ 或 HCs 作为还原剂，将 NOₓ 选择性催化还原为 N₂，SCR 催化剂是该技术的核心。生物质炭具有高比表面积、丰富的孔道结构、优良的吸附性能、稳定的化学性质等优点，可用于开发 SCR 催化剂。但是单纯地用生物质炭原料进行催化脱硝时，其催化性能并不突出，对生物质炭材料进行表面处理后，可以让其孔隙结构更加发达，表面能够富有更多的活性位点，提高催化效率。

Liu 等以椰壳炭作为原料制备得到生物质炭，负载 MnOₓ 后制备得到比表面积为 734m²/g 的生物质炭基低温 SCR 催化剂，该催化剂在 6000/h 和 150℃ 的实验条件下，NO 去除率能够达到 97%，并指出催化剂表面 Mn⁴⁺ 和吸附态氧物种含量是影响其低温脱硝活性的主要因素，脱硝机理如图 13.2 所示[18]。Shen 等通过磷酸活化和水蒸汽活化的物理化学活化法制备得到 Mn-CeOₓ 双金属生物质炭基催化剂，催化剂的比表面积、表面酸性、吸附氧物种、含氧官能团、Mn⁴⁺/Mn³⁺ 比例均和其低温脱硝活性有关，其中吸附氧物种和含氧官能团能够促使 NO 氧化为 NO₂，提高低温 SCR 脱硝效率[19]。

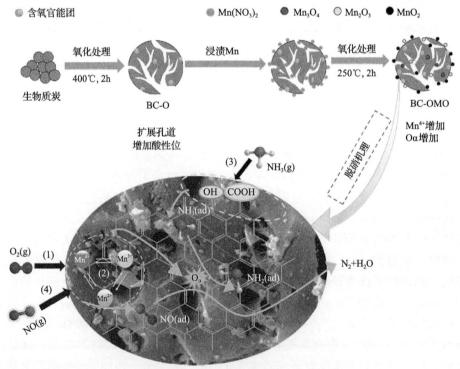

图 13.2　MnOₓ/生物质炭催化剂表面 NH₃-SCR 脱硝机理[18]

13.3.3　生物质炭在催化氧化及吸附 NOₓ 中的应用

NO 催化氧化技术能够将 NO 催化氧化为 NO₂，NO₂ 再用水溶液吸收处理，该技术能够在室温下条件下运行。利用炭材料制备 NO 催化氧化催化剂是当下的一个研究热点，如活性炭、活性炭纤维、炭干凝胶、氧化石墨烯均被利用于制备 NO 催化氧化催化剂。然而，上述炭材料存在价格昂贵、原料不可持续的问题，给工业应用造成了障碍。以生物质炭材料制备 NO 催化氧化催化剂是一条能够降低成本，实现废弃物资源化利用的途径。通常认为存在两种生物质炭材料催化氧化 NO 的机理，一种是 L-H(Langmuir-Hinshelwood) 机理，另一种是 E-R (Eley-Rideal) 机理。L-H 机理认为，在 NO 催化氧化过程中，O_2 与催化剂表面的氧空位结合成含氧官能团，吸附到催化剂表面的 NO 与催化剂表面的含氧官能团反应生成 NO_2；E-R 机理认为，吸附到催化剂微孔表面的 NO 是直接与催化剂微孔里气相中的 O_2 反应生成 NO_2。值得注意的是，不论是 L-H 机理，还是 E-R 机理，NO 吸附在催化剂表面这一过程均是反应控速步骤。

　　生物质炭材料催化氧化及吸附 NO_x 的性能取决于原料特性和制备方法，如表 13.2 所示。Deng 等利用活性污泥制备的污泥炭材料，在反应温度为 30℃的条件下，能够将 65%的 NO 转化为 NO_2[20]。Pietrak 等利用松树木屑为原料，经炭化和 CO_2 活化后，制备得到生物质炭，其 NO_2 吸附容量为 18.6mg/g[21]。Nowicki 等将胡桃壳生物质炭经过 KOH 或 CO_2 活化后，其 NO_2 吸附容量分别为 66.3mg/g 和 58.1mg/g，分析表明，经过 KOH 活化的生物质炭比表面积能够达到 2305m^2/g，高于经过 CO_2 活化的生物质炭比表面积 697m^2/g[22]；Nowicki 等还以梅子核为原料，通过 KOH 活化法制备得到比表面积高达 3228m^2/g 的生物质炭，其 NO_2 吸附容量也达到了 67mg/g[23]。Ghouma 等以橄榄核为原料在 750℃经水蒸气活化后，制备得到橄榄核生物质炭，其 NO_2 吸附容量能够达到 79.8mg/g[24]。在 NO_2 吸附过程中，生物质炭材料与 NO_2 的作用机理主要是在生物质炭表面形成 $C-NO_2$、$C-ONO$、$C-ONO_2$ 等表面配合物，因稳定性和所处化学环境不同，这些配合物将进一步发生化学迁移或形成新的官能团结构[25]。

表 13.2　不同原料制备的生物质炭材料 NO_2 吸附量比较

原料种类	炭化/改性条件	吸附条件	吸附容量/(mg/g)	参考文献
松树木屑	800℃炭化 1h	室温、1% NO_2	18.3	Pietrak 等[21]
胡桃壳	400℃炭化 1h、800℃ KOH 活化	0.1% NO_2	66.3	Nowicki 等[22]
梅子核	400℃炭化、800℃活化 0.5h	0.1% NO_2	67.0	Nowicki 等[23]
商用活性炭	900℃抽真空 5h	50℃、500ppm NO_2	75.3	Gao 等[26]
橄榄核	炭化、水蒸气活化	50℃、500ppm NO_2、	79.8	Ghouma 等[24]
啤酒渣	500℃炭化、800℃ CO_2 活化 1h	0.1% NO_2	58.5	Wozniak[27]

13.4　生物质炭处理 VOCs

13.4.1　VOCs 及其危害

VOCs 主要包括各种烷烃、烯烃、含氧烃和卤代烃等有机化合物，典型 VOC*s* 物质如二氯甲烷、四氯化碳、乙烯、三氯甲烷、二甲胺、甲基硫醇、乙酸、正己烷、甲硫醚、乙酸乙酯、丙酮、三氯乙烯、甲醛、苯、萘、甲苯、氯苯、乙苯、苯乙烯、二甲苯和苯酚等。VOCs 通常具有强刺激性和毒性，部分 VOCs 还具有恶臭、易燃易爆、致畸、致癌、致突变的作用。当有毒有害 VOCs 和人体直接接触，VOCs 会损害神经系统和器官，干扰新陈代谢和造成内分泌紊乱；当 VOCs 和 NO_x 同时存在于大气环境中，在太阳光的作用下，二者会发生光化学反应，生成臭氧、过氧乙酰硝酸酯、气溶胶和醛类等有机物，易造成光化学烟雾、$PM_{2.5}$ 等二次污染问题。

近年来，由于 VOCs 排放量成逐年上升的趋势，由 VOCs 引发的环境问题也越发突出，VOCs 已成为我国重点城市和重点区域大气复合污染的重要前体物质之一。VOCs 排放源包括化工厂、装备制造厂、塑料和橡胶生产厂等。为控制 VOCs 排放，我国出台更加严格的 VOCs 排放控制标准、法规和政策，2010 年 5 月国务院办公厅正式从国家层面将 VOCs 列为大气环境质量的优控重点污染物；2013 年国务院印发了《大气污染防治行动计划》，要求推进有机化工、石化行业、表面涂装、包装印刷等行业的 VOCs 综合治理；2015 年新修订的《大气污染防治法》将 VOCs 列入总量控制范围，此外还先后印发了《挥发性有机物无组织排放控制标准》、《"十三五"挥发性有机物污染防治方案》、《2020 年挥发性有机物治理攻坚方案》等文件。同时，通过革新 VOCs 排放控制技术，可强化 VOCs 末端处理。VOCs 控制技术中常用的有吸收法、吸附法、冷凝法、燃烧法、生物降解法、低温等离子体法、膜分离法、光催化氧化法等。工业排放的废气中 VOCs 的浓度范围为 $100 \sim 2000 mg/m^3$，一般可采用吸收法或吸附法对 VOCs 进行回收，不宜回收的 VOCs，可采用燃烧法、生物法、光催化氧化法等方法净化。

13.4.2　生物质炭在 VOCs 吸附中的应用

吸附法主要适用于低浓度 VOCs 的处理，该方法利用多孔材料固体表面存在的分子引力及化学键的作用，将气体混合物中的 VOCs 进行选择性吸附到固体表面，具有操作简单安全、吸附剂可循环使用的优点。生物质炭、活性炭、活性炭纤维、纳米碳管、石墨烯等材料均能有效吸附 VOCs。其中，生物质炭对 VOCs 的吸附效果取决于 VOCs 有机分子性质与生物质炭孔隙结构、表官能团特性之间的"匹配性"和"有效性"。影响生物质炭 VOCs 吸附性能的因素很多，如原料种类、热解温度、改性方法、空塔气速等，如图 13.3 所示。庄志成等从生物质炭特性、VOCs 的吸附机理及影响 VOCs 吸附的因素等不同方面，综合阐述了生物质炭在 VOCs 治理中的应用研究进展[28]。今后，除了研究不同种类生物质炭对 VOCs 的吸附特征外，还应研究生物质炭基复合材料及其改性生物质炭吸附 VOCs 的效果及机理，加强生物质炭解吸和循环利用性能的研究。

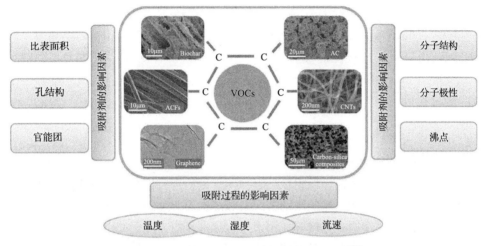

图 13.3　影响炭材料 VOCs 吸附容量的因素[29]

为使生物质炭获得更为丰富的官能团结构，增强生物质炭对各类 VOCs 的吸附能力，可以有针对性地对生物质炭的比表面积和表面官能团进行改性，主要改性方法包括氧化改性、还原改性和负载改性等。表 13.3 中列举了不同生物质炭对 VOCs 吸附容量。从表 13.3 中能够可以看出，生物质炭的 VOCs 的吸附容量与生物质原料相关。通过物理或化学手段对生物质炭进行改性，能够提高其对 VOCs 的吸附能力。一般而言，升高热解温度能够使生物质炭的比表面积增大，增加芳香结构的炭，提高其对 VOCs 的吸附能力。机械球磨法是一种低成本、操作简单且高效的生产工艺，能够有效制备尺寸均匀的生物质炭颗粒，增大生物质炭比表面面积、增加表面含氧官能团，增强生物质炭对 VOCs 的吸附能力[30]；Gao 等以山核桃木为原料制备生物质炭，并考察了机械球磨法对生物质炭特性和 VOCs 吸附容量的影响，结果表明机械球磨后，生物质炭的比表面积能够增大 1.4~29.1倍，VOCs 的吸附容量能够增加 1.3~13.0 倍[31]。利用 NH$_3$ 活化生物质炭，能够增加其表面的含氮官能团，增强对甲苯等 VOCs 的吸附能力；生物质炭吸附甲苯的性能还与其孔结构相关，甲苯的分子动力学直径为 0.59nm，生物质炭的微孔(0.6~2nm)和介孔(2~50nm)结构是决定其甲苯吸附容量的主要因素之一[32]。通过紫外辐照可以显著提高生物质炭对苯和甲苯的吸附性能，最大吸附量可分别达到478mg/g 和 712mg/g[33]。

表 13.3 不同生物质炭的 VOCs 吸附容量

生物质炭原料	制备方法	VOCs	吸附容量	参考文献
山核桃木	450℃炭化 2h、300rpm 球磨 12h	丙酮	103.4mg/g	Xiang 等[31]
木屑	800℃炭化 2h、600℃ 1% NH$_3$ 活化	甲苯	218mg/g	Wang 等[32]
椰壳	700℃炭化 2h、365nm 紫外光改性	苯、甲苯	478–712mg/g	李桥[33]
猪粪	500℃炭化	沥青 VOCs	3.5mmol/g	Zhou 等[34]
牛骨	450℃炭化 4h、H$_3$PO$_4$ 和 K$_2$CO$_3$ 活化	甲苯	13mmol/g	Yang 等[35]
松木	300℃炭化、球磨	丙酮	304mg/g	Zhuang 等[36]
稻谷壳	450℃炭化、KOH 活化	苯酚	201mg/g	Fu 等[37]
城市固体废物	450℃炭化	二甲苯、甲苯	550–850mg/g	Jayawardhana[38]
竹子、甘蔗渣	600℃炭化	丙酮、环己烷、甲苯	5.58–91mg/g	Zhang 等[39]
污泥	650℃炭化 2h	甲苯	203mg/g	傅绩斌[40]

根据作用方式不同，生物质炭吸附 VOCs 的机理可以分为物理吸附和化学吸附两类。物理吸附是指生物质炭的多级孔隙结构对于生物质炭表面附近的 VOCs 分子产生偶极相互作用、氢键等作用力，且这种作用力大于周围其他分子对其的作用力，在作用力和浓度差的驱动下使 VOCs 分子向生物质炭表面聚集、吸附；化学吸附是指由于 π—π 键作用、酸碱官能团吸附、电子供-受体相互作用等作用力的驱动下，使 VOCs 分子吸附到生物质炭表面。一般而言，随着热解温度升高，生物质炭比表面积和孔隙度增大，而表面的含氧官能团减少，亲电能力减弱。因此，低温条件下制备的生物质炭表面含有丰富的含氧官能团，吸附 VOCs 的过程符合准二级动力学模型，主要受化学吸附控制；而高温条件下制备的生物质炭表面官能团减少，但孔隙度丰富，吸附 VOCs 的过程符合准一级动力学模型，主要受物理扩散作用控制。

生物质炭吸附法治理 VOCs 工艺技术可分为变压吸附、变温吸附和变温-变压吸附。变压吸附是指在恒温条件下，通过周期性的改变吸附系统压力，使 VOCs 在不同压力下吸附和脱附的循环过程；变温吸附是指利用 VOCs 在生物质炭上的平衡吸附量随温度升高而降低，在常温下吸附、升温后脱附的过程；变温-变压吸附是结合了变压吸附和变温吸附两种技术的优点，以变压吸附为基础，在变压脱附后进行升温脱附的工艺技术，通过降低压力和提高床层温度，使脱附进行得更加彻底，提高生物质炭的再生效率。变压吸附适合用于高浓度的 VOCs 废气的净化和有机溶剂的回收，但存在前期成本高、能耗大的问题，目前多采用变温吸附技术治理 VOCs，变温吸附技术多采用固定床工艺，即将生物质炭装填在吸附装置的固定位置，含 VOCs 废气通过生物质炭床层时，生物质炭保持静止不动，固定床工艺具有结构简单、操作方便的优点，被广泛采用。

湛世界等通过对小型生物质成型燃料锅炉(北京中科帝火公司，型号 DHS15)烟气排放特性分析后，发现生物质成型燃料烟气中的 VOCs 成分复杂、浓度高，主要包括烷烃、烯烃、卤代烃、酮类、酯类、苯系物等，可采用生物质炭吸附技术对其进行处理，针对性地设计生物质炭吸附系统，优选吸附材料，优化过滤面积和床层高度，结果表明，所设计的生物质炭吸附系统的 VOCs 去除率能够达到 69.1%～72.0%，VOCs 的排放浓度远低于《锅炉大气污染物排放标准》(GB 13271-2014)[41]。

13.4.3　生物质炭在催化氧化 VOCs 中的应用

利用改性松球生物质炭为载体，负载 CuO 和 MnO_x，可制备 CuMn/HBC 催化剂，在 100～300℃内，研究 CuMn/HBC 催化剂处理甲醛的性能，结果表明，当 Cu/Mn 值为 1:1，反应温度为 175℃，CuMn/HBC 催化剂的甲醛处理效率为 89%[42]。甲醛的处理机理包括如下步骤：甲醛被吸附在生物质炭样品表面，$CuO\text{-}MnO_x$ 形成的表面活性氧物种氧化 HCHO，形成甲酸，甲酸继续被氧化成重碳酸盐物种，重碳酸盐物种和吸附 H^+ 形成碳酸，碳酸进一步分解为 CO_2 和 H_2O。利用共沉淀法将 MnO_2 负载在生物质炭上，可制备锰基生物质炭复合材料，考察其对甲醛的催化氧化性能后发现，锰基生物质炭复合材料甲醛去除率大于 50%的活性温度范围为 50～125℃，催化氧化过程中的中间产物为甲酸盐、碳酸盐等[43]。

13.4.4　生物质炭在微生物降解 VOCs 中的应用

针对中低浓度无回收价值的 VOCs，可利用微生物净化技术处理，该技术的核心是附着在填料介质表面的微生物在适宜的条件下，利用 VOCs 作为碳源和能源，将其降解同化为 CO_2、H_2O 和细胞质的过程。生物质炭因孔隙丰富、比表面积大，可作为填料，为微生物生长提供充足的空间。以生物质炭作为过滤介质，利用过滤塔能够有效降解废气中的苯和甲苯[44]。

13.5　生物质炭处理其他大气污染物

13.5.1　生物质炭处理 Hg^0

汞(Hg)是一种有毒有害易挥发的金属，具有难降解、易生物积累等特征，排放到环境中会转化形成甲基汞等，会通过食物链和呼吸作用富集到人体内，使人体神经系统受到损伤，1965 年日本水俣病事件就是由于 Hg 排放超标引发的。燃煤锅炉和采矿厂是 Hg 的主要排放源，其中大气中约 30%的 Hg 来自燃煤锅炉烟气排放[44]。根据火电厂大气污染物排放标准(GB 13223—2011)我国火电厂燃煤锅炉 Hg 排放限值为 0.03mg/m³，这是我国首次规定了火力发电厂 Hg 及其化合物污染排放浓度限值。2013 年 10 月包括我国在内的多个国家签署了水俣公约（Minamata Convention on Mercury），以进一步保护人类健康和自然环境免受 Hg 污染的危害。燃煤烟气中 Hg 的形态主要有颗粒态 Hg、Hg^{2+} 和 Hg^0，其中颗粒态 Hg 和 Hg^{2+} 可以分别通过静电除尘和湿法烟气脱硫有效处理，然而，Hg^0 具有易挥发和溶解性差的特点，较难处理。开发高效的 Hg^0 控制技术是近年来环保领域的研究热点。目前，已有多种材料被认为可以用来控制 Hg^0 排放，包括炭材料、金属氧化物、沸石分子筛、飞灰及钙基吸附剂等。其中炭材料因比表面积大、孔隙结构丰富且机械强度好，被认为是最具前景的脱 Hg 技术。

利用活性炭吸附可处理烟气中的 Hg^0，但运行成本高，不利于推广应用，寻找活性炭的替代品，制备高效经济的炭材料已成为现阶段脱汞技术研发过程中的关键点。农作物秸秆等废弃生物质因具有来源广、价格低、可再生的优点，可用于制备生物质炭，作为活性炭的代替品。近年来，生物质炭材料用于处理 Hg^0 的研究越来越受到人们的关注，研究者们利用不同种类的生物质原料制备生物质炭，并考察了其脱汞效率，如表 13.4。

表 13.4　不同生物质炭的 Hg^0 去除率

生物质原料	制备工艺	去除率/%	参考文献
马尾藻炭和浒苔	炭化、KI 改性	95.7	Liu 等[45]
西伯利亚鸢尾草	炭化	80.0	Li 等[46]
水稻秸秆	炭化、等离子体 Cl 改性	44.6	Zhang 等[47]
水稻秸秆	炭化、$CaCO_3$ 模板法	92.0	Shi 等[48]
棉花秸秆	炭化、MnFe 负载磁性	87.1	Shan 等[49]
花生壳	炭化、Mn、Zr、I 改性	90.0	曾佳文[50]

利用小麦秸秆、柳枝稷、棉花籽壳、牛粪和鸡粪等废弃生物质作为原材料，在不同温度下（300℃、600℃和 700℃）热解制备生物质炭用于处理 Hg^0 是一个有效的办法。提高热解温度，有利于制备得到孔隙结构丰富、比表面积大的生物质炭，提高 Hg^0 的处理效率。鉴于动物粪便制备的生物质炭表面含有大量的含硫官能团，能够与 Hg 结合，对 Hg 的去除率能够达到 95% 以上[51]。将热解制备得到的生物质炭进行改性和活化，能够提高其 Hg^0 处理效率，常用的活化手段有卤素改性、硫改性、金属氧化物、等离子体改性等。利用 KI 改性海草炭、马尾藻炭和浒苔炭后，发现其 Hg^0 处理效率得到明显提高，160℃时 Hg^0 去除率能够达到 95.7%，化学吸附是主要的处理机理[45]。80℃条件下，利用马尾藻炭处理 Hg^0 为准一级动力学模型，当温度升高至 160℃时，该过程符合准二级动力学模型。Co、Cu 和 Mn 等金属元素负载在生物质炭上，能够提高生物质炭材料将 Hg^0 催化氧化为 Hg^{2+} 的能力。

　　然而，利用金属负载的方法会增加成本，利用富 Co 的鸢尾草制备的生物质炭，能够利用 Co^{2+} 和 Co^{3+} 间氧化还原反应促进 Hg^0 氧化[46]；王冬东等[52]以普洱茶梗为原料，利用浸渍法制备了 CeO_2-CuO/生物质炭材料，在 100℃条件下，其对 Hg^0 的去除率能够达到 93%。HCl 和生物质炭在低温等离子体的作用下，能在生物质炭表面形成含氯活性官能团，与 Hg^0 反应生成 Hg_2Cl_2，提高对 Hg^0 的吸附能力[53]。利用碳酸钙作为模板剂，以水稻秸秆作为原料，制备得到具有高吸附性能的多孔水稻秸秆炭，能有效吸附烟气中的 Hg^0[48]。为将吸附 Hg^0 后的生物质炭材料与烟气中的飞灰分离，可制备具有磁性的生物质炭材料，以棉花秸秆作为原料，利用微波活化法，制备负载 Mn、Fe 双金属的磁性棉花秸秆炭，吸附 Hg^0 后可通过外加磁场分离[49]；将 $Fe(NO_3)$、木屑和聚氯乙烯混合物热解制备得到的含氯磁性生物质炭，比常规的含氯生物质炭具有更高的 Hg^0 去除率[54]。以花生壳炭作为载体，选用碘离子、MnO_x、ZrO_x 为活性组分，通过浸渍法制备了用于吸附 Hg^0 的吸附材料，考察活性组分、负载量、反应温度和模拟烟气组成等因素对其脱汞性能的影响，结果表明，卤素离子和金属氧化物能够大幅提高生物质炭对 Hg^0 的吸附作用和氧化作用[50]。Zhang 等以水稻秸秆为原料制备生物质炭，利用 Cl_2 结合等离子体对其进行改性后，研究其脱汞性能，并考察了 NH_3、NO 和 SO_2 对 Hg 去除率的影响，结果表明 NH_3 和 NO 能够提高生物质炭材料的 Hg^0 去除率，而 SO_2 由于存在竞争吸附作用，会降低 Hg^0 去除率，如图 13.4 所示[47]。

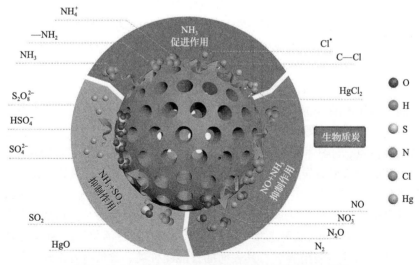

图 13.4　Cl_2 结合等离子体改性水稻秸秆炭吸附 Hg^0[47]

　　诸多研究结果表明，通过对生物质炭进行改性，能够显著提高其 Hg^0 的去除率，改性方法主要可以分为两类：①在炭材料表面引入非金属元素，如 I、Cl、Br、S 等，能够明显提高生物质炭对 Hg^0 的吸附能力；②在生物质炭材料的表面引入金属氧化物，如 MnO_x、CeO_x、CoO_x，能够促使 Hg^0 氧化为易于处理的 HgO。生物质炭材料处理 Hg^0 的过程可分解为下述步骤：①Hg^0 吸附到生物质炭表面形成吸附态 Hg；②吸附态 Hg 与表面氧、含氧官能团、金属氧化物或含碘官能团反应生成 HgO 或 HgI。通常，在吸附的初期阶段主要是吸附作用起主导作用，而后吸附作用因吸附位点逐渐饱和而逐渐变弱，由晶格氧和羟基氧对 Hg^0 的催化氧化开始在 Hg^0 的处理过程中起主导作用。目前，利用生物质炭材料处理 Hg^0 中试研究和实际应用研究相对较少，仍需结合实际烟气条件进行进一步工业化研究。

13.5.2　生物质炭处理 SO_2

SO_2 是燃煤、采矿和冶金过程中产生并排放的气态污染物，具有刺激性气味的无色气体，易溶于水，人体直接接触会刺激眼角膜和呼吸系统，引发肺气肿、支气管炎、咽炎等呼吸道疾病，同时会造成酸雨、雾霾等环境问题。我国是以煤炭等化石燃料作为主要能源物质的国家，煤等化石燃料燃烧过程中产生的 SO_2 已经成为我国大气污染物的主要来源。据中华人民共和国生态环境部《2016—2019年全国生态环境统计公报》显示，2019 年我国 SO_2 排放量为 457.3 万 t。

工业上应用比较成熟的 SO_2 控制技术主要可分为两种类型：基于气液反应，利用碱液吸收 SO_2；基于气固反应，利用炭材料吸附 SO_2。生物质炭作为一种固体吸附剂，具有比表面积大、孔隙结构丰富的特点，可负载其他活性成分，用于吸附 SO_2，具有开发潜力。生物质炭吸附 SO_2 技术具有操作灵活、费用低的优点。生物质炭孔道结构和表面官能团丰富是其具备良好 SO_2 吸附能力的原因之一，利用蒸汽或 CO_2 对生物质炭活化，能够增大其比表面积和孔隙度；同时，利用 K、Ca、V、Fe、Cu、N 等元素修饰生物质炭表面，增加生物质炭表面的碱性官能团，也是提高其 SO_2 吸附容量的方法之一。

不同生物质炭的 SO_2 吸附容量如表 13.5 所示，Chen 等利用共沉淀法制备负载氧化镁的水稻秸秆生物质炭，其最大 SO_2 吸附量为 260.0mg/g，并指出比表面积、氧化镁活性位点、N-H 官能团是影响 SO_2 吸附容量的主要因素[55]。Zhang 等利用甲基二乙醇胺对玉米芯炭进行氮掺杂后，玉米芯炭的 SO_2 显著提高，在 O_2 和 NO 存在的条件下，所制备的生物质炭材料 SO_2 的吸附容量能够达到 213.2mg/g，分析 SO_2 的吸附机理后发现，四价氮活性位点对 SO_2 的吸附起着至关重要的作用，如图 13.5 所示[56]。Braghiroli 等考察了白桦树生物质炭经过活化后的 SO_2 吸附容量，指出生物质炭的 SO_2 吸附容量与其表面的官能团种类、含量有着密切关系，通过在 900℃水蒸气条件下活化的生物质炭能有效处理 SO_2[57]。Xu 等通过对比牛粪炭、污泥炭和稻谷壳炭对 SO_2 的吸附能力后，发现生物质炭中固有的无机成分在 SO_2 吸附过程中起着重要的作用，SO_2 与生物质炭表面的 $CaCO_3$、$Ca_3(PO_4)_2$ 作用生成 $CaSO_4$、$Ca_3(SO_3)_2SO_4$ 吸附到催化剂表面[58]。Shao 等以玉米芯为原料制备生物质炭,并通过 CO_2 活化和甲基二乙醇胺负载对其进行改性,能够将生物质炭材料 SO_2 的吸附容量由 57.8mg/g 增加到 156.2mg/g[59]。利用废茶作为原料,通过水蒸气物理活化法及 K_2CO_3、$ZnCl_2$ 化学活化法制备废茶炭,考察其脱硫性能后发现,较低的石墨化度、较窄的平均微孔孔径及含量较高的碱性含氮官能团有利于 SO_2 的处理,模拟烟气中含有水蒸气时,能够促进 SO_2 的化学吸附[60]。

表 13.5　不同生物质炭的 SO_2 吸附容量

生物质炭	吸附容量/(mg/g)	参考文献
氧化镁/水稻秸秆炭	260.0	Chen 等[55]
氮掺杂玉米芯炭	213.2	Zhang 等[56]
白桦树炭	78.5	Braghiroli 等[57]
牛粪炭	43.8	Xu 等[58]
改性玉米芯炭	156.2	Shao 等[59]
棕榈油污泥炭	13.6	Iberahim 等[61]

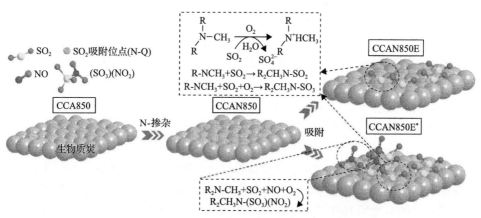

图 13.5　生物质炭材料 CCAN850 表面 SO_2 吸附机理[56]

生物质炭吸附 SO_2 的机理与生物质炭材料本身的性质有关,不同生物质炭材料表面的 SO_2 吸附机理存在差异。但总体上,在 O_2 和 H_2O 存在的情况下,SO_2 在生物质炭材料表面的吸附主要包括式 13.1～式 13.5 的反应过程。鉴于生物质炭中含有 K、Ca、Mg 等金属元素,或后期制备过程中会引入其他金属元素,形成碱性基团,生物质炭材料表面的碱性基团能够强化 SO_2 吸附,利用生物质炭材料吸附 SO_2 还可能存在形成硫酸盐(MSO_4)的过程(式 13.6)。

$$SO_2 \ (gas) \longrightarrow SO_2 \ (ads.) \tag{13.1}$$

$$O_2 \ (gas) \longrightarrow 2O_2 \ (ads.) \tag{13.2}$$

$$SO_2\ (gas) + O\ (ads.) \longrightarrow SO_3\ (ads.) \tag{13.3}$$

$$H_2O\ (gas) \longrightarrow H_2O\ (ads.) \tag{13.4}$$

$$SO_3\ (ads.) + H_2O\ (ads.) \longrightarrow H_2SO_4\ (ads.) \tag{13.5}$$

$$SO_3\ (ads.) + H_2O\ (ads.) + MO \longrightarrow MSO_4\ (ads.) \tag{13.6}$$

13.5.3　生物质炭处理 H_2S

H_2S 是一种有恶臭的含硫化合物，是猪粪处理、沼气发酵、炼油工业等过程中产生的一种污染气体，易燃，有毒，无色，易溶于水，具有臭鸡蛋气味。H_2S 中毒具有突发性、快速性和致命性的特点，低浓度 H_2S 会对人体的呼吸道和眼睛具有刺激作用，高浓度的 H_2S 会使人神经性中毒，甚至窒息等。H_2S 的 H-S 键能较弱，加热到 300℃便会分解成 SO_2、H_2、S 和 H_2O 等。养殖场是 H_2S 的一大排放源，以养猪场为例，每头猪每年排放的 H_2S 约 0.2kg[62]。

绝大部分生物质炭呈碱性，且部分生物质炭中含有钙、镁、磷等矿物组分，能够开发为酸性气体 H_2S 的吸附剂。生物质炭材料吸附 H_2S 的能力主要受生物质炭材料的 pH、比表面积、炭化温度、COOH 和 OH 等活性官能团的影响，也受铜、铁等活性金属的影响，同时，生物质炭的 H_2S 吸附容量还与其表面钙、镁等碱性物质的含量相关[63]。提高生物质炭的 pH、比表面积和表面活性官能团数量，均能增大生物质炭吸附 H_2S 的能力。利用竹料、樟树、猪粪、稻谷壳和活性污泥等废弃生物质热解制备的到的生物质炭材料，能够有效处理 H_2S，平衡吸附容量能够达到 100～300mg/g，处理效率能够在 95%以上。利用含铁泥饼制备富铁的生物质炭能够有效吸附 H_2S，同时存在物理吸附和化学吸附机理，物理吸附作用主要是得益于生物质炭的微孔结构，化学吸附作用主要是形成 FeS 和其他的硫化物[64]。强碱浸渍过的生物质炭有利于促进 H_2S 解离成 HS^-，HS^- 被自由基 O·或 O_2 进一步氧化，从而增加生物质活性炭对 H_2S 的处理能力，如表 13.6 所示。通过 KOH、H_3PO_4 活化，能够制备得到高比表面积的生物质炭。开发高效、低成本的生物质

表 13.6　不同生物质炭的 H_2S 吸附容量

生物质原料	活化手段	比表面积/(m²/g)	吸附容量/(mg/g)	参考文献
猪粪	500℃热解	47	60	续等[65]
污泥	500℃热解	71	44	续等[65]
木材	H_3PO_4 活化	1470	30.9	Elsayed[66]
椰子壳	碱负载	931	213.4	Elsayed 等[66]
棕榈壳	30wt% KOH 活化	1148	68	Guo 等[67]

炭吸附剂一直是研究者们追求的目标。选用猪粪和污泥作为原材料，通过热解制备成的生物质炭，因其 pH 为碱性，且富含 K、Ca、Fe 等矿物组分，能将 H_2S 催化形成大分子硫聚物、亚硫酸盐、硫酸盐或硫化物，具有良好的 H_2S 处理能力[65]。

参 考 文 献

[1] Feng Z, Yuan R, Wang F, et al. Preparation of magnetic biochar and its application in catalytic degradation of organic pollutants: A review[J]. Science of The Total Environment, 2021, 765: 142673.

[2] Ma X, Yang Y, Wu Q, et al. Underlying mechanism of CO_2 uptake onto biomass-based porous carbons: Do adsorbents capture CO_2 chiefly through narrow micropores?[J]. Fuel, 2020, 282: 118727.

[3] Mallesh D, Anbarasan J, Kumar P M, et al. Synthesis, characterization of carbon adsorbents derived from waste biomass and its application to CO_2 capture[J]. Applied Surface ence, 2020, 530: 147226.

[4] Haffner-Staton E, Balahmar N, Mokaya R. High yield and high packing density porous carbon for unprecedented CO_2 capture from the first attempt at activation of air-carbonized biomass[J]. Journal of Materials Chemistry A, 2016, 4.

[5] Wang H, Li X, Cui Z, et al. Coffee grounds derived N enriched microporous activated carbons: Efficient adsorbent for post-combustion CO_2 capture and conversion[J]. Journal of Colloid and Interface ence, 2020, 578.

[6] Igalavithana A D, Choi S W, Dissanayake P D, et al. Gasification biochar from biowaste（food waste and wood waste）for effective CO_2 adsorption[J]. Journal of Hazardous Materials, 2019, 391: 121147.

[7] Li D, Ma T, Zhang R, et al. Preparation of porous carbons with high low-pressure CO_2 uptake by KOH activation of rice husk char[J]. Fuel, 2015, 139: 68-70.

[8] 王立春, 马丽萍, 彭雨惠, 等. 氧化石墨烯修饰蔗渣生物炭吸附 CO_2 的研究[J]. 化工新型材料, 2020, 48（7）: 108-113.

[9] Ding S, Liu Y. Adsorption of CO_2 from flue gas by novel seaweed-based KOH-activated porous biochars[J]. Fuel, 2020, 260.

[10] Manya J J, Gonzalez B, Azuara M, et al. Ultra-microporous adsorbents prepared from vine shoots-derived biochar with high CO_2 uptake and CO_2/N_2 selectivity[J]. Chemical Engineering Journal, 2018, 345: 631-639.

[11] Yang J, Yue L, Hu X, et al. Efficient CO_2 capture by porous carbons derived from coconut shell[J]. Energy & Fuels, 2017, 31（4）: 4287-4293.

[12] Li F, Xue M, Knowles G P, et al. Porous nitrogen–doped carbon derived from biomass for electrocatalytic reduction of CO_2 to CO[J]. Electrochimica Acta, 2017, 245: 561-568.

[13] Yuan H, Qian X, Luo B, et al. Carbon dioxide reduction to multicarbon hydrocarbons and oxygenates on plant moss-derived, metal-free, in situ nitrogen-doped biochar[J]. Science of The Total Environment, 2020, 739: 140340.

[14] Kumar A, Kumar A, Sharma G, et al. Biochar-templated g-C_3N_4/$Bi_2O_2CO_3$/$CoFe_2O_4$ nano-assembly for visible and solar assisted photo-degradation of paraquat, nitrophenol reduction and CO_2 conversion[J]. Chemical Engineering Journal, 2018, 339: 393-410.

[15] Rubio M A, Lissi E, Villena G. Nitrite in rain and dew in Santiago city, Chile. Its possible impact on the early morning start of the photochemical smog[J]. Atmospheric Environment, 2002, 36（2）: 293-297.

[16] Matsumoto K, Tominaga S, Igawa M. Measurements of atmospheric aerosols with diameters greater than 10 μm and their contribution to fixed nitrogen deposition in coastal urban environment[J]. Atmospheric Environment, 2011, 45（35）: 6433-6438.

[17] Kim M J, Park R J, Kim J-J. Urban air quality modeling with full O_3–NO_x–VOC chemistry: Implications for O_3 and PM air quality in a street canyon[J]. Atmospheric Environment, 2012, 47（0）: 330-340.

[18] Liu L, Wang B, Yao X, et al. Highly efficient MnO_x/biochar catalysts obtained by air oxidation for low-temperature NH_3-SCR of NO[J]. Fuel, 2021, 283: 119336.

[19] Shen B, Chen J, Yue S, et al. A comparative study of modified cotton biochar and activated carbon based catalysts in low temperature SCR[J]. Fuel, 2015, 156: 47-53.

[20] Deng W, Tao C, Cobb K, et al. Catalytic oxidation of NO at ambient temperature over the chars from pyrolysis of sewage sludge[J]. Chemosphere, 2020, 251.

[21] Pietrzak R. Sawdust pellets from coniferous species as adsorbents for NO_2 removal[J]. Bioresource technology, 2010, 101（3）: 907-913.

[22] Nowicki P, Pietrzak R, Wachowska H. Sorption properties of active carbons obtained from walnut shells by chemical and physical activation[J]. Catalysis Today, 2010, 150（1）: 107-114.

[23] Nowicki P, Wachowska H, Pietrzak R. Active carbons prepared by chemical activation of plum stones and their application in removal of NO_2[J]. Journal of Hazardous Materials, 2010, 181（1）: 1088-1094.

[24] Ghouma I, Jeguirim M, Dorge S, et al. Iconography: Activated carbon prepared by physical activation of olive stones for the removal of NO_2 at ambient temperature[J]. Comptes Rendus Chimie, 2015, 18（1）: 63-74.

[25] Jeguirim M, Tschamber V, Brilhac J F, et al. Interaction mechanism of NO_2 with carbon black: effect of surface oxygen complexes[J]. Journal of Analytical and Applied Pyrolysis, 2004, 72（1）: 171-181.

[26] Gao X, Liu S, Zhang Y, et al. Adsorption and reduction of NO_2 over activated carbon at low temperature[J]. Fuel Processing Technology, 2011, 92（1）: 139-146.

[27] Bazan-Wozniak A, Nowicki P, Pietrzak R. Removal of NO_2 from gas stream by activated bio-carbons from physical activation of residue of supercritical extraction of hops[J]. Chemical Engineering Research & Design, 2021, 166: 67-73.

[28] 庄志成, 王宜志, 王兰, 等. 生物炭在挥发性有机物治理中的应用研究进展[J]. 环境工程 2019 年全国学术年会, 2019.

[29] Zhang X, Gao B, Creamer A E, et al. Adsorption of VOCs onto engineered carbon materials: A review[J]. Journal of Hazardous Materials, 2017, 338: 102-123.

[30] Kumar M, Xiong X, Wan Z, et al. Ball milling as a mechanochemical technology for fabrication of novel biochar nanomaterials[J]. Bioresource technology, 2020, 312: 123613.

[31] Xiang W, Zhang X, Chen K, et al. Enhanced adsorption performance and governing mechanisms of ball-milled biochar for the removal of volatile organic compounds（VOCs）[J]. Chemical Engineering Journal, 2020, 385: 123842.

[32] Wang B, Gan F, Dai Z, et al. Air oxidation coupling NH_3 treatment of biomass derived hierarchical porous biochar for enhanced toluene removal[J]. Journal of Hazardous Materials, 2021, 403: 123995.

[33] 李桥. 生物炭紫外改性及对 VOCs 气体吸附性能与机理研究[D]. 重庆: 重庆大学, 2016.

[34] Zhou X, Moghaddam T B, Chen M, et al. Biochar removes volatile organic compounds generated from asphalt[J]. Sci Total Environ, 2020, 745: 141096.

[35] Yang Y, Sun C, Lin B, et al. Surface modified and activated waste bone char for rapid and efficient VOCs adsorption[J]. Chemosphere, 2020, 256: 127054.

[36] Zhuang Z, Wang L, Tang J. Efficient removal of volatile organic compound by ball-milled biochars from different preparing conditions[J]. Journal of Hazardous Materials, 2021, 406: 124676.

[37] Fu Y, Shen Y, Zhang Z, et al. Activated bio-chars derived from rice husk via one- and two-step KOH-catalyzed pyrolysis for phenol adsorption[J]. Science of The Total Environment, 2019, 646: 1567-1577.

[38] Jayawardhana Y, Gunatilake S R, Mahatantila K, et al. Sorptive removal of toluene and m-xylene by municipal solid waste biochar: Simultaneous municipal solid waste management and remediation of volatile organic compounds[J]. Journal of Environmental Management, 2019, 238: 323-330.

[39] Zhang X, Gao B, Zheng Y, et al. Biochar for volatile organic compound (VOC) removal: Sorption performance and governing mechanisms[J]. Bioresource technology, 2017, 245: 606-614.

[40] 傅绩斌. 污泥生物炭吸附剂的制备及其对 VOCs 甲苯的吸附研究[M]. 福建师范大学, 2017.

[41] 湛世界, 孟海波, 程红胜, 等. 生物质锅炉烟气中 PM-VOCs 一体化脱除装置的设计[J]. 环境工程学报, 2018, 12 (10): 278-287.

[42] 宜瑶瑶. CuO-MnO$_x$ 改性松球生物炭同时去除模拟烟气中 HCHO 和 Hg^0 的实验研究[D]. 长沙: 湖南大学, 2018.

[43] 林慧琪. 纳米二氧化锰材料催化氧化甲醛性能研究[D]. 合肥: 合肥工业大学, 2018.

[44] 李国文, 胡洪营, 郝吉明, 等. 生物炭降解苯和甲苯混合废气性能研究[J]. 环境科学, 2002, 23 (5): 13-18.

[45] Liu Z, Yang W, Xu W, et al. Removal of elemental mercury by bio-chars derived from seaweed impregnated with potassium iodine[J]. Chemical Engineering Journal, 2018, 339: 468-478.

[46] Li H H, Zhang J D, Cao Y X, et al. Role of acid gases in Hg^0 removal from flue gas over a novel cobalt-containing biochar prepared from harvested cobalt-enriched phytoremediation plant[J]. Fuel Processing Technology, 2020, 207: 10.

[47] Zhang H, Wang T, Zhang Y, et al. Promotional effect of NH$_3$ on mercury removal over biochar thorough chlorine functional group transformation[J]. Journal of Cleaner Production, 2020, 257: 120598.

[48] Shi Q, Wang Y, Zhang X, et al. Hierarchically porous biochar synthesized with CaCO$_3$ template for efficient Hg^0 adsorption from flue gas[J]. Fuel Processing Technology, 2020, 199: 106247.

[49] Shan Y, Yang W, Li Y, et al. Preparation of microwave-activated magnetic bio-char adsorbent and study on removal of elemental mercury from flue gas[J]. Science of The Total Environment, 2019, 697.

[50] 曾佳文. 卤素 (I$^-$) 和金属氧化物 (MnO$_x$、ZrO$_2$) 改性花生壳生物炭去除模拟烟气中的单质汞[D]. 长沙: 湖南大学, 2018.

[51] Klasson K T, Boihem L L, Uchiyama M, et al. Influence of biochar pyrolysis temperature and post-treatment on the uptake of mercury from flue gas[J]. Fuel Processing Technology, 2014, 123: 27-33.

[52] 王冬东, 马丽萍, 向华平, 等. 茶梗基生物炭吸附气态单质汞的热力学分析[J]. 化工新型材料, 2018, 046 (012): 205-208.

[53] Luo J, Jin M, Ye L, et al. Removal of gaseous elemental mercury by hydrogen chloride non-thermal plasma modified biochar[J]. Journal of Hazardous Materials, 2019, 377: 132-141.

[54] Xu Y, Luo G, He S, et al. Efficient removal of elemental mercury by magnetic chlorinated biochars derived from co-pyrolysis of Fe (NO$_3$)$_3$-laden wood and polyvinyl chloride waste[J]. Fuel, 2019, 239: 982-990.

[55] Chen J, Huang L, Sun L, et al. Desulfurization performance of MgO/ rice straw biochar adsorbent prepared by co-precipitation/ calcination route[J]. Bioresources, 2020, 15 (3): 4738-4752.

[56] Zhang J, Shao J, Huang D, et al. Influence of different precursors on the characteristic of nitrogen-enriched biochar and SO$_2$ adsorption properties[J]. Chemical Engineering Journal, 2020, 385: 123932.

[57] Braghiroli F L, Bouafif H, Koubaa A. Enhanced SO$_2$ adsorption and desorption on chemically and physically activated biochar made from wood residues[J]. Industrial Crops and Products, 2019, 138.

[58] Xu X, Huang D, Zhao L, et al. Role of inherent inorganic constituents in SO$_2$ sorption ability of biochars derived from three biomass wastes[J]. Environmental Science & Technology, 2016, 50 (23): 12957-12965.

[59] Shao J, Zhang J, Zhang X, et al. Enhance SO_2 adsorption performance of biochar modified by CO_2 activation and amine impregnation[J]. Fuel, 2018, 224: 138-146.

[60] 张彬. 废茶活性炭的制备及其对于 SO_2、NO 吸附性能的应用研究[D]. 厦门: 华侨大学, 2014.

[61] Iberahim N, Sethupathi S, Goh C L, et al. Optimization of activated palm oil sludge biochar preparation for sulphur dioxide adsorption[J]. Journal of Environmental Management, 2019, 248.

[62] Liu Z, Powers W, Murphy J, et al. Ammonia and hydrogen sulfide emissions from swine production facilities in North America: A meta-analysis[J]. Journal of Animal Science, 2014, 92 (4): 1656-1665.

[63] Fernanda R, Oliveira, Anil K, et al. Environmental application of biochar: Current status and perspectives[J]. Bioresource technology, 2017.

[64] 甘泉. 市政污泥热解制备富铁生物炭及其环境功能材料应用研究[D]. 武汉: 华中科技大学, 2019.

[65] 续晓云. 生物炭对无机污染物的吸附转化机制研究[D]. 上海: 上海交通大学, 2015.

[66] Elsayed Y, Seredych M, Dallas A, et al. Desulfurization of air at high and low H_2S concentrations[J]. Chemical Engineering Journal, 2009, 155 (3): 594-602.

[67] Guo J, Luo Y, Lua A C, et al. Adsorption of hydrogen sulphide (H_2S) by activated carbons derived from oil-palm shell[J]. Carbon, 2007, 45 (2): 330-336.

第 14 章　生物质炭减缓温室气体排放

生物质炭作为生物质在限氧和热解条件下的产物，不仅富含稳定形态的碳素，在农田应用的情景下亦对土壤温室气体减排产生积极影响，对缓解全球变暖具有重要意义。本章先从废弃生物质与温室气体排放之间的关系出发，定量分析生物质炭制备过程中的温室气体排放及其优势；之后，对生物质炭影响农田温室气体排放的应用效果与影响因素进行综合探讨；最后，运用生命周期评价和碳足迹等手段，通过案例分析与情景假设，计量并评价生物质炭在田间定位试验中的温室气体减排潜力。

14.1　废弃生物质与温室气体排放

14.1.1　废弃生物质的处置方法及其温室气体排放现状

在面临能源短缺、环境污染的严峻形势下，高效地回收利用废弃生物质，进行合理安全利用，是我国和全世界面临的重要课题。不合理的废弃生物质处置方式，不仅造成了资源的浪费与损耗，而且还会造成生态环境破坏，如废弃生物质带来的温室气体排放加剧了全球气候变化。根据联合国粮农组织(Food and Agricultural Organization of the United Nations，FAO)的统计数据[1]，我国主要农作物秸秆与残茬堆置中的温室气体排放见图 14.1。

自 20 世纪 60 年代起，随着我国粮食总产量不断提升，相关的农作物秸秆与残茬量也迅猛增加，由于处置不当而导致的废弃生物质露天堆放或囤积过程中带来了巨大的温室气体排放。2017 年，我国主要农作物秸秆及残茬的 N_2O 排放总量为 39.2Mt CO_2-eq(CO_2 当量，下同)，其中直接排放和间接排放分别为 32Mt CO_2-eq 和 7.2Mt CO_2-eq。水稻、玉米与小麦等主要粮食农作物秸秆产物贡献了大部分的 N_2O 排放，占到全部农作物排放的 91.8%。

此外，数量巨大的农业废弃生物质在就地焚烧的过程中，会由于燃烧不彻底而导致 CH_4 与 N_2O 的排放。我国因农作物秸秆焚烧带来的 CH_4 与 N_2O 排放量自 20 世纪 60 年代开始骤升(见图 14.2 和图 14.3)，水稻、玉米和小麦农作物秸秆伴随焚烧带来的 CH_4 排放分别达到了 0.96Mt，2.4Mt 和 0.55Mt CO_2-eq；对应因焚烧带来的 N_2O 排放量分别达到了 0.37Mt、0.92Mt 和 0.21Mt CO_2-eq。

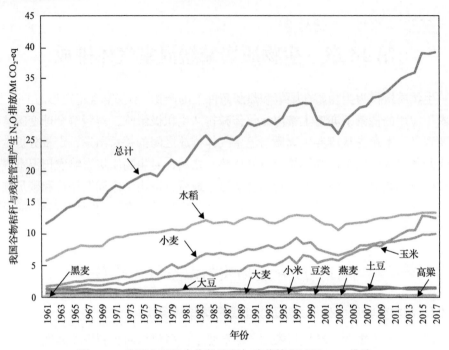

图 14.1　我国主要粮食作物秸秆与残茬管理过程 N_2O 排放

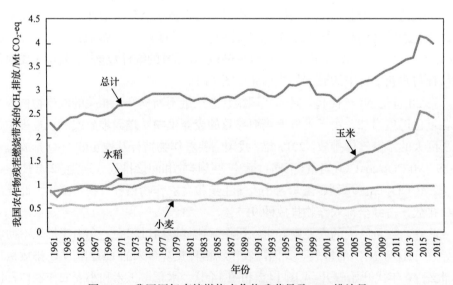

图 14.2　我国历年直接燃烧农作物残茬量及 CH_4 排放量

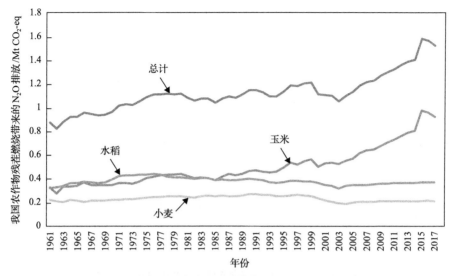

图 14.3　我国历年直接燃烧农作物残茬量及 N_2O 排放量

此外,养殖业畜禽粪便管理不善也会带来巨大的温室气体排放。据 FAO 统计,我国 2018 年因动物粪便带来的温室气体排放总量约为 64.5Mt CO_2-eq(见图 14.4 和图 14.5),其中 CH_4 约为 25.1Mt CO_2-eq, N_2O 约为 39.4Mt CO_2-eq。对于 CH_4 而言,猪粪占了 76.1%,牛粪占了 9.1%;对于 N_2O 而言,猪粪和牛粪的排放相当,分别占了 33.1%和 31.5%,此外,鸡粪和其他禽类也占了 18.6%。因此,减缓废弃生物质温室气体的排放十分迫切。

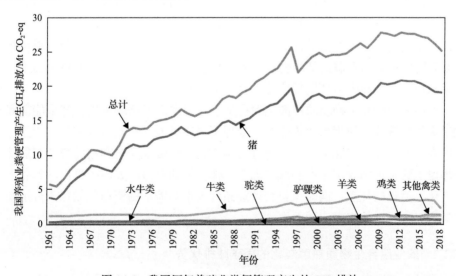

图 14.4　我国历年养殖业粪便管理产生的 CH_4 排放

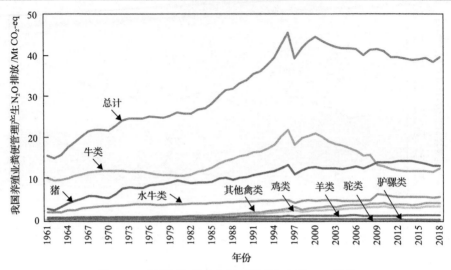

图 14.5　我国历年养殖业粪便管理产生的 N_2O 排放

　　我国当前废弃生物质的资源化途径主要为饲料化、肥料化、能源化、基质化和工业原料化。饲料化是指通过一系列的人为加工手段(机械加工、氨化、青贮或者发酵等)，优化其营养价值和适口性，最终提高畜禽对农业废弃物的消化率利用率。肥料化作为传统的废弃生物质资源化利用方式，可分为直接利用和间接利用。前者的方式包括秸秆破碎还田等，后者指通过发酵沤肥，或者牲畜过腹还田等方式。能源化可主要分为厌氧发酵和直燃热解，前者指通过微生物厌氧发酵产生沼气，代替传统能源，后者指直接燃烧秸秆或晒干的牛马粪便以满足日常生活能量所需，或者焚烧城乡垃圾以提供采暖或发电。基质化是指利用农业废弃物并加工为食用菌栽培，花卉种植及饲养高蛋白蝇蛆等产业的基质原料。工业原料化是指将废弃物中的蛋白资源或纤维性材料剥离出来，并作为产业生产原料再加工，如纸浆原料，或者利用秸秆代替传统木材以制作轻质板材。

　　上述农业废弃生物质的资源化途径虽较好地实现了循环利用，却未能彻底规避温室气体排放。如肥料化等途径，处理不当还可能导致农田温室气体增排。农业废弃生物质作为农业生产密不可分的副产物，携带未完全利用的养分与能量，在理论上具备反哺农田生产和减缓温室气体排放的潜力。如何挖掘出既具备上述"五化"途径的优点，同时又符合产业条件与市场需求的资源化途径十分迫切，生物质热裂解炭化技术应运而生。

14.1.2　农业废弃生物质热解炭化的固碳减排优势

　　农业生产环节中的温室气体排放不仅加剧全球温室效应，也是农田碳库损失、土壤肥力下降的途径之一，因此，农田土壤增碳及温室气体减排对稳定粮食生产与缓解气候变化具有双重意义[2]。合理的农业废弃生物质管理措施是实现土壤"固碳减排"的潜在有效途径。然而，秸秆就地焚烧等不合理的废弃生物质处置方式不仅造成资源浪费，而且带来雾霾等严重环境污染。传统的资源化途径优缺各异，对农业温室气体减排收效甚微，甚至还可能增加温室气体排放。

如秸秆还田本身不会增加温室气体排放或者带来减排，但是会间接地增加稻田 CH_4 排放；秸秆堆肥尽管可以带来微弱的土壤碳库增加，但在生产环节与农田应用环节会增加 CH_4 等温室气体的排放；生物质发酵后利用沼气的途径，可以直接提供能量并利用沼液沼渣为农田供肥，但后者亦可能促进温室气体排放增加；生物质进行发电或者作为燃料的途径，虽可以取代传统化石能源损耗，但其中富含的养分将损失巨大(每吨秸秆的氮、磷、钾元素含量分别约为 8kg、1.2kg 和13kg)，间接相当于化肥生产环节的能源大量损耗[3]。因此，传统废弃生物质的处置方法尽管在一定程度上对废弃生物质进行了资源化利用，但对农业减排效益较为有限。

若将废弃生物质通过热解炭化途径进行资源化利用(见图 14.6)，不仅可以获取生物质炭等产品，亦可通过固液气分离得到木醋液、焦油及生物质可燃气[4]。以秸秆炭为例，与表 14.1 中其他资源化途径相比，每吨秸秆干物质可以得到300kg 生物质炭成品，200～250kg 木醋液以及 700m³ 以上的可燃气，单位质量秸秆的综合减排潜力可达 0.7～2.1t CO_2-eq/t。与秸秆还田相比，由于炭质本身富含稳定态碳化合物，可以稳定提升土壤有机碳库含量并避免 CO_2 排放；与秸秆发电相比，炭质最大限度地保留了作物生长过程中的化肥养分；与秸秆发酵相比，不仅可以获取可燃气代替传统能源，同时生物质炭和木醋液可作为良好的生产资料进一步加工为多用途产品。

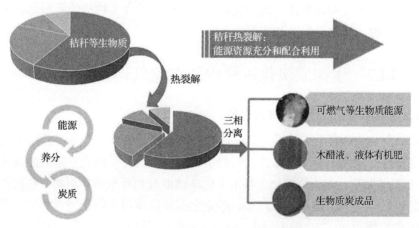

图 14.6　秸秆炭化的基本原理与过程

表 14.1　不同秸秆处理的环境效益及产业化潜力

处理方式	每吨秸秆减排效益 /(t CO₂-eq/t)	循环利用性	产品与产业
秸秆还田	0	养分还田	无
秸秆沼气	0.8	能源/少量养分	沼气
秸秆发电	0.7	能源	电力
秸秆堆肥	<0.1	养分	肥料
秸秆热裂解	0.7~2.1	能源、有机质等	能源、肥料等

此外,许多农业废弃生物质含有重金属、残留农药与抗生素或虫卵等有害物质,直接还田或发酵还田后可能导致农作物减产或需要投入更多农药。而生物质热裂解通过高温炭化过程,不仅打断了易分解污染物的还田途径,亦钝化难分解污染物的生物活性,降低因废弃物循环而存在的环境风险,这是传统沤肥途径或沼气发酵等途径无法替代的。因此,生物质炭符合农业固碳减排与废弃生物质循环利用的要求[5]。

随着废弃生物质热解炭化技术不断发展以及业界对生物质炭的农业环境效益的认识不断加深,为推动相关产业发展与产品应用,相关政策文件亦陆续出台。2017 年,农业农村部办公厅发布了《关于推介发布秸秆农用十大模式的通知》,将秸秆炭化生产线和炭基肥绿色农业应用技术(秸-炭-肥还田改土模式)列为十大推介模式之一;随后,农业农村部又将农业废弃物高效炭化技术列入《农业绿色发展技术导则(2018~2030 年)》;2020 年,农业农村部再次发声,将继续推动秸秆炭在内的技术推广与产业发展,扩大生物质炭在内的相关机械扶持力度,对生物质炭相关生产企业开展税收减额政策。可见传统废弃生物质的资源化利用正在逐步转型升级,生物质炭及其相关产业前景广阔。

14.2　生物质炭化过程中的温室气体排放与减排

14.2.1　生物质炭化过程中的减排途径

原料的收储运环节完毕后,即开始生物质炭的工厂生产环节,此过程是生物质炭完整生产周期中温室气体源、汇的主要场所。废弃生物质在限氧的条件下加热至 250~750℃,含碳有机化合物由于化学键断裂而导致结构崩解,产物按照不同形态可以分为固、液、气态产品。理论上,单位质量干物质通过热解,可以得到 30%的生物质炭、25%的木醋液、5%的焦油,以及可观的可燃生物质热解气(约700m³)[4]。在生物质炭为主要产品的生产流程中,以木醋液与热解气为代表的副产物，在理想的生产设备与运行模式条件下，通过多级冷却、净化提纯，可实现分值、分质利用，因而上述热解工艺的终端产物都将成为直接或间接的温室气体减排途径。

生物质炭作为固态产物，对于温室气体减排至关重要。根据生物质炭减缓大气 CO_2 浓度的概念模型[6]，植物由光合作用捕获的 CO_2（以 100%计）约有 50%通过呼吸作用直接释放回大气，剩下的 50%则转化为生物质保存在植物体内。在自然过程中，这部分碳会由于植株凋落或死亡等生命过程进入土壤，进而在微生物的作用下迅速矿化，最终释放进入大气，因而此过程表现为碳中性（大气碳削减量为0%）。而经由生物质炭化过程的植物残体，其光合作用固定的碳中约有 25%将以稳定态形式的生物质炭保存，剩余 25%则以热解气的方式，以替代传统化石燃料。而前者由于较强的生物化学稳定性，进入土壤后受微生物分解速率较慢，仅可能有 5%的损失。因此，植物通过光合作用的碳，最终约有 20%可以被长期封存在土壤中。

热解气的主要成分是 CH_4、C_2H_4、H_2、CO 和 CO_2 等。一般来讲，热解气的热值可以达到 $7 \sim 13 MJ/m^3$，是替代传统天然气的优质再生能源，具备广泛的应用前景。但热解气的产生受到不同原料类型、热解条件及生产工艺的影响。如松木比稻秆具有更多木质素，前者热解炭化后会得到更少的气态副产物。但当热解温度从 300℃升高至 700℃时，气态产品质量占原料的比重可从 10%上升至 40%[7]。相比于竖流移动床，横流移动床的热解工艺由于需要将部分热解气回流以提供热解炉加热，剩余热解气热值较低，在利用方式上更适合直接为蒸汽锅炉供能。而竖流移动床由于未回流加热，经由冷却、脱焦、除尘等工艺后可以经燃气配送系统直达用户，或通过内燃机发电进行电力入网，以取代对传统能源的依赖，减少温室气体排放[8]。

木醋液和焦油作为生物质热解的产物，若清理不及时可能堵塞物料传输管道，但其本身富含可再利用的化工原料，具备资源回收价值。木醋液又称植物酸，是生物质热解中产生的蒸汽混合物进行冷凝后得到的暗褐色液体。尽管木醋液化学成分复杂（主要有有机酸类、酮类、脂类等有机化合物），但它在农业生产上对作物增产与病害控制方面已得到广泛验证[9]。因此，回收木醋液并进行加工，用以部分替代液体肥、农药等农资产品，可以有效减少后者生产过程中的温室气体排放。焦油的化学成分主要是苯的羟基衍生物，此外还含有部分酮类、酸脂类和烷烃类等，若回收加工得当，亦可用于医药、农药的合成利用；此外焦油可作为化工原料，如胶片、树脂、增塑剂等产品的中间体[10]。值得注意的是，焦油还可以通过加氢还原的工艺成为生物质柴油，同样可以缓解使用传统化石能源的环境压力，间接减少温室气体排放。

14.2.2　废弃生物质炭化过程中的温室气体排放核算

热解炭化并不是废弃生物质进行资源化利用的唯一高效、清洁方式。近年来各类废弃生物质循环利用技术发展迅猛，以秸秆为例，除了热解炭化的途径之外，生物质成型燃料与秸秆热电联产途径亦受到广泛关注。前者是将原料进行干燥、粉碎、再成型等工艺从而得到的高密度生物质成型燃料，后者作为一种可以同时供热供电的减排技术，亦受到政府部门的提倡与青睐。因此，有必要对秸秆不同的竞争性应用开展环境效益评价，以对比废弃生物质炭化技术在温室气体减排中的优势。

生命周期评价法(life cycle assessment, LCA)是用于评价生物质炭、秸秆成型燃料和热电联产 3 种资源化方式的理想的温室气体排放评价手段[11]，它是一种通过评估某个产品或活动在其完整生命周期中，从原材料的获取、产品的生产直至产品使用后的处置，对环境影响的技术和方法。南京农业大学科研团队通过对 3 家不同秸秆利用方式的典型企业的调查，基于物料投入与产出，以及不同利用途径的温室气体排放量，最终通过统一功能单位为每吨秸秆带来的 CO_2 减排当量(t CO_2-eq/t)以衡量不同利用方式在固碳减排表现上的优缺点。

具体计算公式如下：

$$P_{BC} = E_{E\&F1} + E_{Collection1} + E_{Transport1} + E_{Production1} + E_{NU1} - E_{Offset1} - E_{field} - B_S \quad (14.1)$$

$$P_{CHP} = E_{E\&F2} + E_{Collection2} + E_{Transport2} + E_{Production2} + E_{NU2} - E_{Offset2} - B_S \quad (14.2)$$

$$P_{BF} = E_{E\&F3} + E_{Collection3} + E_{Transport3} + E_{Production3} + E_{Utilization} + E_{NU3} - E_{Offset3} - B_S$$
$$(14.3)$$

式中，P_{BC}、P_{CHP}、P_{BF} 分别表示生物质炭、成型燃料以及热电联产 3 种秸秆利用途径的温室气体净排放。$E_{E\&F1}$、$E_{E\&F2}$ 和 $E_{E\&F3}$ 分别指 3 种情景下的设备制造和厂房建设引起的温室气体排放，这是基于钢铁、混凝土以及排放系数计量所得；$E_{Collection1}$、$E_{Collection2}$ 和 $E_{Collection3}$ 分别代表 3 种情景下秸秆收集过程中消耗电力或者柴油带来的碳排放；$E_{Transport1}$、$E_{Transport2}$ 和 $E_{Transport3}$ 分别 3 种情景下代表秸秆运输过程中能源消耗带来的碳排放；$E_{Production1}$、$E_{Production2}$ 和 $E_{Production3}$ 分别代表 3 种情景下生产过程中的碳排放；$E_{Utilization}$ 为成型燃料使用过程中的碳排放；E_{NU1}、E_{NU2} 和 E_{NU3} 分别为不同情景下秸秆从田块移除引起的营养元素丢失所带来的碳排放，估算方法为秸秆营养元素含量及化肥生产带来的碳排放；E_{field} 为指生物质炭应用于农田带来的土壤有机碳固碳及 N_2O 减排量；B_S 为秸秆直接还田温室气体排放，作为基线设置。$E_{Offset1}$、$E_{Offset2}$ 和 $E_{Offset3}$ 分别代表情景设置下避免化石燃料燃烧引起的减排量。

以秸秆直接还田为基线，不同秸秆处理技术情景下的碳减排潜力见表 14.2。生物质炭情景下的碳减排量最大，其次是生物质成型燃料，最后是热电联产，仅为 0.03t CO_2-eq/t。生物质炭施用于农田时，可带来巨大的固碳量，可达 1.38t CO_2-eq/t，以及一定的 N_2O 减排量，为 0.03t CO_2-eq/t。同时副产物生物质气发电带来的能源抵消减排量为 0.34t CO_2-eq/t。而其余 2 种技术情景下，生物质成型燃料和热电联产的能源替代减排是温室气体减排的唯一贡献者，分别为 1.76t CO_2-eq/t 和 0.83t CO_2-eq/t。

表 14.2　秸秆竞争性利用下净减排潜力对比 (t CO_2-eq/t 秸秆)

项目明细		生物质炭	热电联产	成型燃料
基线	秸秆还田	−0.66		
碳源		0.15	0.14	0.20
	营养元素损失	0.048	0.076	0.076
	建筑设备	0.0047	0.0040	0.00078
	原料收集	0.011	0.011	0.011
	运输	0.030	0.050	0.030
	生产环节	0.057	0.000	0.079
碳汇		−1.75	−0.83	−1.76
	能源替代	−0.34	−0.83	−1.76
	固碳	−1.38		
	N_2O 减排	−0.03		
净减排潜力		−0.94	−0.03	−0.90

因此，生物质炭具备更大的温室气体减排潜力，是其他两种技术所无法比拟的。但由于生物质热裂解的产物类型多样，且会受到原料性质与生产工艺的影响，所以废弃生物质炭化过程中的温室气体排放结果往往具有较大不确定性，今后研究需重视不同热解工艺所对应的排放因子。在实际应用中亦需结合规模大小、投资预算等因素，以综合考量合适的废弃生物质炭化工艺流程。而生物质炭产品作为农田土壤应用的优质"土壤改良剂"，在农田尺度上的固碳减排的效果与潜力尤为值得关注。

14.3　生物质炭农田应用的温室气体减排与评价

14.3.1　生物质炭的土壤固碳效应

在陆地表层系统中，农田土壤有机碳库依托其巨大的存量与活跃的土气交换过程，通过生物地球化学循环与驱动以发挥生态系统服务功能，对农业生产、生态系统健康及气候调节具有关键作用。

生物质在缺氧热裂解的条件下转化为生物质炭，因高度芳香化而具备较强的稳定性，在应用到农田后，具有抵抗土壤微生物与其他物理化学过程矿化与分解的特点。因此，生物质炭的土壤应用，相当于将植物光合作用固定的大气 CO_2 以更稳定态的形式留存在农田中，并直接增加土壤碳库的有机碳含量，被认为是一种有效的土壤碳汇途径[4]。通过生物质炭化的产业发展与推广，每年我国农田土壤固碳量可达 80Tg，单位面积的土壤碳库增碳速率达 0.6t/ha[13]。

但生物质炭直接增加土壤碳库的同时，其与土壤原有有机质之间也存在着激发效应，即外源有机物料进入土壤后，容易引起土壤有机质矿化高峰的出现。当前，关于生物质炭对土壤有机碳合成与分解的认识，尚未得到统一。例如，一项长达 10 年的定位试验发现，生物质炭可能会促进土壤有机质的分解以及加强土壤呼吸，潜在原因可能是土壤微生物的活性会随着生物质炭的输入而增加；此外，亦有报道田间条件下施用氮肥可能会对富含生物质炭的土壤产生负激发效应，其原因是生物质炭存在条件下，氮素可能会促进源于可溶性有机碳的碳素向土壤有机质转化[14]；而利用双同位素方法研究生物质炭对土壤有机质的激发效应时，发现与未施生物质炭的处理组相比，在含有生物质炭的土壤中加入标记的葡萄糖并不会产生明显的激发效应，但生物质炭本身的分解却与加入葡萄糖的量和土壤类型密切相关[15]。因此，生物质炭的施用对土壤有机碳的积累，可能是正激发、负激发或无明显激发现象。

土壤的有机碳矿化作用主要受到土壤微生物的影响，因而潜在的正激发效应可能是由于生物质炭添加会促进土壤微生物的生长与繁殖，并加强其生物活性，从而直接导致土壤原有有机碳矿化过程加强。如生物质炭丰富的孔隙结构为土壤微生物提供良好的生存及栖息环境，而含有的易分解的活性有机质组分作为碳源为土壤微生物提供能量。值得注意的是，高温热裂解得到的生物质炭比低温炭要具备更少的活性有机质，因而后者更加容易引起土壤有机碳的激发效应，从而释放更多的 CO_2[16]。

与正激发过程相反，负激发效应产生的机制可能是由于生物质炭内部的孔隙结构对土壤有机质具有一定的包封作用和吸附保护作用。生物质炭发达的孔隙结构可以将微生物及其产生的胞外酶与土壤有机碳相互隔离，间接增加土壤有机碳抵抗微生物降解的能力。同时，生物质炭丰富的表面形态特征将土壤有机碳吸附在外表面，从而降低土壤有机碳的可利用性。此外，生物质炭还具备促进土壤有机质形成有机-无机复合体的功能，通过这一途径，生物质炭可以强化土壤有机碳的稳定性，从而避免被微生物分解利用。但这主要由土壤类型决定，如黏粒丰富的土壤类型中含有更多的矿物元素，更易形成土壤有机无机复合体。不同的生物质炭类型及制备工艺可能对土壤微生物及其酶活性产生一定的抑制作用。在一定条件下，生物质炭可能含有某些对土壤微生物有害的物质(呋喃或酚类等化合物)，从而直接抑制土壤有机碳的矿化作用。

值得注意的是，目前大多研究都围绕表层土壤碳库开展，而深层土壤对生物质炭应用的相应尚未得到足够的关注。全球 0～100cm 的土层约有 1500Pg 有机碳储量，其中大约有一半位于深层土壤(深度大于 30cm 的土层)。相关研究已表明，在未来气候变化条件下，深层土壤碳库亦具备巨大的损失风险。农田深层土壤有机碳主要来自可溶性有机碳(DOC)、作物根系及其分泌物、颗粒态有机碳及有机碳的难溶组分，通过生物扰动、土壤径流、重力作用等过程向深层土壤迁移与沉积。在水分充足的条件下，DOC 的垂直迁移是深层有机碳的主要来源。但人为管理与扰动，会影响表层土壤有机碳动态变化，并影响有机碳的在土壤剖面中的迁移过程，进而驱动深层土壤碳库变化。因此，深层土壤固碳的关键是理解土壤有机碳的传输与迁移，并通过表层土壤管理措施增加深层土壤碳库的稳定[17]。

生物质炭参与的土壤过程不仅影响表层土壤有机碳的分解，同时也改变土壤碳的迁移动态，从而可能影响表层土壤向深层输入碳的组分及强度。生物质炭在农田土壤环境中的迁移主要是以颗粒态或矿物结合态的形式，从而增加深层土壤难降解有机碳组分的含量。因此，生物质炭施用于农田对深层碳库的影响可归纳为：①生物质炭影响土壤可溶性组分与 DOC 的迁移；②生物质炭固体颗粒迁移，即进入土壤环境的生物质炭可能因为风化作用而崩解为细小颗粒，从而伴随土壤的扰动或者水分渗漏进入深层；③生物质炭间接作用引起的有机碳迁移，即生物质炭可能通过改变土壤原有有机碳在土壤中的结合状态，从而改变其可移动性。

如上所述，生物质炭的农田应用不仅具备农业增产效益，同时也被认为是农业应对气候变化和增加土壤碳库的有效举措。土壤碳库对生物质炭的响应受到自然环境与气候、土壤与生物质炭理化性质及人为管理措施等诸多因素的影响。生物质炭在增加土壤碳库总量的同时，亦改变土壤碳库的有机质组成成分，且影响土壤有机碳的移动过程。生物质炭不仅影响表层土壤碳库，由于其自身组成及可移动碳潜在的迁移行为，还将影响深层土壤碳库的动态变化与固碳潜力。

14.3.2　生物质炭对稻田 CH₄ 和农田 N₂O 的减排效益

受人类活动的影响，以 CH_4 和 N_2O 为代表的温室气体浓度不断上升，对加剧全球温室效应具有重要影响。自工业革命开始以来，CH_4 浓度已从 715ppb 上升至 1800ppb，而稻田正是农业 CH_4 的主要排放源之一。我国稻田 CH_4 的年际排放量约为 7.7Tg，约占我国农业温室气体总排放的 20%。与稻田相对应的，旱作农田

往往是大气 CH_4 的吸收汇，其年均 CH_4 吸收量约为 0.22Tg。我国 70% 的 N_2O 来自农业生产过程的排放，其大气浓度自工业革命以来的 270ppb 上升到超过 320ppb。尽管 N_2O 大气中浓度远低于 CO_2 及 CH_4，但由于其全球增温潜势 (global warming potential，GWP) 是 CO_2 的 265 倍，因此不容小觑。通过优化农田管理模式以降低 CH_4 与 N_2O 的排放，减缓农业温室气体排放迫在眉睫。

稻田 CH_4 主要来自土壤厌氧条件下（淹水状态），产甲烷细菌对土壤腐殖质、人为添加的有机物料或植物根系分泌物等有机质分解利用的结果。但与此同时，产生的大部分 CH_4 都被嗜甲烷菌直接氧化分解，而未分解的 CH_4 则通过植物的通气组织、气泡或者液相扩散的形式向大气中排放。因此，任何可以减少产 CH_4 底物、破坏厌氧条件或者促进 CH_4 氧化的方式都会抑制 CH_4 的产生，同理，任何影响 CH_4 的 3 种迁移途径的方式均会影响其排放[18]。

近年来，生物质炭对稻田 CH_4 的排放受到不断关注。南京农业大学科研团队在广汉稻田施用生物质炭并通过的排放监测发现，20t/ha 和 40t/ha 分别减少 CH_4 排放 44.4% 和 67.4%[19]。此外，在进贤与长沙两地双季稻轮作系统中施用 20t/ha 和 40t/ha 的生物质炭发现，进贤稻田的 CH_4 排放对生物质炭施用无明显响应，而长沙稻田的 CH_4 排放在两个生物质炭处理下分别下降了 70.6% 和 27.6%[20]。而在江苏宜兴的稻麦轮作系统农田应用生物质炭发现，10t/ha 的生物质炭施用对 CH_4 排放不明显，但 20t/ha 和 40t/ha 的生物质炭会显著增加 CH_4 排放超过 80% 以上。值得注意的是，宜兴试验地施炭处理的稻田在次年作物生长季，3 个施炭水平的实验组均较对照组出现了 CH_4 排放的下降[21]。上述定位试验表明，生物质炭对稻田 CH_4 的排放影响会受到多因素的影响，因而有必要通过对前人开展的研究进行集成分析而获得更为客观的结论。

通过对我国境内开展的生物质炭对温室气体排放影响试验进行文献的整合分析[22]，结果表明生物质炭整体上可以降低 CH_4 排放 15.2%，但会受到土壤理化性质、生物质炭性质及人为管理措施的影响（见图 14.7 和图 14.8，括号内数字表示观测数目，下同）。生物质炭施用后稻田 CH_4 排放量与土壤 pH 密切相关。如土壤 pH<5，CH_4 减排速率可达 46.1%，而 pH 介于 5~6.5 的土壤类型减排率只有 7.4%，其他 pH 土壤类型亦达 24.6%。当 SOC<5g/kg 时，其减排速率可达 46.0%，SOC 介于 5~10g/kg 的土壤类型，可能会增加 14.2% 的 CH_4 排放，但随着 SOC 继续升高到 10~20g/kg，CH_4 减排率又达到 24.3%，但若 SOC 超过 20g/kg，则 CH_4 可能又会随着生物质炭的施用而增排。砂壤、壤土和黏土对生物质炭施用的 CH_4 排放率分别为 25.9%、9.2% 和 3.5%。此外，土壤 C/N 的结果也表明，当 C/N 在 12 以下时，减排速率为 22%~26%，但当 C/N 超过 12 时，CH_4 可能会增排 13%。

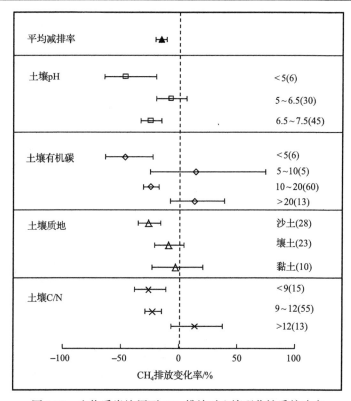

图 14.7　生物质炭施用下 CH_4 排放对土壤理化性质的响应

同时，其他研究也表明生物质炭的理化性质对 CH_4 的排放率有较大影响[23]。当生物质炭的 pH>10 时，CH_4 可能会增排 14.8%，反之则减排 25%。生物质炭的C/N 介于 90～110，则减排速率最大，为 23.5%，其他区间影响不显著。但生物质炭的施用量对 CH_4 减排速率的影响不大，小于 40t/ha 的施用量对 CH_4 的减排幅度在 11%～20%。值得注意的是，不施氮或者施氮超过 250kg/ha，则 CH_4 会增排，但常规的氮肥施用模式下，CH_4 可以减少氮肥排放 25%。

从生物质炭的角度而言，不同制备材料与热解条件得到的生物质炭具有巨大的理化性质差异，对土壤 CH_4 的排放也影响较大。如孔隙度较大的生物质炭更能增加稻田土壤的通气性，从而增加溶解氧，间接抑制产甲烷菌的活性。而孔隙度较小的生物质炭，可能在土壤中影响物质的迁移与运动，从而改变养分分布，间接影响产甲烷菌与植物根系生长。此外，由于生物质炭多为碱性，而适宜产甲烷菌生命活动的土壤 pH 约为 6.5～7.5，所以碱性土壤施用生物质炭可能更加抑制CH_4 排放，而酸性土壤可能会由于施用生物质炭从而促进产甲烷菌的活性[24]。值得注意的是，不同生物质炭之间的组分差异亦对 CH_4 排放影响很大，尤其是炭中的溶解性碳组分，可能为产甲烷菌提供能量，从而增加 CH_4 排放，但随着这部

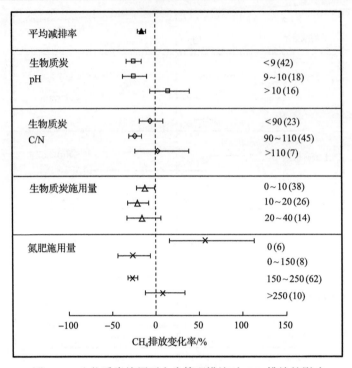

图 14.8　生物质炭施用下人为管理措施对 CH_4 排放的影响

分碳的消耗,土壤 CH_4 排放得到抑制[25]。总的来讲,上述生物质炭的理化性质同时受到生产原料与热解条件的影响,但目前针对热解条件与 CH_4 排放的研究开展较为有限,且大多都是室内培养实验,无法完全模拟野外稻田的实际情景。因此,围绕生物质炭理化性质与 CH_4 减排效果的稻田试验仍需进一步开展。

N_2O 在农田土壤中的排放途径主要通过硝化和反硝化过程。农田土壤的硝化作用一般由氨氧化细菌和亚硝酸盐氧化菌共同参与完成,其过程为:①土壤中的氨 (NH_3) 被氧化为羟胺 (NH_2OH);②NH_2OH 在羟胺氧化还原酶的作用下形成 NO_2^-;③NO_2^- 进一步在亚硝酸盐氧化菌作用下被氧化成 NO_3^-。N_2O 的排放主要来自硝化过程中的中间产物分解(如 NH_2OH 或 NO_2^-)及其不完全氧化过程。相比于硝化作用,农田土壤的反硝化作用一般被认为是更主要的 N_2O 排放过程。简单来讲,反硝化过程可以分为 4 步:①NO_3^- 首先在硝酸盐还原酶的作用下被还原为 NO_2^-;②后者在亚硝酸盐还原酶的作用下还原为 NO;③产物继续被一氧化氮还原酶还原为 N_2O;④N_2O 被相关还原酶还原为 N_2。在完整的转化过程中,氮素可能以 NO、N_2O 和 N_2 的形式释放,是农田氮素损失的主要途径之一。

南京农业大学科研团队在四川广汉连续两年的生物质炭稻田试验发现,在 20t/ha 和 40t/ha 的生物质炭施用水平下,两个实验组的 N_2O 排放量较对照组在第

1 年分别下降了 29.3%与 53.2%，在第 2 年分别下降了 25.7%与 65.7%[19]。这一现象被解释为主要是由于生物质炭提高了土壤的阳离子交换量，从而增加了对 NH_4^+ 的吸附，直接减少了土壤硝化过程的底物。此外，在河南新乡玉米-小麦轮作下开展的生物质炭施用对温室气体排放的试验，在玉米季施用 2.5t/ha 的小麦秸秆炭后，发现生物质炭可降低 N_2O 排放 34.5%；在小麦季施用 3t/ha 玉米秸秆炭后，发现 N_2O 排放总量下降了 27.4%[26]。并解释为这主要是由于生物质炭增加了通气性，降低了反硝化作用；且土壤 pH 随着生物质炭的施用而增加，亦将增加反硝化还原酶的活性，可以促进 N_2O 向 N_2 的转化。总的来讲，这一过程中受到土壤与生物质炭理化性质、人为管理模式和自然气候条件等因素调控，因此更普适性的结论需通过集成已有研究得到。

　　整合分析对生物质炭减缓 N_2O 排放的结果表明，其平均减排率为 13.6%（95%置信区间为 11.3%～15.9%），但会受到土壤类型、生物质炭性质和人为管理模式等因素的影响[22]（见图 14.9 和图 14.10）。例如，低 pH 的土壤在施用生物质炭之后可能会导致 N_2O 的增排，而中性 pH 的土壤对生物质炭施用响应最高，N_2O 减排率可达到 30%。此外，生物质炭在高肥力的土壤（SOC>20g/kg）中有更好的 N_2O 减排效果。土壤质地对 N_2O 的排放影响也很大，砂土和壤土的 N_2O 排放率均下降超过 20%，而黏土的 N_2O 减排率仅有 4.5%。

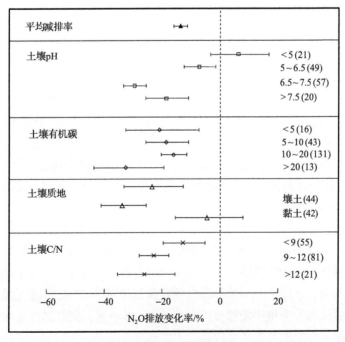

图 14.9　生物质炭施用下土壤性质对 N_2O 排放的影响

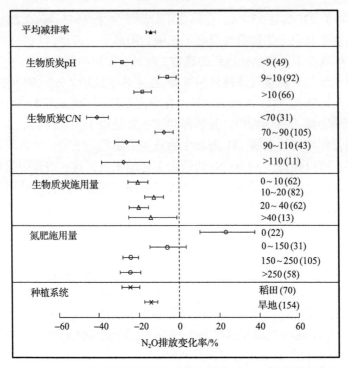

图 14.10　生物质炭施用下人为管理措施对 N_2O 排放的影响

对生物质炭理化性质而言，pH 低于 9 的生物质炭，其 N_2O 减排速率可达 27.75%，而 pH 介于 9～10 的生物质炭，减排速率仅 5.5%。生物质炭的 C/N 小于 70 时，其减排率可能超过 40.5%，而当 C/N 介于 70～90 时，减排率仅有 7.4%，C/N 超过 90 后，又恢复到 25% 以上的水平。生物质炭施用量对 N_2O 的减排率影响似乎并不显著，不同施用量之间的减排率维持到 12.4%～20.4%。对于人为管理措施而言，不施用氮肥的处理可能会由于生物质炭的施用而增加 N_2O 的排放，但 N_2O 减排速率随着氮肥施用量的提高而增高，当氮肥超过 250kg/ha 时，仍有 24.4% 的减排速率。值得注意的时，水田比旱地具备更大的生物质炭对 N_2O 的减排潜力，二者分别为 24.4% 和 13.9%。

总的来讲，土壤的理化性质是影响农田 N_2O 减排效果的重要因素。如土壤 pH 可通过影响土壤氮循环相关功能微生物的活性，从而影响 N_2O 的排放结果。由于参与土壤氮循环的微生物更适宜生存在中性或弱碱性环境中，一旦生物质炭无法消除改善土壤的酸性环境，则可能导致生物质炭施用对 N_2O 排放量无显著影响。生物质炭在砂性或壤性土壤中能够显著减少 N_2O 排放量，但在黏性土壤中无显著影响。可能是由于黏土本身含水率较高，土壤通气性能差，生物质炭通过改善了黏土通气性，从而增加土壤氧气含量并增强硝化作用；而在砂土和壤土中，生物质炭起到保持水分作用，减少土壤因硝化作用产生的 N_2O。

生物质炭本身的特性和田间水肥管理也会影响土壤 N_2O 排放量。在不施用氮肥的情况下，生物质炭显著增加了 N_2O 排放量，可能的原因是生物质炭自身携带的氮素会成为土壤氮源，通过硝化作用生成 N_2O。施用氮肥显著增加了土壤中铵态氮和硝态氮的含量，增强了硝化作用和反硝化作用强度，促进了土壤 N_2O 的产生和排放。而施加的生物质炭改善了土壤微环境，调控土壤微生物群落组成和多样性，降低土壤中氮相关的微生物菌群丰度，抑制土壤 N_2O 的产生。生物质炭施用于稻田对 N_2O 减排效果优于旱地，可能的原因是稻田在晒田期 N_2O 排放量会剧增，而生物质炭在晒田期间能够改善土壤通气状况，增加氧气含量，明显减少反硝化作用产生的 N_2O。

14.3.3　生物质炭农田应用的碳足迹评价

生物质炭作为废弃生物质热解炭化的产物，在农业生产领域受到颇多关注，在增产提质的同时，固碳减排的功能亦为业界所熟知。本节通过集成南京农业大学科研团队多个生物质炭大田试验的研究结果，以发展生物质炭农田应用的碳足迹评价方法学，同时评价生物质炭对农作物生产碳足迹的影响结果[27]。

碳足迹(carbon footprint)是指某项活动、个体、事件或产品直接或间接产生的温室气体排放总量，并以 CO_2 当量表示，其计算过程通常基于生命周期评价法。当前，业界普遍认为非土地利用方式发生变化导致的土壤碳库损失(或增加)，不被纳入温室气体排放核算的系统边界，这意味着农田土壤有机碳库的变化未作为计量单元核算在碳足迹的结果之内。此外，由于生物质炭的生产工艺参差不齐，不同生产工艺下生物质炭生产的排放因子差别巨大。尽管理论上生物质炭生产过程中的副产品可用于循环利用并替代传统的化石能源，但在实际生产过程可能由于设备不达标而需要外部能源加热，从而引起额外的温室气体排放。

因此，鉴于生物质炭在土壤固碳领域的巨大潜力与极难矿化的特点，以及生物质炭副产品可以被回收且替代传统化石燃料的减排潜力，本节设置了以下 4 个情景用于分析和评价生物质炭农田施用下农作物的碳足迹。

情景 A：在此情景中，以最基础的农作物生产过程作为碳足迹核算的系统边界，具体的碳足迹 CF_A 的计算公式为

$$CF_A = CF_M + CF_{N_2O} + CF_{CH_4} \tag{14.4}$$

式中，CF_A 表示情景 A 中的农作物碳足迹；CF_M 代表生产过程中的生产资料或农业活动(化肥、农药、灌溉引起的温室气体排放等)投入所带来的 CO_2 排放，CF_{N_2O}

表示农作物生长季中监测得到的 N_2O 排放量，并转化为 CO_2-eq；CF_{CH_4} 表示农作物生长季中监测到的 CH_4 排放量，并转化为 CO_2-eq。其计算公式分别为

$$CF_M = \sum AI_i \times EF_i \qquad (14.5)$$

$$CF_{CH_4} = E_{CH_4} \times 28 \qquad (14.6)$$

$$CF_{N_2O} = E_{N_2O} \times 265 \qquad (14.7)$$

式中，AI_i 表示各项物料与人为管理措施的具体投入量；排放因子 EF_i 表示相应的单位物料投入量的 CO_2 排放系数，各项物料投入与人为管理措施包括了化学肥料、农药、灌溉及柴油燃烧等；E_{CH_4} 与 E_{N_2O} 分别表示 CH_4 与 N_2O 的直接排放量；系数 28 与 265 分别表示 CH_4 与 N_2O 的全球增温潜势；CF_{CH_4} 与 CF_{N_2O} 分别表示 CH_4 与 N_2O 转化为 CO_2-eq 后的总量。

情景 B：在情景 A 的基础上，设定情景 B 为生物质炭的生产工艺已得到提升与优化，使所有副产品均可被循环利用。在满足原料热裂解所需的热量同时，剩余热解气还可以输出或储存以代替传统化石燃料，因此具备额外的碳减排潜力。具体计算公式如下：

$$CF_B = CF_A + CF_{bp} \qquad (14.8)$$

$$CF_{bp} = EF_{bp} \times AI_{bp} \qquad (14.9)$$

式中，CF_B 表示情景 B 的总碳足迹；CF_A 的含义与计算过程如情景 A 所述；CF_{bp} 的表示优化生产工艺后生物质炭带来的碳排放；EF_{bp} 与 AI_{bp} 分别表示此设定情景下的生物质炭排放系数与投入量。

情景 C：在情景 A 的基础上，设定情景 C 为土壤碳库的变化量被作为碳足迹的核算单元纳入其系统边界内，计算公式如下：

$$CF_C = CF_A + CF_{soc} \qquad (14.10)$$

$$CF_{soc} = (SOC_1 \times B_1 - SOC_0 \times B_0) \times H \times S \times \frac{44}{12} \qquad (14.11)$$

式中，CF_C 表示情景 C 中的农作物碳足迹；CF_{soc}（CO_2-eq/ha）表示当季农作物收获之后的土壤有机碳库的增量或损失量；SOC_0 与 SOC_1，分别表示初始的土壤有机碳含量与收获后的土壤有机碳含量；B_0 与 B_1 分别表示初始的土壤容重与收获后的土壤容重；H 表示土壤样品采集的深度，其中旱地为 20cm，稻田为 15cm；S 表示单位面积，单位为 ha；系数 $\frac{44}{12}$ 表示碳单质转化为 CO_2 的转化系数。

情景 D：通过综合考虑上述 3 个情景，在优化生物质炭生产工艺的同时，将土壤碳库增量纳入碳足迹核算的系统边界之内，情景 D 具体计算公式为

$$CF_D = CF_A + CF_{bp} + CF_{soc} \tag{14.12}$$

式中，CF_D 表示情景 D 中农作物生产过程的碳足迹。CF_A、CF_{bp}、CF_{soc} 分别已在上述情景中表示。此外，用碳排放强度 CI_i 表示不同单位产量农作物的 CO_2 排放量。计算公式为

$$CI_i = \frac{CF_i}{Y} \tag{14.13}$$

式中，CI_i 表示单位质量作物的 CO_2 排放量，用以分析粮食生产的气候效益成本；Y 表示单位面积的农作物产量；CF_i 表示上述 4 个情景下农作物的单位面积碳足迹。

4 个情景下的生物质炭施用对水稻与玉米生产的碳足迹与碳强度的结果如图 14.11 中所示。对于水稻而言，在情景 A 中由于生物质炭生产工艺比较粗犷，

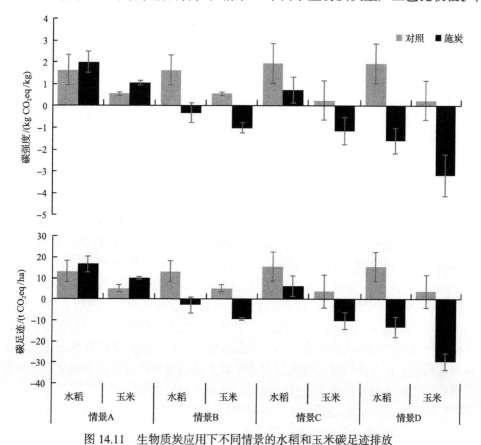

图 14.11　生物质炭应用下不同情景的水稻和玉米碳足迹排放

导致能源消耗带来温室气体排放，故施用生物质炭导致水稻碳足迹是未施用生物质炭水稻碳足迹的 1.18 倍，而单位产量碳强度的结果相似，施用生物质炭的水稻是未施用生物质炭的水稻的 1.13 倍。情景 B 和情景 C 中分别考虑了工艺提升后带来的副产品回收碳抵消效果与土壤碳库增加带来的碳汇效果，水稻碳足迹迅速下降。水稻碳足迹与单位产量碳强度在情景 B 中的分别为–1.14t CO_2-eq/ha 和–0.13kg CO_2-eq/kg；在情景 C 中分别为 3.31t CO_2-eq/ha 和 0.39kg CO_2-eq/kg。而水稻碳足迹在情景 D 中最小，碳足迹与单位碳强度分别为–11.71t CO_2-eq/ha 和–1.4kg CO_2-eq/kg。

为了明确 4 个情景下不同排放源之间对整体农作物生产碳足迹的贡献，分别对各项单独的农业排放源进行了具体的核算，结果见图 14.12。

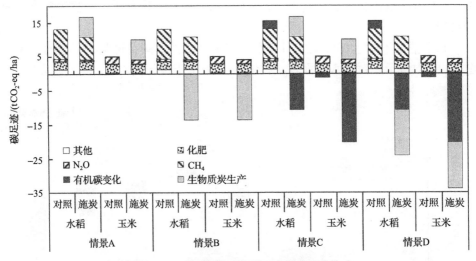

图 14.12 不同情景下水稻玉米的碳足迹构成

若不将土壤碳库变化纳入对整体农作物生产碳足迹的计算边界内，在不施用生物质炭的管理模式下，水稻生产碳足迹的最大碳排放来自 CH_4 的排放(8680kg CO_2-eq/ha)，而玉米碳足迹的最大贡献则来自化学肥料的施用(2147.8kg CO_2-eq/ha)。在水稻和玉米生产过程中，排在第二位的碳排放贡献分别来自水稻生产过程中的化学肥料投入(1853.5kg CO_2-eq/ha)，以及玉米生产过程中的 N_2O 直接排放(2018.3kg CO_2-eq/ha)。而在施用生物质炭之后(情景 A)，CH_4 排放仍然是水稻生产过程中的最大贡献者，而生物质炭生产过程中能源消耗带来的温室气体排放高居第二；与此同时，玉米碳足迹中最大的温室气体排放源亦被生物质炭生产过程中的温室气体排放所取代。但是，如果生物质炭的生产工艺得以提升的话(情景 B)，在 20t/ha 的施用量下，施用生物质炭的环节可以为水稻和玉米生产过程带来总计–10628kg CO_2-eq 的温室气体减排效果。

若将土壤碳库变化纳入对农作物生产碳足迹的计算边界之中(情景 C)，在不施用生物质炭的管理模式下，水稻生产过程会导致土壤碳库损失大约 2439.1kg CO_2-eq/ha，而玉米种植季结束之后土壤碳库略有增加，为 1170.6kg CO_2-eq/ha。而施用生物质炭之后则显著增加了土壤碳库，其对水稻和玉米生产过程中的碳足迹贡献分别为–10571.0kg CO_2-eq/ha 和–20207.2kg CO_2-eq/ha。若在此基础上，考虑优化生物质炭生产工艺，则由副产品和土壤碳汇带来的双重"碳抵消"大幅降低了农作物碳足迹，水稻和玉米单位面积碳足迹分别为–21199.0kg CO_2-eq/ha 和–30835.2kg CO_2-eq/ha。值得注意的是，2 个具有"碳抵消"效应的单元在水稻和玉米中的占比差异较大。其中，玉米降低碳足迹主要依赖于土壤碳库的增加，其比重高达 65.5%，而土壤碳库增量与生物质炭副产品在水稻碳足迹核算中的"碳抵消"效应，二者贡献相当。

根据国际标准化组织(International Organization for Standardization，ISO)对农业碳足迹的核算定义，出于对土壤碳库稳定性的争议，农业生产活动导致的土壤碳库"源汇"过程不应纳入碳足迹核算的系统边界之内。增加土壤碳库的农田管理模式与途径较多，如秸秆还田、保护性耕作等。但是，许多研究表明，秸秆还田虽然在短时间之内大量增加了土壤有机碳库，但是新输入的秸秆中的大部分组分会在短时间内快速分解为 CO_2，进而释放到大气中；而残留的有机碳也会通过缓慢参与到土壤-大气碳循环过程而逐渐释放。此外，免耕等措施虽然可以通过减少人为活动对土壤碳库的扰动，以达到增加土壤碳库的目的。但由于其在短时间尺度内的增率有限，且这部分增加的有机碳的稳定性尚不明确，所以通过此类方法增加土壤碳库的措施仍然受到一定争议。生物质炭在土壤中的平均残留年限可达千年尺度，这也意味着生物质炭在土壤中参与碳周转速率比较缓慢。因而相比传统的农田有机物料添加物，生物质炭的制备与农业应用被认为是一种经济成本适宜而环境效益巨大的减排措施。

综上所述，适用于生物质炭农田应用的碳足迹核算方法学，应将施用生物质炭引起的土壤有机碳库增量纳入核算的系统边界之内，同时需关注生物质炭生产过程中的温室气体排放因子，以便计算生产工艺提升与副产品循环而带来的温室气体减排。

参 考 文 献

[1] Food and Agriculture Organization of the United Nations. FAOSTAT. http://www.fao.org/faostat/en/#home[EB]. (2021-06-23)[2021-08-13].

[2] Pan G, Smith P, Pan W. The role of soil organic matter in maintaining the productivity and yield stability of cereals in China[J]. Agriculture Ecosystems & Environment, 2009, 129(1): 344-348.

[3] 潘根兴, 李恋卿, 刘晓雨, 等. 热裂解生物质炭产业化: 秸秆禁烧与绿色农业新途径[J]. 科技导报, 2015, 33(13): 92-101.

[4] 潘根兴, 张阿凤, 邹建文, 等. 农业废弃物生物黑炭转化还田作为低碳农业途径的探讨[J]. 生态与农村环境学报, 2010, 26(4): 394-400.

[5] 潘根兴, 卞荣军, 程琨. 从废弃物处理到生物质制造业: 基于热裂解的生物质科技与工程[J]. 科技导报, 2017, 35(23): 82-93.

[6] Lehmann J. A handful of carbon.[J]. Nature, 2007, 447(7141): 143-144.

[7] 陈祎, 陆杰, 杨明辉, 等. 典型生物质在不同温度下的热解产物特性[J]. 工业加热, 2019, 48(1): 5-10.

[8] 霍丽丽, 赵立欣, 孟海波, 等. 秸秆类生物质气炭联产全生命周期评价[J]. 农业工程学报, 2016, 32(S1): 261-266.

[9] 闫钰, 陆鑫达, 李恋卿, 等. 秸秆热裂解木醋液成分及其对辣椒生长及品质的影响[J]. 南京农业大学学报, 2011, 34(5): 58-62.

[10] 杨玉琼, 卢仕远, 杜松, 等. 生物质焦油成分分析及综合利用研究[J]. 广州化工, 2014(10): 144-146.

[11] Ji C, Cheng K, Nayak D, et al. Environmental and economic assessment of crop residue competitive utilization for biochar, briquette fuel and combined heat and power generation[J]. Journal of Cleaner Production, 2018, 192(AUG.10): 916-923.

[12] 霍丽丽, 赵立欣, 姚宗路, 等. 秸秆热解炭化多联产技术应用模式及效益分析[J]. 农业工程学报, 2017, 33(3): 227-232.

[13] 程琨, 潘根兴. "千分之四全球土壤增碳计划"对中国的挑战与应对策略[J]. 气候变化研究进展, 2016, 12(5).

[14] Cotrufo, Francesca M, Jiang, et al. Interactions between biochar and soil organic carbon decomposition: Effects of nitrogen and low molecular weight carbon compound addition[J]. Soil Biology & Biochemistry, 2016.

[15] Luo Y, Zang H, Yu Z, et al. Priming effects in biochar enriched soils using a three-source-partitioning approach: 14C labelling and 13C natural abundance[J]. Soil Biology and Biochemistry, 2017.

[16] 陈颖, 刘玉学, 陈重军, 等. 生物炭对土壤有机碳矿化的激发效应及其机理研究进展[J]. 应用生态学报, 2018, 29(1): 314-320.

[17] 郑聚锋, 程琨, 潘根兴. 生物质炭施用对深层土壤碳库的影响[J]. 南京农业大学学报, 2020, 43(4): 589-593.

[18] 夏龙龙, 颜晓元, 蔡祖聪. 我国农田土壤温室气体减排和有机碳固定的研究进展及展望[J]. 农业环境科学学报, 2020, 39(4): 834-841.

[19] 张斌, 刘晓雨, 潘根兴, 等. 施用生物质炭后稻田土壤性质、水稻产量和痕量温室气体排放的变化[J]. 中国农学, 2012, 45(23): 4844-4853.

[20] 曲晶晶, 郑金伟, 郑聚锋, 等. 小麦秸秆生物质炭对水稻产量及晚稻氮素利用率的影响[J]. 生态与农村环境学报, 2012(3): 288-293.

[21] Zhang A, Cui L, Pan G, et al. Effect of biochar amendment on yield and methane and nitrous oxide emissions from a rice paddy from Tai Lake plain, China[J]. Agriculture Ecosystems & Environment, 2010, 139(4): 469-475.

[22] 刘成, 刘晓雨, 张旭辉, 等. 基于整合分析方法评价我国生物质炭施用的增产与固碳减排效果[J]. 农业环境科学学报, 2019, 38(3): 696-706.

[23] He Y, Zhou X, Jiang L, et al. Effects of biochar application on soil greenhouse gas fluxes: A meta-analysis[J]. GCB Bioenergy, 2017, 9(4): 743-755.

[24] Feng Y, Xu Y, Yu Y, et al. Mechanisms of biochar decreasing methane emission from Chinese paddy soils[J]. Soil Biology and Biochemistry, 2012, 46: 80-88.

[25] Zhang A, Bian R, Pan G, et al. Effects of biochar amendment on soil quality, crop yield and greenhouse gas emission in a Chinese rice paddy: A field study of 2 consecutive rice growing cycles[J]. Field Crops Research, 2012, 127(none): 153-160.

[26] 韩继明, 潘根兴, 刘志伟, 等. 减氮条件下秸秆炭化与直接还田对旱地作物产量及综合温室效应的影响[J]. 南京农业大学学报, 2016, 39(6): 986-995.

[27] Xu X, Cheng K., Wu H, et al. Greenhouse gas mitigation potential in crop production with biochar soil amendment-a carbon footprint assessment for cross-site field experiments from China. Gcb Bioenergy, 2019, 11(4): 592-605.

第 15 章　生物质炭发展问题与展望

废弃生物质包括农作物秸秆、林业剩余物、畜禽干粪、易腐生活垃圾等。我国废弃生物质量大面广，根据《第二次全国污染源普查公报》，全国农作物秸秆年产生量 8.05 亿 t，畜禽粪污年产生量约 38 亿 t。当代资源匮乏，环境问题日益严重，使用废弃生物质来制备生物质炭有利于废弃物资源化利用与无害化处理，实现变废为宝。本章详细介绍生物质炭化，以及生物质炭在农业利用、环境修复、燃料化利用和参与"碳达峰"、"碳中和"等应用中有待解决的问题，并进行了展望。

15.1　生物质炭化问题与展望

15.1.1　生物质炭化发展概况

随着煤、石油、天然气等化石能源的逐渐枯竭及过量消耗，生态环境安全和人类可持续发展受到严重威胁，而将生物质资源综合利用对缓解我国能源、环境及生态问题具有重要的意义。国务院关于"十三五"国家战略性新兴产业发展规划明确指出："深入推进农林废弃物资源循环利用，积极开发农林废弃物超低排放焚烧技术"；"十四五"规划指出："支持绿色技术创新，推进清洁生产，发展环保产业"。秸秆利用的常规方式包括直接还田、造粒制备固体燃料，畜禽粪污常规的利用方式有厌氧发酵和好氧堆肥。然而，上述生物质利用技术处理能力有限，部分生物质未能得到合理利用，造成资源浪费的同时，也引发了一系列环境污染问题，例如秸秆焚烧引发的雾霾问题、猪粪肥施用带来的抗生素耐药基因污染问题等。生物质炭化便是在上述问题和需求的推动下发展起来的新型生物质处理利用技术，以生物质为原料制备生物质炭是一项固碳、减排的绿色创新技术，相关产业已引起人们的重点关注，该技术的发展和应用有助于实现我国"碳达峰"和"碳中和"的目标，被我国农业农村部评为 2020 年十大引领性技术之一。

生物质炭化可分为热解炭化和水热炭化两大类。热解炭化是生物质在无氧或缺氧环境中受热分解为固体、液体和气体产物的过程。传统的热解炭化主要采用土窑或砖窑烧炭工艺，近年来，为实现废弃生物质资源的循环利用，新型生物质热解炭化设备研发工作进展迅速。常见的热解炭化设备一般可分为固定床、移动床和流化床等热解炭化设备。实验室常用到的炭化设备主要有马弗炉和管式炉，它们均属于固定床热解炭化设备，需要通过消耗电能来加热生物质，具有控温精度高、操作灵活的特点。目前，工业上应用较为成熟的炭化设备主要是回转式炭化炉，它属于移动床热解炭化设备，能够利用热解气自供热进行连续生产。沈阳农业大学、南京农业大学、中科院厦门城市环境研究所、浙江科技学院、浙江省农科院等高校和科研院所针对回转式炭化炉做了大量的研发工作，已经成功开发和设计了多种类型的回转式炭化炉。浙江金锅锅炉有限责任公司、浙江桐奥环保科技有限责任公司、浙江长三角聚农科技开发有限公司、合肥德博生物能源科技有限公司、南京勤丰众成生物质新材料有限公司和江苏碧诺环保科技有限公司等企业通过与国内高校、科研院所合作，已将回转式炭化炉用于工业生产，实现了生物质炭连续化、规模化、规范化生产。水热炭化是在一定的压力和温度下，在水热反应器中将生物质和水按比例混合反应生成气体、液体和固体产物的过程。水热炭化最早是由 Bergius 于 1913 年在对纤维素进行炭化转化实验中提出的，具有无需干燥工序，能够处理含水量大的生物质原料的优点。在环境治理领域，研究人员致力于利用水热炭化技术处理餐厨垃圾、污泥、畜禽粪便等含水率高的生物质，小型的水热反应釜在实验研究方面已有成熟的应用。

15.1.2　生物质炭化发展问题

1. 生物质热解炭化问题

在现实需求和国家政策的双重推动下，生物质热解炭化已经逐步走向产业化。然而，生物质热解炭化技术快速发展的同时，也暴露出许多相关问题，如系统集成度低、智能化程度差、能源利用方式粗放、车间环境清洁度低、行业标准缺乏等。

1) 系统集成度低

回转式热解炭化炉是技术成熟、应用广泛的生物质热解炭化装备，其所涉及的系统包括进料系统、烘干系统、炭化系统、热解气回用系统、污水处理系统和尾气处理系统等。目前大多数炭化设备各个系统单元是独立运行的，设备系统集成度低。部分设备直接采购其他用途的商用设备进行组装，没有从炭化需求出发，设计、调试和开发适合用户需求和投资规模的生物质热解炭化集成系统和技术，而且后期炭化系统运行和管理方面缺少技术支撑。

2) 智能化程度差

鉴于生物质热解炭化系统由多个单元构成，系统的自动化程度直接关系着炭化设备的产能。已经实现工业化生产的热解炭化设备虽然能够进行连续生产，但许多工艺单元仍需工人进行操作，例如烘干温度、进料速度、炭化温度、炭化时长等。以炭化温度的调控为例，在炭化开始前，需要用天然气或者其他燃料对炉膛进行加热，使炉膛升温至炭化所需温度，进料后，根据炭化温度要求和生物质产气效率，还需人工调节燃气流量，控制炭化温度。因此，亟待开发智能控制系统,通过计算机程序将生物质热解炭化单元进行联动控制。

3) 能源利用方式粗放

生物质热解炭化过程中会产生 CH_4、H_2 和 CO 等可燃气体,生物质热解炭化系统主要是利用物质热解时产生的热解气燃烧放热给生物质原料加热,从而实现燃料自给自足的目的。然而,当前热解气仅通过导入燃烧室或者炉膛直接燃烧的方式给热解炭化系统进行加热,利用方式比较粗放,部分热解炭化系统没有进行燃烧烟气的余热回收利用,造成了能源浪费。

4) 车间环境清洁度低

生物质粉碎、进料、干燥、炭化和出炭过程均会产生一定的粉尘和异味,生产车间粉尘和异味污染是造成车间环境不清洁的主要原因。特别是如果粉尘浓度超标,将直接影响操作工人的身体健康,也会间接影响仪器设备的使用寿命。

5) 行业标准缺乏

热解炭化技术将生物质转化为生物质炭,具有高温杀菌、减少生物质体积、生产生物质能的优点,是一条具有环境和经济双重效益的废弃生物质处置利用的有效途径。然而,目前有关生物质炭方面已出台的标准为《生物炭标识规范》(DB21/T 3320—2020)、《生物炭分级与检测技术规范》(DB21/T 3321—2020)、《生物炭基有机肥料》(NY/T 3618—2020)和《生物炭基肥料》(NY/T 3041—2016),尚缺乏针对生物质炭化工艺方面的相关标准,致使企业无标生产,国内生物质炭化产品质量参差不齐。为消除企业无标生产,提升生物质基功能炭产品档次与水平,解决无序生产带来的相关产品质量参差不齐的问题。现在,迫切需要通过制定统一的标准来规范企业的生产行为,提升生物质基功能炭产品质量,以满足废弃生物质无害化处理与国家产业循环绿色发展政策落实的迫切需求。

2. 生物质水热炭化问题

与热解炭化相比,由于水热炭化工艺要求高,连续化生产困难,需要额外能源加热,水热炭化在工业生产方面应用相对较少。而且,由于生物质成分复杂,特别是污泥和畜禽粪便,除含有 C、H、O 等主要元素外,还含有大量的 N、P、S、碱金属和过渡金属元素,这些成分在高温高压环境中可能会造成设备内表面结垢、腐蚀等问题。

15.1.3 生物质炭化发展展望

1. 生物质炭化设备有待升级

生物质炭化是生物质资源化利用的新兴技术,生物质炭生产设备不够先进及工艺参数控制精度低已成为制约我国生物质炭产业发展的瓶颈。随着国家对生物质资源综合利用关注度的不断升温，生物质炭化产业必将快速发展，研发系统集成度和自动化程度高的炭化设备，提高热解气能源利用效率，设计并配套相应的环保设施，将是今后炭化产业的发展方向。尽管我国已经开发出万吨级秸秆生物质热解工业化生产技术，其规模化生物质热解装备的创新水平也已暂居国际领先。但是适于不同规模需求、投入产出高效、轻便智能的生物质处理与热解产业装备仍亟待开发，特别是生物质能源与生物质炭联产系统，适于园林管护区的园林废弃物就地处理与热解系统，猪粪和污泥就地干化炭化系统，用于食品加工和消费废弃物处理的热解炉等新技术仍有待创新和配套发展。

2. 生物质炭生产有待标准化

为提高生物质炭化的社会效益和经济效益，需要一套切实可行的技术标准或规范来保证炭化技术的可靠性及其产品的可持续应用。制定生物质炭产品标准，对生物质炭含水量、碳含量、养分含量、有机质含量、有害物质含量及其集运等方面进行规范化，不但可以规避生物质炭的无序产出，还有利于生物质炭加工和制造的有序发展。制定生物质炭化设备标准，对炭化设备的设计、生产和使用进行标准化，规范炭化过程的工艺、能耗和环保要求，最终使生物质炭化产业走上"智能化、节约化、清洁化、标准化"发展的道路。

15.2　生物质炭农业利用问题与展望

15.2.1　生物质炭农业利用概况

生物质炭作为农田土壤改良修复剂通常具有显著的积极效应。首先，生物质炭大多呈碱性，通过提高土壤碱基饱和度，降低可交换铝水平，提高酸性土壤 pH，提升酸性土壤养分的有效性[1,2]；其次，生物质炭具有丰富的孔隙结构和巨大的比表面积，具有一定的吸水能力，尤其是氧化后的生物质炭可以降低土壤容重，提高沙质土壤的持水量，从而改善土壤持水能力[3,4]；最后，生物质炭富含矿质养分和有机碳，可增加土壤中矿质养分如磷、钾、钙、镁、氮和有机质含量[1]；最后，生物质炭的孔隙结构及水肥吸附作用使其成为土壤微生物的良好栖息环境，为土壤有益微生物提供保护，特别是菌根真菌，促进有益微生物繁殖及活性，增强泡囊丛枝菌根菌植物侵染[5]。生物质炭用于农业可改良和培肥土壤，提高农作物产量，促进农业可持续发展。

生物质炭基肥是利用生物质炭与其他化肥混合制成的，能够超强吸附土壤中农作物所需的营养元素，防止肥料流失，从而起到一定的缓释作用[6]。生物质炭基肥作为土壤改良剂其特点可以归结为以下三点：一是稳定的支架碳。碳支架可溶性极低、溶沸点极高，具有高度羧酸酯化、芳香化结构和脂肪族链状结构，使生物质炭具备了极强吸附能力和抗氧化能力。一部分碳结构保留有原生物质的细微孔隙结构，比表面积大，能吸附植物一时不能利用的氮素养分，后期缓慢释放，提高氮肥利用率。同时，当干旱发生时，碳支架可以保护水分子不被迅速蒸发，具有保水效果。尤其值得一提的是，支架碳是有益菌生长繁殖的"小房间"，让有益菌免受外在环境的胁迫，促进有益菌在植物根系的定植，提高微生物菌肥的效果。二是富含活性小分子的有机碳。生物质炭基肥在制备过程中会产生一些小分子的有机碳，这部分碳是生物质炭基肥中的活性成分。他们被吸附在支架碳上，能够被植物和微生物利用，促进植物生长和微生物的繁殖。三是富含丰富的矿质元素。由于生物质炭是植物煅烧而成，植物中含有的钙、镁、钾、硅等大中量营养元素和铁、锰、铜、锌等微量元素均保留在生物质炭中，施入土壤后可以补充土壤中的矿物质养分[7]。

全球有关生物质炭的国际组织、地区组织、协会及学会、企业、研究机构网站已逾千家，这为生物质炭的知识传播和研究交流提供了很好的平台，推动了全球生物质炭的研究、生产与推广，推动了生物质炭测试方法标准化[8]。全球有数百个大专院校和企业开展生物质热裂解转化生物质炭的研究、小试及中试，有些单位具有中试车间、示范厂。个别单位拥有生物质炭移动生产设备，如美国弗吉尼亚理工大学、加拿大西安大略大学等。美国、加拿大、澳大利亚等国家的生物质炭研究与中试工艺先进。在全球生物质热裂解研究与开发企业中，大部分以生物能源为中心，生物质炭是副产物，有理由相信，随着对生物质炭固碳、土壤改良及肥料增效研究深入及推广，这种状况会逐渐改变。

我国具有丰富的废弃生物质资源，且由于地理跨度大，生物质种类丰富。然而，我国废弃生物质利用率较低，尤其生物质炭生产尚在起步。近年来通过与国外合作研究与交流，我国生物质炭农用研究进步显著，并且对生物质炭改良土壤、肥料增效的研究获得了显著成果[9]。但是，我国对废弃生物质热裂解生产生物质炭工艺及参数与生物质炭性质、特征缺乏系统研究；对生物质炭施用于全国不同生态区不同土壤的改良效果缺乏系统的、长期的研究；对生物质炭的碳固定及碳减排的作用还未足够重视。因此，我国应尽快转变生物质利用观念，加强我国生物质炭联合研究，促进我国废弃生物质综合利用和农业可持续发展。

15.2.2　生物质炭农业利用问题

尽管越来越多的研究表明生物质炭施用对保证农业经济可持续发展，保障全球粮食安全具有重要现实意义。然而，有关生物质炭提升农田土壤肥力机理仍有待研究，生物质炭及其相关产业发展仍面临瓶颈，具体表现如下。

1. 生物质炭农田土壤改良机制有待探索

首先，生物质炭携带丰富的营养物质，一次性施入可以迅速提升土壤肥力水平，短期内显著提高农作物产量，但随着施用年显的逐渐延长，生物质炭耕作和降雨的影响下逐渐破碎成为更小的颗粒，自身所携带养分物质被消耗殆尽，其对中低产土壤的改良作用效果是否具有长效性仍不明确。其次，目前有关生物质炭输入对土壤改良和农作物增产的研究主要集中在对单一宏观现象的研究上，对于生物质炭怎样与土壤原有矿物质结合，生物质炭与土壤微生物的相互作用，生物质炭与土壤团聚体和有机物的形成，生物质炭与植物根系之间的相互作用以及这些交互作用与土壤改良和农作物增产之间的关联耦合效性仍未得到有效解决。再次，越来越多的研究表明，生物质炭输入对土壤改良和农作物增产的影响与生物质炭的性质、添加量和土壤类型密切相关，因此，有必要在明确生物质炭的测定分析标准基础上，从土壤-农作物层面明确生物质炭施用量、频率和施用时间对农作物产量提升的影响，研究用于改良土壤的生物质炭特性与土壤和农作物的适配性。最后，生物质炭与化肥协同增产的机制仍有待探索。现有研究发现，生物质炭与化肥配施对玉米、水稻等农作物生长和增产具有协同作用，然而这种协同作用发生机制如何尚不清楚。这些机理问题的深入研究可以为生物质炭的科学施用提供理论依据。

2. 生物质炭施用标准有待完善

生物质炭能够显著减少化肥和农药用量，提升农作物品质，但作为新型肥料，生物质炭和生物质炭基肥施用标准缺失，业内对生物质炭和炭基肥的社会效益和长期经济效益认识不足，需要一套切实可行的技术标准或规范来保证产业技术的可靠性及其产品的可持续应用。应用行业的相关标准将反推生物质产业的发展。例如有机肥安全质量标准、果菜茶化肥替代肥料(安全质量)标准、环境材料污染物钝化标准等。同时，土壤改良标准与土壤改良剂标准、污染农田修复质量标准与环境污染修复材料标准的制定将大大推动废弃生物质材料的农业和环境应用，从而助推废弃生物质产业的快速发展[8]。因此，尽快将生物质炭和生物质炭基肥料纳入新型肥料目录，制定切实可行的应用技术标准来保证产业技术的可靠性及其产品的可持续应用，让更多农民了解生物质炭，施用生物质炭基肥料，推进生物质炭和生物质炭基肥料产业健康有序发展。

15.2.3　生物质炭农业利用展望

1. 生物质炭和炭基肥农业利用有待深入研究

生物质炭化还田技术为废弃生物质循环利用提供了一条变废为宝的出路，更为提高耕地生产能力、促进农业固碳减排提供了有效手段。生物质炭技术的产业化发展对治理农村面源污染、改善农村生态环境、促进可持续发展和保障国家粮食、环境和能源安全都具有重要意义。然而，生物质炭和炭基肥的相关研究虽已取得了一些成果，但许多都是短期的、不系统的、不全面的，生物质炭作为土壤改良剂的应用研究也基本都是短期性的。从目前的研究结果来看，生物质炭对土壤环境的积极影响占主流，但其对土壤和农业环境影响的作用机制还未完全研究清楚，应进一步研究生物质炭大规模应用的生态影响，长期、系统、全面地评估诸如它是否会威胁生物多样性和生态系统平衡此类的生态风险等。

2. 生物质炭农业利用的政策扶持力度有待加强

自 2016 年以来，国家相关部委安排中央资金约 86.5 亿元，聚焦秸秆还田、离田、利用等重点领域和关键环节，截至 2020 年 9 月，共在全国范围内建设秸秆综合利用重点县 684 个，有力地促进了以秸秆炭为代表的技术推广和产业发展。然而，相比发达国家，我国生物质炭农用政策扶持力度仍有待加强，国家应尽快制定生物质炭农业利用标准，立项支持生物质炭农用技术研发，逐步促进农林废弃物炭化综合利用，相信随着相关政策的不断深入，生物质炭和生物质炭基肥会得到科学合理的广泛应用，不仅可以节约农林废弃物这些宝贵资源，而且可以减少环境污染，为生态循环农业发展做出贡献。

15.3　生物质炭环境修复问题与展望

15.3.1　生物质炭环境修复概况

环境中的有机污染物具有持久性、亲脂性和致癌性等特征，可通过直接接触、吸入或食物链富集，危害农业生态系统和人类健康。重金属污染是近年来比较突出的水体污染问题，尤其是金属采矿、钢铁及有色金属冶炼、金属加工以及电镀等行业产生大量的含金属离子废水，部分废水没有经过合格处理，就排放出去，导致环境中的重金属离子不断的富集，含量超标，给我国环境污染带来了很严重的问题。水体又是人类赖以生存的资源，水质的问题直接关系到所有生物的生存健康。重金属污染问题不同于其他有机物污染，水体中的重金属及其化合物不能被微生物降解、利用，为微生物提供能量，同时还会通过食物链进行生物放大，严重影响动植物以及人类的生存健康。近几年以来，人们高度重视环境修复，利用生物活性碳修复有机污染物和重金属污染，也引起人们极大关注。

1. 生物质炭对土壤重金属污染物修复进展

近年来，农林废弃生物质炭应用于土壤重金属污染修复中的研究已引起国内外科学工作者的关注。欧美等发达国家已采用生物质炭作为治理土壤污染的有效手段，这一手段促进废弃生物质的综合利用，有效改善生态环境，实现以"废制污"的目的。目前，日本、韩国、新西兰、加拿大等国已经开始将生物质炭应用于重金属污染土壤修复的相关研究，处理的污染物主要包括镉、铅、六价铬和汞等，同时施用生物质炭显著提高土壤有机碳的积累，提高土壤养分，促进农作物生长。

2. 生物质炭对土壤有机污染物修复进展

生物质炭作为一种新型多孔吸附-催化材料，能通过自身的表面官能团、电子传递能力及人为的表面改性掺杂吸附、降解多环芳烃和类固醇激素等有机污染物，并能作为一种良好的微生物生长载体，在其内外表面同时固定和矿化污染物，防止其进入农作物和人体[10]。由于生物质炭主要来源为农林废弃生物质且具有肥效，能够在缓解废弃物处置压力的同时修复污染、改良土壤，实现"以废治污"，成为当前化学修复有机污染技术的核心热点[11]。Alvarez 等[12]研究了 40t/ha 竹炭老化 10 年后对土壤中广谱除草剂甲嘧磺隆降解及细菌群落的影响，发现甲嘧磺隆的降解半衰期因生物质炭的老化从 37 天延长至 52 天，归因于生物质炭表面长期氧化形成大量—C≡O、—COOH 等含氧官能团增加了污染物的吸附，抑制了微生物的降解作用。

3. 生物质炭对水体重金属污染物修复进展

生物质炭作为一种复杂的炭材料，其在水溶液中对重金属的吸附机理也很复杂，其表面含氧官能团和结合位点很容易使生物络合物与重金属离子交换；除此之外，一些不溶性无机盐（生物质炭制备过程中的形式）会与表面的重金属离子共沉淀。同时，存在于生物质炭表面的电荷与重金属离子发生静电吸附。生物质炭表面结合位点生物质炭与重金属离子发生交换。$Pb(II)$ 离子的吸附实验中，经水和二氧化锰改性的生物质炭和柠檬酸处理的生物质炭对其的吸附符合 Langmuir 模型，吸附容量分别为 121.8mg/g 和 159.5mg/g[13, 14]，由 ZnS 纳米晶体支撑的磁性生物质炭对 $Pb(II)$ 的最大吸附容量为 367.6mg/g，归因于 ZnS 纳米结构材料与磁性生物质炭一起协同作用增强吸附能力[15]。对 $Cu(II)$ 的吸附中，用氨基改性的生物质炭吸附容量为 17.01mg/g[13]，氢氧化钾改性的生物质炭吸附容量为 20.83mg/g[16]，硝酸的改性对 $Cu(II)$ 的吸附效果不明显。使用 10%的锰盐处理后的生物质炭吸附量可达 160.3mg/g，归因于 MnO_x 和含氧基团的络合物[17]。在对 $Hg(II)$ 和元素汞的吸附去除中，氢氧化铁[18-20]改性后的竹炭最大吸附量可达 52.6mg/g。此外，氧化铁颗粒的结晶也增强了生物质炭表面的吸附位点[21]。使用石墨烯修饰的生物质炭的吸附量仅为 16.3mg/g[22]。对 $Cr(VI)$ 的吸附-催化中，使用城市污泥制备的生物质炭对 $Cr(VI)$ 的去除量可大于 200mg/g，利用甘蔗渣制备的活性生物质炭和锌改性的生物质炭对 Cr(VI) 的去除量分别为 46.9mg/g 和 94.4mg/g[23]。聚乙烯亚胺和碱改性的生物质炭对废水中 Cr(VI) 的最大去除量可达 435.7mg/g[24, 25]。对于 As(V) 的吸附，由氢氧化钠改性的固体废弃物制备的生物质炭吸附量可达 30.98mg/g，高于未经处理的生物质炭吸附量(24.49mg/g)[26]。

4. 生物质炭对水体有机污染物修复进展

水体中有机污染物的危害和处理已成为全球关注的热点，生物质炭由于其具有一系列的优点(来源丰富、价格低廉、环境友好等)越来越多地应用在水体中多种有机污染物(多环芳烃、多氯联苯、抗生素、农药等)的去除中，另外，生物质炭负载微生物或者光催化剂可以对水体中的有机污染物进行吸附、富集、降解、矿化，实现有机污染物的彻底去除。Xin 等[27]通过水热法制备 BC/CuFeO$_2$，结合芬顿手段，以四环素作为目标污染物，展现出良好的去除效果。

15.3.2　生物质炭环境修复问题

生物质炭基功能材料应用非常广泛，但国内生物质炭基功能材料产业鱼龙混杂，产品质量参差不齐。

1. 生物质炭土壤环境修复问题

近年来，土壤酸化、沙化、板结，黑土层变薄，有机质含量下降，农田污染严重等使耕地已千疮百孔，不堪重负。生物质炭还田是目前改良土壤的重要途径之一，尤其对于土壤重金属污染修复和减少农药化肥残留效果显著。生物质炭产业的发展可以将农业废弃物有效炭化再反哺农业，是一项利国利民利生态的朝阳产业。但制约生物质炭产业发展的诸多其他问题还有待解决。生物质炭制备成本相对偏高，市场尚未形成；生物质炭本身在土壤中的稳定性还未得到详尽的评估，另外生物质炭在与土壤中的有机污染物和重金属发生作用会影响生物质炭自身的稳定性；生物质炭在土壤中的老化问题依然没有解决，老化的过程中已吸附-固定的污染物的释放以及环境效应依然没有得到深入研究。此外，生物质炭对土壤的改良和修复、对农作物生长和产量的促进以及对温室气体的减排作用的机理尚不完全清楚，且缺乏大面积的长期的实验数据支持。

2. 生物质炭水体环境修复问题

生物质炭虽能有效吸附水中各种有机污染物，但生物质炭成本偏高，比表面积却远远小于活性炭，吸附容量有限，自身含有的有毒元素，如重金属、类金属和多环芳烃，仍将有可能对水体造成二次污染。有报道显示，生物质炭的水溶性部分可能对水生微生物存在毒害作用。不同原料制备的生物质炭拥有不同的组成，同时有害元素的含量也不同。目前原料对生物质炭中有害组分及其含量的影响尚未研究，同时这些有害组分对环境的影响也未得到检验。生物质炭在制备的过程中也会产生重金属、多环芳烃、持久性自由基及多种污染性气体等有害化学物质。因此，生物质炭大规模在水处理中的应用仍然具有一定的生态风险。此外，粉末状的生物质炭材料在水体中回收利用较为困难，一方面造成资源浪费，另一方面容易导致二次污染。

15.3.3　生物质炭环境修复展望

1. 生物质炭土壤环境修复展望

土壤酸化问题在世界范围内越来越严重，这将导致农作物减产和森林退化，因此，成为人们关注的热点问题。生物质炭具有较高的 pH，可用于调控土壤的酸碱度。另外，全国范围的滨海盐碱地和旱地盐碱地每年都在增加，利用生物质炭改良盐碱地是盐碱地修复的重要方向。利用生物质炭改良土壤的同时，降低土壤中重金属的有效态、提高土壤对养分的保持并减少养分的淋湿是未来重要的研究热点。如何保证生物质炭品质的条件下，进一步降低生物质炭的成本，减少内源重金属的释放以及降低生物质炭的生态风险是另一个重要研究热点。

2. 生物质炭水体环境修复展望

生物质炭对各种污染物都有良好的吸附性能，但当吸附达到饱和后，有必要对吸附剂进行再生或简单处置。吸附剂的再生是未来研究的重点之一，优良的再生性能可以降低吸附剂的成本。水体中的生物质炭材料有可能会造成二次污染，因此开发可回收利用的磁性生物质炭材料及生物质炭膜成为未来研究发展的重中之重。目前，生物质吸附剂的制备及吸附材料的回收利用仅停留在实验分析阶段，如何实现农业固体资源的高效利用，在低成本条件下批量化生产吸附剂，并应用于饮用水、电镀废水、养殖废水等将成为未来研究的另一个重点。

15.4　生物质炭燃料化利用问题与展望

15.4.1　生物质炭燃料化发展概况

目前，多联产技术是我国生物质炭燃料化产业发展的主要趋势，既能提供清洁能源，又能改善用能结构。由于其日益凸显的发展优势，在 2014 年被纳入国家发展和改革委员会《国家重点推广的低碳技术目录》（2014 年第 13 号）。热解炭化多联产技术是基于热解技术[28,29]，将秸秆等生物质转化为固体、液体、气体产物的多联产技术，其中固体产物生物质炭可应用于燃料燃烧。多联产技术工艺如

图 15.1 所示[30,31]。系统主要包括原料预处理设备、热解炉、供热系统、生物质炭冷却装置、热解气分级冷凝装置、燃气品质提升、过滤塔及液体产品收集等。目前炭化设备多采用移动式连续炭化装备,热解一般采用外源加热,生物质炭可作为燃料燃烧提供热量。此外,同时生成气、油产品,生成的燃气经二次裂解除焦得到高值燃气,经过净化处理后可供户、发电或工业供气。

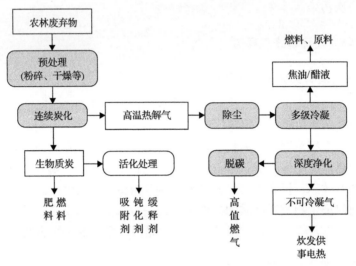

图 15.1　生物质热解多联产技术工艺[38]

生物质炭燃料化利用已成为生物质炭产业发展的主流趋势之一,其原理是将生物质经粉碎,干燥制成棒后再进行炭化[32]。制得的生物质炭热值高,可直接进入焚烧炉作为燃料使用。

该技术将生物质炭直接作为燃料炭使用,因此成炭产品品质是决定其应用潜力的关键因素。在生物质热解炭化过程中,其主要影响因素是生物质原料的种类、热解设备的选型、热解的温度、升温的速度及保护气的构成等。不同的热解条件下,对产生的生物质炭性能会有较大的影响,其影响到的生物质炭的主要性能包括固定碳含量、孔隙结构及官能团特性等。如现有研究[33]考察了以蓝藻与木屑压缩混合物为原料制备机制燃料炭的可行性,研究了升温速率、炭化时间、炭化温度等因素对成炭品质影响。结果表明,蓝藻与木屑混合物制备燃料炭较为适宜的工艺条件为:升温速率 10℃/min,炭化温度 350℃,炭化时间 40min,在此条件下燃料炭得率可达 57.9%,热值可达 17.4MJ/kg,比生物质原料(10MJ/kg)提高了 0.7 倍,证明了所得产品具有燃料开发利用价值。另有研究[34]对棉杆、木屑等不同生物质炭的燃烧特性进行了深入考察,研究了炭化温度对生物质炭燃烧特性的影响,利用气固反应考察了不同生物质炭的氧化特性。结果表明,随着炭化温度的升高,生物质炭的着火温度和燃尽温度均升高,反应活性下降;棉杆炭的综合燃烧性能优于木屑炭，二者的燃烧控制机理不同，燃烧特性较为复杂；上述结论可为生物质炭的制备条件优化提供支持。此外，有研究[35]考察了生物质煤基燃料炭的制备工艺和燃烧特性，将禹州煤、玉米秸秆和黏结剂按照 81∶6∶13 的质量比混合成型，再经 700℃炭化处理，用以代替传统机制炭使用。结果表明，该制备工艺所得成炭内部各组分间紧密堆积，具有较高的机械强度；所得炭的燃烧持久性高于市售燃料炭，主要是由于挥发分、固定碳和发热量得到了优化提升。

此外，将生物质炭粉末直接与煤粉混合喷吹进入高炉燃烧，也是国内外生物质炭能源产业发展的一种典型趋势。其技术优势在于[36]：生物质炭具有与烟煤相似的特点，如挥发分含量较高、结构疏松等，因此在煤粉中添加一定比例的生物质炭能降低煤粉的着火点，提高煤粉的燃烧速率和燃烧率，达到改善煤粉燃烧性能的目的；此外，可以有效利用可再生能源，减少对化石燃料的依赖，而且能够减少炼铁工业中的 CO_2 排放量，有利于降低生铁中 S 的含量，显著提高煤粉的燃烧率。

15.4.2　生物质炭燃料化发展问题

生物质炭化燃料化实现产业化、商业化是难以克服的瓶颈。生物质炭燃料化产业发展目前存在如下问题[37]。

(1)技术要求高，相关技术没有突破。炭化要克服工艺、产品品质等问题，末端燃料化利用更需克服设备、污染、能耗等问题。

(2)投资成本高，发电厂、供气站投资成本高，新能源企业难以承受。

(3)运行成本高，生物质具有分散和受季节影响的天然属性，有些应用由于需求量大、供应范围广、旺季原料供应不足、库存占用资金大、运输成本高等原因而导致运行成本过高。

(4)扩大产能困难，原料、设施、运输、运行、安全等诸多因素导致产能扩大困难，试点易、推广难。

(5)盈利模式单一，基本上依靠政府补助生存和发展，自我赢利能力低。

长远来看，多联产燃料化利用、机制炭制备、生物质炭粉高炉喷吹等是生物质炭能源产业链发展的趋势。但上述技术发展仍存在诸多挑战。

(1)多联产燃料化利用技术。多联产涉及的核心技术均为生物质连续热解炭化技术，国内相关科研机构与企业经过多年攻关，虽然在物料有序输送、高效换热、动态密封等关键技术方面取得了一些进展和突破，但总体来说，规模多局限在示范推广阶段，规模应用仍不成熟。借鉴煤化工领域成熟的燃气处理工艺方法，结合生物质热解气组分特征，开发的生物质热解气净化分离技术可有效脱除热解气中的灰尘和液体产物，保障清洁生产，避免环境污染，但技术模式还远不及成熟水平。此外，多联产模式的经济性、投资回报率等仍需进一步测算分析，以加速技术的推广应用。

(2)机制炭制备生产技术。机制炭的生产是一个高能耗的过程，其能源效率较低，因此现有一般企业生产机制炭的产量低，年产在 300t 以下。技术工业化的主要问题是选择合适的热解设备、确定热解的工艺参数，使产生的机制炭能量密度较高、形状规则、含水率低，提高生物质炭资源化产品的附加值。目前研究表明，采用不同生物质原料制得的燃料炭产品性能差异较大，如秸秆炭产品较适宜用于还田配肥，而木质炭产品较适宜用于作为入炉燃料。若燃料炭的品质低，高温燃烧时结构力下降，容易堵塞通风，造成燃烧不完全。同时，更为严重的问题是会产生大量污染物，严重污染空气。

(3)生物质炭粉高炉喷吹技术。生物质含有较高 K、Ca、Na、Mg 等碱金属和碱土金属，与煤炭共燃烧时可能会降低飞灰溶点、造成结焦现象。虽然有研究表明[37,38]通过水洗、酸洗等预处理可以有效去除生物质原料中的部分金属元素，降低灰分的含量，并且提高生物质原料热值，但预处理工艺同时增加了系统的复杂性，经济成本增加。

15.4.3　生物质炭燃料化发展展望

1. 因地制宜发展生物质炭气联产技术

发展多联产技术推广生物质炭燃料化利用，既能提供清洁能源，又能改善用能结构，具有较好的推广应用潜力。针对不同工程规模，目前研究提出了适宜自然村、村镇社区和规模化应用等 3 种不同规模用户的生物质炭应用模式。研究表明，适宜自然村小型生物质炭气联产技术模式在原料适应性、对农村居民生活影响、二次污染治理难易程度、投资和推广难易程度、运行成本控制等方面均具有优势[39,40]。适宜村镇社区生物质炭气联产技术模式有效提升了燃料品质，增加了外源加热及二次裂解的设备成本及能耗，但解决了焦油副产物量少无法处理问题，保证了技术工程应用的环境效益，适宜千户以上的村镇社区集中供气。适宜规模化生物质炭气联产技术模式最大化利用了热解过程能量，适宜规模化生产，可供万户以上集中社区炊事用能、工业园区供气或发电上网等。综上所述，以生物质炭联产模式为基础，融合能源梯级利用，多能互补与分布式能源等现代能源利用技术与理念，有望实现生物质炭、气、油、汽、冷、热、电等多种高品位产品多种形式的联产。

2. 成型炭燃料化发展优势明显

结合预处理技术制备高机械强度成型生物质燃料、成型炭燃料及木醋液也是生物质炭燃料化产业的发展趋势[41]。其工艺主要可分为两种。工艺一首先对生物质原料进行初步热解处理，获得气、液、固三相产物；初步热解固体产物进一步热解制得生物质炭，可通过压制成型制备机制炭燃料。工艺二对生物质原料进行相应的预处理，获得改性生物质；再对改性生物质进行成型处理，获得高机械强度、高热值成型生物质，可作为生物质燃料用于锅炉燃烧利用；成型生物质进一步热解，制得高机械强度成型生物质炭燃料，热值高，燃烧性能、抗压强度和表观密度高，具有很强的市场竞争力。若是不进行生物质燃料成型处理，而直接炭化，则所得生物质炭粉末也可用于高炉喷吹，且由于进行了预处理，减少了生物质原料中金属元素含量，大大降低了锅炉结焦等风险。

综上所述，生物质资源能量密度低，存在运输、储存困难及能源利用率低等问题，严重制约了其规模化应用。作为一种再生能源，其简单低效的直接燃烧已不能满足现代社会对能量的需求，高效的洁净转化和开发综合利用已日渐受到能源领域的广泛重视。因此，积极寻求生物质炭燃料化产业的多种应用途径，必将对发展可再生能源技术、减轻环境污染、改善能源结构做出积极贡献。

15.5　生物质炭参与"碳达峰"和"碳中和"问题与展望

15.5.1　生物质炭参与"碳达峰"和"碳中和"概况

2020 年 9 月的联合国大会上，我国宣布将提高国家自主贡献力度，力争 CO_2 排放在 2030 年前实现"碳达峰"，并争取在 2060 年前实现"碳中和"。随后，党的十九届五中全会提出，作为"基本实现社会主义现代化远景目标"的一部分，2035 年将实现"碳排放达峰后稳中有降"。"碳达峰"和"碳中和"目标的提出，不仅是我国实现高质量、可持续的经济发展的需要，更体现了我国在全球应对气候变化中的大国担当。与此同时，"碳达峰"和"碳中和"亦对我国农业的低碳与绿色发展提出了新的要求与挑战。生物质炭参与我国农业生产，并发挥其"固碳增汇"的生态系统服务功能，从而实现"碳达峰"和"碳中和"的目标，满足以下三个基础条件。

1. 我国农业需减少化肥使用量

化肥等农资产品的使用是引起农业温室气体排放的最主要途径[42]，其生产、运输和应用等环节，均造成可观的温室气体排放。我国自 2005 年以来，通过开展"测土配方施肥"工程计划，为 2 亿农户和近 15 亿亩农田提供测土配方施肥服务，使化肥利用率提高了 5%，累计减少 1000 多万 t 化肥使用量，共计减少 2500 多万 t CO_2 排放。自 2017 年以来，我国政府为落实"绿水青山就是金山银山的生态文明理念"，进一步开展了"绿色农业发展五大行动"，其中提出以果菜茶有机肥替代化肥，实现了农业减肥、农民增收和土壤肥力提升等多重效果。生物质炭农田应用具备减少化肥使用的效益，但这仅有助于实现农业生产部门"碳达峰"，对实现"碳中和"的目标仍有一定差距。

2. 我国仍需提升废弃生物质资源化的效率与规模

农业废弃物管理是农业温室气体减排中最具产业潜力和节肥增效意义的途径，尤其是农作物秸秆和禽畜粪污的资源化利用。随着我国实施"绿色能源示范县建设"等计划出台，国家财政开始补贴并支持秸秆等农业生物质能源产业。自国家发改委发布《可再生能源中长期发展规划》以来，我国以农作物秸秆为主的生物质固化成型燃料产量从 2015 年的 1000 万 t 上升至 2020 年 5000 万 t 左右，此项已抵消化石能源温室气体排放达 1.5 亿 t CO_2。因此，围绕生物质炭为主要产品的废弃生物质资源化，有助于实现"碳达峰后稳中有降"。

3. 我国农田需要"养地固碳"

我国国土面积辽阔，但农田土壤的平均有机质含量较低。增加土壤碳库不仅有助于提升农田肥力，而且可以减缓其向大气释放 CO_2 的速率，抵消其他生产部门的温室气体排放[43]。21 世纪以来，我国政府通过"沃土工程"推进农田有机质提升，农田土壤碳库的年增加量超过 2500 万 t，合计近 1 亿 t CO_2，相当于 2014 年国家农业温室气体排放的 12%。但传统方法如秸秆还田、免耕少耕等措施增效较慢，且增加的碳库稳定性较弱，而生物质炭的农田应用相当于将作物光合作用固定的 CO_2 以稳定形态存留在土壤中，是快速增加土壤碳库的捷径，对实现"碳中和"具有重要的现实意义。

国外对生物质炭研究及其相关产业起步较早，最初源自科学家对亚马孙流域肥沃"黑土"的关注，随着世界各国开始关注气候变化与温室气体减排，生物质炭的"固碳减排"功能被进一步挖掘。尤其是在《哥本哈根协议》提出将全球气候变暖限制在比工业化前平均温度高 2℃内的目标之后，业界大力提倡并发展负排放技术(negative emission technology, NET)，其中包括生物和土壤固碳技术、生物质能与碳捕捉和碳封存技术、矿物风化技术、海洋固碳技术和人工造林技术等。然而，每种方法都有一定的限制性因素，如传统的生物与土壤固碳技术无法完全保障碳素稳定性，碳捕捉与碳封存依赖于复杂的工程技术等，因而国际上越来越多的科学家将目光转向生物质炭。相关国际组织开始关注生物质炭与土壤碳库的联动效益，如 FAO 提出农田固碳增汇与粮食安全计划，试图通过土壤固碳保证粮食生产和帮助农民脱贫；2014 年 IPCC 第 5 次气候变化评估报告将土壤碳库纳入农业应对气候变化的方式之列，并在 2019 年专门发布了生物质炭土壤固碳计量的指导方法；作为《巴黎协定》的实施路线之一，联合国气候变化公约组织启动了"千分之四土壤增碳"计划，尝试以土壤增碳抵消人类活动带来的温室气体排放。对不同国家而言，2009 年英国将生物质炭参与碳交易的前景列入下议院环境特别委员会讨论议案；澳大利亚农业部早在 2011 年开始围绕生物质炭开展项目资助活动，旨在减少国家农业温室气体排放并改善土壤管理；而美国的大气清洁行动小组，亦长期致力于推动生物质炭碳补偿纳入碳交易。

综合国内外情况，生物质炭产业发展对助力我国实现"碳达峰"和"碳中和"具有美好的前景与巨大的潜力，但在当前条件下，生物质炭广泛参与这一目标，仍存在一定的问题与挑战。

15.5.2　生物质炭参与"碳达峰"与"碳中和"问题

生物质炭农田应用后，具备有效增加作物产量且提升农田土壤固碳与降低温室气体排放的潜力，因此，生物质炭通过参与我国正在实施的自愿减排碳交易项目，对我国实现"碳达峰"和"碳中和"的目标既是可行的，同时也是必要的。碳交易即利用市场化的手段与机制进行 CO_2 排放权交易，是实现"碳达峰"和"碳中和"必不可少的手段与途径。我国具有广阔的清洁发展机制(clean development mechanism，CDM)项目市场与前景，这为生物质炭参与碳交易奠定了市场基础，但仍然具备以下问题与挑战。

1. 生物质炭核算方法学尚不成熟

当前不同应用场景下的碳减排核算案例较少，导致计量方法尚不成熟，有必要对相关方法学展开进一步研究。通过参考《测土配方施肥固碳减排计量方法指南》[44]及炭基肥固碳减排计量方法[45]等研究，生物质炭参与碳交易的固碳减排计量方法需从项目的合格性、基准线确定、边界选择、关键排放源和土壤固碳、项目泄漏等方面综合开展。

2. 生物质炭固碳减排量核算的关键参数仍有待提升

生物质炭参与碳交易的核算过程仍存在局限性，如农田 N_2O 和 CH_4 等温室气体的排放因子异质性较大，不确定性较多，而不同地区的土壤固碳量的计量与核算方法也存在争议。此外，不同生物质炭制备过程的温室气体排放较难核算[46]，其生产过程中的温室气体排放与副产品回收具备的减排潜力，受不同底料、热解工艺和生产设备等因素的影响。尽管相关研究基于实际测量结果和统计模型开发了相应的计量方法[47]，生物质炭生产环节的排放也可通过走访生产企业获取，但为了提高核算精度以及适宜性，未来研究仍需结合实际情况，开发更加细化的固碳减排与生物质炭生产环节的排放因子。

3. 碳交易价格浮动较大

当前碳交易的价格浮动较大，这在一定程度上限制了生物质炭项目参与碳交易的发展[48]。碳交易价格不仅是项目中碳资产直接的价值体现，同时是碳交易过程中联系供给方、需求方和中介机构的关键纽带。然而碳交易定价权浮动较大，影响因素众多。我国在国际上占据绝对优势数量的 CDM 项目，但由于发展阶段差异，我国创造的核证减排量时常被发达国家低价购买，后经打包开发成为更高价格的金融与担保等产品进行交易，导致我国企业损失巨额利润。此外，生物质炭农田应用的碳交易过程决定了许多项目要素属于自然资源范畴，其公共资源的属性特征亦可能限制通过市场交易手段发挥其经济价值的途径。而碳排放权作为虚拟的商品，其成本价格不仅包含广义商品中的生产成本，更具备交易和风险成本，交易的碳汇量必须核证之后才具有实际意义。因此，碳交易价格的信息与市场不对称，是导致我国境内碳汇资源配置不完善以及碳交易市场不够成熟的原因之一，如何制定科学的碳定价机制将成为今后研究的重点方向。

15.5.3 生物质炭参与"碳达峰"与"碳中和"展望

生物质炭及其相关产业在我国具备应对"碳达峰"和"碳中和"的基础，但在其广泛应用之前，亦存在一定的前提条件与限制因素。但总体而言，相比于"碳捕捉和碳封存"等其他 NET，生物质炭在我国仍具备多方面的优势，主要包括减排潜力巨大、技术发展成熟和政策扶持力度大等，因此具备更加广阔的应用前景。

1. 生物质炭应对"碳达峰"和"碳中和"具备巨大潜力

自"十三五"以来，我国畜禽粪污综合利用率达 75%，秸秆综合利用率超过 85%，但农业利用深度仍然有待进一步挖掘。除了未被资源化利用的秸秆之外，约有 40%的比例用于直接还田。若未来继续加强粪污与秸秆等资源化利用，并优化现有废弃生物质的资源化结构与途径，增加生物质热解炭化的比重，生物质炭将具备更大的"碳中和"能力。

2. 我国废弃生物质炭化和炭基肥生产技术将蓬勃发展

2017 年，"秸-炭-肥"模式已被农业部推荐为秸秆资源化十大模式之一；2018 年，全国农业技术推广服务中心开始在全国示范推广秸秆炭基肥；2020 年，秸秆炭增效技术被农业农村部公布为农业十大引领性技术。因此，生物质炭及其相关产业技术与应用在国内愈发成熟，已具备广泛应用的技术前提。

综上，生物质炭产业发展迎合国家低碳绿色发展的需求，更是实现"碳达峰"

和"碳中和"的有效手段。随着我国废弃生物质炭化产业不断发展，生物质炭产业技术不仅可以增加我国在全球应对气候变化行动中的话语权，亦可向世界输出我国已相对成熟的废弃生物质炭化技术与装备，打造并强化固碳减排领域的"中国制造"。

参 考 文 献

[1] Jin Z W, Chen C, Chen X M, et al. Soil acidity, available phosphorus content and optimum fertilizer N and biochar application rate—A six-year field trial with biochar and fertilizer N addition in upland red soil, China[J]. Field Crops research, 2019, 232: 77-87.

[2] Novak J M, Busscher W J, Laird D. L, et al. Impact of biochar amendment on fertility of a southeastern coastal plain soil[J]. Soil Science, 2009, 174(2): 105-112.

[3] Jin Z W, Chen C, Chen X M, et al. The crucial factors of soil fertility and rapeseed yield-A five year field trial with biochar addition in upland red soil, China[J]. Scence of the Total Environmental 2019, 649: 1467-1480.

[4] Glaser B, Lehmann J, Zech W. Ameliorating physical and chemical properties of highly weathered soils in the tropics with charcoal—a review[J]. Biology and Fertility of Soils, 2002, 35(4): 219-230.

[5] Steinbeiss S, Gleixner G, Antonietti M. Effect of biochar amendment on soil carbon balance and soil microbial activity[J]. Soil Biology & Biochemistry, 2009, 41(6): 1301-1310.

[6] 魏春辉, 任奕林, 刘峰, 等. 生物炭及生物炭基肥在农业中的应用研究进展[J]. 河南农业科学, 2016, 45(3): 14-19.

[7] 刘晓雨. 生物质热解; 生物质炭; 炭基肥; 土壤改良[J]. 中国科学院院刊, 2018, 33(2): 184-190.

[8] 何绪生, 耿增超, 余雕, 等. 生物炭生产与农用的意义及国内外动态[J]. 农业工程学报, 2011, 27(2): 1-7.

[9] 潘根兴, 卞荣军, 程琨. 从废弃物处理到生物质制造业: 基于热裂解的生物质科技与工程[J]. 科技导报, 2017, 35(23): 82-93.

[10] Lopes R P, Astruc D. Biochar as a support for nanocatalysts and other reagents: Recent advances and applications[J]. Coordination Chemistry Reviews, 2021, 426: 213585.

[11] Wu S, He H, Inthapanya X, et al. Role of biochar on composting of organic wastes and remediation of contaminated soils—a review[J]. Environmental science and pollution research international, 2017, 24(20): 16560-16577.

[12] Alvarez D O O, Mendes K F, Tosi M, et al. Sorption-desorption and biodegradation of sulfometuron-methyl and its effects on the bacterial communities in Amazonian soils amended with aged biochar[J]. Ecotoxicology and Environmental Safety, 2021, 207: 111222.

[13] Cerino-Córdova F, Díaz-Flores P, García-Reyes R, et al. Biosorption of Cu(II) and Pb(II) from aqueous solutions by chemically modified spent coffee grains[J]. International Journal of Environmental Science Technology, 2013, 10(3): 611-622.

[14] Wang M C, Sheng G D, Qiu Y P. A novel manganese-oxide/biochar composite for efficient removal of lead(II) from aqueous solutions[J]. International Journal of Environmental Science Technology, 2015, 12(5): 1719-1726.

[15] Yan L, Kong L, Qu Z, et al. Magnetic biochar decorated with ZnS nanocrytals for Pb (II) removal[J]. ACS Sustainable Chemistry Engineering, 2015, 3(1): 125-132.

[16] Hamid S B, Zaira Zaman C, Sharifuddin Mohammad Z. Base catalytic approach: A promising technique for the activation of biochar for equilibrium sorption studies of copper, Cu(II) ions in single solute system[J]. 2020, 4(7): 2815-2832.

[17] Song Z, Lian F, Yu Z, et al. Synthesis and characterization of a novel MnO_x-loaded biochar and its adsorption properties for Cu^{2+} in aqueous solution[J]. Chemical Engineering Journal, 2014, 242: 36-42.

[18] Chen Y, Liu Y, Li Y, et al. Novel Magnetic Pomelo Peel Biochar for Enhancing Pb (II) And Cu (II) Adsorption: Performance and Mechanism[J]. Water Air Soil Pollution, 2020, 231 (8): 404.

[19] Hao N V, Dang N V, Tung D H, et al. Facile synthesis of graphene oxide from graphite rods of recycled batteries by solution plasma exfoliation for removing Pb from water[J]. RSC Advances, 2020, 10 (67): 41237-41247.

[20] Kayan B, Baran T, Akay S, et al. Assessment of a Pd-Fe_3O_4-biochar nanocomposite as a heterogeneous catalyst for the solvent-free Suzuki-Miyaura reaction[J]. Materials Chemistry, 2020, 259: 124176.

[21] Ramola S, Mishra T, Rana G, et al. Characterization and pollutant removal efficiency of biochar derived from baggase, bamboo and tyre[J]. Environmental Monitoring Assessment, 2014, 186 (12): 9023-9039.

[22] Jingchun T, Honghong L, Yanyan G, et al. Preparation and characterization of a novel graphene/biochar composite for aqueous phenanthrene and mercury removal[J]. Bioresource Technology, 2015, 196: 355-363.

[23] Chen T, Zhou Z, Xu S, et al. Adsorption behavior comparison of trivalent and hexavalent chromium on biochar derived from municipal sludge[J]. Bioresource Technology, 2015, 190: 388-394.

[24] Ying M, Liu W J, Zhang N, et al. Polyethylenimine modified biochar adsorbent for hexavalent chromium removal from the aqueous solution[J]. Bioresource Technology, 2014, 169 (5): 403-408.

[25] Liu S, Li M, Liu Y, et al. Removal of 17β-estradiol from aqueous solution by graphene oxide supported activated magnetic biochar: Adsorption behavior and mechanism[J]. Journal of the Taiwan Institute of Chemical Engineers, 2019, 102: 330-399.

[26] Vinh N V, Zafar M, Behera S K, et al. Arsenic (III) removal from aqueous solution by raw and zinc-loaded pine cone biochar: equilibrium, kinetics, and thermodynamics studies[J]. International Journal of Environmental Science Technology, 2015, 12 (4): 1283-1294.

[27] Xin S, Liu G, Ma X, et al. High efficiency heterogeneous Fenton-like catalyst biochar modified $CuFeO_2$ for the degradation of tetracycline: Economical synthesis, catalytic performance and mechanism[J]. Applied Catalysis B-Environmental, 2021, 280, 119386.

[28] 孙书晶, 曾旭. 生物质热解炭化及其资源利用进展[J]. 化工设计通讯, 2017, 43 (4): 207.

[29] Vamvuka D. Bio-oil, solid and gaseous biofuels from biomass pyrolysis processes-an overview[J]. International journal of energy research, 2011, 35 (10): 835-862.

[30] 霍丽丽, 赵立欣, 姚宗路, 等. 秸秆热解炭化多联产技术应用模式及效益分析[J]. 农业工程学报, 2017, 33 (3): 227-232.

[31] 丛宏斌, 赵立欣, 孟海波, 等. 生物质热解多联产在北方农村清洁供暖中的适用性评价[J]. 农业工程学报, 2018, 34 (1): 8-14.

[32] 赵郁新. 生物质环保能源产业链发展探讨[J]. 中国环保产业, 2014 (8): 42-46.

[33] 宋城城. 蓝藻与木屑混合炭化制备燃料炭研究[J]. 安徽农学通报, 2017, 23 (9): 39-41.

[34] 熊绍武, 张守玉, 吴巧美, 等. 生物质炭燃烧特性与动力学分析[J]. 燃料化学学报, 2013, 41 (8): 958-965.

[35] 黄光许, 刘全润, 文成, 等. BCFC 的制备和成型机理及燃烧特性[J]. 煤炭转化, 2012, 35 (3): 84-86, 93.

[36] 刘竹林, 蒋友源, 郑林, 等. 生物质炭添加比例对煤粉燃烧性能的影响[J]. 湖南工业大学学报, 2020, 34 (1): 85-91.

[37] 崔泽苹, 李志合, 李宁, 等. 水洗预处理对花生壳热解特性及产物的影响[J]. 可再生能源, 2018, 36 (10): 1431-1436.

[38] 黄晶, 崔嘉勇, 高安江, 等. 有机酸洗预处理对玉米秸秆热解过程的影响[J]. 广东化工, 2018, 45 (15): 14-15.

[39] 林青山, 何艳峰, 刘金淼, 等. 秸秆热解气化技术在提高秸秆利用率方面的优势分析[J]. 安徽农业科学, 2014, 42(14): 4399-4403, 4410.

[40] 周建斌, 周秉亮, 马欢欢, 等. 生物质气化多联产技术的集成创新与应用[J]. 林业工程学报, 2016, 1(2): 1-8.

[41] 曹忠耀, 张守玉, 黄小河, 等. 生物质预处理制成型燃料研究进展[J]. 洁净煤技术, 2019, 25(1): 12-20.

[42] Cheng K, Pan G, Smith P, et al. Carbon footprint of China's crop production—An estimation using agro-statistics data over 1993–2007[J]. Agriculture, ecosystems & environment, 2011, 142(3-4): 231-237.

[43] 程琨, 潘根兴. "千分之四全球土壤增碳计划"对我国的挑战与应对策略[J]. 气候变化研究进展, 2016, 12(5).

[44] 程琨, 潘根兴, 罗婷. 测土配方施肥固碳减排计量方法指南[M]. 北京: 中国标准出版社, 2011.

[45] 孙建飞, 郑聚锋, 程琨, 等. 面向自愿减排碳交易的生物质炭基肥固碳减排计量方法研究[J]. 我国农业科学, 2018, 51(23): 79-93.

[46] Ji C, Cheng K, Nayak D, et al. Environmental and economic assessment of crop residue competitive utilization for biochar, briquette fuel and combined heat and power generation[J]. Journal of Cleaner Production, 2018, 192: 916-923.

[47] Xu X, Cheng K, Wu H, et al. Greenhouse gas mitigation potential in crop production with biochar soil amendment— a carbon footprint assessment for cross-site field experiments from China[J]. Gcb Bioenergy, 2019, 11(4): 592-605.

[48] 洪涓, 陈静. 我国碳交易市场价格影响因素分析[J]. 价格理论与实践, 2009(12): 65-66.